エンジニアのための
化 学

M.J.Shultz 著
長谷川哲也 訳

東京化学同人

CHEMISTRY for ENGINEERS
An Applied Approach

MARY JANE SHULTZ
Tufts University

Original Copyright © 2007, Brooks/Cole, Cengage Learning

ALL RIGHTS RESERVED. No part of this work covered by the copyright herein may be reproduced, transmitted, stored or used in any form or by any means graphic, electronic, or mechanical, including but not limited to photocopying, recording, scanning, digitizing, taping, Web distribution, information networks, or information storage and retrieval systems, except as permitted under Section 107 or 108 of the 1976 United States Copyright Act, without the prior written permission of the publisher.

まえがき

　新しい化学の教科書が登場すると，最初に必ず聞かれるのが，"なぜこの教科書なのか"という質問である．これに対する短い答えは，"多くの学生は1学期間しか化学の講義を受けず，特に工学部の学生にとっては，これが一般的になりつつあるから"である．ほとんどすべての化学の教科書は，2学期用に書かれており，1学期しか履修しない学生には向いていない．

　もう少し長く答えると以下のようになる．"私が受けもっている工学部の学生たちは，自分たちの専門にとって一般化学は重要ではないのに，と嘆いている．その声に応えるために，この教科書を書いた．"学生の立場に立ってみれば，これはもっともな考えであり，実際，化学と工学がどうかかわっているかは，従来の教科書ではよくわからない．両者の関係や応用を，もっと前面に押し出すことはできないだろうか．元素の材料としての性質から出発し，それを原子の電子構造や発光ダイオードの色と結びつけることはできないだろうか．また，電子構造を，原子間相互作用やエアコンでフロンが使われる理由，さらには分子の形や分子間相互作用と結びつけることはできないだろうか．同時に，こうした結びつきをより身近に感じられるよう，学生諸君が日常経験していることと関連づけることはできないだろうか．たとえば，ワイシャツはブラックライトの下で光るが，赤いシャツは光らない．この現象は，光と物質との相互作用に基づいている．さらに，現実社会の工学的な問題を化学の知識を用いて解決し，理解をより確かなものにできないだろうか．

　目標は，学生諸君に，"ああ，それが動作するのは，こういうわけだからさ"と言わせることである．そのとき，化学は非常に重要となる．応用に重きをおき，必要な人に必要な情報を与えるという流儀の教科書にめぐり会えば，何を学ばなければならないかが見えてくるに違いない．この教科書は，そうした考えに基づいて書かれており，材料を，環境や生物といった応用分野と関係づけて学ぶことができる．本書の執筆にあたり，工学部の同僚から多くの協力をえた．学生の意見も常に反映させるよう努めた．また，国内外の化学系，工学系の教師，学生からの批評も大いに参考となった．

学習法

　この教科書では，目標を定めたうえで，初等化学の基本的な内容を学ぶというやりかたを採用している．特に，化学を用いて工学的な問題を解く力を，学生諸君に身につけてもらうのがねらいである．基本的な内容としては，原子構造，分子構造，分子間相互作用について広く学ぶ．応用志向の一例として，原子の構造や周期性は，金属線の強度と関連づけて学習する．さらに分子構造へとつなげていく際には，半導体やポリマー材料の性質について考える．分子間相互作用（電気化学や，溶液の生成，反応速度と関係している）は，材料の腐食，電池の設計，環境汚染，医療，生体内相互作用を通して学ぶ．

　可能な限り工学への応用を見据えながら，化学を身につける．前半の章では原子や分子について学ぶが，後半では，反応の熱力学や熱平衡，酸化還元反応，反応速度論についてもふれる．後半の内容に関係した応用としては，生体内での消化吸収（ATPサイクル），コンクリートの固化，環境汚染，五大湖の自浄作用，腐食，電池，触媒転化器，酵素などがあげられる．

構　成

　一般に，初等化学には2通りの学習法がある．一つは，巨視的（マクロ）な現象論から始め，その後で基礎となる原子や分子の概念を学ぶやり方であり，もう一つは，原子・分子から始めてマクロへと移るやり方である．この教科書では後者を採用しているが，ときにマクロと原子・分子の両者を織り交ぜる．マクロとミクロとを強く結びつけるため，図に工夫を凝らした．反応を想像しやすいよう，物理的，化学的な変化の様子を分子レベルの図で表した．本書の特徴として，図はさまざまなスケールで描かれており，氷上でのスケーティングから雪の六角形の結晶，さらには水分子の形まで及ぶ．

　第1章では，気体を含む反応を原子の立場でとらえる．またこの章は，全体をざっと見渡すという役割ももつ．実際，この章で学ぶ周期表，電子，水素原子は，すべての基礎となっている．特に周期性は，マクロな性質とミクロな性質を結びつける際，中心的な役割を果たす．

第1章から第3章では，化学結合やその応用に関する基礎を学ぶ．応用としては，熱力学や，熱平衡，電気化学，配位化学，ポリマー，反応速度論を取上げる．これらの応用はそれぞれ独立しており，学生諸君は，カリキュラムや予習・復習に応じて選択できる．

熱力学的な取扱いをもとに，エネルギーやエネルギーの拡散について理解する．特に後者は高度であるので，別個に扱う．両者を合わせて，熱平衡の基礎を築くことができる．応用には，温熱パック，冷却パック，溶接，ATPサイクルなどが含まれる．電子移動と電気化学については，電池や燃料電池で果たす役割を通して学習する．化石燃料が枯渇しつつあり，その排出が大きな関心をよんでいる今，燃料電池の重要性はますます高まっている．

磁性材料，カラフルな宝石，膜を通したイオンの移動は，配位化学を理解するうえでの基本となる．炭素化合物は非常に多彩であるが，ポリマーを通してその多様性について学ぶ．化学反応論は，反応の時間スケールに注目する．エアバッグが膨らむ過程やコンクリートの固化，乗用車のボディーのさびなどは，反応速度と深く関係しており，反応の時間スケールにより応用が決まる．

効果的な学習

工学上重要な応用，**問題の解決**，**概念の理解**の三つは，三位一体ではあるが，本来別のテーマである．本書では，互いに絡み合わせながらも，それぞれ要点を押さえて理解する．この要点をガイドとしてたどっていけば，物事を解析する力，正しく評価する力が身につく．

現実に即した応用

本書では，機械工学，都市工学，環境工学，生物化学工学などへの，現実に即した応用が，繰返し現れる．これは，化学の重要性を認識してほしいからである．

■ 学生諸君が材料に関心をもつよう，各章は現実の応用を中心に構成されている．
■ 各章，各節で学ぶ内容と関連したさまざまな応用が，本文のあちこちにちりばめられている．
■ 学生諸君が，雑貨店などで容易に入手できる材料を使って化学を体験できるよう，"応用問題"の項目を設けた．たとえば，銅線とスチール線を曲げる実験を通して，材料の性質を肌で感じ，延展性を確かめる．
■ 別冊の演習問題は，各章全体の内容をカバーしており，化学を現実の問題に応用する力が身につく．

問題を解く

■ 各章の冒頭には，主題に続いて，演習する項目がまとめられている．これを見れば，章末までに修得すべきテクニックが一目でわかる．文中の例題および別冊の演習問題を解けば，これらのテクニックが自然に身につくよう工夫されている．
■ 例題では，話題となっている事象を取上げ，問題を段階的に解いていくことを学ぶ．各例題にはまず"解法"が記されており，問題を解くためのおおまかな道筋がわかる．また，行うべき作業，基本となる考え方や式，用語などを再確認できる．"解答"では，"解法"に沿って1段ずつ問題を解いていく．ほとんどの場合，解答の意味についても解説を加えている．なお，各例題がどの章末問題と関係しているかも付記してある．これは復習に役立つだろう．
■ 各章で述べた概念や特定の話題，現実の応用についてより深く学べるよう，別冊に各章80題を越える演習問題を掲げた．偶数番号の問題については，解答も載せた．

概念の理解

■ 各章の始めに，その章の要点を"主題"として掲げた．また，章末には，"重要な考え方"として再度まとめた．
■ 本文中の"基本問題"は，化学の基礎となる考え方について，理解を深めるためのものであり，学んだばかりの材料について復習したり，概念を発展させ特別な事象へと応用したりするのに役立つ．
■ 別冊演習問題の中の"基本演習"は，基本的な概念の理解度を試すためのものである．"基本演習"の中の少なくとも一つは，図や概念地図を使って，重要な概念間の関係を問う問題となっている．
■ 演習問題の中の"総合演習"では，数多くの概念を統合し応用する力を養う．

章末のまとめ

章末には，全体を復習できるよう，つぎのような項目を設けた．

■ チェックリスト：重要な用語や重要な式を，本文中に出てきた順に並べたもの．
■ 章のまとめ：各章の要点のまとめ．
■ 重要な考え方：各章で述べた重要な考え方のまとめ．

- ■ 理解すべき概念
- ■ 学習目標：演習で学んだ内容のまとめ．
- ■ 演習問題（別冊）

解法を身につけるための演習：各節やそこでの話題に関係した問題．

基本演習：基本的な概念の理解度を探るための問題．少なくとも一つは，図や概念地図を使って，重要な概念間の関係を問う問題となっている．

応用演習：各章で扱ったさまざまな話題を含んだ問題であり，化学の概念を工学上の事象へと応用することを主眼とする．

総合演習：多くの概念を統合して応用する力を養う．偶数番号の問題については，解答を載せた．

デザイン，写真，図

視覚に訴えると説得力が増すため，デザインや図には色をふんだんに取入れた．特に，軌道，表面電荷マップ，立体的な形状など，分子を視覚的に把握するのに用いた．また，ほとんどの章で，さまざまなデータを図の形で示した．図に描くことで，原子・分子レベルの相互作用がいかに重要であるかがわかるうえ，マクロな観測結果とミクロな動きとを関連づけることができる．オリジナルの図や写真は，化学から工学の世界へと諸君を誘うだろう．また，図を見れば，反応の様子を容易に想像できるに違いない．

謝　辞

本書を書き上げるにあたり，同僚の方々や学生諸君には，書簡やアンケート，講義でのテストを通して，多大なご協力を頂いた．特に，タフツ大学の学生諸君は，初稿の執筆に大いに貢献してくれた．彼らの"自分ならできる"，"かかってこい"の精神は，常に私を楽しませ，またインスピレーションを与えてくれた．当時の学部学生だったSteve Baldelli（現ヒューストン大学教授），Cheryl Schnitzer（現ストーンヒル大学教授）には，書き始めのころ，親身になって助けていただいた．また，以下の方々には，本書を読んで，さまざまなご指摘やコメントをいただいた．その協力なしには，この本を形にすることはできなかった．

- Ludwig Bartels（カリフォルニア大学リバーサイド校）
- Wolfgang Bertsch（アラバマ大学）
- James Carr（ネブラスカ大学リンカーン校）
- Paul Chirik（コーネル大学）
- Thomas Greenbowe（アイオワ州立大学）
- Curt Hare（マイアミ大学）
- Julie Harmon（サウスフロリダ大学）
- Richard Nafshun（オレゴン州立大学）
- Williams Reiff（ノースイースタン大学）
- Joel Russell（オークランド大学）
- Karl Sohlberg（ドレクセル大学）
- Joyce Solochek（ミルウォーキー工科大学）
- Pamela Wolff（カールトン大学）

加えて，本文と問題の訂正にご協力いただいたPaul Chirik（コーネル大学）とその学生，Kaitlyn Gray, Jacqueline Hacker, Westin Kurkancheek, Margaret Kuoに感謝したい．

本コースの設置にあたり，National Science Foundation（NSF）とPEW Charitable Trustsから，一部経済的支援を受けた．特に，NSFのSusan Hixsonには，絶えず励ましていただいた．

Houghton Mifflin社の方々には，本書の出版に格別のご尽力をいただいた．特に, Charles Hartford（Publisher）, Richard Stratton（Executive Editor）, Rita Lombard（Senior Development Editor）, Carol MerriganとCathy Brooks（Senior Project Editor）, Laura McGinnとKatherine Greig（Marketing Manager）, Erin Lane（Marketing Coordinator）, Jessyca BroekmanとJill Haber（Art Editor）, Jean Hammond（Designer）をはじめ，本書の出版に携わった方々に深く感謝したい．Ben Robertsは，初期の段階から本書の先見性を理解してくれた．最後に，絶えず支えてくれた家族に感謝したい．子供たち，Chris, Kim, Ryanは，本文を読んでくれただけでなく，さまざまな現象と化学とのかかわりについて，多くの時間を費やし議論してくれた．夫Fredは，教え方や学習法についての見識が深く，常に刺激を受けた．深く感謝する．

訳者まえがき

　本書"エンジニアのための化学"は，Mary Jane Shultz による大学教養課程（1〜2年生）向けの化学の教科書"Chemistry for Engineers"の和訳である．

　一般化学の教科書は数多く出版されているが，そのなかでも本書はいくつかの点でユニークである．一番の特徴は，読者が化学に興味をもつよう，身近な事柄を取上げつつ，化学の基礎について解説している点である．何事も基礎が大事である．しかし，この大義名分を重んじるあまり，大学の講義が"とっつきにくい"（もう少しあからさまにいうと"つまらない"）ものとなっているのは否めない事実であり，私自身も教員のはしくれとして，日々反省している点である．本書では，本文中あるいは例題で，化学が社会といかに密接にかかわっているかについて繰返し述べられており，読者を飽きさせない．その対象も，環境・エネルギー問題から，エレクトロニクス，バイオまで及んでおり，著者の見識の広さには驚かされるばかりである．もちろん，本書が生まれたのは，著者の見識だけによるものではなかろう．Shultz 教授は，毎年講義をする過程で，いかにして学生に興味をもってもらうかに腐心したに違いない．学生の反応や学生との議論を通し，毎年講義ノートを改訂していった結果が本書だと想像される．

　このように述べると，本書は応用偏重で基礎をおろそかにしていると受取られるかもしれないが，けっしてそのようなことはない．"エンジニアのための化学"と銘打ってはいるものの，本書で教える内容は，あくまでもオーソドックスな基礎化学である．それでもなお，著者ならではの工夫が随所にみられる．たとえば，固体の電子状態（特にエネルギーバンド）はエレクトロニクスの基礎として重要であるが，やや上級の内容を含むため，通常教養課程では扱わない．本書では1章を割いており，青色発光ダイオードの話題にまでふれている．

　ポリマーの章を含むのもユニークである．一般化学を系統的に教えようとすると，どうしても物理化学や無機化学が中心になり，実際，そのような構成になっている教科書が多い．ところが本書では，ポリマーを題材に，有機反応の基礎についてもふれており，非常に斬新である．

　著者は米国人であるので，本文中や例題に出てくるさまざまな事例は，米国に関連したものが多い．本訳では，基本的に日本向けにアレンジすることなく，原書のままとした．あまり日本人には馴染みのない内容については，多少訳者注を掲げたが，とても全部をカバーしきれない．興味をおもちの事例については，ぜひ読者ご自身でお調べいただきたい．ただし，われわれに馴染みのない単位（マイルやインチ，ポンド，ガロンなど）については，本訳ではそのほとんどを MKS や CGS 単位に改めた．

　最後に，本書を刊行するに当たり，東京化学同人の方々には，多大なるご支援をいただいた．特に，本書の訳をもちかけてくださった田井氏，編集・校正作業をご担当くださった井野氏には深く感謝する．田井氏の甘い誘いにのらなければ，当然私がこの本にかかわることもなかった．（本訳に興味をもってくださった読者には，ぜひ原著を読んでいただきたい．原著は平明な英語で書かれているが，その方がかえって訳が難しい．私は，なぜ引受けてしまったのかと，何度も悔やんだものである．）また，井野氏の我慢強い叱咤激励と笑顔のプレッシャーがなければ，とても出版にこぎつけることはできなかった．ここで改めて，御礼を申し上げたい．

2012 年 1 月

長谷川哲也

本書"エンジニアのための化学"では，学生諸君が問題を定性的，定量的に解決する能力を身につけられるよう，以下の三つの異なるテーマを織り交ぜている

- 問題を解く
- 概念を理解する
- 工学上重要な応用とその例に触れる

章の内容
これを見れば各章の流れが一目でわかる．

応用問題
なじみ深い事象を取上げながら，本書で学んだ概念を実社会の問題へと応用する．たとえば，銅とスチールとの違いを感じ，延展性について体感するため，これらの線材を曲げてみる．

本書では，物事を解析し，評価する能力を高められるよう，章の冒頭に学習の指針を掲げた．復習したり，実習したり，あるいはそれぞれの専門にとって重要な材料について調べたりするのに役立つだろう．

主題
各章で学ぶべき重要な概念を強調するため，主題として掲げた．章内に設けた基本問題や別冊の演習問題を解けば，理解はより確かなものとなる．

学習課題
問題の解くためにマスターしておくべき技術や考え方を，学習課題として冒頭にまとめた．章内の例題や別冊の演習を解くことで，それを実践できる．

問題を解くことを重視する

本書では，実際のさまざまな問題に取組みつつ，化学を学習できる

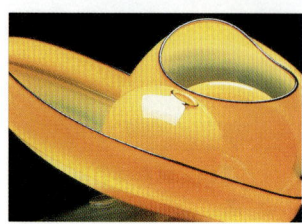

第1章（基礎）
第1章は全体の基礎となる章であり，気体を含む反応を取上げ，原子レベルでの見方について学ぶ．全体を概観するのにも役立つ．

例題
例題には参照しやすいようなタイトルがついている．各例題は，"解法"と"解答"に分かれており，段階を踏んで問題を解いていけるよう工夫されている．例題に続いて関連する事項が述べられており，学んだ内容を現実の問題に適用できるよう配慮されている．

例題 2.1　電子と原子の相対的な質量

電子は，質量という点では，原子のごく一部を担っているにすぎないが，その割合はどれほど小さいのだろうか．電子の重さの割合を見積もるために，拡大してみよう．水素原子は，1個の陽子と1個の電子で構成されている．水素の質量を $3×10^{28}$ 倍（10億倍の10億倍の10億倍以上）すると，50 kgほど，すなわち小柄な大人1人ほどの重さとなる．この拡大した原子では，電子の質量はいくらか．

[解　法]
■ 以下のデータを用いよ：
電子の質量は，原子の1/1837倍である．

[解　答]
■ 原子の質量を1/1837倍すれば，拡大した電子の質量が求まる．

$$50 \text{ kg} \times \frac{1}{1837} = 0.0272 \text{ kg} = 27.2 \text{ g}$$

これは，ハツカネズミほどの重さである．

別冊演習問題 2.7〜11 参照

基本演習

1.87 以下の用語の間の関係を図で表せ．アボガドロの法則，モル，アボガドロ数，原子質量単位（amu），原子量．どの用語も，互いに線で結ばれていなければならない．

1.88 以下の用語の間の関係を図で表せ．密度，原子量，モル，モル密度，原子密度．どの用語も，互いに線で結ばれていなければならない．

応用演習

1.89 ナポレオンパイや牛ヒレ肉の包み焼き，ブリー・チーズのパイ包み焼きは，パイ皮を使った料理の例である．パイ生地が膨れるのは，含まれている水が相変

演習問題（別冊）
各章につき80題を越える問題を収録した．基本演習，応用演習，総合演習に分かれており，本書で学んだ内容を広い角度から再確認できる．

概念を理解する

冒頭の学習課題に始まり，基本問題，章のまとめ，重要な考え，重要な概念といったさまざまな項目を読み進めていくうちに，基礎となる概念に対する理解が深まる．演習問題（特に基本演習，総合演習）を解くことで，概念を理解だけでなく，実践する力も身につく．

基本問題
本文中の各所に基本問題が挿入されており，学んだばかりの材料について復習したり，学んだ概念をより確実なものとする，あるいは特定の問題に応用したりする際のヒントを与えてくれる．

> **基本問題** 今，ある元素の原子量が 32 amu であることがわかっている．これだけの情報から，原子を同定できるか．もしできなければ，他にどのような情報が必要か．■

> ● 基 本 演 習 ●
>
> **3.99** 以下の用語の間の関係を図で表せ．金属，半金属，アルカリ金属，アルカリ土類，ハロゲン，希ガス，周期律．どの用語も，互いに線で結ばれていなければならない．
>
> **3.100** 以下の用語の間の関係を図で表せ．有効核電荷，電子配置，オクテット則，イオン化エネルギー，電気親和力，電気陰性度．どの用語も，互いに線で結ばれていなければならない．

基本演習（別冊）
重要な概念の理解度を試すための演習問題（別冊）である．そのうちの少なくとも一つは，概念地図を作る問題であり，重要な考え方の間にどのような関係があるかを問う．

総合演習（別冊）
知識とさまざまな重要な概念とを総合して問題を解く力が試される．

> ● 総 合 演 習 ●
>
> **3.105** 電気回路で，金属の管や金属性の部品をつなぎ合わせるのに"はんだ"を用いる．はんだは，金属を溶かし，もう一つの金属の表面に結合させる．はんだとしてよく使われるのが，銀，スズ，鉛である．これらの金属元素が周期表のどこにあるか確認せよ．化学的性質からみると，どの元素が電気回路用はんだにふさわしいか．どのような性質から，そのように判断したかのか．鉛は，かつて水道管をつなぐのに使われていたが，それはどのような性質によるか．また，なぜ鉛は使われなくなったと思うか．
>
> **3.106** 粘性とは，流れに逆らう力である．水の三つの相について粘性を比較せよ．私たちは，ふつう，固体が流れるとは考えない．氷が流れる例をあげよ．
>
> **3.107** ダイヤモンドとグラファイトは，炭素の同素体である．グラファイトの密度は $2.2\ \mathrm{g\ cm^{-3}}$ であるのに対し，ダイヤモンドは $3.513\ \mathrm{g\ cm^{-3}}$ である．グラファイトは優れた潤滑剤であるが，ダイヤモンドは最も硬い物質である．前述のデータを使い，ダイヤモンドとグラファイトでの原子間相互作用の違いについて議論せよ．

工学的に重要な応用とその例

実社会でのさまざまな応用例を通して"生きた"化学を学び，個々の事例にどう対処したらよいか考える能力を養う．

実社会での応用
学生諸君が材料に興味をもつよう，実社会でどのように応用されているかについて触れる．

7.1 いくつかの例：冷却パック，温熱パック，溶接

スポーツでけがをすると，よく冷却パックで手当する．冷却パックは，水（冷たいことを強調するため青く着色してあることが多い）を含んだ丈夫な外側の袋と，塩の入った内側の袋からなっている．ここで，塩は，化学で一般的に使われる用語であり，符号の異なるイオンがクーロン力

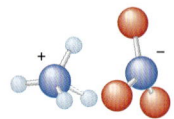

図7.2 NH_4^+ イオンと NO_3^- イオン．化学では，塩は，電荷が逆符号のイオンからなる固体をさす．正に帯電したイオンと負に帯電したイオンは，クーロン相互作用により引き合っている．ここに示したのは，NH_4^+ イオンと NO_3^- イオンである．両イオンとも，共有結合で結ばれた数個の原子でできている．電荷は，原子団全体として電子を1個失っているか(＋)，余分に電子を1個獲得している(−)．これらの原子団は，それぞれアンモニウムイオン，硝酸イオンとよばれ，両方とも，自然界や食物，われわれの体内によくみられるイオンである．

で結合している物質をさす．冷却パックの塩を1億倍に拡大してみると，2種類のイオンでできており，それぞれは数個の原子の集合体であることがわかる（図7.2）．一方のイオンは NH_4^+ でアンモニウムイオンとよばれ，もう一方は NO_3^- で硝酸イオンとよばれる．冷却パックの内側の袋を破くと（図7.3），外側の袋の水は塩と混じり合う．逆の符号のイオンはばらばらとなり，周囲を水分子が取囲む．このとき冷たく感じるのは，パックが，患部を含めた周囲から熱を奪うからである．

ねんざや肉離れは，多くの場合，冷却療法で処置する．一方，筋肉痛やけいれんの場合には，温めることが推奨される．熱を発生させる方法の一つが，温熱パックである．冷却パック同様，温熱パックも水を含んだ外側の袋と，塩を含んだ内側の袋でできている．ただしこの場合，Ca^{2+} イオンと Cl^- イオンからなる固体 $CaCl_2$ が，塩としてよく用いられる．この塩を水に溶かすと，木材や他の燃料を燃やしたのと同じように発熱する．

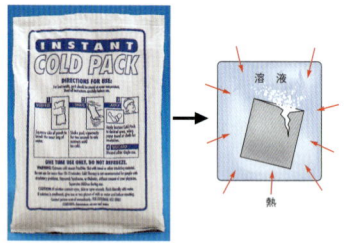

図7.3 冷却パック．内側の袋を破ると，塩と水が混じり合い水溶液となる．このとき，周囲から熱を奪う．

応用問題
スポーツ用品店やスキーショップに行き，カイロを手に入れてほしい．ところで，カイロには2種類ある．一方は溶液を含んでいて繰返し使えるタイプであり，もう一方は固体でできており1回しか使えない．液体タイプのカイロを発熱させ，何が起こるか観察せよ．どうやって，元の液体状態に戻すのか．また，固体タイプのカイロの成分は何か．固体タイプが発熱するメカニズムを考えよ．

応用問題
歯車の記号を付した応用問題は，学んだ概念を体験するためのものである．ありふれた道具や，近くの雑貨店などから入手しやすい道具を用いているので，誰でも実験が楽しめる．

──● 応用演習 ●──

10.73 金属イオン，特に銅，鉄，ニッケルは，食品中の脂肪と酸素との反応の触媒として働く．この反応により，不快な臭いが発生する．金属イオンは，土や，食品の加工に用いる機器など，さまざまなところから混入する．酸化を防ぐのに，$EDTA^{4-}$ は使えるか．錯イオン生成定数の表（付録A）を用いよ．多くの食品には Ca^{2+} イオンが含まれているが，Ca^{2+} イオンの存在下で $EDTA^{4-}$ により封鎖できるのは，どの金属イオンか．

応用演習（別冊）
応用演習と歯車の記号を付けた課題では，応用に関連した問題を扱う．

要約目次

第1章　化学の基礎
第2章　原子の構造
第3章　物理的・化学的性質の周期性
第4章　金属結合と合金
第5章　化学結合と現代のエレクトロニクス
第6章　分子の形状と分子間相互作用
第7章　熱力学と変化の方向
第8章　平衡：ダイナミックな定常状態
第9章　電気化学：電池，腐食，燃料電池，膜電位
第10章　配位化学：宝石，磁性，金属，細胞膜
第11章　ポリマー
第12章　反応速度論

目次

第1章 化学の基礎 …………………………………… 1
- 1.1 化学はどこにでも ………………………………… 2
- 1.2 構成ブロックとしての原子：原子理論 ………… 3
  （アボガドロの仮説 4/ 原子レベルでの見方 4/ モル 5）
- 1.3 気体の法則 ………………………………………… 7
  （圧力と体積との関係：ボイルの法則 8/ 温度と体積との関係：シャルルの法則 8/ 気体の法則の組合せ 8/ 気体定数 10/ 応用 11）
- 1.4 分子とその表記法 ………………………………… 13
  （分子の形状 14）
- 1.5 化学量論 …………………………………………… 15
  （分子を区別する特徴 15/ 反応比 15/ 反応を釣り合わせる 16/ 限定反応物質 17）
- 1.6 命名法 ……………………………………………… 18
- 1.7 エネルギー ………………………………………… 18
  （エネルギー保存則 19）
- 1.8 異なる概念を結びつける ………………………… 20

第2章 原子の構造 ……………………………………… 23
- 2.1 周期表 ……………………………………………… 24
  （周期表の起こり 24/ 周期表の概要 25）
- 2.2 原子の構成要素 …………………………………… 26
  （電子 27/ 原子中での質量分布 29/ 原子のおもな構成要素と周期表 30）
- 2.3 光-原子の電子構造を解き明かす ……………… 30
  （光, 色, エネルギー 31/ 輝線スペクトルと原子のエネルギー 33）
- 2.4 原子モデル ………………………………………… 34
  （イオン化エネルギー 36/ 再び輝線スペクトル 37/ 量子力学モデル 37/ 量子数 43）
- 2.5 多電子原子のエネルギー準位 …………………… 45
  （エネルギーの順番 45/ 一つの軌道が収容できる電子数：パウリの排他律 47/ 電子配置 48）

第3章 物理的・化学的性質の周期性 ………………… 53
- 3.1 周期表にみる傾向 ………………………………… 54
  （元素の族 54/ 周期性 55）
- 3.2 電子と化学結合 …………………………………… 56
  （オクテット則 56/ イオン化エネルギー 57/ 電子親和力 58/ 電気陰性度 61）
- 3.3 化学的な傾向 ……………………………………… 61
  （原子の大きさ 63/ イオンの大きさ 63）
- 3.4 物理的性質の傾向 ………………………………… 66
  （元素の分類 66/ 元素の物理的な形態 67/ 融点 68/ 機械的性質 69/ 柔軟性 69/ 密度 70）

第4章 金属結合と合金 ………………………………… 73
- 4.1 金属結合 …………………………………………… 74
  （金属の結晶構造 76）
- 4.2 材料物性 …………………………………………… 81
  （変形 81/ 電子の動きやすさ：抵抗率 86）
- 4.3 相転移 ……………………………………………… 88
  （スズの固体相 88）
- 4.4 合金 ………………………………………………… 90
  （置換型合金 90/ 侵入型合金 93/ ニチノール 95）

第5章 化学結合と現代のエレクトロニクス ………… 99
- 5.1 金属結合以外の結合 ……………………………… 101
  （二原子分子 103/ 二原子以上の分子 109/ 混成軌道 112/ 半導体の元素と絶縁体の元素 113/ 混合原子価半導体 115/ ダイオード 118/ 青色発光ダイオード 120）
- 5.2 電気抵抗：導体と半導体との対比 ……………… 121
- 5.3 酸化物導電体と酸化物半導体 …………………… 122

第6章 分子の形状と分子間相互作用 ………………… 125
- 6.1 形状 ………………………………………………… 126
  （ルイス構造式と形式電荷 126/ オクテット則の限界 129/ 価電子対反発法 129/ 形状の効果：双極子モーメント 131/ 原子価結合理論 135）
- 6.2 分子間相互作用 …………………………………… 137
  （イオン間相互作用 137/ イオン-双極子相互作用 137/ 水素結合 139/ 双極子-双極子相互作用 140/ ロンドン力(分散力) 141/ 分子間力の相対的な強さ 142）
- 6.3 分子間相互作用と表面張力 ……………………… 143

第7章　熱力学と変化の方向 ... **147**
- 7.1 いくつかの例：
  冷却パック，温熱パック，溶接 ... 148
- 7.2 熱力学の第一法則：
  化学反応に伴う熱とエネルギー ... 149
  （熱 150/ 仕事 151/ ヘスの法則 152）
- 7.3 熱力学の第二法則：反応の進む方向 ... 161
  （宇宙の二つの部分 163/ ギブズ自由エネルギー 164）
- 7.4 共役反応 ... 167
  （ATP 167）

第8章　平衡：ダイナミックな定常状態 ... **171**
- 8.1 気相反応 ... 172
- 8.2 不均一系での平衡 ... 174
- 8.3 さまざまな平衡定数 ... 175
- 8.4 水溶液 ... 175
  （酸と塩基 175/ 溶解度 177/ 連結した平衡 178）
- 8.5 平衡定数をマスターするための
  八つのステップ ... 185
- 8.6 反応の方向と熱力学的な関係 ... 186
  （反応商 186/ ギブズ自由エネルギーと平衡定数 187）
- 8.7 平衡に影響を及ぼす因子 ... 188
  （ルシャトリエの原理 188）

第9章　電気化学：電池，腐食，燃料電池，膜電位 ... **191**
- 9.1 いくつかの例：電柱，釘，ブリキ缶 ... 192
- 9.2 酸化数 ... 193
  （周期性 195/ 酸化還元反応を見分け化学式を予想する 195）
- 9.3 活性度と周期表 ... 196
  （活性化系列（イオン化系列）196/ ガルバニ電池 198/ 電池の電位と標準電位列 199）
- 9.4 酸化還元反応のバランスをとる ... 201
- 9.5 応用 ... 203
  （乾電池 203/ 燃料電池 203/ 水の電気分解 205/ 腐食防止 205）
- 9.6 熱力学的な関係 ... 209
  （平衡と電池の消耗 210/ 濃淡電池 211）
- 9.7 冶金 ... 212
  （貨幣金属：Cu, Ag, Au 212/ 構造材料：Fe, Al 213/ 最も活性な金属：Na, K 215）

第10章　配位化学：宝石，磁性，金属，細胞膜 ... **217**
- 10.1 宝石 ... 218
- 10.2 遷移金属錯体 ... 221
- 10.3 用語の解説 ... 222
- 10.4 相互作用 ... 224
  （色 224/ 平衡 225/ 熱力学 227）
- 10.5 磁性 ... 228
  （不対 d 電子 229）
- 10.6 生体内での配位結合 ... 233

第11章　ポリマー ... **237**
- 11.1 いくつかの例 ... 238
  （ナイロン 238/ ポリエチレン：構造の制御 244/ ゴム 247/ 導電性ポリマー 251）
- 11.2 生成機構 ... 255
  （縮合ポリマー 255/ 付加重合ポリマー 258）
- 11.3 分子構造と材料としての性質 ... 261

第12章　反応速度論 ... **263**
- 12.1 反応速度 ... 264
  （濃度 264/ 反応速度式と反応次数 265/ 実験データから反応速度式を導く 267）
- 12.2 反応速度式 ... 268
  （一次反応 268/ 二次反応 268/ 半減期 270）
- 12.3 素反応と反応速度式：反応機構 ... 270
- 12.4 反応のモデル ... 272
  （温度と活性化障壁 272/ 衝突理論 274/ 活性錯合体 275）
- 12.5 反応速度と平衡 ... 276
- 12.6 触媒 ... 276
  （均一系触媒 277/ 不均一系触媒 279）

付録 ... 283
用語解説 ... 303
写真出典 ... 312
索引 ... 313

1　化　学　の　基　礎

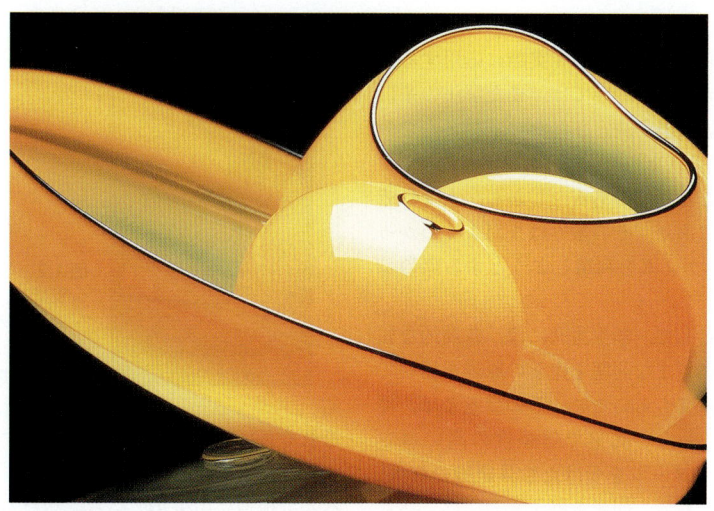

厳密にはガラスは液体であるが，室温では粘性が高いため，固体のようにみえる．高温にするとガラスは柔らかくなり，まるでキャラメルのようにふるまう．このような塑性を利用して，Dale Chihuly らの芸術家達は，このアプリコット・バスケットのようなすばらしく美しい作品を生み出す．

目　次

1.1 化学はどこにでも
1.2 構成ブロックとしての原子: 原子理論
　・アボガドロの仮説
　・原子レベルでの見方
　・モ　ル
1.3 気体の法則
　・圧力と体積との関係: ボイルの法則
　・温度と体積との関係: シャルルの法則
　・気体の法則の組合わせ
　・気体定数
　・応　用
　　（大気圧の起源/地球の大気の重さ）
1.4 分子とその表記法
　・分子の形状
1.5 化学量論
　・分子を区別する特徴
　・反応比
　・反応を釣り合わせる
　・限定反応物質
1.6 命名法
1.7 エネルギー
　・エネルギー保存則
1.8 異なる概念を結びつける

主　題

■ 物質を原子のスケールでとらえる．
■ 気体で観測される巨視的な現象を原子スケールでの反応像と結びつける．

学習課題

■ 反応式を立てるため巨視的な観測を行う（例題 1.1）
■ 巨視的（マクロ）なサイズとミクロなサイズとの関係を理解し，質量をモルに換算する（例題 1.2〜1.4）
■ 気体の状態方程式を使いこなす（例題 1.5〜1.7, 1.9〜1.11）
■ 質量，モルを相互に変換する（例題 1.8）
■ 化学式を解読し，反応を釣り合わせる（例題 1.12, 1.14, 1.15）
■ エネルギーを計算する（例題 1.16〜1.19）
■ さまざまな用語の間の関係を図示する（例題 1.20）

化学について深く調べたり，考えたりすると，わくわくした気分になる．それは，私たちが直面している問題を解決する可能性を秘めているからである．物事を巨視的（マクロ）に見てみると，その結果や性質を決める膨大な数の原理や法則を，私たちはすでに知識として蓄えている．したがって，問題の解答はすぐ手の届くところにあるように思える．一方で，これらの原理・法則を実際に応用するのは容易ではなく，多くの問題については，まだ解決の糸口さえ見えていない．最近配列が決定されたヒトゲノムを例にとると，原理的には，これを利用して病気を治したり，ケガを治療したりすることは可能である．しかし，人それぞれには微妙な差が無数にあり（その多くはまだよくわかっていないが），これが，ゲノムを利用しようとする際の障害となる．

本書の最終的な目標として，学生諸君には，基礎的な知識を蓄えたうえで，さまざまな問題を化学の原理を用いて解決する能力を身につけてもらいたい．その問題とは，優れた建材の開発から，もっと高速で信頼性の高いコンピュータのデザイン，ダメージを受けた生体組織の修復，汚染の浄化まで多岐にわたる．問題を解決するには，多くの場合，原子レベルからマクロな大きさまでの非常に広いスケールで，対象を取扱う必要がある．化学者は，こうした問題をさまざまなレベルで視覚化する．このため本書では，異なるレベルの間を視覚的につなげられるよう，図を多用している（図1.1）．

1.1 化学はどこにでも

周囲を見渡すと，私たちは日々，非常に多くの材料と接していることに気づくであろう．この本の各ページの柔らかさを，その下の机の固さと比べて頂きたい（図1.2）．

図1.2 机の天板と本の各ページでは，物理的な性質が大きく異なる．これは，原子・分子レベルでの性質が異なるからである．

それぞれの材料の性質は，必要とする機能に見合ったものである．このような性質の違いは，各材料の原子・分子レベルで構造に由来している．私たちは，ある特定の性質が得られるよう材料を設計する．このため，通常は材料のマクロな性質に注目する．しかし，マクロな性質はミクロな性質によって決まっている（図1.3）．したがって，ある材料のマクロな性質をデザインするには，原子・分子レベルで材料を組立てていかなければならない．

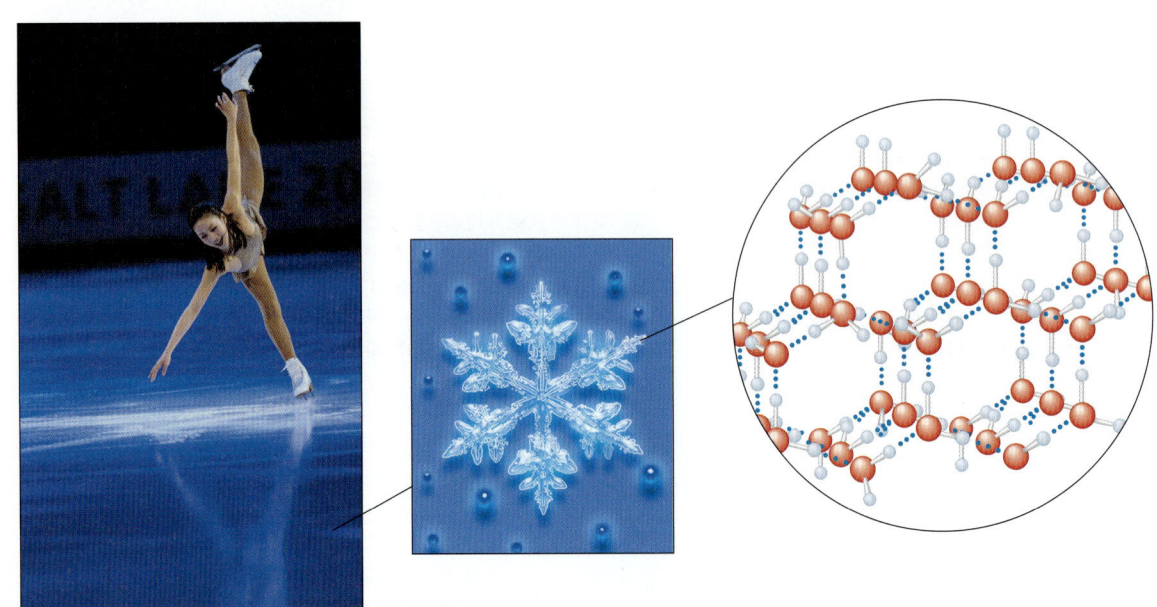

図1.1 氷を三つの異なるスケールで示した．氷のマクロな表面のおかげで，スケーターはスムーズに滑ることができる．雪の六角形の結晶は，巨大分子としての氷の形を表している．原子レベルでみると，氷には六角形の空洞があり，ここに他の分子を捕捉できる．分子レベルの氷の性質が，スケーターの優雅な滑りを可能にしている．

元素	重要な役割	
チタン Ti	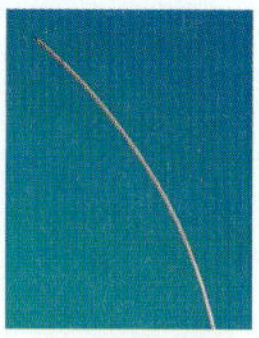	比較的密度が低く，強度が高いため，航空機やミサイルの外壁としてしばしば利用される．強度と生体への適合性が高いことから，人工の腰骨や肘の材料としても用いられる．酸素との化合物は重要な白色顔料であり，ペンキやクリーム状サラダドレッシングにも使用される．白色顔料は紫外線を吸収するため，日焼け止め化粧品の重要な成分でもある． 
鉄 Fe		鉄は，地殻中に4番目に豊富に含まれる元素であり，通常，他の元素と一緒に産出する．鉄はスチールなどの多くの合金の成分であり，構造材料として頻繁に用いられる．血中では，鉄は酸素を運搬する役割を演じており，DNA合成やグルコース代謝など多くの酵素にも鉄は不可欠である． 
ニッケル Ni		ニッケルは，鉄，クロム，炭素とともにステンレスの構成元素である (Fe 74%, Cr 18%, Ni 8%, 炭素 <1%)．ニッケルは高温でも腐食しにくく，このためロケットエンジンに使用される．ニッケルを加えることで，ガラスは緑色になる．ニッケルは成長ホルモンにも含まれると考えられている．米国のニッケルコインは，おもにニッケルでできている．
銅 Cu	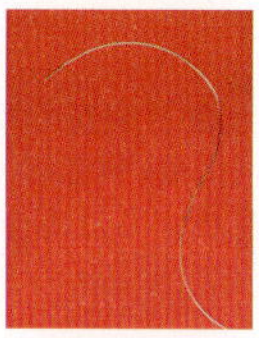	銅は，古来より貨幣に使われてきた．導電性が高く，また延性にも優れているため，電気回路の配線に利用される．銅はまた，タコやカタツムリ，クモなどの青い血液に含まれており，酸素を運搬する役割を果たしている． 
亜鉛 Zn	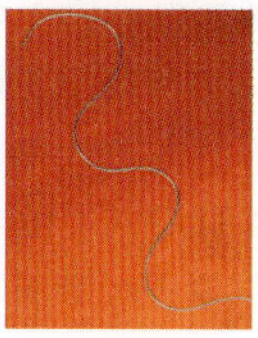	亜鉛は真鍮の成分であり，鉄を腐食から守る被覆としても用いられる．亜鉛は多くの鉱山から産出し，乾電池に広く利用されている．亜鉛は，生体を維持するうえで二つの役割を果たしている．一つは，多くの酵素の活性点（反応分子が出会う場所）としての役割であり，もう一つの役割として，RNAの転写因子として機能するタンパク質を形づくる． 

図 1.3 5種類のありふれた金属元素 (Ti, Fe, Ni, Cu, Zn)．それぞれ物理的性質が異なり，社会のさまざまな場所で用いられている．さらに，Fe, Cu, Zn は，われわれの体を維持するのに不可欠である．元素は，通常それを発見したり単離したりした人の名前をとっている．チタンはラテン語 Titans（ギリシャ・ローマ神話に登場する神）に由来する．鉄はラテン語の ferrum，銅はラテン語の cuprum，Zn はドイツ語（詳細は不明），Ni はドイツ語の Kupfernickel（copper Satan あるいは Old Nick's copper，炭鉱夫が鉱石に銅が含まれていると誤解していたため）からきている．

1.2 構成ブロックとしての原子：原子理論

"原子(atom)" という言葉は，ギリシャ語の *atoms*（分けられないもの）に由来している．現在では，原子はさらに小さな粒子で構成されていることがわかっているが，元素を分割していったときに，その元素の性質を維持するための最小の構成要素が原子である．原子は，走査型トンネル顕微鏡（STM）あるいは原子間力顕微鏡（AFM）を用いると，直接 "観る" ことができる．

化合物とは，2種類あるいはそれ以上の元素に分割できる物質をさす．食塩は，ナトリウムと塩素で構成される化合物であり，水は水素と酸素からなる．いくつかの元素は，原子の集合体である**分子**として存在する．分子という言葉は，化合物および単体元素の分子の両方の意味で使われる．

材料を原子の視点から見たとき，最も重要な概念は，原子を基本的なブロックとして積み上げることにより，物質が成り立っているということである．このような原子レベルの見方は，気体を用いた実験の結果に基づいている．1803年から1808年にかけ，John Dalton は以下のような提案を行った．

1. すべての物質は原子で構成されている．
2. 原子は，反応にかかわる元素の最小要素である．
3. 元素が同じならば，原子も同じである．
4. 元素が異なれば，対応する原子も異なる．
5. 化合物は，異なる元素に属する複数の原子で構成されており，原子数の比はある決まった値をとる．

ここまではDaltonの説は正しく（同位体を無視していることを除けば），さらにDaltonは二つの提案をした．これは，後に誤りであることが判明したが，誤りを正すのに，化学者たちは50年も費やした．一つ目の仮説は"すべての単体の気体は1原子からなっている"であり，二つ目は"水は水素原子1個と酸素原子1個でできている"である．正しい結論に至るプロセスは，けっして一本道でもなければ単純でもない（化学をきちんと理解しようとする読者は，この点を心に留めておくとよかろう）．

原子の概念なしに，原子量を決定することはできないが，個々の原子は，数えたり，重さを測ったりするにはあまりに小さい．重さの単位が非常に小さくなるという問題は，多数の原子の重さを測れば解決できる．しかしこれは単に，測定対象に含まれる原子の数を決定するという，別の問題にすりかえたにすぎない．

重さの比が重要であるということに気づけば，問題解決への道が開ける．ある基準となる元素の質量を任意に指定してやれば，他の元素の質量は，基準元素との比から決めることができる．

基本問題 1gの水素は8gの酸素と完全に反応して9gの水を生じる．水素の質量を1としたとき，酸素の質量を決めるには，他にどのような情報が必要か．また，その情報は，どのようにして得たらよいか．■

もう一つ必要な情報は，分子や化合物中に含まれる各原子数の比率である．気体の反応は，この情報を得るための鍵となる．1800年代前半，Joseph Gay-Lussacは，気体の反応を用いて，上記組成比の決定へとつながる非常に重要な実験を行った．
1. 体積2の水素は体積1の酸素と反応して体積2の水蒸気となる．
2. 体積1の水素は体積1の塩素と反応して体積1の塩化水素となる．

これらの実験結果から化学反応式へと進むためには，気体が容器をどのように満たしているかについても知っておく必要がある．

アボガドロの仮説

Amadeo Avogadroの仮説によると，気体が容器をどう満たすかは，つぎのように表現される．

"異なる種類の気体であっても，体積が等しければ，等しい量の粒子を含んでいる（現代風の言い方をすれば）"

この仮説は1811年に提案されたが，互いに矛盾する仮定を整理し，広く受入れられるような描像に落ち着くまで50年の月日を要した．進展を妨げた最大の理由は，単体元素の気体，すなわち水素，酸素，窒素，塩素は，単原子分子であるという仮定にあった．このように仮定したのは，当時，何が同一原子を結びつけ二原子分子をつくり出すの

か，わかっていなかったからである．1860年，Stanislao Cannizzaroは，ドイツ，カールスルーエの会議で講演を行い，何が二原子分子を結びつけているのかについてはひとまず置いておき，単体の気体は二原子分子であるはずだと主張した．（希ガスはこの描像に当てはまらないが，当時希ガスは知られていなかった．）

原子レベルでの見方

Cannizzaroの大胆な主張とGay-Lussacの水素，酸素，塩素に関する実験，アボガドロの仮説を合わせると，矛盾のない描像が描ける．アボガドロの仮説に立ち，かつ元素は反応の前後で変わらないと仮定すると，水の水素と酸素の比は以下のようになる（図1.4）．体積2の水素中に含

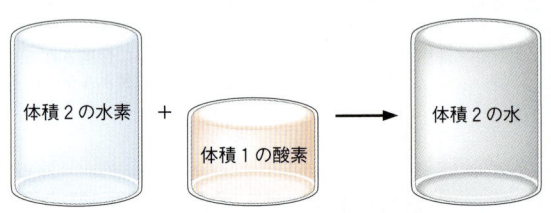

図1.4 Gay-Lussacが観測した水素と酸素の反応．体積2の水素が体積1の酸素と反応し，体積2の水が生じる．これは，水素と酸素から水が生成する反応を，マクロな視点からみたものである．

まれる原子の数は，体積1の酸素中の原子の数の2倍である．個々の元素の原子数は反応の前後で変わらないので，水には酸素に比べ2倍量の水素が含まれているはずである．したがって，水の化学式はH_2O（下付きの数字は最小の元素数比），すなわち水素2原子と酸素1原子で表される（図1.5）．

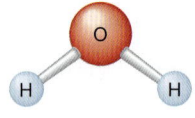

図1.5 2個の水素原子と1個の酸素原子からなる水分子．

基本問題 上記の実験は，水素や酸素が単原子分子であることを示しているか，それとも二原子分子であることを示しているか．■

消費される水素の体積と，生成される水の体積は等しい．したがって，アボガドロの仮説により，この反応で生成した水分子の数は，消費した水素分子の数に等しい．水分子は2個の水素原子を含むため，水素の単体分子も2個の水素原子でできていることになる．同様の議論により，酸素分子も2個の酸素原子でできている（図1.6）．それぞれの元素の元素記号を用いると，反応は

$$2H_2 + O_2 \longrightarrow 2H_2O \tag{1.1}$$

と表される．ここで，下付き数字は分子が各構成元素の原

子をいくつ含んでいるかを示している．特に，水素分子は H_2，酸素分子は O_2 と表す．

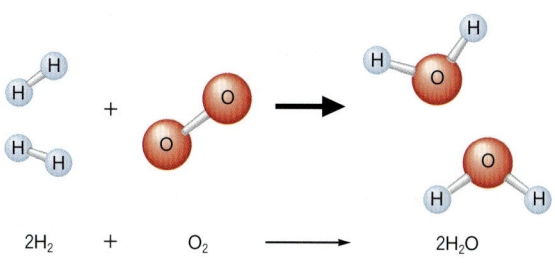

図 1.6 水素と酸素から水が生成する反応のミクロな描像．2 個の水素分子（二原子分子）と 1 個の酸素分子（二原子分子）が反応し，1 個の水分子が生じる．

基本問題 水素と塩素が反応して塩化水素を生じる反応は，マクロおよびミクロなレベルではどのように表現できるか．また，この反応は，水素と塩素が二原子分子であるとする結論を支持するか．塩化水素はどのような組成か．

モル

マクロな対象（1 リットルの気体や金属線の切れ端など，通常われわれが扱うサイズ）と原子の視点をつなぐ架け橋が，**モル**とよばれる量である．1 モル（英語で mole，単位では **mol** と略される）は 6.022137×10^{23} 個の粒子を含んでいる．アボガドロの仮説が化学の発展に大きく貢献したことを称え，この数を**アボガドロ数**（N_A）とよぶ．1 モル当たりの粒子数 6.022137×10^{23} は，とてつもなく大きな数のように思えるが，個々の原子は極限まで小さい．原子 1 個がいかに小さいかをイメージするため，個々の原子をボールベアリングの玉のような硬い球であるとみなし，家庭の電気配線に使われるような丈夫な金属線の端を，拡大してみることにする（図 1.7）．百万倍近く拡大すると，構造が見えはじめ，1 千万倍まで拡大（すなわち 7 桁拡大）すると，個々の原子が識別できるようになる．1 千万倍の拡大は，指の太さほどの 1 cm を，100 km まで引き延ばすことに相当する．直径 1 mm の金属線の断面は，10 兆（1×10^{13}）個もの原子で覆われている（例題 1.2 参照）．

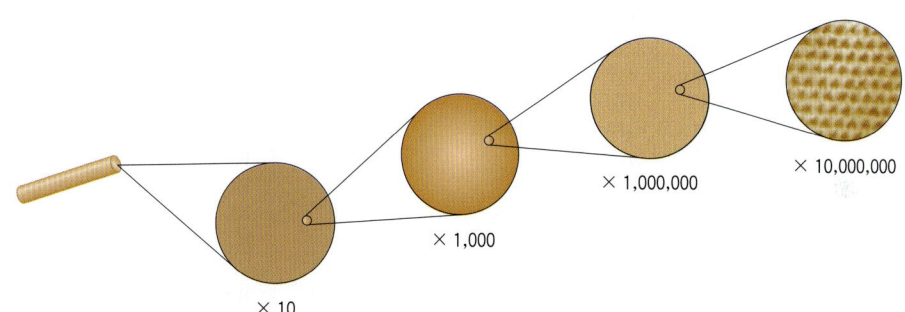

図 1.7 金属線の一端を徐々に拡大していくと，金属を形づくる構成ブロックが見えてくる．最初は，ぼやけた配列が認められるが，やがて，個々の構成ブロック，すなわち原子が見えてくる．2 段階目の拡大では，元に比べ 1000 倍の大きさとなっているが（線の直径は 1 m），まだ原子は見えない．1,000,000 倍まで拡大すると，原子が見えるようになる．この段階で，線の直径は 1 km である．個々の原子を識別するには，さらに 10 倍拡大する必要があり，原子の直径は 2.4 mm となる．この値は，元の金属線の直径よりもわずかに大きい．10^7 倍の拡大では，線の直径は 10 km にまで達する．断面には，10 兆個もの原子が並んでいる．

例題 1.1　反 応 式

アボガドロ数は，マクロな観測量である反応気体の体積とミクロな分子式との間をつなぐものである．ある一定温度，一定圧力のもとで，1000 mL の一酸化炭素（CO）を二酸化炭素（CO_2）に変えるには，何 mL の酸素が必要か．また，何 mL の CO_2 が生じるか．

［解　法］
■ 反応式を書く．
■ 気体のモル密度は気体の種類によらない．

［解　答］
■ 反応：$2CO + O_2 \longrightarrow 2CO_2$
■ 一酸化炭素は 1 原子の酸素，二酸化炭素は 2 原子の酸素を含んでいる．したがって，反応には，1 原子分の酸素が必要である．酸素分子は O_2 として存在するため，1 個の単体酸素は 2 分子の CO と反応して 2 分子の CO_2 を生じる．

必要とされる酸素の体積は，CO の半分の 500 mL である．1 分子の CO から 1 分子の CO_2 が生じるため，CO_2 の体積は元の CO と同じ 1000 mL である．

別冊演習問題 1.16〜18，1.63 参照

例題 1.2 銅線の断面の原子数

銅原子の半径は 120 pm（1 pm = 1×10^{-12} m は原子の大きさの標準的な単位）である．直径 1 mm の銅線の断面には，およそ何個の銅原子が存在するか計算せよ．

[解 法]
- 互いに接する銅原子をいくつ並べたら，銅線の直径に達するかを計算する．
- 断面の面積 = πr^2 である．

[解 答]
- 銅原子の半径は 120 pm であるので，直径は 240 pm（240×10^{-12} m）である．銅線の直径は 1 mm であるので，銅原子は互いに接しているとすると，銅線の直径に沿って

$$\frac{1\times10^{-3}\,\text{m}}{240\times10^{-12}\,\text{m/原子}} = 4\times10^6\,\text{原子}$$

あるいは 400 万個の原子が並んでいる．原子を単位とすると，銅線の半径は 200 万である．
- 断面積は，原子を単位とすると $\pi r^2 = \pi\times(2\times10^6)^2 = 1.2\times10^{13}$ となる．

したがって，銅線の断面は，10 兆個以上の原子で覆われている．もし，個々の原子を，銅線の断面積と同じ直径 1 mm まで拡大したとすると，約 50 万個ほどの原子があればサッカー競技場を覆い尽くせる．ここに 10 兆個の原子を詰め込んだとすると，高さは 10 m にまで達する．

別冊演習問題 1.7, 1.8 参照

表 1.1 元素と原子量 原子量はすべて 4 桁の有効数字で表した．放射性元素については，その元素の放射性同位体の質量数の一例を（ ）内に示した．[日本化学会原子量委員会が作成した 4 桁の原子量表(2010)による]

元素		原子量	元素		原子量	元素		原子量
Ac	アクチニウム	(227)	Gd	ガドリニウム	157.3	Po	ポロニウム	(210)
Ag	銀	107.9	Ge	ゲルマニウム	72.64	Pr	プラセオジム	140.9
Al	アルミニウム	26.98	H	水素	1.008	Pt	白金	195.1
Am	アメリシウム	(243)	He	ヘリウム	4.003	Pu	プルトニウム	(239)
Ar	アルゴン	39.95	Hf	ハフニウム	178.5	Ra	ラジウム	(226)
As	ヒ素	74.92	Hg	水銀	200.6	Rb	ルビジウム	85.47
At	アスタチン	(210)	Ho	ホルミウム	164.9	Re	レニウム	186.2
Au	金	197.0	Hs	ハッシウム	(277)	Rf	ラザホージウム	(267)
B	ホウ素	10.81	I	ヨウ素	126.9	Rh	ロジウム	102.9
Ba	バリウム	137.3	In	インジウム	114.8	Rn	ラドン	(222)
Be	ベリリウム	9.012	Ir	イリジウム	192.2	Ru	ルテニウム	101.1
Bh	ボーリウム	(272)	K	カリウム	39.10	S	硫黄	32.07
Bi	ビスマス	209.0	Kr	クリプトン	83.80	Sb	アンチモン	121.8
Bk	バークリウム	(247)	La	ランタン	138.9	Sc	スカンジウム	44.96
Br	臭素	79.90	Li	リチウム	6.941	Se	セレン	78.96
C	炭素	12.01	Lr	ローレンシウム	(262)	Sg	シーボーギウム	(271)
Ca	カルシウム	40.08	Lu	ルテニウム	101.1	Si	ケイ素	28.09
Cd	カドミウム	112.4	Md	メンデレビウム	(258)	Sm	サマリウム	150.4
Ce	セリウム	140.1	Mg	マグネシウム	24.31	Sn	スズ	118.7
Cf	カリホルニウム	(252)	Mn	マンガン	54.94	Sr	ストロンチウム	87.62
Cl	塩素	35.45	Mo	モリブデン	95.96	Ta	タンタル	180.9
Cm	キュリウム	(247)	Mt	マイトネリウム	(276)	Tb	テルビウム	158.9
Co	コバルト	58.93	N	窒素	14.01	Tc	テクネチウム	(99)
Cr	クロム	52.00	Na	ナトリウム	22.99	Te	テルル	127.6
Cs	セシウム	132.9	Nb	ニオブ	92.91	Th	トリウム	232.0
Cu	銅	63.55	Nd	ネオジム	144.2	Ti	チタン	47.87
Db	ドブニウム	(268)	Ne	ネオン	20.18	Tl	タリウム	204.4
Ds	ダームスタチウム	(281)	Ni	ニッケル	58.69	Tm	ツリウム	168.9
Dy	ジスプロシウム	162.5	No	ノーベリウム	(259)	U	ウラン	238.0
Er	エルビウム	167.3	Np	ネプツニウム	(237)	V	バナジウム	50.94
Es	アインスタイニウム	(252)	O	酸素	16.00	W	タングステン	183.8
Eu	ユウロピウム	152.0	Os	オスミウム	190.2	Xe	キセノン	131.3
F	フッ素	19.00	P	リン	30.97	Y	イットリウム	88.91
Fe	鉄	55.85	Pa	プロトアクチニウム	231.0	Yb	イッテルビウム	173.1
Fm	フェルミウム	(257)	Pb	鉛	207.2	Zn	亜鉛	65.38
Fr	フランシウム	(223)	Pd	パラジウム	106.4	Zr	ジルコニウム	91.22
Ga	ガリウム	69.72	Pm	プロメチウム	(145)			

例題 1.3　植物の栄養素

リン（P）は多くの植物の成長に必須な元素である．1 mol のリン酸カルシウム $Ca_3(PO_4)_2$ には何 g のリンが含まれているか．100 kg のリンを土壌に与えるには，リン酸カルシウムは何 kg 必要か．

[解　法]
- リン酸カルシウム中の原子の個数を求める．
- これを質量に変換するのに原子量を用いる．
- リン酸カルシウムのモル質量を求める．
- リン酸カルシウムとリンの質量の比を用いて計算する．

[解　答]
- 1 mol のリン酸カルシウムには 2 mol のリンが含まれている．
- リンの原子量は 30.97 g mol^{-1} であるので，リン酸化カルシウム中に含まれるリンの量は

$$\frac{2\ \text{mol P}}{\text{mol Ca}_3(PO_4)_2} \times 30.97\ \text{g mol}^{-1}\ \text{P}$$
$$= 61.94\ \text{g P mol}^{-1}\ Ca_3(PO_4)_2$$

となる．
- リン酸カルシウムのモル質量＝ $[(3\times40.08)+(2\times30.97)+(8\times16.00)]=310.2\ \text{g mol}^{-1}$
- $\dfrac{310.2\ \text{g Ca}_3(PO_4)_2}{61.94\ \text{g P}} = \dfrac{x\ \text{kg Ca}_3(PO_4)_2}{100\ \text{kg P}} \Rightarrow x = 501\ \text{kg}$

ある量のリンを与えようとすると，ほぼ 5 倍分のリン酸カルシウムが必要となる．あまり効率的でないのは，3 個のカルシウム原子が重いからである．カルシウムをナトリウムやリチウムで置き換えると，効率は大幅に改善する．

別冊演習問題 1.64, 1.65 参照

例題 1.4　酸素の生成

固体中の酸素が比較的緩く結合している場合，その固体を加熱すると酸素が発生する．10 g の $KClO_3$ を加熱すると，何 g の酸素が発生するか．

[解　法]
- $KClO_3$ のモル質量を計算する．
- 1 mol の $KClO_3$ 中に含まれる酸素原子の質量を計算する．
- 酸素の質量の分率を計算し，これに $KClO_3$ の質量をかける．

[解　答]
- $KClO_3$ のモル質量は，個々の元素の質量の合計である．1 mol の $KClO_3$ 中，K は 39.098 g mol^{-1}，Cl は 35.453 g mol^{-1}，酸素は $3\times15.999 = 47.997$ g mol^{-1} を占める．$KClO_3$ 全体では $(39.098+35.453+47.997)=122.548$ g mol^{-1} となる．
- 3 mol の酸素原子の質量は 47.997 g である．
- $KClO_3$ 中の酸素の質量分率は $47.997/122.548=0.39166$ である．したがって，10 g の $KClO_3$ に含まれる酸素は 3.9 g である．これだけの酸素が，$KClO_3$ の分解で生じる．

別冊演習問題 1.53, 1.54 参照

銅のような単体物質は，ただ一つの原子種で構成されている．個々の原子の質量は非常に小さいので，原子量は通常，**原子質量単位（amu）**を用いて表す．1 amu は 1.6605402×10^{-24} g であり，水素原子 1 個の質量にほぼ等しい．原子の重さは非常に軽く，一方 1 モルに含まれる原子の個数は膨大であるので，1 モル当たりの質量は，現実的に測定できる値となる．1 モル当たりの質量は，**原子量**あるいは**モル質量**とよばれる．たとえば，1 モルの銅原子の質量は 63.546 g であり，これが銅の原子量に相当する．表 1.1 に，元素の名前，元素記号，原子量をまとめる．

1.3　気体の法則

今まで述べてきたように，化学反応を原子の視点でとらえるうえで，気体は重要な役割を演じてきた．ここでは，ポンプで水を汲み上げる場合を例にとり，気体の法則についておさらいしてみる．今でも世界中で，アリストテレスの時代と同じやり方で，田畑にポンプで水を流している．垂直に立てた管の中に，サイズがぴったりのピストンを入れ，ピストンを持ち上げると真空が生じる．これを川や湖に置くと，ストローで飲み物を吸い上げるように，水は管の中に吸い上げられる．このようなやり方で，約 10 m の水を汲み上げることができる．深い峡谷から水を汲み上げるには，このようなポンプを直列につなげればよい．ここでは，なぜ 10 m が水を汲み上げられる限界なのか，考えてみる．

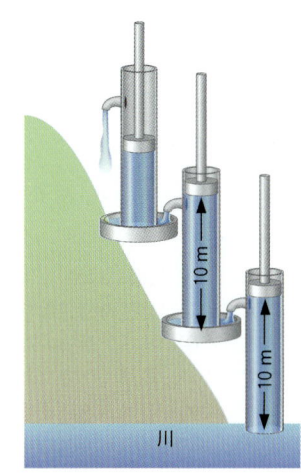

圧力と体積との関係: ボイルの法則

1660 年に Robert Boyle は，温度一定のもとでは，圧力が増加するほど気体の体積は減少することを見いだした．

具体的には，体積は圧力に反比例する．

$$\frac{\text{変化した体積}}{\text{もとの体積}} = \frac{\text{もとの圧力}}{\text{変化した圧力}} \quad (1.2a)$$

記号で表すと

$$\frac{V_2}{V_1} = \frac{P_1}{P_2} \quad (1.2b)$$

となる．式(1.2b)は**ボイルの法則**として知られている．

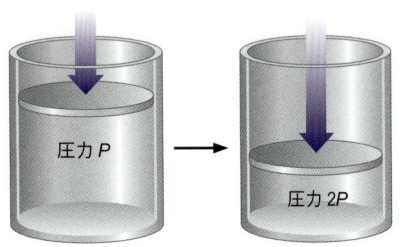

基本問題 半径 30 cm のシリンダーの一端を閉じ，もう一方の端に可動のピストンを取付ける．1 気圧の圧力を加えたとき，ピストンは，反対側の閉じた端から 6 m の位置にあったとする．圧力を 0.15 気圧まで下げると，ピストンはどこに移動するか．■

温度と体積との関係: シャルルの法則

今日では，理想気体に対するより一般的な方程式が知られており，ボイルの法則は，その一部として理解されている．100 年以上たった 1779 年，Guillaume Amontons は，体積が一定ならば圧力と温度との比は一定であることを見いだした．1 年後，フランスの Jacques Charles は，圧力が一定ならば，体積/温度の比は一定であるとの結論に至った．これら二つの結果は，式(1.4)，(1.5) で表される．

$$\frac{P_1}{T_1} = \frac{P_2}{T_2} \quad (1.4)$$

$$\frac{V_1}{T_1} = \frac{V_2}{T_2} \quad (1.5)$$

式(1.5)は**シャルルの法則**として知られている．

上記の関係式は，実験事実に基づいていることを強調しておきたい．この実験結果の本質が理解されるまでに，その後 70 年もの年月が費やされた．

式(1.4)，式(1.5)で，温度は正の値でなければならず，通常，K 単位の絶対温度が使われる．摂氏温度(°C)と絶対温度(K)との関係は，

$$\text{絶対温度(K)} = \text{摂氏温度(°C)} + 273.15 \quad (1.6)$$

である．なお，K の記号には °を付けない点に注意されたい．

基本問題 直径 30 cm のシリンダーの一端を閉じ，反対側に隙間なく動くピストンを据えつける．室温 (21 °C) では，ピストンは閉じた端から 6 m の位置にある．シリンダーが，山からの冷風 (10 °C) にさらされると，ピストンはどこに移動するか．■

気体の法則の組合わせ

シャルルの法則とボイルの法則を組合わせると，非常に有用な結果を得る．

$$\frac{V_1}{V_2} = \frac{T_1 P_2}{T_2 P_1} \quad \text{または} \quad \frac{V_1 P_1}{T_1} = \frac{P_2 V_2}{T_2} \quad (1.7)$$

現実の気体は，厳密にはこの関係に従わない．しかし，中程度の圧力と温度のもとでは，多くの気体は，ほぼこの式に従う．

例題 1.5 ポンプによる圧力

自転車の空気ポンプは，長さ 50 cm，断面積 5 cm² である．空気の体積を 1/10 にするには，どれだけの圧力を加えなければならないか．

[解 法]
■ ボイルの法則を変形した下式を用いよ．

$$P_2 = P_1 \times \frac{V_1}{V_2} \quad (1.3)$$

[解 答]
■ ボイルの法則には四つの変数，V_1, V_2, P_1, P_2 が含まれている．体積の情報は与えられているが，圧力に関しては不明である．最終的な圧力を求めよというのが問題であるが，最初の圧力はどれだけだろうか．ポンプを動かし始めたのは大気圧下であるから，最初の圧力は 1 気圧である．式(1.3)では，最初と最後の体積比が必要であり，したがって，体積の単位は打ち消されてなくなる．ポンプのサイズに関する情報は不要である．P_1 に体積比をかければ P_2 が求まる．

最終的な体積は元の体積の 1/10 であり，記号で表すと $V_2 = 0.1 \times V_1$ となる．したがって，

$$P_2 = P_1 \times \frac{V_1}{V_2} = P_1 \times \frac{V_1}{0.1 \times V_1}$$
$$= P_1 \times 10 = 10 \text{ atm}$$

もちろん，ポンプは自転車のチューブとつながっているため，実際の圧力はこれほど高くはならない．圧縮するには，圧力を高くしなければならないので，この答えは妥当である．

別冊演習問題 1.19〜22 参照

例題 1.6 絶対零度

シャルルの法則によると，一定圧力のもとでは，温度が低下するに従い体積は減少する．この関係に従うと，ある温度では，体積はゼロになってしまうように思える．また，さらに温度を下げると，体積は負の値をとりうる．しかし，負の体積は物理的に不合理であるので，温度にはとりうる最低の値があるに違いない．この温度を絶対零度とよぶ．以下の表のデータを用いて絶対零度を求めよ．すべてのデータは，$P = 1$ 気圧のもとで観測された結果である．

温度〔°C〕	気体の体積〔cm³〕
0	1000
−10	963
−30	890
−50	817
−150	451
−240	121
−270	11.0

[解 法]
- 式(1.5)を用いる．
- 体積をゼロに外挿する．
- 傾きと切片を計算する．

[解 答]
- シャルルの法則は，一定圧力のもとでの体積と温度との関係を表している．温度 T を体積 V に対してプロットし，これを体積ゼロに外挿すると，絶対零度が求まる．
- Y切片は $-273\,°C$ となる．これは，有効数字の範囲内で，実際の値 $-273.15\,°C$ と一致している．

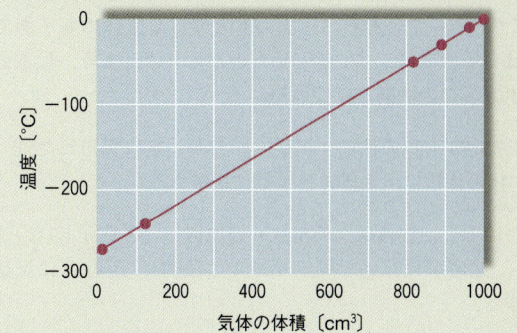

- またこのデータは，温度が 270 °C 低下すると，体積は 989 cm³ 減少することを物語っている．平均すると，変化量は 3.66 cm³/°C（= 989 cm³/270 °C）となる．したがって，体積をゼロにするために，後どれだけ温度を下げる必要があるかを計算すれば，絶対零度を求めることができる．

既 知	未 知
cm³ と cm³/°C	°C

現在の体積を，上記平均変化量で割れば，必要な温度の低下分が求まる．単位を考えると

$$\frac{\text{cm}^3}{\text{cm}^3/°C} = °C \qquad \frac{11.0\ \text{cm}^3}{3.66\ \text{cm}^3/°C} = 3.00\ °C$$

であるので，絶対零度は $-270\,°C - 3.00\,°C = -273\,°C$ となる．温度を含む気体の計算では，単位をケルビンに変換しなければならない．

別冊演習問題 1.23〜25 参照

例題 1.7 気体の法則の組合わせ

温度 23 °C，圧力 760 Torr のもとで，11.0 L の気体を満たした風船がある．この風船が，高度 20.0 km まで達したとき，圧力は 63.0 Torr，温度は 223 K となった．風船の体積を求めよ．

[解 法]
- 温度 T を °C から K に変換する．
- 与えられているのは V_1, P_1, T_1, P_2, T_2 であり，求めるのは V_2 である．式(1.7)を

$$V_2 = \frac{V_1 P_1 T_2}{T_1 P_2}$$

と変形する．

[解 答]
- °C から K に変換すると $23 + 273 = 296$ K となる．
- V_2 を計算すると

$$V_2 = \frac{V_1 P_1 T_2}{T_1 P_2}$$
$$= \frac{(11.0\ \text{L})(760\ \text{torr})(223\ \text{K})}{(296\ \text{K})(63.0\ \text{torr})} = 100\ \text{L}$$

となる．

この答えは妥当だろうか．温度は 25% 減少し，圧力は 12 倍小さくなる．したがって，体積の増加量約 10 倍は妥当である．

別冊演習問題 1.29〜30 参照

気体定数

気体の法則，すなわち気体のふるまいを記述する方程式を完成させるため，"気体は種類によらず，温度と圧力，体積が等しければ等しい量の粒子を含んでいる"とするアボガドロの仮説に立ち返る．この仮説を別の言い方に直すと，"ある一定の温度，圧力のもとでは，気体の原子あるいは分子密度はすべて等しい"となる．これより，以下の**アボガドロの法則**が直接導かれる．

"アボガドロの法則：温度，圧力が一定に保たれた気体の体積は，気体のモル数に比例する"

まとめると，体積は，モル数 n に比例し（アボガドロの法則），温度 T に比例し（シャルルの法則），圧力 P に反比例する．

$$V \propto \frac{nT}{P} \quad (1.8)$$

あるいは，アボガドロ流に表すと，

$$\frac{n}{V} \propto \frac{P}{T} \quad (1.9)$$

となる．**モル密度** n/V は，温度と圧力が等しければ，すべての気体について同じ値をとる．比例定数を決めてやれば，上記比例関係は等式となる．原理的には，比例定数は，気体の密度を測定すれば求まる．しかし，ここである問題が生じる．モル密度は，われわれが通常用いる密度，すなわち**重量密度**（＝重量/体積；気体に対する単位は g L^{-1}）とは異なるのである．気体により重量密度は異なるため，気体ごとに比例定数も異なる．

$$\frac{P}{T} = （気体に依存する定数）\times 密度 \quad (1.10)$$

基本問題 どうやって重量密度をモル密度に変換すればよいか．■

モルの概念を用いると，重量密度とモル密度とを結びつけることができる．

$$モル密度(mol\ cm^{-3}) = \frac{重量密度(g\ cm^{-3})}{原子量(g\ mol^{-1})} \quad (1.11)$$

重量密度をモル密度に変換すると，

$$\frac{P}{T} = \begin{pmatrix} 気体によらない \\ ユニバーサルな定数 \end{pmatrix} \times \frac{n}{V} \quad (1.12)$$

となる．ユニバーサルな定数は，中程度の圧力，温度であれば，すべての気体に適用できる．これを，ユニバーサルな気体定数，あるいはもっと簡単に**気体定数**とよび，記号 R で表す．気体定数は

$$\begin{aligned} R &= 0.08206\ L\ atm\ K^{-1}\ mol^{-1} \\ &= 8.3145\ J\ K^{-1}\ mol^{-1} \end{aligned} \quad (1.13)$$

である．R の美しさは，単原子分子であれ，二原子分子であれ，もっと多い原子からなる分子であれ，すべての気体に適用できる点にある．式(1.12)は R を用いて，以下のように表される．

$$\frac{P}{T} = R\frac{n}{V} \quad または \quad PV = nRT \quad (1.14)$$

式(1.14)は，**理想気体の法則**，あるいは理想気体の状態方程式とよばれる．0 ℃，1 気圧のもとでは，典型的な気体のモル密度は 0.0446 mol L^{-1} である．

室温近くの温度，1 気圧程度の圧力のもとでは，多くの気体は理想気体としてふるまう．**理想気体**とは，粒子間に相互作用がまったくない系をさす．中程度の温度，圧力下では，現実の気体もほぼ理想気体とみなせる．

基本問題 重量密度と原子密度が何を意味するかについて，自分の言葉で述べよ．■

最終的に，原子レベルの視点へと導いてくれる，すなわち，モル密度と原子密度との関係を与えてくれるのがアボガドロ数である．モル密度にアボガドロ数をかけると，原子密度が得られる．

$$\frac{0.0446\ mol}{L} \times \frac{6.022137 \times 10^{23}\ 粒子}{mol} \quad (1.15)$$
$$= 2.69 \times 10^{22}\ 粒子\ L^{-1}$$

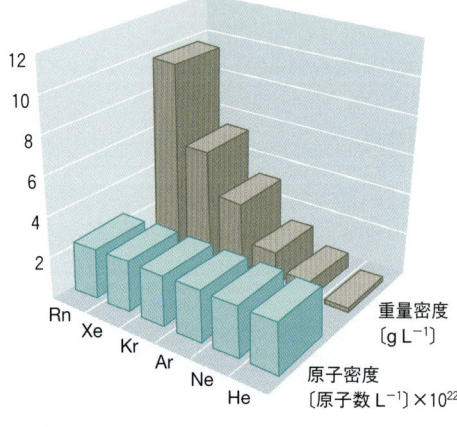

	ヘリウム He	ネオン Ne	アルゴン Ar	クリプトン Kr	キセノン Xe	ラドン Rn
重量密度 〔g L^{-1}〕	0.1787	0.9009	1.783	3.741	5.8612	9.91
原子量 〔amu〕	4.003	20.18	39.948	83.80	131.29	222
原子密度 〔原子数 L^{-1}〕 $\times 10^{22}$	2.69	2.69	2.69	2.69	2.69	2.69

図 1.8 希ガス気体の重量密度と原子密度(1 気圧，0 ℃)．Rn から He に向かって重量密度は減少するが，原子密度は変わらない．

単原子気体の場合，気体の構成粒子は原子である．したがって，ヘリウムからラドンまでの希ガスの原子密度は一定である（図1.8）．

現実の系では，多くの場合，圧力は1気圧，温度は0°Cに近い．1気圧，0°Cは**標準状態**とよばれる．標準状態を式(1.14)に代入すると，1モルの気体は22.4 Lを占めることがわかる．この数字は，気体を含む計算をする際に覚えておくと便利である．

応　用

a. 大気圧の起源　これまで，圧力は大気圧を単位として表してきた．大気圧は，海面の高さ（高度ゼロ）に単位面積の面を考え，その上方に存在する空気が，その面に及ぼす力として定義される．この圧力を測定する方法の一つに，真空にした管の一端を，液体の容器の中に沈める方法がある．管の中の液面は，その液体柱に働く重力と大気が水面を押す力が等しくなるまで上昇する．この原理に基づく装置を，トリチェリ（Torricelli）の大気圧計とよぶ（図1.9）．液体として水銀がよく用いられるが，高度ゼロのとき水銀柱の高さは760 mmに達する．このため，水銀

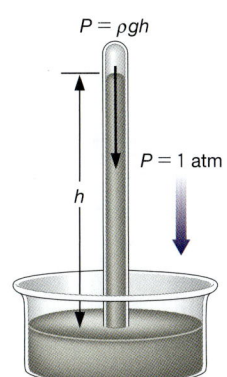

図1.9　トリチェリの気圧計．真空の管を液体の中に浸す．

柱の高さを単位として圧力を表す場合もある．発明者Torricelliの名をとって，水銀柱1 mmに相当する圧力を1 Torrとよぶ．地球の重力下で液体柱が及ぼす力は，液体の重量と重力加速度g（9.80665 m s^{-2}）との積で与えられる．

$$F = 重量 \times g \tag{1.16}$$

液体柱の質量は，体積（＝高さh×断面積A）と密度ρとの積で表され，

$$重量 = 体積 \times \rho = (h \times A) \times \rho \tag{1.17}$$

である．圧力は単位面積に加わる力であり，

$$P = \frac{F}{A} = \frac{(h \times A \times \rho) \times g}{A} \tag{1.18}$$

$$P_{atm} = \rho g h \tag{1.19}$$

と表せる．

基本問題　10メートルの限界は，海面と同じか，それに近い高さに置いたピストンポンプにあてはまる．もしポンプを，気圧630 Torrの高い山に置いたとすると，どれくらいの高さまで水を汲み上げられるか．（これはデンバーの気圧に相当する．）■

b. 地球の大気の重さ　地上に立っても実感はないが，頭上の大気は非常に大きな質量をもっている．この質量を求めることはできるだろうか．簡単のため，人の断面積を1000 cm^{2}と仮定しよう．もし，大気の体積と密度がわかっていれば，頭上の大気の質量は計算できる．しかし，高い山に登った経験のある方はわかるだろうが，大気の密度は高度とともに低下する．したがって，この問いに対する答えはそれほど単純ではない．大気に関して知っていることを，思い返してみよう．大気は分子でできており，個々の分子は質量をもっている．実際，この質量による重力が，トリチェリの気圧計の水銀を受けとめている．つまり，大気が高さ76 cmの水銀柱を支えている．水銀柱の断面積を1 cm^{2}とすると，体積は1 cm^2×76 cm = 76 cm^{3}となる．水銀の密度は13.56 g cm^{-3}であるので，水銀柱

例題 1.8　質量とモルとの関係

製薬会社は亜鉛のサプリメントを製造している．米国の成人1人当たり1日に摂取すべき亜鉛量は15 mgである．
(a) 成人1人当たり何molの亜鉛が必要か．
(b) 成人1人当たり1日に消費する亜鉛は何原子か．

[解法]
■ 単位を解析すると

$$モル数 = \frac{質量}{原子量} = \frac{g}{g\ mol^{-1}}$$

$$原子数 = モル数 \times \frac{原子数}{モル}$$

[解答]
■ (a) 亜鉛15 mgは何molに相当するかを計算する．

mgからgへの換算　モルへの換算

$$15\ mg \times \frac{1\ g}{1000\ mg} \times \frac{1}{65.39\ g\ mol^{-1}} = 2.3 \times 10^{-4}\ mol$$

■ (b) 亜鉛が何原子で15 mgとなるかを計算する．

モルから原子数への換算

$$2.3 \times 10^{-4}\ mol \times \frac{6.022045 \times 10^{23}\ 原子}{mol}$$

$$= 1.4 \times 10^{20}\ 原子$$

原子は非常に小さいため，数mg程度の材料を得るにも，膨大な数の原子が必要である．1.4×10^{20}個よりも，0.00023 molの方がはるかに考えやすい．

別冊演習問題1.53参照

例題 1.9　10 メートルの限界

液体として水を使ったトリチェリの気圧計を，海面と同じ高さに置く．水柱はどこまで上昇するか計算せよ．

[解　法]
■ 式 (1.19) を $h = P_{atm}/\rho g$ と変形する．
■ 単位を解析する．

[解　答]
■ 海面の高さにおける水柱による重力と，空気の柱による重力が等しくなるまで，管の中の水面は上昇する．水面の高さは，

$$h = \frac{P_{atm}}{\rho g}$$

■ 各物理量の単位は P（atm），g（m s^{-2}），ρ（g cm^{-3}），h（m）である．長さの単位をメートルにそろえると，上式の分母の単位は kg m s^{-2} となる．圧力の単位を N m^{-2}（1 N = 1 kg m s^{-2}）に変換すると，高さは m 単位となる．1 気圧 = 1.01325×10^5 N m^{-2} である．単位を解析してみると，

$$h = \frac{P_{atm}}{\rho g} = \frac{atm}{(g\,cm^{-3})(m\,s^{-2})} \times \frac{N\,m^{-2}}{atm} \times \frac{kg\,m\,s^{-2}}{N} \times \frac{g}{kg} \times \left(\frac{m}{cm}\right)^3 = m$$

となる．これに実際の数値を代入すると，

$$h = \frac{1\,atm}{(1.000\,g\,cm^{-3})(9.80665\,m\,s^{-2})} \times \frac{1.01325 \times 10^5\,N\,m^{-2}}{1\,atm} \times \frac{1\,kg\,m\,s^{-2}}{1\,N} \times \frac{1000\,g}{kg} \times \left(\frac{m}{100\,cm}\right)^3$$
$$= 10.33\,m$$

となる．これが，ピストンポンプの限界 10 メートルの根拠である．水柱の質量が，空気の柱の質量と等しくなるまでしか，水をくみ上げることはできないのである．

注意：単位変換に用いた定数（cm/m など）は厳密な値であるので，答えの有効数字は，水の密度の有効数字で決まる．

別冊演習問題 1.41 参照

例題 1.10　浮力：飛行船ヒンデンブルグ

飛行船ヒンデンブルグの製造会社は，なぜリスクを負ってまで，ヘリウムでなく水素で気球を満たしたのか．ヒント：なぜ氷山は浮くのか．それは，氷は水よりも密度が小さいからである．これを心に留めながら，頭上の大気を，空気より軽い気体で満たした容器で置き換えると，何が起こるか考えてみよう．容器はそれほど重くないとすると，ヘリウム風船を手にしたことがある方はおわかりのように，容器は浮き上がる．これが，水素，あるいはヘリウムを使った飛行船の原理である．水素とヘリウムで浮上力を比較せよ．

[データ]　空気の平均分子量 = 28.8 g mol^{-1}
　　　　　水素の分子量 = 2.02 g mol^{-1}
　　　　　ヘリウムの分子量 = 4.00 g mol^{-1}

[解　法]
■ まず，答えを予想してみよう．
■ 力 = $\Delta m g$ で与えられる．ここで，Δm は質量の差，g は重力加速度である．

[解　答]
■ 水素の分子量はヘリウムの原子量の半分なので，一見，水素はヘリウムの 2 倍の浮力をもつように思える．しかし，飛行船では，充塡する気体でその分の空気を押しのけている．1 モルの水素で 1 モルの空気を押しやるということは，2.02 g で 28.8 g を置き換えることになる．この重量の差 26.8 g が水素の浮揚力である．ヘリウムでは，重量差は 24.8 g まで下がる．水素とヘリウムの浮揚力の比はおおよそ 27/25 であり，水素の方が，8%ほど浮揚力が大きい．

■ きちんと計算してみると，水素の浮揚力は

$$26.8\,g \times 9.81\,m\,s^{-2} \times \frac{1\,kg}{1000\,g} \times \frac{1\,N}{kg\,m\,s^{-2}} = 0.263\,N$$

一方，ヘリウムは

$$24.8\,g \times 9.81\,m\,s^{-2} \times \frac{1\,kg}{1000\,g} \times \frac{1\,N}{kg\,m\,s^{-2}} = 0.243\,N$$

水素とヘリウムの浮揚力の比は 0.263 N/0.243 N = 1.06 である．したがって，水素の方が，6%ほど浮揚力が大きい．

浮揚力の差がわかった今，読者は水素とヘリウムのどちらを選ぶだろうか．

別冊演習問題 1.26, 1.45 参照

例題 1.11　飛　　行

ライト兄弟が今の飛行機を見たら，おそらく非常に感動するものの，驚きはしないだろう．すでにライト兄弟は，湾曲した翼で空気を切ると，翼の上下で圧力差が生じることを知っていた．重さ約 300 トンのジャンボジェットを飛ばすには，どれだけの圧力差が必要か計算せよ．翼の面積は 300 m² とする．

[解　法]
■ 単位面積当たりの飛行機の重量を求める．
■ 1 気圧に相当する大気の重量を求める．

[解　答]
■ 翼の面積は 300 m² なので，単位面積当たりで持ち上げるべき重量は 1 トンである．
■ 1 気圧のもとでは，1 m² にかかる大気の重量は，10000 kg あるいは 10 トンである．したがって，必要な圧力差は 0.1 気圧ほどである．

飛行機が重くなるほど，それに比例して翼の面積も大きくしなければならない．

別冊演習問題 1.46 参照

の質量は 1.03 kg である．人の面積は 1000 cm² なので，上の値に 1000 cm² をかければよい．結果は 1030 kg であり，1 トンを超える．

この結果から新たな疑問が生じる．この重さで，なぜ人はつぶれないのだろうか．答えは，以下の実験が手掛かりとなる．空のアルミ缶に少量の水を入れ，水が沸騰するまで缶を加熱する．すると，缶の中の空気は外に押しやられ，缶は水蒸気で満たされる．トング，または耐熱グローブを使って缶をひっくり返し，すばやく水の容器の中につける．（訳者注：水につけた缶は，たちまちつぶれてしまう．これは，内部の水蒸気が冷やされて水になり，体積が減少したためである．体積が縮むと，缶の内部は真空となり，大気圧に押しつぶされる．空の缶がつぶれないのは，中の空気が大気圧と同じ圧力で内側から押し返しているからである．）

1 トン/1000 cm³ ということは，地球の大気の総重量はどれほどだろうか．これに答えるには，地球の表面積のデータ（5.1×10^8 km²）が必要である．大気の総重量は，5.5×10^{15} トンすなわち，約 6 千兆トンである．

基本問題　アリストテレスの息†：アリストテレスの最後の息に含まれていた窒素分子を，皆さんが吸い込むことはありうるだろうか．窒素分子は比較的不活性なので，アリストテレスの最後の息に含まれていた窒素は，まだ大気中に含まれているとする．アリストテレスが最後に息をしてから長い年月が経っているので，そこに含まれていた窒素分子は大気中に完全に均一に広がったと仮定せよ．

この問題は，演習問題（別冊）1.42〜44 で小さな設問に分けて出題してある．■

1.4　分子とその表記法

原子や分子は非常に小さいため，その表記法を用意しておくと便利である．分子を表記する最も手軽な方法は，化学式あるいは分子式である．化学式は，化合物に含まれる元素とその数を，元素は元素記号で，原子の数は下付き数字として表す．たとえば，腐卵臭のもとである硫化水素（H_2S）は，2 個の水素と 1 個の硫黄を含んでいる．固体の場合には，**組成式**（実験式）がしばしば用いられる．すなわち，構成元素数の比を，最も簡単な整数で表すのである．たとえば，食塩は NaCl と表記されるが，これは，Na 原子 1 個につき，Cl 原子も 1 個存在するという意味である．多原子イオン（結合した原子の集合であり，電荷をもっている）は，括弧でくくって表示する．たとえば，骨の成分であるリン酸カルシウムは，$Ca_3(PO_4)_2$ と表すが，多原子イオン PO_4 は括弧でくくり，一つのユニットとして示す．固体の $Ca_3(PO_4)_2$ 中には，2 個の PO_4^{3-} イオンにつき，3 個の Ca^{2+} イオンが存在する．

化学を人に伝え，また目に見える形にするため，さまざまな表記法が用いられてきた．原子は球で表すことが多い．化合物中の原子は化学結合により結びついているが，この結合は，原子である球をつなぐ線や棒として描かれることが多い．図 1.10 は水の例であり，2 個の水素原子と 1 個の酸素原子が描かれている．化学者は，慣例的に酸素原子

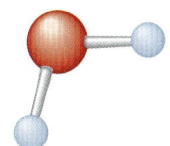

図 1.10　水分子の球棒モデル表示．2 個の青い球は水素原子，1 個の赤い球は酸素原子を表す．

を赤い球で，水素原子を白い球として表すが，どの原子をどの色で塗るかについての決まりはない．この表記法では，球が棒で結ばれていることから，**球棒モデル**とよばれる．

構造式は，原子がどのように結合しているかを示すものだが，球棒モデルのような三次元的な情報は含まれていない．たとえば，消毒用アルコールの成分のうち最も揮発性の高いイソプロパノールは，図 1.11 のような構造式で表される．

多数の原子からなる分子の場合には，球棒モデル，構造式のいずれで表現しても，見づらいものになってしまう．

---

† この問題の出典は，ハーバード大学 Herschbach 教授の"化学禅"講義である．

この場合には，**示性式**が便利である．ワインや他の酒類の成分であるエタノールを例にとると，分子式は C_2H_6O である．これらの9個の原子の並べ方にはいくつかあり，並びが違えば分子の性質も異なる．示性式は多くの情報を含んでおり，たとえばエタノールの示性式 CH_3CH_2OH からは，3個の水素に囲まれた炭素が，2個の水素と1個のOH基に囲まれた第2の炭素と結合していることがわかる．ジメチルエーテル（麻酔薬として使われるエーテルの仲間である）も同じ分子式をもつが，示性式は CH_3OCH_3 である．

炭素は，炭素-炭素結合により巨大な分子を形成できるという点で，非常にユニークな元素である．こうした巨大分子を表すもっと抽象的な方法が，**線結合表示**の化学式である．この表示法では，結合を線で表し，炭素は線の接合部に位置している．水素は，明確には示されていない（図1.12参照）．炭素原子は4本の結合手をもっているが，明示されていない手は，水素と結合しているものとする．炭素，水素以外の原子は，その元素記号を用いて表す（図1.13）．炭素は，長い鎖状分子に加え，さまざまな環状構造を形成する．炭素はまた，多重結合（図1.14）で結ばれることがある．多重結合は，多重線で表す．

分子の形状

分子の三次元形状は，他の分子との反応性を決める非常に重要な要因である．球棒モデルは，その一つの表記法である．二つの結合のつくる角度（結合角）と結合長を表示するのは，特に効果的である（図1.15a）．また，原子が互いにどのように接し，空間をどの程度占めているかを描くと，理解の助けとなる．これを図示したのが**空間充填モデル**（図1.15b）である．空間充填モデルは，分子の形状に関してより正確な情報を与えてくれるが，いくつかの原子は陰に隠れてしまうため，すべての原子がどこに位置するかを把握するのは難しい．

電子が，分子内でどのように分布しているかを示したのが**等電子密度表面**（図1.15c）である．化学では，分子表面の電荷分布を知りたいことがよくある．これを表示したのが**密度ポテンシャル**表示である（図11.5d）．図11.5では，ポテンシャルが負の領域は赤で，正の領域は青で示してある．ポテンシャルのスケールは虹色のカラーバーに対応しており，緑は中性を表している．

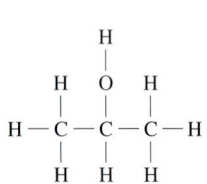

図1.11 構造式．構造式は原子がどのように結合しているかを表している．ここに示した分子はイソプロパノールであり，消毒用アルコールの中で，最も揮発性の高い成分である．

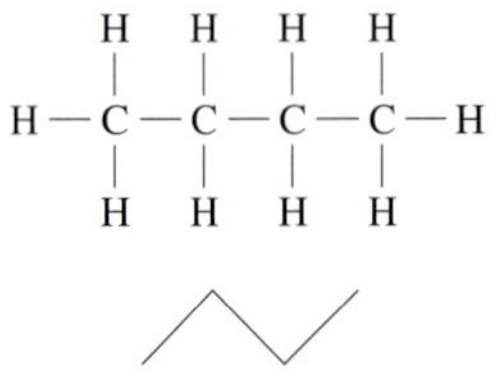

図1.12 線結合表示．線結合表示は，最も簡潔な分子の表示法である．ここでは，ブタン（ライターによく使われる）を，構造式と線結合表示の両方で示した．

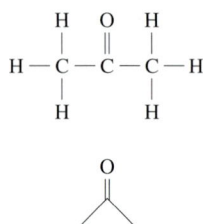

図1.13 アセトン（マニキュアの除光液の揮発成分）は，1個の酸素原子を含む．線結合表示では，炭素と水素以外の原子は明示する．

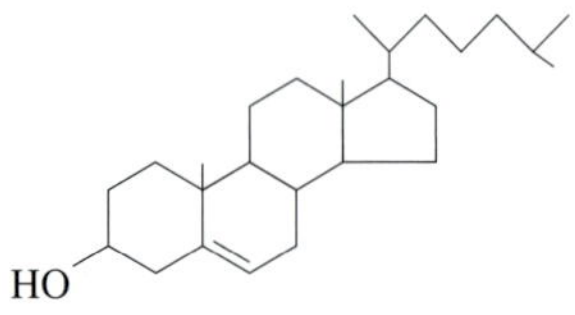

図1.14 炭素は，さまざまな環状構造や多重結合をつくる．ここに示したのはコレステロール（性ホルモンや他のステロイドの前駆体）である．

例題 1.12　線結合表示の化学式を解読する

コレステロール分子を線結合表示したのが図1.14である．コレステロールにはいくつの炭素原子が含まれているか．水素原子はいくつあるか．

[解法]
- 炭素は線の連結部に位置する．
- 炭素は4本の結合手をもっており，明示されていない結合手には水素が結合している．

[解答]
- 一番左側の環には6個の角があるため，6個の炭素原子を含む．次の環にも6個の角があるが，二つは最初の環と共通である．したがって，4個の炭素が加わる．次の環からも4個の炭素が加わる．次は五員環であり，3個の炭素が加わる．五員環上部の鎖には8個の炭素原子が含まれており，さらに環から突き出た2本の線の分として2個が加わる．全炭素数は，6+4+4+3+8+2 = 27 である．
- 水素は1個だけ明示されている．さらに，最初の環には7個，次には5個，次も5個，五員環には5個，鎖には17個，環に結合した2個の炭素には6個，それぞれ水素原子が存在する．したがって，水素原子は全部で，1+7+5+5+5+17+6 = 46 個である．

別冊演習問題 1.49〜51 参照

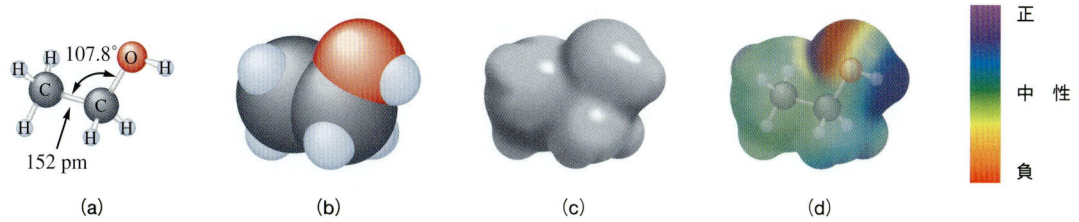

図 1.15 エタノールのさまざまな表記法．(a) 球棒モデルは，二つの結合の間の角度や原子間の間隔を示すのに適している．(b) 空間充填モデルは，分子の形をより正確に表しており，原子が互いにどのように接しているかを示すのに向いている．(c) 等電子密度表面は，電子が分子内にどのように広がっているかを示している．(d) 密度ポテンシャル表示は，表面上の各点における正味の電荷を表している．電荷が負の領域は赤で，正の領域は青で示されており，カラーバーの通り，緑は中性の領域である．

1.5 化学量論

以下に述べる二つの定量的な関係は，化学にとって本質的に重要である．第一は，化学物質を構成する原子数に関する定量的な関係であり，**分子化学量論**とよばれる．形状と化学量論によって物質を区別する．基本的に，化学では**反応**とよばれるプロセスを扱い，ここでは一つ以上の物質，一つ以上の分子が，一つ以上の別の分子へと変化する．化学反応にかかわる物質の数についても，定量的な関係が成り立つ．これを**反応化学量論**とよぶ．

分子を区別する特徴

化学量論は，原子レベルの見方，すなわち，分子は原子とよばれるユニットで構成されるとする考え方を反映したものである．原子レベルの視点は，**定比例の法則**に基づいている．定比例の法則は，1800 年代の初頭に Joseph Proust によって提唱された考えであり，以下のように表される．

"純粋な化学物質では，たとえ試料が異なっても，構成元素の重量比は一定である"

たとえば，水に含まれる酸素の重量は，いつでも水素の 8 倍である．この重量比は，水が地球上でできたか，宇宙の別の場所で生じたかにはよらない．また，水素と酸素との反応で水が生じたのか，あるいは別の化合物が酸素 1 原子，水素 2 原子を放出した結果水が生成したのかにもよらない．

いかなる物質でも，その構成元素の質量比は一定であるが，元素が異なる比率で結合して別の物質を生じることがある．たとえば，一酸化炭素では，炭素：酸素質量比は 12：16 ＝ 3：4 である．一酸化炭素は毒性のガスである．一方，炭素と酸素が別の質量比 12：32 で結合すると，二酸化炭素を生じる．ソーダ水が発泡するのは，この二酸化炭素が含まれているからである．質量比が異なれば，別の物質とみなす．1800 年代の初め，このような元素比の異なる化合物間で質量比を比べてみると，小さな自然数となっていることがわかった．二酸化炭素での炭素：酸素の重量比は，一酸化炭素の 2 倍である．このような整数比をとるということは，物質がそれ以上分けられない粒子，すなわち原子からなっていることの強い証拠である．1801 年，Quaker 校の教師であった John Dalton は，元素の結合比に関するつぎのような観測結果を発表した．これは，後に**倍数比例の法則**として知られることとなる．

"元素の結合のしかたが異なれば，得られる物質も異なる．物質中のある原子の質量比を，別の物質間で比べると，簡単な自然数となっている"

たとえば，一酸化窒素 (NO) での酸素：窒素の重量比は 16：14 であるのに対し，二酸化窒素では 32：14 となる．後者は，前者に比べ 2 倍多く酸素を含んでいる．

反応比

化学反応の過程では，化合物はいったんばらばらにされて原子の配列が変わり，再び化合物へと組立てられる．化学反応式では，まず反応の始めの物質（**反応物**）と終わりの物質（**生成物**）を書き，反応物から生成物へ矢印を引く．化学反応では，原子は再配列されることはあっても，原子が生成したり消滅したりすることはない．したがって，反応にかかわるどの元素も，原料中に含まれる原子数の総和は，生成物中のそれと等しい．一方，原子が再配列する結果，化合物が生成したり，消滅したりすることはありうる．すなわち，原子数は保存されるが，分子数は保存されない．

たとえば，水素と酸素が結合すると水を生じる．水素と酸素は二原子分子（H_2, O_2）として存在するので，反応の骨格は，

$$H_2 + O_2 \longrightarrow H_2O \qquad (1.20)$$

である．式 (1.20) では，左右で釣り合いがとれていない．

すなわち，原料は 2 個の酸素原子を含むのに対し，生成物では 1 個である．水の量を 2 倍にすると，酸素原子の量は釣り合うが，こんどは水素が釣り合わない（原料は 2 個，生成物は 4 個）．水素と水の量を両方とも 2 倍とすると，すべてが釣り合う．

$$2H_2 + O_2 \longrightarrow 2H_2O \qquad (1.21)$$

係数 2 は**化学量論係数**とよばれ，係数が 1 の場合には省略される．釣り合いのとれた反応式の係数を，反応量論比とよぶ．

反応を釣り合わせる

反応式の釣り合いをとるには，反応を，電子のやりとりを伴うものと，伴わないものに分類するとよい．もし電子の移動がなければ，その反応では元素の組替えが起こる．貝殻や石灰石，大理石，カルサイト鉱やチョークの成分である炭酸カルシウムを例にとってみよう．地球上では，多くのイオンは水に溶けた状態で存在する．水に他の物質が溶けたものを**水溶液**とよぶ．カルシウムイオン(Ca^{2+})と炭酸イオン(CO_3^{2-})は，水中に溶存する典型的なイオンであるが，これらが出会うと $CaCO_3$ が生じる．

$$Ca^{2+}(aq) + CO_3^{2-}(aq) \longrightarrow CaCO_3(s) \quad (1.22)$$

ここで，記号（aq）は水溶液中のイオンを，（s）は固体を示す．鍾乳洞でみごとな鍾乳石や石筍が生じるのは，この反応が起こるからである．イオンから固体が生成する反応は，**沈殿反応**とよばれる．

式(1.22)では，両辺に 1 モルのカルシウムイオン，炭酸イオンが含まれており，左右で釣り合いがとれている．両辺とも，電荷の合計はゼロである．式(1.22)は，**正味のイオン式**であり，反応に直接かかわるイオン種のみを示している．実験室で，$Ca(NO_3)_2$ と Na_2CO_3 から $CaCO_3$ を合成しようとした場合，その**分子反応式**は

$$\begin{aligned}Ca(NO_3)_2(aq) &+ Na_2CO_3(aq) \\ &\longrightarrow CaCO_3(s) + 2NaNO_3(aq)\end{aligned} \quad (1.23)$$

となる．式(1.23)では，関係するイオンをすべて表示しており，全イオン式とよばれる．

$$\begin{aligned}Ca^{2+}(aq) + 2NO_3^-(aq) &+ 2Na^+(aq) + CO_3^{2-}(aq) \\ &\longrightarrow CaCO_3(s) + 2Na^+(aq) + 2NO_3^-(aq)\end{aligned} \quad (1.24)$$

NO_3^- と Na^+ は，反応に直接関与していないことから**傍観イオン**とよばれる．これらのイオン種の役割は，溶液を電気的に中性に保つことにある．

炭酸カルシウムは，固体の CaO と CO_2 気体との反応によっても生成する．

$$CaO(s) + CO_2(g) \longrightarrow CaCO_3(s) \quad (1.25)$$

式(1.22)−式(1.24)の反応で生じた炭酸カルシウムも，式(1.25)で生じたものも区別できない．これは，定比例の法則の一例である．

例題 1.13 複数の結合比

炭素と酸素は，異なる比率で反応して 2 種類の化合物 CO と CO_2 を生じる．1.00 mg の一酸化炭素(CO)を二酸化炭素(CO_2)に変えるには，何グラムの酸素が必要か．

[解法]
■ 釣り合いのとれた反応式を書け．
■ 質量の比を用いよ．

[解答]
■ 反応

$$2CO + O_2 \longrightarrow 2CO_2$$

元素数のバランスがとれていることを確認せよ．
炭素：2CO 中に 2 原子 → $2CO_2$ 中に 2 原子
酸素：2CO 中に 2 原子，O_2 中に 2 原子，全体で 4 原子
→ $2CO_2$ 中に 4 原子

■ CO 中の炭素：酸素の質量比は 12：16 であり，CO_2 中は 12：32 である．1 mg の CO は

$$\frac{16\,\text{g O}}{(16+12)\,\text{g CO}} \times 1.00\,\text{mg CO} = 0.57\,\text{mg O}$$

の酸素を含む．

CO を CO_2 に転換するには，すでに CO 中に含まれる酸素と同量の酸素ガスが必要であるので，答えは 0.57 mg となる．

別冊演習問題 1.55〜59 参照

上記の反応では，個々の元素の原子数は左右で等しく，どのイオンの価数も変わらない．したがって，それぞれの元素がもつ電子数も，反応前後で変わらない．このような電子移動を伴わない反応では，明らかに左右の釣り合いがとれている．化学量論比は，何個の分子や化学種が反応に関与しているかを示している．たとえば，式(1.23)は，1 当量の $Ca(NO_3)_2$ と Na_2CO_3 とが反応して，1 当量の $CaCO_3$ と 2 当量の $NaNO_3$ が生じることを意味している．

電子の移動を含む反応の場合には，少し注意を要する．たとえば，Alexander Volta がつくった最初の電池は，銅イオン Cu^{2+}(aq)と金属亜鉛(Zn)との反応を利用している．電気エネルギーは，金属亜鉛から銅イオンへの電子移動により発生する．Al から Cu^{2+} への移動反応を用いると，単位質量当たりでは，より大きなエネルギーが得られる．反応の骨格は，それぞれ

$$Cu^{2+}(aq) + Zn(s) \longrightarrow Cu(s) + Zn^{2+}(aq) \quad (1.26)$$
$$Cu^{2+}(aq) + Al(s) \longrightarrow Al^{3+}(aq) + Cu(s) \quad (1.27)$$

となる．このうち，最初の反応(1.26)だけが収支の釣り合った反応である．式(1.27)も収支のバランスがとれているように見える．実際，両辺とも 1 個の Al と 1 個の Cu を含んでいる．しかし，電荷は釣り合っていない．原子が

電子を 1 個失うと +1 に帯電するので，左辺の Cu^{2+} は電子を 2 個失った状態である．一方，右辺の Al^{3+} は，3 個の電子を失っている．したがって，式(1.27)は電子数に関してはバランスがとれていない．左辺の Cu^{2+} を 3 倍すれば，失った電子数の合計は 6 となる．右辺の Al^{3+} の方は 2 倍すると，やはり失った電子数は 6 となる．左辺の Al を 3 倍，右辺の Cu を 2 倍して釣り合いをとると，反応式は，

$$3Cu^{2+}(aq) + 2Al(s) \longrightarrow 2Al^{3+}(aq) + 3Cu(s) \quad (1.28)$$

となる．電荷のバランスをとるということは，電子数のバランスをとることに等しい．これは，質量保存則の一例である．

限定反応物質

二つの分子を反応させる際，一方の量が足りないという場合がある．サラダドレッシング作りを例に説明してみよう．サラダドレッシングはふつう，酢 1 に対し，サラダオイル 3 の割合で混ぜ合わせる．今，食糧庫に 1 リットルの酢と 1 リットルのサラダオイルがあったとすると，サラダドレッシング作りに使える酢は，最高でも倉庫にある量の 1/3 である．化学では，調合する割合は味ではなく化学量論比で決まる．足りない方の物質を**限定反応物質**とよぶ．

例題 1.14　反応式の表記と傍観イオンの区別

不溶性の物質であるリン酸カルシウム $Ca_3(PO_4)_2$ は，骨の成分である．NO_3^- イオンと Na^+，Ca^{2+} との組合わせは水に溶けるのに対し，$(PO_4)^{3-}$ と Ca^{2+} では，水に不溶となる．$Ca(NO_3)_2$ 水溶液を Na_3PO_4 水溶液に加えたとき，どのような反応が起こるか．分子反応式，全イオン式，正味のイオン式をそれぞれ書け．

[解　法]
- 反応物と生成物を確認する．
- 質量保存則を用いる．
- イオンを確認する．
- 正味のイオン式をたてるには，傍観イオンを消去する．

[解　答]
- 反応物は $Ca(NO_3)_2$ と Na_3PO_4 であり，生成物は固体の $Ca_3(PO_4)_2$ である．残りのイオンは，Na^+ と NO_3^- である．
- $Ca_3(PO_4)_2$ は，3 個の Ca^{2+} と 2 個の PO_4^{3-} からできている．PO_4 を 2 個供給するには，Na_3PO_4 が 2 分子必要である．同様に，Ca^{2+} を 3 個加えるには，3 分子の $Ca(NO_3)_2$ を要する．

$$3Ca(NO_3)_2 + 2Na_3PO_4 \longrightarrow Ca_3(PO_4)_2 + 6NaNO_3$$

これは，収支の釣り合った化学反応式である．
- $Ca_3(PO_4)_2$ 以外のすべての化学種は可溶性である．したがって，反応物中のイオンは Ca^{2+}，NO_3^-，Na^+ と PO_4^{3-} である．生成物中には，イオンとして Na^+ と NO_3^- が存在する．全イオン式は以下のようになる．

$$3Ca^{2+}(aq) + 6NO_3^-(aq) + 6Na^+(aq) + 2PO_4^{3-}(aq)$$
$$\longrightarrow Ca_3(PO_4)_2(s) + 6Na^+(aq) + 6NO_3^-(aq)$$

- 反応物と生成物に共通なのは，Na^+ イオンと NO_3^- イオンであり，これらを消去すると

$$3Ca^{2+}(aq) + 2PO_4^{3-}(aq) \longrightarrow Ca_3(PO_4)_2(s)$$

となる．

別冊演習問題 1.72, 1.73 参照

例題 1.15　不足物質

アンモニアは工業的に重要な物質である．アンモニアの分子式は NH_3 であり，窒素と水素の質量比は 14：3 である．アンモニアを合成するには強固な N_2 結合を切断する必要があり，大きなエネルギーを要する．一方，水素ガスの結合を切るのは比較的容易である．1 kg の窒素から合成できるアンモニアは最大どれだけか．アンモニアの製造プラントが稼働を始める際，1 kg の窒素と 100 g の水素があったとする．プラントを稼働させる前に，さらに水素を合成しておく必要があるか．

[解　法]
- 質量比を用いる．
- 何が限定反応物質かを決める．

[解　答]
- 窒素原子のアンモニアに対する質量比は 14：17 である．したがって，1 kg の窒素から，
$$(17/14) \times 1 \text{ kg} = 1.2 \text{ kg}$$
のアンモニアが得られる．
- 1 kg の窒素から 1.2 kg のアンモニアを製造するには，0.2 kg（200 g）の水素が必要である．したがって，プラントを稼働させるには，倍の量の水素を確保しておく必要がある．

実際のアンモニアプラントでは，活性化させた窒素すべてをアンモニアに変換するため，大過剰量の水素を使用する．

別冊演習問題 1.72～74 参照

1.6 命 名 法

化学で情報を伝える際，化合物に名前をつけておくと便利である．化合物の名前の付け方は**命名法**(nomenclature)とよばれ，ラテン語の *nomen*(name) と *calare*(to call) に由来する．何百万もの化学物質が知られており，すべてを網羅すると何百ページにもなってしまう．ここでは，2，3 の基本的な規則について述べる．

昔から知られている物質は，しばしば慣用名でよばれる．水(H_2O)やアンモニア(NH_3)はその例である．他の物質の命名法は，大きく二つに分類できる．一つは有機物（炭素と水素，そのほかにも酸素や窒素，硫黄を含む化合物）であり，それ以外の物質は無機物質に分類される．この節では，無機物質に対する命名法について説明する．無機化合物を，さらに 3 種類（イオン性化合物，酸，二元素化合物）に分類すると便利である．

イオン性化合物は，2 種類の異なるイオンの組合わせからなる場合が多い．すでに，この本の中でも，いくつかのイオン性物質の例を見てきた．化合物全体としては電気的に中性であり，**陽イオン**とよばれる正に帯電したイオンと，**陰イオン**とよばれる負イオンからできている．

1.7 エネルギー

エネルギーは化学では重要な役割を演じる．仕事をしたり，物体を温めたり，空間を照らしたり，パソコンの電源を入れたりするときにも，エネルギーが関係している．化学では，以下の四つのエネルギー，運動エネルギー，ポテ

		規　　　則	例	
陽イオン	a.	金属イオンからなる陽イオンは，その金属と同じ名前でよばれる．	Na^+ Zn^{2+} Al^{3+}	ナトリウムイオン 亜鉛イオン アルミニウムイオン
	b.	いくつかの金属イオンは，異なる価数のイオンを生じる．これらを区別する最新の方法として，価数をカッコの中にローマ数字で表す．古い命名法では，価数の低い方を第一，高い方を第二とよんで区別した．	Fe^{2+} Fe^{3+} Co^{2+} Co^{3+}	鉄(II)イオン 鉄(III)イオン コバルト(II)イオン コバルト(III)イオン
	c.	非金属元素からなる陽イオンは，末尾にウムをつける．	NH_4^+ H_3O^+	アンモニウムイオン ヒドロニウムイオン
陰イオン	a.	単原子からなる陰イオンは，元素名または元素名の一部をとり，"〜化物イオン"とよぶ．	Cl^- O^{2-} N^{3-} OH^- CN^-	塩化物イオン 酸化物イオン 窒化物イオン 水酸化物イオン シアン化物イオン
	b.	多原子からなる陰イオンは，多くの場合酸素を含んでいる．これらは一般的に，"〜酸イオン"とよばれる．イオンの電荷は変わらないが，酸素の量が異なるイオンが存在することがある．この場合，接頭語をつけて区別する．酸素数の一つ少ないものには"亜"をつけ，二つ少ないものには"次亜"をつける．逆に酸素が多い場合には，"過"をつける．	NO_3^- NO_2^- ClO_3^- ClO_2^- ClO_4^- ClO^-	硝酸イオン 亜硝酸イオン 塩素酸イオン 亜塩素酸イオン 過塩素酸イオン 次亜塩素酸イオン
	c.	酸素のほかに水素を含むイオンは，水素原子の数に応じて，"〜酸水素イオン"，"〜酸二水素イオン"などとよぶ．H^+ が一つ加わると，イオンの電荷は 1 減少することに注意されたい．	HCO_3^- $H_2PO_4^-$ HCO_3^- HPO_4^{2-}	炭酸水素イオン リン酸二水素イオン 炭酸水素イオン リン酸水素イオン
イオン性化合物		2 種類のイオンからなる場合，陰イオンを先に，陽イオンを後によぶ．	$CaCO_3$ $MgHPO_4$	炭酸カルシウム リン酸水素マグネシウム
酸		酸とは，水に溶けて水素イオン(H^+)を生じる物質をさす．"〜化物"イオンを含む酸は，"〜化水素酸"とよぶ．ただし，塩化水素酸は慣用的に塩酸とよばれる．"〜酸イオン"の場合には，単に"〜酸"とよぶ．	HCl HF HNO_3 HNO_2 $HClO$	塩　酸 フッ化水素酸 硝　酸 亜硝酸 次亜塩素酸
二元素化合物		周期表の右上にある元素を先に，"〜化"とし，その後に周期表左下の元素名をつける．個々の元素の原子数を示すために，頭に数字をつける（一は通常省略される）．	CO CO_2 N_2O_4 N_2O_5	一酸化炭素 二酸化炭素 四酸化二窒素 五酸化二窒素

1.7 エネルギー

ンシャルエネルギー，電磁エネルギー，電気エネルギーが特に重要である．

運動エネルギーは，物体の運動に関係する．質量 m の物体が速度 v で運動するとき，運動エネルギーは

$$\text{運動エネルギー} = \frac{1}{2}mv^2 \quad (1.29)$$

で与えられる．坂を転げ落ちるボールは，運動エネルギーをもっている．原子や分子も，その動きに応じて運動エネルギーをもつ．

ポテンシャルエネルギー（位置エネルギー）は，位置に関するエネルギーである．山の頂上の岩は，地球の重力によるポテンシャルエネルギーをもつ．質量 m の物体が高さ h に置かれた場合，ポテンシャルエネルギーは

$$\text{ポテンシャルエネルギー} = mgh \quad (1.30)$$

で表される．ここで，g は重力加速度 $9.81\,\mathrm{m\,s^{-2}}$ である．化学では，重力によるポテンシャルエネルギーが，直接顔をだすことはほとんどない．一方，別の形のポテンシャルエネルギー，すなわち，符号の異なる電荷による引力，あるいは同じ符号の電荷どうしの反発力は，中心的な役割を果たす．これを**クーロンエネルギー**とよぶ．電荷 q_1 の粒子と q_2 の粒子が距離 r だけ離れているとき，

$$\text{クーロンエネルギー} = -k\frac{q_1 q_2}{r} \quad (1.31)$$

のポテンシャルエネルギーをもつ．定数 k は $1/4\pi\varepsilon$ である．ε は真空の誘電率とよばれ，電荷による電場が別の電荷までどれだけ到達するかの指標となる．クーロン相互作用は，間違いなく化学における主要な相互作用である．

電磁エネルギーは，互いに直交した交流電場および交流磁場からなる．電磁波は，可視光，赤外光，紫外光，X線，ラジオ波などを含んでいる．電磁波は空間を通してエネルギーを伝え，荷電粒子や，原子・分子内の荷電粒子から生じた磁場と相互作用する．今日，私たちが原子・分子について知っていることの多くは，電磁波との相互作用を観測した結果得られたものである．

エネルギー保存則

物質は，運動エネルギーとポテンシャルエネルギーの両方をもつことができるが，これらは互いに変換しうる．たとえば，山頂の岩は大きなポテンシャルエネルギーをもっ

例題 1.16　速球のエネルギー

時速 100 マイル（＝時速 160.9 km）以上の速球を最初に投げたピッチャーは，1974 年の Nolan Ryan である．そのとき，時速 100.8 マイルが公式に計測された．（現在の記録は時速 105 マイルである．）速球の運動エネルギーを，ジュール単位で求めよ．

[データ]　ボールの質量は 142.5 g である．

[解法]
- $1\,\mathrm{J} = 1\,\mathrm{kg\,m^2\,s^{-2}}$ である．速度の単位を，マイル/時から $\mathrm{m\,s^{-1}}$ に変換する．
- 式(1.29)を用いる．運動エネルギー $= 1/2\,mv^2$ である．

[解答]
- 単位解析
  距離：(マイル)×(km/マイル) ＝ km
  時間：h×(min/h)×(min/s) ＝ s
  $1000\,\mathrm{g} = 1\,\mathrm{kg}$
  100.8 マイル $\times 1.609 = 162{,}200\,\mathrm{m}$
  $1\,\mathrm{h} \times (60\,\mathrm{min/h}) \times (60\,\mathrm{s/min}) = 3600\,\mathrm{s}$
- 運動エネルギー
  $$= \frac{1}{2}(0.1425\,\mathrm{kg})\left(\frac{162{,}200\,\mathrm{m}}{3600\,\mathrm{s}}\right)^2 = 144.6\,\mathrm{J}$$

144 J のエネルギーのボールが当たると，大きな衝撃を受ける．バッターがヘルメットをしているのはこのためである．

別冊演習問題 1.77, 1.78 参照

例題 1.17　本のポテンシャルエネルギー

典型的な教科書の重さは 1.5 kg である．机の天板の高さは，通常床から 75 cm である．机の上に置いた教科書のポテンシャルエネルギーを，ジュール単位で計算せよ．

[解法]
- cm を m に変換する．
- 式(1.30)より，ポテンシャルエネルギーは mhg で与えられる．

[解答]
- 単位解析：cm×(m/cm) ＝ m
  $75\,\mathrm{cm} \times (1\,\mathrm{m}/100\,\mathrm{cm}) = 0.75\,\mathrm{m}$
- ポテンシャルエネルギー
  $= (1.5\,\mathrm{kg}) \times (9.81\,\mathrm{m\,s^{-2}}) \times (0.75\,\mathrm{m}) = 11\,\mathrm{J}$

先の速球は，机の上に置いた教科書の 10 倍以上のエネルギーをもっていることになる．

別冊演習問題 1.79, 1.80 参照

例題 1.18 電荷によるエネルギー

1個の電子の電荷は 1.60218×10^{-19} C と非常に小さい.しかし,距離が十分に近ければ,電子が放つ電場によるエネルギーはかなり大きくなる.いま,2個の電子が,腕を広げた長さ(約2 m),あるいは典型的な結合長である 150 pm 離れていたとする.それぞれについて反発エネルギーを計算せよ.

[解 法]
■ 式(1.31)のポテンシャルエネルギーの式を用いる.

[解 答]
■ 腕を広げた長さ離れている場合のエネルギー

$$= -\frac{1}{4\pi \times 8.854 \times 10^{-12}\,\mathrm{C^2\,J^{-1}\,m^{-1}}} \times \frac{(1.60218 \times 10^{-19}\,\mathrm{C})^2}{2\,\mathrm{m}} = -1.2 \times 10^{-28}\,\mathrm{J}$$

結合長におけるエネルギー $= -1.54 \times 10^{-18}$ J

負の符号は,反発エネルギーであることを示している.結合距離でのエネルギーは,腕を広げた距離での値に比べ,10^{10} 倍も大きい.

別冊演習問題 1.81〜84 参照

例題 1.19 太陽エネルギー

高度が中程度の場合,晴れた日の太陽光の平均的な強度は,正午で 1 kW m^{-2} 程度である.
12 m^2 のソーラーパネルは,1時間に最大どれだけのエネルギー(ジュール単位)を集めることができるか.

[解 法]
■ 単位 W を J に変換する.
■ それに面積と時間をかける.

[解 答]
■ $1\,\mathrm{W} = 1\,\mathrm{J\,s^{-1}}$; $1\,\mathrm{kW} = 1000\,\mathrm{W}$

■ $\dfrac{1000\,\mathrm{W}}{\mathrm{m}^2} \times \dfrac{1\,\mathrm{J\,s^{-1}}}{\mathrm{W}} \times 12\,\mathrm{m}^2 \times 1\,\mathrm{h} \times \dfrac{60\,\mathrm{min}}{\mathrm{h}} \times \dfrac{60\,\mathrm{s}}{\mathrm{min}} = 4.3 \times 10^7\,\mathrm{J}$

太陽は,膨大な量のエネルギーを私たちに供給してくれる.太陽光がいかにすばらしいものであるかがわかるであろう.

別冊演習問題 1.85, 1.86 参照

ているが,これが坂を転がり落ちると,大きな運動エネルギーを得る.谷間で地面にぶつかり砕け散ると,岩のもっていた大きな運動エネルギーは,破片の運動エネルギーに変換される.この運動エネルギーは,最終的には熱として消失する.同様に,振り子は,最も振れているときには,大きなポテンシャルエネルギーをもっている.それが振れの底に達すると,ポテンシャルエネルギーは運動エネルギーに変換され,さらに逆側一杯に振れると,ポテンシャルエネルギーに再度変換される.摩擦が無ければ,振り子は永遠に動き続ける.

あるエネルギーは別のエネルギーに変換しうるが,全エネルギーは一定のままである.これは,**エネルギー保存則**として知られている.

"エネルギー保存則:エネルギーはさまざまに形を変えるが,全エネルギーは一定である"

エネルギー保存則は重要な法則であり,原子と分子の間の相互作用を探るのに用いられる.

1.8 異なる概念を結びつける

化学には数多くの概念が存在するが,これらはさまざまな仕方で,互いに関係している.この関係を視覚化するための有用な方法が,**概念地図**である.例題 1.20 で,この章で示した七つの概念や考え方を例にとり,概念地図の作り方について説明する.

例題 1.20 さまざまな関係

概念地図は，複数の概念間の関係を視覚化したものである．概念地図は，四角あるいは楕円で囲んだ用語（ノードとよばれる）と，それを結ぶ矢印で構成される．矢印には，概念間の関係を示す短い文や単語が添えてある．下図に示したのは，以下のノードを含む概念地図である：原子，原子理論，原子/分子密度，アボガドロの法則，気体の法則 $PV=nRT$，モル．地図が完全ならば，個々の概念は，他の概念の少なくとも一つと結ばれており，したがって，すべての用語は互いに関係づけられている．すなわち，地図は二つ以上の独立した部分に分かれていない．下の地図に矢印を書き加え，完成させよ．概念地図は 1 通りではなく，同じノードをもっていたとしても多くの可能性がある．

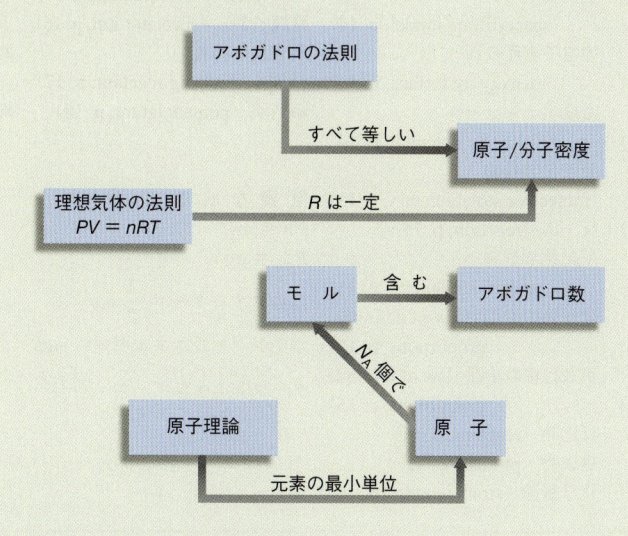

[解 法]
■ ノード間の関係を見いだし，説明をつける．

[解 答]

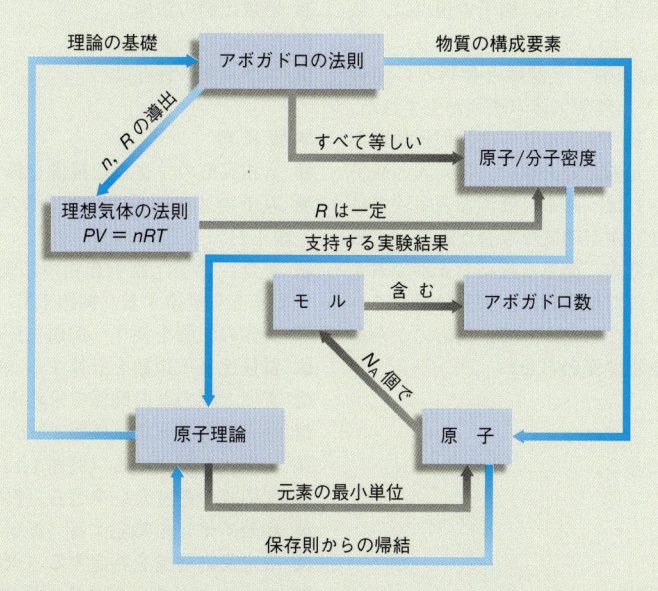

元の地図は二つの独立した部分に分かれており，不完全である．解答の図では，すべての用語が互いに関係づけられており，またいくつかの用語は両向きの矢印で結ばれている．2 番目の地図の方が，最初のものよりもはるかに情報量が多く，優れている．

別冊演習問題 1.87, 1.88 参照

チェックリスト

重要な用語
原　子（atom, p. 3）
化合物（compound, p. 3）
分　子（molecule, p. 3）
モ　ル mol（mole, p. 5）
アボガドロ数 N_A
　　（Avogadro's number, p. 5）
原子質量単位 amu
　　（atomic mass unit, p. 7）
原子量（atomic weight, p. 7）
モル質量（molar mass, p. 7）
ボイルの法則（Boyle's law, p. 8）
シャルルの法則
　　（Charles's law, p. 8）
アボガドロの法則
　　（Avogadro's law, p. 10）
モル密度（molar density, p. 10）
重量密度（mass density, p. 10）
気体定数 R（gas constant, p. 10）
理想気体の法則
　　（ideal gas law, p. 10）
理想気体（ideal gas, p. 10）
標準状態（standard state, p. 11）
Torr（p. 11）
組成式（実験式）
　　（empirical formula, p. 13）
イオン（ion, p. 13）
球棒モデル
　　（ball-and-stick model, p. 13）
構造式
　　（structural formula, p. 13）
示性式（rational formula,
　　　　　　　　　　　p. 14）
線結合表示（line formula, p. 14）
空間充填モデル
　　（space-filling model, p. 14）
等電子密度表面
　　（density isosurface, p. 14）
密度ポテンシャル
　　（density potential, p. 14）
分子化学量論
　　（molecular stoichiometry, p. 15）
反　応（reaction, p. 15）
反応化学量論
　　（reaction stoichiometry, p. 15）
定比例の法則（law of definite
　　　　　　　　proportions, p. 15）
倍数比例の法則（law of multiple
　　　　　　　　proportions, p. 15）
反応物（reactant, p. 15）
生成物（product, p. 15）
化学量論（stoichiometry, p. 16）
水溶液（aqueous solution, p. 16）
沈殿反応
　　（precipitation reaction, p. 16）
正味のイオン式
　　（net ionic equation, p. 16）
分子反応式
　　（molecular equation, p. 16）
全イオン式
　　（total ionic equation, p. 16）
傍観イオン（spectator ion, p. 16）
限定反応物質
　　（limiting reactant, p. 17）
命名法（nomenclature, p. 18）
陽イオン（cation, p. 18）
陰イオン（anion, p. 18）
運動エネルギー
　　（kinetic energy, p. 19）
ポテンシャルエネルギー
　　（potential energy, p. 19）
クーロンエネルギー
　　（Coulomb energy, p. 19）
電磁エネルギー
　　（electromagnetic energy, p. 19）
エネルギー保存則（law of
　　conservation of energy, p. 20）
概念地図（concept map, p. 20）

重要な式
$PV = nRT$
$P_{atm} = \rho g h$
運動エネルギー $= \dfrac{1}{2}mv^2$
ポテンシャルエネルギー $= mgh$
クーロンエネルギー $= \dfrac{-kq_1q_2}{r}$

章のまとめ

　原子は，われわれの周りにあるすべての物質の構成要素である．これは，原子の視点といえる．原子の視点は，気体の研究をきっかけにつくり上げられたものである．圧力と体積との関係（ボイルの法則）と温度と体積との関係（シャルルの法則）を統合し，理想気体の法則が生まれた．
　分子や，化合物，固体を表現するやり方には何種類かある．実験式や分子式では，元素記号を用い，各元素の原子数は下付き数字で表す．これは，非常に簡潔な表示法ではあるが，物質中の元素の並びが不明確な場合がある．元素の並びは，球棒モデルや構造式，簡単な線結合表示で表すことできる．釣り合いのとれた反応式は，物質は保存されるという考えに基づいている．したがって，反応にかかわる原子数は，反応物と生成物で変わらない．

重要な考え方
　物質の構成要素は原子である．

理解すべき概念
■ アボガドロの仮説
■ 物質の原子レベルでの構造
■ ボイルの法則
■ シャルルの法則
■ 理想気体の法則
■ 定比例の法則
■ 倍数比例の法則
■ 限定反応物質
■ エネルギー保存則

学習目標
■ 気相反応のマクロな描像を描く（例題 1.1）．
■ 原子のスケールとマクロなスケールを結びつける（例題 1.2）．
■ 質量，分子，原子を互いに変換する．原子と分子の間で密度を変換する（例題 1.3, 1.4）．
■ 気体の法則を使う（例題 1.5〜1.7）．
■ 質量比とモル数を計算する（例題 1.8）．
■ 密度と圧力との関係を求める（例題 1.9）．
■ 浮力を計算する（例題 1.10, 1.11）．
■ 化学式を解読する（例題 1.12）．
■ 反応式の釣り合いをとる（例題 1.13）．
■ 傍観イオンを特定する（例題 1.14, 1.15）．
■ 限定反応物質を特定する（例題 1.15）．
■ エネルギーを計算する：運動エネルギー（例題 1.16），ポテンシャルエネルギー（例題 1.17），クーロンエネルギー（例題 1.18），電磁エネルギー（例題 1.19）．
■ 用語に関する概念地図をつくる（例題 1.20）．

2 原子の構造

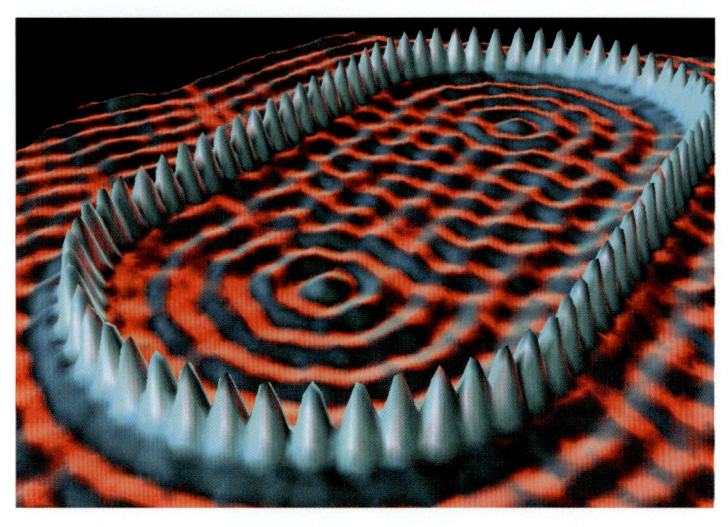

スタジアムのような形に並んでいるのは、銅表面上の鉄原子である。この中に電子が閉じ込められており、電荷がさざ波のような模様を描く。走査型トンネル顕微鏡とよばれる装置で観測されたものである。化学反応では、電子は重要な役割を果たす。

目次

2.1 周期表
- 周期表の起こり
- 周期表の概要
  （記号と用語）

2.2 原子の構成要素
- ◉ 応用問題
- 電子
  （電子の電荷と質量）
- 原子中での質量分布
  （原子核と電子）
- 原子のおもな構成要素と周期表

2.3 光-原子の電子構造を解き明かす
- 光、色、エネルギー
- ◉ 応用問題
- 輝線スペクトルと原子のエネルギー

2.4 原子モデル
- イオン化エネルギー
- 再び輝線スペクトル
- 量子力学モデル
  （二次元波/三次元波）
- 量子数

2.5 多電子原子のエネルギー準位
- エネルギーの順番
- ◉ 応用問題
- 一つの軌道が収容できる電子数：パウリの排他律
- 電子配置
  （内殻電子と最外殻電子/電子配置の表記法/周期性）

主題

- 周期表のパターンを調べる。
- 原子が結合して分子ができる、その起源として電気的な力を理解する。
- 電磁波とエネルギーを関係づける。
- 原子内の電子に対するモデルをたてる。

学習課題

- 物質中の電子の質量を求める（例題 2.1）。
- エネルギーと光との関係を学ぶ（例題 2.2）。
- 水素内の電子のエネルギーを求め（例題 2.3）、エネルギー差から発光の波長を計算する（例題 2.4）。
- 節を用いて電子波を分類・区別する（例題 2.5）。また、軌道に量子数で番地をつける（例題 2.6、2.7）。
- 原子内の電子がもつ有効電荷を計算する（例題 2.8）。
- 遷移エネルギーから多電子原子の電子状態を探る（例題 2.9）。
- 殻内の電子数と量子数との関係を理解する（例題 2.10）。

2.1 周期表

図 2.1 の表は化学の基本である．化学の情報を整理する方法としては，これまでもいくつか考案されてきたが，図 2.1 はそのなかでも最も強力なものである．周期表は，元素の物理的，化学的な性質を予測するのにも使われることから，別格であるといえる．周期表を有効に活用するには，その基本となる仕組みを知っておく必要がある．まず全体を眺めてみよう．第 1 周期には 2 個の元素があり，第 2 周期と第 3 周期には 8 個，第 4 周期と第 5 周期には 18 個，第 6 周期と第 7 周期には 32 個の元素が並んでいる．これらの数字，2, 8, 8, 18, 18, 32, 32 はマジックナンバーとよばれ，原子の基本的な構造により，このような数字が生まれる．

原子の基本構造として，まずおもな構成要素から見てみる．ただし，それだけでは，なぜマジックナンバーが生じるかは説明できない．マジックナンバーを説明するには，原子の構造，特に電子構造についてより深く探る必要があり，そのための道具が必要である．電子構造の観測に使うのが光であり，光とエネルギーとの関係である．本章では，これらを主題として述べる．

周期表の起こり

目印となる角や辺がなく，しかもピースの半数が欠けた 120 ピースのジグソーパズルに挑戦するとしよう．まず，同じ色のピース，あるいは柱やフェンスのような直線図形を含むピースを，グループ分けすることから始めるのではないだろうか．同じように，1800 年代の化学者 Dimitri Mendeléeff* (図 2.2) と Lothar Meyer (図 2.3) は，性質の似た元素をグループ分けし，それを原子番号の順に並べた．Mendeléeff の表は，元素の物理的な性質だけでなく化学的な性質も考慮したという点で，Meyer のものより優れている．たとえば，純粋な銅，銀，金は，他の元素と化学反応しにくいという性質をもっており，このため天然

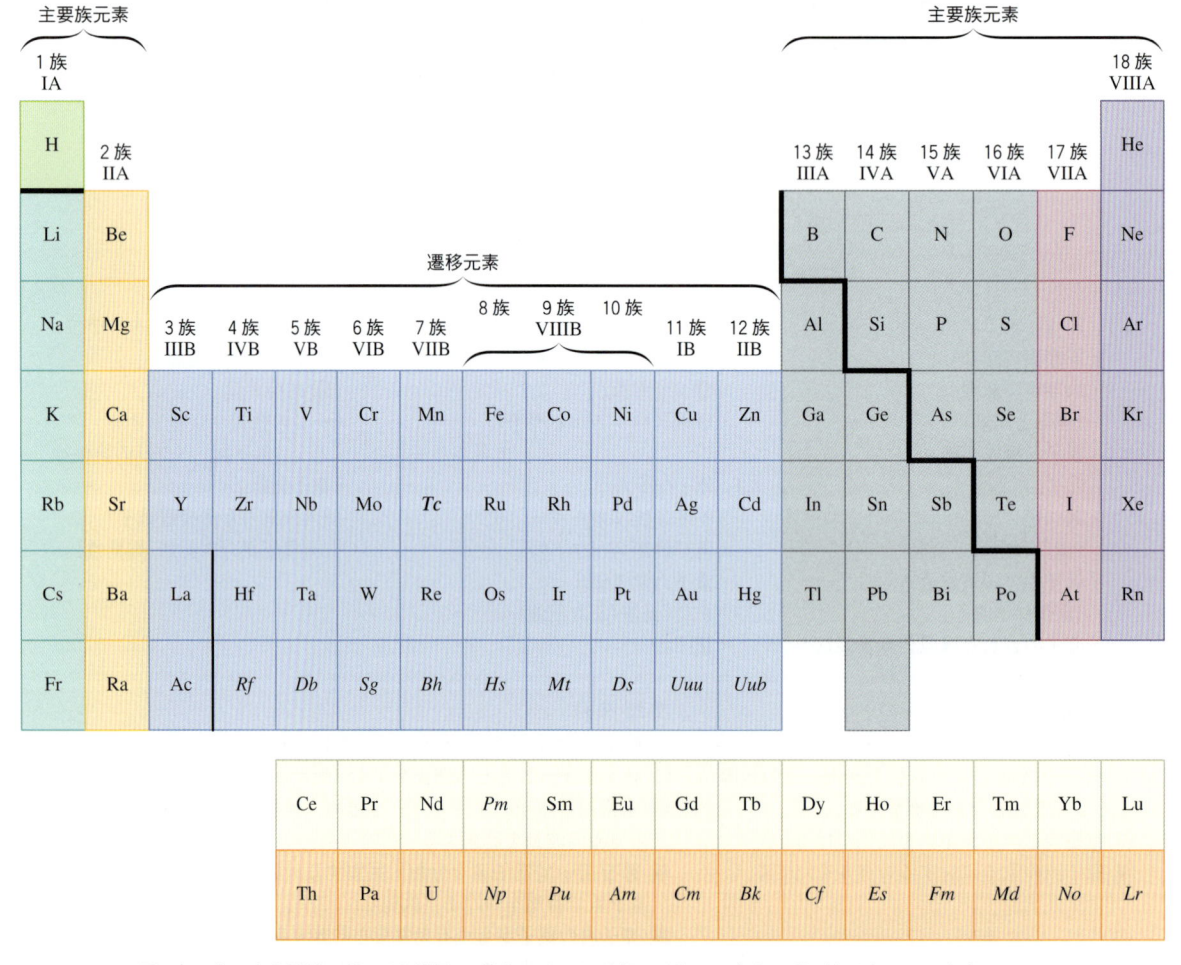

1族 IA	2族 IIA	3族 IIIB	4族 IVB	5族 VB	6族 VIB	7族 VIIB	8族 VIIIB	9族 VIIIB	10族 VIIIB	11族 IB	12族 IIB	13族 IIIA	14族 IVA	15族 VA	16族 VIA	17族 VIIA	18族 VIIIA
H																	He
Li	Be											B	C	N	O	F	Ne
Na	Mg											Al	Si	P	S	Cl	Ar
K	Ca	Sc	Ti	V	Cr	Mn	Fe	Co	Ni	Cu	Zn	Ga	Ge	As	Se	Br	Kr
Rb	Sr	Y	Zr	Nb	Mo	*Tc*	Ru	Rh	Pd	Ag	Cd	In	Sn	Sb	Te	I	Xe
Cs	Ba	La	Hf	Ta	W	Re	Os	Ir	Pt	Au	Hg	Tl	Pb	Bi	Po	At	Rn
Fr	Ra	Ac	*Rf*	*Db*	*Sg*	*Bh*	*Hs*	*Mt*	*Ds*	*Uuu*	*Uub*						

Ce	Pr	Nd	*Pm*	Sm	Eu	Gd	Tb	Dy	Ho	Er	Tm	Yb	Lu
Th	Pa	U	*Np*	*Pu*	*Am*	*Cm*	*Bk*	*Cf*	*Es*	*Fm*	*Md*	*No*	*Lr*

図 2.1 全元素を縦横に並べた周期表．斜体で示した元素は天然には存在せず，核反応でのみ合成される．

---

* キリルアルファベットを英語に翻訳するのは難しいため，Mendeléeff の英語名にはさまざまな綴りが存在する．これは，1887 年に英国を訪問した際，彼自身が用いた綴りである．

図 2.2 元素を表の形に整理したロシアの化学者 Dimitri Mendeléeff. 当時未発見の元素のために空欄を残していた.

図 2.3 ドイツの化学者 Lothar Meyer. おもに物理的性質に基づき, 元素を表の形に並べた.

に単体として存在する. これらの元素は反応性が低いため, ローマ帝国の時代から貨幣に用いられてきた. 別の例としては, 臭素(Br), 塩素(Cl), ヨウ素(I)があげられる. これらの元素は, 塩が水に溶けやすいという性質をもっており, 塩素やヨウ素同様, 臭素も海水から取出すことができる. 元素を性質に従ってグループ分けし, それを原子番号の大きいものが下にくるよう縦のカラムに並べると (図 2.4), 銅, 銀, 金は同じカラムに入る. 塩素, 臭素, ヨウ素も別のカラムに収まる.

　Mendeléeff は, そのようなパターンがいくつか存在することに気づき, 1869 年に当時知られていた 61 の元素すべてを並べた表を発表した. Mendeléeff の表の優れた点として, 当時未発見の元素のために空欄を残していた. このため, 表から未発見元素を予測することが可能であった. Mendeléeff は, 化学的な性質に周期的なパターンがあることを見つけていたが, 当時発見されていた元素をもとにすれば, 未発見の元素が自然界のどこに存在し, またそれと共存する物質からどうすれば分離できるかが予測できるのである. Mendeléeff の表が広く評価されているのは, このように予測できる力を備えているからであり, 周期表の変わらぬ有用性の秘密はそこにある.

た性質をもっており, **族**とよばれる. 一つの族の中では, 元素は原子番号の順に並んでいる. このように二次元的に元素を配列させると, 横の列 (**周期**とよばれる) の中では, 一般に右に行くほど元素の質量は増す (若干の例外はあるけれども). 周期は上から順に, 第 1 周期から第 7 周期まで番号がつけられている. 族の呼び方はもう少し複雑であり, いくつかの方法がある. その一つが短周期型であり, 最初の 2 列と最後の 6 列 (**主要族元素**とよばれる) については, I から VIII までのローマ数字の後に文字 "A" をつける. 主要族元素に挟まれた元素は**遷移元素**であり, I から VIII の数字の後に文字 "B" をつける (VIII 族は例外的に 3 列ある). 別の表記法では, 主要族元素の最初の 2 列と遷移元素の最初の 8 列に, I から VIII までの数字と "A" をつけ, 遷移元素の終わりの 2 列プラス主要族元素の終わりの 6 列に "B" をつける. 第 3 のやり方が本書でも採用している長周期型であり, "A", "B" の混乱を避けるため, 列に順番に 1 から 18 までの数字をふる (図 2.1). 第 6 および第 7 周期には, 表の下に別に表示されている

周期表の概要

　記号と用語　Mendeléeff の周期表と同様, 現代の周期表でも, 同じカラムに属する元素は化学的, 物理的に似

周期表に関する用語

族	縦のカラム
周　期	横の列
主要族元素	1〜2 族および 13〜18 族の元素
遷移元素	3〜12 族の元素

図 2.4 物理的・化学的性質が似た元素を分類し原子量の順に並べた表．横の列に沿って，性質が系統的に変化している．

貨幣金属

海水から抽出する元素

原子がある．それぞれ，列の先頭の元素がランタン(La)，アクチニウム(Ac)であることから，**ランタノイド系列**（あるいは希土類元素），**アクチノイド系列**とよばれる．これらの元素は，スペースを節約するため，表の外に記載する．

基本問題 炭素(C)が先頭にくるのはどの族か．13族の先頭はどの元素か．ナトリウム(Na)はどの族に属するか．■

2.2 原子の構成要素

原子がどのような構造をとり，それが元素によりどう変わるかは，元素の性質の周期的な変化を理解し，周期表の英知を解き明かす重要な鍵となる．1800年代の前半，Mendeléeffらが，当時知られていた元素を周期的な表の形に整理していた頃，別の科学者たちは，原子の内部構造を解明する研究を進めていた．その一人が，英国人の化学者 Humphrey Davy（図2.5）である．Davyの実験から，液体や固体中の原子を結びつける力として，電気的な力が重要であることが明らかとなった．Davyは，さまざまな物質に電流を流すと，それぞれの構成原子に分解できることを見つけたのである．

応用問題 9ボルトの乾電池とリード線付きのワニ口クリップを用意する．リード線は，クリップと反対側の被覆をはがし，金属を一部露出させておく．つぎに，リード線がショートしないよう注意しながら，クリップを乾電池の電極部につなぐ．容器に水を入れておき，リード線の金属が露出した端を水の中に沈めると，何が起きるか観察せよ．なお，反応を促進するため，水に少量の食塩を加えるとよい．

図 2.5 電気化学のパイオニア Humphrey Davy.

電　子

Davy が実験に用いた物質の一つが水であった．気体を用いた初期の実験から，個々の水分子は 1 個の酸素原子と 2 個の水素原子からできていることがわかっていた（図 2.6）．Davy は，水に電気を流すと，リード線から気泡が発生することを発見した．

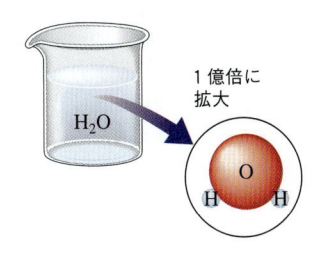

図 2.6 水を 1 億倍に拡大した図．水分子は，2 個の水素原子と 1 個の酸素原子でできている．

空気中であれば，2 本のリード線を十分に離しておく限り電流は流れない（図 2.7）．しかし，リード線を水に浸すと，回路ができて電流が流れ始め，同時に気泡が発生する（図 2.8）．そして，リード線の一方で生じる気体の体積は，もう一方の 2 倍である．この比率は，水を構成する酸素と水素の比に等しい．火のついたマッチを近づけるとポンという音を発することからわかるように，一方の気体は水素である（家で実験してはならない！）．もう一方の気体は酸素であり，加熱したスチールウールを入れると炎をあげて燃えることで確認できる．酸素の倍の量の水素が発生したので，

水 + 電気 ⟶ 体積 2 の水素 + 体積 1 の酸素　　(2.1)

ということになる．

水分子は，全体としては電荷をもっておらず中性である．もし，電荷をもっていれば，互いに反発するはずである．

リード線（**電極**とよばれる）を水に浸すと，水は電気の力により構成元素（酸素と水素）に分解される．このプロセス（**電気分解**とよばれる）は工業的に重要であり，鉱石からアルミニウムのような金属を取出したり，銅を精錬（電線として使う場合には純粋な銅が必要である）したりするのに使われる．電気分解は，塩水あるいは濃縮した海水から塩素を分離する際や（塩素はその後，化学薬品工場でプラスチック製配管の製造などに使われる），水道水を浄化するのにも利用される．

1800 年代後半，Michael Faraday は，電気分解にはつぎのような一般的な法則があることを発見した．

"物質が構成元素に分解される際，その量は流した電流の量に比例する"

さらに，電極で生じる物質の重さは電流量に比例し，かつ

図 2.7 空気で隔てた配線．空気で隔てたリード線を電池につないでも，電流は流れない．

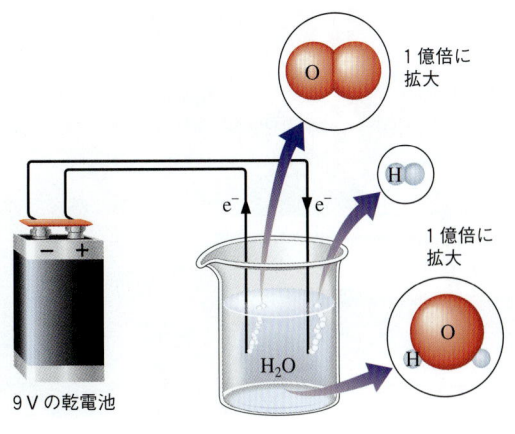

図 2.8 水の電気分解．電流（負の電荷 e^- の流れ）を流すと，一方の極では水素が，もう一方の極では酸素が発生する．

原子量を 1, 2, 3 などの小さな整数で割った値にも比例する.

　電流を負の電荷をもった粒の流れであると仮定すると, Faraday の観測結果, すなわち生じる物質の重さは電流量と原子量に関係するという結果を矛盾なく説明できる. 1891 年に George Stoney は, この電荷の粒を電子と名づけた. 電流によって水や他の物質を構成元素に分解できるということは, 電子が原子を結合させ, 分子を形成していることを示唆している. George Stoney はこの考えを発展させ, 電子は原子の一部であると予想した.

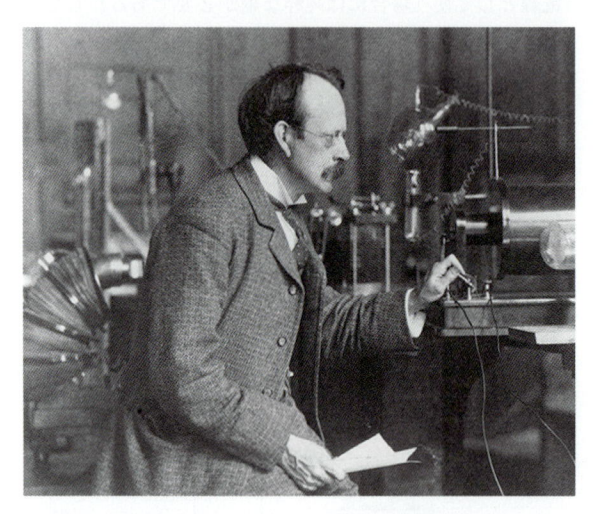

図 2.9 　J. J. Thomson. 電子のもつ多くの性質を明らかにし, 電荷と質量の比を決定した. この業績により, 1906 年にノーベル賞を受賞した.

図 2.10 　電子の質量を決定した Robert Millikan. この業績により, 1923 年にノーベル賞を受賞した.

基本問題　電流は負の電荷をもつ粒の流れであるとすると, Faraday の実験結果 (電気分解で生じた物質の質量が電流の量や原子量に関係する) はどのように説明できるか. ■

電子の電荷と質量　　Joseph John Thomson (図 2.9, 通常 J. J. Thomson とよばれる) は一連の実験から, 電子が原子の一部であることを証明した. Thomson はまた, 電子の電荷と質量の比も測定した. これは非常に重要な研究であったため, Thomson は 1906 年にノーベル賞を受賞した. この功績は, 一般に電子の発見として称えられている.

　電荷/質量比が決まったので, つぎに電荷か質量のいずれかを決めればよいが, これには別の実験が必要となる. 1909 年, Robert Millikan (図 2.10) は, いくつかの精密な実験を行い, 電子の電荷を決定した. これにより, 電子の質量を計算できるようになった. 電子の質量の最新の値は 9.1094×10^{-28} グラムであり, すべての元素のなかで最も軽い水素元素と比べても 1/1837 ほどしかない. この結果から, 電子は原子の一部であるが, 質量という点からみると, ほとんど寄与していないことがわかる.

　以上をまとめると,
■ 電子はすべての原子に含まれる.
■ 電子は原子の残りの部分に比べ非常に軽い.
■ 電子は負の電荷をもっている.
■ 電流は電子の流れであり, 電流を用いると分子を構成元素に分解できる.

例題 2.1　電子と原子の相対的な質量

　電子は, 質量という点では, 原子のごく一部を担っているにすぎないが, その割合はどれほど小さいのだろうか. 電子の重さの割合を見積もるために, 拡大してみよう. 水素原子は, 1 個の陽子と 1 個の電子で構成されている. 水素の質量を 3×10^{28} 倍 (10 億倍の 10 億倍の 10 億倍以上) すると, 50 kg ほど, すなわち小柄な大人 1 人ほどの重さとなる. この拡大した原子では, 電子の質量はいくらか.

[解法]
■ 　以下のデータを用いよ:
　電子の質量は, 原子の 1/1837 倍である.

[解答]
■ 　原子の質量を 1/1837 倍すれば, 拡大した電子の質量が求まる.

$$50 \text{ kg} \times \frac{1}{1837} = 0.0272 \text{ kg} = 27.2 \text{ g}$$

これは, ハツカネズミほどの重さである.

別冊演習問題 2.7〜11 参照

原子中での質量分布

電子は原子の質量のごく一部しか担っていないのだから，直感的には，体積もごく一部にしか寄与していないと予想される．しかし，つぎのような実験（これは実際に Ernest Rutherford と共同研究者の Marsden, Geiger により 1906 年から 1909 年にかけて行われた）を想像していただきたい．電子よりも 7000 倍重い粒子を加速し，別の物質の薄い箔に衝突させる．Rutherford は実際には α 粒子と金箔を用いた．α 粒子は，電子よりもかなり重く，電荷 +2 をもつことが知られていた．また，金は純度の高いものが容易に得られ，かつ，数千原子層ほどの非常に薄い箔に加工することができる．

基本問題 α 粒子は金原子の 1/3 の半径をもち，かつ質量が均一に分布しているとする．α 粒子線を金に当てると何が起こるか予想せよ．■

α 粒子は電子よりもずっと重い．われわれは日常の中で物質の衝突を経験しているが，それから類推すると，ずっと軽い電子は，α 粒子がぶつかってもその方向を変えたり，散乱したりはしない．状況は，木綿の球に向かってボーリングの球を投げつけるのと同じであり，ボーリングの球は，小さく軽いものにぶつかっても，転がる進路を変えることはない．Rutherford の実験の当時，電子を除いた質量の残りの部分は原子の体積内に均一に分布しているというモデルが考えられていた．大砲の弾を，やはり大砲の弾でできた厚み数個分の壁に向かって発射するようなものである．Rutherford は，金原子は押しのけられ，α 粒子は多少向きを変えながら，金箔をほぼそのまま通過していくと予想していた（図 2.11a）．

ところが実際に Rutherford が観測したのは，α 線はまったく向きを変えず金箔を透過するという結果であった（図 2.11b）．さらに，数個の α 粒子（約 10^5 個に 1 個の割合）は大きく向きを変えることを発見したが，これは，質量が均一に分布しているとするモデルに致命的な一撃を与えた．いくつかの α 粒子は，逆方向に散乱されたのである．この結果は，ボーリングの球がティッシュペーパーによって跳ね返されたと同じくらい驚きである．均一に質量が分布していると仮定すると，ほとんどの α 粒子は透過し，$1/10^5$ が大きな角度で反射されるという実験結果を説明できないのである．

基本問題 もし Rutherford が，金ほど薄くできない金属，たとえば厚み 1 μm（10^{-6} m）のアルミニウム箔を使ったとしたら，α 粒子のどのくらいが反射されただろうか．■

原子核と電子 α 粒子のごく一部が散乱されたとすると，金箔の中に密度の高い（質量の集中した）部分が存在することになる．しかも，その体積は極端に小さく，約 $1/10^5$ と見積もられる．Rutherford は，この高密度の部分を**原子核**と名づけた．原子の中では，電子は核周囲の広い空間を占めている（図 2.12）．相対的な大きさを想像しやすいようたとえると，核は，幅 10 m の講堂の中の直径 1 mm のボールベアリングの球，あるいはフットボール競技場に置かれた 1 個のエンドウ豆に相当する．α 粒子は，高密度の核と衝突したときにだけ大きく散乱され，逆に低密度の部分，すなわち電子が存在している部分を通過する際には直進する．

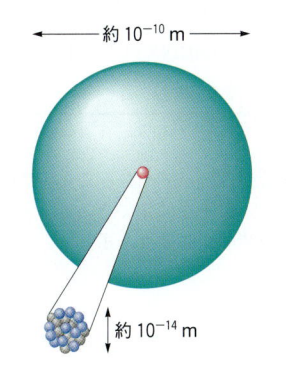

図 2.12 原子の断面．核の質量は，原子全体の質量にほぼ等しいが，直径は約 $1/10^5$ である．核以外の部分には電子雲が広がっている．

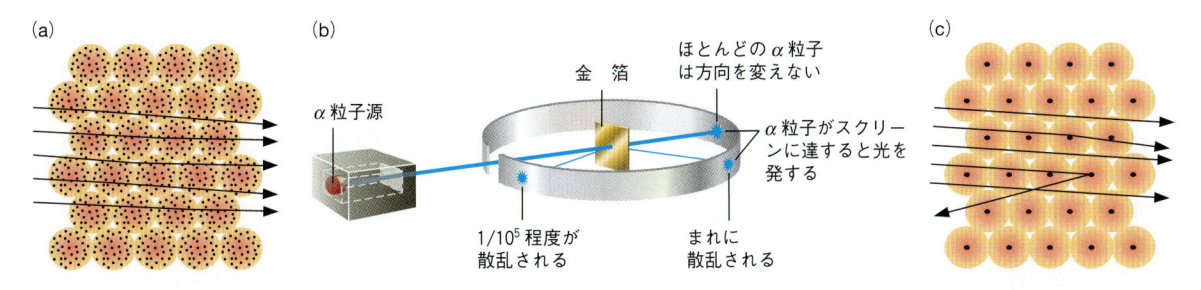

図 2.11 (a) 当時提案されていた原子のブドウパンモデル．これに粒子を当てると，一部がわずかに方向を変えるだけで，残りはそのまま透過すると考えられていた．(b) Rutherford が用いた散乱実験装置と実験結果を示す概念図．全体の $1/10^5$ 程度が大きな角度で散乱された．金箔の厚みは 0.5 μm（10^{-6} m）ほどであり，約 2000 原子層に対応する．(c) Rutherford による解釈．原子の中で密度が高いのはごく一部であり，その高密度部分の断面積は，原子全体のわずか 0.00000001 である．したがって，核の直径は，原子の直径の 1/10,000 である（0.00000001 の平方根は 1/10,000）．この図では，核は大きめに描かれている．

核はしばしば小さな球として描かれるが，実際にはいくつかの粒子を含んでいる．核を構成する粒子のうち，最初に見つかったのが**陽子**である．原子は中性であるので，電子1個につき1個の正の電荷が存在しなくてはならない．陽子は正の電荷をもっている．記号 Z で表される原子番号は，核の中の陽子の数に等しい．周期表では，次の原子に進むと，**原子番号**（あるいは陽子の数）は1ずつ増える．その他の重要な構成要素として，**中性子**があげられる．中性子は，1932年に James Chadwick が，ベリリウムに高エネルギーの α 粒子を衝突させた際に発見された．中性子は電荷をもっておらず，陽子よりもわずかに重い．これらの三つの粒子，電子，陽子，中性子は，原子のおもな構成要素である（表2.1）．

表 2.1 原子を構成する粒子の質量と電荷

粒 子	質 量〔g〕	質 量〔amu〕	電 荷〔C〕	相対電荷
電子(e^-)	9.1094×10^{-28}	0.00054858	-1.60218×10^{-19}	-1（負）
陽子(p^+)	1.6726×10^{-24}	1.0073	1.60218×10^{-19}	$+1$（正）
中性子(n)	1.6749×10^{-24}	1.0087	なし（中性）	

基本問題 今，ある元素の原子量が 32 amu であることがわかっている．これだけの情報から，原子を同定できるか．もしできなければ，他にどのような情報が必要か．■

原子のおもな構成要素と周期表

周期表で元素の上に記載された番号は，原子番号，すなわち核内にある陽子の数を示している．周期表では，元素

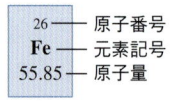

```
 26  —— 原子番号
 Fe  —— 元素記号
55.85 —— 原子量
```

は原子番号の順に並んでいるので，これからつぎの周期性に関する法則（**周期律**）が導かれる．

"元素の性質は，原子番号とともに周期的に変化する"

原子番号は，単なる元素の順番を示す数字ではなく，核に含まれる陽子の数を表している．したがって，原子番号は各元素に固有の値である．原子量は，ほぼ核に含まれる粒子の数で決まるので，原子量から，陽子数と中性子数の合計が大雑把にわかる．電子数は陽子数に対応して増える．また，電子は，陽子・中性子に比べて軽いが，原子の空間の大部分を占める．以上，原子の構成要素について学んできたが，なぜ負の電荷をもつ電子は核にくっついてしまわないのか，疑問が残る．また，元素の性質の周期的な変化は原子構造からどのように導かれるかについて，まったく説明されていない．原子の安定性と性質の周期性の両方を説明するには，原子内の電子を記述するためのもっと完全なモデルが必要となる．

2.3 光 - 原子の電子構造を解き明かす

原子内の電子に関する情報を得るのに用いる，最も重要な道具は光である．大みそかの深夜に撮影した写真を見ていただきたい（図2.13）．花火が夜空に大輪の花を咲かせている．花火の轟音とともに，色が弾け，やがて黄色，青，赤，白の輝きが，まるで滝のように地面に向かって流れ落ちてくる．花火が弾けると，リチウムやナトリウムといった金属元素が高温となり，このように華やかな色を発するのである．

図 2.13 色鮮やかな花火．原子が放つエネルギーが光となって現れている．

黄色はナトリウム(Na)に特徴的な色であり，食塩(NaCl)をガスの炎（たとえばガスストーブ）にふりかければ目にできる．街路灯に特有な黄色も，ナトリウムによるものである．一方，ネオン(Ne)ライトはオレンジ色の色調であり，水銀(Hg)ランプ（蛍光灯）は青い光を放つ．これらの色は原子内の電子によって生じる．高温の原子が放つ光を解析すると，電子が，原子内の広大な空間をどのように占めているかというモデルが得られる．

ナトリウムの黄色い光などの可視光は，**電磁放射**として知られる幅広い放射エネルギースペクトルのほんの一部にすぎない．電磁放射は，物質にエネルギーを与え，また物質からエネルギーを奪う．電磁放射とエネルギーとの関係は，原子構造と原子のふるまいを理解するうえでの鍵となる．

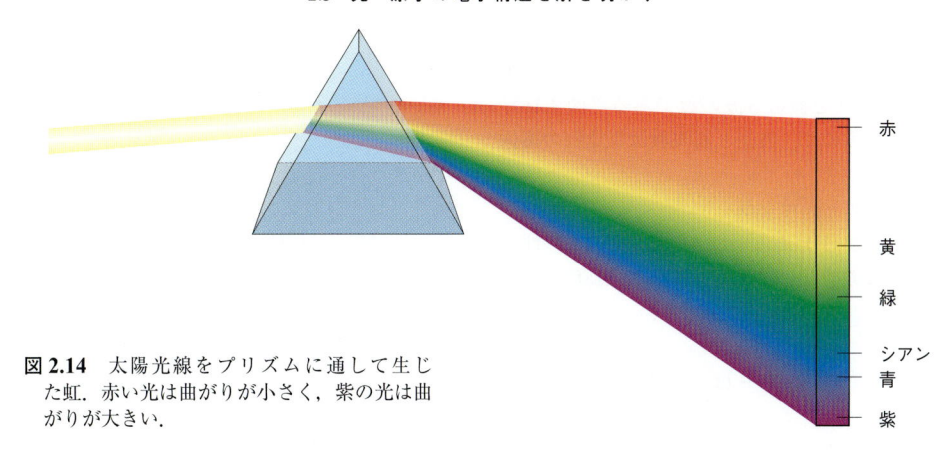

2.3 光 - 原子の電子構造を解き明かす

図 2.14 太陽光線をプリズムに通して生じた虹．赤い光は曲がりが小さく，紫の光は曲がりが大きい．

光，色，エネルギー

一条の白色光の中にプリズムを置くと（図 2.14），美しい色の連続的な帯が現れる．ちょうど虹のように，色は赤から始まり，黄色，緑，青，紫と続く．すなわち，**連続スペクトル**が得られる．これは，白色光がすべての色の光を含んでいるからであり（光の**分散**），それがプリズムなどの媒体により個々の要素に分かれたのである．空の虹の場合，分散させる媒体は水滴であり，光源は太陽光である．可視光は，他のすべての電磁波同様，エネルギーをもった波として記述できる．波は空間の中を繰返し振動しながら進むが，繰返しパターンの現れる距離（**波長**とよばれ，ギリシャ文字の λ で表す．図 2.15）に応じて区別される．

図 2.15 定在波．やわらかいひもで (a) のような波をつくるのは簡単である．(b) のようなパターンの波をつくるのはやや難しく，(c) は非常に難しい．

われわれの目は可視光を受けると，波長に応じた色の違いを識別し，応答する．たとえば，赤色として認識される色は，波長約 650 nm（nm は 10^{-6} m を表す）の光であり，波の山から隣の山までは 650 nm 離れている．すべての色の波が重なると，白い色に見える．

基本問題 太陽から届く熱線（赤外線）の波長は約 5 μm である．1 cm 当たり波の山は何回現れるか．また，この値を可視光と比較せよ．

応用問題 電話線やブラインドのひものような長くて柔らかいコードを用意する．その一端を，何か動かないものにしっかりと固定し，もう一方の端をしっかりと握る．図 2.15 のようなパターンを得るにはどうしたらよいか．

炎で熱せられた金属が放つ光のように，光は原子の構造について多くのことを教えてくれる．まず，光を特徴づける波長と光のエネルギーとの関係について述べておく．縄跳びのひもを例にとってみよう．ひもの両端を結ぶ弧は波の半分である．ひもを早く回転させ，遠くから眺めると，波は固定されて動かないように見える．この動かない波を**定在波**とよぶ．縄跳びのひもにできる半分の波は，両端を固定したときに現れる定在波としては，波長が最も長いものである．この波は**基本波**とよばれ（図 2.15a），弦楽器の弦を弾いたときにも生じる．距離は同じでも，図 2.15(b) の波は，波長一つ分を含んでおり，第 2 高調波とよばれる．図の (a) から (c) に向かって波長は短くなる．一方，このような波をつくり出すのに必要なエネルギーは，図 (a) から (c) に向かって増加する．一般的に，波長が短いほどエネルギーは高くなる．光の波長とエネルギーの関係は，

$$E = \frac{hc}{\lambda} \qquad (2.2)$$

で表される．ここで，h はプランク定数 6.63×10^{-34} J s，c は光速 2.9979×10^{8} m s^{-1} である．可視光の波長は，赤色の 750 nm から紫色の 400 nm まで及ぶ（表 2.2）．赤色の光は，紫よりも波長が長い．

電磁波の速度はすべて c であるので，光を**周波数**（ギリシャ文字の ν で表す）で表すこともできる．周波数は，単位時間内に観測者の前を横切る波の数である（図 2.16）．光の速度は一定であるので，波長と周波数は反比例の関係にある．

$$\nu = c/\lambda \tag{2.3}$$

周波数の単位はヘルツ（Hz）あるいは s^{-1} であり，1 秒間にある点を通過する波の数として定義される．振動数とエネルギーの間の関係は，式(2.2)と(2.3)より，

$$E = h\nu \tag{2.4}$$

となる．可視光のエネルギーは，3×10^{-19} J から 5×10^{-19} J の間にある．

電磁波は，原子内の電子の特徴を垣間見るための窓の役割を果たす（図 2.17）．一例として，食塩を熱したときに生じる黄色い光の起源について考えてみよう．炎はエネルギーを NaCl に与えるが，そのエネルギーの一部はナトリウム原子に吸収され，やがて黄色い光を放つ．ナトリウム

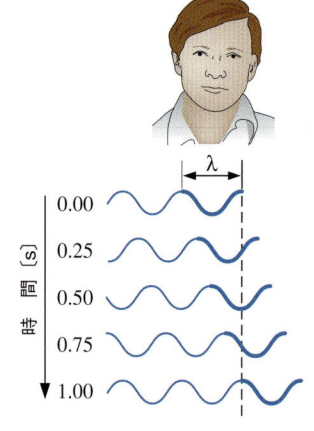

図 2.16 観測者の前を横切る光の振動．1 秒間に通過する波の数が周波数である．図の例では，山が通り過ぎるのに 1 秒かかっているので，周波数は 1.0 Hz である．周波数 1 Hz は非常にゆっくりとした振動である．ちなみに可視光は，1 秒間に 10^{14} から 10^{15} 回振動する．

表 2.2 連続スペクトルに含まれる可視光の色とエネルギー　人それぞれ色を感じる波長が違うが，表に示したのは，多くの人がその色を感じる平均的な値である．

波　長〔nm〕	650	560	490	450	430	400
周波数〔Hz〕	4.62×10^{14}	5.36×10^{14}	6.12×10^{14}	6.67×10^{14}	6.98×10^{14}	7.50×10^{14}
エネルギー〔J〕	3.06×10^{-19}	3.56×10^{-19}	4.05×10^{-19}	4.42×10^{-19}	4.63×10^{-19}	4.97×10^{-19}
エネルギー〔eV〕	1.91	2.22	2.53	2.76	2.89	3.10
色	赤	黄	緑	シアン	青	紫

例題 2.2　周波数，波長，エネルギー

(a) AM ラジオ局は，よく名前の一部に電波の周波数をつける．この場合，周波数の単位はキロヘルツ（kHz = $10^3\,s^{-1}$）である．今，あるラジオ局が 680 kHz の電波を発信しているとする．波長を求めよ．また，そのエネルギーを J 単位で計算せよ．
(b) ナトリウムの黄色い発光の波長は 590 nm である．そのエネルギーを J 単位で計算せよ．
(c) X 線の波長は可視光よりもずっと短い．波長 10 nm の X 線のエネルギーを J 単位で計算せよ．

[解　法]
■ (a) 式(2.3) $\nu = c/\lambda$ を反転して $\lambda = c/\nu$ とし，波長を計算する．
■ (b) 式(2.4) $E = h\nu$ よりエネルギーを計算する．
■ (b)と(c) 式(2.2) $E = hc/\lambda$ を用いる．

[解　答]
(a) ■ $\lambda = c/\nu = (2.9979 \times 10^8\,m\,s^{-1})/(680 \times 10^3\,s^{-1}) = 441\,m$
　　■ $E = h\nu = (6.63 \times 10^{-34}\,J\,s)(680 \times 10^6\,s^{-1}) = 4.51 \times 10^{-28}\,J$

■ $E = \dfrac{hc}{\lambda}$

(b) $E = \dfrac{(6.63 \times 10^{-34}\,J\,s)(2.9979 \times 10^8\,m\,s^{-1})}{(590\,nm)} \times \dfrac{10^9\,nm}{m} = 3.37 \times 10^{-19}\,J$

黄色い光をラジオ波と比べると，波長は非常に短く，エネルギーは大きい．

(c) $E = \dfrac{(6.63 \times 10^{-34}\,J\,s)(2.9979 \times 10^8\,m\,s^{-1})}{(10\,nm)} \times \dfrac{10^9\,nm}{m} = 1.99 \times 10^{-17}\,J$

X 線は可視光よりもずっと大きなエネルギーをもつ．

別冊演習問題 2.19, 2.21, 2.22 参照

輝線スペクトルと原子のエネルギー

高温のナトリウム原子は特徴的な黄色い光を放つのに対し，高温の水素原子が放つ光はホットピンクである．水素のホットピンクの光をプリズムで分解すると（図 2.18），虹の連続的な色とはまったく異なることがわかる．水素からは，たった四つの波長（あるいは四つのエネルギー）の可視光が放出されているだけである．水素原子が放つ四つの色はそれぞれ異なり，水素の**輝線スペクトル**（あるいは**線スペクトル**）とよばれる．1885 年，スイスの教師であった Johann Balmer は，水素の 4 本の輝線の周波数は，つぎのような非常に簡単な式に従うことを見つけた．

$$\nu = C\left(\frac{1}{2^2} - \frac{1}{n^2}\right) \tag{2.5}$$

ここで，$n = 3, 4, 5, 6$ であり，C は定数（3.289×10^{15} s^{-1}）である．可視以外の波長領域でも，同様の離散的な輝線が多数見つかったが，Balmer は，これらがより一般的な式に従うことに気づいた．

$$\nu = C\left(\frac{1}{n_1^2} - \frac{1}{n_2^2}\right) \tag{2.6}$$

ここで，n_1, n_2 は $n_2 > n_1$ の整数である．

水素以外の元素の輝線スペクトルはもっと複雑であり，Balmer 型の単純な式で表すことはできない．にもかかわらず，個々の元素はそれぞれ特徴的なスペクトルを示し，それは元素の"指紋"としての役割を果たすため，材料中の元素の同定に用いられる．たとえば，鉛に固有の吸収スペクトルを利用して，血液中の鉛の量を測ることができ，鉛中毒の診断に役立っている．また，固有スペクトルは，星や他の天体の構成元素を調べるのにも使用されている．歴史的にみると，指紋スペクトルは，原子構造理論の検証に用いられてきた．

スペクトルが線状になっている意味について考えてみよ

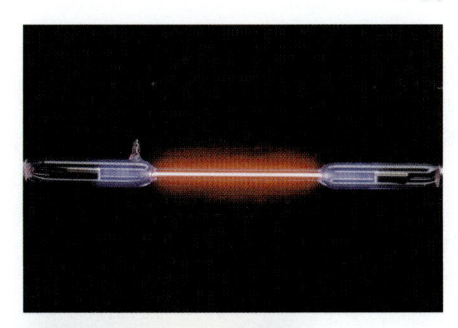

図 2.17 光の色とエネルギー．光の色とエネルギーとの関係を用いると，原子の内部で起こっていることを垣間見ることができる．

には 11 個の電子が存在し，それぞれの電子は負の素電荷をもっている．11 個の電子は互いに複雑に反発し合っているため，ナトリウムの黄色い色と 11 個の電子の構造との関係を解き明かすのは，骨の折れる作業である．それを始めるにあたり，まず，陽子 1 個と電子 1 個からなるもっと単純な原子，すなわち水素が放つ光について考えてみよう．

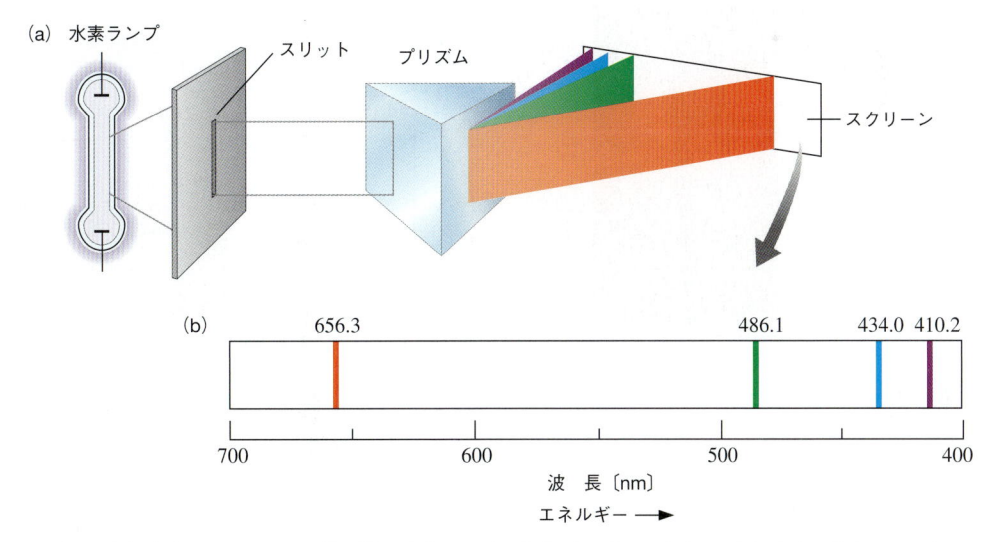

図 2.18 (a) 水素のスペクトルの観測法．水素ランプの光をプリズムで分ける．(b) 水素の発光スペクトル．可視領域には，赤，緑，シアン，紫の 4 本の発光線が存在する．

う．放射される光の粒（フォトン）は，特有の周波数 ν をもっている．周波数はエネルギーと $E = h\nu$ の関係にあるので，光は特定のエネルギーをもつことになる．エネルギーは保存されるので，光を放出する前の原子のエネルギーは，放出後の原子とフォトンのエネルギーの和となる．

$$\begin{aligned} \text{または} \quad E^{原子}_{放出前} &= E^{原子}_{放出後} + h\nu \\ \Delta E^{原子} &= E^{原子}_{放出前} - E^{原子}_{放出後} = h\nu \end{aligned} \quad (2.7)$$

このエネルギー差が特定の値を示すということは，原子が特定の，しかも飛び飛びのエネルギーをもつことを意味している．しかし，こうした飛び飛びのエネルギーについて，Rutherford の原子モデルは何の手がかりも与えてくれない．

元素に固有のエネルギーは，電子のふるまいと関係しているらしい．しかし，なぜエネルギーが特定の値をもつのだろうか．また，原子が光を放つ際，何が起きているのだろうか．そのモデルとして，段の間隔が一定でないはしごを考えてみる（図 2.19a）．段の上には立てるが，その間には立てない．また，1段，あるいは何段か上り下りできる．上りはエネルギーを得ることに対応し，下りはエネルギーを失う．はしごの段はとりうるエネルギーに対応しており，**エネルギー準位**とよばれる．エネルギー準位は，**エネルギー準位図**（図 2.19）の形で表す．エネルギー差（段の間の距離に対応する）は**遷移エネルギー**とよばれ，さまざまな遷移エネルギーの集まりが**線スペクトル**となる．図 2.19(b) は，はしごのスペクトルの一部を示したものである．はしごの最下段は，最低エネルギー準位を表す．

基本問題 マサチューセッツ州ボストンからカリフォルニア州ロサンゼルスまで，4870 km に及ぶ距離を車で移動する．今，1日で 1000 km 移動したとする．ロサンゼルスまであとどれだけの距離にあるかを知るには，他にどのような情報が必要か．■

水素のスペクトルに現れる線（図 2.18b）は，準位間のエネルギー差に関係しているが，個々の準位のエネルギー値については何の情報も与えてくれない．個々のエネルギー値を求めるには，少なくとも一つの準位のエネルギーを決めてやる必要がある．これは，昨年 15 cm 背が伸びたのがわかっているのと状況が似ている．現在の身長を知るには，昨年の身長（別の言い方をすれば基準点）のデータが必要である．

基本問題 図 2.19 で，準位 A を終点とする遷移と，準位 B を終点とする遷移とを比較し，図 2.19 の線スペクトルに記入せよ．■

2.4 原子モデル

原子の構造を詳細に記述し，線スペクトルを説明することに初めて成功したのは，1913 年の Niels Bohr（図 2.20）である．Bohr のモデルは，その後，より正確で複雑な原子モデルに置き換わったが，いくつかの重要な特徴は，現在のモデルにも受継がれている．特に，Bohr のモデルは，エネルギーの基準点と，エネルギー準位がその基準点からみてどこにあるかを教えてくれる．（モデルの数学的な詳細に関しては，別冊演習問題 31～36 を参照）．Bohr のモ

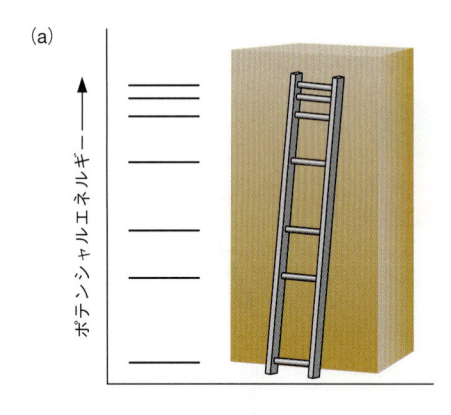

図 2.19 (a) 原子のはしごモデル．許されるエネルギー準位をはしごの段で表している．図の左側に示したのは，対応するエネルギー準位図である．(b) 輝線スペクトル．輝線スペクトルは，はしごの段の間の間隔と関係している．準位 B を終点とする五つの遷移について，遷移エネルギーを輝線スペクトルの形で示してある．

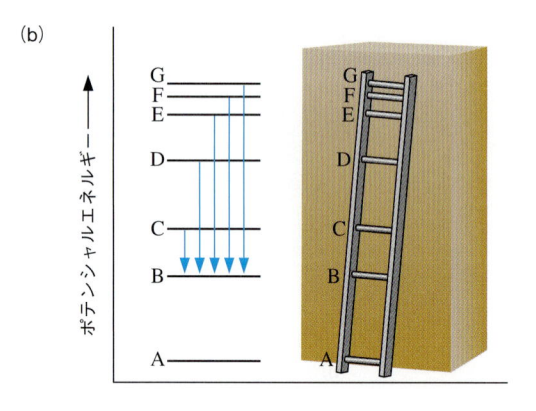

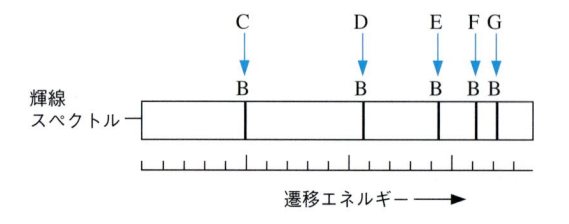

2.4 原子モデル

デルでは，電子を，負の電荷をもつ小さな球状の粒子として扱い，ちょうど惑星が太陽の周りを回るように，電子が原子核の周りを回っていると仮定した．電子と原子核の相互作用としては，正負の電荷によるクーロン引力を考えた．このクーロン引力は，現在のモデルでもそのまま採用されている．

Bohr モデルの最大の功績は，線スペクトルを説明できたという点にある．結論を要約すると，電子のエネルギーは，負の電荷をもつ電子の軌道と，正に帯電した原子核との距離に関係している．より正確なモデルでは，"電子の軌道の半径" は "電子雲の半径" で置き換えられるが，いずれのモデルでも，電子が原子核から離れるほどエネルギーは高くなる．Bohr のモデルによると，電子がエネルギーの高い軌道から低い軌道に移る際，その差分のエネルギーを放出する．軌道から原子核までの距離が，ある特定の値しかとらないとすると，軌道のエネルギーもまた決まった値しかとらない．Bohr は，この特定の軌道を **"状態"** とよんだ．最もエネルギーの低い軌道は **基底状態**，それよりエネルギーの高い軌道を **励起状態** とよぶ．すべての状態は，基底状態の $n = 1$ から始まる整数 n で指定できる．許容される準位の模式図とそれぞれのエネルギー状態を，図 2.21(a)，図 2.21(b) に示す．最低エネルギーの準位（$n = 1$）とその次（$n = 2$）の間には，大きなエネルギーの隔たりがあることがわかる．一方，高エネルギーの状態に

図 2.20 1920 年代初頭の Niels Bohr．Bohr の提案した "惑星" モデルは，水素のスペクトルをうまく説明できた．この偉大な業績により，1922 年にノーベル物理学賞を受賞した．また，その業績に敬意を表し，107 番元素にボーリウムという名前がつけられた．

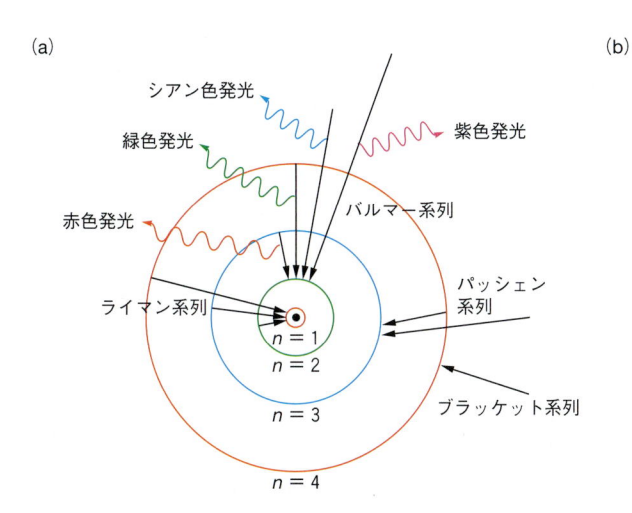

図 2.21 (a) Bohr の原子モデル．核から遠い軌道ほどエネルギーは高くなる．電子が軌道を変え，より核に近い軌道へと移ると，その差分のエネルギーが電磁波の形で放出される．核（中心の黒い円）は，電子の軌道に比べ大きめに描かれている．(b) 水素のエネルギー準位図と遷移．整数の番号をつけた軌道間の遷移を矢印で示してある．$n = 1$ の軌道は最もエネルギーの低い軌道であり，核に最も近い．水素の可視光領域のスペクトルには 4 本の輝線が存在し，バルマー系列とよばれる．いずれも，2 番目の準位（$n = 2$）を終点としている．Balmer が水素スペクトルの式を導いた当時，見つかっていたのはこの 4 本の発光線だけだった．よりエネルギーの低い準位，すなわち基底状態を終点とする発光線も存在し，これらはライマン系列とよばれる．同様に，$n = 3$ の準位を終点とする系列をパッシェン系列，$n = 4$ を終点とする系列をブラッケット系列とよぶ．

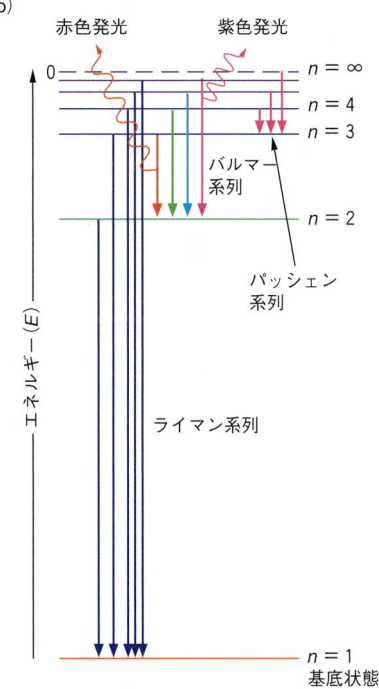

なるほど間隔は狭まる．

基本問題 電子が，エネルギー準位3から準位2に落ちると赤い光を放ち，準位6から準位2に落ちる場合には，紫の光を放つ．6の状態にある電子と2の状態にある電子では，どちらの方が原子核に近いか．また，どちらの状態が，核からより強い引力を受けるか．■

イオン化エネルギー

十分なエネルギーが原子に与えられると，電子は原子から飛び去ってしまい，もはや原子の一部とはいえなくなる．理屈のうえでは，これは電子が無限の距離だけ離れた場合に相当する．しかし現実には，電子-原子核間の引力がほぼゼロとなると，電子は原子から離れ，自由電子となる．原子から電子を1個取除くのに必要な最小のエネルギーを**イオン化エネルギー**とよぶ．個々の元素は，それぞれに固有のイオン化エネルギーをもつ．電子のエネルギーは，自由電子を基準として測る．原子核の引力からちょうど解き放たれた電子を，エネルギーゼロの基準点とする．電子が原子核に束縛されている状態では，エネルギーは常に負となる．Bohrのモデルから，水素原子のエネルギーを表す式が得られるが，同じ式が現在のモデルからも導かれる．

$$\text{電子エネルギー} = -\frac{hcR}{n^2} \quad (2.8)$$

ここで h はプランク定数，c は光速，R はリュードベリ定数とよばれる定数（$1.097 \times 10^7 \, \text{m}^{-1}$）であり，$n$ は電子の軌道を表す整数（$n = 1, 2, 3 \cdots$）である．符号が負となっていることに注意されたい．電子が原子核に束縛されると，電子のエネルギー（原子のエネルギーともよばれる）は負となる．

原子から電子を取去るということは，電子をゼロエネルギーの状態まで励起させることに対応する．それに必要なエネルギーは以下のようになる．

$$n\text{準位のイオン化エネルギー} = \frac{hcR}{n^2} \quad (2.9)$$

たとえば，水素原子の $n = 1$ の状態に対するイオン化エネルギーは 2.18×10^{-18} J である．すなわち，基底状態から電子を取除くには，2.18×10^{-18} J のエネルギーが必要である．これは非常に小さい数なので，小さなエネルギーの単位である電子ボルトを用いるのが便利である．**1電子ボルト**（eV と書く）とは，1個の電子を，ある電位の場所からそれよりも1ボルト電位の高い場所まで移動させるのに必要なエネルギーをさす．1 eV は 1.6022×10^{-19} J に等しい．水素の基底状態のイオン化エネルギーは，eV 単位では 13.6 eV となる．（ボルトと電子ボルトは異なる物理量を表す．eV はエネルギーの単位であるが，V は電位の単位である．）

基本問題 1モルの水素原子（基底状態）から電子を取除くのに必要なエネルギーはどれだけか．■

例題 2.3 水素原子のエネルギー

管に入れた水素に電気エネルギーを加えると，原子は励起される．何個かの水素原子は $n = 4$ の状態に，他は $n = 2$ の状態にあったとする．さらにエネルギーを加えると，電子は自由電子となり，管の中を電流として流れるようになる．自由電子とするには，それぞれどれだけのエネルギーが必要か．

[解　法]

■ 以下の式を用いよ．この例では，$n = 2$ と $n = 4$ である．

$$\text{イオン化エネルギー} = \frac{hcR}{n^2}$$

[解　答]

■ $n = 2$：イオン化エネルギー $= \dfrac{1}{4}hcR$

$= \dfrac{1}{4}(6.63 \times 10^{-34} \, \text{J s})(2.9979 \times 10^8 \, \text{m s}^{-1})(1.09 \times 10^7 \, \text{m}^{-1})$

$= 5.42 \times 10^{-19}$ J

$n = 4$：イオン化エネルギー $= \dfrac{1}{16}hcR$

$= \dfrac{1}{16}(6.63 \times 10^{-34} \, \text{J s})(2.9979 \times 10^8 \, \text{m s}^{-1})(1.09 \times 10^7 \, \text{m}^{-1})$

$= 1.35 \times 10^{-19}$ J

$n = 2$ の状態の方が原子核に近く，したがってより強く束縛されているため，電子を取除くのに4倍のエネルギーを要する．

別冊演習問題 2.39, 2.40, 2.112 参照

再び輝線スペクトル

はしごにたとえると，エネルギーの高い段から低い段に下りたとき，電子はエネルギーを放出する．同様に，水素原子でも，高いエネルギーの準位から低い準位と遷移すると，電子はエネルギー（具体的にはフォトン）を放出する．フォトンのエネルギー $h\nu$ は，二つの状態のエネルギー差に等しい（$E = h\nu$）．したがって，光の周波数はエネルギー準位から計算できる．結局，水素からの発光に関する式は，Balmer の観測結果と一致する．

$$\text{準位 } n \text{ のエネルギー} = -\frac{hcR}{n^2} \quad (2.10)$$

$$\text{準位 2 のエネルギー} = -\frac{hcR}{2^2} \quad (2.11)$$

$$\text{エネルギー差} = h\nu = hcR\left(\frac{1}{2^2} - \frac{1}{n^2}\right) \quad (2.12)$$

Balmer の式の数値 n は，Bohr のモデルでの軌道の番号に対応し，定数 C は cR，すなわち光速 c とリュードベリ定数 R の積に等しい．可視領域のスペクトルに現れる 4 本の輝線は，電子が軌道 3，4，5，6 から軌道 2 に移るときに生じる．どの水素原子についても，これらの遷移のいずれかが起きていることになる．水素ランプ中には多数の水素原子が存在するため，すべての遷移が起こり，4 色の色が同時に観測される．

量子力学モデル

Bohr のモデルの限界は，電子を粒子として扱っている点にあり，原子の体積の大部分を電子がどのように占めているかという問いに答えていない．現代のモデルでは，電子を波と粒子の両方の性質をもつものとして扱う．では，いかなるときに電子を粒子あるいは波と考えるのであろうか．電子は，原子内や結晶中の原子の間など，狭い空間に閉じ込められたとき，波としての性質が顕著となる．一方，電子は負の素電荷をもっており，電子を電荷の束ととらえるときには，電子を粒子とみなすのが便利である．どちらの考え方も実際に使われているが，ここでは原子の中の電子の構造に注目しているので，前者の波動モデルを用いる．

波動モデルでは，電子波は原子核を取囲み，核の周囲の三次元空間を占めていると考える．電子波の数学的な定式化は，1926 年オーストリアの物理学者，Erwin Schrödinger（図 2.22）によって行われた．これは今日，電子の**量子力学モデル**として知られているものである．シュレーディンガー方程式には複雑な数学が含まれている．方程式の解は**波動関数**とよばれ，電子波として許される状態を表している（ギリシャ文字の ψ で表されることが多い）．シュレーディンガー方程式を解くことで，電子構造のモデルが得られるが，その結果は，原子スペクトルの観測結果と一致するばかりでなく，原子間の相互作用も矛

例題 2.4　遷移エネルギーとエネルギー準位

水素の可視スペクトルに現れる 2 番目の線は，波長が 486.1 nm である．486.1 nm の遷移に対応するエネルギーを計算せよ．可視領域の遷移はすべて $n = 2$ の状態を終点としている．どの状態からの遷移が 486.1 nm の光を放つか．

[解　法]
■ 式 $\Delta E = hc/\lambda$ を用いる．
■ n を求めるには式 (2.5) を用いる．

[解　答]
■ 486.1 nm $= 4.861 \times 10^{-7}$ m

$$\Delta E = \frac{hc}{\lambda} = \frac{(6.6262 \times 10^{-34} \text{ J s})(2.9979 \times 10^8 \text{ m s}^{-1})}{4.861 \times 10^{-7} \text{ m}} = 4.086 \times 10^{-19} \text{ J}$$

$$E = 4.086 \times 10^{-19} \text{ J} \times \frac{1 \text{ eV}}{1.6022 \times 10^{-19} \text{ J}} = 2.5502 \text{ eV}$$

■ 式 (2.5) より，

$$\nu = C\left(\frac{1}{2^2} - \frac{1}{n^2}\right) = Rc\left(\frac{1}{2^2} - \frac{1}{n^2}\right)$$

$$n = \sqrt{\frac{1}{0.25 - (\nu/Rc)}}$$

$$= \sqrt{\frac{1}{0.25 - ((6.167 \times 10^{14} \text{ s}^{-1})/(1.097 \times 10^7 \text{ m}^{-1})(2.9979 \times 10^8 \text{ m s}^{-1}))}} = 4$$

別冊演習問題 2.44〜51 参照

図 2.22 Erwin Schrödinger. 原子内の電子を波として扱うモデルを築き上げた．同モデルを発表したのは1926年であり，その業績により1933年にノーベル賞を受賞した．

盾なく説明できる．

Schrödingerは，波動関数に以下のような解釈を与えた．波動関数 ψ は，空間のある位置における電子波の**振幅**を表しており，通常の物理波（たとえば振動するひも）と同様，波の山から谷までの距離に対応する．波動関数の2乗 $|\psi|^2$（ψ は一般に複素数であり，$|\psi|^2$ は複素数の絶対値の2乗を表す）は，微小空間に電子を見いだす確率，すなわち**確率密度**に比例している．電子の位置を厳密に決めることはできず，$|\psi|^2$ からは，電子を見いだす確率の高い場所がわかるだけである．

電磁波の場合，波の周波数とエネルギーは直接関係している．波の周波数が高くなるにつれ，単位長さ当たりの波の数（振幅がゼロとなる点＝**節**の数）も増加する（図2.15）．両端を数えなければ，基本波は節をもたない（図2.15a）．もっとエネルギーを加えると周波数の高い波が生じるが，周波数が高くなると節の数も増加する（図2.15b, c）．三次元の波でも，節の数はエネルギーと関係しており，節によって，さまざまな種類の波を分類・区別できる．

三次元的な電子波をイメージする際の助けとなるよう，まず二次元的な物理波について考えてみる．その例がドラムの表面である．ここでは，二次元波の節の表記法を学ぶが，三次元波電子波でも同様の表記が用いられる．

二次元波

ドラムのヘッド（太鼓の皮の部分）を叩くとヘッドが振動し，音が生じる．このとき，ドラムヘッドには二次元波が生じ，叩くエネルギーに応じて波の形が変わる．光速カメラで一連の変化を撮影すると，振動の瞬間，各位置でのどのような波形が生じているかがわかる．図2.23は，ドラムヘッドの基本振動（最低エネルギーの振動）の様子を図示したものである．左側の図は，ドラムヘッドが上方に（あるいは正の方向に）変位する様子を表しており（波の山に対応），一方，右側の図では下方に（あるいは負に）変位している（波の谷に対応）．

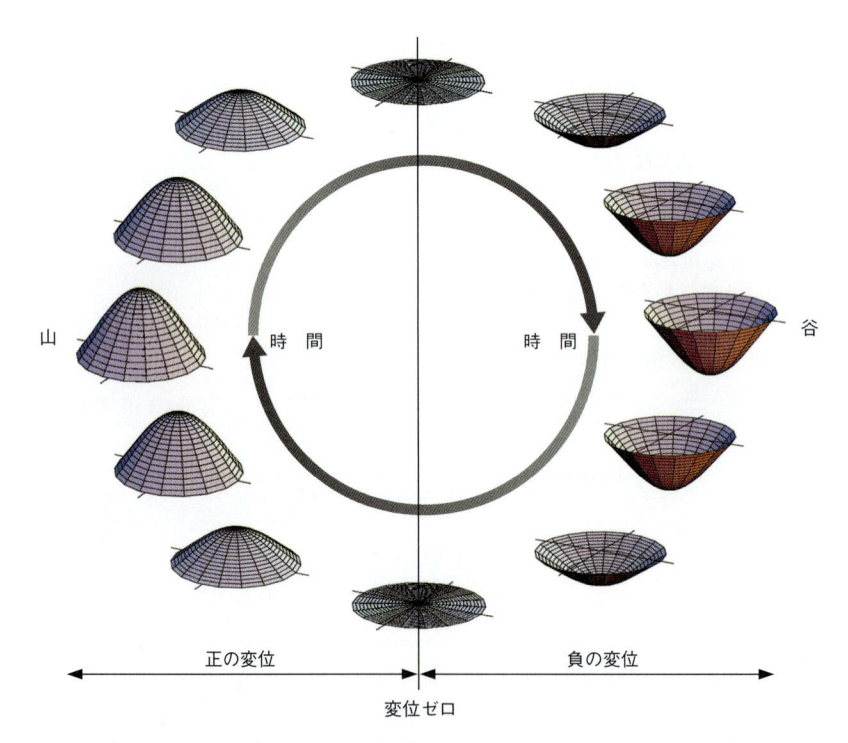

図2.23 摩擦がないときのドラムヘッドの振動．ドラムヘッドは，山から平らな状態を経て谷へと変化し，その後元に戻る．ここに示したのは基本モード（最もエネルギーの低いモード）であり，節（常に変位がゼロとなる場所）はない．

もっと強くドラムを叩くと，さらに大きなエネルギーが加わる．図 2.24 に示したのは，よりエネルギーが高くかつ周波数も高い振動モードであり，スナップショット（ある一瞬の写真）の形で示してある．右の振動モードほど，節の数が増えていることがわかる．また，振幅はドラムの中心で最大となっている．原子を二次元平面にたとえると，原子核はドラムの中心に位置し，節（スナップショットでは白い線で表示）はそれを円形に取囲んでいる．これは，太陽の周りを回る惑星の軌道のように見えるかもしれないが，二次元波の電子はむしろ，池の表面を何かで叩いたときに生じる波紋に似ている．

図 2.24 の下側には，上側と同じものを等高線で表示してある．これは，ハイカーが使う標高地図と同じであり，等高線で波の高さ（振幅）を表してある．波の振幅の変化が比較的緩やかな場合には，等高線の間隔は離れている．一方，急激に変化している場合には，間隔は狭くなる．黒

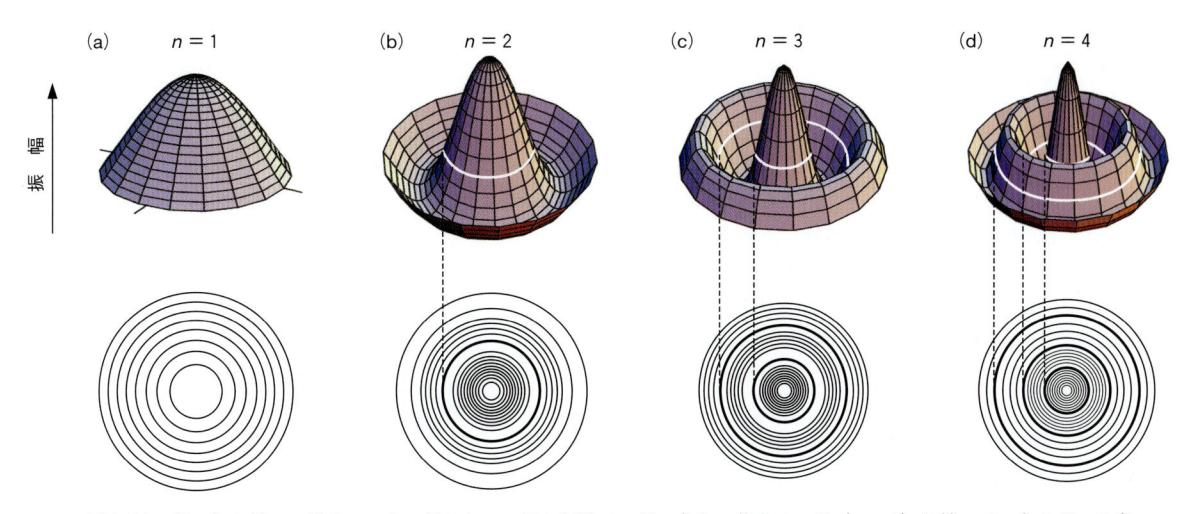

図 2.24 高エネルギーの振動モード．ドラムヘッドの振動モードのうち，基本モード（$n = 1$）に続いてエネルギーの高いもの併せて四つを，鳥瞰図ならびに等高線図として示した．等高線表示で，高さゼロの等高線は太線で表してある．また，振幅ゼロの点（節）を縦線で結んである．

例題 2.5　二次元電子波

走査型トンネル顕微鏡（scanning-tunneling microscope, STM）は，固体表面の電子密度を測定する装置である．銅の表面上に 48 個の鉄原子をリング状に配置し，この内部で観察された電子密度を示したのが図 2.25 である．銅の表面の電子は，比較的弱く束縛されている．鉄原子は，電子に対して壁として働くため，電子は鉄原子のリングの中に閉じ込められる．図の波紋は，電子密度がリングの内部で変動していることを示している．この電子波のモードの n はいくつか．

[解　法]
- 電子密度は電子波の振幅の 2 乗 $|\psi|^2$ に比例する．したがって，波の山と谷では電子密度は等しい．一方，節（図の暗い部分）では $|\psi|^2 = 0$ である．
- 節の数は $n-1$ である．

[解　答]
- 中心から外側に向かって節（暗い部分）の数を数えてみると，4 本の暗いリングが存在することがわかる．
- n は節の数よりも 1 大きいので，$n = 5$ である．

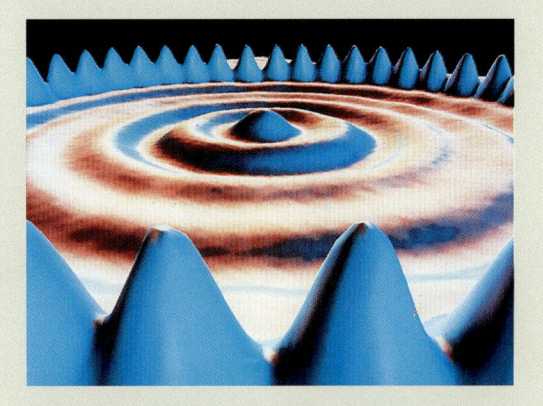

図 2.25 銅の表面上に並べた 48 個の鉄原子の STM 像．明暗のコントラストは，それぞれ電子密度の高低に対応している．したがって，この STM 像は，鉄原子に囲まれた円形の領域内に閉じ込められた電子の密度分布を示している．円形の領域に閉じ込められた電子波のモードは，ドラムの振動モードとよく似ている．

別冊演習問題 2.56, 2.57 参照

の太線で示した等高線は，節，すなわち振幅がゼロの位置を結んだものである．節は山と谷を隔てており，（ちょうど一次元波の山と谷のように），振幅のスケールに値をつけると，節はゼロ，山は正，谷では負となる．波動の用語を用いると，山と谷では位相が逆であり，山は**正の位相**，谷は**負の位相**をもつ．図 2.24 の等高線はすべて円であり，中心からの距離が等しければ振幅も等しい．したがって，節も円形となる．

いろいろな波は，節の形によって分類できる．個々の波をモードとよぶ．円形の節をもつ波は s 波，あるいは s モードとよばれる．モードと節（ノード）は似たような言葉であるが，その意味するところはまったく異なる．モードは波全体を表し，節は振幅がゼロとなる部分をさす．節の数はモードのエネルギーと関係しており，図 2.24 の(a)から(d)に向かってエネルギーが高くなる．図 2.24(a)は，図 2.23 に示したのと同じ基本モードであり，Bohr のモデルでは，$n = 1$ の軌道に対応する．同様に，図 2.24(d)は $n = 4$ の軌道に対応する．電子が 1 個の場合，エネルギーは節の数（Bohr モデルの n）で決まる．実際には，n は"節の数+1"である．図 2.24 の波は，このような方法に従い分類できる．三次元でも同様の関係，節の数 = $n-1$ が成り立つ．

ドラムの二次元波を，平面型の原子の中の電子波だと想像してみよう．正電荷をもつ原子核は，ドラムの中心に置かれた小さな点であり，核の周りを取囲む波は負に帯電した電子である．Schrödinger の波動モデルによると，波動関数の 2 乗 $|\psi|^2$ は，ある空間に電子を見いだす確率に等しい．"確率"という表現で，電子のもつあいまいさ（身近にある物体に比べて）を表している．基本モードでは，電子を見いだす確率は，核のあるドラムの中心で最大とな

り，そこから離れるにつれ急激に低下する．

三次元波

原子核の周囲の空間を占める電子を表すには，三次元が必要である．三次元の波を図示するのは二次元よりも難しいが，二次元と同様の法則が成り立つ．最低エネルギーの波は節をもたないが，高エネルギーの波には節が存在する．三次元では，節は別の方向を向きうる．電子波は数学的には複素数（虚数の成分をもつ）で表されるが，ひもやドラムの振動は実数である．電子を記述する三次元の波は**軌道**（orbital）とよばれ（Bohr の軌道は orbit），数学的には，シュレーディンガー方程式を解けば，解である波動関数として得られる．

基底状態（最低エネルギーの状態）にある $n = 1$ の電子は節をもたず，球対称である．これは，1s 軌道とよばれる（図 2.26）．電子は波であるので，サッカーボールの

図 **2.26** s 軌道の形．s 軌道は球対称であり，ドラムの基準振動モードと同様に，節をもたない．

ような明確な境界はなく，むしろ，中心部の密度が高い綿菓子に似ている．綿菓子の直径を測ることを想像していただきたい．どれくらいの大きさの球を描けばよいのだろうか．電子の場合，通常，その中に電子が存在する確率が 90%となるように球を選ぶ．水素の基底状態では，球の半径は 79 pm である．

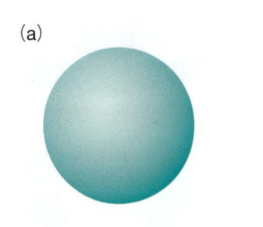

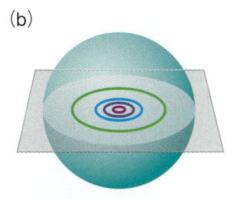

図 **2.27** (a) 1s 軌道（$n = 1$）の形．(b) 1s 軌道の球を輪切りにした断面．断面の電子密度分布を等高線で示してある．振幅の大きさは虹色のカラースケールで表し，緑色はほぼ振幅ゼロの領域，紫色は振幅最大の領域に対応する．(c) 断面の電子密度の等高線表示．円形の対称性がわかるよう，上から見た図として描いてある．(d) 振幅の距離依存性．電子波の振幅を，中心（核）からの距離に対してプロットしてある．核から離れるに従い，振幅は指数関数的に減衰することがわかる．このスケールで表すと，核は，球の中心に位置する小さな点にすぎない．電子波は，核の近くで大きな振幅をもち，節はない．

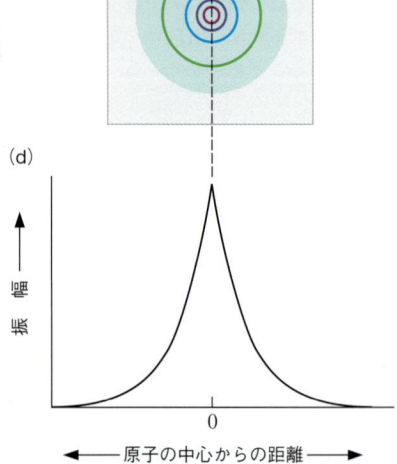

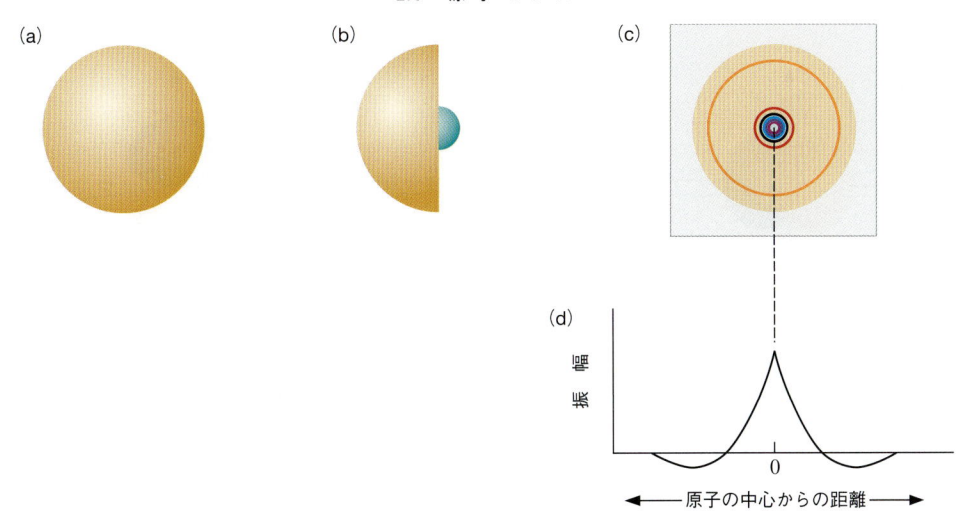

図 2.28 電子の第 1 励起状態．電子の第 1 励起状態には節が一つある．節が球状の場合には，二つの球殻が組合わさった形をしており，2s 軌道とよばれる．2s 軌道の全体図が(a)であり，外側の殻を剥がしたものが(b)である．また，電子波を赤道に沿って輪切りにしたのが(c)であり，これより，波の内部は球対称であることがわかる．電子波の振幅を表したのが(d)であり，球の中心部は，外側と節（振幅ゼロの場所）で隔てられている．内側の球と外側の球では位相が逆である．

図 2.27(b) は，図 2.26 の 1s 軌道（1s 状態）を平面で切った断面である．中心を通るようにスライスしてみると，等高線表示からわかるように，波動関数(ψ)は核の位置（球の中心）で最大となり，方向によらず中心から遠ざかるにつれ減衰する．これはちょうど，ドラムの基本モードに対応する．振幅は，指数関数的に減衰する．波動関数の 2 乗 $|\psi|^2$ は，各位置で電子を見いだす確率に比例するので，1s 軌道の場合，電子を見いだす確率は，球の中心，すなわち核の位置で非常に高く，それから離れるにつれ急激に減少する．水素に限らず，すべての s 軌道において，電子密度は核の位置で最大となる．また，すべての s 軌道は球対称であり，1s 軌道のエネルギーが最も低い．

a．節が 1 個の場合 2 番目にエネルギーの低い電子波には，2 種類の節が存在しうる．一つは球状の節であり，ドラムの s 波に相当する．もし節が球状であれば，軌道も球対称であり，これを 2s 軌道とよぶ（図 2.28）．この電子波は核を取囲むように配置している．中心を通る断面図の等高線表示（図 2.28c）から明らかなように，他の s 軌道と同様，円形の対称性をもっており，振幅は核の位置で最大となっている．2s 軌道は，球状の節によって振幅の大きな二つの領域に分けられ，あたかも二つの同心球（内側の球の方が振幅が大）が組合わさったように見える．ドラムの二次元波の山と谷のように，内側の球と外側の球は節で隔てられており，位相は逆である．2s 軌道は，1s 軌道に比べ，中心核から遠くまで（水素原子の場合 4 倍ほど）延びている．

三次元の電子波は，核を通る平面状の節をもつこともあり（図 2.29），この場合，節面の両側で位相が逆になる．この核を通る節面は**平面節**，あるいは核を囲む球との交線が円弧となるため，方位節とよばれる．平面節の数は文字 l で表す．1 個の平面節をもつ軌道は $l = 1$ であり，

図 2.29 原子の中心を通る平面節．

p モードとよばれる．なお，節面が二つ（$l = 2$）のものは d モード，三つのものは f モードである．この表記に従うと，s モードでは $l = 0$ であり，平面節をもたない．

すべての p 軌道は一つの平面節をもつ．三次元には三つの直行した方向があるため，節面もまた，これら三つの方向を向きうる．その結果，p 軌道には方向の異なる 3 種類が存在する．一つめの p 軌道は xy 平面に節をもち，このため電子密度は z 軸方向に延びている（p_z 軌道とよばれる）．同様に，xz 平面に節をもち y 軸方向に延びたのが p_y 軌道であり，もう一つが p_x 軌道（図 2.30）である．

基本問題 p_x 軌道の節面はどのように表されるか．■

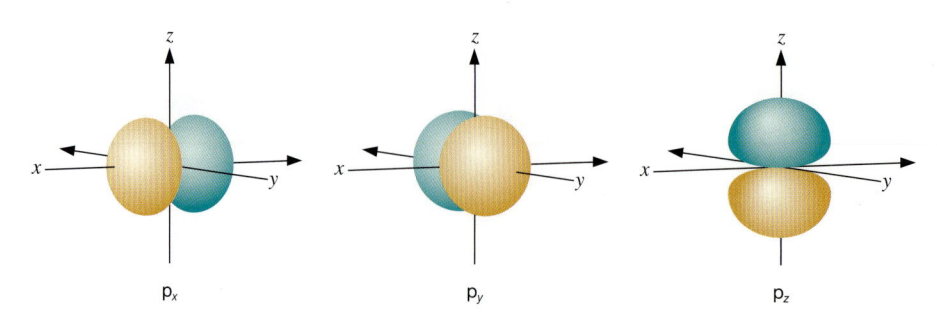

図 2.30 三つの p 軌道の形. 電子波の 90% 以上を含む領域の形を表している. 各軌道は, 軌道が延びている方向に従い, 名前がつけられている. たとえば, "葉" が x 軸の方向を向いているものは, p_x 軌道とよばれる. 振動の山は青色で, 谷は黄色で示してある. p_x 軌道を例にとると, x 軸の正の方向では振幅は正, 負の方向では振幅は負である. 三つの p 軌道で p 亜殻を構成する.

節の数の等しい軌道の組は, **電子殻**(あるいは殻)を構成する. 2番目の $n = 2$ は一つの節をもっている(節の数は $n-1$ である). 節の形は, 球状か面状のいずれかであるため, 一つの s 軌道と三つの p 軌道で 2 番目の殻が完成する. 2 番の殻の p 軌道は, それぞれ一つの平面節をもつ.

n と l の等しい軌道は, n 番目の殻に**亜殻**(subshell)をつくる. 2 番の殻の場合, 一つの 2s 軌道で 2s 亜殻を, 三つの 2p 軌道で 2p 亜殻をつくる.

s 軌道と p 軌道の最も大きな違いとして, s 軌道は原点(核の位置)で振幅が最大となるのに対し, p 軌道では核の位置で振幅がゼロとなる(図 2.28). したがって, s 軌道の電子は, 核の位置で大きな電子密度をもつが, p 軌道の電子は, 核の近くで見いだす確率は高いものの, 核の位置には存在しない. p 軌道の電子を, 核の片側から反対側へと飛び移る粒子と考えたくなるが, 核の近くでは波としてとらえた方がよい. p 電子の波は, 核の片側で山を, 反対側で谷をもつ. 核は, 山と谷のちょうど中間に位置する.

基本問題 水素原子のライマン系列の中で最も波長の長い遷移は, 2p 軌道から 1s 軌道への遷移である. この遷移にかかわる二つの軌道を図示せよ. また, 軌道のエネルギー(式 2.8)を示せ. それぞれ, 水素のエネルギー準位図のどこに位置しているか. ■

図 2.30 の図形は p 軌道全体の形を表している. 一方, 内部の構造は, p 軌道をある平面で切り, そこでの振幅を等高線表示すればわかる. 図 2.31 は, p_x 軌道の断面図である. 軌道をこのように表すと, 核は原点に位置する小さな点にすぎない.

s 軌道以外の軌道は, 核を含む節面を少なくとも一つもつ. 負電荷の電子が節面をもつと, 磁場が生じる. 磁場の方向は節面の向きに依存し, これを整数 m_l で表す. p 軌道の節には三つの方向が存在するため, m_l も三つの値 $(-1, 0, +1)$ をとりうる.

b. 節が 2 個以上の場合 軌道のエネルギーが増すにつれ, より多くの節が現れる. 水素で, 次にエネルギーの高いのは $n = 3$ の軌道であり, 二つの節をもつ. 節の形としては, 二つとも球面, 球面と平面が一つずつ, 二つとも平面の 3 種類がある. 節が二つとも球面の軌道は 3s 軌道, 球面, 平面を一つずつもつものは 3p 軌道とよばれる.

もう 1 種類が, 二つとも平面の場合である. 二つの平面 ($l = 2$) は核の位置を通り, d 軌道(この例では 3d 軌道)とよばれる. d 軌道は 5 個あり(図 2.32), 5 個の d 軌道で d 亜殻を構成する.

図 2.33 は, 一つの d 軌道を, 核を通る面で切った断面図である. 等高線をみると, 四つに別れた "葉" の振幅は, 節から離れるに従い, 急激に上昇していることがわかる. 振幅は, いったん極大を迎えた後, さらに核から離れると, ゼロに向かって減衰する.

図 2.31 (a) p_x 軌道と xz 平面. (b) p_x 軌道の xz 平面での断面. これより, yz 平面に節をもつことがわかる. 振幅が最大となる位置は中心に近いが, 中心には節(振幅ゼロ)が存在する. (c) p_x 軌道の振幅と核からの距離との関係. p_y 軌道, p_z 軌道も形は同じであるが, p_x 軌道に比べ 90 度回転している.

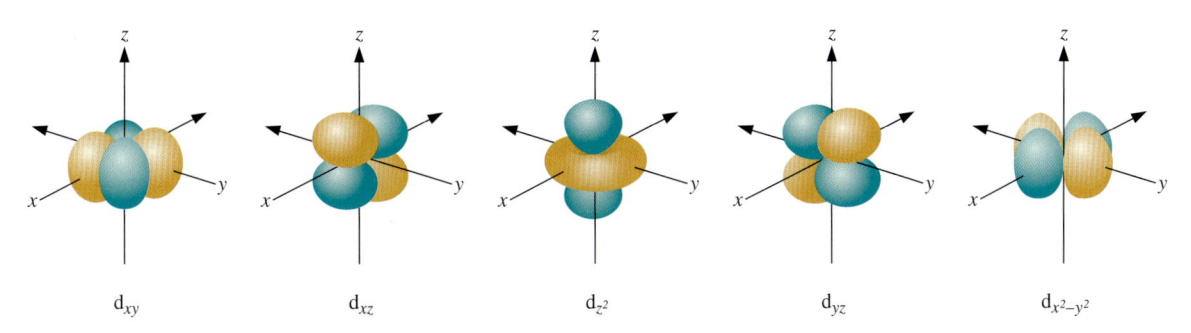

d$_{xy}$　　　　　　d$_{xz}$　　　　　　d$_{z^2}$　　　　　　d$_{yz}$　　　　　　d$_{x^2-y^2}$

図 2.32 五つの 3d 軌道．青色の部分，黄色の部分は，それぞれ波の山，谷に対応している．これらの軌道の名前は，振幅が最大となる方向を表している．たとえば，二次関数 xz を付した d$_{xy}$ 軌道は，x 軸と z 軸の間の方向で極大を示し，d$_{x^2-y^2}$ 軌道は，x 軸および y 軸の方向で最大となる．x と z の積は，x, z の両方が正または負の場合に大きな値をとる．これらからわかるように，d$_{xz}$ 軌道は，$+x+z$ 象限および $-x-z$ 象限に山をもつ．残り二つの象限では xz は負となるので，d$_{xz}$ 軌道は谷を示す．五つの d 軌道で d 亜殻を構成する．

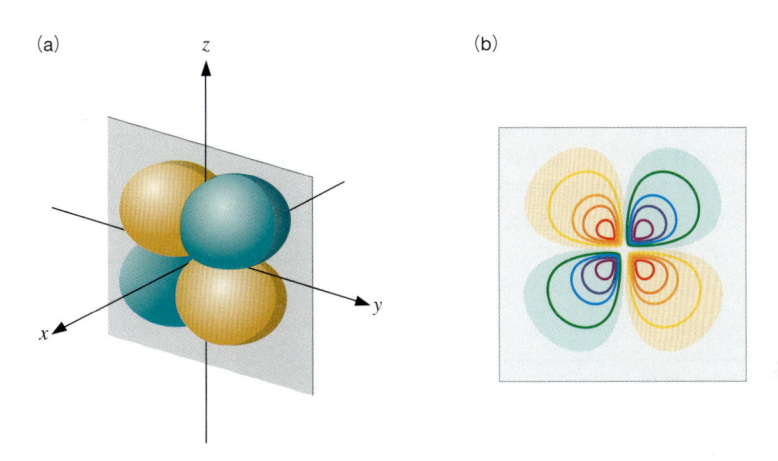

図 2.33 (a) d$_{yz}$ 軌道と yz 平面．(b) d$_{yz}$ 軌道の yz 平面での断面．等高線をみると，核を通る節面が二つ存在することがわかる．

量子数

節の数が増えるにつれ，エネルギーも増大する．したがって，高エネルギーの軌道は，多くの節をもつ．量子力学では，これらの軌道を区別するのに，簡潔だが強力な表記法として**量子数**を用いる．すなわち，三つの量子数 n, l, m_l で軌道を表す．スペクトル測定の結果から，4 番目の量子数，スピン量子数，が存在することがわかっているが，それが電子のエネルギーに及ぼす影響は小さい．電子のスピンについては，後で簡単に説明する．

最初の三つの量子数は，軌道を規定する．**主量子数 n** は殻を指定するのに用いられ，また節の総数を表す（節の数は $n-1$）．水素原子の場合，エネルギーは，式 (2.8) のように n のみに依存している．n が大きくなるにつれ，軌道は大きく，そしてエネルギーは高くなる．n は正の整数値をとる．

方位量子数 l は，平面節の数に等しい．平面節の数は節の総数を超えることはないので，l は 0 から $n-1$ までの整数である．また，s は $l=0$, p は $l=1$, d は $l=2$, f は $l=3$ というように，アルファベットを用いて方位量子数を表す．さらに大きな l に対しては，g, h と続く．このようなアルファベットによる表記は，1980 年代に，さまざまな元素の線スペクトルを研究した際に考案されたものであり，s は鋭い (sharp)，p は主要な (principal)，d はぼやけた (diffuse)，f は基本的な (fundamental) 輝線であることを表している．l が同じ軌道は亜殻を構成し，n 番目の殻は n 個の亜殻からなっている．

三次元空間では，節面はさまざまな方向を向きうる．その方向はエネルギーには影響を及ぼさないが，軌道の空間配置や外部磁場の方向と関係する．節面の方向は**磁気量子数 m_l** で決まり，m_l は，l から $-l$ までの整数（l, $l-1$, .. 0, -1, ... $-l$）であるので，m_l は全部で $2l+1$ 個の値をとることができる．この数は，亜殻に含まれる軌道の数を表しており，たとえば $l=0$ の場合，m_l は 0 しかとりえず，したがって s 軌道には 1 種類しか存在しない．l が 1 増えるごとに軌道の数は 2 増えるので，s 軌道は 1 個，p 軌道は 3 個，d 軌道は 5 個となる．m_l は $2l+1$ 個

の値をとるので，亜殻も $2l+1$ 個の軌道を含む．n 番目の殻は n 個の亜殻からなるため，殻 n には n^2 個の軌道が存在する．

第 4 の量子数は**スピン量子数** m_s とよばれ，エネルギーにはわずかな影響しか及ぼさない．スピンは，電子がある軸の周りに自転しているというように表現されることも多い．このように述べると，電子は粒子のように思われるかもしれないが，あくまでも電子は波として考える．私たちが日常経験する大きなスケールでの事柄から，スピンを正確に記述することは難しい．地球が太陽の周りを公転しながら自転しているように，電子も自転していると想像してほしい．自転の方向には，時計回り，反時計回りの 2 通りがあり，これを $\pm 1/2$ で表す．スピン $1/2$ とスピン $-1/2$ では，エネルギーはわずかしか違わない．スピンの 2 通りまで考慮すると，n 番目の殻には全部で $2n^2$ 個の量子数の異なる組合わせが存在する．

基本問題 バルマー系列のすべての遷移は，2 番の殻である 2s あるいは 2p 軌道を終状態とする．緑の発光線は，$n=4$ の電子からの遷移である．遷移過程では，量子数 l は 1 増えるか，1 減るかしか許されない．終状態が 2s 軌道であるとき，始状態の l はどのような値をとりうるか．また，終状態が 2p 軌道だった場合はどうか．■

電子を記述するための量子数は，n，l，m_l，および m_s であり（表 2.3），まとめると以下のようになる．

■ **主量子数** n
殻，節の総数（$=n-1$）およびエネルギーを決定し，正の整数（$n=1, 2, 3\cdots$）をとる．

■ **方位量子数** l
節の数を表し，したがって，軌道の形を決める．軌道は，アルファベット s, p, d, f, g $\cdots$ で表され，それぞれ $l=0, 1, 2, 3$ に対応する．$l=n-1, \cdots, 0$ ある．

■ **磁気量子数** m_l
節面の方向を表し，$m_l=l, l-1, \cdots, 0, \cdots, -l$ である．

■ **スピン量子数** m_s
電子スピンの方向を表す．$m_s=\pm 1/2$ である．

表 2.3 電子の軌道とスピンを表す四つの量子数

量子数	表す対象	とりうる値	とりうる値の個数
n	殻	1, 2, 3, $\cdots$	∞
l	亜殻，p, d, f, $\cdots$	0, 1, 2, $\cdots$, $n-1$	n
m_l	軌道の向き	$-l, \cdots, 0, \cdots, l$	$2l+1$
m_s	スピン	$-1/2, +1/2$	2

例題 2.6 量子数の間の関係

水素の第 1 励起状態はいくつあるか．

[解法]
■ 主量子数 n を決める．
■ 他の量子数のとりうる組合わせを考える．
■ 別の解法として，軌道の数（n^2）および状態の数（$2n^2$）を計算する．

[解答]
■ 基底状態は $n=1$ である．したがって，第 1 励起状態は $n=2$ である．
■ $n=2$ の場合，l として許されるのは 1 と 0 である．$l=1$ では，$m_l=1, 0, -1$，$l=0$ では $m_l=0$ である．

それぞれ $m_s=\pm 1/2$ をとりうる．可能性があるものを以下の表に示す．可能な状態の総数は 8 である．

n	2			
l	1			0
m_l	1	0	-1	0
m_s	$\pm\frac{1}{2}$	$\pm\frac{1}{2}$	$\pm\frac{1}{2}$	$\pm\frac{1}{2}$

■ 別の方法で計算すると，$n=2$ に対しては $n^2=4$ である．したがって，全状態数は $2n^2=8$ となる．

別冊演習問題 2.72～79 参照

例題 2.7 軌道と量子数との関係

f 軌道をもつ殻の中で，最もエネルギー低い（最も主量子数の小さい）のはどれか．

[解法]
■ f 軌道の l 値を求める．
■ $n-1 \geq l$ の関係を用いる．

[解答]
■ 軌道を示す記号は l 値と対応しており，$l=0$ は s，$l=1$ は p，$l=2$ は d，$l=3$ は f 軌道を表す．したがって，f 軌道の l 値は 3 である．
■ $l=3$ については，$n-1 \geq 3$ であるので，$n \geq 4$ となる．したがって，f 軌道を含む最低エネルギーの殻は $n=4$ である．

別冊演習問題 2.68～71 参照

2.5　多電子原子のエネルギー準位

複数の電子をもつ原子の場合でも，軌道の形は水素と同様である．しかし，軌道の大きさやエネルギーは，各元素に固有な値である核の電荷や電子数に依存する．たとえば，リチウム（核は3個の陽子からなる）に含まれる3個の電子のエネルギーは，ナトリウム（核は11個の陽子からなる）の11個の電子のエネルギーとはまったく異なる．この違いは，ナトリウムの黄色い発光とリチウムの深紅の発光とを比べれば明らかである．実際，周期表の各元素はそれぞれ特徴的な発光を示し，元素の同定に用いられる．たとえば，土壌や飲料水中に含まれる毒性汚染物質であるカドミウム（Cd）やクロム（Cr）は，原子発光分析により検出する．原子発光分析では，試料を炎やプラズマで加熱し，それが発する光を分析する．軌道を占める電子の配置によってエネルギーが決まり，電子のエネルギーに応じて，Na，Li などのように発光の色が異なる．

周期表で，ある元素から隣の元素へと移ると，二つの重要な性質に変化が生じる．すなわち，核内の陽子の個数は一つ増え，また，原子を中性に保つため，電子の個数も一つ増える．多電子系でも，水素原子と同じように，個々の電子は核からの引力を受けるが，陽子の数が増え，核の電荷が増すほど，電子-核間の引力は大きくなる．一方，水素にはみられない現象として，電子が多数存在すると，電子間に反発相互作用が生じる．この反発相互作用は，強い電子-核間の引力に対抗して働くため，その結果，電子のエネルギーや軌道の大きさに影響を与える．このように，電子-核間のクーロン引力と電子-電子間の斥力が相互に関係し合い，多電子原子のエネルギー状態（エネルギー準位）が決まる．

水素原子に含まれる1個の電子は，基底状態では，核に最も強く束縛された準位である1s軌道を占める．多電子原子の場合でも，電子は最低エネルギーの状態を占める．しかし，すべての電子が1s軌道を占有できるわけではなく，限られた数の電子のみが，ある軌道を占めることを許される．多電子系の基底状態では，個々の電子は許される範囲で最も強く束縛された軌道，あるいは最もエネルギーの低い状態を占める．これを基底状態の**電子配置**とよぶ．どの軌道を占有できるか，すなわちどのような電子配置をとるかを決めるには，軌道のエネルギーの順番と，個々の軌道を占有できる電子数について知っておく必要がある．

エネルギーの順番

多電子原子のエネルギーは，1電子系の原子やイオンとは，二つの重要な点で異なる．一つ目は，電子は同じ電荷をもった粒子であり，互いに退け合うという点である．電子間の反発力は，電子が同じ軌道に入ったときに最大となる．これは，核の周りの同じ領域（同じ空間）に，電子を見いだす確率が増えるからである．同様に，同じ亜殻の電子も，距離が近いため，強く退け合う．異なる殻に属する電子は距離が離れており，反発も小さい．

二つ目として，多電子系では**遮蔽効果**が働く．この効果により，多電子原子のエネルギーは，単電子の水素とは異なるものとなる．遮蔽効果が働くのは，内側に分布する電子，すなわち n の小さな殻に属する電子が，外側の電子（n の大きな電子）と核との間に挟まれているときであり，この現象により，外側の電子に対する核の引力は弱められる．霧の中のドライブと状況が似ており，霧の中では，ヘッドライトの光は，晴れた夜ほど，遠くまで照らすことができない．同様に，内殻電子に囲まれた核の電荷は，外殻の電子まで及びにくくなる．遮蔽の効率は，殻や軌道の形に依存する．電子は波動としての性質をもつため，波動関数は互いに貫く形で分布している．殻の位置での存在確率が大きな軌道（たとえば s 軌道）の方が，殻の位置に節をもつ軌道（たとえば p 軌道）よりも内殻のシールドを突き抜けやすい．

内殻電子による核電荷の遮蔽効率を記述するのに，式 (2.9) の変形版が用いられる．遮蔽効果がなければ，Li の2番目の殻に属する電子のイオン化エネルギーは

$$\frac{Z^2}{n^2}(13.6\,\text{eV}) = \frac{3^2}{2^2}(13.6\,\text{eV}) = 30.6\,\text{eV} \quad (2.13)$$

となるはずである．しかし実際には，Li のイオン化エネルギーの実測値は 5.39 eV にすぎない．25 eV 以上のもの違いは，第1殻の電子の遮蔽効果によるものであり，効果はかなり大きいといえる．遮蔽効果を定量に扱うため，リチウムの原子核は**有効核電荷 Z_{eff}** をもっており，電子は第2殻に1個だけ存在すると考える．こう考えると，リチウム原子も1電子系となり，水素原子と同様に扱うことができる．そこで問題であるが，イオン化エネルギーが 5.39 eV となるには，どれだけの有効核電荷 Z_{eff} が必要だろうか．

この仮想的な原子は1電子系であるので，Bohr のモデルが適用できる．したがって，式 (2.13) から以下が導かれる．

$$Z_{\text{eff}} = n\sqrt{\frac{\text{イオン化エネルギー}}{13.6\,\text{eV}}} \quad (2.14)$$

電子は 2s 軌道（$n = 2$）にあるので，上式から

$$Z_{\text{eff}} = 2\sqrt{\frac{5.39\,\text{eV}}{13.6\,\text{eV}}} = 1.26 \quad (2.15)$$

となる．仮想的な Li 原子では，1 よりもやや大きな正電荷が，1個の電子を束縛している．この値の意味するところを考えてみよう．遮蔽が完全であれば，有効核電荷は 1.00 のはずである．したがって，有効核電荷が 1 より大きいということは，核の電荷の一部は，2個の 1s 軌道電子を貫いて外側まで及んでいることを意味している．しかしそれでも，有効核電荷は本来の電荷 +3 よりもはるかに小さい．

例題 2.8　セシウムの遮蔽効果

セシウム（Cs）では，55 個の陽子が電子を引きつけているにもかかわらず，イオン化エネルギーは 3.894 eV と非常に低く，1 族のアルカリ金属としては典型的な値を示す．Cs の最外殻電子は 6 番目の殻にあるとして，最外殻電子に対して，内殻の 54 個の電子が核の電荷（+55）を遮蔽する効率を求めよ．

［解法］
- 式(2.14) を用い，$n = 6$ とする．

［解答］

$$Z_{eff} = 6\sqrt{\frac{3.894 \text{ eV}}{13.6 \text{ eV}}} = 3.21$$

もし遮蔽が完全ならば，有効核電荷は +1 である．したがって，55 の正電荷のうち，2.21 分だけが外まで漏れていることになる．平均すると，内殻電子の 96% が正電荷を遮蔽している．

別冊演習問題 2.91～92 参照

例題 2.9　色，エネルギー，遮蔽効果

Li の深紅の発光線の波長は 670.8 nm である．このフォトンは，2p 軌道から 2s 軌道への遷移により生じる．Li の 2p 軌道と 2s 軌道で，イオン化エネルギーはどれだけ違うか．Li の 2p 軌道のイオン化エネルギーはどれだけか．また，2p 電子に対する Z_{eff} を求めよ．

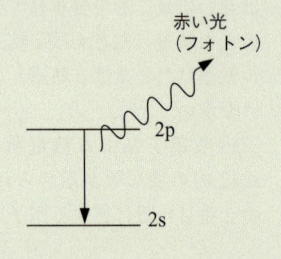

［解法］
- 式 $E = hc/\lambda$ と変換係数 1 eV $= 1.6022 \times 10^{-19}$ J を用いる．
- 2p 軌道のエネルギー $= -5.392$ eV $+$（2s 軌道と 2p 軌道のエネルギー差）
- 式(2.14) を用いる．

［解答］
- 2p 軌道から 2s 軌道に電子が落ちる際，波長 670.8 nm の赤い光（フォトン）を発する．このフォトンのエネルギーは 2p 軌道と 2s 軌道のエネルギー差に対応する．

$$E = \frac{hc}{\lambda} = \frac{(6.6262 \times 10^{-34} \text{ J s})(2.9979 \times 10^{8} \text{ m s}^{-1})}{(670.8 \text{ nm})(10^{-9} \text{ m nm}^{-1})}$$
$$\times \frac{1 \text{ eV}}{1.6022 \times 10^{-19} \text{ J}} = 1.848 \text{ eV}$$

- 2p 軌道のエネルギー $= -5.392$ eV $+ 1.85$ eV $= -3.54$ eV

したがって，イオン化エネルギーは 3.54 eV である．

- $Z_{eff} = 2\sqrt{\dfrac{3.54 \text{ eV}}{13.6 \text{ eV}}} = 1.02$

Li の 2p 軌道の電子は，2s 軌道の電子よりも不安定である．Li の 2p 電子に対しては，殻の電荷はほぼ完全に遮蔽される．したがって，2p 電子はほぼ 1 個の正電荷を感じている．

別冊演習問題 2.93，2.94 参照

応用問題　車のヘッドライトの石英ハロゲンランプ，蛍光灯，ネオン管，白熱灯からの光は，それぞれどのような色をしているか．石英ハロゲンランプのヘッドライトとタングステンランプのヘッドライトは，どうやって区別したらよいか．また，どのようにエネルギーが注入されているのか，何が発光源となっているか．四つの発光源のうち，どれが原子発光源といえるか．すなわち，どれが気体の放電に伴う光を発しているか．

s 軌道の方が p 軌道よりも核電荷の影響を受けやすい．これは，周期表のどの周期にもみられる一般的な傾向である．それぞれの殻の中では，s 亜殻のエネルギーが最も低く，したがって，他の亜殻よりも先に電子が入る．一般に，核を通る節の数が少ないほど，内殻による遮蔽効果は小さくなり，その結果 Z_{eff} は大きくなる．

これら二つの効果，電子間の斥力と核電荷の遮蔽により，多電子原子のエネルギー状態の順番が決まる．実際には，複数の電子が存在すると上記の描像は非常に複雑となり，水素以外の原子についてシュレーディンガー方程式を厳密に解くことはできない．このため，エネルギー準位の順番を決める作業は非常に煩雑である．しかし，以下に述べるような一般的な法則が存在する．多電子原子では，遮蔽効果のため，同じ殻に属していても，亜殻（s, p, d…）が異なればエネルギーがわずかに異なる．一方，水素原子の場合には，エネルギーは n のみに依存する．亜殻によるエネルギーの差は，軌道の形の違い，具体的には節面の数による．内殻電子が核の正電荷を遮蔽する効率は，節の数で決まる．

エネルギーの順番は微妙なバランスによって決まるが，

2.5 多電子原子のエネルギー準位

主要族元素（周期表の左側の2列と右側の6列）については比較的単純である．図2.34に，1電子原子と多電子原子のエネルギー準位図を示す．$n = 1$の殻は核に強く束縛されるが，その先の$n = 2$殻との間には大きなエネルギーの隔たりがある．nが増えるにつれ，エネルギー準位間の間隔は狭まり，ある亜殻は，nの近い別の亜殻と重なり合うようになる．たとえば，d軌道は，nが1大きいs軌道の近くに位置している．同様に，第6周期の金属では，4f，5d，6s軌道は接近している．

一つの軌道が収容できる電子数：パウリの排他律

1925年，オーストリアの物理学者Wolfgang Pauliは，電子の排他的な性質に基づく法則を定式化した．この**パウリの排他律**によると，2個の電子は，スピンが反対向きである場合に限り，一つの軌道を占めることができる．この法則は，殻や亜殻を占有できる電子数を決めるという点で，重要な意味をもつ．軌道はn，l，m_lの三つの量子数で区別し（表2.3），スピンは第4の量子数m_sで指定する．これら四つの量子数で1組となる．したがって，パウリの排他律は，以下のように言いかえることができる．2個の電子が同じ軌道（最初の三つの量子数が同じ）を占めることができるのは，最後の量子数（スピン）が異なる場合のみである．スピンは二つの値（$m_s = 1/2$, $m_s = -1/2$）しかとらないため，一つの軌道には2個の電子まで入れないの

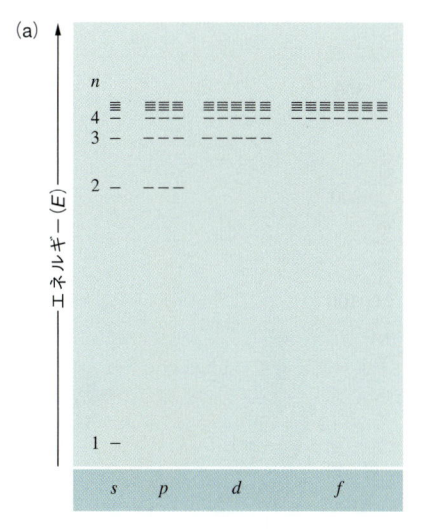

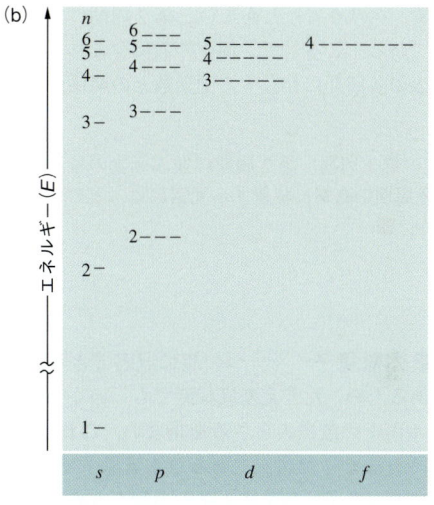

図2.34 (a) 水素のエネルギー準位．エネルギーは殻，あるいは主量子数nで決まる．(b) 多電子原子のエネルギー準位．多電子原子では，電子は核に近い軌道を占める．外側の電子は，遮蔽された核電荷を感じている．$n = 2$以上の準位は，おおよそのスケールで描かれている．1s軌道は，ここに描かれているより，ずっとエネルギーの低いところにある．軌道のエネルギーの上下関係は，他の軌道にある電子数に依存する．原子によっては，エネルギー準位の上下関係が変わることがある．これについては，この章の後で述べる．

例題 2.10 量子数のとりうる値

第3殻は18個の電子を収容できる．これらの電子の量子数を示せ．

[解 法]
- 第3殻は$n = 3$であるので，$l = 0, 1, 2$である（それぞれs, p, d軌道に対応）．
- s亜殻には1個，p亜殻には3個，d亜殻には5個の軌道が存在する．
- 個々の軌道は2個の電子を収容できる．

[解 答]
- $n = 3$の場合，lは0，1または2である．
- $l = 0$では，m_lは0しかとりえない．$l = 1$の場合，m_lは1，0，-1をとることが可能である．さらに，$l = 2$では，m_lは2，1，0，-1，-2のいずれかである．
- それぞれのm_lに対して，$m_s = \pm 1/2$が可能である．これらを表にまとめると以下のようになる．

n	3								
l	0 (s)	1 (p)			2 (d)				
m_l	0	1	0	-1	2	1	0	-1	-2
m_s	$\pm\frac{1}{2}$	$\pm\frac{1}{2}$	$\pm\frac{1}{2}$	$\pm\frac{1}{2}$	$\pm\frac{1}{2}$	$\pm\frac{1}{2}$	$\pm\frac{1}{2}$	$\pm\frac{1}{2}$	$\pm\frac{1}{2}$

別冊演習問題 2.95, 2.96 参照

である．四つの量子数がすべて等しい電子は存在しない．したがって，電子は，番地（量子数）を使って一義的に指定できる．

Li に話を戻すと，パウリの排他律から，なぜ 3 個の電子のうち 2 個が 1s 軌道を占めているのか，またなぜ 3 番目の電子が第 2 殻に入るのかがわかる．2 個の 1s 電子の n, l, m_l は等しいが，片方は $m_s = 1/2$，もう片方は $m_s = -1/2$ と m_s 値が異なる．第 1 殻は 2 個の電子までしか収容できない．さらにもう 1 個電子が加わると，それは次にエネルギーの高い殻に入らざるをえない．$n = 1$ の次にエネルギーの高いのは $n = 2$ 殻であるので，リチウムの 3 番目の電子は第 2 殻 ($n = 2$) に入る．

第 2 殻は 8 個，第 3 殻は 18 個まで電子を収容できる（例題 2.10 参照）．周期表（図 2.1）をみると，第 1 周期には二つの元素（水素，ヘリウム）しかない．第 2 周期には八つの元素が並んでいる．こうして，個々の殻に含まれる軌道の数と，周期表の各周期に存在する元素数との関係が明らかとなった．

基本問題 周期表の第 1 周期，第 2 周期に並ぶ元素の量子数を示せ．また，各周期の右端に位置する元素には，どのような共通点があるか．■

電子配置

内殻電子と最外殻電子 一つの殻に収容できる電子数には限りがあるため，たとえ基底状態でも，いくつかの電子は高エネルギーの殻に入らざるを得ない．これは，水素原子にはみられなかった状況である（水素原子では，励起された場合にのみ電子は高エネルギーの殻を占める）．電子が高エネルギーの殻に入ると，原子から電子を取除くのに必要なエネルギー，すなわちイオン化エネルギーも変化する．図 2.35 に示した Li のデータを見ていただきたい．最初の電子を取除くのに必要なエネルギーは比較的小さく，5.39 eV（520 kJ mol^{-1}）である．一方，2 番目の電子を取除くには，ずっと大きなエネルギー 75.64 eV が必要である．最初の電子に比べ，2 番目の電子のイオン化には非常に大きなエネルギーを要するという傾向は，1 族元素に共通する性質である（図 2.36）．第二イオン化のエネルギーは，第一イオン化に比べ常に大きく，第三イオン化のエネルギーは第二イオン化よりもさらに大きい．以下同様の傾向が続く．閉殻の電子をイオン化するには，非常に大きなエネルギーを要する．2 族元素をみると，第二イオン化の後でエネルギーが大きく跳ね上がっている．3 族元素

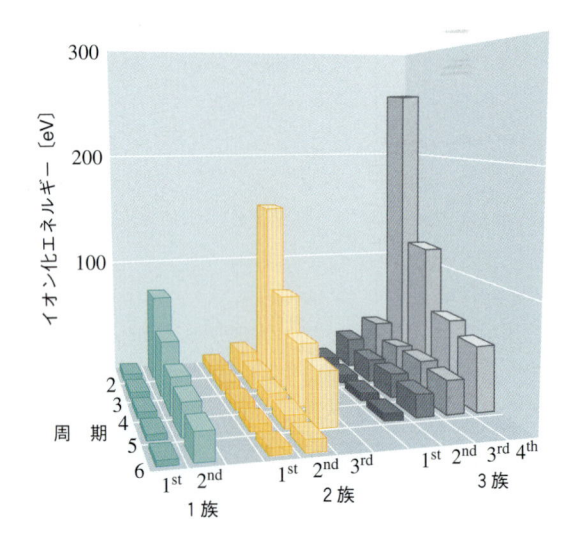

図 2.36 1 族，2 族，3 族元素のイオン化エネルギー．1 族元素では，第一イオン化の後でエネルギーが大きく跳ね上がる．また，2 族元素では第二イオン化の後，3 族元素では第三イオン化の後で，エネルギーがジャンプする．

は，第三イオン化の後でエネルギーに急激に増大している．はじめのいくつかの電子をイオン化する際のエネルギーは比較的小さく，その後でイオン化エネルギーが跳ね上がるというパターンに基づき，電子を最外殻電子と内殻電子とに分類することができる．前者は，比較的緩く核と結びついており，後者は強く核に束縛されている．**内殻電子**は，希ガス（18 族）と同じ電子配置をとっており，そこから電子を取除くには大きなエネルギーを要する．**最外殻電子**（価電子ともよばれる）は，希ガス配置に付け加えた電子であり，これを取除くのは比較的簡単である．

基本問題 Na, K, Ca は，それぞれ，内殻電子と最外殻電子をいくつもつか．また，付録の "元素のイオン化エネルギー" のデータを参照し，解答と矛盾がないか確かめよ．■

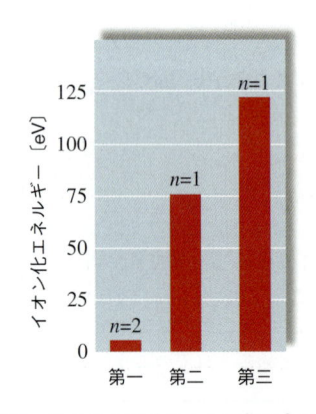

図 2.35 リチウム原子のイオン化エネルギー．第一イオン化エネルギー（$n = 2$ 殻の電子を取除くのに対応）は，第二，第三イオン化エネルギー（$n = 1$ 殻から電子を取除く）に比べ非常に小さい．これは，内側の殻の電子が，核電荷を遮蔽しているからである．第二，第三イオン化エネルギーの違いは，おもに電子間の反発相互作用による．

2.5 多電子原子のエネルギー準位

電子配置の表記法 原子内の電子について議論する際,すべての電子の量子数を書きだすのは面倒である.化学では,以下のような,もっと簡単な表記法が考案されている.まず,殻の番号を示す主量子数 n を先頭の数字として記す.つぎに,亜殻を表す方位量子数 l を s, p, d…のアルファベットで表記する.亜殻に属する電子数は上付きの数字で表す.

（殻の番号）（亜殻）^{亜殻中の電子数}

1電子系である水素では,第1殻のs亜殻に1個の電子が存在しているので,電子配置は $1s^1$ と表される.同様に He は $1s^2$ と表記され,第1殻の $l = 0$ 亜殻に2個の電子が収容されていることを示している.

多電子系の場合,希ガス配置の内殻構造を括弧で囲んだ希ガスの元素記号で表し,最外殻電子のみを上記表記で示すことも多い.この表記では,Li は $[He]2s^1$ となる.最外殻電子を模式図で表すこともあり,その場合には,電子のスピンまで示す.この表記法は**ボックス図**とよばれ,個々の軌道を四角い箱で描く.軌道の電子は矢印で表し,上向矢印（↑）はスピン+1/2 を,下向き矢印（↓）はスピン−1/2 を示す.この表記によると,水素とリチウムの全電子配置は以下のようになる.

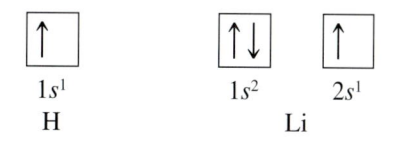

↑		↑↓	↑
$1s^1$		$1s^2$	$2s^1$
H		Li	

周期性 周期表で各元素の電子配置（図 2.37）を見てみると,電子の並びは,周期表内での元素の位置と関係していることがわかる.

図 2.37 周期表の各ブロックでの電子配置.最外殻電子の配置を,各族の上に示してある（閉殻の電子は省略した）.各周期とも,最初の2原子では s 軌道に電子が入る.次の10個の遷移元素は d 亜殻を占めていき,最後の6個の元素は p 亜殻を占める.（濃い青で示した遷移元素は,例外的な電子配置をとる.全元素の電子配置は,表紙の裏に示してある.）第6周期と第7周期に位置する14の元素は f ブロック元素であり,表の下に示してある.f ブロック元素の電子配置（d 軌道,f 軌道の占め方）は不規則である.

チェックリスト

重要な用語

族（group または family, p. 25）
周　期（period, p. 25）
主要族元素（main group, p. 25）
遷移元素（transition elements, p. 25）
ランタノイド系列（lanthanoide series, p. 26）
アクチノイド系列（actinoide series, p. 26）
電　極（electrode, p. 27）
電気分解（electrolysis, p. 27）
原子核（nucleus, p. 29）
陽　子（proton, p. 30）
原子番号 Z（atomic number, p. 30）
中性子（neutron, p. 30）
周期律（periodic law, p. 30）
電磁放射（electromagnetic radiation, p. 30）
連続スペクトル（continuous spectrum, p. 31）
分　散（disperse, p. 31）
波　長 λ（wavelength, p. 31）
定在波（standing wave, p. 31）
基本波（fundamental wave, p. 31）
周波数 ν（frequency, p. 32）
輝線スペクトル（bright line spectrum, p. 33）
エネルギー準位（energy level, p. 34）
エネルギー準位図（energy-level diagram, p. 34）
遷移エネルギー（transition energy, p. 34）
線スペクトル（line spectrum, p. 34）
状　態（state, p. 35）
基底状態（ground state, p. 35）
励起状態（excited state, p. 35）
イオン化エネルギー（ionization energy, p. 36）
リュードベリ定数（Rydberg constant, p. 36）
電子ボルト eV（electron volt, p. 36）
量子力学モデル（quantum mechanical model, p. 37）
波動関数 ψ（wave function, p. 37）
振　幅（amplitude, p. 38）
確率密度 $|\psi|^2$（probability density, p. 38）
節（node, p. 38）
正の位相（positive phase, p. 40）
負の位相（negative phase, p. 40）
モード（mode, p. 40）
軌　道（orbital, p. 40）
平面節（azimuthal, p. 41）
電子殻（electron shell, p. 42）
亜　殻（subshell, p. 42）
量子数（quantum number, p. 43）
主量子数 n（principal quantum number, p. 43）
方位量子数 l（azimuthal quantum number, p. 43）
磁気量子数 m_l（magnetic quantum number, p. 43）
スピン量子数 m_s（spin quantum number, p. 44）
電子配置（electron configuration, p. 45）
遮蔽効果（shielding effect, p. 45）
有効核電荷 Z_{eff}（effective nuclear charge, p. 45）
パウリの排他律（Pauli exclusion principle, p. 47）
内殻電子（core electron, p. 48）
最外殻電子（valence electron, p. 48）
ボックス図（box diagram, p. 49）

重要な式

$$E = \frac{hc}{\lambda} \quad \nu = c/\lambda \quad E = h\nu$$

電子のエネルギー $= -\dfrac{hcR}{n^2}$　　イオン化エネルギー $= \dfrac{hcR}{n^2}$

$$Z_{eff} = n\sqrt{\frac{\text{イオン化エネルギー}}{13.6 \text{ eV}}}$$

章のまとめ

　化学的な情報を整理するため，これまでさまざまな方法が考案されてきたが，なかでも，周期表は最も強力なものである．周期表は元素の物理的・化学的性質を比較することから生まれた．物理的・化学的性質の規則的な変化は，単に元素を分類できることを意味しているのではない．規則性とマジックナンバー（2, 8, 8, 18, 18, 32, 32：繰返しパターン間の元素数と関係する数字）が存在するということは，原子構造の系統的な変化が，原子間の相互作用にも影響を及ぼしていることを示唆している．

　原子間の相互作用を調べていくうち，原子は，電気的な力を受けて，分子や固体といったより大きな構造をつくることがわかってきた．1800年代の中頃から20世紀に至るまで，科学者達はこの電気的な力について研究し，いくつかの発見を通して，今日の原子モデルを構築した．Michael Faraday は，電子は負の電荷をもった波の束であると結論した．George Stoney は，電子は原子の構成要素であると推測し，J. J. Thomson はこれを実証した．Ernest Rutherford は原子の内部構造について研究し，電子は，質量は小さいにもかからず，原子の体積の大部分を占めるという驚くべき結果を得た．Rutherford の散乱実験によって，小さいが質量の大きな核の周囲を，ぼんやりとした電子雲が取囲んでいるという今日の原子モデルが得られた．

　原子の電子配置やその元素による違いを理解するには，電子という非常に軽い粒子の状態を調べる手段が必要となる．重要な手法の一つが，電磁波の観測である（電磁波からエネルギーに関する情報が得られる）．

　今日の原子モデルにより，なぜ同族元素が似た性質を示すのか，すなわち，なぜ同族元素は同じ最外殻電子構造をとるかについて，深く理解できるようになった．最外殻電子の配置とそのエネルギーは，核-電子間の引力，電子間の斥力，内殻電子による核電荷の遮蔽といった，クーロン相互作用によって決まる．クーロン相互作用に加え，亜殻には決まった数の電子しか収容できないという規則も，電子配置を決定する要因となる．電子配置は，以下のような規則に従い決まる．

■ 最安定の軌道，すなわち最も大きな負のエネルギーを

もつ軌道が最初に占有される．
- 2個の電子は，まったく同じ量子数をとることができない（パウリの排他律）．
- 複数の軌道が同じエネルギーをもつ場合，電子は一つの軌道に2個入るよりは，別々の軌道に一つずつ入る（クーロン相互作用）．

重要な考え方
　原子は，質量は小さいが体積は大部分を占める負電荷の電子，それと等しい正電荷をもつ陽子，ならびに電荷をもたない中性子で構成される．電子は，原子間の結合に大きな役割を演じる．

理解すべき概念
- 元素の周期性．
- 原子間の結合は電気的な相互作用に基づく．
- 電磁波の波長あるいは周波数はフォトンのエネルギーと関係している．
- 電子波あるいは軌道はそれぞれ特徴的な形をもち，四つの量子数で規定される．

学習目標
- 粒子の質量（例題 2.1）．
- 波長，周波数，エネルギーの関係（例題 2.2）．
- エネルギー準位とイオン化エネルギーとの関係（例題 2.3）．
- 遷移エネルギーと発光との関係（例題 2.4）．
- 節の性質と振動モード（例題 2.5）．
- それぞれの殻に許される軌道の数を求め，軌道を量子数で記述する（例題 2.6，2.7）．
- イオン化エネルギーから有効核電荷を見積もる（例題 2.8）．
- 基底状態のイオン化エネルギーおよび励起エネルギー（励起波長）から，励起状態のイオン化エネルギーを見積もる．エネルギーと波長を相互に変換する（例題 2.9，2.10）．

3　物理的・化学的性質の周期性

規則的なパターンは自然界のあちこちで目にする．オウム貝もその一例である．このオウム貝のように，周期表でも，列が数を増しながら繰返す．

目　次
3.1　周期表にみる傾向
　・元素の族
　・周期性
3.2　電子と化学結合
　・オクテット則
　・イオン化エネルギー
　・電子親和力
　・電気陰性度
3.3　化学的な傾向
　・原子の大きさ
　・イオンの大きさ
3.4　物理的性質の傾向
　・元素の分類
　　（金属/非金属/半金属）
　・元素の物理的な形態
　　（相互作用と物質の三形態）
　・融　点
　・機械的性質
　・柔軟性
　・密　度

主　題
■ 元素の物理的・化学的性質が示す周期的変化を，電子配置と関係づけて理解する．

学習課題
■ ルイス構造式を用いて結合比を予想する（例題 3.1, 3.2）．
■ 電子親和力から有効電荷を計算する（例題 3.3）．
■ 電気陰性度に基づき，反応の生成物を説明する（例題 3.4）．
■ 固体内の元素の原子半径を計算する（例題 3.5）．
■ 周期パターンから元素の性質を予想する（例題 3.6, 3.7）．

3.1 周期表にみる傾向

Mendeléeff の時代には，化学的な性質の周期的な変化をもとに周期表がつくられた．一方，原子や電子を現代の見方でとらえると，周期表は，電子配置の周期性（図 3.1）に基づいているといえる．電子配置の周期性は，原子が価電子を引きつける力と，さらに余分な電子を引きつけようとする力の両方に影響を与える．この二つの引力が働く結果，化学的・物理的な性質は周期的に変化する．結局，化学的な相互作用の本質は，電気的なものなのである．

元 素 の 族

元素の族を眺めると，周期性がみてとれる（図 3.2）．**希ガス**とよばれる 18 族の元素と，**アルカリ金属**とよばれる 1 族の元素について考えてみよう．希ガスは通常，単体の気体として存在する．一方，希ガスの次の元素，すなわち次の周期の最初の元素がアルカリ金属であるが，アルカリ金属は反応性が高いために，自然界には単体として存在しない．たとえば，金属リチウムや金属ナトリウム，金属カリウムの小片を水面に落とすと，水素ガスの泡をたてながら水面を走り回り，炎を生じる（図 3.3）．希ガスは，s^2p^6 の最外殻電子配置をとり，s 亜殻，p 亜殻ともに閉じている（電子で満ちている）．一方，アルカリ金属は，1 個の価電子をもち，s^1 配置をとる．

アルカリ金属元素の隣には，**アルカリ土類金属**とよばれる 2 族元素が並ぶ．アルカリ土類金属は，直前のアルカリ金属に比べ，水に対する反応性が低い，硬い，融点が高い，密度が高い，などの特徴をもつ．

海水中に多量に存在する塩素（Cl），臭素（Br），ヨウ素（I）に，フッ素（F），アスタチン（At）を加えた 5 元素は，**ハロゲン**あるいは 17 族とよばれる．17 族元素に共通する性質として，s^2p^5 の最外殻電子配置をとる．これらの元素はいずれも，単体を吸い込むと有毒である．一方で，互いに異なる性質を示す場合もある．室温で，フッ素と塩素は気体であるが，臭素は液体であり，ヨウ素は固体である．次の周期に進むと，最外殻電子（価電子）は一つ n の大きい殻を占める．たとえば，塩素の価電子は $n = 3$ の殻を占め，臭素では $n = 4$，ヨウ素では $n = 5$ を占める．したがって，

1族 IA	2族 IIA	3族 IIIB	4族 IVB	5族 VB	6族 VIB	7族 VIIB	8族	9族 VIIIB	10族	11族 IB	12族 IIB	13族 IIIA	14族 IVA	15族 VA	16族 VIA	17族 VIIA	18族 VIIIA
1 H $1s^1$																	2 He $1s^2$
3 Li $2s^1$	4 Be $2s^2$											5 B $2s^22p^1$	6 C $2s^22p^2$	7 N $2s^22p^3$	8 O $2s^22p^4$	9 F $2s^22p^5$	10 Ne $2s^22p^6$
11 Na $3s^1$	12 Mg $3s^2$											13 Al $3s^23p^1$	14 Si $3s^23p^2$	15 P $3s^23p^3$	16 S $3s^23p^4$	17 Cl $3s^23p^5$	18 Ar $3s^23p^6$
19 K $4s^1$	20 Ca $4s^2$	21 Sc $4s^23d^1$	22 Ti $4s^23d^2$	23 V $4s^23d^3$	24 Cr $4s^13d^5$	25 Mn $4s^23d^5$	26 Fe $4s^23d^6$	27 Co $4s^23d^7$	28 Ni $4s^23d^8$	29 Cu $4s^13d^{10}$	30 Zn $4s^23d^{10}$	31 Ga $3d^{10}4s^24p^1$	32 Ge $3d^{10}4s^24p^2$	33 As $3d^{10}4s^24p^3$	34 Se $3d^{10}4s^24p^4$	35 Br $3d^{10}4s^24p^5$	36 Kr $3d^{10}4s^24p^6$
37 Rb $5s^1$	38 Sr $5s^2$	39 Y $5s^24d^1$	40 Zr $5s^24d^2$	41 Nb $5s^14d^4$	42 Mo $5s^14d^5$	43 *Tc* $5s^24d^5$	44 Ru $5s^14d^7$	45 Rh $5s^14d^8$	46 Pd $4d^{10}$	47 Ag $5s^14d^{10}$	48 Cd $5s^24d^{10}$	49 In $4d^{10}5s^25p^1$	50 Sn $4d^{10}5s^25p^2$	51 Sb $4d^{10}5s^25p^3$	52 Te $4d^{10}5s^25p^4$	53 I $4d^{10}5s^25p^5$	54 Xe $4d^{10}5s^25p^6$
55 Cs $6s^1$	56 Ba $6s^2$	57 La $6s^25d^1$	72 Hf $6s^24f^{14}5d^2$	73 Ta $6s^24f^{14}5d^3$	74 W $6s^24f^{14}5d^4$	75 Re $6s^24f^{14}5d^5$	76 Os $6s^24f^{14}5d^6$	77 Ir $6s^24f^{14}5d^7$	78 Pt $6s^14f^{14}5d^9$	79 Au $6s^14f^{14}5d^{10}$	80 Hg $6s^24f^{14}5d^{10}$	81 Tl $4f^{14}6s^2 5d^{10}6p^1$	82 Pb $4f^{14}6s^2 5d^{10}6p^2$	83 Bi $4f^{14}6s^2 5d^{10}6p^3$	84 Po $4f^{14}6s^2 5d^{10}6p^4$	85 At $4f^{14}6s^2 5d^{10}6p^5$	86 Rn $4f^{14}6s^2 5d^{10}6p^6$
87 Fr $7s^1$	88 Ra $7s^2$	89 Ac $7s^26d^1$	104 *Rf* $5f^{14}7s^26d^2$	105 *Db* $5f^{14}7s^26d^3$	106 *Sg* $5f^{14}7s^26d^4$	107 *Bh* $5f^{14}7s^26d^5$	108 *Hs* $5f^{14}7s^26d^6$	109 *Mt* $5f^{14}7s^26d^7$	110 *Ds* $5f^{14}7s^26d^8$	111 *Uuu*	112 *Uub*		114				

58 Ce $6s^24f^{1}5d^1$	59 Pr $6s^24f^35d^0$	60 Nd $6s^24f^45d^0$	61 *Pm* $6s^24f^55d^0$	62 Sm $6s^24f^65d^0$	63 Eu $6s^24f^75d^0$	64 Gd $6s^24f^75d^1$	65 Tb $6s^24f^95d^0$	66 Dy $6s^24f^{10}5d^0$	67 Ho $6s^24f^{11}5d^0$	68 Er $6s^24f^{12}5d^0$	69 Tm $6s^24f^{13}5d^0$	70 Yb $6s^24f^{14}5d^0$	71 Lu $6s^24f^{14}5d^1$
90 Th $7s^25f^06d^2$	91 Pa $7s^25f^26d^1$	92 U $7s^25f^36d^1$	93 *Np* $7s^25f^46d^1$	94 Pu $7s^25f^66d^0$	95 *Am* $7s^25f^76d^0$	96 *Cm* $7s^25f^76d^1$	97 *Bk* $7s^25f^96d^0$	98 *Cf* $7s^25f^{10}6d^0$	99 *Es* $7s^25f^{11}6d^0$	100 *Fm* $7s^25f^{12}6d^0$	101 *Md* $7s^25f^{13}6d^0$	102 *No* $7s^25f^{14}6d^0$	103 *Lr* $7s^25f^{14}6d^1$

図 3.1 全元素の電子配置．前周期の希ガス配置につけ加わった電子のみが記載されている．

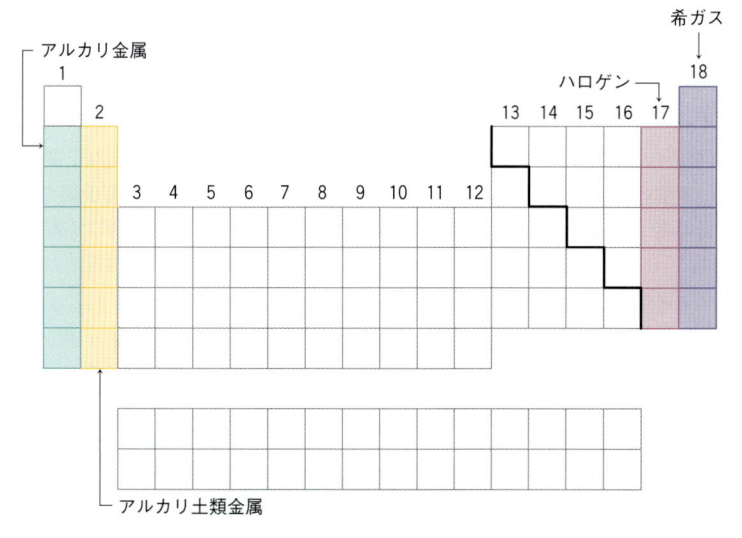

図 3.2 周期表での希ガス（18族），アルカリ金属（1族），アルカリ土類金属（2族），ハロゲン（17族）の位置．

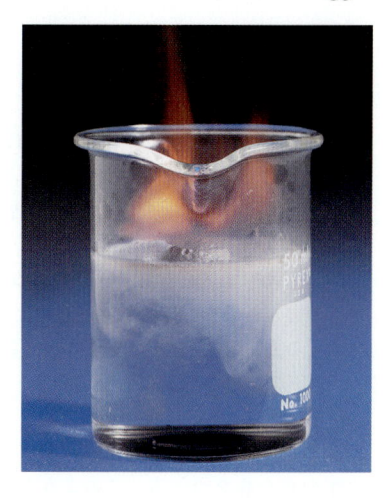

図 3.3 水に落としたアルカリ元素（Li, Na, K）の小片．激しく反応して水素が生じる．また同時に熱が発生し，水素に引火して燃え上がる．

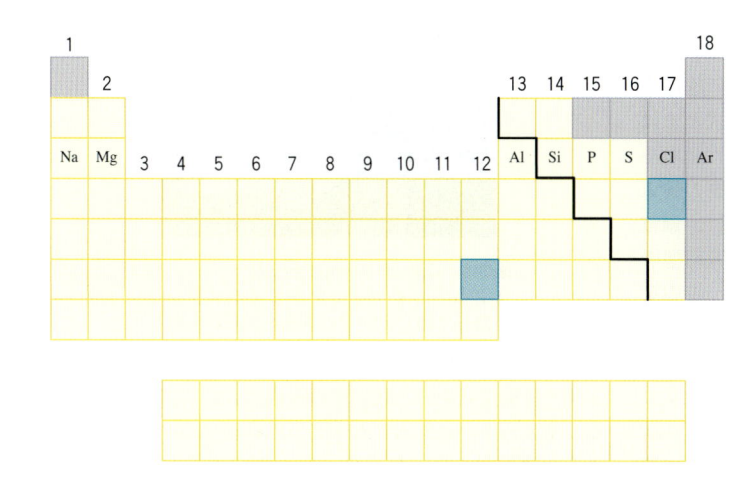

図 3.4 室温，大気圧における元素の物理的な形態．大部分の元素は室温で固体である．残りのほとんどは気体であり，液体はごく少数である．

周期表の下にいくにつれ，一般に価電子は核から離れるようになる．これが原因で，各元素の性質に違いが現れる．

周 期 性

各周期の中でも，元素の物理的・化学的な性質は変化する（図 3.4）．たとえば，第 3 周期についてみると，ナトリウム（Na）は固体の金属であり，非常に柔らかい．マグネシウム（Mg）の小片も簡単に曲げられるが，ナトリウムよりはずっと硬い．アルミニウム（Al）は典型的な金属元素であり，機械加工しやすく，電気をよく流す．その隣のケイ素（Si）は，半導体産業の基礎となっている元素であり，硬くてもろい．ケイ素の隣のリン（P）と硫黄（S）は電気を流さない．最後の塩素（Cl），アルゴン（Ar）は気体である．このような，柔らかい金属が徐々に硬くなってもろい半金属となり，絶縁性の固体を経て気体に至るというパターンは，各周期の主要族元素で繰返される．第 4 周期以降に現れる遷移元素では，周期的な変化の程度は小さくなるが，それ以降の周期でも，周期内での規則的な変化は繰返される．

一つの周期を左から右に進むと，価電子 1 個の電子配置から始まって，まず s 亜殻が埋まり，続いて p 亜殻の電子数が増えていく．s 亜殻と p 亜殻が埋まった段階で 1 周期が終わる．遷移元素では，最外殻の s 亜殻は 1 個または 2 個の電子をもち，他の価電子は $(n-1)$d 亜殻を占める．d 亜殻の電子は，最外殻の s 電子に比べ核の近くに位置する．このため，隣の元素へと進んで核の電荷が増えても，その増加分は d 電子がほぼ完全に遮蔽し，外側の s 電子には影響を及ぼさない．遷移元素の間であまり性質が変わらないのは，この遮蔽効果のためである．

3.2 電子と化学結合

オクテット則

マサチューセッツ生まれの化学者 Gilbert N. Lewis（図 3.5）は，18族の元素に注目し，つぎのような考察を行った．ヘリウムは他の元素と化合せず，不活性である．8個の電子が加わったネオンも不活性であり，さらに8個の電子が加わったアルゴンもまた不活性である．Lewis は，一つの殻は 8 個の電子で一杯となり，新たに加わった電子は次の殻に入ると考えた．またルイスは，各元素の化合物を調べ，以下のような傾向に気づいた．1族のアルカリ金属はハロゲンと 1：1 で化合する．一方，2族のアルカリ土類金属はハロゲンとは 1：2 で結合するが，16族の元素とは 1：1 の化合物をつくる．このような考察から，以下の**オクテット則**が導かれた．

"主要族元素は，多くの化合物で，価電子 8 個の希ガス構造をとる．水素は例外であり，希ガス構造の価電子は 2 個である"

さらに，各元素が希ガス構造をとる際，結合する相手の原子との間で，電子を受取る，与える，共有するといった電子の授受が起きる．オクテット則を実際の物質に適用する際にわかりやすいよう，Lewis は，**ルイス構造式**とよばれる価電子を点で表す表記法を考案した．主要族元素のルイス構造式を表 3.1 に示す．1族元素はすべて 1 個の価電子をもっているので，ドットを 1 個つける．同様に，価電子 2 個の 2 族元素には 2 個のドット，13 族（短周期型のⅢA族）元素には 3 個のドットをつける．実際，短周期型のⅠ族，Ⅱ族などの数字は，この価電子の数に基づいている．

化合物の場合，各構成原子は，オクテット則を満たすよう，隣の原子との間で電子の授受や共有を行う．ルイス構造式では，移動，あるいは共有する電子は，化学結合に関与する二つの原子の間に，ドットとして表記する．たとえば，食塩は Na：Cl：と表され，Na がもっていた 1 個の価電子は，塩素の周囲を取囲む 8 個の電子の一つとなる．ナトリウムはほかに価電子をもたないため，塩素に唯一の価電子を与え，自分は希ガスであるネオンと同じ電子配置をとるのである．

塩素分子 Cl_2 は :C̈l:C̈l: のように表され，塩素原子間に 2 個の電子が存在する．塩素原子はそれぞれ，原子間の 1 個の電子のほかに，6 個の価電子をもつ．原子間に位置する電子は共有電子であり，両方の塩素原子から価電子としてカウントされる．

基本問題 酸素分子 O_2 のルイス構造式を書け．オクテット則を満たすには，2 個の酸素原子間で，何個の電子を共有する必要があるか．窒素分子 N_2 ではどうか．■

図 3.5 Gilbert Newton Lewis．ハーバード大学のティーチング・アシスタントだった頃，オクテット則を見いだした．

ルイス構造式から，化合物の組成比についても推察できる．窒素あるいは酸素と水素との化合物について考えてみよう．窒素は 5 個，酸素は 6 個の価電子をもっているのに対し，水素は 1 個の価電子しかもたない．水素は，化合すると 2 個の価電子をもつ傾向があるが，窒素や酸素は 8

表 3.1 元素のルイス構造式

1族	2族		13族	14族	15族	16族	17族	18族
H·								He:
Li·	Be·		·B·	·C·	·N:	:O:	:F:	:Ne:
Na·	Mg·		·Al·	·Si·	·P:	:S:	:Cl:	:Ar:
K·	Ca·		·Ga·	·Ge·	·As:	:Se:	:Br:	:Kr:
Rb·	Sr·		·In·	·Sn·	·Sb:	:Te:	:I:	:Xe:
Cs·	Ba·		·Tl·	·Pb·	·Bi:	:Po:	:At:	:Rn:
Fr·	Ra·							

例題 3.1 塩

高血圧にならないよう，食塩の摂取を控えている人も多い．そこで，食塩の代替品として，ナトリウムではなくカリウムが塩素と化合した物質(KCl)が開発された．KClのルイス構造式を書け．この構造式で，カリウムはどの元素と同じ電子配置をとるか．また，カルシウムの塩化物 $CaCl_2$ は，氷を融かすのに使われる．$CaCl_2$ のルイス構造式で，カルシウムはどの元素と同じ電子配置をとるか．

[解 法]

■ カリウムとカルシウムは価電子の数が少なく，したがって，電子を失って希ガス構造をとりやすい．

[解 答]

■ カリウムは，1個の価電子を失ってカリウムイオンとなると，アルゴンと同じ電子配置をとる．一方，カルシウムは2個の電子を失い，アルゴン配置のカルシウムイオンとなる．

KCl は NaCl とよく似ているが，陽イオンの大きさが異なる．イオンの大きさが異なると，細胞膜を透過する効率に違いが生じ，その結果，血圧にも影響を及ぼす．$CaCl_2$ は化学式当たり3個のイオンを含むため，氷を解かす効果が大きい．

別冊演習問題 3.26〜28 参照

例題 3.2 結 合 比

化合物の組成比を理解するうえで，ルイス構造式とオクテット則は大きな助けとなる．オクテット則により，なぜカリウムと酸素の2元化合物は組成 K_2O をとるのか，またなぜマグネシウムと酸素との化合物は MgO であるのかがわかる．これらの化合物のルイス構造式を書け．

[解 法]

■ 各元素のルイス構造式を書く．

■ 各原子が希ガスと同等の電子構造となるよう，電子を再配置する．

[解 答]

■ 原子のルイス構造式は K·，Mg·，:Ö: である．K_2O では，酸素は，各カリウム原子から1個ずつ，合計2個の電子を受取る．MgO の場合には，電子2個とも1個の Mg から受取る．ルイス構造式は K:Ö:K，Mg:Ö: である．

別冊演習問題 3.26〜28 参照

個の価電子をもちたがる．窒素が水素と化合して8個の価電子をもつためには，3個の水素原子が必要である．したがって，窒素と水素の化合物は，化学式 NH_3 と予想される．NH_3 はアンモニアとよばれ，大気中の窒素(N_2)と生体中のタンパク質を結ぶ重要な役割を果たしている．同様の考察により，水素と酸素が化合すると化学式 H_2O の物質が生じると考えられ，これが水である．例題3.2で，オクテット則とルイス構造式から，どうやって化学組成を推測するかについて解説する．

NaCl のルイス構造式 Na:Cl: を書いてみるとわかるように，Na の価電子1個は塩素に移動し，その結果，Na はネオン類似，塩素はアルゴン類似の電子配置をとる．もしこの考え方が正しければ，塩素は電子を余分に引きつけようとする性質をもち，逆にナトリウムから価電子を奪うのは比較簡単なはずである．このような電子の授受のしやすさは，次節で定量的に議論する．化学では，この両者のバランスが非常に重要であり，電子親和力とよばれる概念と深く関係している．これについても次節で議論する．

イオン化エネルギー

原子から電子を1個取除くと，正に帯電した原子，すなわち陽イオンとなる．この過程は以下のように表される．

$$\text{原子(気体)} + \text{エネルギー} \longrightarrow \text{イオン(気体)} + \text{電子(気体)} \quad (3.1)$$

電子を取去るにはエネルギーが必要であり，イオン化エネルギーとよばれる．イオン化エネルギーが周期的に変化する様子を調べるには，他の要因を含まない単純な系に注目した方がよい．そこで，孤立した原子，すなわち気相中の原子について，イオン化エネルギーを定義する．式(3.1)の(気体)は，このことを表している．電子は，原子の体積の大部分を占めるため，陽イオンになると，元の原子に比べ小さくなる（図3.6に Na の例を模式的に示した）．

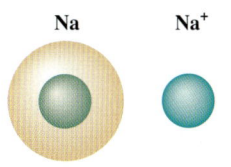

図3.6 ナトリウム原子とナトリウムイオン．ナトリウム原子([Ne] $3s^1$)は1個の価電子をもつ．この価電子を失うと Na^+ イオンとなり，Ne と同じ電子配置をとる．Na^+ イオンでは，第1殻，第2殻ともに電子で満ちている．

イオン化エネルギーの周期的変化を図 3.7 に示す．イオン化エネルギーは，一般に周期表の左から右に，また下から上に移るにつれ増大する（イオン化エネルギーの値については付録の表 9 を参照）．これは，つぎの二つの直接的な効果によるものである．

- 周期表の上側に位置する元素では，価電子は n の小さな殻を占め，核の近くに分布している．負に帯電した電子は，正電荷の核の近くにいるほど，それを取除くのが難しい．したがって，若い周期の元素ほどイオン化エネルギーは大きくなる．
- 周期表の右の元素ほど，内殻電子による核電荷の遮蔽は弱くなり，その結果，価電子は核の近くに分布するようになる．したがって，周期表の左から右に進むにつれ，イオン化エネルギーは増加する．

したがって，イオン化エネルギーは，周期表の右上で最大，左下で最小となる．ある周期の終わりから次の周期の先頭に移る際，イオン化エネルギーは大きく減少する．この変化は，電子が順次殻を占めていき，周期が変わると次の殻に移るという考え方に対する強い証拠となる．

基本問題 つぎの元素のペアでは，どちらの方がイオン化エネルギーが大きいか．Cs と Ba，Si と Ge，Ca と Fe，Fe と Zn ■

電子親和力

化学反応の過程で原子が電子を失うと，その電子は別の原子の一部として働く．化学反応では，孤立した電子が生じることはない．中性原子に電子が 1 個加わると，電子と陽子の数のバランスが崩れるため，負に帯電したイオンである陰イオンが生じる．原子そのものは電気的に中性であるが，ほとんどの原子は余分に電子を受取り，陰イオンとなることができる．

基本問題 Cl と Cl⁻ イオンの電子配置を書け．また，Cl⁻ と同じ電子構造をとるのは，どの中性原子か．■

電子を受取る過程は，つぎのような反応式で表される．

$$\text{原子（気体）} + \text{電子}^- \longrightarrow \text{イオン}^-\text{（気体）} + \text{エネルギー} \quad (3.2)$$

この反応を，塩素を例として図 3.8 に示す．式(3.2)を逆

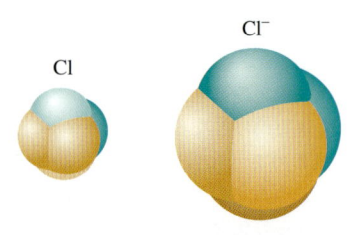

図 3.8 Cl 原子と Cl⁻ イオン．Cl 原子の電子配置は $[\text{Ne}]3s^23p^5$ であり，電子を 1 個獲得すると Cl⁻ イオン（電子配置は $[\text{Ne}]3s^23p^6$）となる．Cl⁻ イオンは，s 亜殻，p 亜殻ともに電子で満ちており，第 1 殻，第 2 殻ともに閉殻（Ar と同じ電子配置）である．

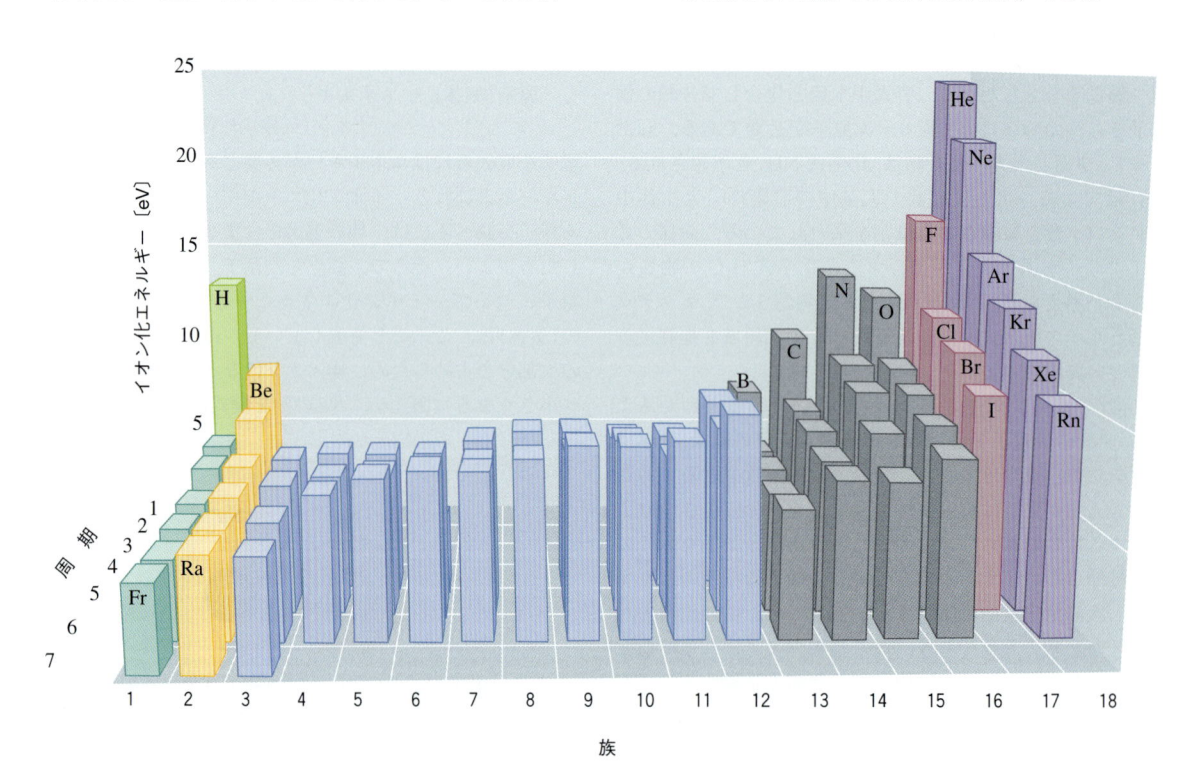

図 3.7 第一イオン化エネルギー．イオン化エネルギーは，周期表の右上で最大，左下で最小となる．遷移元素では，イオン化エネルギーにあまり差がみられない．これは，内殻の d 軌道に追加された電子が，核電荷を効率的に遮蔽するからである．

にすると

$$\text{イオン}^-(\text{気体}) + \text{エネルギー} \longrightarrow \text{原子}(\text{気体}) + \text{電子}^- \quad (3.3)$$

この式は，陰イオンのイオン化のように見える．実際，式(3.3)を用いると，電子がイオンといかに強く結合しているかを，決めることができる．このエネルギーを，原子の**電子親和力**とよぶ．

主要族元素の電子親和力を図3.9に示す．また，数値を表3.2にまとめた．イオン化エネルギー同様，電子親和力も一般に周期表の右上にいくほど大きくなる．また，たいていの場合，電子親和力はイオン化エネルギーよりも小さく，いくつかの元素では，ほとんどゼロとなる．このような傾向は，つぎの二つの効果による．

■ 陰イオンの最外殻電子は，もとの中性原子中の電子による反発を受ける．中性原子の電子は，核の電荷をほぼ完全に遮蔽する．

■ 最外殻が閉核の場合，あるいは亜殻が完全に電子で占有されているか，半分だけ占有されている場合，電子は核の電荷を効率的に遮蔽する．外側の亜殻が満ちているときに，さらに1個の電子を付け加えようとすると，よりエネルギーが高く不安定な亜殻に収容しなければならない．つけ加えた電子は，イオンによる束縛が弱いか，あるいはほとんど束縛を受けない．

基本問題 MgとNeの電子配置を書け．さらに1個の電子を追加すると，どの軌道に入るか．追加した電子は，原子に強く引きつけられているだろうか．■

基本問題 なぜ2族元素は二つの電子親和力値をもつのか．■

基本問題 核電荷の遮蔽が完全であれば，追加した電子が感じる有効核電荷はゼロである．一方，最外殻電子に対する有効核電荷は1である．なぜか．■

表 3.2 主要族元素の電子親和力（上：eV, 下：kJ mol^{-1}）

H 0.754 72.77								He ~0
Li 0.918 88.57	Be ~0		B 0.277 26.7	C 1.263 121.8	N ~0	O 1.461 141.0	F 3.401 328.2	Ne ~0
Na 0.548 52.90	Mg ~0		Al 0.440 42.5	Si 1.385 133.6	P 0.746 72.02	S 2.077 200.4	Cl 3.613 348.6	Ar ~0
K 0.501 48.38	Ca 0.025 2.369	...	Ga 0.301 29	Ge 1.233 119	As 0.808 78	Se 2.021 195.0	Br 3.363 324.5	Kr ~0
Rb 0.486 46.88	Sr 0.148 14.3	...	In 0.301 29	Sn 1.112 107.3	Sb 1.046 100.9	Te 1.971 190.2	I 3.059 295.1	Xe ~0
Cs 0.472 45.50	Ba 0.145 14	...	Tl 0.207 20	Pb 0.364 35.1	Bi 0.946 91.3	Po 1.866 180	At 2.798 270	Rn ~0

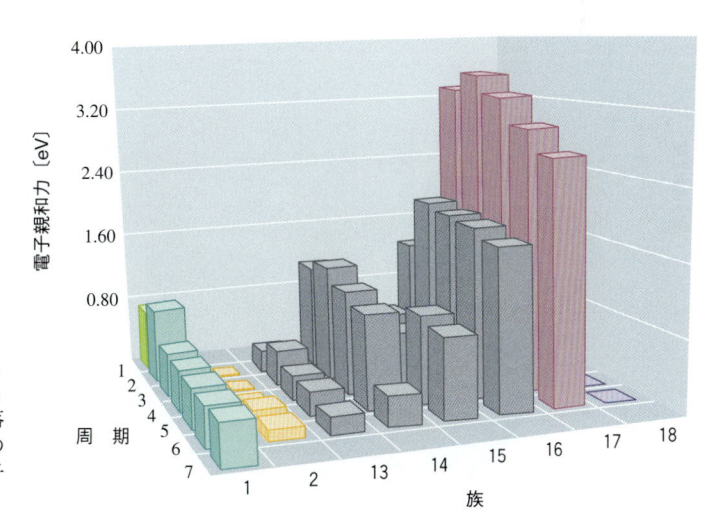

図 3.9 主要族元素の電子親和力．電子親和力は，周期表の左下から右上に向かって増加するが，閉じた殻や亜殻をもつ元素では，ゼロ近くに落ち込んでいる．同じ族の中では，電子親和力の値に大きな差はない．これは，基本となる電子配置が同じだからである．

例題 3.3　陰イオンの有効核電荷

中性原子では価電子による核電荷の遮蔽は完全ではない．このため，陰イオンが生じる．F あるいは Cl が余分に電子を引きつけ，陰イオンとなる際の有効核電荷はどれだけか．

[解 法]
- 有効核電荷は，イオン化エネルギー（この場合には陰イオンのイオン化エネルギー）から求めることができる．
- 式 $Z_{eff} = n\sqrt{\dfrac{イオン化エネルギー}{13.6\,\mathrm{eV}}}$ を用いる．

[解 答]
- 陰イオンのイオン化エネルギーは，原子の電子親和力に等しい．F，Cl の電子親和力は，それぞれ，3.401 eV，3.613 eV である．また，F⁻ では $n = 2$，Cl⁻ では $n = 3$ である．以上より，

$$\mathrm{F^-}\text{では}\quad Z_{eff} = 2\sqrt{\dfrac{3.401\,\mathrm{eV}}{13.6\,\mathrm{eV}}} = 1.000$$

$$\mathrm{Cl^-}\text{では}\quad Z_{eff} = 3\sqrt{\dfrac{3.613\,\mathrm{eV}}{13.6\,\mathrm{eV}}} = 1.546$$

と見積もられる．

フッ化物イオン，塩化物イオンから電子を取除くのに必要なエネルギーはほぼ等しい．しかし，塩化物イオンの電子は核から離れているため，有効核電荷は大きい．

別冊演習問題 3.37～38 参照

表 3.3　主要族元素の電気陰性度

1	2		13	14	15	16	17	18
H 2.20								He
Li 0.98	Be 1.57		B 2.04	C 2.55	N 3.04	O 3.44	F 3.98	Ne
Na 0.93	Mg 1.31		Al 1.61	Si 1.90	P 2.19	S 2.58	Cl 3.16	Ar
K 0.82	Ca 1.00	...	Ga 1.81	Ge 2.01	As 2.18	Se 2.55	Br 2.96	Kr
Rb 0.82	Sr 0.95	...	In 1.78	Sn 1.96	Sb 2.05	Te 2.1	I 2.66	Xe
Cs 0.79	Ba 0.89	...	Tl 1.8	Pb 1.8	Bi 1.9	Po 2.0	At	Rn
Fr 0.7	Ra 0.9	...						

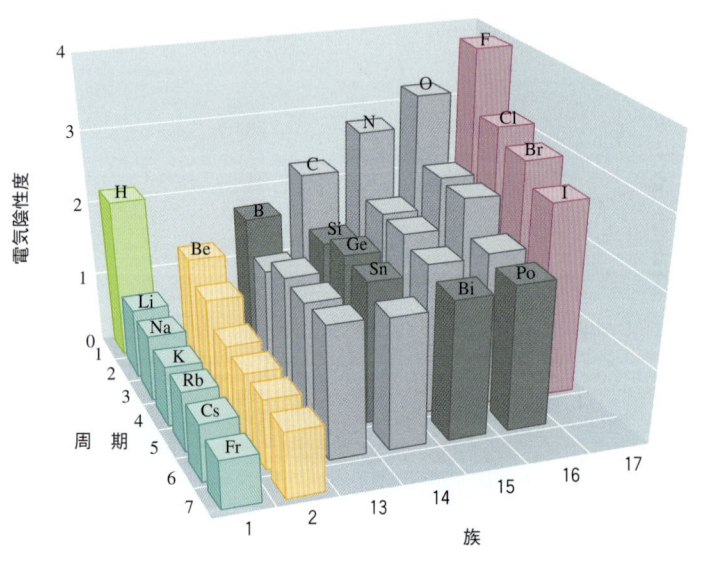

図 3.10　主要族元素の電気陰性度（Pauling）．電気陰性度が 1.90～2.04 の元素を灰色で示した．これらの元素は，周期表左側の金属と右側の非金属を隔てている．典型的な非金属である水素の電気陰性度は 2 以上と高いが，例外的に周期表の左側に位置している．

電気陰性度

化学では電子の授受は重要であり，化学者は**電気陰性度**とよばれる数値を考案した．電気陰性度は，化合物中で電子を引きつける傾向（他の原子との比較で）を表す．電気陰性度は経験的な数値であり，第一イオン化エネルギーと電子親和力の平均値にほぼ比例している．電気陰性度の数値には何種類かあるが，化学者がよく使うのは Linus Pauling によって導入された値である（表 3.3）．主要族元素について，電気陰性度の変化の様子を図 3.10 に示す．電気陰性度は，一般に周期表の右上で高く，フッ素で最大となる．フッ素から左，下のどちらの方向に進んでも小さくなる傾向にあり，周期表の左下で最小となる．

電気陰性度は，電子親和力やイオン化エネルギーに比べ，変化が緩やかである（図 3.11）．電子親和力，イオン化エネルギーともに高い元素は，つけ加えた電子と，もともともっていた電子の両方を強く引きつけるため，電気陰性度も高くなる．すべての元素のなかで電気陰性度が最も高いのはフッ素であり，その値は 3.98 である．逆に，つけ加えた電子，もともとの電子のいずれに対する引力も弱い場合には，電気陰性度は低くなる．電気陰性度の最小値は，フランシウム（第 7 周期，1 族の元素）の 0.7 である．

3.3 化学的な傾向

周期表の基礎となる化学的な傾向は，元素の電子配置，オクテット則，電気陰性度の組合わせにより理解できる．たとえば，1 族の元素は 1 個の価電子をもっており，価電子を取去っても，閉じた s 軌道と p 亜殻構造，すなわちオクテット構造は保たれる（図 3.12）．一方，17 族元素は，閉じた s^2p^6 構造をつくるのに，電子が 1 個不足している．1 族元素と 17 族元素が化合すると 1：1 の化合物を生じ，その化合物の中では，17 族元素は電子を 1 個受取りオクテットをつくる．18 族元素は閉じた s および p 最外殻をもち，単独の原子ですでにオクテットを形成しているため，非常に不活性である．実際，これらの元素は，単体の気体原子として存在する．

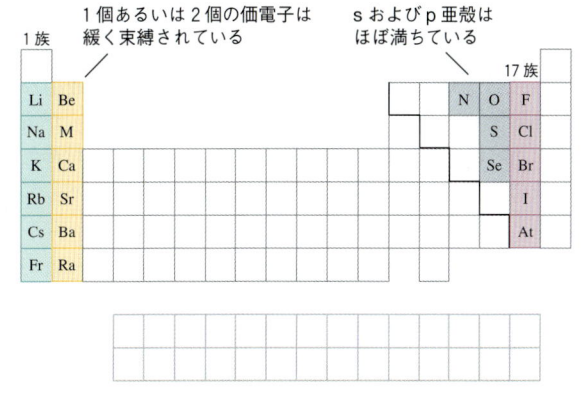

図 3.12 周期表の左端近く，右端近くの元素．左側の元素では，価電子は緩く結合している．これに対し，右側の元素は，ほぼ電子で満ちた s 亜殻，p 亜殻をもつ．

1 族元素の電気陰性度はいずれも小さく，一方 17 族は大きな値を示す．電気陰性度は，化合物中で電子を引きつける傾向を示すので，17 族元素は電子を引きつけやすく，一方 1 族元素は電子を失いやすい．したがって，両者が反応して生じる物質はイオンで構成され，イオン性化合物と

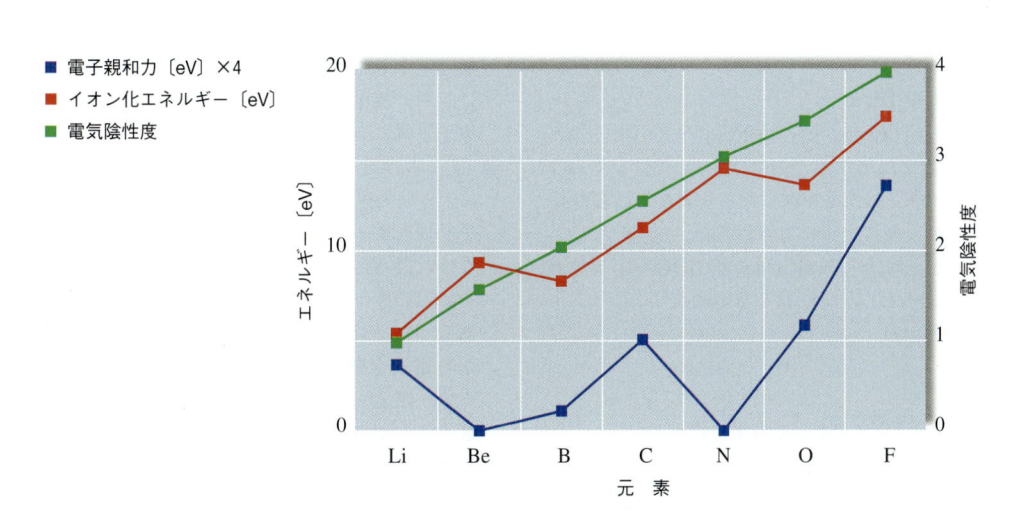

図 3.11 第 2 周期元素のイオン化エネルギー，電子親和力，電気陰性度．電子親和力は，イオン化エネルギーとスケールをそろえるため 4 倍にしてある．電子配置の細かな違いが原因で，イオン化エネルギー，電子親和力にはわずかな凹凸がみられる．一方，電気陰性度の変化は滑らかであり，1 族の Li から 17 族の F まで単調に増加している．

よばれる．イオン性化合物は，多くの場合固体である．このため，化学式は組成式（元素組成を最も簡単な整数比で示したもの）で表す．

基本問題 なぜ 1 族元素は，16 族元素と 2：1 化合物をつくるのか（例：Na_2O）．また，アルミニウムと酸素の化合物である酸化アルミニウムについて，アルミニウム：酸素比を予想せよ． ■

二つの元素の電気陰性度が同程度だった場合に電子がどのようにふるまうかについても，電気陰性度から予想することができる．塩素と臭素を考えてみよう．塩素の電気陰性度は 3.16 であり，臭素は 2.96 である．無色透明な臭化物イオン Br^-(aq) を含む溶液と，塩素分子(Cl_2)が溶けた淡い黄色の溶液とを混ぜ合わせると，溶液の色は褐色に変化する．この変化は，臭素分子が生じたことを示している．

基本問題 Cl_2 および Cl^- のルイス構造式を書け．いずれの場合も，塩素はオクテット構造をとるか．また，Cl_2 の電子配置は，Cl^- の電子配置とどこが異なるか． ■

ハロゲン化物イオンは，それ自身でオクテットを満たしているため，電子を共有する必要はない．化学反応では元素自身は変化しないため，臭素分子が生成したということは，臭化物イオンが臭素分子へ変化したことを意味している．2 個の臭化物イオンは，合計 16 個（それぞれが 8 個）の価電子をもっているのに対し，臭素分子は 14 個の電子しかもたない．臭化物イオンが失った 2 個の電子は，他の物質が獲得しているはずであり，その唯一の候補は塩素分子である．塩素分子は電子を受取り，2 個の塩化物イオンに変化する．反応式は

$$2\,Br^-(aq) + Cl_2 \longrightarrow Br_2 + 2\,Cl^-(aq) \quad (3.4)$$

であり，これは，塩素の電気陰性度の方が大きいという事実と矛盾しない．上の反応は，塩素原子と臭素原子が電子を奪い合った結果であるとみなせる．すなわち，より電子を引きつける力の強い塩素が電子を獲得し，塩化物イオンとなったのである

基本問題 臭素分子を含む溶液とヨウ化物イオンを含む溶液を混ぜると，何が起こると予想されるか．反応式を書け． ■

基本問題 Cu，Ag，Au は，古代から硬貨に使われているため，貨幣金属とよばれている．これら三つの元素の電気陰性度を，地上に広く分布するもう一つの金属元素である Fe と比較せよ．四つの元素のうち，電子を最も強く引きつけるのはどれか．また，引きつける力が最も弱いのはどれか． ■

貨幣金属は，しばしば天然に単体として産出する．Cu，Ag，Au の電気陰性度は，他の元素と比べて高く，したがって価電子を失いにくい．金属は電子を失うことで反応するため，貨幣金属は比較的反応性が低く，単体の形で産出する．一方，1 族元素や 2 族元素の電気陰性度は，周期表のなかで最も低い．その結果，アルカリ金属元素やアルカリ

例題 3.4 フッ素，塩素と水

多くの物質で，水との反応は重要である．特に，ハロゲン元素と水との反応は興味深い．なぜなら，細菌を殺菌する塩素や歯を丈夫にするフッ素のように，ハロゲンは水の処理にしばしば使われるからである．ハロゲンはすべて同族の元素であり，水とも同じように反応すると考えられるが，いくつかの重要な違いもみられる．フッ素は水と反応して HF と酸素を生じる．

$$2\,F_2(g) + 2\,H_2O(l) \longrightarrow 4\,HF(aq) + O_2(g) \quad (3.5)$$

一方，塩素と水が反応すると HCl と，O_2 ではなく HOCl が生成する．HOCl は洗濯用漂白剤に含まれる活性の高い成分であり，プールの消毒にも使われる．

$$Cl_2(g) + H_2O(l) \longrightarrow HCl(aq) + HOCl(aq) \quad (3.6)$$

フッ素と塩素で水との反応が異なるのはなぜか．ヒント：電気陰性度を用いる．

[解法]
- ■ 酸素，フッ素，塩素の電気陰性度を調べる．
- ■ ルイス構造式を書き，電子の個数を数える．
- ■ 電子を引きつける傾向の強さから，反応を説明する．

[解答]
- ■ 電気陰性度は，酸素 3.4，フッ素 3.98，塩素 3.16 である．電気陰性度の高い順に並べると，フッ素，酸素，塩素となる．
- ■ F_2 と Cl_2 は，いずれも全部で 14 個の価電子をもつ(個々のハロゲン原子につき 7 個)．HF と HCl では，ハロゲンと水素との電気陰性度の違いから，ハロゲンが 8 個の価電子をもつ．水分子中の酸素は 8 個の価電子をもつのに対し，酸素分子は全部で 12 個の価電子をもつ（酸素原子 1 個につき電子 6 個）．
- ■ フッ素は電気陰性度が最も高いため，HF の例のように，8 電子構造をとりやすい．共有ではなく，8 個の電子を独占するためには，他の元素が電子を 1 個以上失わなければならない．一方，水分子をみると，水素は電子を酸素に与えているため，唯一の電子の供給源は酸素である．フッ素は酸素よりも電気陰性度が高いため，酸素から電子を奪い取る．その結果，酸素は共有結合をつくり，酸素分子となる．塩素の電気陰性度は酸素よりも小さいため，酸素から電子を奪い取り，O_2 とすることができない．その代わり，Cl_2 の 1 個の塩素原子は，水の水素から電子を奪い，HCl を形成する．もう 1 個の塩素原子は，水の水素と置換し，HOCl を生じる．

別冊演習問題 3.51～52 参照

土類金属元素は，ほとんどの元素に価電子を与えてしまうため，天然に単体として存在することはない．

原子の大きさ

17族の元素をみると，周期が進むにつれ，電気陰性度，イオン化エネルギー，電子親和力はいずれも減少していく．変化が小さいという例外がいくつかあるものの，すべての主要族元素の族で，同様の傾向がみられる．周期が進んでいくと，価電子が入っている殻は核から離れる．負の電荷をもつ電子が正電荷の核から離れると，周期とともに原子やイオンの大きさも大きくなる．

原子の大きさ，あるいは半径を決めるという作業は，綿菓子の直径を測るのと似ていることを思い出していただきたい．原子には明確な境界はない．結果として，原子の大きさには，いくつかの定義が存在する．たとえば，分子や固体中で原子が占める体積から，原子の大きさを決めることも可能であるが，この定義によると，原子の大きさは，他の原子との相互作用に依存する．そこで，まったく相互作用のない自由な原子をもとに，電子密度の90%を占める球の半径として**原子半径**を定義する．こうして求めた原子半径は周期的に変化するが（図3.13），これも電子配置と直接関係している．

各周期の中で，1族元素の大きさが最も大きく，周期表の右に行くほど小さくなる．電子が増えるほどサイズが小さくなるのであるから，この傾向は一見不合理のように思える．しかし，同じ殻に電子が加わっても，それによる遮蔽効果は完全ではなく，同時に増えた核の電荷を遮蔽しきれない．したがって，外側の電子ほど，増えた核電荷の影響を強く受ける．結局，電子は核に引きつけられ，原子のサイズは小さくなる．核による引力が強まると，イオン化エネルギー，電子親和力，電気陰性度はいずれも増大する．一つの族の中では下の元素ほど，外側の殻に電子が入るため，サイズは大きくなる．したがって，原子サイズが最大となるのは，周期表の左下である．遷移元素の場合，d軌道電子は内側の殻を占め，外側のs軌道電子に対して核電荷を効果的に遮蔽する．このため，1周期の中で原子半径はほとんど変化しない．

基本問題 （a）KとRbとの，あるいは（b）ZnとGaとの原子サイズの違いについて説明せよ．KrとRbは同じような化学的性質を示すと予想するか．その理由も述べよ．放射性元素フランシウム（Fr）はラジウム（Ra）よりも大きいか，小さいか．また，人工の短寿命元素であるボーリウム（Bh）とレニウム（Re）を比べると，どちらのサイズが大きいか．

イオンの大きさ

原子が電子を獲得したり失ったりするとイオンとなるが，その大きさは中性原子とは異なる．同種の電荷は反発し合うため，電子を失うと，電子間のクーロン反発は弱まる．したがって，電子を失い正に帯電した陽イオンは，も

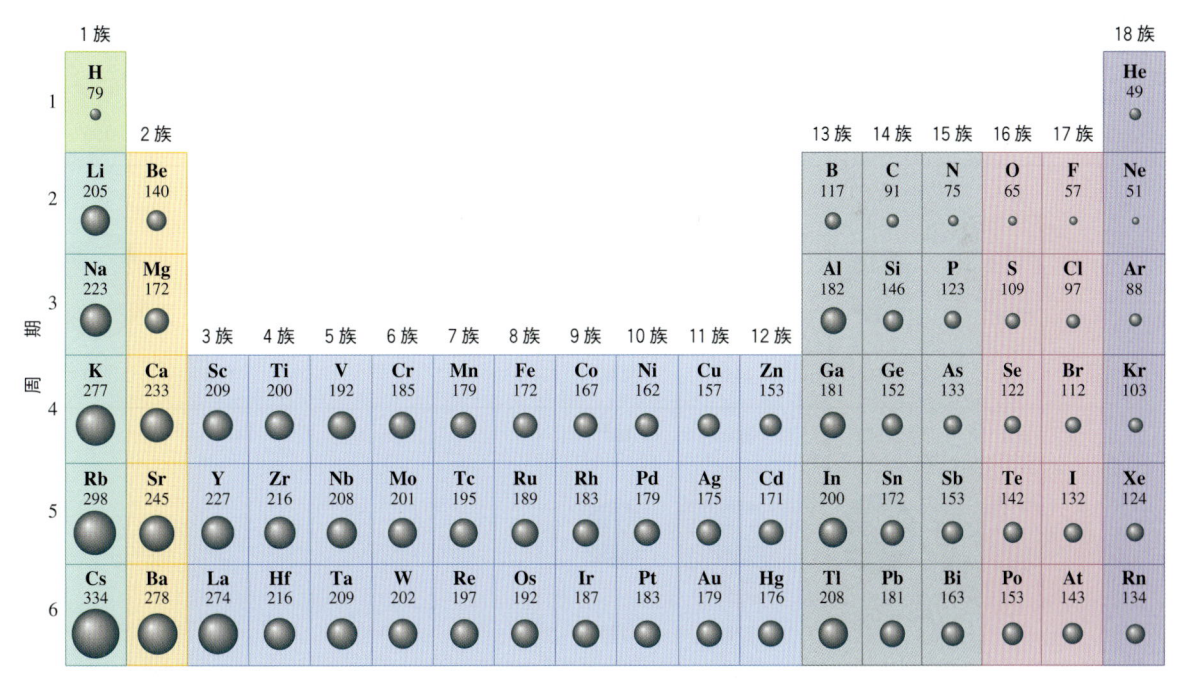

	1族	2族	3族	4族	5族	6族	7族	8族	9族	10族	11族	12族	13族	14族	15族	16族	17族	18族
1	H 79																	He 49
2	Li 205	Be 140											B 117	C 91	N 75	O 65	F 57	Ne 51
3	Na 223	Mg 172											Al 182	Si 146	P 123	S 109	Cl 97	Ar 88
4	K 277	Ca 233	Sc 209	Ti 200	V 192	Cr 185	Mn 179	Fe 172	Co 167	Ni 162	Cu 157	Zn 153	Ga 181	Ge 152	As 133	Se 122	Br 112	Kr 103
5	Rb 298	Sr 245	Y 227	Zr 216	Nb 208	Mo 201	Tc 195	Ru 189	Rh 183	Pd 179	Ag 175	Cd 171	In 200	Sn 172	Sb 153	Te 142	I 132	Xe 124
6	Cs 334	Ba 278	La 274	Hf 216	Ta 209	W 202	Re 197	Os 192	Ir 187	Pt 183	Au 179	Hg 176	Tl 208	Pb 181	Bi 163	Po 153	At 143	Rn 134

図3.13 原子半径（単位：pm）．原子半径は，周期表の下にいくほど増大し，右にいくほど減少する．イオン化エネルギーの傾向とは対照的に，表の右上で最小，左下で最大となる．原子半径は，自由原子において，電子密度の90%を含む球の半径として定義される．

との原子よりも小さくなる（図3.14）．このサイズの減小は劇的であり，特に1族元素では1/2から1/3になる．1族元素の場合，最外殻電子の電子雲は，内殻電子に比べ広範囲に低密度で分布しているからである．

周期表の右側に目を移すと，元素は比較的大きな電子親和力をもっており，負のイオン，すなわち陰イオンを形成しやすい．電子を失うのとは逆に，電子を獲得するとイオンはもとの原子に比べ大きくなる（図3.14）．獲得した電子は，電子間反発全体に影響を及ぼし，イオンには緩く束縛される．ここでもサイズの変化は非常に大きく，2倍程度となる．イオンの大きさは，イオンの果たす役割と深く関係している．たとえば，Na^+とKa^+の大きさの違いにより，細胞膜を隔てた電解質のバランスが保たれている．やけどをしたときのように，細胞膜が破壊されると，このバランスは崩れる．重度のやけど患者の生死は，このバランスを維持できるかどうかにかかっている．

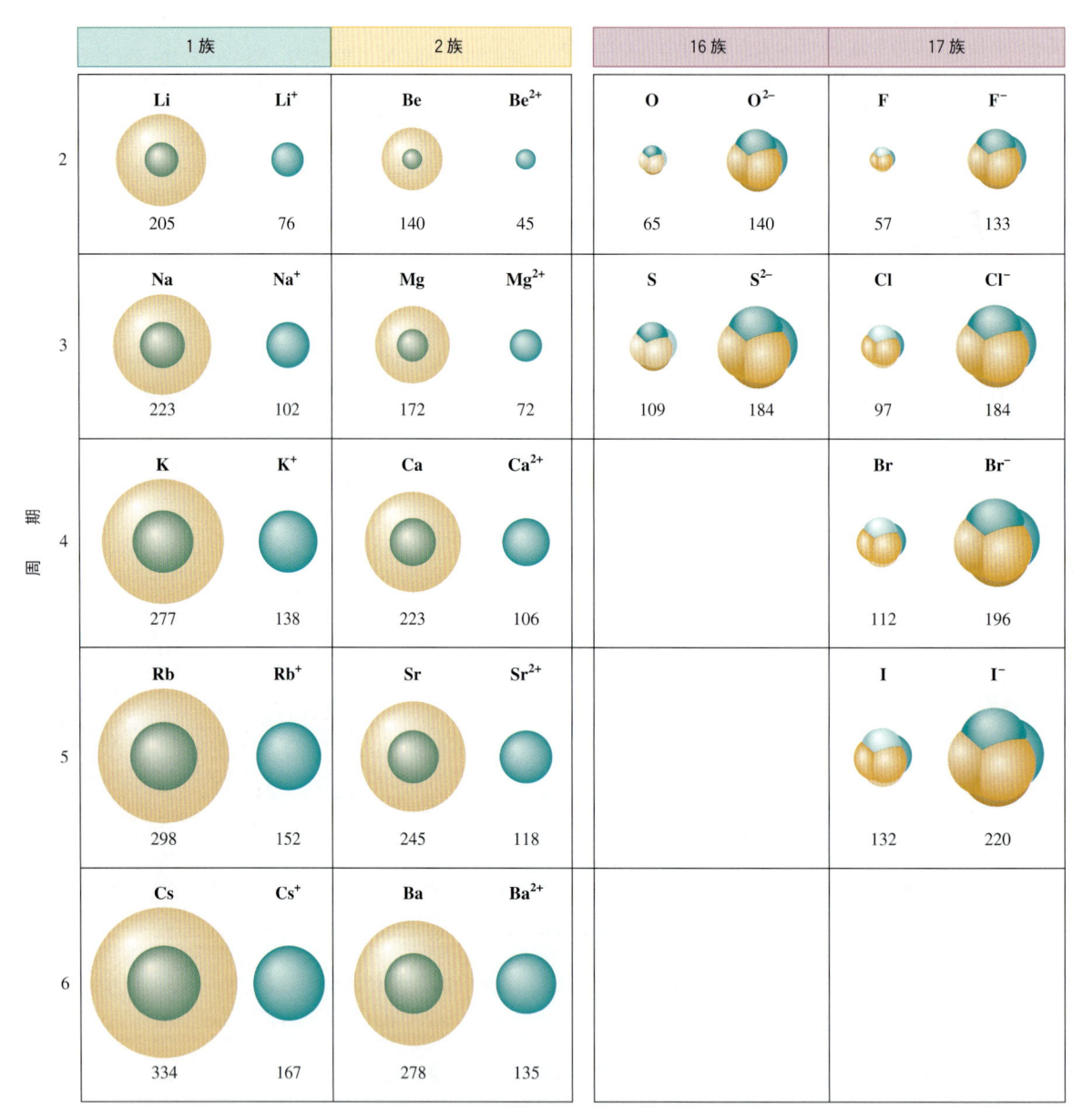

周期	1族		2族		16族		17族	
2	Li 205	Li^+ 76	Be 140	Be^{2+} 45	O 65	O^{2-} 140	F 57	F^- 133
3	Na 223	Na^+ 102	Mg 172	Mg^{2+} 72	S 109	S^{2-} 184	Cl 97	Cl^- 184
4	K 277	K^+ 138	Ca 223	Ca^{2+} 106			Br 112	Br^- 196
5	Rb 298	Rb^+ 152	Sr 245	Sr^{2+} 118			I 132	I^- 220
6	Cs 334	Cs^+ 167	Ba 278	Ba^{2+} 135				

図 3.14　原子，イオンの半径．1族，2族の元素は，それぞれ1個，2個の電子を失い陽イオンとなると，元の原子よりも小さくなる．16族，17族の元素は，それぞれ1個，2個の電子を受取り陰イオンとなると，元の原子よりも大きくなる．半径（pm単位）は，原子，イオンの下に示した．半透明の軌道は半分だけ電子で満ちており，不透明の軌道は完全に電子で満ちている．

例題 3.5 質量の密度を分子・原子の密度に変換する

鉄(Fe)とチタン(Ti)は，どちらも硬い材料である．Fe は Ti よりも自然界に豊富に存在し，また製造コストも低いため，構造材料としてよく用いられる．このように Fe は優れた材料であるが，Ti も密度が低いことから，航空機やロケットの外壁に使われている．Ti, Fe それぞれについて，原子の密度を求めよ．また，チタン原子は，金属中で 74％ の体積を占める．金属中のチタン原子の半径を計算せよ．チタンの原子半径は 200 pm であるが，金属中のチタンの半径は，原子半径とどの程度異なるか．また，なぜ違いが生じるのか．一方，金属鉄では，空間を占める割合は若干低く 68％ である．金属中の鉄の半径を，鉄の原子半径（172 pm）と比較せよ．

[データ]　金属 Ti の密度　5.54 g cm^{-3}
　　　　　金属 Fe の密度　7.874 g cm^{-3}

[解　法]
■ 単位解析

$$\text{モル密度} = \frac{\text{質量密度}}{\text{原子量}} = \frac{\text{g cm}^{-3}}{\text{g mol}^{-1}}$$

$$\text{原子密度} = \frac{\text{質量密度}}{\text{原子量}} \times \frac{\text{原子数}}{\text{mol}} = \frac{\text{g cm}^{-3}}{\text{g mol}^{-1}} \times \frac{\text{原子数}}{\text{mol}}$$

■ 固体中の原子当たりの体積 = 1/原子密度
■ 原子の占める体積 = 原子当たりの体積 × 原子の占める割合
■ 原子の半径 = $\sqrt[3]{\dfrac{3 \times \text{原子の体積}}{4\pi}}$

[解　答]
■ チタン(Ti)：
　原子量 = 47.867 g mol^{-1}
　モル密度 = 5.54 g cm^{-3} ÷ 47.867 g mol^{-1} = 0.116 mol cm^{-3}
　原子密度 = 0.116 mol cm^{-3} × 6.022137 × 10^{23} 原子 mol^{-1} = 6.99 × 10^{22} 原子 cm^{-3}

　鉄(Fe)：
　原子量 = 55.845 g mol^{-1}
　モル密度 = 7.874 g cm^{-3} ÷ 55.845 g mol^{-1} = 0.1410 mol cm^{-3}
　原子密度 = 0.1410 mol cm^{-3} × 6.0022137 × 10^{23} 原子 mol^{-1} = 8.491 × 10^{22} 原子 cm^{-3}

■ 固体中の原子当たりの体積：

　チタン(Ti)：$\dfrac{1}{6.99 \times 10^{22} \text{ 原子 cm}^{-3}}$ = 1.43 × 10^{-23} cm^3/原子

　鉄(Fe)：$\dfrac{1}{8.491 \times 10^{22} \text{ 原子 cm}^{-3}}$ = 1.178 × 10^{-23} cm^3/原子

■ 原子の占める体積
　チタン(Ti)：1.43 × 10^{-23} cm^3/原子 × 0.74 = 1.06 × 10^{-23} cm^3/原子
　鉄(Fe)：　　1.178 × 10^{-23} cm^3/原子 × 0.68 = 8.01 × 10^{-24} cm^3/原子

■ 原子の半径
　チタン(Ti)：$\sqrt[3]{\dfrac{3 \times 1.06 \times 10^{-23} \text{ cm}^3}{4\pi}}$ = 1.36 × 10^{-8} cm = 136 pm

　鉄(Fe)：$\sqrt[3]{\dfrac{3 \times 8.01 \times 10^{-24} \text{ cm}^3}{4\pi}}$ = 1.24 × 10^{-8} cm = 124 pm

Fe は Ti よりも原子量が大きく，かつ原子が密に詰まっているため，Fe の質量密度は Ti よりも高い．金属 Ti 中のチタンの半径は鉄よりも大きい．いずれの場合も，金属中の原子の半径は，原子半径よりもかなり小さい．これは，原子間に相互作用が働いた結果，原子を取巻く電子の密度が減少したからである．

別冊演習問題 3.54 参照

3.4 物理的性質の傾向

元素の分類

周期表の元素は, しばしば金属, 非金属, 半金属の3種類 (図3.15) に分類される. 元素の大部分は金属である. 各周期の右側の元素は非金属であるが, 周期が進むにつれ非金属元素の数は減少する. 金属と非金属の間には, 1個か2個の半金属とよばれる元素が存在し, 金属と非金属の中間的な性質を示す.

一般に, 金属元素の電気陰性度は低く, 逆に非金属元素は高い. 半金属の電気陰性度は中間的な値を示す.

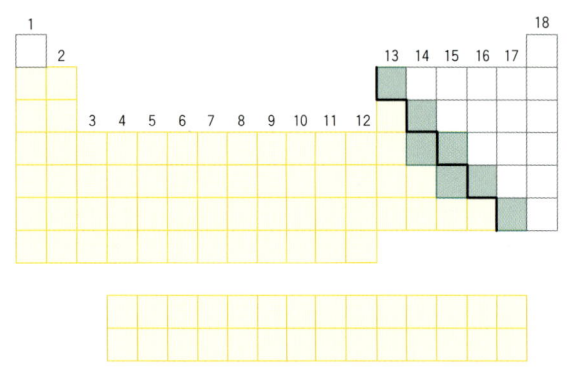

図3.15 金属元素, 非金属元素と半金属元素. 金属元素を黄色で, 非金属元素を白で, 半金属元素を緑で示してある.

a. 金属 金属の本質は, 展性 (打って箔に広げられる性質) と延性 (線状に引き伸ばせる性質) にある. 元素の75%は金属であり, 周期表の左側に位置する. そのほとんどは室温で固体であり, 金属光沢を示し, 熱と電気をよく通す. 金属は, 配線や構造材料 (特に輸送産業で), 多くの家電機器 (図3.16) などに使われている. 金属的な性質は, 周期表の上から下に, 右から左に向かうにつれ, より顕著となる.

金属の電気陰性度は低い. 電気陰性度が低いということは, 電子を引きつける力が弱いことを意味しており, イオン化エネルギーが低いということは, 価電子が緩く結合していることを意味している. 金属の特徴的な性質は, この緩い結合に基づいており, その結果として, 原子は位置を変えやすい. 金属の結合については, 第4章でさらに詳しく述べる.

b. 非金属 非金属は, 周期表の右側に位置し, 以下のように, 元素により物理的な性質が異なる. 非金属の多くは室温で気体であるが (11元素), いくつかは固体であり (5元素), また一つ (臭素) は液体である. 非金属元素は一般にもろく, 熱や電気を流さない絶縁体である.

酸素や炭素も非金属元素であり, いずれも生物には不可欠である. 炭素にはつぎの3種類の形態がある (図3.17). ダイヤモンドは, 最も硬い物質として知られており, 加工用機械に使われるほか, 宝石として珍重されている. 黒鉛は, 延展性をもたないため金属ではないが, 導電性を示す. 黒鉛は層状の構造をもち, 優れた潤滑材である. もう一つの炭素の形態がフラーレンであるが, 発見されて間もないため, まだ用途は限られている.

酸素は, つぎの二つの意味で, 地球上に生命を生み出した元素であるといえる. 酸素分子(O_2)は大気の21%を占め, 呼吸には不可欠である. 一方, オゾン(O_3)は, 太陽から降り注ぐ有害な光を遮断している.

同じ元素で形態が異なるものを**同素体**とよぶ. オゾン(O_3)と酸素ガス(O_2)は, 酸素の同素体である. 同様に, ダイヤモンドと黒鉛, フラーレンも炭素の同素体である. 炭素や酸素の例からもわかるように, 同素体はまったく

図3.16 電線, 航空機の外壁, 家電機器の金属板. すべて金属の延展性を利用している.

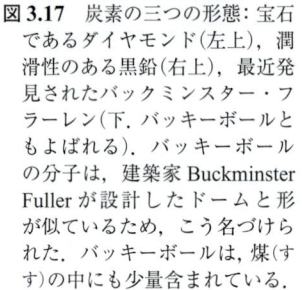

図3.17 炭素の三つの形態: 宝石であるダイヤモンド(左上), 潤滑性のある黒鉛(右上), 最近発見されたバックミンスター・フラーレン(下. バッキーボールともよばれる). バッキーボールの分子は, 建築家 Buckminster Fuller が設計したドームと形が似ているため, こう名づけられた. バッキーボールは, 煤(すす)の中にも少量含まれている.

違った性質を示す場合がある．

　非金属としての性質は，周期表の下から上へ，左から右に向かうほど顕著となる．非金属元素は電気陰性度が高く，したがって電子を引きつける．その結果，非金属原子間の結合では，電子は原子の間に局在する傾向がある．非金属の結合については，第5章で述べる．

　c. 半金属　数は多くないが，周期表で金属と非金属の境界に位置するいくつかの元素は，**半金属**に分類される．半金属は，金属に共通する性質と，非金属にみられる性質の両方を併せもつ．半金属元素はすべて室温で固体であり，もろく，電気伝導性は高くない．半金属元素には，Si（図3.18）やGeが含まれる．半金属の伝導性は低温では低く，逆に高温になるほど上昇する．この高温ほど伝導性が増すという性質は，金属とは対照的である（金属では高温ほど伝導性は低下する）．半導体と半金属は別のものである．半金属には，半導体であるSi, Geのほかに，ホウ素やビスマス，ポロニウムも含まれる．（半導体を分類する際の基本については，第5章でふれる．）

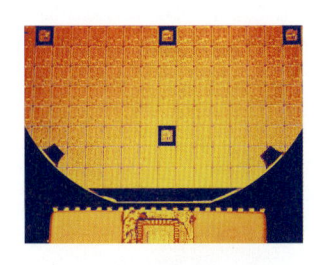

図3.18　半導体材料として広く使われているケイ素（シリコン）．写真の上は微細加工したシリコンウエハー，下はマイクロチップである．

　一般に，金属的な性質は，sおよびp価電子と関係しており，これらの電子が核から離れるほど金属性は増す．一方，非金属としての性質は，電子で満ちたsあるいはp亜殻によるものであり，最外殻電子が核に近づくほど，非金属性は顕著となる．

元素の物理的な形態

　元素の物理的な形態すなわち相からも，周期性がみてとれる（図3.4）．ほとんどの元素は室温で固体であり，残りのいくつかは気体，ごく少数が液体である．第1周期を除き，各周期は，固体元素で始まり，気体元素で終わる．この変化は，原子間の相互作用に違いによる（図3.19）．

基本問題　まだ未発見（合成されていない）であるが，周期表でアスタチン（原子番号85番）の下にも，おそらく元素が存在する．この元素は室温で固体，液体，気体のいずれの形態をとると予想するか．その理由も述べよ．■

　相互作用と物質の三形態　固体は，容器に入れなくても形を保てるものと定義される．したがって，固体では，原子間の相互作用は比較的強く，原子は互いに位置を変えることはない．一方，液体中の原子は簡単に動き回り，容器の形に収まる．気体中の原子や分子は，どのような形の容器でも全体を満たす．したがって，気体の原子や分子間の相互作用は非常に弱い．

　ヘリウム以外のすべての元素は，十分に低温まで冷やすと固体となる．逆に，温度を上げるということは，物質に

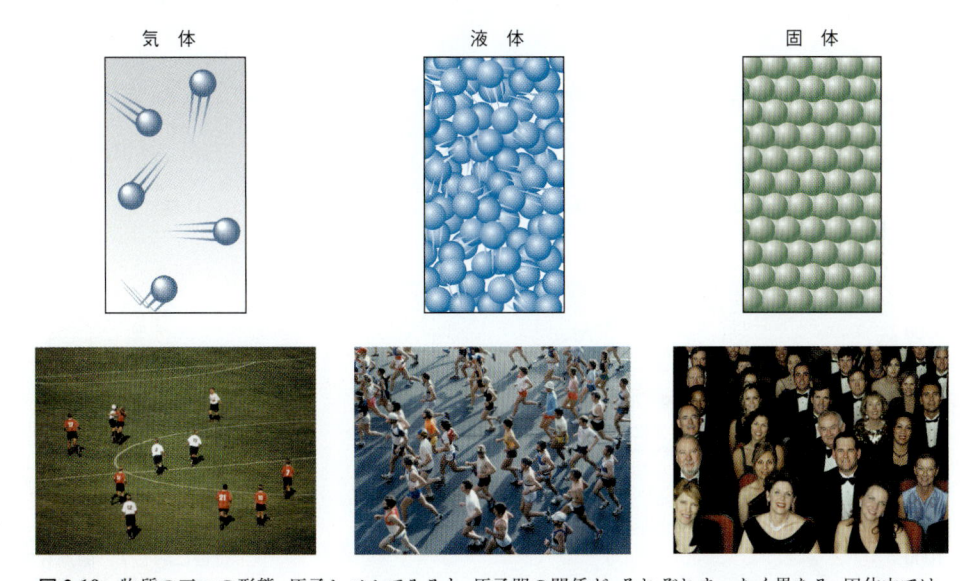

図3.19　物質の三つの形態．原子レベルでみると，原子間の関係が，それぞれまったく異なる．固体中では，原子は規則的に並んでおり，同じ配列パターンを繰返す．固体は，容器がなくてもその形を維持できる．液体中の原子の間隔は固体と変わらないが，規則配列はみられず，原子間の位置関係については，ずっと自由度が高い．したがって，液体は，容器に合わせて形を変え，収まることができる．しかし，原子間には引力が働いており，容器に蓋は必要ない．気体の場合，原子間の間隔は，固体や液体に比べ，約1桁大きくなる．気体中の原子はもっと自由であり，原子間に引力はほとんど働かない．このため，原子が四方に飛散しないよう，容器にはしっかり締まる蓋が必要である．

エネルギーを与えることを意味し，十分にエネルギーを与えればすべての物質は気体となる．固体が液体に，また液体が気体になる過程を**相転移**，あるいは**相変態**とよぶ．室温で液体の元素は，融点（固体が液体となる温度）が室温より低い．同様に，室温で気体の元素では，融点，沸点（液体が気体になる温度）ともに室温より低い．原子間の相互作用や物理的形態は周期的に変化するが，その基本となるものは，元素の融点を考えれば想像がつく（図 3.20）．

基本問題 金属の固体を加熱し溶融させるとき，金属の内部では何が起きていると考えるか．■

融 点

いくつかの応用では，融点について慎重に検討する必要がある．たとえば，低温での封止接合には，低温でも柔軟性を失わない材料が必要である．スペースシャトル・チャレンジャー号の O リング接合を設計する際には，この当たり前のことが忘れられていた．低温での封止には，インジウム(In)の線がよく用いられる．

基本問題 高い融点が必要な応用の例を二つあげよ．■

相転移が起こる温度になると，原子間の相互作用が根本から変化する．たとえば，固体が融解し液体となる際，原子レベルでは何が起こるか想像していただきたい（図 3.19）．

固体中では，原子はしっかりと結びついている．固体を加熱すると，熱エネルギーにより原子が振動し始める．さらに熱を加えると，振動は激しくなり，ついには原子間の結合力を越え，原子の規則配列が失われる．この状況は，

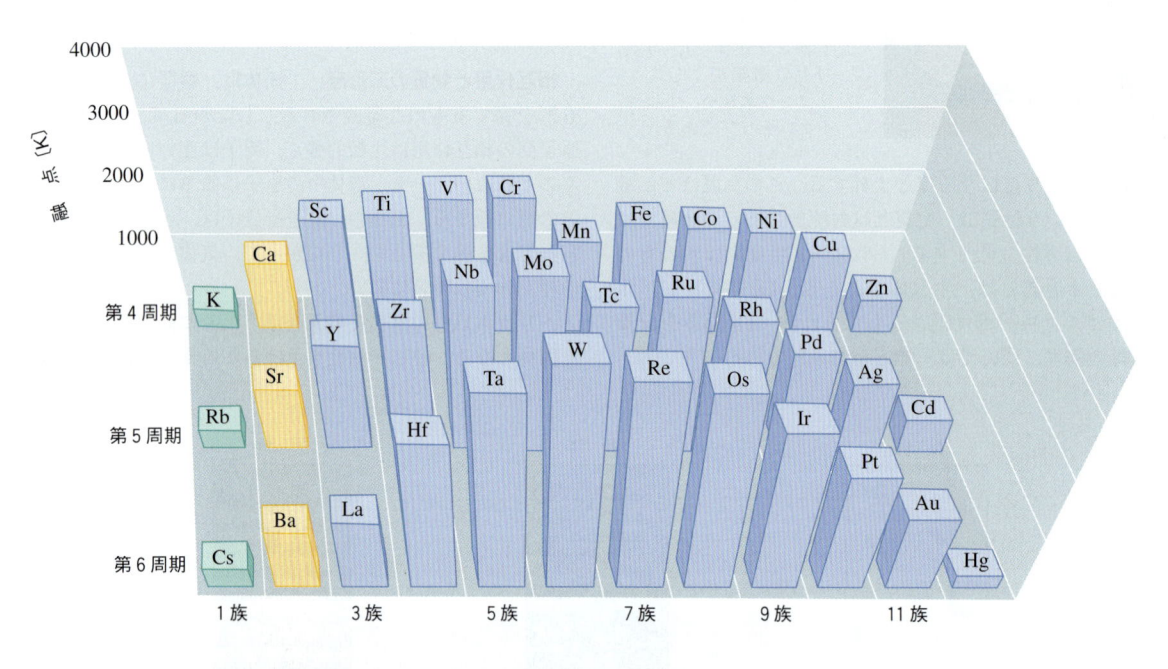

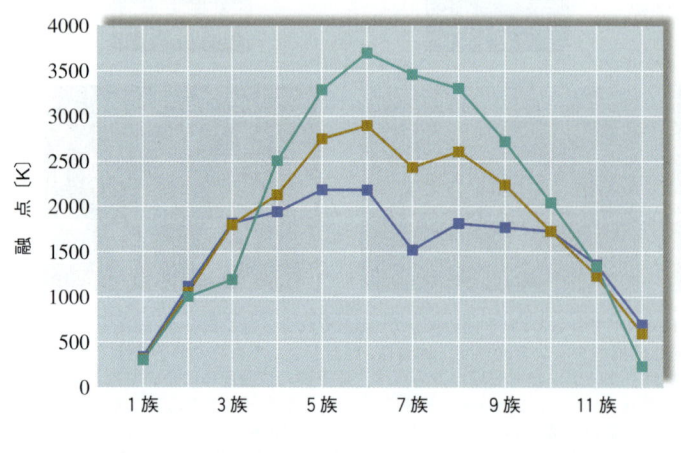

図 3.20 金属元素の融点．周期表の位置に応じて，融点も規則的に変化している．融点は，各周期の先頭（左端）で低い値を示すが，遷移元素の中ごろで極大を迎え，その後遷移元素の後半では低下する．各周期の左端，右端の元素とも，前の周期よりも低い融点を示す．しかし，極大値は，周期が進むにつれ上昇する．

例題3.6 性質の予測

原子番号114番の主要族元素は，ごく最近合成された短寿命の元素である．114番元素は，電子を失いやすい金属，つけ加えた電子を強く引きつける非金属，あるいは半金属のいずれであると予想するか．その理由も述べよ．また，十分な数の原子が合成されたとしたら，114番元素は，室温で固体，液体，気体のいずれの形態をとるか．114番元素の融点についても予想せよ．

[解 法]
- 周期表で114番元素の位置を特定する．
- 同族元素の電気陰性度を調べる．
- 14族に属する原子番号の若い元素の性質を調べる．

[解 答]
- 114番元素は，14族の第7周期に位置する．金属と非金属を分ける境界を延長してみると，114番元素は，その線の左側にある．したがって，114番元素は金属であると予想される．
- 鉛は，14族の114番元素の直上に位置する元素である．鉛の電気陰性度は1.8であり，他の14族元素よりもわずかに小さい．したがって，114番元素の電気陰性度は1.9程度と予想され，この値は金属として妥当である．
- 114番元素の上に位置する14族元素の融点を見てみると，Snが505 K，Pbが601 Kである．したがって，114番元素の融点は，500〜600 Kの範囲にあると予想され，室温で固体である可能性が高い．

別冊演習問題 3.86〜90 参照

座り心地の良い椅子でくつろいでいるのに似ている．椅子から立ち上がって動き回るには，相当のエネルギーが必要なのである．固体中では，原子は同じ配列パターンを規則的に繰返す．より多くのエネルギーを加えるほど，原子の変位は大きくなり，やがて規則配列は崩れる．固体が融解して液体となる際，原子は互いの結合を保とうとするものの，熱エネルギーによる変位量が大きいため，原子は一定の位置のとどまらず，互いに押し合ってダンスのようにランダムに動き始める．液体にさらに熱エネルギーを加えると，押しのけ合いが激しくなり，最後には，原子間の結びつきが切れる．その時，液体は気体となり，原子や分子を凝集させる力はなくなる．

元素の融点をみると（図3.20），周期的に変化しているのがわかる．1族元素は，すべて融点が低い．すなわち，固体中の元素の並びを乱すのに必要なエネルギーは小さい．各周期の融点は，このように低い値から始まってしだいに増加していき，周期の中頃で最大を迎え，周期の後半で再び低下する．第4周期，第5周期でも同様の傾向がみられるが，マンガン（Mn）およびテクネチウム（Tc）の位置で，例外的に融点が大きく落ち込んでいる．第6周期には，最も高融点の元素であるタングステン（W）と最も融点の低い水銀（Hg）という，二つの極端な元素が含まれている．

基本問題 第7周期の元素は放射性であり，かつ希少であるため，その性質の多くはわかっていない．第4，第5，第6周期の中で，最も融点の高い元素をあげよ．また，ラザホージウム（Rf），ドブニウム（Db），シーボーギウム（Sg），ボーリウム（Bh），ハッシウム（Hs），マイトネリウム（Mt）のうち，最も融点が高いものを予想せよ．■

各周期の先頭の元素は，固体の結合にかかわる価電子をほとんどもっておらず，このため融点は低い．価電子が増えるにつれ，融点は上昇する．遷移金属元素の半ばまで融点は上昇を続けるが，それ以降は下降に転じる．遷移金属元素の真ん中では，($n-1$)d 亜殻は半分だけ電子で満ちている．遷移金属を越え，pブロック元素に移ると，外側のp亜殻に電子が詰まっていく．sおよびp亜殻が電子で満たされると，原子どうしの引力は弱まり，単原子気体となる．

遷移金属の後半で融点が低下するのは，電子が半分詰まったd亜殻による核電荷の遮蔽と，金属の特異な結合に関係している．金属の結合については次章で詳しく述べるが，要約すると，金属中では，価電子は核に緩く束縛されており，その結果，負の電荷の海に核が埋まっているとみなせる．電荷の海による核電荷の遮蔽が強まると，核-価電子間の引力は弱まり，融点は低下する．

機械的性質

たいていの材料は，複数の元素の組合わせでできている．たとえば，スチールは，鉄だけでできているのではなく，炭素やクロム，バナジウム，時にはそれ以外の元素を，さまざまな割合で含んでいる．一方，ほぼ純粋な元素が使われる材料もある．たとえば，配線に使われる銅は，少なくとも純度99.999％以上の純銅であり，さまざまな寸法や厚さのものが容易に得られる．

銅とスチールの線では，柔らかさに大きな違いがある．柔らかさなどの巨視的な性質と，材料のもつ微視的な構造とを結びつけるには，各元素の基本的な性質として，原子がいかに強く結合しているかについて理解しておく必要がある．

柔 軟 性

金属をシート状に圧延する，線状に引き伸ばす，あるいは金属線を曲げるなどの加工をする際，それに要する力は金属により大きく異なる．5種類のありふれた金属，鉄

柔軟性が高くなる

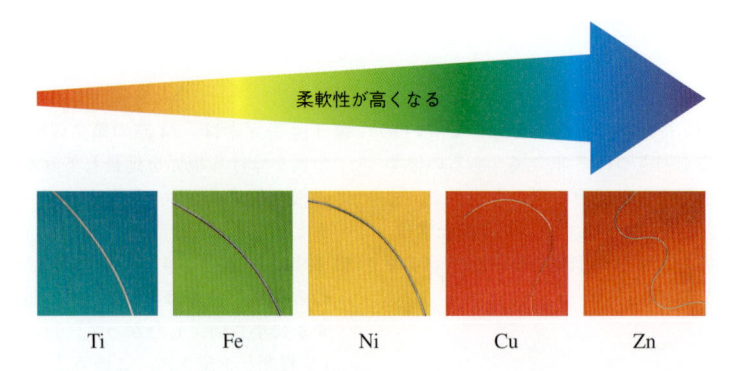

Ti　Fe　Ni　Cu　Zn

図 3.21　5 種類のありふれた金属の柔軟性．元素により線の柔軟性が大きく異なる．

(Fe)，銅(Cu)，チタン(Ti)，ニッケル(Ni)，亜鉛(Zn)を考えてみよう．図 3.21 は，これらの金属線に対する曲げ試験の結果である．電気配線には，どの金属が最も適当だろうか．航空機の外壁にはどの元素が好ましいだろうか．

曲げ応力に抗する力は，これら 5 種類の金属でまったく異なる（図 3.21）．チタンは非常に硬く，このため航空機の外壁や人工関節に向いている．一方，銅線は適度に柔らかく，電気配線には最適である．もし銅が，チタンや鉄のように硬いとしたら，電気接触をとるためネジの周りに巻きつけたり，柔軟性のある線をつくったりするのは困難である．ニッケルの柔らかさは，鉄と銅の中間である．

基本問題　線を曲げたり伸ばしたりして応力を加えると，線の内部では何が起こると考えられるか（図 3.22）．外部応力に対する応答が材料ごとに異なるのはなぜか．

拡大

(a)　(b)

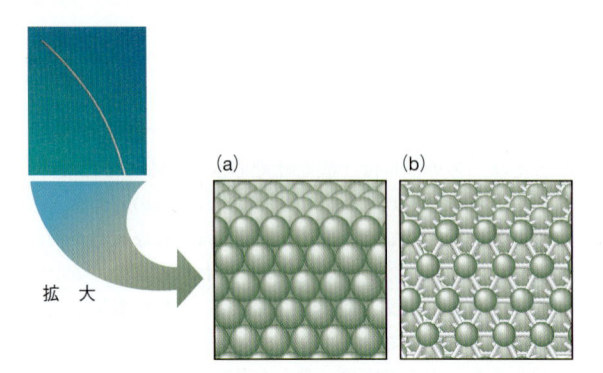

図 3.22　金属線の拡大図．理想的な六方細密充填構造を仮定した．(a) 原子を隣と接する球で表した空間充填モデル，(b) 原子を少し小さめの球で表し，隣接する原子間を棒で結んだ球棒モデル．

金属線を曲げると，曲げた内側の原子は近づき，逆に外側の原子は遠ざかる（図 3.23）．原子を結ぶ線は，時には，隣の線を越えて外側にスライドする．この変形/滑りが，なぜ Fe や Ti，スチールよりも Cu，Zn で起きやすいかは，原子間の引力と原子の詰まり具合で説明できる．

原子レベルでみると，曲げと融解には類似点がある．どちらも，エネルギーが加えられた結果，隣接する原子間の結合が切断される．固体の融解の場合，エネルギーは熱として供給される．原子が強く結合していれば，より大きなエネルギーが必要であり，したがって，結合を切るにはより高温まで加熱する必要がある．一方，金属線を曲げる場合には，機械的なエネルギーが加わるのであるが，これにより結合の切断や滑りが起きる．5 種の金属で比べると，融点と柔らかさの間には負の相関がある（図 3.24）．すなわち，柔軟性が増すほど，融点は低下する．

基本問題　タングステンは，電球のフィラメントに用いられる．タングステンは，柔らかい固体，硬い固体のいずれであると予想するか．理由も説明せよ．

金属線の硬さは材料により異なるが，これは，材料中の原子層の滑りやすさや，滑りの伝播のしやすさが，元素ごとに異なることを示唆している．もしそうならば，つぎのような疑問が生じる．原子が滑りやすい金属では，結合はどうなっているだろうか．この答えは単純ではない．実際，この疑問に答えるには，第 4 章で述べるような概念を導入する必要がある．

密　度

密度も，元素の用途に大きく関係している．たとえば，Fe と Ti は両方とも第 4 周期の元素であるが，原子構造の違いから，Fe の方が 2 倍近く密度が高い．しかし，Ti の融点は Fe とほぼ同じであるので，強度も同程度である．したがって，コストはかかるものの，ロケットや航空機など，軽量で強度が求められる応用には，Fe ではなく Ti が用いられる．一方，第 6 周期の元素は密度が高いため，これらを主成分とする材料はいずれも非常に重い．このため，これらの元素は，少量でも特徴が生かせるような応用に用いられている．たとえば，タングステンは，融点が高いため電球の薄いフィラメントに使われる．金は美しいことに加え，化学的に安定である．極薄の箔に加工できるなどの

図 3.23 金属線を曲げたときの原子の様子. 六方細密充填の原子配列が曲げにより乱されている. ここでは, 2種類の原子配列の乱れがみられ, 一方では原子が引き離され(引っ張り圧力), もう一方では原子が互いに押しつけられている(圧縮圧力). このような配列の乱れは, 大きく曲げられた場所で顕著である.

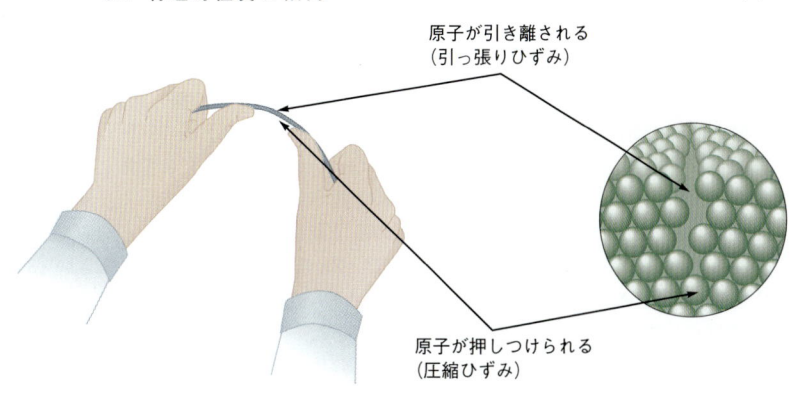

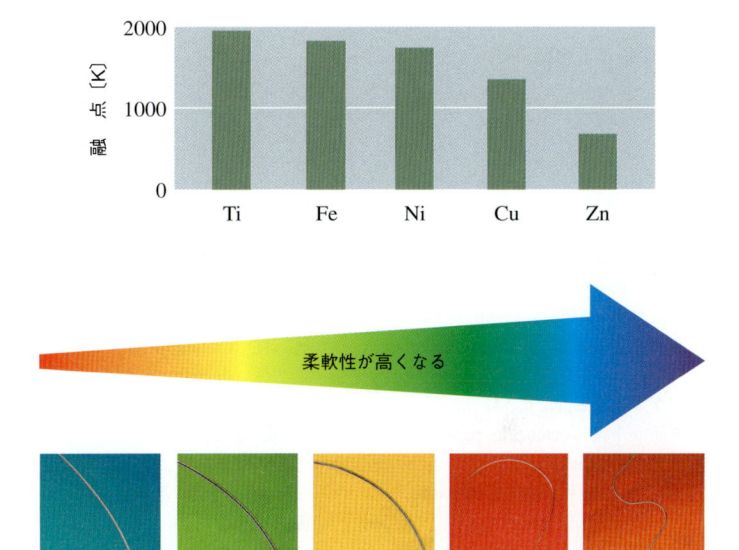

図 3.24 5種類のありふれた金属の硬さと融点との関係.

理由から, 装飾用の材料として利用される. 箔にできるということは, 対象を金で覆っても, 重量はほとんど変化しないということを意味している.

基本問題 高密度が求められる応用として, どのようなものが考えられるか.

密度も周期的に変化する(図 3.25). Mendeléeff が, 当時未発見の元素の密度を予想する際に注目した性質の一つが, この密度の周期性であった. 同族元素内では, 周期表の下にいくほど原子の質量と密度は増加する. 同一周期内でみると, 右に行くほど原子量は大きくなるが, 密度はいったん増加した後に減少する. 融点の変化同様, 増加した後に減少に転じる挙動は, 原子の電子構造と関係している.

基本問題 ランタン系列やアクチニウム系列は, まだ発見されていないとする. どの周期的な性質から, これらの存在が示唆されるか.

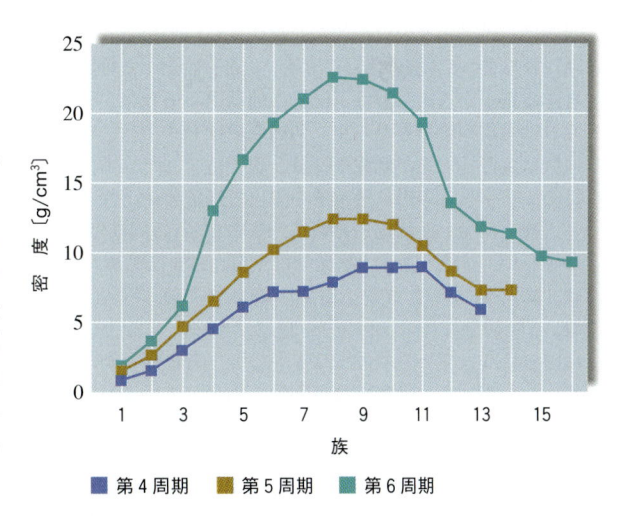

図 3.25 第4, 第5, 第6周期の金属元素の密度. 各周期で, 密度はいったん上昇してその後低下するというパターンを繰返す.

例題 3.7　周期パターンから予測する

ガリウム (Ga) の前に位置する元素をみると，原子番号が1増えるにつき，質量が1〜3ずつ増加する．Mendeléeff はこれに注目し，Ga の原子量を予想した．Ga の一つ前の亜鉛 (Zn) と，Ga の次の既知元素であるヒ素 (As) では，原子量は約10異なる．したがって，Ga の原子量を Zn よりも3大きい68と考えるのは合理的である．Zn の密度は $7.133\,\mathrm{g\,cm^{-3}}$，As の密度は $5.73\,\mathrm{g\,cm^{-3}}$ であるので，Ga の密度はその中間の6程度と予想される．（密度は，巻末の周期表に記載されている．）75番元素レニウム (Re) の原子量および密度を，Mendeléeff はどう予想しただろうか．

[解　法]
- 周期表で75番元素の位置を確認する．
- 原子量と密度のデータを用いる．

[解　答]
- 75番元素は，タングステン (W) とオスミウム (Os) の間に位置し，W, Os とも Mendeléeff の当時すでに知られていた．W の原子量 (183.84) と Os の原子量 (190.3) の差は，約6である．したがって，Re の原子量は，W よりも3大きい187と予想される．
- W の密度は $19.3\,\mathrm{g\,cm^{-3}}$ であり，Os は $22.57\,\mathrm{g\,cm^{-3}}$ である．差は $3\,\mathrm{g\,cm^{-3}}$ であるので，Re の密度は W よりも1.5 $\mathrm{g\,cm^{-3}}$ 大きい $21\,\mathrm{g\,cm^{-3}}$ と予想される．

実際には，Re の原子量は186.207，密度は $21.02\,\mathrm{g\,cm^{-3}}$ である．

別冊演習問題 3.88〜90 参照

チェックリスト

重要な用語

希ガス (rare gas, p. 54)
アルカリ金属 (alkali metal, p. 54)
アルカリ土類金属 (alkaline earth metal, p. 54)
ハロゲン (halogen, p. 54)
オクテット則 (octet rule, p. 56)
オクテット (octet, p. 56)
ルイス構造式 (Lewis dot structure, p. 56)
電子親和力 (electron affinity, p. 59)

電気陰性度 (electronegativity, p. 61)
原子半径 (atomic radius, p. 63)
金属 (metal, p. 66)
展性 (malleability, p. 66)
延性 (ductility, p. 66)

重要な式

イオン化エネルギー：
　　原子(g) + エネルギー ⟶ イオン$^+$(g) + e$^-$
電子親和力：
　　原子(g) + e$^-$ ⟶ イオン$^-$(g) + エネルギー

非金属 (nonmetal, p. 66)
同素体 (allotrope, p. 66)
半金属 (semi-metal, p. 67)
相転移 (phase transition, p. 68)
相変態 (phase change, p. 68)

章のまとめ

元素の化学的・物理的性質は周期的に変化する．この周期性は，電子構造の周期的な変化に基づいている．次の周期に移ると，まず前の周期よりも，主量子数が1だけ大きな殻を価電子が占める．電子配置の周期的な変化は，化学的性質にも周期性をもたらす．各周期のはじめでは，価電子の数は少なく，また価電子は核と緩く結合している．このため，化学反応の際に価電子を失って陽イオンとなりやすい．緩く結合した価電子の数は，族の番号 (短周期型での) に等しい．すなわち，1族元素は1個，2族は2個，13族は3個の価電子をもつ．周期の終わりに近づくと，s 亜殻，p 亜殻ともにほぼ価電子で満たされる．しかし，完全に閉核になっているわけではないので，有効核電荷は大きく，したがって，価電子は核と強く結合している．その結果，さらに余分な電子を引きつけようとする傾向が強まる．

周期表の反対側に位置する元素どうしが化合する際，その比率は，ルイス構造式から推定できる．典型元素は，化合して8電子構造をとりやすい．ただし，水素は例外であり，ヘリウムと同様の2電子配置をとる．

重要な考え方

元素の化学的・物理的性質は周期に変化するが，これは，電子配置の周期変化によるものである．

理解すべき概念
- オクテット則
- 電気陰性度

学習目標
- 電子配置から結合比を予想する（例題 3.1, 3.2）．
- 元素の電子親和力から陰イオンの有効核電荷を見積もる（例題 3.3）．
- 電気陰性度から，電子を獲得あるいは失う反応の起こりやすさを予想する（例題 3.4）．
- 固体中での原子の大きさを計算する（例題 3.5）．
- 周期表を用いて，元素の融点，物理的な形態，化学的な反応性を予想する（例題 3.6, 3.7）．

4　金属結合と合金

Frank Gehry デザインによるグッゲンハイム美術館（スペイン，ビルバオ）は，それ自身アートである．外壁はチタン製の薄い板でできており，金属の使用例としては非常にユニークである．

目　次

4.1 金属結合
・金属の結晶構造
（最密格子/体心立方格子/電子配置と結晶構造）
◎ 応用問題
4.2 材料物性
・変　形
（弾性応答と化学結合/塑性応答/金属を硬くする）
◎ 応用問題
・電子の動きやすさ：抵抗率
4.3 相転移
・スズの固体相
4.4 合　金
・置換型合金
・侵入型合金
・ニチノール
（ニチノールの結晶構造/圧力誘起相転移）

主　題

■ 金属の変形を原子レベルの相互作用の視点からとらえる．導電性や密度といったマクロな性質と原子レベルの相互作用との関係を理解する．

学習課題

■ 密度から原子の大きさを見積もる（例題 4.1）．
■ 固体中での原子配列を視覚的にとらえ，充塡密度を計算する．また，原子の滑り面を特定する（例題 4.2, 4.3）．
■ 負荷（応力）から伸び（ひずみ）を計算する（例題 4.4）．
■ 機械的性質をもとに金属の応用を考える（例題 4.4, 4.5）．
■ 合金をつくるかどうかを判定する（例題 4.6〜4.8）．

金属は，現代社会の建築や輸送，インフラには欠かせない重要な材料である．周囲を見回すと，固定用の材料（ネジ，ボルト，釘）からボディー（冷蔵庫，ストーブ，乗用車），導電体（回路や電球のフィラメント，ヒューズ）まで，金属はさまざまな形で使われていることに気づくだろう．金属のない生活は想像し難い．金属の柔軟性や密度，電気伝導性，融点などの性質は，原子レベルの構造，すなわち電子配置と深く関係している．

金属の物理的性質のなかでも特徴的なのは，延性（線状に引き伸ばせる性質）と展性（箔に薄く伸ばせる性質）ならびに柔軟性（破壊せずに曲げられる性質）である．金属を曲げたとき，最初に現れる段階が**弾性変形**である．弾性変形とは，巨視的には，力を取去ると元の形に戻る状態と定義できる（図4.1）．建築物にみられる鋼鉄製のI型の梁は，ふつうの状態では弾性変形のみを受ける．実際，建築物は，予想される負荷が弾性限界を超えないよう設計されている．さもないと，その建物はつぶれてしまう．もっと大きな力が加わると，金属はさらに変形し，力を取去っても元に戻らなくなる．これを**塑性変形**とよぶ．たとえば，銅線をネジの周りに巻き付け接触をとる際には，塑性変形が起きている．延展性には塑性変形が必要である．

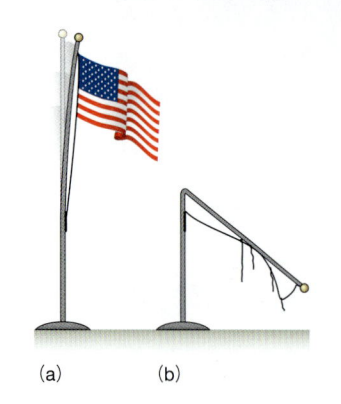

巨視的な性質である弾性変形あるいは塑性変形は，金属原子間の結合，すなわち原子レベルのミクロな構造と深く関係している．この結合を金属結合とよぶ．金属結合を，理想的な最密充塡構造について見てみよう（図4.2）．球棒モデルでは，原子を結ぶ線は，最隣接原子間の結合を表している．空間充塡モデルでは，原子は球として表され，再隣接原子は互いに接している．弾性変形の過程では，最隣接原子間の結合が支配的である．最隣接原子間の結合は，金属の電子配置に依存する．一方，塑性変形過程では，原子面はスライドし，この時点で結晶構造が表舞台に登場する．合金にすると，原子面の滑りやすさが変化し，その結果，塑性変形過程に大きな変化が生じる．

使い途によっては，さらに別の性質をもとに金属を選ぶ．よく用いられるのが，電気伝導性と密度である．両者とも，構成原子の電子構造と結晶構造に依存する物理量である．

図4.1 （a）風でしなる旗ざお．風が止めば，旗ざおは元の真っ直ぐな形に戻る．これは，弾性変形の例である．（b）台風の強風により曲がってしまった旗ざお．旗ざおは塑性変形している．

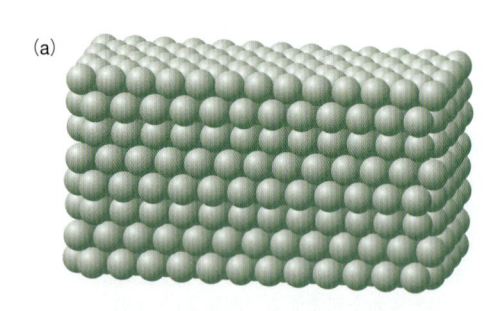

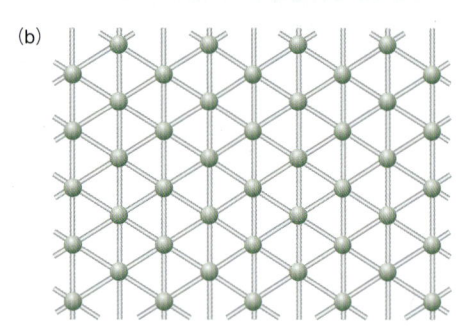

4.1 金 属 結 合

金属の第一イオン化エネルギーは比較的小さい．このため，電子を失い陽イオンとなると，たいていの場合，中性原子に比べ大きさはかなり小さくなる．ここでは，金属原子から価電子を取去って陽イオンとし，これをぎっしりと並べた固体を考えてみる．原子の質量は，ほぼ核に集中しているので（図4.3），陽イオンを並べた固体の密度は，中性原子の場合に比べ高くなる．この密度の増加について，

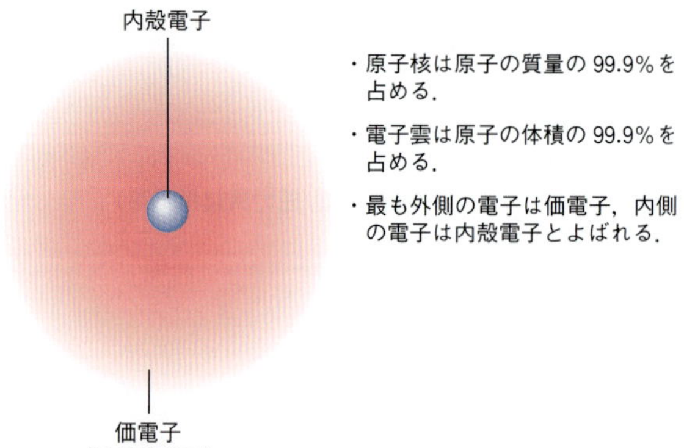

図4.2 （a）空間充塡モデルで表した金属の最密充塡構造．（b）六方充塡した原子層の球棒モデル表示．球は原子を表している．各原子は，周囲を六つの原子で囲まれている．

- 原子核は原子の質量の99.9%を占める．
- 電子雲は原子の体積の99.9%を占める．
- 最も外側の電子は価電子，内側の電子は内殻電子とよばれる．

図4.3 原子のおもな構成要素．

例題 4.1　密　度

航空機を設計する際，金属の密度は，考慮しなければならない重要な要素である．密度は金属原子の実効的な大きさによって決まる．チタン金属を，球状の原子が並んだ固体として扱おう．球と球の間には必ず隙間が生じるので，金属の体積の 74％を原子が占めていると仮定する．（この 74％という数字（充塡率）は，チタンの結晶構造によるものであるが，これについてはもう少し後で述べる．）このような仮想的な Ti 金属の密度を計算せよ．個々の Ti 原子の半径は 200 pm である．計算して得られた値を，実測値 4.54 g cm^{-3} と比較せよ．

[解 法]
■ 原子半径の値を用いて原子の体積を計算する．
$$V = \frac{4}{3}\pi r^3$$
■ 1/0.74 倍することで，充塡率を考慮する．
■ アボガドロ数をかけ，1 モルの体積を求める．
■ 密度を計算する：
$$密度 = \frac{モル質量}{モル体積}$$

[解 答]
■ 1 個の原子の体積は，
$$\frac{4}{3}\pi \left(200 \text{ pm} \times \frac{1 \text{ cm}}{1 \times 10^{10} \text{ pm}}\right)^3 = 3.35 \times 10^{-23} \text{ cm}^3$$
■ 充塡率 74％を考慮すると，
$$\frac{3.35 \times 10^{-23} \text{ cm}^3}{0.74} = 4.53 \times 10^{-23} \text{ cm}^3$$
■ 1 モルの体積は，
$$(6.022 \times 10^{23} \text{ 粒子/mol}) \times (4.53 \times 10^{-23} \text{ cm}^3/\text{粒子}) = 27.3 \text{ cm}^3 \text{ mol}^{-1}$$
■ 密度は
$$\frac{47.87 \text{ g mol}^{-1}}{27.3 \text{ cm}^3 \text{ mol}^{-1}} = 1.75 \text{ g cm}^{-3}$$

実際の Ti の密度は，原子をぎっしり詰めたと仮定して計算した値よりも，3 倍近く高い．したがって，固体中の Ti の実効的な体積は，孤立した Ti 原子に比べて 1/3 ほどである．半径にすると，70％ほどに縮んでいることになる．金属原子は，固体になると価電子の一部を失い，体積が減少するのである．

別冊演習問題 4.1〜3 参照

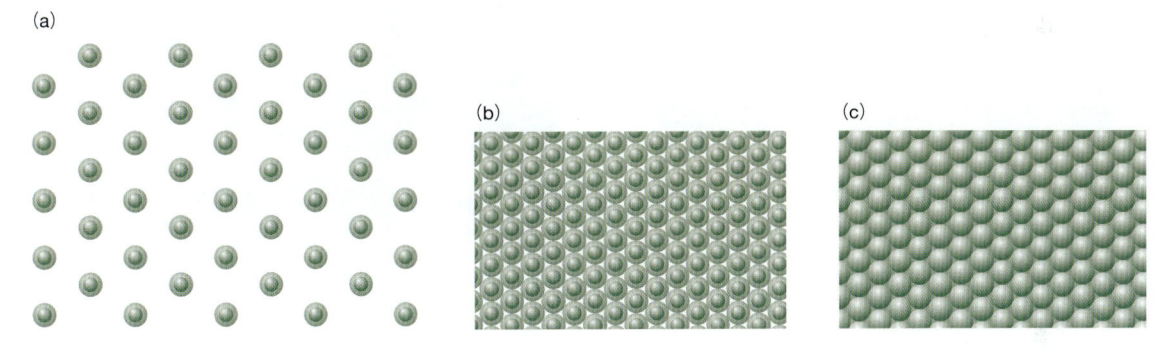

図 4.4 規則的に並んだ孤立原子から固体金属に至る過程．(a) 各原子は十分に離れており，電子雲も他の原子の影響を受けない．(b) 原子が互いに近づき，電子雲がちょうど接している．(c) 金属固体の状態．電子雲は固体全体に広がり，各原子に束縛されない（拡張電子波）．このように電子が動き回るため，原子核は正に帯電した電荷とみなせる．正に帯電した原子核は，拡張電子波の状態にある負電荷の電子からクーロン引力を受ける．このため，原子核は互いに引きつけ合う．

チタンを例に，例題 4.1 で見てみよう．

単体金属の固体では構成原子はすべて等しい．このため，ある原子から別の原子に電子が移動して，正と負のイオン対ができることはない．その代わり，電子波は局在せず，ちょうど池の水面のさざ波のように，多数の原子にわたって広がる（図 4.4c）．一方，孤立した原子では，電子は個々の原子の周りに局在している（図 4.4a）．孤立した原子の集合体から，広がった電子が形成される過程を見てみよう．原子が互いに近づくにつれ（図 4.4b），個々の原子の価電子は隣と重なり合うようになる．原子が密に詰まった状態になると（図 4.4c），価電子の電子波は強く結合し，すべての原子をまきこんだ大きな電子波を形成する．価電子は，この拡張電子波とよぶべき状態を占め，一方，個々の原子は正の電荷をもつようになる．拡張電子波を占める多数の負電荷は，まるで液体のように正電荷のイオンの周りを取囲むため，**電子の海**とよばれる．電子の海は，ポップコーン入りのキャラメルのようなものであり，キャラメルすなわち電子雲は負に帯電しており，残りの原子は正に帯電している．このようなクーロン力による方向性のない結合を**金属結合**とよぶ．

拡張電子波状態にある電子は電子の海を形成し，特定の原子には束縛されないため，束縛電子に比べずっと動きやすい．金属の特徴のいくつかは，このような電子の動きやすさによるものである．たとえば，金属線に電圧を加えると電子が動きだす．電子の動きが電流であるので，金属は電気伝導性を示す．また，原子間の結合に方向性がないため，原子は比較的簡単に位置を変えることができる．こうして延展性が生じる．

電子の海のモデルは，金属の性質を大まかに説明してくれるが，その詳細を理解するには，やはり電子配置を考慮する必要がある．電子軌道は方向性をもつ．軌道が重なり合うとき，隣接する原子の方を向いた軌道が結合に寄与する．一般的な傾向とは反するが，比較的局在しやすいd軌道の電子でさえも，非局在化した電子の海をつくる．

金属の結晶構造

金属元素の結晶は巨大な三次元構造をとり，その中で原子は，ある決まった空間配置を繰返す．同じパターンが繰返されるので，全体を代表して，小さな繰返し単位に注目する．最も単純な繰返し単位は立方体である．同じ立方体があらゆる方向に積み重なり，空間を占める様子を想像していただきたい．まるでエッシャーの版画（図4.5）のようである．空間に広がる巨大な構造を**結晶格子**，繰返し構造を**単位格子**とよぶ．

金属元素によくみられる結晶格子のうちの2種類は，立方体（記号 □ で表す）を基本としている．単純立方格子（図4.6a）では，各原子は立方体の八つの角を占める．このような単純立方構造をとる元素はほとんどないが，典型的な2種類の構造は，この立方体を基本としている．

図4.5 （左）エッシャーが描いた"魚"．図中の四角は，二次元の単位格子を表している．（右）三次元的な絵 "Kubische ruimteverdeling"（立方体で空間を分ける）．立方体が単位格子となっているが，読者はおわかりだろうか．

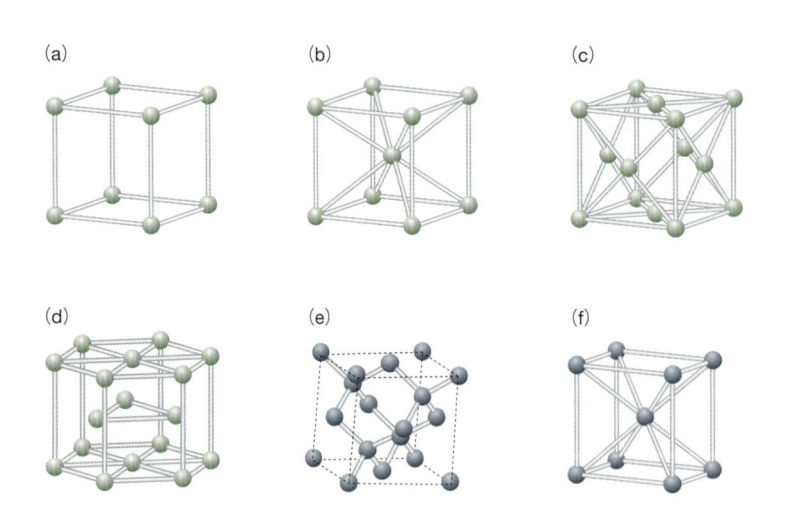

図4.6 金属元素の結晶構造と単位格子．上段の構造の単位格子は立方体である．(a) 単純立方格子．立方体の八つの頂点に原子が位置する．(b) 体心立方格子．立方体の中心に，さらに1個の原子が加わっている．(c) 面心立方格子．単純立方格子の六つの面の中央に，それぞれ原子が加わっている．下段の構造は，立方体に基づいていない．(d) 六方最密格子．三角格子を組む面が，横にずれながら積み重なっている．(e) ダイヤモンド格子．炭素の同素体の一つであるダイヤモンドがこの構造をとる．(f) 面心正方格子．面心立方格子を前後方向に圧縮すると得られる．

体心立方格子（body-centered cubic, BCC）は，立方体の中心にさらに原子を1個加えたものである（図4.6b）．一方，面心立方格子（face-centered cubic, FCC）では，単純な立方体の六つの面の中心に，1個ずつ原子が加わっている（図4.6c）．

もう一つの典型的な格子が，**六方最密充填**（hexagonal close pack, HCP）である（図4.6d）．各原子は，六角形の頂点に位置する6個の原子で囲まれているため，六方最密充填とよばれる．この原子面は，弾性変形の過程で大きな役割を演じている．面心立方格子と六方最密充填格子は，面内での原子の配列について，密接な関係にある．これについては，本章の後半で述べる．

必ずしも一般的ではないが重要な固体構造の一つにダイヤモンド型構造がある．宝石のダイヤモンドやスズの一つの相がダイヤモンド型構造をとるほか，半導体もこの構造を基本としている．正方晶は，立方晶を一方向に圧縮すると生じる構造である（ちょうど，正方形と長方形の関係に似ている）．スズは，室温では正方晶の構造をとる．スズの機械的・電気的性質は二つの結晶系で大きく異なるが，これは原子配列の違いが直接関係している．

単体金属の結晶構造を図4.7に記号で示す．

単位格子には，いくつかの表示法がある．球棒モデルで表したのが図4.6, 図4.8(a)である．図4.8には，単純立方格子を例に，他の二つの表示法も示してある．空間の充填具合を表す(b)では，原子を互いに接する，できるだけ大きな球として描く．同じ単位構造を繰返して，空間を重なりなく完全に埋めるには，原子を立方体の表面で切り落とす必要がある（図4.8c）．こうして切り落とした図をみると，単純立方格子では，それぞれの角に1/8個分の原子が含まれていることがわかる．結果として，単位格子内には1個分の原子（1/8 × 8 = 1）が含まれる．3種類の表示法とも，同じ単位格子を表している．どの表示法を選ぶかは，何を知りたいかによる．たとえば，原子を切り落とした充填モデルは，剛体球である原子間の隙間をよく表している．一方，基本的な原子配置は球棒モデルの方がわかりやすい．

実際の原子は，ボールベアリングやビー玉よりも柔らかいが，原子を明確な境界をもった球として図示すると理解しやすい．このような方法を，**剛体球モデル**とよぶ．固体金属の場合には，剛体球は陽イオンを表している．こうした陽イオンが整列し，電子の海の中に浮かんでおり，電子の海が構造全体を維持するための結合力を与える．さま

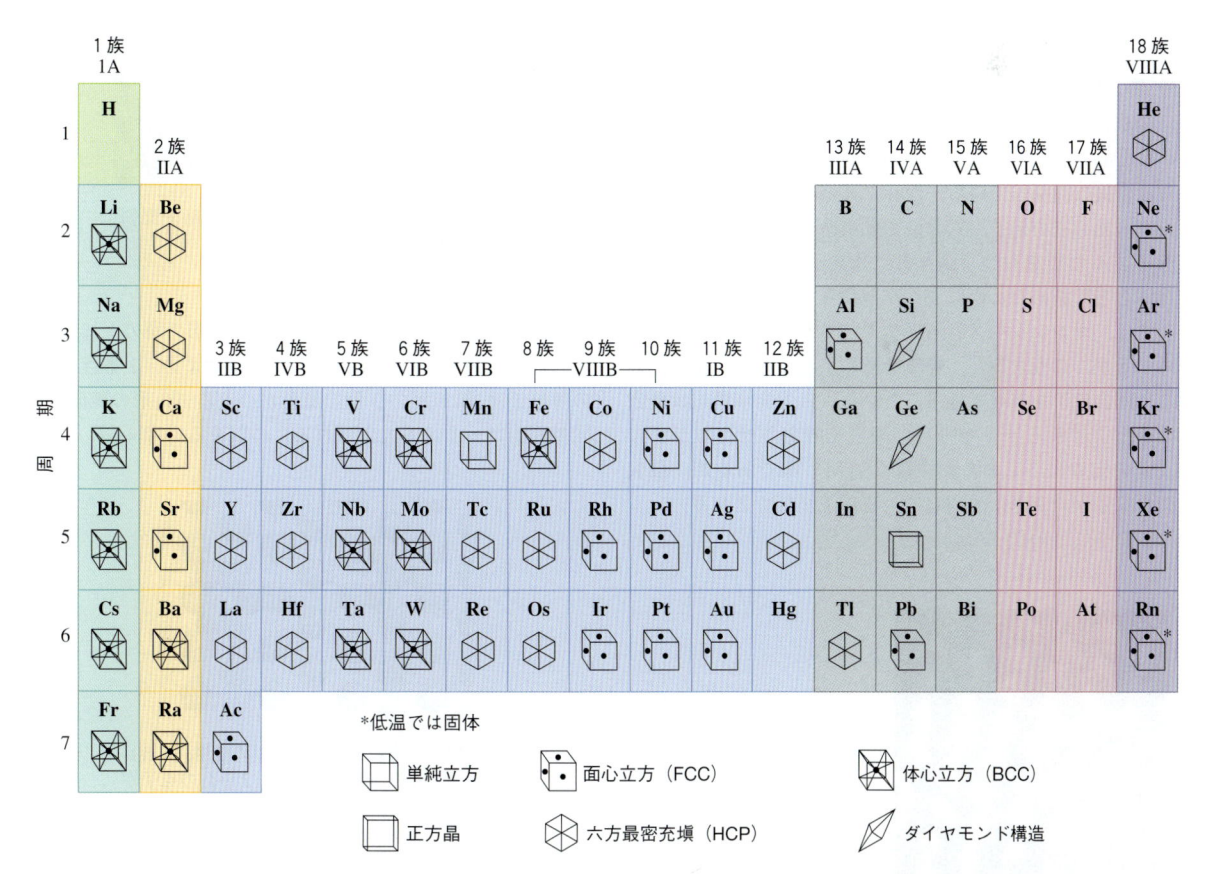

図 4.7 金属元素の結晶構造．SiとGeは半金属である．希ガスについては，低温の固体の構造を示してある．

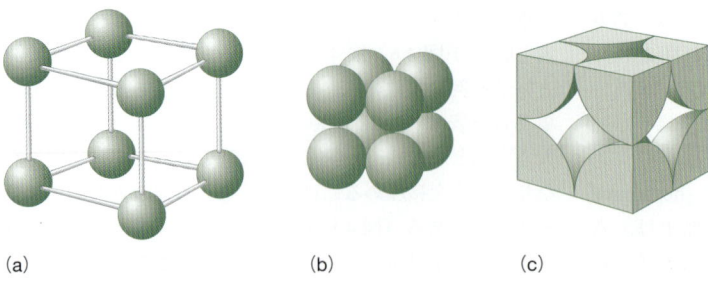

図 4.8 3種類の表示法による単純立方格子．立方体の各頂点を原子が占めており，原子の中心は，頂点上に位置する．この立方体を上下，左右，前後3方向に積み重ね，空間を満たす．(a) 球棒モデルによる表示では，立方格子が強調される．(b) 空間充填モデルでは，球状の原子が互いに接している．(c) 単位格子の面で切り落とした表示では，繰返し単位が強調されている．この表示では，各頂点の原子の1/8が単位格子に属する．頂点原子は8個あるので，単純立方格子の単位格子には，1個の原子が含まれる．

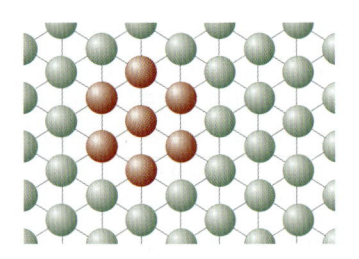

図 4.9 六方最密充填構造の一つの層．六角形状の配列を強調するため，一つの六角形を赤で示してある．

まな結晶構造が存在するが，その違いとして重要なのが，各陽イオンが接している原子の数，すなわち最隣接原子の数である．さらにもう一つの違いが，原子が単位格子の体積のどのくらいを占めているか，すなわち充填率である．最隣接原子の数は**配位数**とよばれる．配位数は，大きいもので立方最密充填や面心立方格子の12から，小さいものでダイヤモンド構造の3まで変化する．充填率は，面心立方格子および六方最密充填格子が最も高い．

最密格子

金属の結晶のほとんどは，六方最密充填（HCP）あるいは面心立方格子（FCC）のいずれかの構造をとり，これらは密接に関係している．面心立方格子からは明らかでないが，面心立方格子，六方最密充填格子ともに原子が六角形に並んだ層をもつ（図4.9）．六角形の構造は，球状の物体を密に詰めたときによくみられる．たとえば，食料品店では，オレンジやグレープフルーツを六角形にパック詰めするが，こうすると，物体を最も小さな体積に詰め込める．密に原子を充填できることから，六方充填構造は**最密構造**とよばれる．図4.10は，酸素を吸着させたロジウム表面の走査型トンネル顕微鏡（STM）像であるが，最表面の原子が六角形に配列している様子が見てとれる．

応用問題 ビー玉やピンポン玉のような球形の物を多数用意する．これらを，図4.11(a)のパターンが繰返すように，箱に詰めてみよ．図4.11(b)のパターンについても同様に箱詰めを行い，両者を比較せよ．また，それぞれについて，単位格子の形を描け．このような二次元構造では，中心に位置する原子は何個の最隣接原子で囲まれているか．

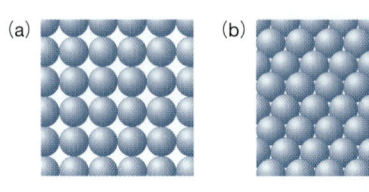

図 4.11 球形の物体の，(a) 正方格子配列と (b) 最密充填配列．

三次元構造をつくるには，最初の六角形の層の上に，さらに別の六角形の層を積み重ねていけばよい．2番目の層の各原子は，第1層の3個の原子がつくる三角形の隙間（3回対称ホローサイトとよばれる）に収まる（図4.12）．

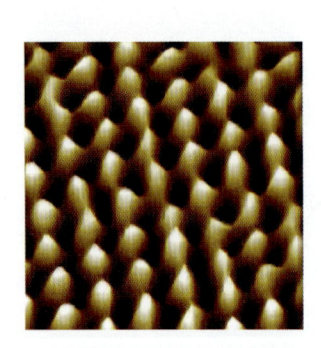

図 4.10 ロジウム結晶表面に吸着した酸素原子の走査型トンネル顕微鏡（STM）像．

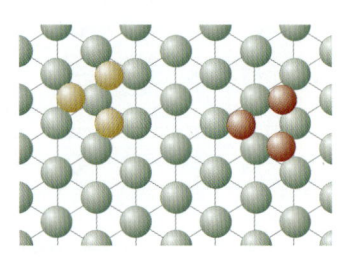

図 4.12 六方最密充填構造での積層．1層目の三角格子の隙間の上に，2層目の原子が収まる．次の層の原子の隙間には，2通りある．一つは1層目の原子の直上（黄色で示した位置）であり，もう一つは，1層目の隙間の直上（赤で示した位置）である．

六方最密充填と面心立方格子とでは，第3層と最初の2層との関係が異なる．はじめの2層をよく見ていただきたい．第2層では，三角形の隙間が2種類存在する．すなわち，その下に第1層の原子があるものとないものがある．第3層目の原子は，2種類の隙間のどちらにも収まることができる．六方最密充填構造では，第3層の原子は，第1層の原子の真上に位置する（これをABA構造とよぼう）．一方，面心立方格子では，第3層の原子は，第1層で原子のいない場所にくる（これをABC構造とよぶ）．いずれの場合も，各原子は，上下の層それぞれ3個の原子と接しており，同じ面内では6個と接している．したがって，両構造とも配位数は12である．同一の球体を敷き詰める場合，配位数は最大でも12であるので，六方最密充填，面心立方格子ともに最密構造である．

面心立方格子 図4.13は，面心立方格子の単位格子を，球棒モデル，空間充填モデル，原子を切り落としたモデルで表示したものである．

> **基本問題** 面心立方格子の単位格子には，何個の原子が含まれているか．■

面心立方格子の単位格子と原子面との関係は，ややわかりにくい（図4.14）．面心立方格子という名前は，単位格子内の原子配置に由来しているが，塑性変形は最密充填面と関係している．

六方最密充填 六方最密充填という呼び名は，原子が密に詰まった格子面に由来している．六方最密充填と面心立方格子との違いは3番目の原子面の配置にあり，面心立方格子ではABC型，六方最密充填ではABAの順に積

(a)　(b)　(c)

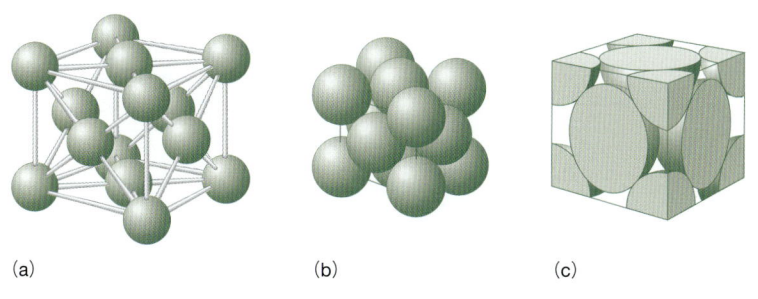

図 4.13 3種類の方法で表した面心立方格子．(a) 球棒モデルでは，最隣接原子間を棒で結ぶ（立方体の各辺も棒で示してある）．(b) 空間充填モデルでは，面の対角線方向に原子が接しているのがよくわかる．(c) 単位格子の面で切り落とした表示では，立方体の単位格子の形が見やすい．

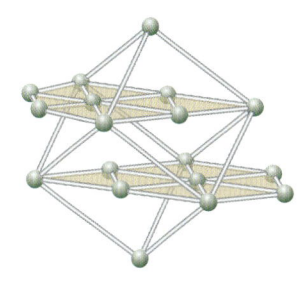

図 4.14 面心立方格子の最密面．立方体の対角線が垂直になるよう，単位格子を回転させてある．下側の頂点を含む面は，ABC積層のA面に対応する．B面，C面はその上に位置し，上側の頂点は下側の頂点の真上にある．

例題 4.2　固体の構造を視覚化する

単位格子を見れば，固体金属中の陽イオンが，幾何学的にどのように配置しているかがわかる．ところで実用上，固体金属の密度について知っておきたい場合がある．単位格子の大きさと原子配置との関係を明らかにするには，単位格子中に何個の原子が含まれているかを決めなければならない．面心立方格子にはいくつの原子が含まれるか．

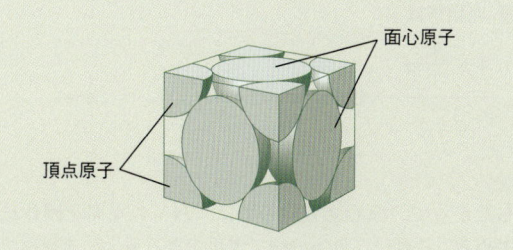

[解法]
■ 単位格子内の位置に応じて，各原子を分類する．
■ 各分類に含まれる原子数を求める．
■ それぞれを足し合わせて合計の値を求める．

[解答]
■ 面心立方格子には，頂点の原子と面の中心の原子の2種類が存在する（図4.13）．頂点の原子は8個の単位格子に属しているため，一つの単位格子には1/8個が属することになる．一方，面の中心の原子は2個の単位格子に属しているので，単位格子当たり1/2個となる．
■ 頂点原子は8個，面心の原子は6個存在する．
■ 単位格子中の原子数 = $6 \times 1/2 + 8 \times 1/8 = 4$ である．

別冊演習問題 4.11 参照

層している（図4.15）．六方最密充填の単位格子は立方体ではなく，六角柱の形をしている（図4.6d）．面心立方格子は六方最密充填に比べ第3層が横にずれているが，両者とも充填率は74%である．

体心立方格子

いくつかの金属の結晶は，体心立方格子（BCC）を組む．Fe, Cr, V, Mo, W がその例である．体心立方格子という名前は，面心立方格子同様，立方体中での陽イオンの配置に基づいている．体心立方格子の場合，各頂点のほかに，立方体の中心（体心）にも1個の陽イオンがあり（図4.16），頂点の原子は体心の原子と接している．

各原子は8個の最隣接原子に囲まれており，したがって配位数は8である（表4.1）．体心の原子についてみると，

表4.1 結晶構造の比較

構　造	配位数	充填率
体心立方格子	8	68%
面心立方格子	12	74%
六方最密充填	12	74%

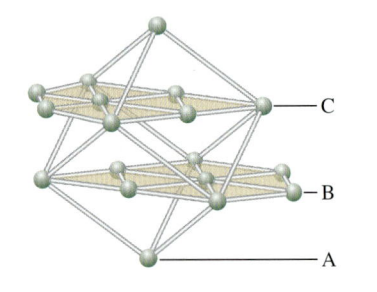

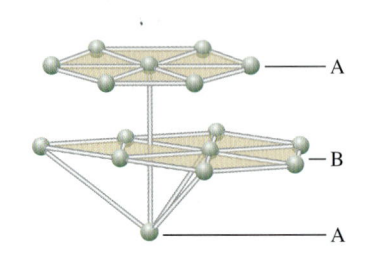

図4.15 面心立方格子のABC積層構造と六方最密充填格子のABA積層構造．両者の違いは3層目の配置にあり，互いに横方向にずれた関係にある．

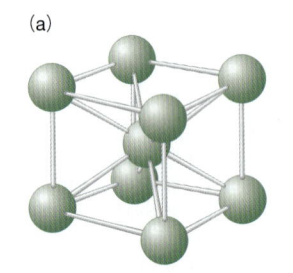

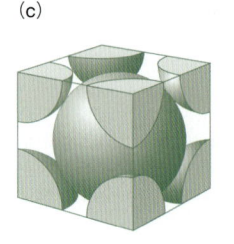

図4.16 体心立方格子．(a) 球棒モデル表示，(b) 空間充填モデル表示，(c) 単位格子の面で切り落としたモデルによる表示．空間充填モデルから，立方体の対角線方向で，原子が接していることがわかる．

例題4.3　充　填　率

例題4.1で，Ti原子は固体内の空間の74%を占めると仮定した．面心立方格子では，原子が空間を占める割合は74%であることを実際に示せ．

[解　法]
- 原子が接するように配置し，単位格子を描く．
- 単位格子の大きさと原子半径との関係を求める．
- 立方体の体積の公式：体積＝(格子の長さ)^3 を用いる．
- 原子が占める体積を求める．ここで，球の体積の公式
$$V = \frac{4}{3}\pi r^3 \quad (r\text{は原子の半径})$$
を用いる．
- 充填率＝(原子の体積)/(立方体の体積) である．

[解　答]
- 図4.13を参照されたい．各面の対角線方向で，原子がちょうど接していることがわかる．
- 各面の対角線の長さは $4r$（r は陽イオンの半径）である．したがって，立方格子の一辺の長さを a とすると，面の対角線の長さは $4r = \sqrt{2}a$ となる．
- 単位格子の体積は，
$$V = \left(\frac{4r}{\sqrt{2}}\right)^3 = \frac{4^3}{2\sqrt{2}}r^3 = \frac{32}{\sqrt{2}}r^3$$
- 単位格子内で原子の占める体積は
$$4 \times \frac{4}{3}\pi r^3$$
ここで，因子4は，単位格子中の原子数を表す．
- 充填率は
$$\frac{4 \times \frac{4}{3}\pi r^3}{\frac{32}{\sqrt{2}}r^3} \times 100\% = 0.74 \times 100\% = 74\%$$

したがって，面心立方格子では，74%の空間を剛体球が占める．これは，単一の球で実現できる最大の充填率であり，六方最密の充填率とも等しい．

別冊演習問題 4.13, 4.14 参照

最隣接原子は8個の頂点原子であり，逆に頂点原子は8個の体心原子に囲まれている．体心立方格子の充塡率はやや低く68％である（別冊演習問題13参照）．

電子配置と結晶構造

金属がどのような結晶構造をとるかは，以下に述べるようないくつかの要因のバランスで決まる．

■ 陽イオン間の反発がなければ，金属は最密構造をとる．希ガスは閉じたs殻，p殻からなり，その結晶は，球体を敷き詰めたものとみなせるため，面心立方格子あるいは六方最密充塡構造をとる．

■ 陽イオンが，閉じた殻や亜殻からなる場合には，陽イオンと電子の海との接触が最大となるような構造をとる．アルカリ金属がその例であり，1個の価電子を失い，希ガスと同じ電子配置の陽イオンとなる．アルカリ金属の結晶は，すべて体心立方格子構造をとる．

■ 隣接する原子間に局在する電子は，原子の配列に制約を与える．

これら三つの要因のバランスによって結晶構造が決まり，物理的な性質も大きな影響を受ける．

4.2 材料物性

変形

巨視的にみると，物体を曲げる際の初期過程（弾性過程とよばれる）は，応力-ひずみ曲線に現れる．**応力**（ギリシャ文字のシグマ σ で表す）は，単位体積 A_0 に加えられた力 F を表す．

$$\sigma = \frac{F}{A_0} \quad (4.1)$$

一方，**ひずみ**（ギリシャ文字のイプシロン ε）は，単位長さ l_0 当たりの伸び Δl_0 を表す．

$$\varepsilon = \frac{\Delta l}{l_0} \quad (4.2)$$

典型的な応力-ひずみ曲線を図4.17に示す．この曲線には，直線（線型）部分と曲がった部分の二つの領域が存在することがわかる．前者は弾性領域を表し，その傾きが**弾性率**（E）である．

$$\sigma = E\varepsilon \quad (4.3)$$

弾性領域では，負荷を取去ると物体は元の形に戻る．硬い材料は弾性率が大きく，変形しにくい．弾性率は，固体に含まれる原子の電子構造と直接関係している．線型な領域を過ぎ，弾性限界を越えると，塑性領域に突入する．塑性領域に達すると，材料は，もはや元の形には戻らない．金属を引いて線状に加工する場合や，叩いて箔にする場合には，塑性領域までもっていく必要がある．一方，ビルの構造材料や自動車のボディーなどに用いるには，応答が弾性領域に収まるよう，構造設計する必要がある．

弾性応答と化学結合

変形の初期過程は弾性領域であり，その性質は弾性率によって決まる．第4周期の金属についてみると，周期表の左から右に進むにつれ，弾性率はいったん増加するがやがて減少する（図4.18）．この特徴的な変化は，周期的に繰返されることから，弾性応答は原子の電子構造と関係していることが示唆される．

巨視的な弾性変形を原子スケールでみると，隣接する原子間の関係がわずかに変化することがわかる（図4.19）．

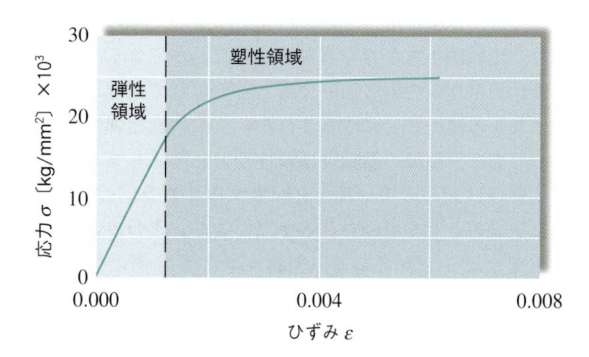

図4.17 典型的な応力-ひずみ曲線．直線部分が弾性領域であり，曲がった部分が塑性領域である．

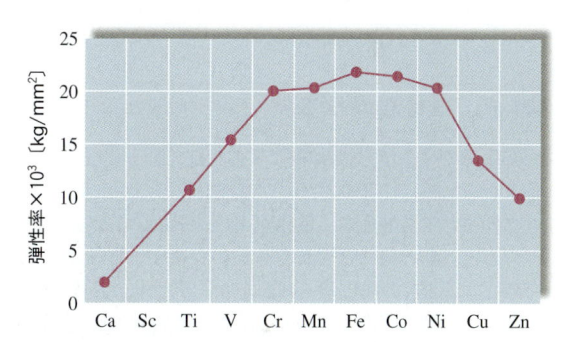

図4.18 第4周期の遷移金属とカルシウムの弾性率．弾性率は最初増加し，やがて減少する．

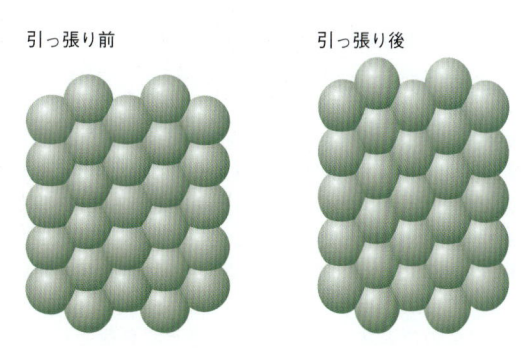

図4.19 引っ張り力を与えたときの原子スケールでの変化．上下方向（力の方向）に沿って結合長が伸び，横方向には縮んでいる．

たとえば，結合長が伸び縮みしたり，結合角が少しだけ変化したりする．隣接原子との関係は保ちつつ，結合が伸縮したり曲がったりすると，結晶にはエネルギーが蓄積される．結晶を変形させる力を取去ると，蓄えられたエネルギーが解放され，原子は元の位置に戻り，物体は元の形を回復する（図4.20）．隣接する原子が強固に結合していると，結合角や結合長は変化しにくく，その結果，弾性率は大きくなる．逆に，結合が弱く，結合角も許容範囲が広い場合には，原子は変位しやすく，弾性率は小さくなる（小さな力で変形しやすくなる）．たとえば，ゴムの典型的な弾性率は，金属に比べ3桁から4桁小さい．その結果，ゴムは，比較的小さな力で引き伸ばすことができる．

銅は通常比較的柔らかい金属と考えられているが，弾性率はむしろ高いことに注意されたい．柔軟性と弾性とは別なのである．金属の柔軟性は塑性変形と関係しており，一方，弾性は元の形状や長さを回復する性質を示している．銅は送電線として用いられるが，ここで，この高い弾性率が重要なポイントとなる（例題4.4）．もし銅の弾性率が低かったなら，寒冷地で氷や雪が付着したときに，送電線は伸びてしまう．たとえば，カルシウムの線は銅に比べ，6倍近く伸びやすい．

図4.20 輪ゴムの塑性応答．輪ゴムの塑性応答の方が，効果が顕著でなじみ深い．こうした材料の応答から名前を借り，金属にも塑性応答という言葉が使われる．

化学結合を伸び縮みさせたときに蓄えられるエネルギーは，結合エネルギーを原子間距離に対してプロットすると理解しやすい（図4.21）．外部から力が働かない場合には，エネルギーが最低となるような原子間距離をとる．これより原子間距離を伸ばしても縮めても結合のエネルギーは増加する．弾性率が大きな材料は，エネルギー-原子間距離

表4.2 第4周期の金属元素の価電子配置 4番目の殻のs軌道と3番目の殻のd軌道が，埋まっていく様子を表している．

K	Ca	Sc	Ti	V	Cr	Mn	Fe	Co	Ni	Cu	Zn
$4s^1$	$4s^2$	$4s^23d^1$	$4s^23d^2$	$4s^23d^3$	$4s^13d^5$	$4s^23d^5$	$4s^23d^6$	$4s^23d^7$	$4s^23d^8$	$4s^13d^{10}$	$4s^23d^{10}$

例題4.4 送電線のたるみ

寒冷地ではしばしば吹雪にみまわれ，3 cmほどの小さな氷が送電線に付着する．1 mの送電線にかかる重さは何グラムほどであろうか．電柱が10 mの間隔で立っていたとすると，銅の線にはどれくらいの負荷がかかるか．（負荷は2本の電柱の間に均一にかかり，かつ氷の重量は5 mの電線の一端にすべて集中していると仮定せよ）．また銅線の直径が2 mmであるとすると，弾性応答によりどれだけ伸びるか．弾性限界は，通常，ひずみの0.1%である．銅線はどれだけの氷に耐えられるか．

[データ] 氷の密度 $= 0.92 \text{ g cm}^{-3}$
銅の弾性率 $E = 13.48 \times 10^3 \text{ kg mm}^{-2}$

[解 法]
■ 円柱の公式 $V = \pi r^2 h$ を用いて氷の体積を求める．
■ 質量＝体積×密度の関係を用いる．
■ 単位長さ当たりの負荷×長さより，総負荷を求める．
■ 銅線の断面積 πr^2 を計算する．
■ $\sigma = \varepsilon E$（σは面積当たりの負荷，$\varepsilon = \Delta l/l_0$）を用いて式(4.3)を変形せよ．
■ 0.1%のひずみ（$\varepsilon = 0.001$）を与える負荷として，弾性限界を求める．

[解 答]
■ 円柱の体積 $= \pi r^2 h$．氷の円柱の半径 $r = 3$ cm，高さ $h = 100$ cm．
■ 1 m当たりの体積 $= \pi \times 3^2 \times 100 = 2830 \text{ cm}^3$
■ 1 m当たりの負荷＝密度×体積
$= 0.92 \text{ g cm}^{-3} \times 2830 \text{ cm}^3$
$= 2600 \text{ g}$
■ 総負荷 $= 2600 \text{ g m}^{-1} \times 5 \text{ m} = 13000 \text{ g} = 13.0 \text{ kg}$
■ 銅線の断面積 $= \pi r^2 = \pi \times 1 \text{ mm}^2 = 3.14 \text{ mm}^2$
■ 式(4.3)を変形すると

$$\Delta l = \sigma l_0/E = \frac{13.0 \text{ kg}}{3.14 \text{ mm}^2} \times \frac{5 \text{ m}}{13.48 \times 10^3 \text{ kg mm}^{-2}}$$
$$= 0.00154 \text{ m} = 1.54 \text{ mm} = 伸び$$

■ 単位面積当たりの負荷 $= \sigma \times E$，負荷 $= \sigma \times E \times$ 面積
■ 負荷 $= 0.001 \times 13.48 \times 10^3 \text{ kg mm}^{-2} \times 3.14 \text{ mm}^2$
$= 42.3 \text{ kg}$

伸びはごくわずかのように見えるが，塑性限界は，総負荷のせいぜい4倍程度である．このため，細い送電線の場合には鋼鉄線と一緒に撚り，機械的強度を高めることがある．

別冊演習問題4.28参照

曲線の傾きが急であり，一方，柔らかい材料では勾配が緩やかである．弾性率のデータ（図 4.18）より，第 4 周期の始めでは，右に行くほどエネルギー-原子間距離曲線の落ち込みが深く急になると推測される．この傾向は Mn まで続き，Cr から Ni の間では曲線の形はほとんど変わらない．第 4 周期遷移元素の後半では，エネルギー-原子間距離曲線は再び緩やかとなる．このような傾向は，最外殻電子の構造と関係している（表 4.2）．

基本問題 Cr はどのような最外殻電子配置をとるか．金属 Cr は V よりも柔軟性に乏しいが，それはなぜか．■

陽イオンと電子の海との間に働く引力には方向性がないが，d 軌道を含む結合の場合には，局在する傾向が付け加わる．d 軌道のような方向性のある結合はより強固であり，したがって d 電子系の材料は柔軟性に乏しい．遷移金属はすべて最外殻 d 電子をもっており，例外なくアルカリ金属やアルカリ土類金属より弾性率が高い．遷移金属の前半では，d 電子数が増えるにつれ，弾性率は単調に増加する．この増加傾向は遷移金属の中盤（Mn, Fe, Co）になると鈍り，その後減少に転じる．Mn は，d 亜殻が半分だけ満ちた電子構造をとる．電子が半分満ちた状態からスタートして，Fe から Zn まで核電荷が増加すると，d 軌道電子は核の方へより強く引っ張られるようになり，その結果，隣の原子との結合に寄与しにくくなる．したがって，Fe から Zn に向かって，方向性をもった結合は弱くなり，弾性率は減少する．特に Zn では，五つの d 軌道は 10 個の電子で満たされており，電子分布は球状となる．Zn 間の結合は方向性をもたず，小さな力で原子間を広げることができる．結果として，Zn の弾性率は第 4 周期の遷移金属の中で最も低い．

塑性応答

典型的には，ひずみが 0.1% に達すると弾性領域を越える．応力-ひずみ曲線（図 4.17）は，弾性領域を越えると直線からずれ，曲がり始める．ここで塑性変形が始まる．塑性領域では，個々の結合の伸び縮みだけでなく，もっと広い観点から結合を考える必要がある．

原子スケールでみると，塑性変形とは，力を取去っても原子が元の位置に戻らないことを意味する．原子間の結合は切れ，別の原子との間に新たな結合が生まれる（図 4.22）．原子を滑らせるにはエネルギーが必要であるが，最密充填面の列（図 4.23a）に沿って原子を滑らせる場合には，他の原子列（図 4.23b）に比べ，わずかなエネルギーですむ．これは，山を越えるよりも谷に沿って進む方が楽なのと同じである．六方対称面では，谷は 3 方向に存在する．別の

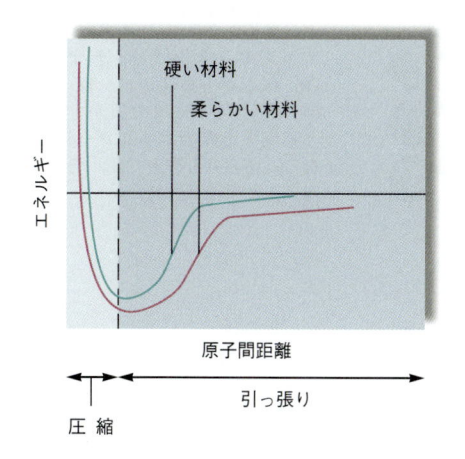

図 4.21 化学結合のエネルギー．外部から力が加わっていない場合，原子は，エネルギーが最低となる位置にある．結合を圧縮すると，原子核どうしが近づき，互いに反発し合うようになる．逆に原子を引き伸ばすと，互いに引き合う力が弱まり，その結果，結合は不安定化し，エネルギーは増大する．力を取去ると，原子は最低エネルギーの位置に戻ると同時に，蓄えられたエネルギーを放出する．

1 族元素，2 族元素，遷移金属原子では，イオン化すると，最初に s 殻電子が放出される．1 族元素，2 族元素が最外殻電子を失うと，閉じた亜殻のみとなり，したがって化学結合に方向性がなくなる．すると，磁石の球を集めた場合のように，原子は比較的変位しやすくなり，エネルギー-原子間距離曲線は浅く，広がったものとなる．その結果，1 族，2 族元素の弾性率は非常に低くなる．

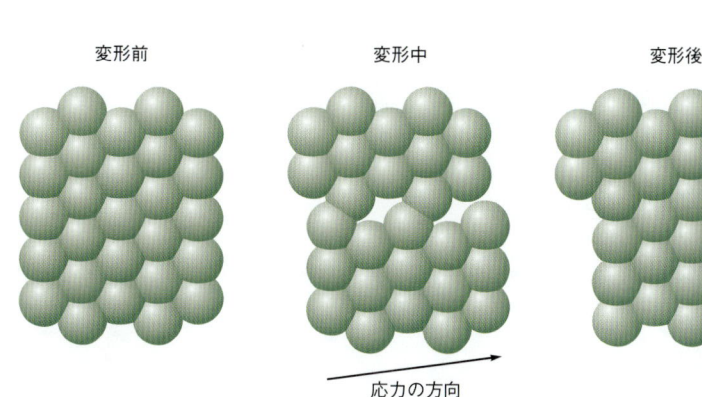

図 4.22 塑性変形．ひずみが大きくなり，原子の位置がずれて別の原子と隣接するようになると，塑性変形が起こる．

言い方をすると,原子列は,三つの方向に沿って密に詰まっている(図 4.24a).一方,体心立方格子構造では,原子が密に詰まっているのは 2 方向のみであり,六方最密充填や面心立方格子に比べ充填の密度も低い.滑りやすい方向と最密充填面との組合わせを,**すべり系**とよぶ.立方晶の面心立方格子は,単位格子内に八つの最密充填面をもつ(図 4.25).各面につき三つの滑り方向があるため,面心立方格子には合計 24 のすべり系が存在する.六方最密充填の単位格子には二つの最密充填面が存在し,すべり系は全部で 6 個となる.体心立方格子は最密充填面をもっておらず,6 個の滑り面に沿って滑らせるには,より大きなエネルギーが必要である.

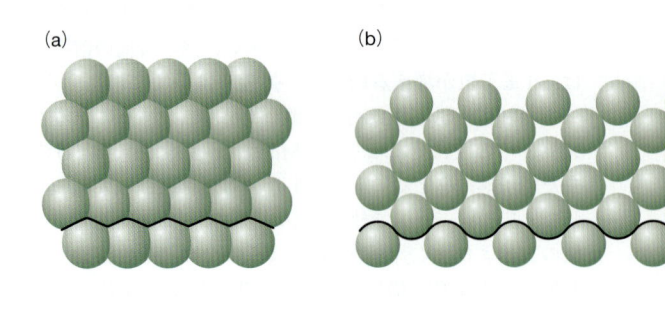

図 4.23 原子のすべりと結晶構造.黒い曲線は,原子列がずれた場合のエネルギー変化を表す.(a) 最密充填構造では,エネルギー変化はごくわずかである.(b) 体心立方構造では,原子間の間隔が広く,原子がある位置から別の位置へと移動する際のエネルギー障壁が高くなる.体心立方構造では,空隙の割合が高いことに注意されたい.

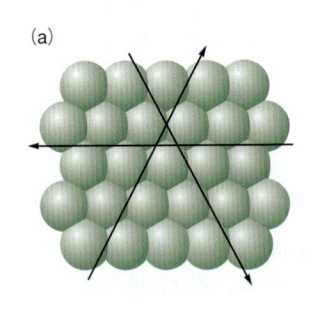

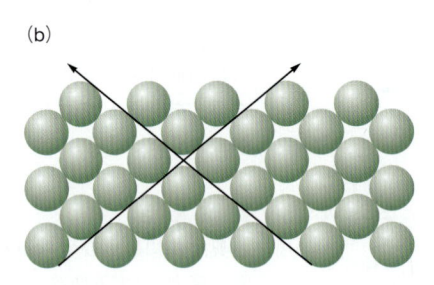

図 4.24 原子配置と原子列.(a) 最密充填面(面心立方格子あるいは六方最密充填)では,原子が密に詰まった列が 3 方向に延びている.(b) 体心立方格子では,原子の密度が低く,密に詰まった列は 2 方向のみである.

体心立方格子の六つの滑り面

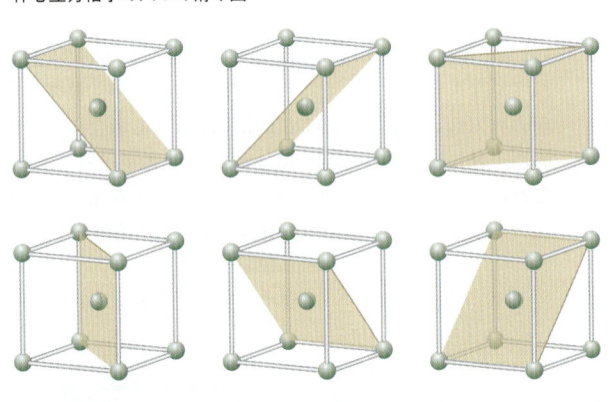

六方最密充填格子の二つの滑り面
(上下の面は半分だけが単位格子に属している)

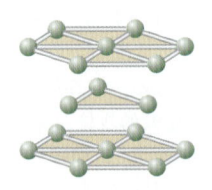

面心立方格子の八つの滑り面
(各単位格子につき二つずつ示してある)

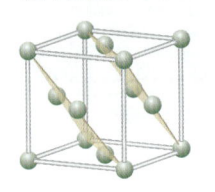

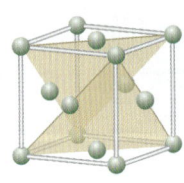

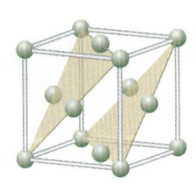

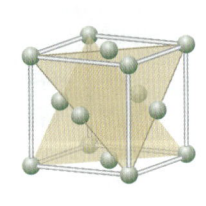

図 4.25 体心立方,面心立方,六方最密充填格子の滑り面.体心立方格子は密度が低いため,面心立方や六方最密充填に比べ,面の滑りが起きにくい.

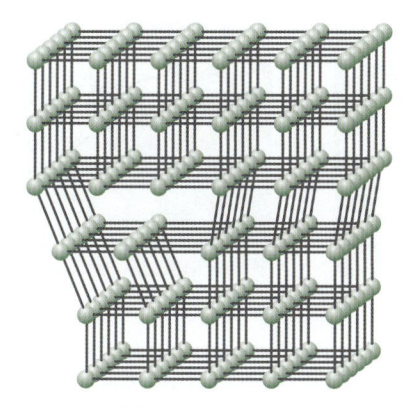

図 4.26 単純立方格子における線欠陥.

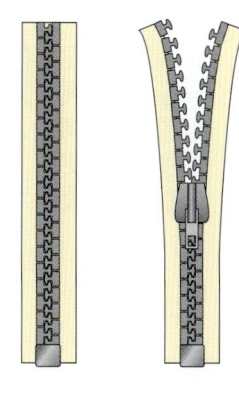

図 4.27 ジッパーの動作. 線欠陥の効果は、ジッパーにたとえるとわかりやすい. ジッパーの歯を一度に引き離すには大きな力が必要だが、順に歯をはずしていくには、ほとんど力を要しない.

　原子列に沿ったすべての結合を一度に切るには、非常に大きなエネルギー（実際に必要とされるよりもはるかに大きなエネルギー）を要する. すべての原子を同時に滑らすことなく、いかにして原子面を滑らせるか. これを理解するには、まず、図 4.2 のような構造は理想的なものである

ことを、知っておいていただきたい. 現実の金属では、原子や原子の集団の位置がずれている場所が多数存在し、**欠陥**とよばれる. 欠陥、特に原子列間の配置にずれの生じている**線欠陥**（図 4.26）は、塑性変形に大きな役割を果たしている. ジッパー（図 4.27）を引っ張り、歯を全部同時に外す場合を考えてみるとわかりやすい. 歯を全部一度に引きはがすには非常に大きな力が必要であるが、もし 1 対の歯がはずれた"欠陥"が生じたとすると、ずっと小さな力でジッパーを外すことができる.

　完全な結晶でも、図 4.28 に示したような**点欠陥**が存在し、規則的な原子配列の中の一つの原子が抜けていたり（空孔）、変位したりしている（図 2.29a）. そのほかに、線欠陥も存在し、そこでは原子列が本来の位置からわずかにずれている（図 4.29b）. 二つの規則配列した領域が接する空間を**粒界**とよび、そこではやはり原子配列が乱れる（図 4.29c）. これらの欠陥のうち、金属の変形に最も深く関係しているのが線欠陥であり、線欠陥は、位置を変えることで、原子面の変位を助長する（図 4.30）. ちょうど絨毯のしわに似ており、ぴったりと床に敷き詰めた絨毯を動かすよりも、しわを使って動かす方がずっと小さな力ですむ. こうして欠陥は、ある原子列から隣の原子列へと飛び移り、固体中を移動する.

　塑性領域での柔らかさは、線欠陥とすべり系の数に依存する. たとえば、銅は、鉄やチタンよりもずっと塑性変形しやすいが、その原因の一つは、銅が面心立方格子をとるためすべり系の数が多いことにある. 融点と柔らかさとの間には相関があるが、これは、線欠陥を生成するのにエネルギーを要するからである. 線欠陥に沿った原子は、最隣接原子の数が少ない. このため、線欠陥を生成するにはエネルギーが必要である. 同様に、金属を融かし、原子を自由に動けるようにするには、エネルギーが必要である. し

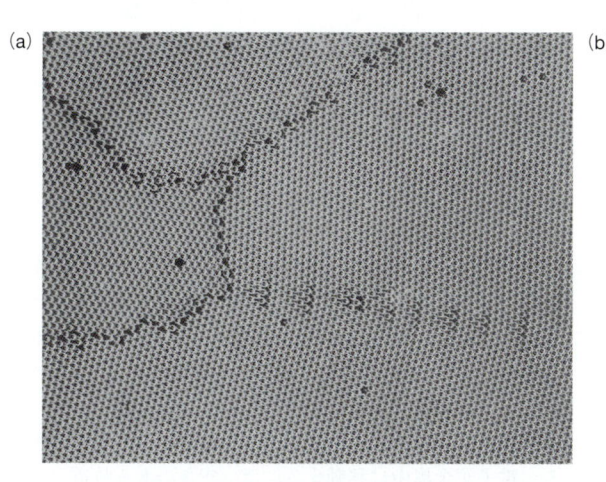

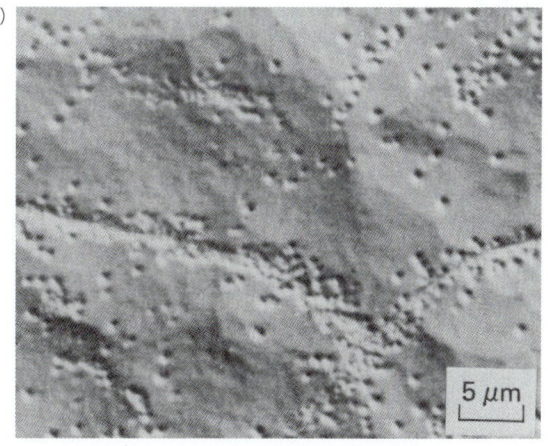

図 4.28 (a) せっけんの泡にみる欠陥. 泡のない所は格子欠陥に、泡の列がずれている場所は線欠陥あるいは転位に対応する. また、配列の角度の異なる二つの領域の境界は、粒界に対応する. (b) 走査型トンネル顕微鏡で観測した銅表面の欠陥. 銅の表面を酸でエッチングした後に観察したもの. ピット（穴）は、点欠陥あるいは線欠陥に対応し、ピットの並びは粒界に対応する.

86　　　　　　　　　　　　　　　　　　　　　　　　　　　　　　　　　4．金属結合と合金

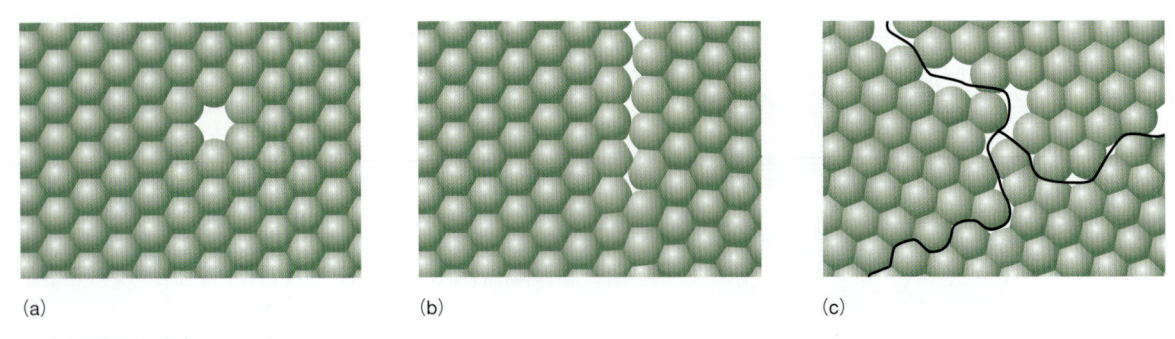

図 4.29　さまざまな格子欠陥．(a) 規則配列した原子の内の1個が欠けている．これは，点欠陥の一種であり，空孔とよばれる．(b) 原子列の配列が乱れており，線欠陥とよばれる．(c) 原子配列の向きの異なる二つの領域が接する境界を粒界とよぶ．ここでは，粒界を黒い線で示してある．

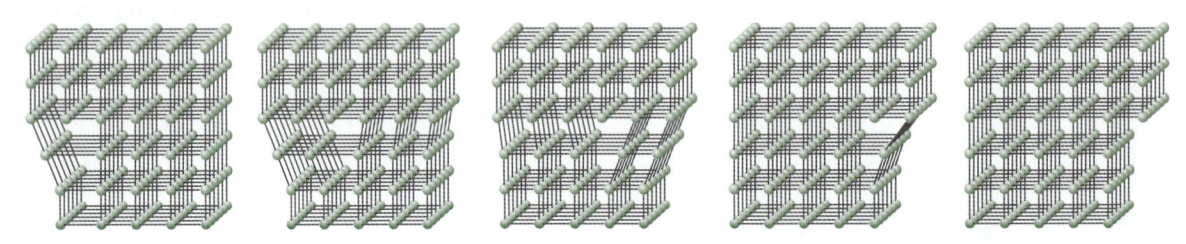

図 4.30　線欠陥の移動．線欠陥が結晶中を移動する様子を，スナップショットの形で示した．

たがって，柔らかさと融点の間には相関がある．
　線欠陥の移動は，欠陥が結晶格子の表面か粒界に達するまで続く．粒界では，原子配列が完全に乱れているため，そこを欠陥が飛び越えるのは難しい（図 4.31）．渓谷に遭遇して，向こう側に渡れない状況を想像するとよいだろう．欠陥が粒界に達すると，移動が終わるか，または新しい欠陥が生まれる．硬い材料ほど，より大きなエネルギーが必要となる．

金属を硬くする

　欠陥の伝播は粒界により制限される．これを利用し，材料中へ多数の粒界を導入することにより，金属を硬くすることができる．金属を，ダイス型を通して引いたり，ローラーに挟んで圧延する工程は，粒界を生じさせるのによく用いる方法であり，**応力硬化**とよばれる．

応用問題　家庭の配線によく使われる 14 ゲージ（直径 3.5 mm）の銅線を用意する（14 ゲージは丈夫な線である）．必要な力を意識しつつ，これを曲げてみる．つぎに，銅線を長手方向に沿って石や金槌で叩き，でこぼこにする．叩く前と後で，線を曲げるのに必要な力を比べよ．また，銅線の中で何が起こっているかについて，他の観察結果も含めて述べよ．

基本問題　応力で硬くなった銅線を再び柔らかくするにはどうすればよいか．

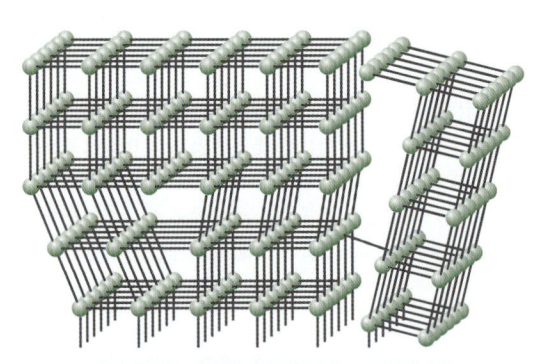

図 4.31　線欠陥と粒界．線欠陥は結晶内を移動するが，粒界の隙間を飛び越えるのは難しい．粒界は，欠陥の動きを止める壁の役割を果たす．

電子の動きやすさ：抵抗率

　電子の海の中の電子は比較的動きやすく，このため金属は導電性を示す．もちろん，すべての金属が同じように電気をよく流すわけではない．家庭の配線に使われる銅や電子機器に使われる金は，とりわけ高い導電性を示す．一方，金属マンガンは，それに比べると電気を流しにくい．
　電子の海をもつ金属を，電子溜めに接続した場合を考える．電子が金属中に移動するには，空きのある軌道（波の状態）を見つけなければならない．新たに加わった電子は，まるで水中の魚のように，金属線中を泳いでいると考えた

くなるが，電気伝導の描像としては，スポーツ観戦の際のウェーブを想像する方がより正確である．ウェーブはある場所から発生し，競技場の全体へと伝わっていくが，1人1人は移動しているわけではなく，つぎつぎと立ち上がる・席に着くの動作を行っているだけである．電子の場合も同様であり，個々はわずかに動くだけで，全体として線の一端からもう一方の端へと流れていく．線の一端に電子が1個加わると，隣の電子を揺り動かし，それがまた隣を揺さぶるということを繰返し，反対側の端から電子が1個飛び出す．この過程の起こりやすさが，材料の導電性を決める．

人間のウェーブに話を戻そう．もし，ある一団の人たちが立ち上がるのを拒否したとすると，ウェーブを続けるのは困難であり，ウェーブにとっては抵抗として働く．金属の場合，このような抵抗を定量的に表す指標が**抵抗率**（ギリシャ文字のローρで表す）である．抵抗率は導電率の逆数であり，電流を流した際に発生する熱量と関係している．発生した熱は，時に火災の原因となるため，家庭の配線ではアルミニウムの使用が禁止されている．電気抵抗は，電荷をもったキャリア（この場合には電子）の数と，キャリアの移動度（μ）に依存する．

$$\rho = \frac{1}{n\mu} \tag{4.4}$$

人間のウェーブにたとえると，抵抗率は，イベントに集まった人の数（あまり混んでおらずウェーブもない状態での）の逆数と，立ち上がる動作を進んでやってくれるかどうか，で決まる．

キャリア数は，電子の海に含まれる電子数に対応している．遷移金属では，原子番号とともにキャリア数は単調に増加し，抵抗率は一般に低下する．さらに，半分だけ満ちているか，あるいは完全に満ちたd亜殻をもつ元素では，新たに加わった電子はすでに軌道に存在する電子とペアを組むか，別の高エネルギーの亜核に入らなければならない．このため，移動度が低く，抵抗が高くなる．こうして，移動度は電子構造に関係する．銅の電子配置は$4s^13d^{10}$であり，電子の海に多数の電子をもつ．すなわち電子密度が高い．4s軌道に空きができると，電子は原子から原子へと容易に飛び移ることができる．したがって，銅には多数のキャリアが存在し，それらは非常に動きやすい．

一方，マンガンの電子配置は$4s^23d^5$であり，抵抗率は144 μΩ cm（$\mu\Omega = 10^{-6}\Omega$）と他の第4周期遷移金属に比べ非常に高い（図4.32）．このことから，マンガンの電子は動きにくいと予想される．移動度が低い原因は電子配置にある．d亜殻が半分だけ占有されているため，電子を1個加えると，すでに占有している電子と対をつくらなければならない．対形成にはエネルギーが必要であり，エネルギーを消費する結果，移動度は低下する．移動度の低下は抵抗の上昇をまねく．一方，4s軌道は3d軌道よりも空間的に広がっているため，銅の4s軌道に対をつくるのは，それほど大きなエネルギーを要しない．

Mn以降の元素では，半分だけ満ちた亜殻に電子が加わり，加わった電子は動きやすいため，抵抗率は減少する．Mnでの抵抗増大と同様の現象は，Mnと似た電子配置をもつテクネチウム（Tc）とレニウム（Re）（図4.33と表4.3）にもみられる．しかし，d軌道の殻が大きくなるほど，対形成によるエネルギー損失は小さくなるため，TcとReでの抵抗の増大幅は小さい．

基本問題 Znの4番目の亜殻のうち，電子で占有されていないのはどれか．

Znの電子配置は$[Ar]3d^{10}4s^2$であり，次に電子が入るのは4p亜殻である．抵抗率のデータからわかるように，Znでは4p亜殻と価電子とのエネルギー差はほとんどない．

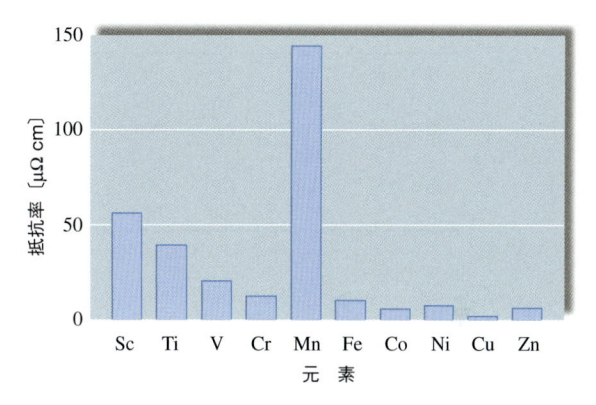

図4.32 第1遷移系列元素の抵抗率．抵抗率はなめらかに変化するが，Mnは例外である．Mnは，d亜殻が半分だけ詰まった電子配置をとる．

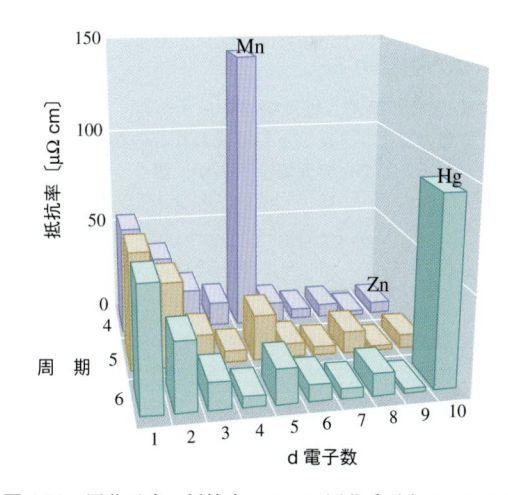

図4.33 遷移元素の抵抗率．三つの遷移系列すべてにおいて，周期表の右に向かうにつれ，抵抗率は減少する傾向を示す．MnとHgは例外的に高い抵抗率を示すが，これは電子配置のわずかな違いによるものである．

例題 4.5　銅とアルミニウムの比較

表 4.3 から，なぜ銅が家庭用の配線に使われているかがわかる．実は一時期，アルミニウムが銅の代わりに使われていた．Al の抵抗率（2.733 μΩ cm）は銅（1.725 μΩ cm）と遜色なく，Cu の代替品として有望のように思える．また，Al の密度（2.6989 g cm^{-3}）は Cu（8.96 g cm^{-3}）よりも小さいため，輸送にかかわるコストも低く抑えられる．以上のような点を考慮した結果，Al 線への代替が行われた．表 4.3 のデータから，なぜ Al では火災の危険があるか説明せよ．

[解法]
■ 抵抗は発熱と関係している．

[解　答]
■ 電気抵抗は，電線に電流が流れた際のエネルギー損失を表している．エネルギー損失は，おもに熱として発生する．Al の抵抗率は Cu の 1.6 倍であり，したがって，Al の方がより多くの熱が発生する．配線から熱が発生すると，火災の危険性が増す．Cu の密度は Al の 3.3 倍であるが，火災の危険性の方が，輸送コストによる損失を上回るのである．

コメント：いったん電線が発熱すると，電気抵抗が上昇し，熱の発生が加速する．もし発熱が著しいと，電線は溶けてしまう．

別冊演習問題 4.33, 4.34 参照

表 4.3　遷移元素の抵抗率（μΩ cm）

第 4 周期	Sc	Ti	V	Cr	Mn	Fe	Co	Ni	Cu	Zn
	56.2	39	20.2	12.7	144	9.98	5.6	7.20	1.725	6.06
第 5 周期	Y	Zr	Nb	Mo	Tc	Ru	Rh	Pd	Ag	Cd
	25.0	43.3	15.2	5.52	23	7.1	4.3	10.8	1.629	6.8
第 6 周期	La	Hf	Ta	W	Re	Os	Ir	Pt	Au	Hg
	61.5	34.0	13.5	5.44	17.2	8.1	4.7	10.8	2.271	94.1

4p 亜殻は空であるので，電子を収容しやすい．

遷移元素系列の最後で，抵抗率は上昇する．第 4 周期の Zn や第 5 周期の Cd での抵抗率の増大はごくわずかであるが，第 6 周期の Hg（[Xe]4f^{14}5d^{10}6s^2）になると，抵抗率は Mn と比べても非常に高い．Hg の場合，閉じた s および d 軌道に加え，閉じた f 軌道ももっている．14 個の f 電子分だけ核の正電荷も増すため，電子で占有された d 軌道と空の p 軌道とエネルギー差が大きくなり，その結果，電気伝導が抑制される．

基本問題　密度，融点，抵抗率のデータから，タングステンがなぜ電球のフィラメントとして使われるのか説明せよ．また，ヒューズとしてどの元素を選ぶか．■

4.3　相転移

物質を加熱すると，原子の配置が変わることがある．たとえば，固体では原子がきちんと配列しているが，融点に近づくと原子は激しく運動し始める．固体の金属と溶融金属とでは**相**が異なる．ある相から別の相への変化を**相転移**とよぶ．各相は，それぞれに特徴的な原子の空間配置をとる．たとえば，溶融体あるいは液体では，各原子は周囲の原子とランダムにぶつかりあっており，常に位置を変えている．固体から液体への転移は講義の終わりに似ている．講義中生徒たちは席に着き，等間隔に並んでいるが，講義の終了時には無秩序に動き出しドアへと向かう．

固体の状態を保ったままでも相転移は起こる．隣接した原子との結合や原子間の位置関係が変われば，物理的な性質も同時に変化する．劇的な例がスズの相転移である．片方の相は典型的な金属としての性質，すなわち延展性や導電性（抵抗率 11.5 μΩ cm）を示す．これが 13.6 °C 以下になると結合が変化し，スズの配位数が 8 から 4 へと減少する．これに応じて，抵抗率も 6 桁上昇する．また，低温相はもろい．このような機械的性質の違いは"スズのペスト"（スズが膨張して崩れやすくなる現象）の原因となっており，ヨーロッパのしかも寒冷地の教会では，スズ製パイプオルガンの破損が報告されている．スズの相転移の速度は非常に遅いため，音管が完全に破壊されるのは免れている．

スズの固体相

低温相（αSn とよばれる）では，個々の Sn 原子は 4 面体に配置した隣接原子に囲まれている（図 4.34）．構造は，宝石のダイヤモンドと同じく**ダイヤモンド型構造**である．ダイヤモンド型構造は半導体によくみられる構造であり，実際，ダイヤモンド型構造のスズは半導体である．

基本問題　αスズ中のスズ原子の配位数はいくつか．■

4.3 相転移

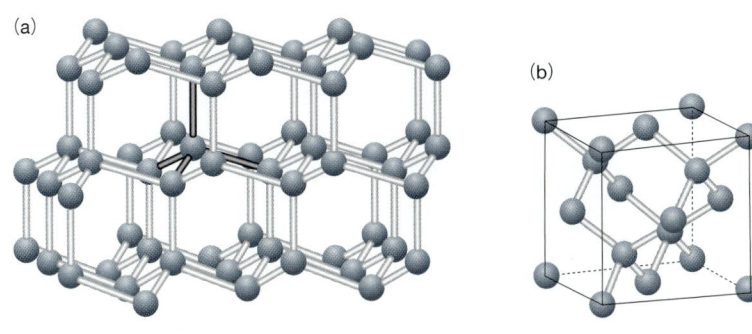

図 4.34 スズの結晶構造．(a) 13.6 °C 以下で安定な相（αSn とよばれる）は正方晶に属し，各 Sn 原子は 4 個の Sn 原子に囲まれている．これは，ダイヤモンドと同じ結晶構造である．4 個の最隣接原子との結合を黒い線で示してある．(b) ダイヤモンド構造の単位格子は，面心立方格子からの派生とみなせる．面心立方格子の頂点原子一つおきに，隣接する三つの面心原子との中間に原子を一つ加えると，ダイヤモンド構造となる．

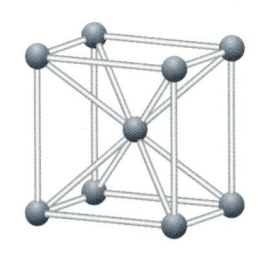

図 4.35 13.6 °C 以上でのスズの構造．金属的な性質を示す．正方晶に属し，各原子は，8 個の最隣接原子に囲まれている．体心立方格子を，前後方向に圧縮した構造であり，前後の幅は 318.19 pm，左右，上下の幅は 583.18 pm である．中心原子との結合長（434.5 pm）は比較的長い．

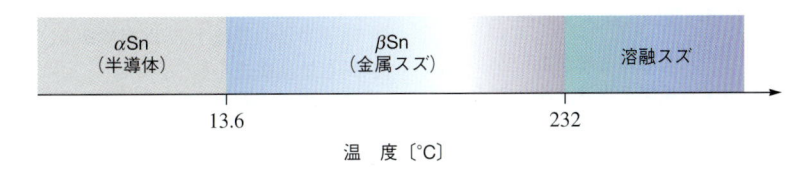

図 4.36 スズの温度に対する相図．13.6 °C で αSn から βSn へ相転移する．また，232 °C で，固体の金属スズから液体へと転移する．圧力は 1 気圧である．

α スズの移動度が非常に低いことから，電子は隣接する原子間に局在していると考えられる．第 5 周期の元素としては，スズは原子サイズが大きい．このため，原子間の結合は比較的弱く，結合を伸ばしたり，弾性限界を越えて曲げたりするのに，それほど力を必要としない．また，ダイヤモンド構造にはすべり系がなく，その結果 α 相スズはもろい．

13.6 °C 以上で，αSn は相転移する．すなわち，原子層はより平坦になるとともに，スズ原子の充塡密度は増し，**正方晶構造**をとる（図 4.35）．この相を β スズとよぶ．正方晶系の単位格子は，一方向に押しつぶした体心格子のような形をしている．

基本問題 正方晶系の単位格子には何個の原子が含まれているか．■

β スズの結合は α スズに比べて方向性に乏しく，また β スズは金属的である．金属的な β スズ（7.31 g cm^{-3}）は，α スズ（5.75 g cm^{-3}）よりもかなり密度が高い．β スズから α スズへの相転移ならびに両相間の機械的な性質の違いにより，β スズを 13.6 °C 以下の温度にすると膨張する（α スズの方が密度が低い）．この膨張現象に加え，α スズはもろいため，13.6 °C 以下の温度ではスズは分解して粉末となってしまう．これが上記の "スズのペスト" である．スズの α，β 相の例のように，電子が原子ペア間に局在するか（α スズ），金属結合のように動き回るか（β スズ）により，機械的な性質にも大きな違いが生じる．

スズの相転移を，温度を軸として示したのが図 4.36 である．この相図は，大気圧下での相転移を表している．では，圧力が上昇すると，この図はどのように変化するだろうか．微視的にも巨視的にも，圧力を加えると物質は縮む．原子レベルでみると，圧縮すると，結合長が短くなり，また結合角が変化して，一定体積中により密に原子が詰まるようになる（すなわち密度が高くなる）．スズの例では，金属的な β 相の方が，半導体的な α 相よりも密度が高く，したがって，圧力が増すにつれ，図 4.36 の境界線は移動し，β 相から α 相への相転移がより低温で起こるようになる．同様に，金属スズは溶融スズよりも密度が高いため，高圧下では融点が上昇する．安定相を記述する便利な方法が二次元相図（図 4.37）である．**相図**は，各相が安定に存在しうる変数（この例では温度と圧力）領域を描いたものである．圧力を増すほど β 相が安定となるため，α スズと β スズを隔てる線は負の傾きをもつ．同様に，圧力が増加すると，液体に比べて β 相が安定化するため，融液と β 相の間の線は正の傾きをもつ．

一般に，二つの相を隔てる線を**相境界**とよぶ．相境界線

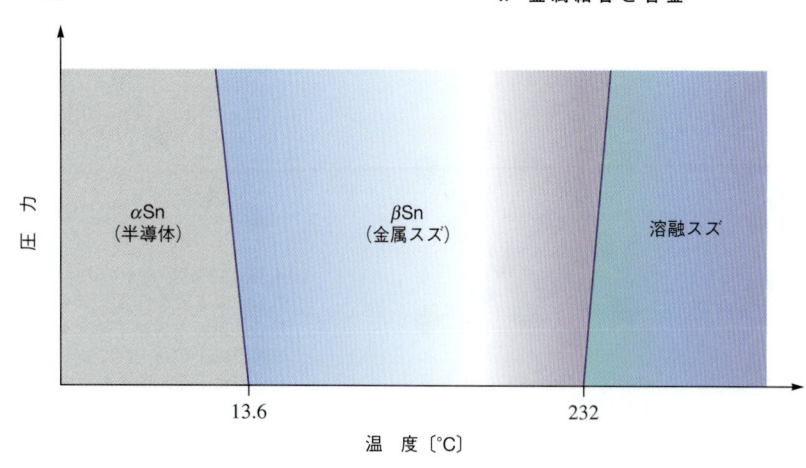

図 4.37 温度と圧力に対するスズの相図．各相が最も安定な温度，圧力範囲を示している．

は，密度の低い相の方に向かって傾いており，したがって，圧力が増すほど，高密度の相の領域が拡大する．

基本問題 液体の水と氷では，どちらの密度が高いか．大気圧下での水-氷系の温度に対する相図を描き，水と氷を隔てる温度を示せ．また，温度に対する相図を描け．■

4.4 合金

紀元前 3500 年頃，銅とスズを混ぜ合わせたもの（青銅）の方が，単独の銅やスズよりも機械的強度が高いことが発見され，青銅の時代が始まった．青銅は**合金**の一種である．合金とは，2 種類以上の金属の固溶体で，金属としての特徴的な性質を示すものをさす．合金の機械的な性質は，個々の元素が，他の元素の結晶格子の中にどのように入り込んでいるかを反映している．ある元素が別の元素の位置を置換している場合には，**置換型合金**をつくる．青銅は置換型合金の例である．青銅は基本的に銅からなっており，一部の銅原子をスズで置換している．このため，機械的な性質は純粋な銅とは異なる．加えた原子のサイズが非常に小さい場合には，剛体球として原子間の隙間に入り込む（**侵入型合金**）．このような原子間の隙間を**格子間空隙**とよぶ．実用上重要な侵入型合金の例がスチール（鋼）である．鋼にはさまざまな組成のものが存在するが，鉄が主成分で，少量の炭素を含んでいる点は共通している．表 4.4 に，いくつかの合金とその用途を示した．

置換型合金

ある元素が別の元素の格子位置を自由に置換できるとすれば（図 4.38），二つの元素は非常に似た性質を示すはずである．このような類似性を判定するための一連の規則が，**ヒューム・ロザリー則**である．置換型合金が全律固溶（どのような割合でも混じり合う）するためには，二つの元素は，以下の条件を満たす必要がある．

- 原子半径の差は 15% 以内である．
- 同じ結晶構造をもつ．
- 電気陰性度がほぼ等しい．

ヒューム・ロザリー則を満たす元素は，いかなる組成でも混じり合い均一な固溶体となる．**均一固溶体**では，物理的，化学的性質はどこでも一定である．たとえば，砂糖をコーヒーに溶かすと，均一でただ一つの相からなる溶液となる．さらに砂糖を加えてカップの底に砂糖が残っている場合は，2 相の混合物である．2 相以上の混合物を**不均一混合物**とよぶ．

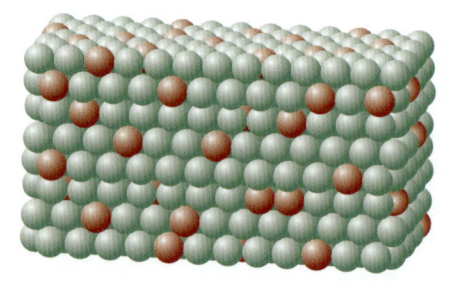

図 4.38 置換型合金．2 種類の原子の大きさ，結晶構造，電気陰性度が等しいとき，広い組成範囲で置換型合金をつくる．

ヒューム・ロザリー則を満たしていないときには，片方の元素の量がある限られた範囲にある場合にのみ，置換型合金をつくる．この境界を**固溶限界**とよぶ．固溶限界という用語は，均一な溶液とならない混合物に対しても使われることがある．たとえば，コーヒーの下に砂糖が溶け残っている場合，砂糖はコーヒーに対する溶解の限界を越えているのである．

4.4 合金

基本問題 銅やニッケルの融点はどれほどか．また，銅 10％，ニッケル 90％からなる合金の融点を予想せよ．

銅とニッケルの合金はヒューム・ロザリー則をよく満たし（表 4.5），すべての組成領域で置換型の固溶体をつくる．砂糖入りのコーヒーと無糖コーヒーが違うように，Cu-Ni 固溶体の性質は Cu や Ni の単体とは異なる．

銅 50％，ニッケル 50％の混合物を考えてみよう．銅とニッケルの融点はそれぞれ 1085 ℃，1455 ℃ であり，両者ともこの温度で融解して均一な融液となる．では，混合融液を冷やしていくと何が起こるのだろうか．また，温度の境界（図 4.39）はどうなるのだろうか．Ni の融点は，銅よりも 400 ℃ ほど高い．したがって，融液を冷却していくと Cu と Ni の均一な固溶体がまず現われるが，その固溶体は Cu よりも Ni を多く含んでいる．この固溶体は融液と共存しており，2 相が混合した状態にある．全体が完全に固化すると，均一な固溶体の単相となる．組成が異なると，境界温度も異なる．縦軸を温度，横軸を組成としてこの関係をプロットすると，相図（この場合，温度と組成に関する相図）ができあがる（図 4.40）．Cu と Ni のような二元系の場合，組成は重量比あるいはモル比で表す．

基本問題 図 4.40 の相図で，銅 50％，ニッケル 50％の組成を点線で示した．50％：50％混合物は，何 ℃ で固相が出現するか．

表 4.5 銅-ニッケル固溶体 ヒューム・ロザリー則によると，銅とニッケルは非常に似た元素である．

	半径〔pm〕	結晶構造	電気陰性度
Cu	117	面心立方	1.90
Ni	115	面心立方	1.91
差	2％		0.5％

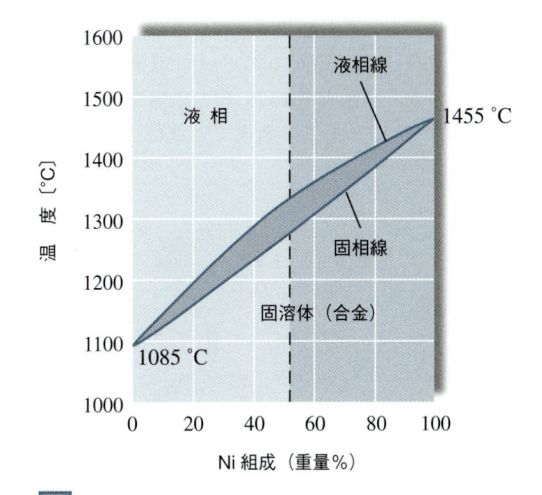

図 4.40 銅-ニッケル二元系の相図．全組成範囲で均一な固溶体をつくる．

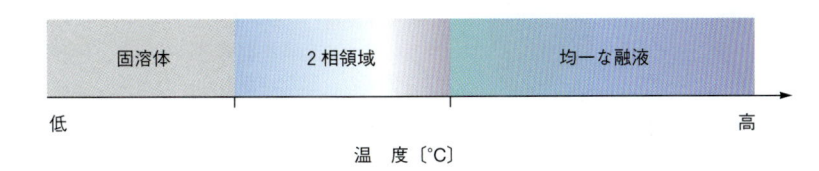

図 4.39 銅-ニッケル混合系の温度に対する相図．

表 4.4 合金の例

用途	組成	おもな性質
ヒューズ	50％ Bi，25％ Pb，12.5％ Sn，12.5％ Cd	融点 70 ℃
真鍮	主成分 Cu，40％まで Zn を含む	Cu，Zn より硬い
青銅	Cu と Sn	Cu，Sn より硬い
ステンレス	80.6％ Fe，0.4％ C，18％ Cr，1％ Ni	耐腐食性
ケーブル，釘，鎖	軟鋼，0.2％ C	強靱
梁，レール	中炭素鋼，0.2〜0.6％ C	曲がりにくい
切削鋼，バネ	高炭素鋼，＞1％ C	切れ味を保つ，硬い
はんだ	67％ Pb，33％ Sn	融点 275 ℃
配管用はんだ	95％ Sn，5％ Sb	低融点，Pb を含まない
食器類	92.5％ Ag，7.5％ Cu	スターリングシルバー
ピューター（しろめ）	85％ Sn，7％ Cu，6％ Bi，2％ Sb	柔らかい光沢
歯科充填材	70％ Ag，18％ Sn，10％ Cu，2％ Hg	容易に加工できる
装飾品	58％ Au，42％ Cu	柔らかい金色
装飾品	25％ Au，75％ Ag	ホワイトゴールド

CuとNiの融液を冷却すると，最初に生じる固相中には，常に融液に比べNiが多く含まれている．ゆっくりと冷却していくと，生じた固体粒子が徐々に成長してゆき，最終的には粒界をもつ均一な合金ができる（図4.41）．冷却速度が速すぎると，均一な固相が生じず，また固体中の原子は十分に拡散できない．その結果，まるでM&Mチョコレートのような，層状の固体が生じる（図4.41）．

各層の組成を決定するのに，相図は有用である．固相-液相領域では，これらの2相が共存するが，それぞれ組成は異なる．たとえば，50:50のCu-Ni融液は1325℃で固化し始めるが，相図上で1325℃の横線を引くと，ニッケル量ゼロから50%までの組成では液体の状態にある．

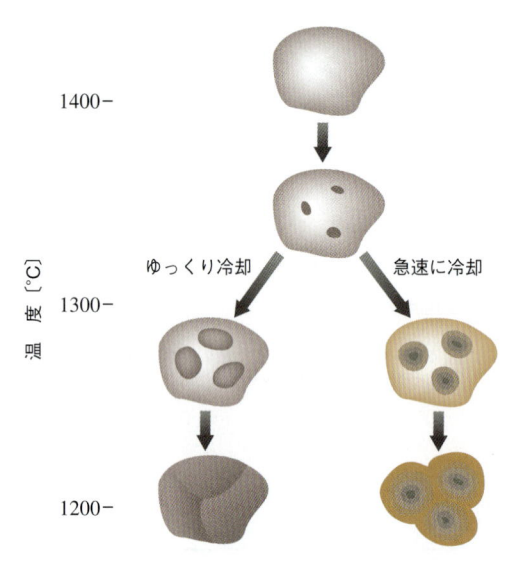

図4.41 冷却速度と固体の構造との関係．ゆっくり冷却すると，粒界をもった均一な固体が得られる．一方，急冷すると，層状構造（中心部はニッケル，外側は銅の濃度が高い）をもつ不均一な固体が得られる．層の境界が粒界となる．

この線が固相領域にあるのは，ニッケル組成64%から100%までである．したがって，1325℃では，固相は少なくとも64%のニッケルを含むことになる．50:50の融液を1325℃まで冷やすと，ほぼCu50%，Ni50%の液体の中に，微量のNi64%，Cu36%の固相が析出する．同様に，温度，組成が2相領域の内側にある場合，液相の組成は温度一定の横線が液相線と交わる点の組成になり，一方，固相の方は，固相線と交わる点の組成となる．

合金の機械的な性質は，組成や製造法，特に冷却速度に依存する．弾性率は，外部からの負荷に対して，ミクロな結合がどのように応答するかを表しているので，主成分元素の特性が弾性率を決める．一方，合金となることで塑性変形は大きな影響を受ける．可塑的な動きは粒界によって制限される．ゆっくりと冷却した場合でも多数の微結晶が生成し，この微結晶が成長してやがて粒界が生じる．一方，急速に冷却すると多層構造となり，最密充填面の動きが抑制される．その結果，応力-ひずみ曲線の直線部分は高負荷側まで延びる．このような理由により，合金の方が金属単体よりも変形しにくい．一方，合金の電気抵抗は高い．これは，電子との相互作用の大きさが各構成原子により異なるためである．たとえば，Cu, Niの電気抵抗はそれぞれ$1.725\,\mu\Omega\,cm$, $7.20\,\mu\Omega\,cm$であるのに対し，50:50 Cu-Ni合金では$50.05\,\mu\Omega\,cm$である．寒冷地で送電線に氷が付着しても耐えられるよう，銅線の代わりに合金を使うことが考えられるが，合金は抵抗が高く，電力が熱として失われてしまうため，実際には使えない．

基本問題 ヒューム・ロザリーパラメータが釣り合っていない二つの金属を混ぜ合わせると，何が起こるか．もし片方の金属の一部だけがもう一方と混じり合うとしたら，合金の機械的な性質にはどのような影響が現れるか．■

たいていの場合，二つの元素を混ぜ合わせようとしても，CuとNiとのようにはいかず，ある決まった組成範囲で

例題4.6 相図を読む

ある組成の混合物から均一な相が得られるか，あるいは何℃で固化するかなどを知りたい場合，相図は非常に有用である．今，重量比Ni60%，Cu40%の混合物を1500℃まで加熱し，その後冷却したとする．何℃で固化が始まるか．そのとき，固相はどのような組成となるか．また，全体は何℃で固化するか．

[解法]
■ 相図にニッケル重量比60%の線を引き，その線が2相領域と交わる温度を読み取る．
■ その温度の横線と固相線との交点から，固相の組成を見積もる．
■ 組成60%の線が固相領域と交わる位置から，全体が固化する温度を読み取る．

[解答]
■ ニッケル組成60%の線は，液相線と1350℃で交わる．したがって，この温度で固化が始まる．
■ このとき，固相の組成はNi75%，Cu25%であり，ニッケルの含有量が比較的高い．これは，ニッケルと銅は固体中で容易に置換し合い，かつニッケルの方が，融点が高いためである．
■ 組成60%の線は，固相領域と1320℃で交わる．

別冊演習問題4.53〜56参照

のみ固溶体をつくる．このタイプの固溶体で，歴史的に最も重要なものの一つが青銅である．実際，紀元前 3000～500 年は青銅器時代とよばれている．古くから知られる銅は扱いが容易であり，道具や器具の材料として石よりもずっと優れている．しかし，銅は柔らかいのが難点であり，銅製品は耐久性に乏しい．銅に別の元素，特にスズを加えると耐久性が大幅に向上することが発見され，人類に大きな進歩をもたらした．

基本問題 Cu と Sn にヒューム・ロザリー則を適応させよ．Cu と Sn は全律固溶合金をつくると予想するか．その理由も述べよ．■

青銅というのは正確な用語ではなく，銅をもとにしたさまざまな合金をさす．最も一般的な青銅は，重量比で Cu 90 %，Sn 10 % からなる．スズ原子は，銅よりも 20 % ほど大きいので，Sn が Cu を置換するとひずみが生じる．したがって，Sn が Cu へ固溶できる量は限られており，相図は非常に複雑である．

スズと鉛の合金は，電気回路用のはんだとして利用されているが，はんだも固溶量に限界のある固溶体の例である．この性質は，はんだの融点と深く関係しており，はんだにとっては好都合である．鉛の原子はスズよりも 5 % ほど大きいだけであるが，鉛の電気陰性度はスズよりも高く，結晶構造もまったく異なる．両元素とも，他方の結晶化を妨げる効果があり，混合物は単体よりも低温で固化する（図 4.42）．この性質により，回路の配線を融かすことなく，はんだだけを融かすことができるのである．

Sn-Pb 合金は，室温では不均一混合物である．Pb 100 % に近い固相領域では，Pb が主成分で，これに少量の Sn が含まれており，逆に Sn 100 % に近い領域では，主成分の Sn が少量の Pb を含んでいる．この間には 2 相領域が広がっており，Sn を主成分とする相と Pb を主成分とする相の不均一混合物となる．Sn 量 61.3 % のとき融点は最低となる．この組成の合金では，融液と固相の 2 相が共存しないため，産業上重要である．均一な融液は，ある温度で固化して 2 種類の固相に分離する．融点が低いという点は，はんだとして重要である．また，一様に固化するため，2 相はよく混じり合っており，これが，はんだで接合した部分の電導性向上につながっている．

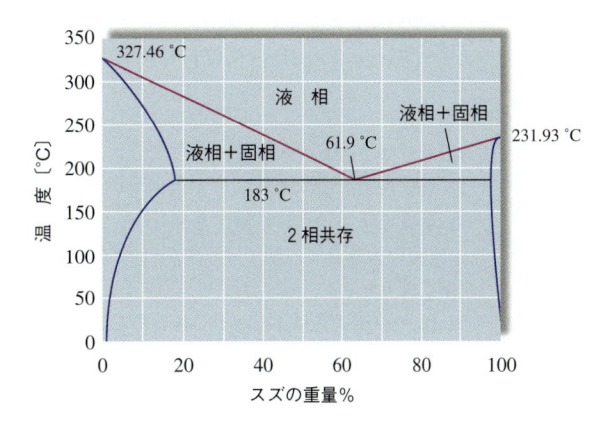

図 4.42 Sn-Pb 系の相図．ヒューム・ロザリー則を満たさない組合わせの例である．スズと鉛の合金は，単体よりも融点が低い．このため，はんだとして利用される．

侵入型合金

固溶限界のある合金で重要なのが，Fe と C からなる鋼である．どの結晶格子にも原子間に隙間があり，格子間空隙とよばれる（体心立方格子の例は図 4.43）．たいていの場合，この空隙は広く，大きさが十分に小さければ，別の原子を取込むことができる．格子間空隙に収まる原子を**格子間原子**とよぶ．鋼では，鉄の体心立方格子の空隙に小さな原子を取込むことができる．炭素原子がこの格子間空隙を占めると，Fe と C との固溶体ができる．

炭素は，Fe の体心立方格子に収まるにはやや大きい（例題 4.7）．このため，炭素は格子ひずみを生む．格子ひずみは，鋼の性質のみならず，生産工程にも密接に関係している．炭素を取込むと Fe の体心立方格子は伸び，スズと同様，正方晶の体心立方格子となる．

体心立方格子構造の鉄は，約 2 % まで炭素を固溶させることができるが，700～1400 ℃ の高温でのみ安定である．

図 4.43 鉄の単位格子．(a) 格子間空隙を示してある．体心立方格子は，面心立方格子や六方最密充填格子に比べ低密度であるため，格子間空隙も広い．(b) 鋼では，格子間空隙の一部を炭素が占める．

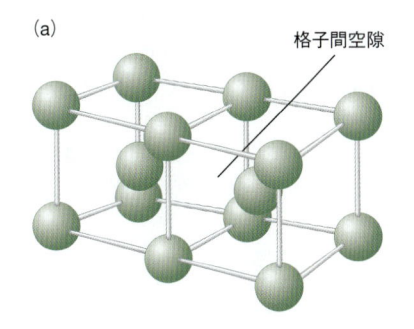

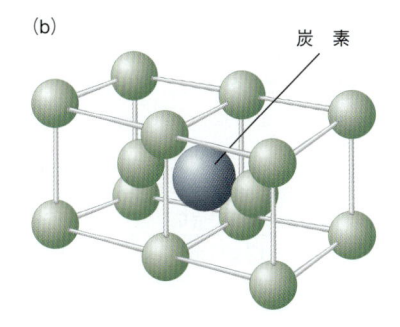

例題 4.7　体心立方格子の格子間空隙

鋼は Fe と C の固溶体であり，C は Fe の体心立方格子の格子間空隙に収まっている．格子間炭素原子は，Fe の機械的ならびに化学的な性質を大きく変化させる．格子間空隙は，Fe の結晶格子をゆがめることなく C を取込めるほど，広いスペースか．

[データ]　Fe の半径 = 117 pm，C の半径 = 77 pm

[解　法]
- 単位格子の大きさを求める．
- 単位格子のどの位置を C が占めているか考える．
- 単位格子の頂点に位置する原子は，向かい合う面および対角線方向に 117 pm のサイズをもつ．空隙の大きさを，格子間原子のサイズと比較する．

[解　答]
- Fe の原子半径は 117 pm であるので，単位格子の対角線の長さは 4 × 117 pm = 468 pm である．また，辺の長さは 468 pm/$\sqrt{3}$ = 270 pm，各面の対角線の長さは 270 pm ×$\sqrt{2}$ = 381 pm である．
- 炭素の位置としては，面の中心および辺の中央の 2 種類が考えられるが，これらは等価である．
- 面の中心（図 4.43 参照）についてみると，ここから頂点原子までの距離は，面の対角線の半分の 190 pm である．頂点原子は，空隙の方向に 117 pm のサイズをもつので，空隙の半径は 73 pm である．一方，体心に位置する原子までの距離は，立方体の辺の半分の 135 pm である．体心の原子も 117 pm のサイズなので，18 pm を半径とする穴が残る．したがって，格子間炭素は，回転楕円形（2 本の長軸が 73 pm，1 本の短軸が 18 pm）のスペースに入る．炭素の半径は 77 pm であるので，すべての方向にやや圧縮される．

以上のようにして，炭素原子が入ると，鉄の結晶格子には非等方的な圧力がかかる．その結果，鉄の体心立方格子は正方晶へと変形する．格子ひずみは塑性変形を妨げる効果があるため，鋼は鉄よりも強靭になる．

別冊演習問題 4.60～62 参照

例題 4.8　鋼の中の炭素

炭素は，鉄の格子間位置に収まるにはやや大きい．自転車のフレームの生産工場で使われる鋼は，重量比で炭素を 0.43％含んでいる．格子間空隙のどれだけが炭素で占められているか．

[解　法]
- 重量比 0.43％を原子比に変換する．
- 鉄の原子 1 個当たり，何個の格子間空隙が存在するか考える．
- 鉄と炭素の比を求める．

[解　答]
- 重量比 0.43 ％は，鋼 100 g 中に炭素が 0.43 g 含まれていることを意味する．原子比は，

$$\frac{\dfrac{0.43 \text{ g C}}{12 \text{ g C mol}^{-1}} \times 100\%}{\dfrac{0.43 \text{ g C}}{12 \text{ g C mol}^{-1}} + \dfrac{99.57 \text{ g Fe}}{56 \text{ g Fe mol}^{-1}}} = 2\%$$

である．したがって，鉄 50 原子につき，炭素原子が 1 個存在する．
- 体心立方の単位格子中には 2 個の鉄原子が含まれている．六つの面心位置は，いずれも 2 個の単位格子で共有しているので，単位格子当たり 3 個の格子間空隙が存在する．12 本の辺はそれぞれ 4 個の単位格子が共有しているので，さらに 3 個の格子間空隙が追加される．したがって，2 個の鉄につき合計 6 個の格子間空隙が存在する．
- 50 個の鉄原子は，150 個の炭素を収容できるため，鋼中で炭素が占有している割合は 1/150，すなわち 0.7％である．

炭素原子は大きな格子ひずみをもたらすため，このように低い占有率でも，鉄の結晶構造をゆがめる．

別冊演習問題 4.62，4.64，4.80，4.81 参照

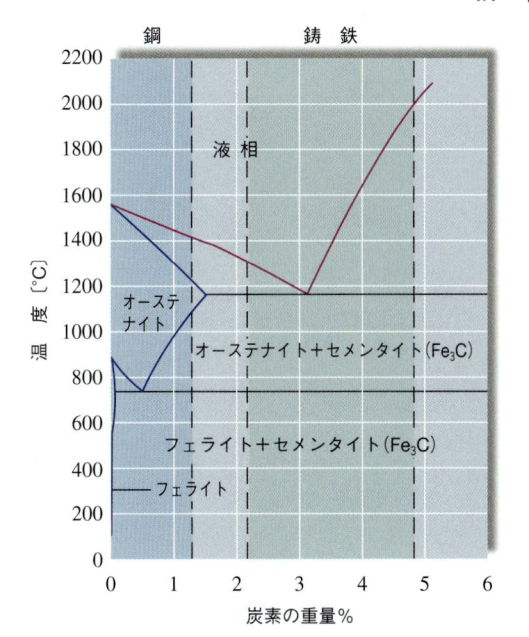

図 4.44 鉄と炭素に関する相図．炭素は，鉄格子の原子を置換できるほど大きくないが，格子間空隙にちょうど収まるには大きすぎる．このため，炭素には固溶限界があり，相図は複雑になる．ここには，相図の一部だけを示した．

この立方晶系の鉄は，鋼に関する先駆者の一人であるW. C. Roberts-Austin の名前をとって，**オーステナイト**とよばれる．オーステナイトをふつうに冷却すると，フェライトとよばれるほぼ純粋な鉄と，セメンタイトとよばれるFe_3C の 2 相に分離してしまう（図 4.44）．セメンタイトは，電子が結合に局在する傾向が強いため，非常にもろい．一方，純鉄同様，フェライトは比較的柔らかい．セメンタイトとフェライトを組合わせると，ザラザラした可塑性の材料となる．相分離を防ぐには，クエンチとよばれる急冷を施す必要がある．クエンチにより炭素と鉄はランダムに分布するようになる．低温では，結晶格子は正方晶となり，一方向に伸びる．これを**マルテンサイト**相とよぶ．マルテンサイト相はオーステナイト相に比べ不均一である．高温の立方晶に対するオーステナイト，低温のひずみの大きい相に対するマルテンサイトという用語は，もともと鋼鉄で使われていたものであるが，今日では他のさまざまな合金にも用いられている．

マルテンサイトは安定な鋼の相ではなく，オーステナイトをクエンチすることによってのみ得られる．このため，マルテンサイトは常に少量のオーステナイトを含んでいる．2 相が共存することで，鋼はしなやかでしかも強靭になる．かつて鍛造所があったシリアの首都から名前をとったダマスカス鋼とよばれる材料は，その一例である（図 4.45）．ダマスカス鋼や他の高炭素鋼は高温で非常にしなやかであり，室温では非常に強靭である．300 年前にこの材料でつくられた剣の刃は，数々の戦に耐えてきた．何百年もの間，ダマスカス鋼の製造法は不明であったが，刃こぼれしにくい切断器具の製造法は，機器メーカーや金属加工業など産業面からの関心が強い．そこで，ダマスカス鋼を再現しようとする試みが数多くなされ，Oleg Sherby 教授とローレンス・リバモア研究所の専門家たちは，1.8％ もの炭素を鋼の中に取込む方法を開発した．得られた炭素鋼は非常に可塑性が高く，高温で元の長さの 11 倍まで伸ばしても，ひびが入ったり切れたりすることがない（図 4.45）．通常，鋼は 2 倍程度までしか伸ばすことができない．画期的な応用につながるような新しい鋼合金を開発するには，原子レベルの相互作用や，相図，製造条件の影響などを理解することが重要である．

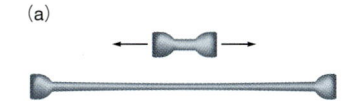

図 4.45 (a) 超塑性の鋼．超塑性鋼は，ひびが入ったり，切れたりすることなしに，元の長さの 11 倍まで引き伸ばすことができる．もともと 1 cm の長さだったものが，900 ℃ では 11 cm まで引っ張ることができる．通常の鋼の場合，2 倍が限界である．(b) 高炭素鋼．ダマスカス鋼を，現代の技術で再現したもので，切れ味が長持ちする．ダマスカス鋼を作る技法は，19 世紀に失われた．

ニチノール

有用な合金の多くは，別の問題の答えを探るうち発見された偶然の産物である．その一例が，ニチノールとよばれるニッケル-チタン合金である．1960 年代の初頭，メリーランド州ホワイトオークの海軍軍需品研究所で働く技術者が，ミサイルの熱シールド用合金の改良に取組んでいた．ニッケル-チタン合金は，延性がある，高温でも酸化されにくい，チタンを含んでいるため鋼よりも密度が低いなどの理由から，熱シールド材料として注目されていた．Ni-Ti 合金のロッドを扱ううち，技術者はそのロッドを落としてしまい，にぶいドスンという音がした．ところが，工作による摩擦熱でまだ温かいロッドを落とすと，キンという音をたてた．このような音の違いは，冷たいときの方が温かいときに比べ，原子間の結合が柔らかいことを意味している．原子レベルの効果が巨視的な現象として現れる．このことを常に頭に入れておくべきだということを，ニチノールの逸話がはっきりと物語っている．

この場合，音に注意したことが大発見のきっかけとなった．Ni-Ti 合金の柔軟さを立証するため，William Buehler という名の技術者は，その合金の1片を波形に曲げた．Buehler が属する技術部の部長であった David S. Muzzey が，曲がった合金をライターで熱したところ，合金は劇的な変化をとげ，元のまっすぐな形に戻った．このとき"形状記憶"という言葉がつくられ，その合金は二つの元素 Ni，Ti と海軍軍需品研究所（Naval Ordnance Laboratory, NOL）を組合わせてニチノールと名づけられた．加熱-冷却のサイクルは，ほぼ無限に繰返すことができる．図 4.46 の写真の物体は，熱サイクルを使って動かすことができる．

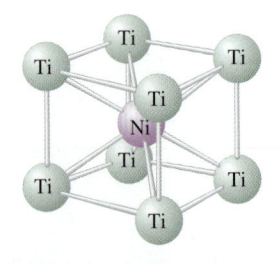

図 4.47 ニチノールの高温相（オーステナイト相）の単位格子．Ni と Ti の位置を入れ替えても等価である．

ニチノールの結晶構造

ニチノールの形状記憶効果は，合金の結晶構造（二つの相形態をとる）と両相間の相転移に関係している．高温相は鋼の用語と同様オーステナイトとよばれ，体心立方単位格子の頂点を8個のチタン原子が，体心の位置を Ni が占める（図 4.47）．

基本問題 原子比が1：1に近いニチノール合金は形状記憶効果を示す．体格子内に何個の Ti 原子が存在するか．Ni 原子はいくつか．Ti と Ni を入れ替えると構造は変化するか．

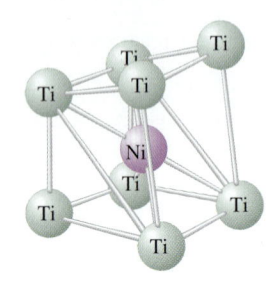

図 4.48 ニチノールの低温相．単位格子は斜めにゆがみ，かつ一方向に圧縮されている．このような不規則な形状をもつことから，鋼での用語と同様に，マルテンサイト相とよばれる．

ニチノールの低温相（図 4.48）は，オーステナイト相に比べ斜めにゆがみ，かつ圧縮されている．ここでも鋼の用語が使われ，低温相はマルテンサイトとよばれる．

オーステナイト相ニチノールは硬く，変形させるのは難しい．一方，マルテンサイトは非常に柔らかく，手でも容易に曲げることができる．このような柔らかさの違いは，単位格子の形の違いによる．オーステナイトの単位格子は立方形であり，角砂糖のように積み重ねることができる．弾性，塑性変形は，前の節で述べたしたような仕組みで起こる．Ni と Ti ではヒューム・ロザリーパラメータが異なるので，面のすべりが抑制され，その結果としてオーステナイト相ニチノールは柔軟性に乏しく，弾性定数の大きな材料となる．

マルテンサイト相の単位格子はひずんでおり，これが平行四辺形のように積み重なっている．平行四辺形の傾斜角の組合わせにより，さまざまな巨視的な形をつくり上げることができる．ただし，どの平行四辺形も，同じ正方形から生まれたものである（図 4.49）．三次元では，24 の等価なマルテンサイト配置が存在し，マルテンサイトがオーステナイトに戻る際にも多数のルートがある．しかし，Ni の隣には Ti が，Ti の隣には Ni がくるような原子配置に戻るのは，ただ一つのルートしかない．他のやり方では，最後には Ni-Ni や Ti-Ti の組みが生じてしまう．これらの配置はすべてエネルギーが高い状態であり，エネルギーに

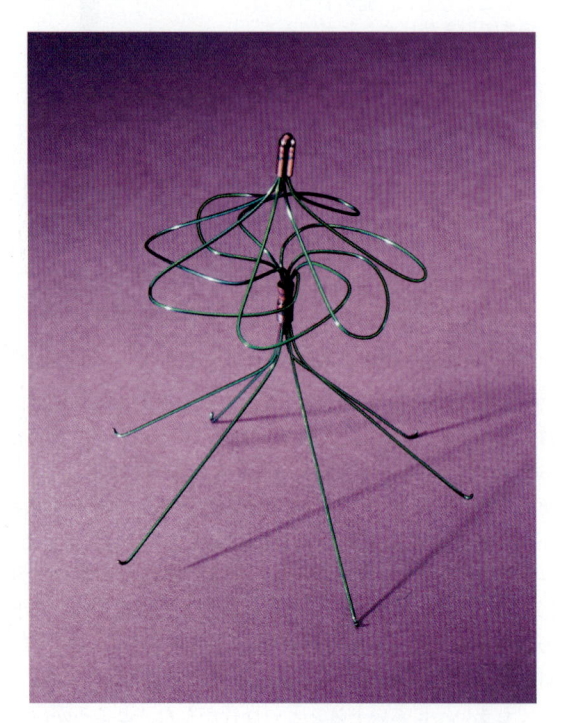

図 4.46 彫刻のように見えるこの物体は，サイモン・ニチノール・フィルター，あるいはもっと洒落た言い方で，鳥の巣フィルターとよばれる．これを，血栓症患者の静脈に入れることにより，血栓が脳に達し，脳卒中を起こすのを防ぐ．このフィルターは，ニチノールの温度に対する応答を利用しており，血管に挿入した後に開く仕組みになっている．チタンとニッケルは生体適合性が高く，体内に長時間とどめておくことができる．

4.4 合金

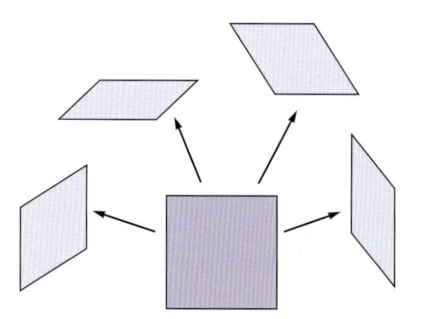

図 4.49 正方形と平行四辺形で表したニチノールの変形モデル．正方形を圧縮し，斜めに傾けると平行四辺形となる．圧縮と傾斜の向きの組合わせで，4 種類の異なる平行四辺形が得られる．どの平行四辺形も，元は同じ正方形である．

基本問題 ニチノールは，コーヒーメーカーの温度制御スイッチや液圧チューブコネクタ，骨折した部位を固定する金具，動脈ステント，メガネのフレームなどに利用されている．これらの応用で，ニチノールの二つの相と，それらの間の相転移はどのように利用されているか．

圧力誘起相転移

ニチノールの医学への応用では，多くの場合，マルテンサイトとオーステナイトの密度の違いを利用している．マルテンサイトはオーステナイトよりも 0.5% ほど密度が高い．圧力を加え，原子を接近させると，より密度の高いマルテンサイト相へと転移する．室温で，オーステナイトをマルテンサイトに変えるには，それほど高い圧力を必要としない．

この現象を利用したニチノールの応用の一つが，歯列矯正術用の締め具である．歯の位置がずれていると，ニチノール線に圧力が加わり，これにより原子が接近してより密度の高いマルテンサイト相へと転移する．柔らかいマルテンサイトによってゆるい圧力が加わり，歯が動くにつれ，圧力はなくなる．そうすると，締め具は元の硬いオーステナイトへと戻る．こうして，歯を望みの位置に矯正するようプログラムできるのである．効果は持続的であり，歯への負担も小さく，結果も良好である．もし皆さんがこの 10 年間に矯正器具をつけたとしたら，それはおそらくニチノール製であり，特に歯科医が，器具による不快感を和らげるため，冷たい飲みものをとるように勧めたならば，間違いなくそうである．低温ほど柔らかい相への転移が進むので，歯にかかる力も弱くなり，痛みも和らぐのである．

従うと，唯一のオーステナイト配置に戻ってきてしまう．

低温相に 24 の等価な配置が存在することから，巨視的にさまざまな形をとることが可能であり，また外部応力に応じてある形から別の形へと容易に変化する．これが柔軟性を生む理由である．

等価な配置の間で簡単に変形するという性質から，なぜ低温のマルテンサイト相で鈍い音がするのかが説明できる．低温相では，原子は，音のエネルギーを隣の格子に伝えるよりも，24 の等価な配置のどれかに変化してしまう方が簡単である．一方，高温相である立方晶オーステナイトは柔軟性に乏しく，原子は互いに強く結合している．外部から刺激を与えると原子が波のように運動し，音波を生じる．エネルギーは散逸されることなく音として伝播していく．

チェックリスト

重要な用語

弾性変形（elastic deformation, p. 74）
塑性変形（plastic deformation, p. 74）
電子の海（electron sea, p. 75）
金属結合（metallic bond, p. 75）
結晶格子（crystal lattice, p. 76）
単位格子（unit cell, p. 76）
体心立方格子（body-centered cubic lattice, BCC, p. 77）
面心立方格子（face-centered cubic lattice, FCC, p. 77）
六方最密充填格子（hexagonal close pack lattice, HCP, p. 77）
剛体球モデル（hard-sphere model, p. 77）
配位数（coordination number, p. 78）
最密充填（close pack, p. 78）
応力（stress, p. 81）
ひずみ（strain, p. 81）
弾性率（elastic modulus, p. 81）
すべり系（slip system, p. 84）

欠陥（defect, p. 85）
点欠陥（point defect, p. 85）
線欠陥（line defect, p. 85）
粒界（grain boundary, p. 85）
応力硬化（stress hardening, p. 86）
抵抗率（resistivity, p. 87）
相（phase, p. 88）
相転移（phase transition, p. 88）
ダイヤモンド型構造（diamond structure, p. 88）
正方晶（tetragonal, p. 89）
相図（phase diagram, p. 89）
相境界（phase boundary, p. 89）

重要な式

応力 $\sigma = \dfrac{F}{A_0}$

ひずみ $\varepsilon = \dfrac{\Delta l}{l_0}$

弾性定数 $\sigma = E\varepsilon$

合金（alloy, p. 90）
置換型合金（substitutional alloy, p. 90）
格子間空隙（interstitial spaces, p. 90）
ヒューム・ロザリー則（Hume-Rothery rule, p. 90）
均一固溶体（homogeneous solution, p. 90）
不均一混合物（heterogeneous mixture, p. 90）
固溶限界（solubility limit, p. 90）
格子間原子（interstitial atom, p. 93）
オーステナイト（austenite, p. 95）
マルテンサイト（martensite, p. 95）

章のまとめ

　金属材料や合金の巨視的な性質は，原子間相互作用の結果である．金属元素は，価電子を束縛する力が弱いため，容易に電子を失う．原子が密に充填した結晶は，電子の海の中に浮かぶ陽イオンの格子とみなせる．電子の海は陽イオンの格子に浸透し，陽イオンとクーロン力により引き合う．その結果，陽イオン間に結合力が生じる．緩く結合した海の電子を，より強く結合し，かつ方向性をもったd軌道の電子が補う．第4周期の元素の場合，d軌道の関与はFe-Co-Niで最大となり，その後電子が核に引きつけられるにつれ，減少する．

　電子の海のモデルにより，金属の巨視的，微視的な性質（弾性変形と塑性変形，密度の変化，電導性，合金の生成など）が説明できる．合金をつくると，塑性変形の伝播が抑えられるため，材料の巨視的な性質が変わり，弾性応答の領域が，より高負荷側の領域まで広がる．

重要な考え方

　材料の巨視的な性質は原子レベルの構造，すなわち，構成原子の電子配置と結晶構造で決まる．

学習目標

■ 原子の大きさから密度を計算する（例題4.1）．
■ 単位格子内の原子数と充填密度を求める（例題4.2, 4.3）．
■ 弾性率を用い，応力からひずみを求める．また，逆にひずみから応力を計算する（例題4.4）．
■ 密度，柔軟性，抵抗率から応用に適した金属材料を選ぶ（例題4.5）．
■ 相図を読み，固溶限界を求める（例題4.6）．
■ さまざまな格子について，空隙の大きさを見積もる（例題4.7）．

5 化学結合と現代のエレクトロニクス

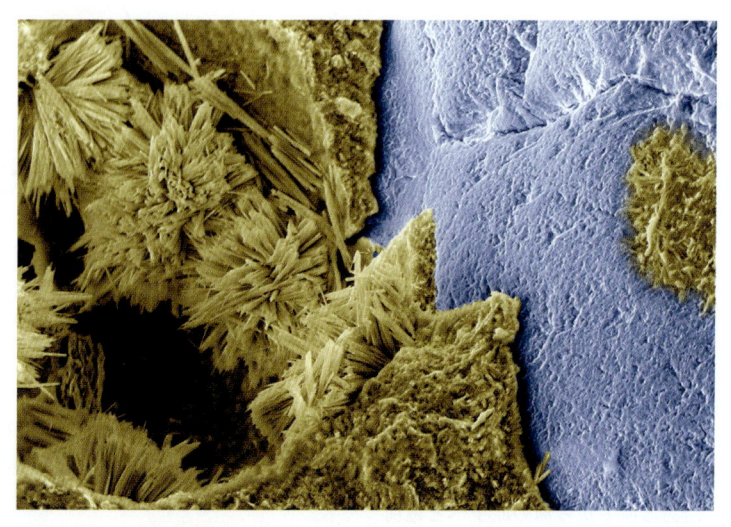

コンクリートの顕微鏡写真．針状や板状の結晶が見えるが，このような結晶が含まれていることで，ビルの構造材料に必要な強度や他の性質が生まれる．もっと小さなスケールでみると，コンクリートの性質を決めているのは，原子間のイオン結合や共有結合である．

目　次

5.1 金属結合以外の結合
- 二原子分子
- 二原子以上の分子
- 混成軌道
- 🔅 応用問題
- 半導体の元素と絶縁体の元素
- 混合原子価半導体
- ダイオード
- 青色発光ダイオード

5.2 電気抵抗：導体と半導体との対比

5.3 酸化物導電体と酸化物半導体

主　題

■ 原子が互いに近づいたとき，電子がどうふるまうかについて，分類して整理する．これは，化学を理解するうえできわめて重要である．

■ 原子レベルでの相互作用から，半導体や導体の電気的な性質を予想する．

学習課題

■ 共有結合性の物質で，相互作用と密度との関係について学ぶ（例題 5.1, 5.2）．

■ 半導体における相互作用とバンドギャップとの関係を理解する（例題 5.3, 5.4）．

■ ドーピングにより電気伝導性を制御する（例題 5.3, 5.5, 5.6）．

5. 化学結合と現代のエレクトロニクス

現代文明に至る長い歴史は，おもに使用した材料によって，石の時代，石と銅の時代，青銅の時代，鉄の時代というように分類される．今は，いろいろな意味で情報の時代であり，電子材料の時代とよんでも差し支えないだろう．それくらい，エレクトロニクスはわれわれの文化に貢献している．皆さんがふだん使っているさまざまな機器，たとえば電卓，コンピュータ，携帯電話，CD や DVD プレーヤーを考えていただきたい．これらの機器には，電気伝導性がまったく異なる材料が使われており，半導体論理回路や電源表示ランプに使われる金や銀のような良導体から，ショートを防ぐためや，作業をしている人にショックを与えないための絶縁体まで及んでいる．このような伝導性の違いは，原子レベルの化学結合と関係している．同様に，機械的性質（弾性率やもろさなど）や融点も化学結合によって決まる．

化学結合は，一般に金属結合，共有結合，イオン結合の3種類に分類される（図 5.1）．金属結合については第4章で説明した．**共有結合**は，隣の原子との間の方向性をもった結合であり，価電子を共有するのが特徴である．**イオン結合**では電子を共有せず，ある原子から別の原子へと電荷が移動する．非金属元素間の結合はたいてい共有結合であり，非金属と金属との組合わせではイオン結合が生じやすい（図 5.2）．三つの結合様式の境界は明確ではなく，ある結合様式から別の結合様式へと徐々に変化していく（図 5.1）．それでも結合様式は，材料の機械的な性質や電気的な性質にとって重要な意味をもっている．

共有結合では，原子を結ぶ方向に分布する荷電粒子（すなわち電子）が重要な役割を演じている．原子の位置が固定されるため，共有結合性の固体は硬く（弾性率が大きく），また壊れるまでほとんど塑性変形しない．これに対し金属結合では，電子は非局在化しており，電子の海に浮かぶ原子はその位置を変えうる．金属結合は材料に柔軟性を与える．すなわち弾性率は小さく，塑性変形しやすくなる．その結果として延展性が生じる．

二つの企業——一つは倒産し，もう一つは倒産を免れるため政府に緊急援助を申請した——は，この共有結合と金属結合の違いを見落としていた．ロールスロイス社は，航空機用ガスタービンエンジンのコンプレッサーブレード（空気圧縮器に取付けた羽根）に，チタンの代わりにグラファイト複合材を使用することに決めた．（グラファイトはチタンよりも低密度で軽く，輸送にコストがかからない．また，グラファイトは共有結合性の材料であり，チタンは典型的な金属である．）費用のかかる製造プラントの設計，材料加工，製品の組立てと作業は進み，エンジンは最後の重要な試験を迎えた．この試験に合格すれば，ロッキード社などの航空会社に納品される．その最終試験は "bird test" とよばれ，鳥の群れがエンジンに侵入した場合（これは離陸の際にしばしば起こる）を想定したものである．試験の結果，なんとブレードはエンジンから外れてしまっ

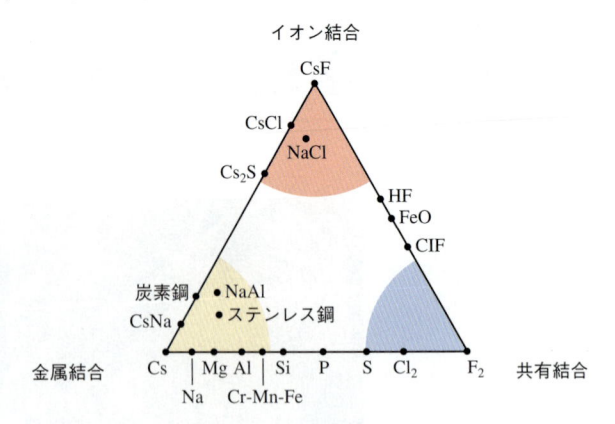

図 5.1 3種類の結合様式（共有結合，イオン結合，金属結合）の間の関係．それぞれの境界は明確ではなく，連続的に移り変わる．ある種の材料では，ほぼ純粋な結合様式がみられるが，多くの場合，3種類の結合様式が混じったものとなる．

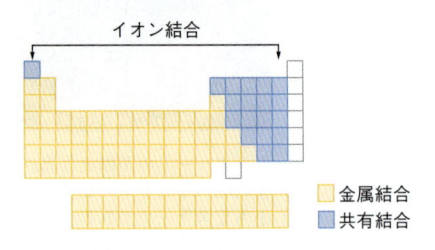

図 5.2 周期表と化学結合．周期表の左側の元素間では，金属結合をつくりやすく，右側の元素間では共有結合が支配的となる．左側の元素と右側の元素を組合わせると，イオン結合が生じる．

た．これは，グラファイトの結合が，方向性をもった共有結合だからである．この試験によって人命が救われたわけであるが，経済的な損失のためロールスロイス社は倒産してしまった．また，ロッキード社も航空機を取引先に納品できなくなったため，米国政府の緊急援助がなければ同様に倒産するところだった．このような重大な事態をまねいた原因は，共有結合の強い局在性にある．金属結合の遍歴性（電子が自由に動き回る性質）とは対照的である．

遷移金属では，周期表の左から右に向かって弾性率が変化していくが，これはやや方向性をもつ d 軌道による結合と，方向性をもたない金属結合とが混じり合った結果である．少し共有結合性が加わると，弾性率が上昇する．ある特定の性質をもった材料を開発するため，毎年多額の研究費が使われているが，ここでは結合の様式を理解することが一つの重要な要素である．

電気伝導，すなわち固体中の電荷の移動は，結合様式や電子配置，結晶構造にきわめて敏感である．本章では，電気伝導に焦点を当てる．特に，半導体デバイス（たとえばコンピュータディスプレイの電源ランプ）が放つ光の色と原子レベルの化学結合とを関係づけるのがねらいである．そこでまず，2原子間の結合について調べ，つぎにそれを

5.1 金属結合以外の結合

周期表の左右両端に位置する元素（たとえば Na と Cl）が出会った場合を考える（図 5.3）．周期表の左側の元素は緩く結合した価電子をもっており（Na の場合には 1 個の価電子），一方，右側の元素では，外側の s あるいは p 亜殻はほとんど満ちている．特に，塩素の価電子は閉じた

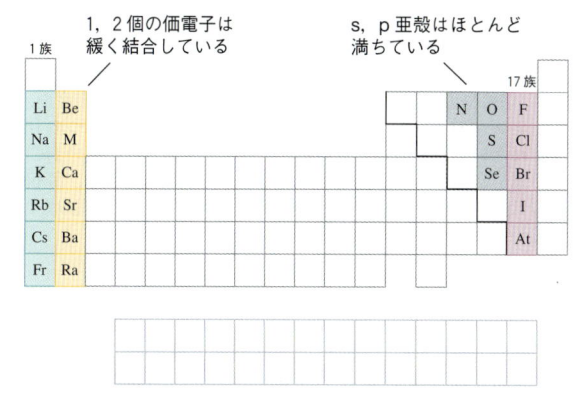

図 5.3 周期表の両端に位置する元素の価電子．周期表の左側の元素は，緩く結合した 1 個あるいは 2 個の価電子をもっており，一方，右側の元素はほとんど満ちた s, p 亜殻をもつ．

s^2p^6 配置から電子が 1 個足りないだけであり，余分に 1 個の電子を引きつける傾向が強い．Na の緩く結合した電子が Cl に移動すると（図 5.4a），Cl の最外殻の空席は埋まり Cl^- イオン（アルゴンと同じ電子配置）となる．一方，Na はネオンと同じ電子配置となり，正に帯電（Na^+）する（図 5.4b）．磁石の両極のように，符号の異なる電荷はクーロン相互作用により引き合う．これがイオン結合の特徴である．イオン性の固体では，各イオンは，N－S－N－…と並んだ磁石のように，強く結合している．Na と Cl の場合には，おなじみの白い結晶，食塩を生じる（図 5.4c）．結晶の巨視的な形状は，イオンが立方格子状に配列していることを反映している（図 5.4d）．

基本問題 二つの原子が両方とも強く電子を引きつけるとすると，原子間にはどのような相互作用が生じるか．■

塩素は，閉殻配置から電子が 1 個抜けた構造をしており，余分に電子を 1 個強く引きつけようとする．今，2 個の塩素原子が近づいたとしよう（図 5.5）．外殻電子による核電荷の遮蔽は完全ではないため，2 個の原子が近づくと，各原子の実効的な正電荷がもう一方の原子の電子を引きつけようとする．最外殻は完全に閉じておらず，電子 1 個分

の余裕がある（この電子配置が電子親和力の起源となっている）．塩素原子が空席を埋めて閉殻構造をとるには，もう片方の原子から電子を 1 個借りてくればよい．二つの塩素原子は完全に等価であるので，2 番目の原子も 1 番目の原子から電子を借りてこようとする．この状況は，それぞれの塩素電子が，もう片方の原子の価電子を使って p 亜殻の空席を埋めようとしているとみなせる．互いに借りようとする 2 個の電子は，共有電子対を形成する．共有電子対の波動関数は，両方の原子核を囲むように広がっており，その結果，系全体のエネルギーが下がる．エネルギーの低下は化学反応をもたらし，こうして 2 個の原子を結合させる引力が生じる．このような電子対を共有する結合を共有結合（covalent bond）とよぶ．英語の "co-" は何かが共有されていることを示しており，"-valent" は価電子（valence electron）が関係していることを意味する．

オクテット則とルイス構造式を用いると，原子の結合比を決めることができる．しかし，ルイス構造式の一つの問題は，イオン結合と共有結合を区別できない点にある．材料の性質を考える場合，イオン結合と共有結合の違いは重要である．なぜなら，共有結合は，ある特定の隣接原子と

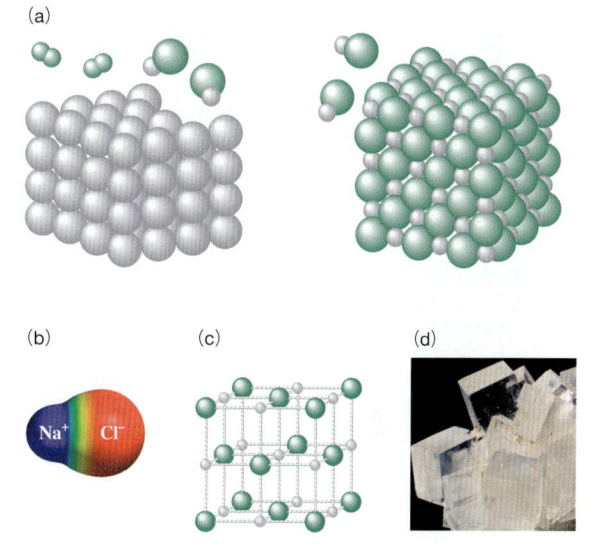

図 5.4 (a) ナトリウムと塩素との反応．金属ナトリウムと共有結合性の塩素とが反応して塩化ナトリウムを生じる．この反応では，ナトリウム原子（電子配置：$[Ne]3s^1$）は価電子を 1 個失い，ナトリウム原子（223 pm）がナトリウムイオン（102 pm）となると，サイズは大きく減少する．ナトリウムが失った電子は，塩素（電子配置：$[Ne]3s^23p^5$）が獲得する．塩素原子（97 pm）が塩素イオン（184 pm）になると，サイズはかなり大きくなる．(b) NaCl 分子の周りの電荷分布．赤色は負の大きな電荷を，青色は正の大きな電荷を表す．その間の電荷分布は，レインボーカラーで示してある．NaCl では，青から赤へと急激に変化していることがわかる．(c) NaCl 固体（食塩）の単位格子の球棒モデル表示．各 Na^+ イオンは 6 個の Cl^- イオンで囲まれており，その逆も成り立つ．(d) 塩化ナトリウムの単結晶．形状は立方体であり，これは結晶中でのイオンの配列を反映している．

の間で電子を共有しているため方向性をもっており，イオン結合や金属結合とはかなり性質が異なるからである．このような結合の方向性は，まったく方向性のない静電気力により結びついている金属やイオン結晶とは対照的である．したがって，どの程度の共有結合性をもつかは，材料の性質にとって重要な要因となる．

純粋なイオン結合（価電子がある原子から別の原子に完

電子密度分布	核間距離 [pm]	p 軌道の結合過程
	450	
	425	
	400	
	350	
	204	

図 5.5 2個の塩素原子が反応する過程．図の左側は電子密度の変化を，右側は，独立したp軌道が共有結合へと変形していく様子を表している．塩素の原子核は水色の球で（p軌道の方では暗い球）示してある．2個の塩素原子が十分に離れている場合（距離 450 pm）には，いずれの原子も，もう一方の原子の影響を受けない．2個の塩素原子が近づくと，一方の原子に属するp軌道は，もう片方の原子から引力を受ける．これは，p軌道が一部しか満たされておらず，核による遮蔽が不完全だからである．また，半分だけ満ちた軌道であるため，余分に電子を受入れる余地がある．距離が204 pm になると，二つの原子のp波波動関数は結合し，両方の原子に共有される．その結果，電子密度は両原子を取囲むように分布し，原子を結びつける原動力となる．

表 5.1 化学結合のイオン性

電気陰性度の差	0.1	0.2	0.3	0.4	0.5	0.6	0.7	0.8	0.9	1.0
イオン性の比率	0.5	1	2	4	6	9	12	15	19	22
電気陰性度の差	1.1	1.2	1.3	1.4	1.5	1.6	1.7	1.8	1.9	2.0
イオン性の比率	26	30	34	39	43	47	51	55	59	63
電気陰性度の差	2.1	2.2	2.3	2.4	2.5	2.6	2.7	2.8	2.9	3.0
イオン性の比率	67	70	74	76	79	82	84	86	88	89

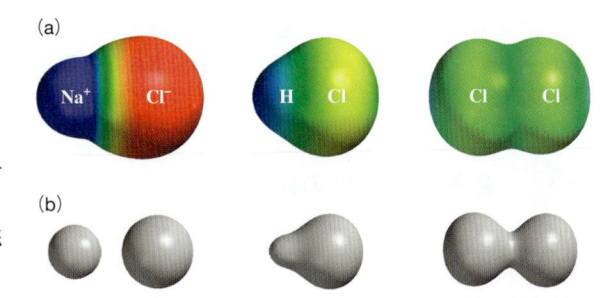

図 5.6 (a) NaCl, HCl, Cl_2 の表面電荷密度．これを見ると，イオン結合（NaCl），共有性の強い結合（HCl），純粋な共有結合（Cl_2）の差がよくわかる．NaCl では，Na^+ の正電荷（青色）と Cl^- の負電荷（赤色）とが対照的に並んでいる．大きな正の電荷から負の電荷へと，急激に変化していることに注意されたい．一方，HCl では，水素の周りの正の領域から塩素の周りの負の領域への変化は，ずっと緩やかである．純粋な共有結合からなる Cl_2 では，電荷はほとんど空間変化せず，対称に分布している．(b) NaCl, HCl, Cl_2 の電子密度面．イオン性の NaCl の電子密度面では，Na^+ と Cl^- は二つの分かれた球として描かれている．一方，共有結合性の強い HCl の電子密度面は，水素原子と塩素原子を取囲んでおり，等核の Cl_2 も同様である．共有結合は，二つの原子を結ぶ領域で電子密度が高いのが特徴である．

全に移動している）や純粋な共有結合（原子間で電子を等しく共有）は非常にまれである．たいていの結合は，この2種類の極限の間のどこかにある．どこにあるかは，二つの原子が電子を引きつけようとする性質がどの程度違うかによる．電気陰性度（表 5.1）の差を見れば，電子が原子間に均等に分布して共有結合性をもつか，あるいは片方に偏ってイオン性を示すかがわかる．たとえば，Na と Cl の電気陰性度の差は 2.33 であり，イオン結合性は 70% である．したがって，Na と Cl の組合わせでは，共有結合性はほとんどない．

電子密度分布の偏りには，いくつかの表示法がある．**表面電荷密度**（図 5.6a）は，表面のさまざまな位置での電荷量を色で表す．赤は最も負に，青は最も正に帯電していることを示しており，その中間をレインボーカラーで示してある．中性は緑である．第二の表示法が**電子密度面**（図 5.6b）であり，電子密度の 90% を含む領域を図示したものである．電子密度面の方が，イオン結合と共有結合の違いが顕著である．すなわち，NaCl の電子密度分布は，Na, Cl を中心とする二つの分離した球として描かれているのに対し，共有結合性の HCl や Cl_2 では，二つの原子を取囲む図形となっている．イオン結合性の NaCl は符号の異なる電荷間の静電引力によって結びついているが，HCl や Cl_2 は周囲を取囲む電子により結合しているのがよくわかる．

基本問題 HCl は何％のイオン結合性をもつか．1族のなかで，Cl と最もイオン性の強い結合をつくるのはどの元素か．

共有結合は，特に炭素を含む化合物でよくみかける．たとえば，生体を形成しているほとんどの分子は共有結合でできており，温室効果ガスである CO_2 も同様である（図5.7）．炭素と酸素の電気陰性度の差はわずか0.89しかなく，このため電子密度はほぼ均等に分布する．

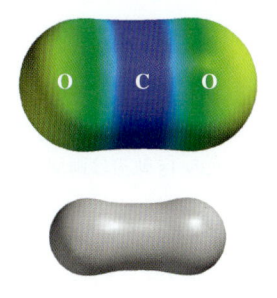

図5.7 CO_2 分子の表面電荷密度と電子密度面．地球温暖化の原因であるこの分子は，共有結合性分子の例でもある．電子密度面は，酸素元素と炭素原子を囲んでいる．炭素は，酸素に比べわずかに電気陰性度が低いため，正電荷は炭素上に位置する．

基本問題 炭素中の何個の価電子が CO_2 の形成に寄与しているか．ルイス構造式を描け．

分子内の結合の数（すなわち共有電子対の数）は，以下の手順で求めればよい．

- 各原子がオクテット則を満たすのに必要な電子数を数える（水素の例では2個）．
- 利用できる全価電子数を数える．
- 上記数値の差の1/2が，共有結合に必要な電子対の数である．

CO_2 に対して計算してみると，つぎのようになる．3個の原子に対して，全部で24個の電子が必要である．炭素は4個，酸素は6個の価電子をもつため，全部で価電子数は16個である．両者の差は8個であるので，四つの電子対あるいは4本の結合が存在することなる．結合に寄与する電子対を，原子を結ぶ線として表すことがある．以下に，CO_2 を2通りの方式で表す．

$$\ddot{\underset{..}{O}}::C::\ddot{\underset{..}{O}} \quad \text{または} \quad \ddot{\underset{..}{O}}=C=\ddot{\underset{..}{O}}$$

多数の原子を含む物質（たとえば固体）では，化学結合が電気伝導性に大きな影響を及ぼす．そのよい例が，炭素の2種類の形態，ダイヤモンドとグラファイトである．グラファイトは炭素の六角構造からなる層状物質であり（図5.8a），層内の各炭素原子は，周囲3個の原子と共有結合をつくっている．炭素の4個の価電子のうちの3個は，3本の共有結合に使われるが，4番目の電子は層の上下に位置し，層全体に広がった電子雲を形成する．これは，金属中の電子状態と同じである．電子雲の中の電子は動きやすく，その結果，グラファイトは良導体となる．一方，ダイヤモンドはまったく違う構造をとる（図5.8b）．各炭素原子は4個の炭素と共有結合で結ばれており，共有結合のネットワークを形成する．4本の結合で，すべての価電子を使ってしまうので，電子は炭素原子間に局在し動きにくい．したがって，ダイヤモンドは絶縁体となる．加えて，結合に柔軟性がまったくない．実際，ダイヤモンドは，これまで知られているなかで最も硬い物質である．

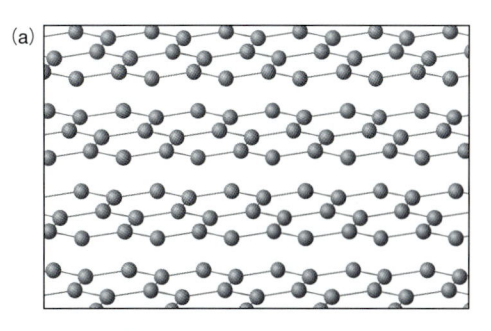

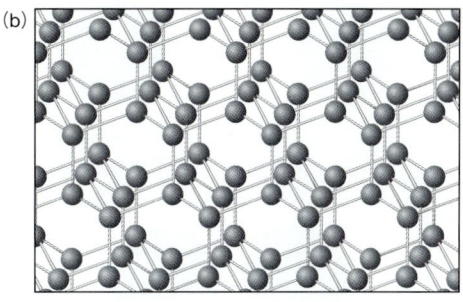

図5.8 （a）グラファイトの構造．炭素が六角形状に並ぶ層が積み重なっている．各炭素原子は三つの炭素原子と共有結合で結ばれている．層間の間隔は，層内の炭素原子間の距離に比べ，2.5倍近く長い．層内の原子は共有結合により強く結ばれているのに対し，層間は非局在化した電子により緩く結合している．（b）ダイヤモンドの構造．各炭素原子は四つの炭素原子と共有結合により結びついており，これが規則正しく繰返される．ダイヤモンドでは，すべての結合は等価である．

二原子分子

ダイヤモンドとグラファイトの結合の違いを理解するため，まず，2個の原子が近づいたとき，原子軌道がどのように変化するかみてみよう．2個の原子が近づくと（図5.9），遮蔽効果が完全ではないため，それぞれの電子雲はもう一方の原子核の方に引っ張られる．このとき，軌道電子のもつ電子波としての性質（位相も含む）が顕著となり，原子間の相互作用に大きな効果をもたらす．二つの波面がぶつかる場合を考えてみよう（図5.10）．二つの波が出会ったとき，両方とも波の山であったとすると，重なり合ってさらに高い山となる．一方，もし片方が山でもう片方が谷の場合には，互いに打ち消し合う．同様に，電子波も同位相（山どうしが出会う）ならば互いに強め合い，その結果，原子間の位置で波の振幅が増大する（図5.11左）．また，原子間で電子密度も増大し，両方の原子から引力を受ける．この引力が電子のエネルギーを低下させ，原子を結合させる．

逆に，電子波が逆位相であった場合，互いに打ち消し合い振幅はゼロとなる．したがって，原子間に節が生じる（図5.11 右）．このとき，原子の間よりも外側の領域で電子密度が高くなる．また，孤立した原子に比べ，電子－核間の引力は弱まる．

相互作用の結果として化学結合が生じる場合でも，そうでない場合でも，結合した電子波を**分子軌道**とよぶ．結合を生じる分子軌道にある電子は，もともと属していた核だけではなく，もう一つの近づいてきた核とも相互作用する．こうして新たなクーロン引力が加わるため，分子軌道のエネルギーは，自由原子の原子軌道に比べ低下する．一方，結合をつくらない分子軌道は，原子核の間に節をもつのが特徴である．どちらの核からも相互作用が弱まるため，この軌道の電子は自由原子よりもエネルギーが高くなる．これらの分子軌道のエネルギーを表したのが，エネルギー準位図（図5.12）である．ここで，準位のエネルギーは線で表されており，図の上ほどエネルギーが高い．基底状態の水素原子2個で構成されるエネルギー準位図は比較的単純である．エネルギー準位図では，元の1s軌道は両側に，二つの分子軌道は中央に描く．

低エネルギーの分子軌道は，核の間で振幅が大きいのが特徴であり，**結合性軌道**とよばれる．記号としては，ギリシャ文字のσで表す．σ軌道は，核を結ぶ線に関して回転対称であり，対称性の高いs原子軌道と似ていることからこの名前がついた（σは英語のsに対応する）．一方，高エネルギーの軌道は核の間に節をもっており，**反結合性軌道**とよばれ，σ^*（シグマスター）と表される．電子は，σあるいはσ^*軌道を占める．これは，水素原子の 1s, 2s, 2p, …軌道と似ており，電子はいずれかの軌道に入る．水素が基底状態（最低エネルギー状態）にあるとき，電子は 1s 軌道を占める．分子軌道が何個の原子軌道からなるかは，分子を構成する原子による．水素分子の場合には，各原子の 1s 軌道だけが使われる．分子軌道については，つぎのような一種の保存則が成り立つ．"生じる分子軌道の数は，分子に含まれる原子軌道の数に等しい．" H_2 のエネルギー準位（図5.12）には，2個の原子軌道が関係しており，分子軌道にも，結合性と半結合性の 2 種類が存在する．

基本問題 水素原子には無限の軌道が存在する．なぜ 1s 軌道のみを考えるのか．■

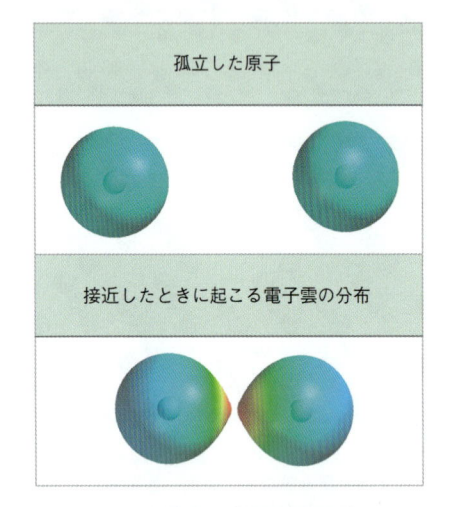

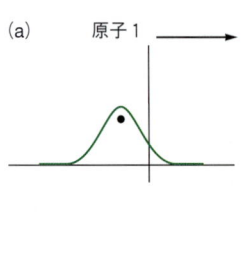

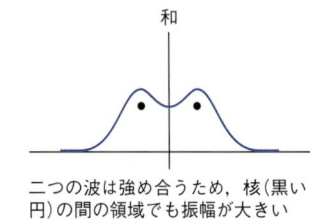

図5.9 クーロン相互作用による引力．二つの原子間にクーロン相互作用が働くと，おのおのの電子雲は分極し，その結果，原子は引きつけ合う．二つの原子の距離が十分に離れている場合には，核の遮蔽が不完全なため，表面電荷はわずかに正である．原子が近づくと，電子雲は原子の間の方向に引きつけられる．原子の間の位置で，電子密度が増大していることに注意されたい．

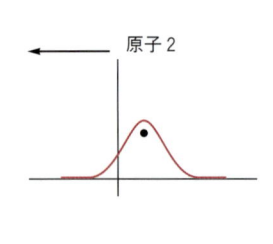

図5.10 電子波の相互作用．2個の原子が接近すると，それぞれの電子波は相互作用する．これはちょうど，水面の波と似ている．相互作用の仕方には 2 通りあり，(a)では，二つの波あるいは二つの軌道は同位相で重なり，振幅が強め合うのに対し，(b)では逆位相で重なるため弱め合い，中間の位置に節ができる．

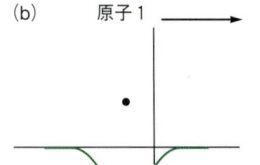

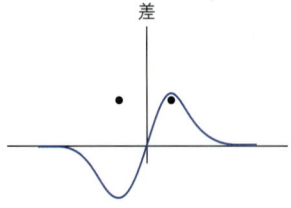

(a) 原子1 / 和 / 原子2
二つの波は強め合うため，核（黒い円）の間の領域でも振幅が大きい

(b) 原子1 / 差 / 原子2
二つの波は弱め合い，核の間に節ができる

つので、一つの軌道が収容できる電子数は最大2個（スピンは逆向き）である．つまり、電子は、一つの軌道には2個までしか入れないという規則に従いながら、最もエネルギーの低い軌道を占めていく．

あと残されているのは、何個の電子を詰めるかを決める作業である．2個の原子が結合しても、電子が消えてしまうことはなく、単に原子軌道から分子軌道へと配置換えするだけである．したがって、分子が生じても電子数は保存され、分子軌道に入る電子の数は、元の原子がもっていた最外殻電子の総数に等しい．たとえば、水素分子の場合、それぞれの原子が1個ずつ、合計2個の電子をもっており、この2個の電子が分子軌道に入る（図5.13）．その結果、

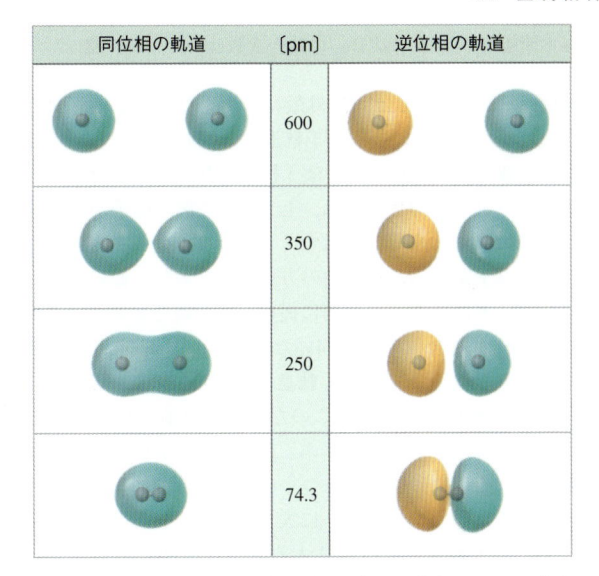

同位相の軌道	[pm]	逆位相の軌道
	600	
	350	
	250	
	74.3	

図 5.11 二つの水素 1s 軌道の重なり合い．左側では、1s 軌道は同位相で重なるため、核の間の位置でも振幅は大きい．一方、右側では、逆位相で重なるため、核の間の位置で打ち消し合いが起こり、節ができる．位相の違いは、水色と黄色で示してある．

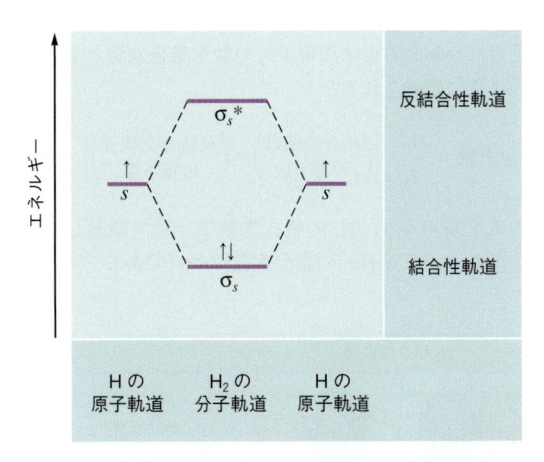

図 5.13 水素分子のエネルギー準位図．電子は矢印で表してある．両側に示したのは、構成原子の価電子である．分子軌道の全電子数は、孤立した原子の価電子数の和に等しい．

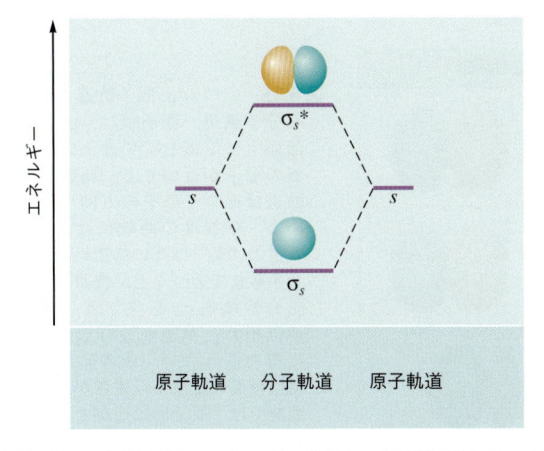

図 5.12 二原子分子のエネルギー準位図．両側に示したのは孤立した原子のエネルギー（ここでは s 軌道）、中央は分子軌道のエネルギーである．慣例的に、分子軌道とその元となる原子軌道の間を点線でつなぐ．下が結合性軌道、上が反結合性軌道である．

σ 軌道は占有されるが、σ^* 反結合軌道は空となる．結合は2個の電子によって形成されるので、水素分子は単結合（電子のペア）によって結ばれているといえる．水素分子を形成した方がエネルギーの面で得なので、反応が起こる．通常の条件下では、水素は水素分子として存在し、単独の原子としてふるまうことはない．

水素の次の元素、He について考えてみよう．He の最外殻軌道は水素同様 1s 軌道であるので、エネルギー準位図も水素と同じである（図5.12）．しかし、電子の詰まり方が異なる．各 He 原子は2個の電子を分子軌道に送り出すため、全部で4個の電子がかかわることになる．この4個の電子は、結合性軌道と反結合性軌道の両方を占める（図5.14）．その名の示す通り、反結合性軌道の電子は、結合性軌道の電子と逆の働きをする．結合性軌道と反結合性軌道の電子数が等しいため、差し引きゼロとなり結合が生じない．したがって、このモデルによれば、He_2 という分子は安定には存在しない．実際、極端な条件下を除き、ヘリウムは単原子気体としてふるまう．

H, He, Li, Be のように、結合する原子がただ一つの最外殻軌道しかもたない場合には、なぜ分子軌道（H_2, He_2, Li_2, Be_2）が生じるかは、上記の考え方に沿って理解できる．一般の分子結合では、まず電子がどの分子軌道に入るかを考えなければならない．電子が分子軌道をどのように占めていくかについては、原子軌道と同様の規則が成り立つ．すなわち、電子は最も安定な軌道に入る．しかし、すべての電子が同じ軌道を占めることはできない．原子軌道同様、分子軌道についてもパウリの排他律が成り立

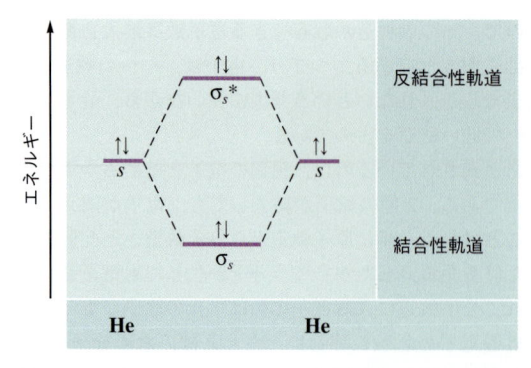

図 5.14 ヘリウム分子のエネルギー準位図. 結合性軌道と反結合性軌道の両方が電子で満たされるため, 二量体は不安定となる.

結合にかかわる正味の電子対の数を**結合次数**とよび, 以下のように定義される.

$$\text{結合次数} = \frac{1}{2} \times \left\{ \begin{pmatrix} \text{結合性軌道} \\ \text{の電子数} \end{pmatrix} - \begin{pmatrix} \text{反結合性軌道} \\ \text{の電子数} \end{pmatrix} \right\} \quad (5.1)$$

この式を用いると, H_2 の結合次数は, 上で議論したように 1 であり, 一方 He_2 の結合次数はゼロである.

基本問題 Li_2 あるいは Be_2 の結合次数はいくつか. ■

Be 以降の元素では, 最外殻に s 軌道だけでなく p 軌道も現れる. p 軌道による分子軌道は, s 軌道のものよりも, やや複雑である. p 軌道には 3 種類あり, 孤立した原子の場合, これらは等価である. しかし, 2 個の原子が結合する際には, もはや等価ではなくなる. すなわち, p 軌道の一つは原子間を結ぶ結合軸の方を向いており, 他の二つは結合軸に垂直である. 慣例に従い, 結合軸を z 軸と定義すると, p_z が結合軸の方を向いた軌道, p_x および p_y が結合軸に垂直な軌道である. p_z 軌道は, s 軌道同様, 結合軸に関して回転対称である. このため, p_z 軌道が結合してできた分子軌道を σ 軌道とよぶ. p 軌道は原子核を通る節面をもち, それは分子軌道をつくっても保持される. この節が, 分子軌道のエネルギーに大きな影響を及ぼす. p 軌道による分子軌道と s 軌道によるものを区別し, それぞれ σ_{p_z}, σ_s と表すことにする. 2 個の原子を近づけていくと (図 5.15), p_z 軌道の "葉" の部分が原子間で重なり始める. 2 枚の "葉" の位相が等しければ, 原子が結合し結合性の分子軌道を生じる. もし位相が逆ならば原子軌道は互いに退け合い, 反結合性軌道となる.

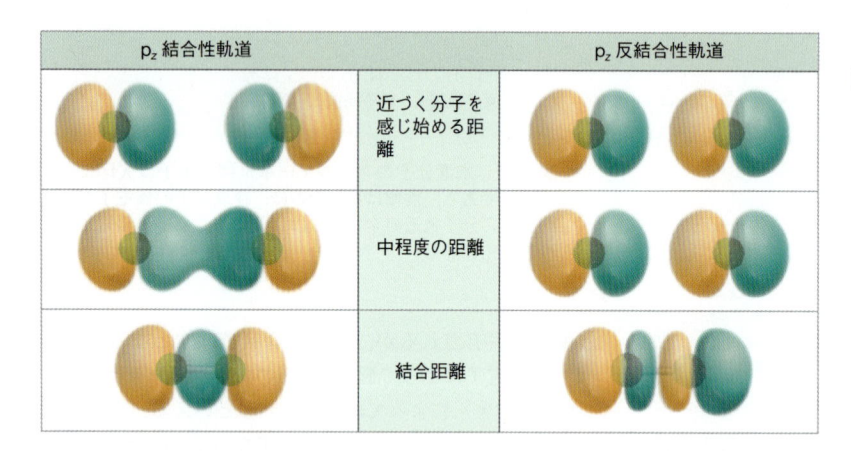

図 5.15 二つの p_z 原子軌道から生じる分子軌道. 原子核は, p_z 軌道の節面上に位置している. (左側) 2 個の原子が近づくと, 同位相の p_z 軌道は近づく原子の方向へ伸び始める. 中程度の距離になると, p_z 軌道の "葉" は互いに強め合い, 結合距離まで近づくと, 核間の位置に結合性軌道 σ_{p_z} を生じる. (右側) 逆位相の p_z 軌道が近づくと, 互いに打ち消し合い, その結果, p_z 軌道は核間の位置から遠ざかる. 結合距離では, 原子間に節ができる. このため, 反結合性軌道とよばれる.

図 5.16 p_x 軌道から生じる π_{p_x} 分子軌道. 同位相の p_x 軌道が重なり合うと, 結合性軌道 π_{p_x} を生じる. 一方, 逆位相の場合には, 結合軸上に節ができ, 反結合性軌道 $\pi_{p_x}^*$ となる. (p_y 軌道も同様に, 結合性の π_{p_y} 軌道と反結合性の $\pi_{p_y}^*$ 軌道を形成する).

他の二つの p 軌道, p_x と p_y は, 結合軸上に節面をもつ. p_x と p_y が分子軌道をつくっても, この節はそのまま残るため, 分子軌道は結合軸を境に位相が変わる. これは, p 原子軌道が原子核を横切ると位相が変わるのと似ている. 位相変化の様子が似ていることから, 上記の分子軌道を π 結合 (π は英語の p に対応) とよぶ. p_x 軌道と p_y 軌道は等価であり, 両方とも結合軸に対して垂直である. これらが同位相で結合すると結合性の分子軌道を生じ (図 5.16), 逆位相で結合すると原子間に節をもつ反結合性軌道を形成する.

エネルギー準位図を完成させるためには, これらの軌道をエネルギーの順に低い方から高い方に並べる必要がある.

基本問題 第 2 周期の元素で二原子分子をつくる. エネルギー準位図を描くとき, 1s 電子はどのように扱ったらよいか. ■

酸素分子 O_2 を考えてみよう. エネルギー準位図のうち酸素の 2s 軌道からなる部分は, 水素の 1s 軌道による分子軌道と同様である (図 5.17). O_2 分子軌道のエネルギー準らの軌道を電子がどのように占めるかで, 酸素分子の結合次数や他の性質が決まる. 2 番目の殻の原子軌道のみが分子軌道に関与しているため, 6 個の価電子がエネルギー準位図に示した分子軌道に入る (図 5.19).

基本問題 O_2 の結合次数はいくつか. ■

分子軌道を占める電子の配置から, 酸素分子の重要な性質である磁性が説明できる. 荷電粒子である電子が回転 (スピン) すると, 周囲に磁場が生じる. 電子対では, スピンが互いに逆向きであるため, 磁場は完全に打ち消し合う. 一方, 原子や分子が不対電子をもつ場合には, 磁場はキャンセルされず, 常磁性を示す. 常磁性物質は, 外部磁場に弱く引きつけられる. 酸素分子は 2 個の不対電子をもつため, 常磁性を示す. おもしろいことに, この常磁性の

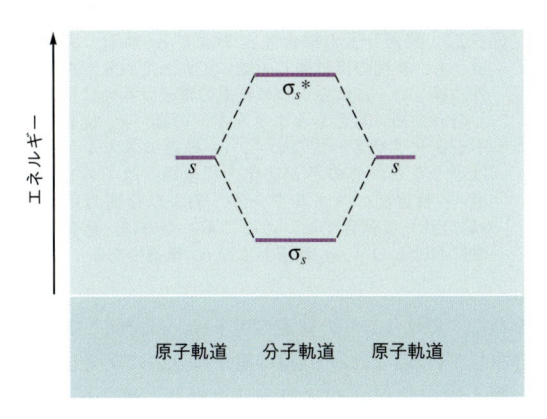

図 5.17 酸素 2s 軌道から生じる分子軌道のエネルギー準位図 (一部).

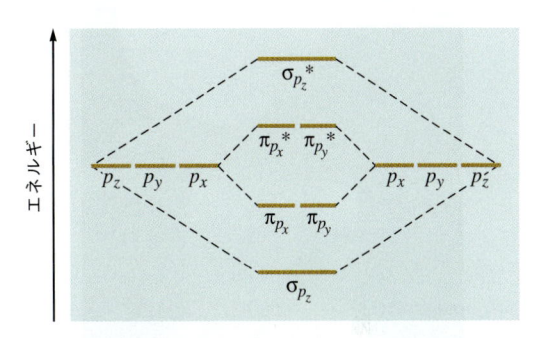

図 5.18 p 軌道から生じる分子軌道のエネルギー準位図. σ_{p_z} 軌道は, π_{p_x}, π_{p_y} 軌道に比べ安定化していることがわかる. これは, p_z 軌道間の相互作用の方が強いためである. 逆に, 反結合性の $\sigma_{p_z}{}^*$ 軌道は, $\pi_{p_x}{}^*$, $\pi_{p_y}{}^*$ 軌道よりも不安定となる. p_x 軌道と p_y 軌道は等価であるので, 対応する分子軌道のエネルギーも等しい.

位図を完成させるには, さらに p 原子軌道と σ_{p_z}, π_{p_x}, π_{p_y} 分子軌道を加える必要がある. 孤立した原子では, 三つの p 軌道のエネルギーはすべて等しいが, 結合して分子軌道をつくるとエネルギーは同じでなくなる. σ_{p_z} 軌道は結合軸に沿っているが (図 5.15), 一方, π_{p_x}, π_{p_y} 軌道の"葉"は結合軸の両側に位置している (図 5.16). σ_{p_z} 軌道は直接的な結合であり, π_{p_x}, π_{p_y} 軌道よりもエネルギーの低下に貢献している (図 5.18). σ_{p_z} 軌道の方が結合への寄与が大きいということは, $\sigma_{p_z}{}^*$ 反結合性軌道のエネルギーは, $\pi_{p_x}{}^*$, $\pi_{p_y}{}^*$ よりも高いことを意味する.

p 軌道に由来する分子軌道と s 軌道に由来する分子軌道とを合わせると, 酸素分子のエネルギー準位図ができあがる (図 5.19). σ_{p_z}, π_{p_x}, π_{p_y} 軌道は節をもっているため, いずれも σ_s 軌道よりも不安定で, エネルギーが高い. これ

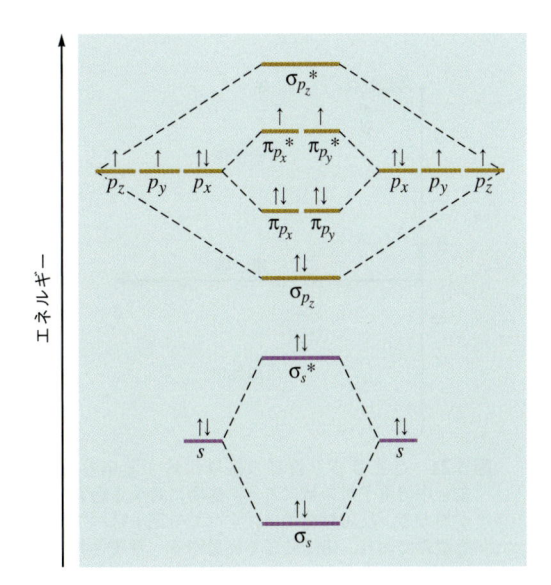

図 5.19 O_2 分子軌道のエネルギー準位図. σ_s 軌道と $\sigma_s{}^*$ 軌道のエネルギーは, 結合性の σ_{p_z} 軌道よりもずっと低い.

結果として，液体酸素は強力な磁石に引きつけられ，SN磁極間にとどまる（図5.20）．おそらくこの磁性が，生命にかかわる反応である酸素とヘモグロビンとの結合に重要な役割を演じている．不対電子は，酸素と大気中の分子（NOやNO$_2$など）との相互作用にも関係している．

常磁性物質が磁場に弱く引きつけられるのと対照的に，反磁性物質は磁場に反発する（図5.21）．強磁性体は磁場に強く引きつけられるが，これに比べると，反磁性体，常磁性体が磁場から受ける効果は小さい．原子や分子により生じた磁場が，巨視的なスケールで方向をそろえると，強磁性となる．比較的例は少ないものの，いくつかの単体元素，合金，化合物は強磁性を示し，これらは実用上重要である．単体元素のなかでは，鉄，コバルト，ニッケルと希土類元素のみが強磁性体である．酸素との化合物（酸化物とよばれる）には強磁性を示すものがいくつかあり，これらはさまざまな機器に利用されている．たとえば，CrO$_2$やFe$_2$O$_3$は磁気記録テープに使われ，FeCoはメタルテープの材料である．また，FePはビデオテープに用いられている．これらの材料では，書き込み（磁場により配向させる）と，磁気ヘッドとよばれるセンサーによる読み取り（配向を検知する）の両方を行うことができる．

第2周期元素の二原子分子が，すべて酸素と同じエネルギー準位図で表されるわけではない．σ_{p_z}と(π_{p_x}, π_{p_y})ペアの順番が入れ替わる場合がある．この入れ替わる現象から，電子の閉じ込め効果についての情報が得られる．σ_{p_z}とσ_sは，結合軸に関して同じ対称性をもつ（図5.22）．

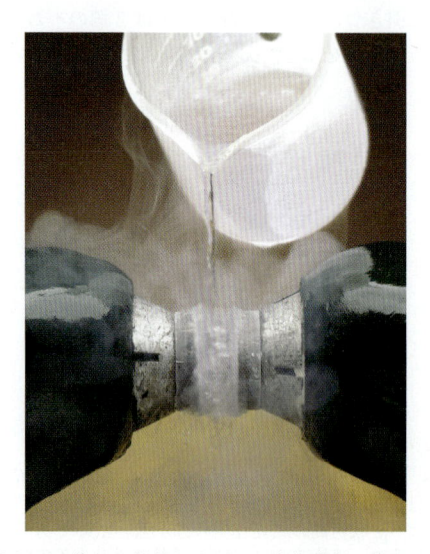

図5.20 磁石に引きつけられる液体酸素．酸素分子は不対電子をもっているため，磁極間の強い磁場に引きつけられる．

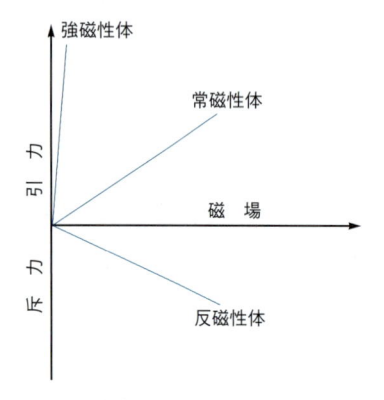

図5.21 さまざまな物質の磁場に対する応答．結合中の電子対の数により，磁場に対する応答が異なる．反磁性体では，すべての電子はペアを組んでおり，磁場に弱く反発する．常磁性体は不対電子をもっており，磁場に引きつけられる．反磁性体や常磁性体に比べ，強磁性体はさらに強く磁場に引きつけられる．

図5.22 酸素分子の結合性σ_sおよびσ_{p_z}軌道．両軌道とも，空間のほぼ同じ領域に広がっており，対称性は等しい．これら二つの軌道の電子は互いに反発し合うため，もともとエネルギーの高いσ_{p_z}軌道を不安定化させる．すなわち，σ_{p_z}軌道のエネルギーは高くなる．この不安定化の程度は，原子のs軌道，p軌道間のエネルギー差，および核間の距離（結合長）に依存する．ここに示したのは，結合距離におけるO$_2$のσ_s軌道およびσ_{p_z}軌道である．

すなわち，これら二つの軌道の電子は，ほぼ同じ空間領域に分布している．二つの軌道の電子は互いに反発し合うため，図5.19に比べσ_sはより安定となり，逆にσ_{p_z}は不安定となる．σ_sはもともと最安定な結合性軌道であるので，σ_sがさらに安定化しても，分子にはほとんど影響を及ぼさない．しかし，σ_{p_z}の不安定化は結合に大きな影響を与える．どの程度不安定化するかは，元の原子の2s-2p軌道間のエネルギー差および結合長に依存する．s軌道とp軌道のエネルギー差は，周期表の左から右にいくにつれ増加するが，エネルギー差が開くとσ_s軌道は二つの核の方へ引っ張られるため，σ_p軌道の不安定性は解消される．

一方，結合長は別の傾向を示す（図5.23）．これは，結合長が結合次数と関係しているからである．第2周期元素が等核の二原子分子を形成したとすると，B$_2$の単結合から，C$_2$の二重結合，N$_2$の三重結合へと進むにつれ，結合次数は増加する．実際，N≡Nの三重結合は，知られているなかで最も強い結合である．反結合性軌道まで電子が入るようになると，N$_2$の三重結合，O$_2$の二重結合，Fの単結合と，結合次数は減少する．結合長は結合次数の逆数に対応しているため，B$_2$からN$_2$へ向かって結合長は減少し，そ

の後 F_2 まで再び増加する．ホウ素と窒素の間では，エネルギー差が開くことによる効果は，σ_{p_z} のエネルギーを (π_{p_x}, π_{p_y}) ペアよりも高くしようとする閉じ込め効果により相殺される（図 5.24）．窒素以降では，結合長が伸び，上記の相殺が起きなくなるため，σ_{p_z} のエネルギーは (π_{p_x}, π_{p_y}) ペアよりも低くなる．したがって，エネルギー準位図は O_2（図 5.19）と同様になる．第 3 周期以降では結合長が長くなるため，上記のような傾向はみられなくなる．

基本問題 C_2 分子は重要な星間物質である．C_2 は常磁性，反磁性のどちらを示すか．■

異核の二原子分子は，同核の二原子分子と比べ，二つの点で大きく異なっている．第一に，各原子軌道のエネルギーが異なっており，電気陰性度の高い元素の方が安定な，すなわち低エネルギーの軌道をもつ（図 5.25）．第二に，その結果として，結合性軌道は電気陰性度の高い元素の周囲に局在する（図 5.26）．エネルギー準位図でみると，結合性軌道は電気陰性度の高い元素の原子軌道に近いため，電子密度の分布はそちら方に偏る．逆に，反結合性軌道のエネルギーは，電気陰性度の低い原子軌道に近い．

分子軌道が生じる際の一般的な規則をまとめると，以下のようになる．

■ 軌道の数は保存される．分子軌道の数は，関係する原子軌道の総数に等しい．1 対の原子軌道から，1 個の結合性軌道（低エネルギー）と 1 個の反結合性軌道（高エネルギー）が生じる．
■ 電子数は保存される．原子軌道の各電子は，分子軌道のどれかに入る．
■ 電子は，エネルギーの低い分子軌道から満たしていく．ここで，各軌道当たりスピンが逆向きの電子を 2 個まで収容できる．エネルギーが等しい軌道があった場合，つぎのフント則に従う．軌道が収容できる全電子数の半分までは，電子は各軌道に 1 個ずつ，スピンを平行にして入る．その後は，スピンが逆向きの電子が追加され，電子対を形成する．

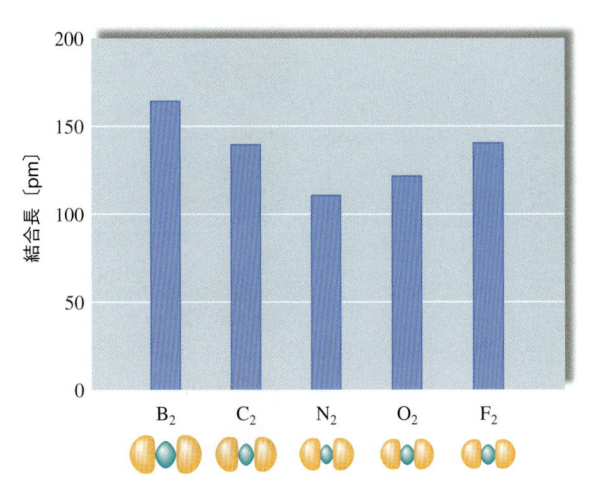

図 5.23 第 2 周期元素からなる二原子分子の結合長．B から N まで結合次数が増えるにつれ，結合長は減少していくが，その後は，反結合性軌道が埋まるため，結合長は増加する．図には，結合性軌道の形も示してある．B から C までは，原子の s 軌道，p 軌道間のエネルギー差が増加し，これに応じて σ_{p_z} 軌道は安定化する．しかし一方で，結合長は短くなるため，σ_s，σ_{p_z} 軌道は狭い領域に押し込められ，不安定化する．結局，安定化分は，不安定化の効果により相殺されてしまい，σ_{p_z} 軌道は (π_{p_x}, π_{p_y}) ペアよりも不安定となる．N_2 から F_2 まで結合長が伸びると，上記の相殺の効果は小さくなり，σ_{p_z} 軌道は (π_{p_x}, π_{p_y}) ペアよりも安定となる．σ_{p_z} 軌道が安定化するほど，分子軌道のうち核間に分布する部分の割合が大きくなる．

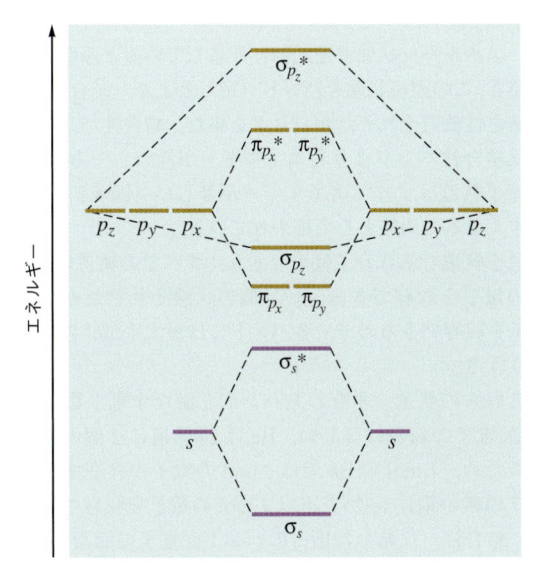

図 5.24 第 2 周期元素（Li，Be，B，C など）からなる二原子分子のエネルギー準位図．σ_{p_z} 軌道は，(π_{p_x}, π_{p_y}) ペアよりも不安定となっている．

二原子以上の分子

金属に対する"電子の海"モデルでは，各原子はイオン化して，電子の海に電子を供給する．電子の海は，固体中に広がる多数の電子波で構成される．すなわち，個々の電子波は，多数の原子を含む広い領域に及んでいる．各原子は，電子の海に電子を供給するだけではなく，原子軌道から空間的に広がった一種の分子軌道をつくる役割も果たす．金属のような材料の電子物性を理解するには，二原子分子の分子軌道を，もっと多数の原子，モルのオーダーの原子を含む分子軌道へと拡張する必要がある．固体中の軌道をつくるには，分子軌道のときと同じやり方に従えばよいが，多数の原子が含まれるため，さらにいくつかの過程を要する．最初のステップとして，関与する原子軌道を決める．ここで，以下の議論から明らかなように，エネルギーの近い原子軌道はすべて考慮する必要がある．多数の軌道が関係するため，軌道とそこに入る電子を整理するた

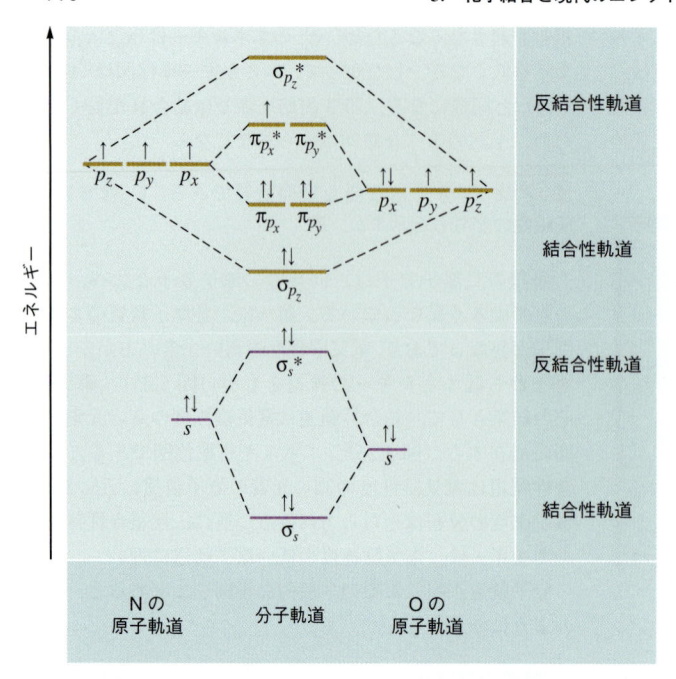

図 5.25 NO 分子のエネルギー準位図．電気陰性度の違いが結合に及ぼす影響がよくわかる．結合性軌道のエネルギーは，電気陰性度の高い原子の方に近く，反結合性軌道は電位陰性度の小さな原子に近い．

図 5.26 NO の分子軌道．分子軌道は，酸素原子の近くでは，より小さく圧縮されている．これは，酸素の電気陰性度の方が高いからである．

めのフローチャート（図 5.27）を使うのが便利である．

典型的な金属であるベリリウム（Be）について，フローチャートを左から右にたどってみよう．孤立した原子から固体をつくり上げるにあたり，最初に注目するのは $1s^22s^2$ の電子配置である．もう少し具体化するため，1 mol（N_A 個）の Be 原子からなる固体を考える（図 5.27 の左側）．電子の海の電子は最外殻軌道（この場合 2s 軌道）から供給されるため，この最外殻軌道を用いて分子軌道をつくる．各 Be 原子は一つの 2s 軌道をもつので，1 mol の Be 原子では 1 mol の 2s 軌道が存在する．軌道の数は保存されるため，これらの原子軌道が混ざり合い，1 mol の分子軌道が生じる．分子軌道は 2 種類に分かれ（図 5.27 の右側），半分は結合性軌道，残りの半分は反結合性軌道である．したがって，$\frac{1}{2}N_A$ 個の結合性軌道と $\frac{1}{2}N_A$ 個の反結合性軌道ができる．

以上のように，多数の分子軌道が存在し，隣接する結合性軌道間のエネルギー差は非常に小さい．同様に，反結合性軌道間のエネルギー差も小さい．エネルギー差が小さいと，エネルギー状態が連続的に分布しているとみなすことができ，この連続状態をバンド（帯）とよぶ．結合性軌道，反結合性軌道それぞれがバンドを組む．結合性バンドの方が反結合性バンドよりもエネルギーが低い．一方，N_A 個の原子軌道はすべてエネルギーが等しい（図 5.27 では見やすくするため箱として描かれている）．

原子軌道であれ分子軌道であれ，すべての軌道は最大 2 個の電子を収容できる．$\frac{1}{2}N_A$ 個の状態それぞれが 2 個の電子を収容できるので，各バンドには最大 1 mol の電子が入りうる．

これらの軌道，すなわちバンドを満たす電子数は，Be の 2s 電子の総数に等しい．Be は 2s 軌道に 2 個の電子をもつため，1 mol の Be では 2 mol の電子が存在する（図 5.27 の紫の箱）．各バンドは 1 mol の電子を収容できるため，結合性，反結合性両方のバンドが電子で満たされる．両方のバンドが占有されると，結合次数はゼロとなり，固体は安定でなくなるはずである．しかし実際には，Be は安定な金属固体を形成する．このことは，固体の結合には

さらに多くの軌道が関係していることを示唆している．

基本問題 Be の 2 番目の殻にはどのような軌道が存在するか．

個々の原子には，電子が詰まっていない電子状態，すなわち空の軌道が存在する．アパートの空き室のように，これらの非占有軌道は電子を収容できる．ある原子が別の原子と相互作用すると，原子軌道のエネルギーは変化する．たとえば，孤立した原子の場合，p 軌道のエネルギーはすべて等しいが，一つの軌道が別の原子と相互作用し，他の二つは相互作用しないとすると，軌道のエネルギーは等価でなくなる．多数の原子が結合する場合にも，同様にエネルギーが変化する．特に Be の場合には，2s 軌道は電子で占有されているものの，同じ殻の中にある三つの p 軌道はいずれも空である．孤立した Be 原子の場合，2p 軌道のエネルギーは 2s 軌道よりも高いが，エネルギー差はそれほど大きくないため，σ_s 軌道と σ_p 軌道は相互作用する．Be 原子が別の Be 原子と接近すると，両方の軌道は影響を受けエネルギーが変化する．Be の単体は安定な金属であるので，固体中の p 軌道はバンドを形成し，金属結合にかかわっているはずである．さらに，電子が，反結合性の s 軌道ではなく p 軌道の方を占めるとすると，固体中の p バンドのエネルギーは，反結合性 s バンドよりも低いはずである．電子は，よりエネルギーの低い状態を占めようとするからである．

p 軌道の数は s 軌道よりも 3 倍多いので，p 軌道からなる結合性のバンド（図 5.28）は，s バンドよりも 3 倍の分子軌道を含んでいる．同様に，p バンドは s バンドよりも 3 倍の電子を収容できる．p バンドまで考えると，結合次数はゼロではなくなり，結果として固体は安定となる．

基本問題 金属に電流を流すためには，注入された電子は，空のあるいは半分だけ満ちた軌道を見つける必要がある．パウリの排他律に従わなければならないからである．Be 固体中では，どの軌道が使われるか．

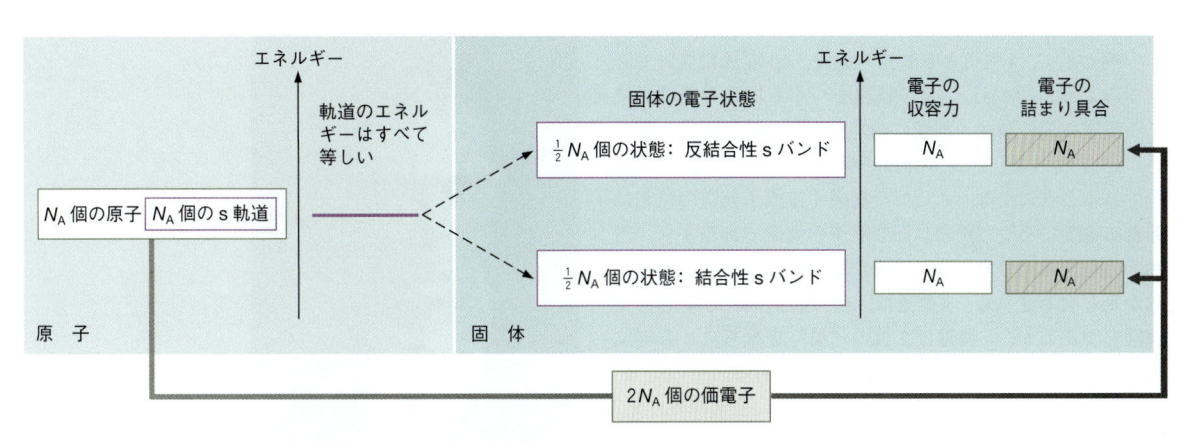

図 5.27 Be 原子から固体ができる過程．価電子のみを示した．

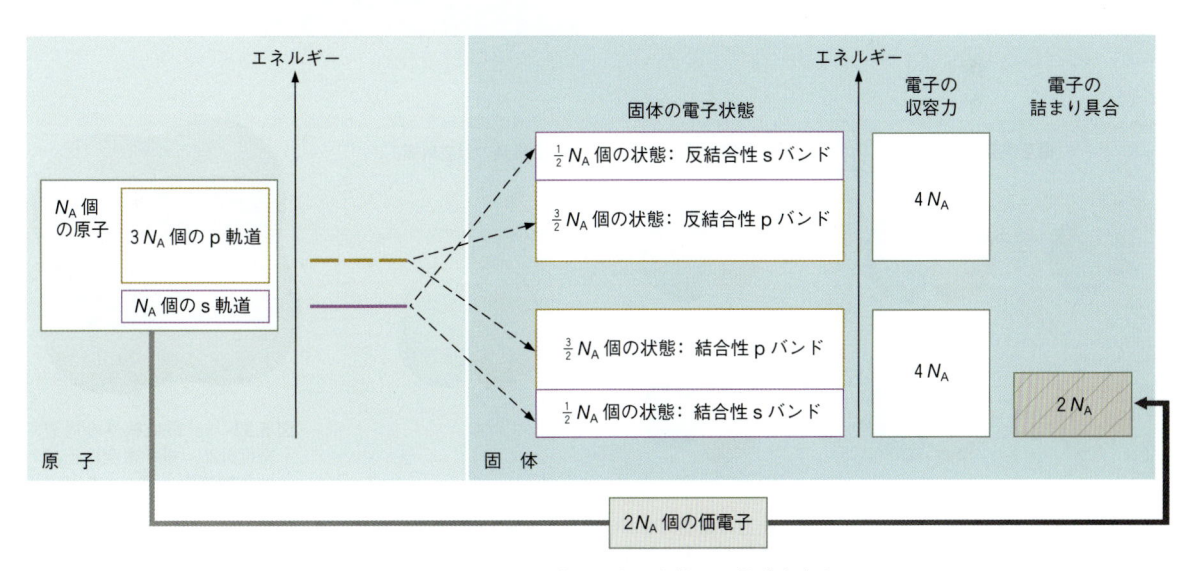

図 5.28 1 モルの Be 原子から固体ができる過程．2p 軌道も含まれている．

混 成 軌 道

バンド描像（図 5.28）を，最外殻に s 軌道と p 軌道をもつすべての元素に適用してみる．そのような元素には，産業上重要なダイヤモンド型構造の半導体も含まれている．ダイヤモンド（図 5.29）の炭素原子は，それぞれ 4 個の炭素原子で囲まれており，いずれの結合距離も等しい．4 本の結合をつくるためには四つの分子軌道が必要であり，それには四つの原子軌道を要する．しかし，各原子には三つの p 軌道しかない．さらに，ダイヤモンドの結合角度は 109.5° であるのに対し，p 軌道間の角度は 90° である．等価な結合の数や結合角から考えると，ダイヤモンドの炭素を結ぶ軌道は，孤立した原子の軌道とは異なると推測される．

ノーベル化学賞の受賞者である Linus Pauling（図 5.30）はこの問題に取組み，結合が生じる過程で原子軌道は混じり合うとする説を提唱した．池の水面で二つの波紋がぶつかると，まったく違った波形が生じるように，原子軌道の場合でも，個々が混じり合うことで別の形状となる．ポーリングはこれを**混成軌道**とよんだ．

一例として，s 軌道と p 軌道の混成，sp 混成について考えてみよう（図 5.31）．分子軌道をつくる場合と同様，生じる混成軌道の数は，混成にかかわる原子軌道の数に等しい．sp 混成の場合，二つの原子軌道から二つの混成軌道が生じることになる．ここで，混成する原子軌道の位相は非常に重要である．両者は同じ原子の軌道であるから，当然その起源は同じであり，混成が起こると二つの軌道の振幅が足し合わされる．s 軌道は，核の周囲のどこでも位相が同じであるが，p 軌道は 2 枚の"葉"をもち，一方の位相は s 軌道と同じで，もう一方は逆位相である．その結果，s 軌道と同位相の"葉"は振幅が増大し，逆位相の"葉"は減衰する．こうして混成軌道が生じる．

s 軌道の位相を逆にすると，もう一つの混成軌道ができる．二つの混成軌道は，方向が異なるだけである．sp 混成の例では，両者は 180° 回転している．一般に，混成軌道間の角度は静電反発から予想できる．軌道を占める電子は負に帯電しているため，負電荷の領域ができるだけ離れるように配置すると，混成軌道は最も安定となる．1 本の

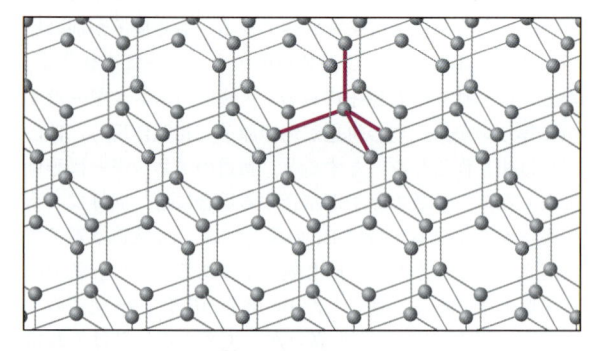

図 5.29 ダイヤモンドの結晶格子．各炭素原子は四つの原子に囲まれ，正四面体配置をとる．

図 5.30 Linus Pauling. 化学結合の性質に関する先駆的な研究が認められ，1954 年にノーベル化学賞を受賞した．

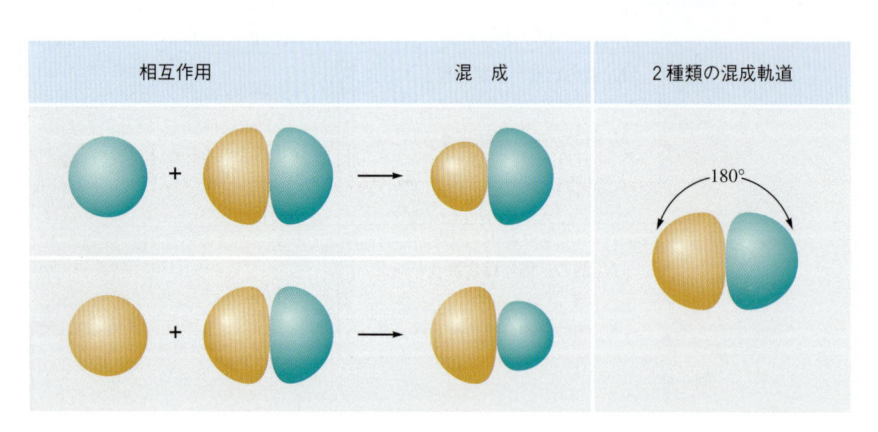

図 5.31 s 軌道と p 軌道の混成．混成の際，軌道の位相は非常に重要である．p 軌道の葉のうち，s 軌道と同位相のものは大きくなり，逆位相のものは縮む．両方の組合わせに応じて，2 種類の sp 混成軌道が生じる．二つの混成軌道は，互いに 180 度回転させた関係にある．

図 5.32 sp^3 混成軌道の電子密度分布．電子密度は正四面体配置をとり，4 方向に伸びている．

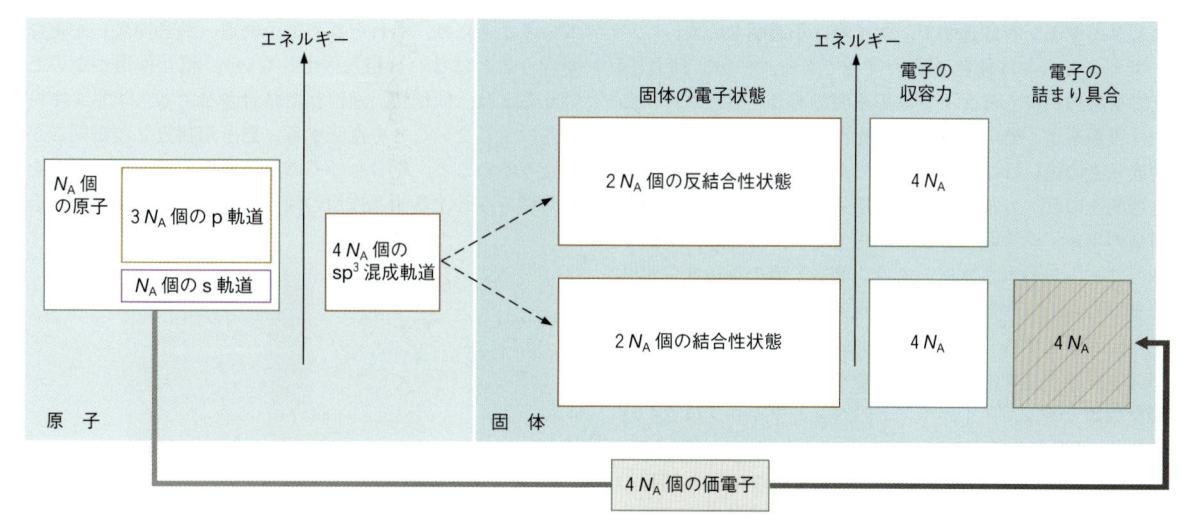

図 5.33 炭素原子から共有結合性のダイヤモンドができる過程.

結合が生じるには，少なくとも一つの混成軌道が必要であり，したがって，sp 混成軌道をもつ原子は 2 個の原子と結合することができる．これら 3 個の原子（1 個は混成軌道をつくり，残りの 2 個と結合している）から，結合角 180°の直線状の分子が生じる．

ダイヤモンドのように 4 本の等価な混成軌道をつくるには，一つの s 軌道と三つの p 軌道が必要である．電子ができるだけ離れ，かつ 4 本の結合をつくるには，混成軌道は四面体の頂点の方向を向けばよい（図 5.32）．このとき，結合角は 90°ではなく 109.5°となる．

応用問題 丸い風船を 4 個ふくらませ，これらの端をきつく結びつける．風船はどのような配置をとるか．

一つの s 軌道と三つの p 軌道の混成は，炭素を含む化合物でよくみられ，sp^3（エスピースリー）混成とよばれる．

基本問題 C の最外殻電子配置を記せ．3 本の結合をつくるには，どの軌道が混成すればよいか．また，三つの混成軌道間の角度は何度か．

半導体の元素と絶縁体の元素

ダイヤモンドの中の多数の炭素原子（N_A 個とする）について考える（図 5.33）．個々の原子は 1 組の sp^3 混成軌道をもつので，全部で $4 \times N_A$ 個の混成軌道が存在する．これらの混成軌道がさらに混じり合い，二つのバンドを形成する．一つは $2 \times N_A$ 個の状態からなる結合性バンドであり，もう一つは，やはり $2 \times N_A$ 個の状態からなる反結合性バンドである．結合性，反結合性のいずれのバンドも，状態当り 2 個の電子，バンド当り $4 \times N_A$ 個の電子を収容できる．では，N_A 個の炭素原子は，全部で何個の価電子をもっているだろうか．各原子は 4 個の価電子をもつ．したがって，ちょうど結合性のバンドが完全に満たされ，反結合性バンドは空のままである．

固体のエネルギー準位図ではバンドは四角で表し，電子の占有しているところまでハッチで塗りつぶす（図 5.34）．

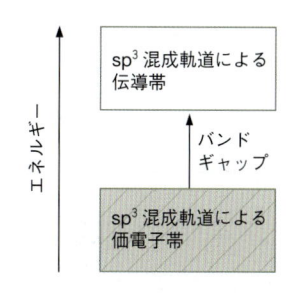

図 5.34 ダイヤモンドのバンド構造.

縦軸はエネルギーを表し，結合性軌道は反結合性軌道よりもエネルギーが低い．電子はこれらの状態をエネルギーの低い方から満たしていく．したがって，電子はまず，反結合性バンドではなく結合性バンドに入る．ダイヤモンドなど，結合性バンドだけが占有されている物質では，結合性バンドを**価電子帯**とよぶ．価電子帯が完全に占有されている状態に，さらに電子を加えると（たとえば電流を流す際など），その電子は高エネルギーの反結合性バンドに入る．このとき，反結合性バンドを**伝導帯**とよぶ．価電子帯が完全に占有され，一方伝導帯が空である物質は，絶縁体または半導体である．絶縁体と半導体の違いは，価電子帯と伝導帯とのエネルギー差にある．このエネルギー差を**バンドギャップ**とよぶ．すなわち，バンドギャップは，固体中で結合性バンドと反結合性バンドとを隔てるエネルギーを表している．ダイヤモンドのバンドギャップは大きく，このためダイヤモンドは優れた絶縁体である．

なぜダイヤモンドは透明で，ケイ素は不透明なのか

ダイヤモンドは無色透明の宝石である．一方，同じ14族で炭素の次にくるケイ素は不透明であり，黒色か，あるいは表面をよく磨いた場合には光沢を示す．これら二つの同族元素の違いはなぜ生じるのであろうか．ある固体が無色透明なのは，可視光をすべて透過させる，すなわち可視領域のフォトンを吸収しないからである．これは，可視領域のフォトンのエネルギーでは，価電子帯の電子を伝導体帯までもち上げられないことを意味する．電子を価電子帯から伝導帯までもち上げるのに必要な最低のエネルギーがバンドギャップであり，これは多くの固体を特徴づける重要な数値である．ダイヤモンドのバンドギャップは5.4 eVであり，可視光のエネルギーよりもはるかに高い（表5.2）．

SiとCは同族元素であるので，ダイヤモンドと同様のバンド図がケイ素にも適用でき，電子の占有状態も同じである．Siが不透明ということは，可視光をすべて吸収することを示している．したがって，バンドギャップは可視光のエネルギーより低くなければならない．実際，ケイ素のバンドギャップは1.11 eVである．

なぜケイ素のバンドギャップは，ダイヤモンドよりもずっと小さいのだろうか．バンドギャップがどのようにして生じたかを思い出していただきたい．原子が互いに離れているときには，それぞれの電子軌道（波動関数）が重なり合うことはない（相互作用しない）．相互作用がないということは，同位相，逆位相で結合させても，エネルギーに差は生じないことを意味する．原子が接近し波動関数が重なり始めると，結合をつくろうとする相互作用と結合を断ち切ろうとする相互作用の両方が働く．その結果，結合

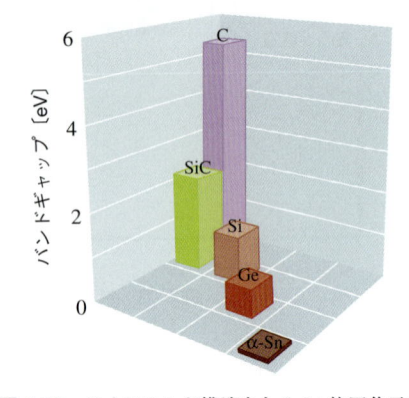

図5.35 ダイヤモンド構造をとる14族固体元素のバンドギャップ．可視領域は1.65〜3.54 eVに対応する．族の下にいくほど，原子は大きくなり，原子間の間隔は広がる．このため，相互作用は弱まり，バンドギャップは小さくなる．

表5.2 可視光の色，エネルギー，波長の関係

色	赤 外	赤	黄	緑	シアン	青	紫	紫 外
エネルギー〔eV〕	1.65	1.91	2.22	2.53	2.76	2.89	3.10	3.54
波長〔nm〕	750	650	560	490	450	430	400	350

例題 5.1 相互作用と密度

原子の密度は，固体中の原子がどれくらい強く相互作用しているかを表している．ダイヤモンドの質量密度は $3.513\ \mathrm{g\ cm^{-3}}$ であり，Siは $2.33\ \mathrm{g\ cm^{-3}}$ である．両者とも同じ結晶構造をもつ．ダイヤモンドとケイ素の原子密度を，原子 $\mathrm{nm^{-3}}$ を単位として計算せよ．

[解 法]
■ 単位解析：

$$\frac{\mathrm{g}}{\mathrm{cm}^3} \times \frac{\mathrm{mol}}{\mathrm{g}} \times \frac{\text{原子}}{\mathrm{mol}} \times \left(\frac{\mathrm{cm}}{\mathrm{nm}}\right)^3 = \text{原子}\ \mathrm{nm}^{-3}$$

→原子量で割り，N_A を掛けた後に体積の単位を変換する．

[解 答]
■ C: $\dfrac{3.513\ \mathrm{g}}{\mathrm{cm}^3} \times \dfrac{1\ \mathrm{mol}}{12.011\ \mathrm{g}} \times \dfrac{6.022\times 10^{23}\ \text{原子}}{\mathrm{mol}} \times \left(\dfrac{1\ \mathrm{cm}}{10^7\ \mathrm{nm}}\right)^3 = 176\ \text{原子}\ \mathrm{nm}^{-3}$

Si: $\dfrac{2.33\ \mathrm{g}}{\mathrm{cm}^3} \times \dfrac{1\ \mathrm{mol}}{28.0855\ \mathrm{g}} \times \dfrac{6.022\times 10^{23}\ \text{原子}}{\mathrm{mol}} \times \left(\dfrac{1\ \mathrm{cm}}{10^7\ \mathrm{nm}}\right)^3 = 50.0\ \text{原子}\ \mathrm{nm}^{-3}$

Siの原子密度はダイヤモンドの約1/3である．結晶構造は同じであるので，Siの方がダイヤモンドよりも低密度である分，Si原子はより離れている．したがって，電子波間の相互作用は弱く（重なりが少なく），バンドギャップは小さい．

別冊演習問題 5.34 参照

性軌道と反結合性軌道に差が生じる．原子がさらに接近すると相互作用は強まり，結合性軌道，反結合性軌道間のエネルギー差も広がる．小さな原子ほど接近しやすいため，エネルギー差も大きくなる．すなわち，小さな原子ほど，バンドギャップは大きくなる．したがって，ダイヤモンドの炭素原子の方が，ケイ素よりも強く結合しているといえる．結合性軌道と反結合性軌道のエネルギー差は，軌道の重なり具合で決まる．

例題 5.1 より，ダイヤモンドの原子密度は Si よりもずっと高いことがわかる．この結果は，小さな原子ほど相互作用が強いことと矛盾しない．14 族の次の元素 Ge と Sn では，さらに原子が大きくなるが，Ge, αSn ともに結晶構造はダイヤモンドと同じである．したがって，バンドギャップはさらに小さくなる（図 5.35）．このように，バンドギャップは，相互作用の強さと直接関係している．

基本問題 αSn の密度は $5.769 \, \mathrm{g \, cm^{-3}}$ である．αSn の密度を Si と比較せよ．原子密度の相対的な大小は，バンドギャップの違いと対応しているか．■

混合原子価半導体

皆さんのパソコンの電源表示ランプを見ていただきたい．緑色の光は，ガリウム（Ga）とリン（P）からなる半導体が放っている．周期表で Ga と P を探してみると，Ga は 13 族元素で 3 個の価電子をもち，一方 P は 15 族元素で 5 個の価電子をもつことがわかる．化合物 GaP（図 5.36）は III–V 族半導体とよばれ，混合原子価状態をとる．GaP では，個々の Ga 原子を 4 個の P 原子が取り囲んでおり，逆に P 原子も 4 個の Ga 原子で囲まれている．このようなダイヤモンドから派生した構造を**閃亜鉛鉱型**とよぶ．

Ga, P ともに s および p 価電子をもっており，4 本の結合はいずれも等価であるので，sp^3 混成している．バンド構造はダイヤモンドと同じであるが，両元素で価電子数が異なるため，電子の詰まり方が多少異なる（図 5.37）．Ga は 3 個，P は 5 個の価電子をもっており，Ga からの電子は価電子帯の 3/8 を占め，P からの電子は残りの 5/8 を占める．Ga と P の原子数は同じであるので，結局，ダイヤモンドやケイ素との違いはバンドギャップのみとなる．

基本問題 周期表で C, Si, Ga, As, P を探し，それぞれどの族に属するかを確認せよ．P と As の位置は，周期表でどのような関係にあるか．また，これらの元素を，価電子数に従って分類し，並べてみよ．■

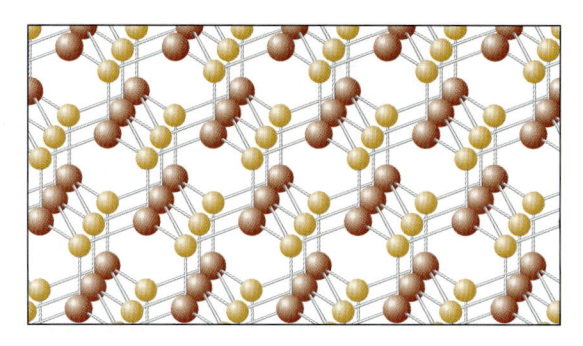

図 5.36 化合物半導体 GaP の結晶格子．GaP はダイヤモンド型の構造をとり，構成原子の半分は Ga（大きい方），残り半分は P（小さい方）である．各 Ga 原子は四つの P 原子に囲まれており，P 原子も四つの Ga 原子に囲まれている．これを，閃亜鉛鉱型構造とよぶ．

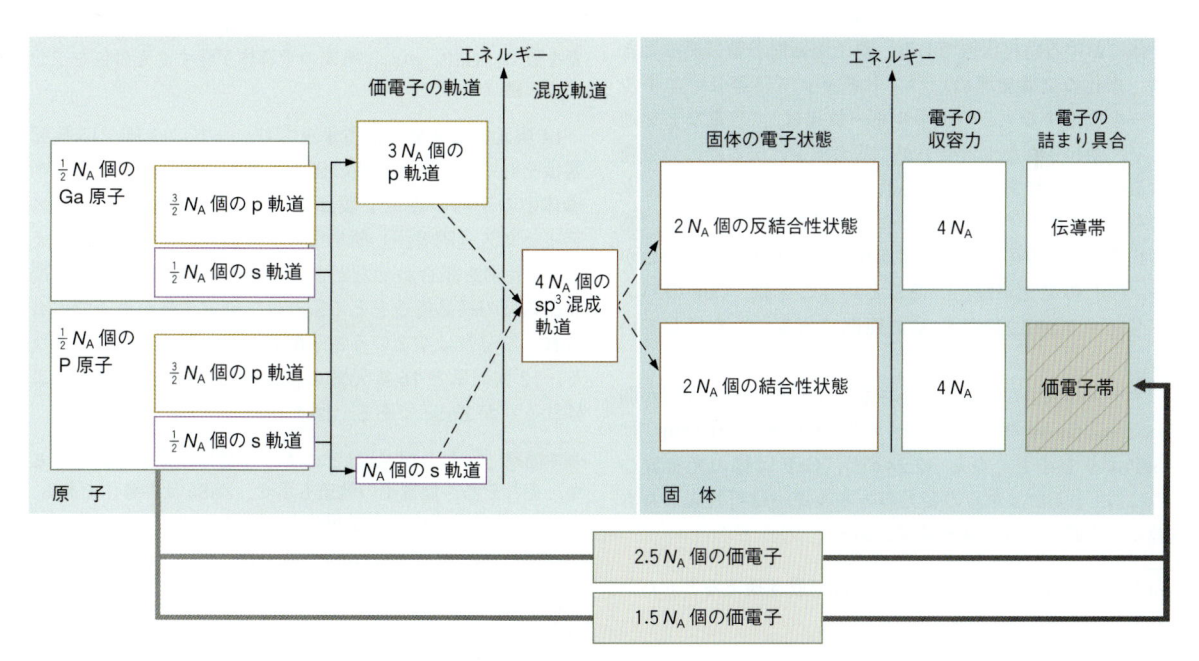

図 5.37 原子から共有結合性の固体 GaP ができる過程．

例題 5.2　Ⅲ−Ⅴ族半導体のバンドギャップ

14族のダイヤモンド型元素では，原子サイズが小さいほど強く結合し，その結果バンドギャップは大きくなる．この考え方を混合原子価半導体に適用し，GaAsのバンドギャップはGaPより大きいか小さいかを予想せよ．また，AlPとGaPのバンドギャップを比較せよ．

[解　法]

バンドギャップは相互作用の大きさと関係し，相互作用は原子の大きさに依存している．
■ AsとPの大きさを比べる．
■ AlとGaの大きさを比べる．

[解　答]
■ Pは第3周期の元素であり，一方Asは第5周期に属する．したがって，Asのサイズの方が大きく，原子間の相互作用は弱くなるため，GaAsのバンドギャップはGaPよりも小さくなる．
■ Alは第3周期，Gaは第4周期の元素である．したがって，Alの方が小さく，原子間の相互作用は強いため，AlPのバンドギャップはGaPよりも大きくなる．

図5.38に示すように，13族元素と15族元素とを組合わせた半導体（Ⅲ−Ⅴ族半導体とよばれる）のバンドギャップは原子サイズの逆数と関係している．

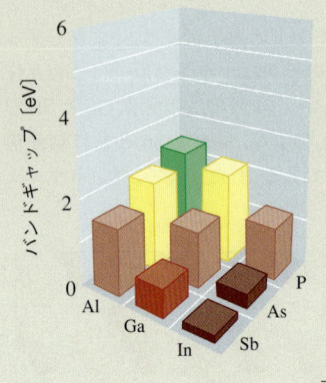

図5.38　Ⅲ−Ⅴ族2元系半導体のバンドギャップ．バンドギャップの変化は原子間の相互作用を反映しており，相互作用の大きさは，原子サイズの逆数と関係している．

別冊演習問題5.37〜46参照

パソコンの電源ランプの緑色は，GaP半導体のバンドギャップと関係している．電子を1個，価電子帯から伝導帯へもち上げたとすると，価電子帯には1個の空きができる．この空きを**正孔**（ホール）とよぶ．原子から電子を1個取去ると正に帯電するので，電子を正の電荷で置き換えたとみなすことができる．正孔は，正電荷をもつことを強調するため，しばしばh^+と表される．価電子帯に1個の正孔を，そして伝導帯に1個の電子をもった状態が，GaP固体における励起状態である．電子が価電子帯に戻るときは，正孔の位置を埋め，バンドギャップに等しいエネルギーを放出する．このエネルギー放出は，（放電などを通して）励起された水素原子が，基底状態に戻る際に光を発するのと同じである．放出されたエネルギーの値から，水素など原子の電子状態を探ることができるが，同様に，基底状態に戻る際の発光から半導体のバンドギャップがわかる．GaPの発光が緑色であるということは，GaPのバンドギャップが2.23〜2.5 eVの範囲にあることを示している．

サイズの大きな原子は，小さな原子に比べ相互作用が弱いため，GaAsのバンドギャップ（1.35 eV；919 nm）はGaPよりも小さくなる（2.24 eV）．GaPは緑の光を放つのに対し，GaAsからの発光のエネルギーは可視光よりも低く，正確にいうと赤外領域にある．

基本問題　GaPのP原子の一部をAsで置き換えると，バンドギャップはどうなるか．■

化合物SiCのバンドギャップ（図5.35）はSiとCの中間の値をとるが，これは，相互作用が平均化されるからである．同様に，GaAsとGaPの固溶体は，GaAs（赤外領域）とGaP（緑色の可視領域）の中間のバンドギャップを示す．たとえば，P 40%，As 60%からなる半導体は，赤色の光を発する．この組成の化合物を$GaP_{0.40}As_{0.60}$と表す．組成を分数で示したのは，Gaと15族元素との比が1:1であることを強調したいからである．

基本問題　$GaP_{0.40}As_{0.60}$半導体は赤色，$GaP_{1.00}As_{0.00}$は緑色の光を放つ．$GaP_{0.65}As_{0.35}$組成の半導体が発する光の色を予想せよ．■

14族元素は4個の価電子をもち，一方，13族，15族元素はそれぞれ3個，5個の価電子をもつ．したがって，半導体中の平均の価電子数は4である．これはチョップスティックス［訳者注：簡単なピアノ曲］の化学版ともいえる．2元素を組合わせたとき，平均の価電子数が4で，閃亜鉛鉱型の結晶構造をとる限りは，価電子帯が電子で占有され，伝導帯は空という電子配置は変わらず，半導体となる．12族元素と16族元素を組合わせた例（Ⅱ−Ⅵ族とよばれる）がZnSeである（図5.39）．

基本問題　ZnおよびSeはどのような最外殻電子配置をとるか．それぞれ，価電子の軌道も示せ．ZnSeは半導体である．ZnSeの発する光の色を予想せよ．■

チョップスティックスの音階と同じことが，ZnSeからGaAs，そしてGeの範囲で成り立つ．Geのバンドギャップは0.67 eVであり，遠赤外の領域にあたる（図5.35）．GaAsのバンドギャップも赤外領域にあるが，1.35 eVと

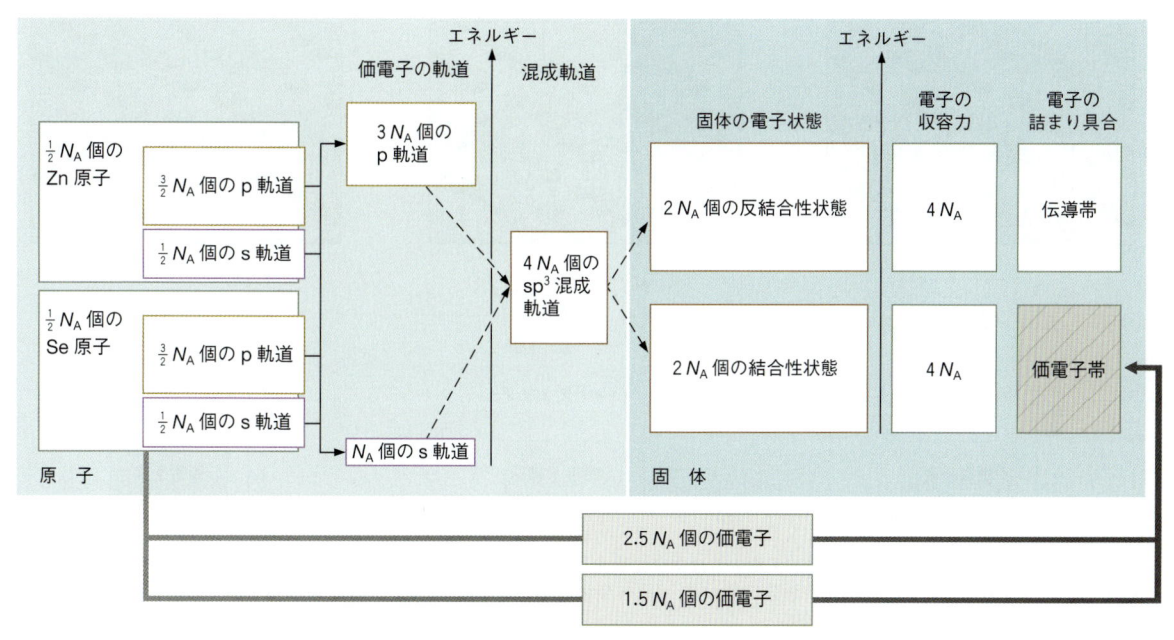

図 5.39 原子から共有結合性の固体 ZnSe ができる過程.

Ge よりは大きい．次のチョップスティックス式組合わせである ZnSe のバンドギャップは 2.58 eV であり（図 5.40），可視領域の緑色に対応する．Ge, Ga, As, Zn, Se はすべて第 4 周期の元素である．Ga と As の平均のサイズ（それぞれ 126 pm と 120 pm）は，Ge（122 pm）とほぼ等しい．同様に，Zn（126 pm）と Se（116 pm）の平均も Ge に近い．したがって，Ge，GaAs，ZnSe の結合長はほとんど同じである．結合長が等しいことから，相互作用も同程度であり，したがって，Ge から GaAs，ZnSe まで，なぜバンドギャップが変化するかを理解するには，原子のサイズ以外の要因を考える必要がある．

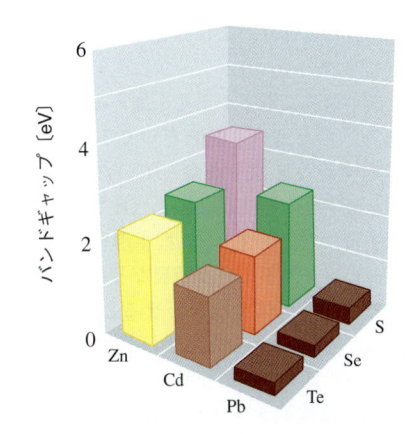

図 5.40 II-VI 族 2 元系半導体のバンドギャップ. バンドギャップは軌道の広がりと関係しており，これを反映してバンドギャップが変化する．原子が小さいほど，また電気陰性度の差が大きいほど，結合電子は狭い領域に閉じ込められる．

原子間の相互作用に，したがってバンドギャップに影響を及ぼす別の要因が電子の閉じ込め効果である．閉じ込め効果は，結合にかかわる 2 元素間の電気陰性度の差と関係している．電気陰性度の差が大きいほど，結合は共有結合性からイオン結合性へと変化する．単一の元素からなる分子の場合，電気陰性度の差はゼロであり，電子対は二つの原子核の周りに等しく分布している．一方，イオン結合の場合，電子対は電気陰性度の高い元素の方に局在する．異種核からなる分子は，これら二つの極限の間の状態をとるが，電気陰性度の高い元素の方が電子対をより強く引きつけるため，その周囲に電子を局在させ閉じ込める傾向がある．電気陰性度の高い元素が電子を引きつけ，閉じ込める結果，結合性軌道のエネルギーは低下し，より安定となる．同様に，閉じ込め効果は，反結合性軌道を相対的に不安定化させる．固体の場合，結合性軌道-反結合性軌道間のエネルギー差が広がると，バンドギャップは大きくなる．

Ga と As の電気陰性度の差は 0.37 であるのに対し，Zn と Se の差は約 2 倍の 0.9 である．ZnSe では，結合にかかわる電子を狭い空間に閉じ込める効果が働くため，バンドギャップが 2.58 eV まで広がる．これは青い光に対応し，GaAs のバンドギャップのほぼ 2 倍である．以上をまとめるとバンドギャップの大小は，つぎの二つの要素から予想できる．

■ 相互作用が増すほどバンドギャップは増大する．また，構成元素のサイズが小さいほど相互作用は増大する．
■ 構成元素間の電気陰性度差が大きいほどバンドギャップは増大する．

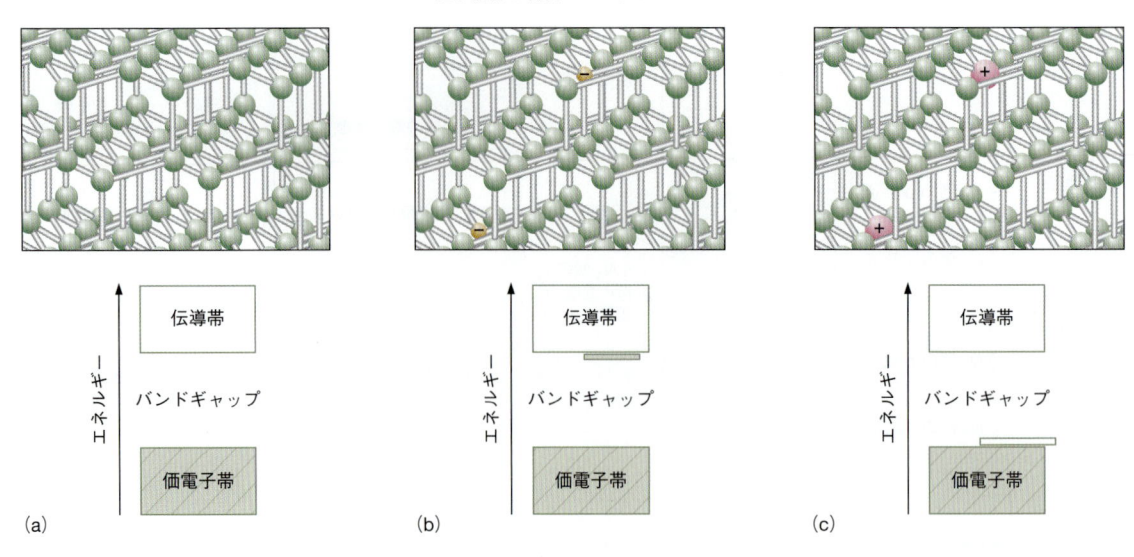

図 5.41 (a) 純粋なケイ素の電子構造．価電子帯は完全に満ちており，伝導帯は完全に空である．(b) n 型半導体の電子構造．P をドープすることにより，電子が余分に加わる．(c) p 型半導体の電子構造．Si を Al で置き換えることにより，価電子帯に空きができる．

ダイオード

半導体の電気伝導性は，置換型不純物などわずかな量の欠陥に対して非常に敏感である．たとえば，純粋な Si は半導体であり，理想的には，各原子は決まった位置に配置している（図 5.41）．ところが，現実はそれほど理想的ではない．どんな Si 試料でも，必ず少量の置換型不純物を含んでいる．置換型不純物は**ドーパント**とよばれ，意図的に置換型不純物を添加することを**ドーピング**とよぶ．Si 原子のごく一部を P 原子で置き換えたとしよう（図 5.41）．P は Si と原子サイズ，電気陰性度がほぼ等しいので，結晶はダイヤモンド構造のままで，バンド構造も維持する．特に，バンドギャップは変化しない．しかし，P は Si よりも 1 個余分に価電子をもっている．この余分な電子は結合には寄与せずに，P 原子の周囲に局在しており，そのエネルギーは伝導帯のエネルギーに近い．この電子は，わずかなエネルギーを加えるだけで（熱エネルギーとして簡単に供給できる），緩い束縛状態から伝導帯へと移る．いったん伝導帯に入った電子は，電場を加えれば自由に動く．P 原子はそれぞれ余分の電子を 1 個もっているので，Si の伝導性は，Si を置換する P 原子の数に比例する．ドーピングの割合が原子比で 10^{-3} から 10^{-10} % であれば，ドープした材料は半導体のままである．ドーピングにより導入した余分な電子が移動すると電気伝導が生じる．これが **n 型半導体**である．

Si に不純物として Al を加えることも比較的簡単である．Si と Al は，地殻中に豊富に含まれる元素である．Al は 3 個の価電子しかもたないため，Si を Al で置換すると，Si 原子を結ぶ結合の一つで電子が不足する．ここに，隣の Si–Si 結合から電子が飛び移るのに，エネルギーはほとんど要しないので，電子の不足分は埋まり，隣の Si に正の電荷，正孔が残る．この正の電荷は，電圧を加えれば自由に結晶内を動けるため，電気伝導を担う．このような材料を **p 型半導体**とよぶ．

基本問題 半導体用 Si として，純度 99.9999999 % のものが日常的に生産されている．Si の密度は 2.33 g cm^{-3} である．この半導体用 Si 1 cm^3 当たり何個の不純物原子が存在するか．■

半導体産業の創生期，不純物原子の量，したがって電気伝導性を精密に制御するため，いかにして清浄な環境を維持するかが大きな問題の一つとなっていた．今日の電子機器では，不純物原子の割合は，母体原子の $1/10^3$ から $1/10^{10}$ に制御されており，これはとてつもなく高い純度である．

混合原子価半導体に電子や正孔を加える場合には，簡単な方法がある．たとえば，GaP をつくる際，反応が完全ではなく，わずかな P 原子が余っていたとすると，電子が供給され n 型半導体となる．逆に，Ga 原子が余分に存在すると価電子帯に空きが生じ，p 型半導体となる．不完全な反応やドーピング，不十分な精製などの方法でつくった p 型半導体と n 型半導体を組合わせると，pn 接合ができる．**pn 接合**は，**ダイオード**ともよばれる．n 側の電子は，よりエネルギーの低い p 側の正孔を埋めようとする傾向がある（この現象は電子ドリフトとよばれる）．電場を加えなければ，電荷が両端に溜まるため，ドリフトは長時間続かない．しかし，接合を挟んで外部回路をとりつけ，電子が p 側に移動しやすいよう電位を加えると，接合が機能し始める（図 5.42）．

電子のエネルギーは，pn 接合の近傍で急激に変化し，n 側では伝導帯のエネルギーに等しいのに対し，p 側では価電子帯のエネルギーと一致する．したがって，接合を通る電子は，このエネルギー差分を失うことになる．一方，電子は p 側で正孔 h^+ と再結合することもある．負の電子は正の正孔と打ち消し合い，エネルギーを放出する．

$$e^- + h^+ \longrightarrow エネルギー \quad (5.2)$$

このエネルギーが光として放出されたとすると，

$$エネルギー = h\nu = \frac{hc}{\lambda} \quad (5.3)$$

外部の回路から n 側に電子を加えると，電子は接合部に移動し，pn 接合を横切る際に光としてエネルギーを放出する．低エネルギー側に向かって電子を移動させることを**順バイアス**とよぶ．

基本問題 電池の正負を入れ替えると何が起こるか．■

外部から加えた電場により電子を逆向きに動かしたとしよう．接合まで達した電子は大きなエネルギー障壁に出くわし，それ以上動けなくなるため，光は放出されない．これを**逆バイアス**とよぶ（図 5.43）このような pn 接合は，コンピュータや計算機，電子制御の自動車，太陽電池パネルなど，今日の電子機器には必ずといってよいほど使われて

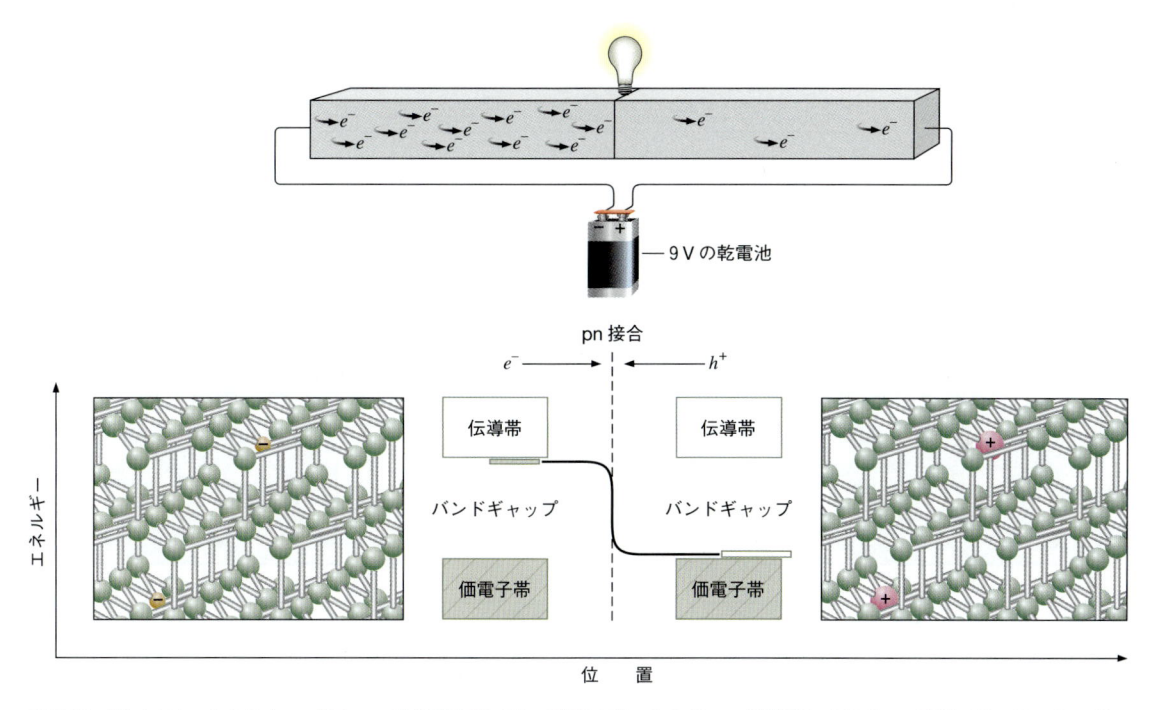

図 5.42 順バイアスをかけた pn 接合．n 型半導体側では，電子は高エネルギーの伝導帯にあるが，p 型側では，低エネルギーの価電子帯を占める（価電子帯に空きがあるため）．電子は，接合面を通る際，エネルギー差に相当する光を放つ．

例題 5.3 ドーピング

半導体に導電性をもたせるためには，別の元素を添加する必要がある．Si を p 型半導体とするには，Al 以外にどの元素を加えればよいか．同様に，n 型半導体とするためには，P 以外にどの元素が使えるか．

[解法]
- p 型ドーピングには，Si に比べて電子が足りない元素が必要である．このような元素は，周期表で Si の左側に位置する．
- n 型ドーピングには，Si に比べて電子が多い元素が必要である．このような元素は，周期表で Si の右側に位置する．

[解答]
- Si を p 型半導体とするのに用いる元素は，Si の左側の 11 族，12 族，13 族，および遷移金属元素である．多くの候補が存在し，その中には Ga，B，Cu，Zn が含まれる．
- n 型半導体とするには，Si よりも電子の多い元素が必要である．p 型に比べ n 型の方が選択肢が限られるが，それでも周期表で Si よりも右側の元素はすべて候補となりうる．15 族，16 族，17 族元素が該当し，N，Br，Sb などがその例である．

別冊演習問題 5.48，5.51～55 参照

いる．また，電流を一方向に制御したい場合にも用いられる．

青色発光ダイオード

添加元素の候補は多数存在するため，バンドギャップを望みの値に調整しようとした場合，比較的選択肢は広い．たとえば最近，信頼性が高く，かつ安価な青色発光ダイオード材料の開発に関心が集まっている．なぜ青色発光ダイオードが必要かを理解するため，以下の事例を考えてみよう．CD プレーヤーは，発光波長 780 nm の赤外ダイオードレーザーを使って読み取りを行っている．波長に応じてトラック間の間隔やトラック内の各ビットの間隔が決まるため，CD の記憶容量は結局，光の波長で制限される．なお，CD の記憶容量は 650 MB（メガバイト）であり，音楽のレコード両面を記録するには十分である．一方 DVD では，波長 650 nm の赤色ダイオードレーザーを読み取りに用いている．記憶容量は 4700 MB であり，短い映画を保存できる．青色ダイオードレーザーの波長は 400〜450 nm であり，これを用いれば，容量 16,000 MB（スターウォーズ 3 部作をサウンドトラックとともにすべて収録できる容量）のメディアの読み取りが可能である．

バンドギャップ約 3 eV，波長にして 415 nm の青色発光

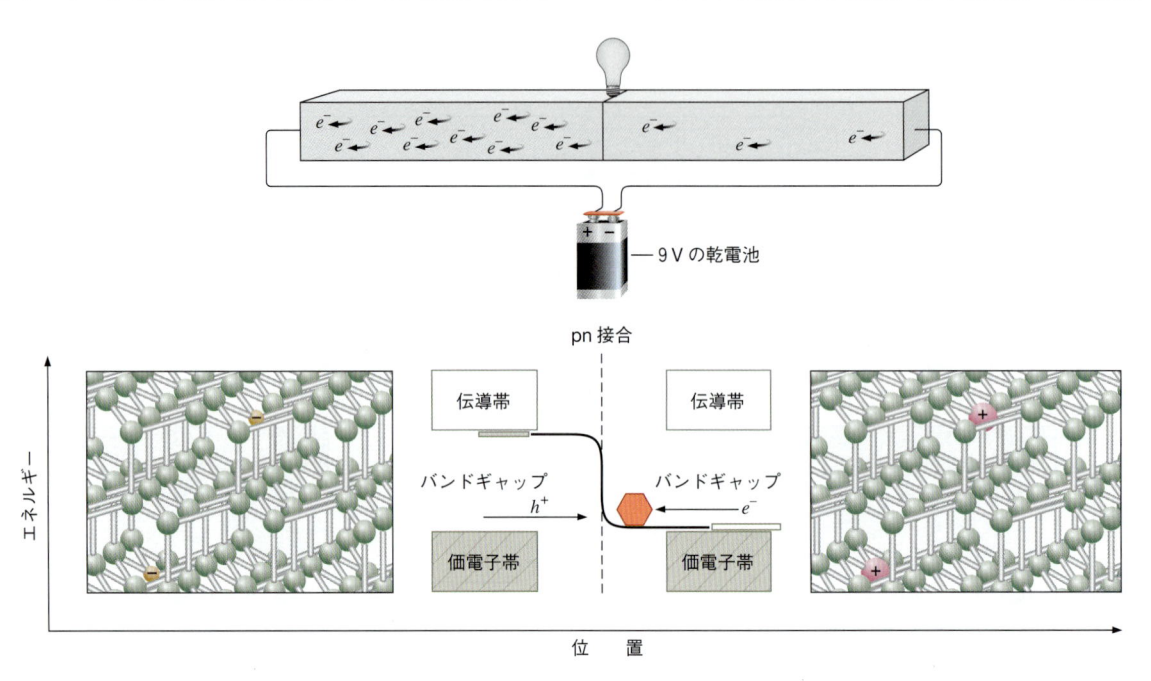

図 5.43 逆バイアスをかけた pn 接合．p 型半導体側では電子は価電子帯にあり，n 型側に移動するには，差分のエネルギーが必要である．もし，乾電池からこの差分のエネルギーが得られると，ダイオードはショートし，焼き切れてしまう．

例題 5.4 バンドギャップの制御

最新のコンピュータでは，Si よりもバンドギャップの広い（ワイドギャップ）半導体が必要である．しかし，コストの面から，新材料の主成分は Si でなければならない．そのような材料を，どうやって設計したらよいか．

[解 法]

半導体となるためには，添加元素も 14 族か，あるいは 13 族と 15 族，2 族（12 族）と 16 族の 1：1 化合物でなければならない．
- バンドギャップを広げるには，原子サイズを小さくする必要がある．
- バンドギャップを広げるには，電気陰性度の差を大きくする必要がる．

[解 答]

- まず単体元素を考える．バンドギャップを Si よりも広げるためには，添加元素はサイズが小さく，かつ 14 族元素でなければならない．該当するのは炭素のみである．
- 2 元系化合物の場合（これを Si に加えることで最終的には 3 元系となる），13-15 族系あるいは 2(12)-16 族系から選ぶことになる．バンドギャップを広げるには，添加元素は第 2 周期か第 3 周期元素に限られる．13-15 族の選択肢としては，Al と P か N，あるいは B と P か N のいずれかである．12(2)-16 族の組合わせでは，2 族として Mg か Be，16 族からは O あるいは S が考えられる．第 4 周期の遷移金属酸化物も，酸素と金属との電気陰性度の差が大きいため，可能性がある．

別冊演習問題 5.39〜46 参照

ダイオードは，どうやって作ればよいのだろうか．13族元素を窒素と化合させるのが一つの方針である．窒素はサイズが非常に小さく，かつ電気陰性度の高い15族元素であるので，結合電子を狭い領域に閉じ込め，バンドギャップの大きな半導体をつくるのに適している．実際，GaNのバンドギャップはちょうど3.34 eVである（図5.44）．

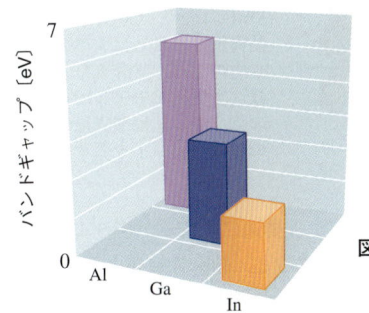

図5.44 2元系窒化物半導体のバンドギャップ

この材料は，青色発光ダイオードとしての実用化がおおいに期待されている．残された課題は，半導体の製造過程で，いかに均一にGaとNを反応させるかという化学的な問題である．これが解決できれば，欠陥の少ない閃亜鉛鉱型構造が得られ，何千時間もの安定した動作が実現できる．このような要求は，われわれにつきつけられた挑戦状でもある．窒素はサイズが小さく電気陰性度が高いため3配位状態しかとらず，結晶にひずみが生じやすい．さらに，N≡N三重結合が安定であるため，N_2の形で結晶から脱離しやすい．このような合成プロセスに関する問題はいずれ解決されるはずである．［訳者注：現在では青色発光ダイオードは実用化されている］

基本問題 青色を発光する可能性のある他の2元系あるいは3元系ダイオードを提案せよ．どの周期のどの族の元素が最有力候補か．また，他の有力候補でも，合成プロセスの問題が起こりうるか．■

5.2 電気抵抗：導体と半導体との対比

電気伝導とは電荷の流れにほかならない．金属中で，最も動きやすい荷電粒子は電子である．金属線を電子の供給源に接続したとしよう．電子が金属中へと入っていくためには，完全には占有されていない軌道を見つける必要がある（パウリの排他律）．s電子系元素の場合，この余分な電子は，一部だけが占有されたsバンドやpバンドに入っていけばよい．したがって，s電子系元素はすべて導体である．これに対し，14族元素では，価電子帯は完全に占有されているが，伝導帯は空である．バンド間にエネルギー差があることから，14族元素は半導体か絶縁体となる．

バンド間のエネルギー差は，材料の電気抵抗に反映される（図5.45）．電気抵抗はドーピングに対して非常に敏感であり，8桁近くも変化する．

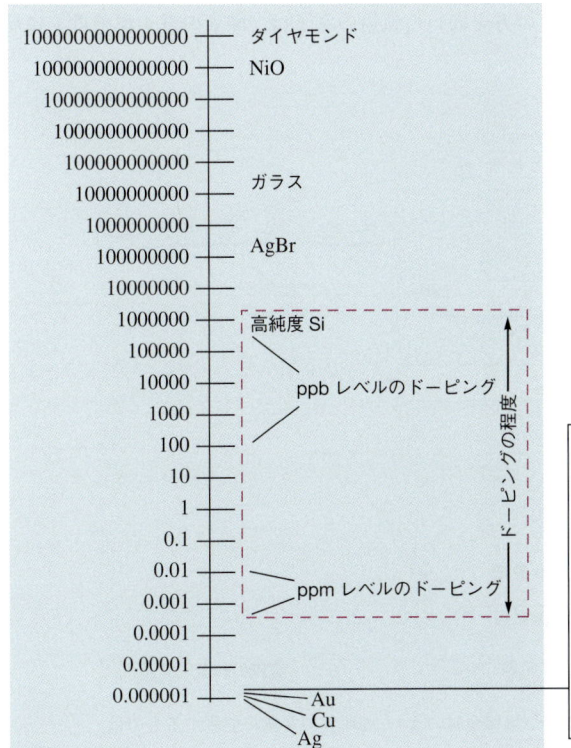

図5.45 さまざまな材料の電気抵抗率．抵抗率は，非常に広い範囲に及んでおり，これは化学結合の違いを反映している．ケイ素の抵抗率は，微量な不純物の量にきわめて敏感である．金属の抵抗率は，d軌道の占有具合に敏感である（右下挿入図）．

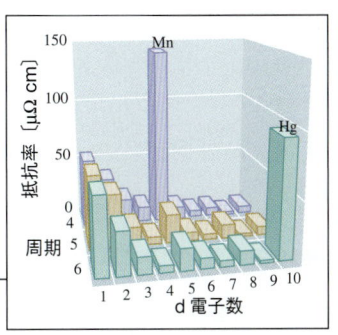

遷移金属は，最外殻が d 軌道であるため，やや複雑なバンド構造をしている．金属中の電子の動きやすさは，付け加えた電子が入りうる状態の数に依存している．一般的な金属のバンド構造では，加えた電子が入れる状態が十分に存在するため，導電性は高い．しかし，すべての金属が同じような導電性を示すわけではない．特に，水銀の電気抵抗率（導電率の逆数）は，金属としては比較的高い（図5.45）．これは，占有された 5d バンドと非占有の 6p バンドとの重なりが十分でなく，その結果，電子が動きにくいからである．しかし，いずれの金属も，半導体に比べると導電性は非常に高い．金属の抵抗率は 2〜144 μΩ cm であるのに対し，Si や Ge などの半導体では $10\,\Omega$ cm 台である．

基本問題 Mn はどのような電子配置をとるか．また，金属 Mn のバンド構造を提案し，Mn の抵抗率が比較的高い理由を説明せよ．

5.3 酸化物導電体と酸化物半導体

6 種類の金属酸化物，TiO，VO，MnO，FeO，CoO，NiO を例にとり，バンド構造とその占有状態が，電気伝導にどのような影響を及ぼすかを見てみよう．これらはいずれも NaCl 型の結晶構造をもつ．個々の金属原子は 6 個の酸素原子に取囲まれており，逆に酸素原子も 6 個の金属原子で囲まれている（図5.46）．酸素は最も電気陰性度の高い元素の一つであるので，金属-酸素間は基本的にイオン結合で結ばれている．ところが，構造は類似しているにもかかわらず，TiO と VO は金属的な電気伝導を示すのに対し，残りの金属酸化物は半導体である．このような伝導性の違いは，金属原子の d 軌道の性質，バンド構造，そしてバンドの占有状態によって説明できる．

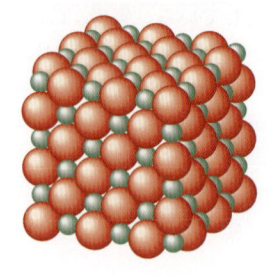

図 5.46 金属酸化物 TiO，VO，MnO，FeO，CoO，NiO の結晶構造．これらはすべて，単純立方の NaCl 型構造をとる．図は，空間充填モデルで描いたもので，赤い球は酸素原子を，緑の球は金属原子を表す．

結合のイオン性は，バンド構造に表れる（図 5.47，5.48）．酸素と金属の軌道が混成すると，結合性軌道と反結合性軌道を生じる．しかし，酸素は金属よりも電気陰性度が高いため，結合性軌道はほぼ酸素の s 軌道で，反結合軌道は金属の s 軌道で構成される．低エネルギーの s バンドには金属はほとんど寄与していないため，このバンドは，慣例的に酸素 s バンドとよばれる．同様に，高エネルギーの軌道を金属の s バンドとよぶ．酸素の p 軌道は金属の軌道とは混成しない．

孤立した金属原子では，五つの d 軌道はすべてエネルギーが等しい．一方，固体中では，これらの軌道を取巻く環境は同じではない．二つの d 軌道（$d_{x^2-y^2}$, d_{z^2}）は酸素原子の方を向いており，残りの三つ（d_{xy}, d_{xz}, d_{yz}）は酸素原子の間の方に伸びている．したがって，酸素原子の方を向いた軌道の電子は，酸素の電子雲の近くに局在

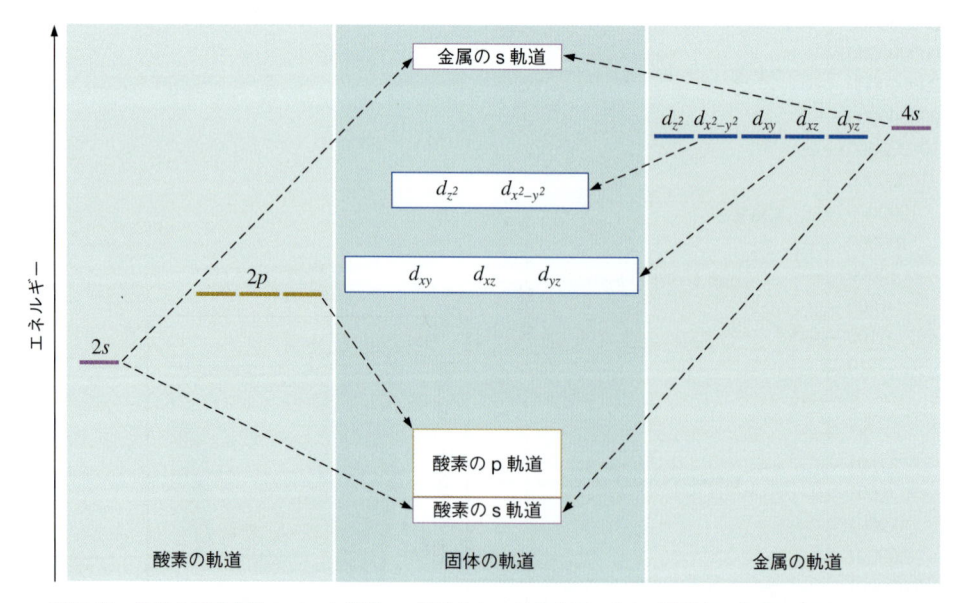

図 5.47 遷移金属酸化物のバンド構造．d 軌道をもつ遷移金属のうち，周期表の左側に位置するものは，このような構造をとる．

することになる．一方，酸素原子の間に伸びた軌道の場合，電子は酸素から離れた位置に局在する．電子間の反発により，酸素原子の方を向いた軌道のエネルギーが高くなる．

価電子がバンドをどのように満たすかは金属による．TiO の場合，酸素は 1 原子当たり 6 個，チタンは 1 原子当たり 4 個の価電子をもっている．これら全部で 10 個の電子が，酸素 s バンド（電子 2 個）と酸素 p バンド（電子 6 個）を満たす．残りの 2 個の電子は，低エネルギーの d バンドの一部を占有する．その結果，TiO は導体となる．VO には 11 個の価電子が存在し，やはり d 軌道を部分的に占有する．VO もまた導体である．

TiO や VO が導体であるのに対し，MnO，FeO，CoO，NiO はすべて半導体である．このような性質の違いは，d 軌道と関係している．遷移元素の左から右に移るにつれ，d 軌道はより核に引き寄せられ，結合に寄与しにくくなる．

基本問題 Mn，Fe，Co がそれぞれ 2 価のイオンとなるとき，どの電子を放出するか．■

d 電子が核周囲に閉じ込められるにつれ，分布する範囲は狭まり，したがって反応しにくくなる．d 軌道は，互いに重なり合ってバンドを形成する状態（空間的に広がった状態）から，核の一部へと変化してゆく（図 5.48）．核の一部となった電子は固体中を動き回ることができず，した

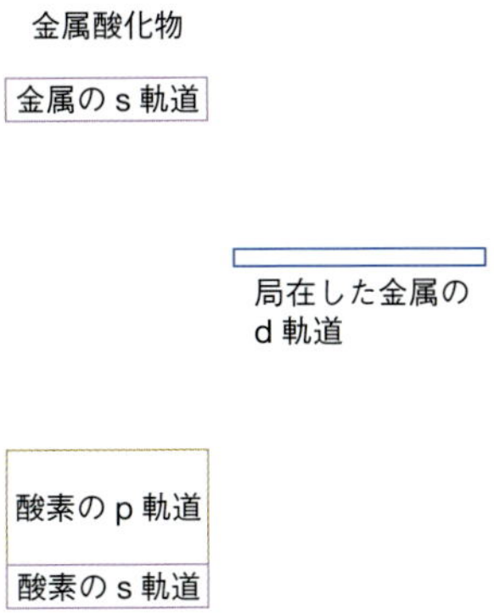

図 5.48 遷移金属酸化物の電子構造．周期表の右側に位置する遷移元素は，このような構造をとる．核が大きな電荷をもっており，これが d 軌道を引きつけるため，d 軌道の原子は，化学結合や電気伝導に関与できない．d 軌道のバンド構造への寄与が明らかでない場合も，しばしばみられる．化学結合や電気伝導にかかわるのは，金属の s 価電子や酸素の s 軌道，p 軌道である．

例題 5.5　酸化物の電気伝導性

遷移金属酸化物は，導体から，半導体，絶縁体まで及ぶ，非常に多様な電気伝導性を示す．CdO，NbO，ZnO の電気伝導性を予想せよ．

[解法]
電気伝導性は，金属 d 軌道の結合への寄与，ならびにバンドの占有状態に依存する．
■ 周期表の左側の金属元素の場合，d 軌道は結合に関与する．一方，右側の金属では，d 軌道は核の一部である．
■ 導体には部分的に満ちたバンドが存在するが，半導体は完全に満ちたバンドと空のバンドに分かれる．

[解答]
■ CdO と ZnO は遷移元素系列の右側，Nb は左側に位置する．
■ CdO と ZnO は，満ちた酸素バンドと空の金属 s バンドからなる．CdO は半導体であり，ZnO は絶縁体である．NbO では，酸素バンドは満ちているが，金属の d バンドは部分的に満ちている．したがって，NbO は導体である．

別冊演習問題 5.63，5.64 参照

例題 5.6　酸化物による pn 接合

酸化物半導体はバンドギャップが比較的大きい．このため，逆バイアスでもリーク電流の少ない pn 接合をつくるうえで，有力な候補となる．金属酸化物で p 型および n 型の両方を得るための方策を示せ．

[解法]
■ p 型半導体を得るには，価電子帯から電子を取除く必要がある．
■ n 型半導体を得るには，伝導帯に電子を加える必要がある．

[解答]
■ 酸素原子を失うと，(1) 酸素 p バンドの準位数が減少し，このため，(2) 金属原子の 4s 電子はバンドに移れなくなる．酸素が少し抜けると，金属の 4s バンドに電子が入り，n 型の半導体となる．すなわち，酸素の欠乏した半導体を作製すれば，n 型半導体となる．
■ 金属が欠乏すると，酸素の p バンドに空きができ，p 型半導体となる．

酸素は電気陰性度が高く，強く電子を引きつける．その結果として，II−VI族半導体のバンド構造は変化する．また，16 族元素が欠乏すると，他の II−VI族半導体とは逆の符号のキャリアによる電気伝導性が生じることがある．S が欠乏した CdS 半導体は p 型となる．（練習問題として解いてみるとよいだろう）．

別冊演習問題 5.46 参照

がって伝導性をもたない．金属の s 軌道はより遠くまで広がっており，隣の原子（この場合酸素原子）と重なり合う．したがって，金属の s バンドは固体全体に広がり，伝導電子を受入れることができる．4 種の酸化物，MnO, FeO, CoO, NiO では，酸素 2s バンドと 2p バンドが満ちているが，金属の 4s バンドが空であるため，半導体となる．酸素-金属間の相互作用の強さが，バンドギャップを決めている．

以上をまとめると，第 4 周期の遷移元素のうち左側の元素では，d 軌道は遠くまで広がり，他の軌道と重なり合ってバンドを形成する．バンドが部分的に占有されている場合，金属酸化物は導体となる．一方，右側の元素のように，d 軌道が狭い空間に閉じ込められると，d 軌道はもはやバンドを形成しない．酸素の 2p バンドは完全に満ちており，金属の 4s バンドは空であるので，これらの酸化物は半導体となる．

チェックリスト

重要な用語
共有結合（covalent bond, p. 100）
イオン結合（ionic bond, p. 100）
表面電荷密度（surface charge density, p. 102）
電子密度面（electron density surface, p. 102）
分子軌道（molecular orbital, p. 104）
結合性軌道（bonding orbital, p. 104）
反結合性軌道（antibonding orbital, p. 104）
結合次数（bond order, p. 106）
バンド（band, p. 110）
混成軌道（hybrid orbital, p. 112）
価電子帯（valence band, p. 113）
伝導帯（conduction band, p. 113）
バンドギャップ（band gap, p. 113）
閃亜鉛鉱型（zinc blende, p. 115）
正孔 h^+（hole, p. 116）
ドーピング（doping, p. 118）
n 型半導体（n-type semiconductor, p. 118）
p 型半導体（p-type semiconductor, p. 118）
pn 接合（p-n junction, p. 118）
ダイオード（diode, p. 118）
順バイアス（forward bias, p. 119）
逆バイアス（reverse bias, p. 119）

重要な式
$$結合次数 = \frac{1}{2} \times |(結合性軌道の電子数) - (反結合性軌道の電子数)|$$

$$e^- + h^+ \longrightarrow エネルギー$$

$$エネルギー = h\nu = \frac{hc}{\lambda}$$

章のまとめ

2 個の原子が近づくと相互作用が生じるが，その相互作用の大きさは，原子の基本的な二つの性質に依存する．一つは価電子を引きつける力であり，イオン化エネルギーを尺度として表すことができる．もう一つは余分に電子を引きつける力であり，電子親和力がその指標となる．これらの性質が組合わさったのが電気陰性度である．電気陰性度の差が大きいと，電気陰性度の低い原子から高い原子へと 1 個以上の電子が移動し，イオン結合が生じる．一方，電気陰性度の差が小さいと，電子対は両方の原子から引力を受け，両方の原子を含む分子軌道を占める．これが共有結合である．

共有結合は方向性をもっており，その点で，イオン結合や金属結合とは大きく異なる．共有結合性の材料は，力を加えても簡単に変形しないが，結合が切れると材料も破壊されてしまう．

結合性軌道（あるいは価電子帯）が電子で満ちており，反結合性軌道（伝導帯）が空であると，その物質は半導体となる．二つのバンドを隔てるバンドギャップは，原子間の相互作用の強さと関係している．半導体にドーピングすると，p 型半導体（電子が欠乏している）や n 型半導体（電子が余分に存在する）を生じる．両者を張り合わせると，pn 接合ができる．金属では，バンドの一部だけが電子で満ちている．

重要な考え方
2 個の原子が近づいたときにどのような結合を生じるかは，電子の波としての性質，原子の大きさ，電気陰性度によって決まる．

理解すべき概念
■ 原子が小さいほど強く相互作用し，結合性軌道と反結合性軌道間のエネルギー差は大きくなる．導体は，部分的に満ちたバンドをもつ．半導体は，満ちたバンドと空のバンドからなる．

学習目標
■ イオン結合性か共有結合性かを予想し，相互作用と密度とを結びつける（例題 5.1, 5.2）．
■ バンドギャップの大きさを相対的に予想する（例題 5.3, 5.4）．
■ n 型ドーピング，p 型ドーピングに適した元素を選ぶ．また，材料のバンドギャップを大きくしたり，小さくしたりする（例題 5.5, 5.6）．

6 分子の形状と分子間相互作用

磁性流体を磁場のもとにおくと，磁束線に沿ってとげ状の構造ができる．磁性流体では，石けんに似た表面活性剤とよばれる物質が，磁性粒子の凝集を防いでいる．とげの形は，分子間の相互作用で決まるが，分子間相互作用は加えた磁場と分子の形に依存する．

目　次

6.1　形　状
- ルイス構造式と形式電荷
- オクテット則の限界
- 価電子対反発(VSEPR)法
- 形状の効果：双極子モーメント
- 原子価結合理論

6.2　分子間相互作用
- イオン間相互作用
- ◉ 応用問題
- イオン-双極子相互作用
- 水素結合
- 双極子-双極子相互作用
- ロンドン力（分散力）
- 分子間力の相対的な強さ

6.3　分子間相互作用と表面張力

主　題

■ 分子の形状を予想するための方法を考案する．

■ 分子の形状と分子内の電子分布をもとに，分子間相互作用を解析する．

学習課題

■ 電子が過剰あるいは電子が不足した分子を含め，分子のルイス構造式を描く（例題 6.1〜6.5）．

■ 分子の形状を予想する（例題 6.6，6.7，6.9）．

■ 極性分子かどうかを判断し，電荷移動を計算する（例題 6.8，6.11，6.12）．

■ 分子間相互作用の種類を判別し，相互作用エネルギーを計算する（例題 6.10，6.12，6.13）．

水は，地上で最も重要な分子の一つであろう．重さでいえば生態系の2/3は水であり，また地表の3/4は水で覆われている．水は，分子量が小さいにもかかわらず（1モル当たり18グラム）室温で液体である．対照的に，ハロゲンは塩素（分子量71）まで気体であり，18族元素はラドン（分子量222）まですべて気体である（図6.1）．ハロゲンの中で，臭素（分子量160）は液体であり，ヨウ素（分子量254）は固体である．これらの分子を含め，物質の物理的な形態は，分子間や原子団間の相互作用に依存する．なかでも，水は他の分子と特別な（水分子の形に由来する）相互作用をするため，際立った存在である．水はDNAやタンパク質などの生体分子と相互作用し，この相互作用により巨大分子の形が決まる．こうした巨大分子の形をもとに，生命が成り立っているのである．

分子間相互作用は，分子の二つの性質，幾何学的な形状と分極に依存する．**分極率**とは，分子内での電子雲のひずみやすさを表している．形状と分極は，二つの液体の混じりやすさ，すなわち**可溶**性も決めている．エタノール（単にアルコールともよばれる）と水は，どのような割合でも簡単に混じり合う．これを，エタノールと水は全率可溶であるという．一方，油と水はまったく混じり合わず，非可溶である．

6.1 形　状
ルイス構造式と形式電荷

分子の形状を予想するに当たり，まずルイス構造式を描くことから始める．ルイス構造式を描くには，どの原子が結合して分子骨格をつくるかを知る必要がある．骨格があらかじめわかっていない場合には，つぎのようないくつかの規則に従うとよい．

■ 水素を除き，最も電気陰性度の低い元素が，通常中心元素となる．たとえば，CO_2の場合，炭素は酸素よりも電気陰性度が低い．$H_4P_2O_7$では，リンの方が酸素よりも電気陰性度が低い．HCNでは，炭素の方が窒素よりも電気陰性度が低い．（水素は，ただ一つの元素としか結合できないため，中心元素とはなれない．）

■ 対称性のよい骨格をつくり上げる．たとえば，CO_2は，O-O-CではなくO-C-Oとする．$H_4P_2O_7$も対称的なリン-酸素構造をとる（図6.2）．

$$\begin{array}{ccccc} H & & & & H \\ O & & & & O \\ O & P & O & P & O \\ O & & & & O \\ H & & & & H \end{array}$$

図6.2　$H_4P_2O_7$分子の対称的な骨格構造．分子の幾何学的な形状を決める際，分子の対称性は決め手の一つとなる．

基本問題　メタン（CH_4），アンモニア（NH_3），四塩化炭素（CCl_4）の構造を示せ．■

■ 一般的に，酸素原子どうしは結合しない．例外は，O_2，O_3，過酸化物である．これらの例外物質は，通常反応性が高いか不安定である．

基本問題　炭酸（H_2CO_3）は，ソフトドリンクを発泡させるのに使われる．炭酸の骨格構造を示せ．■

■ C_6H_6や$H_4P_2O_7$など複数の中心元素をもつ分子では，対称性の高い構造を選ぶ．ただし，複数の炭素原子を含む分子では，この規則から外れることも多い．このような場合には，実験により炭素骨格を決定する．

基本問題　バーベキュー用のガスボンベにはプロパン（C_3H_8）が使われている．プロパンの骨格を示せ．■

骨格の周りに電子を配置すると，分子のルイス構造式ができあがる．まず始めに，必要な結合の数を決める．結合

図6.1　さまざまな物質の室温での状態．水は室温で液体である．これに対し，塩素は，ずっと分子量が大きいにもかかわらず，室温で気体である．同様に，臭素（分子量160 g mol^{-1}）は液体であるが，ラドン（分子量222 g mol^{-1}）は気体である．

は 2 個の電子からなり，この結合電子によって各原子はオクテット構造をとる．電子の共有を考慮することで，分子内の結合の数を決定できる．

■ 共有結合にかかわる電子数を決めるには，共有しない場合に必要となる全電子数を数え上げ，さらに利用できる電子数を数えればよい．両者の差が，共有すべき電子数である．結合の数は，この共有電子数の半分である．

$$結合の数 = \frac{1}{2}(必要な電子数 - 利用できる電子数) \quad (6.1)$$

共有電子は，結合にかかわる 2 原子の間に点として表記する．残りの電子は，各原子当たりの電子数が 8 個となるよう，電気陰性度の高い原子から順に配置していく．こうすると，共有結合にかかわらない電子対が多数生じる．これを，**非共有電子対**または**孤立電子対**とよぶ．

上記の規則を適用すると，結合の仕方は異なるが，対称性の等しい原子が生じることがある．対称性の等しい原子とは，結合にかかわる電子を配置するまでは，構造がまったく同じ原子をさす．上記規則をすべて満たし，電子の配置のみが異なるものを**共鳴構造**とよぶ．共鳴構造間を結ぶときには，両頭の矢印↔を用いる．例題 6.3 では，共鳴構造の決定に焦点をあてる．

ルイス構造式を決めるための最後の作業が，**形式電荷**の割り当てである．化合物中のある元素の形式電荷を決めるには，結合に関与する電子を公平に，すなわち結合にあずかる原子双方に同じ数だけ配分すればよい．原子に割り当てられた電子数を，結合 1 本につき 1 個の電子，非共有

例題 6.2 2 電子しか必要としない水素

水素の最外殻は 2 個の電子で一杯となる．したがって，ルイス構造式で，水素は 2 個の電子しか必要としない．ところで，アンモニア（NH_3）は，水素を含む重要な分子の一つである．アンモニアには何本の結合が存在するか．また，窒素は何個の非共有電子対をもっているか．

[解 法]
■ 必要な電子数を求める．
■ 利用できる電子数を数える．
■ 式(6.1) を用いる．
■ 非共有電子対は，結合に関与しない 2 個の電子からなる．

[解 答]
■ 必要な電子数 =（1 窒素原子）×（8 電子/原子）+（3 水素原子）×（2 電子/原子）= 14 電子
■ 利用できる電子数 =（窒素の 5 価電子）+（水素の 1 価電子）×（3 水素原子）= 8 電子
■ 結合数 = $\frac{1}{2}(14-8) = 3$ である．窒素原子と各水素原子とは単結合で結ばれている．
■ 窒素の周りの 8 個の電子のうち，6 個は水素との 3 本の結合に使われている．残りの 2 電子を合わせて，一つの非共有電子対となる．

別冊演習問題 6.2 参照

例題 6.1 燃焼で生じる二酸化炭素

化石燃料を燃やすと二酸化炭素が生じ，温室効果の原因となる．温室効果ガスには赤外線を閉じ込める効果がある．二酸化炭素と赤外線との相互作用は，CO_2 の幾何学的な形状と関係している．CO_2 のルイス構造式を描け．炭素原子と個々の酸素原子とは，何本の結合で結ばれているか．

[解 法]
■ 必要な電子数を求める．
■ 利用できる電子数を数える．
■ 式(6.1) を用いる．

[解 答]
■ 必要な電子数 =（3 原子）×（8 電子/原子）= 24 電子
■ 利用できる電子数 =（炭素の 4 価電子）+（酸素の 6 価電子）×（2 酸素原子）= 16 電子
■ 結合数 = $\frac{1}{2}(24-16) = 4$ である．炭素原子と酸素原子との間には，それぞれ 2 本の結合が存在する．

別冊演習問題 6.1 参照

例題 6.3 炭酸イオンの電子

炭酸飲料が発泡するのは，まさしく炭酸が含まれているからである．水中では炭酸は解離し，炭酸イオンを含む数種類の物質が生じる．炭酸イオンは複数の等価な共鳴構造をとる．炭酸イオンの結合の数を求めよ．また，炭酸イオンには等価な共鳴構造は何種類存在するか．

[解 法]
■ 結合の数を求める．
■ 等価な共鳴構造を導くために電子を再配置する．

[解 答]
■ 全部で 32 個の電子が必要である．利用できるのは，22 個（= 6×3+4）の価電子と，負イオンにするために付加した 2 個の電子であるので，全部で 24 個である．したがって，4 本の結合が存在する．
■ 共鳴構造は以下の通りである．

$$\left[\begin{array}{c} O-C=O \\ | \\ O \end{array}\right]^{2-} \leftrightarrow \left[\begin{array}{c} O=C-O \\ | \\ O \end{array}\right]^{2-} \leftrightarrow \left[\begin{array}{c} O-C-O \\ \| \\ O \end{array}\right]^{2-}$$

別冊演習問題 6.5, 6.6 参照

例題 6.4 最適の構造を選ぶ

リチウムイオン電池は，塩化チオニル（$SOCl_2$）を含んでいる．塩化チオニルに対しては，以下の3種類を含むいくつかのルイス構造式が描ける．

$$:\ddot{S}:\ddot{O}:\ddot{Cl}: \qquad :\ddot{O}:\ddot{S}:\ddot{Cl}: \qquad :\ddot{O}:\ddot{Cl}:\ddot{Cl}:$$
$$\phantom{:\ddot{S}:\ddot{O}:}:\ddot{Cl}: \qquad \phantom{:\ddot{O}:\ddot{S}:}:\ddot{Cl}: \qquad \phantom{:\ddot{O}:\ddot{Cl}:}:\ddot{S}:$$
$$\text{(a)} \qquad\qquad \text{(b)} \qquad\qquad \text{(c)}$$

いずれも，原子骨格はかなり異なる．どの構造が"最適な"構造か．

[解 法]
■ 各原子の形式電荷を計算する．
■ 電荷が最小となるよう，そして酸素が負電荷となるよう，最適構造を決める．

[解 答]
(a) 形式電荷は，−1(S)，+1(O)，0(Cl) である（合計＝0）．
(b) 形式電荷は，+1(S)，−1(O)，0(Cl) である（合計＝0）．
(c) 形式電荷は，−1(S)，−1(O)，+2(Cl) である（合計＝0）．

原子	価電子数 −	割り当てられた電子数	＝ 形式電荷
S(a)	6	7	−1
S(b)	6	5	+1
S(c)	6	7	−1
O(a)	6	5	+1
O(b)	6	7	−1
O(c)	6	7	−1
Cl(a)	7	7	0
Cl(b)	7	7	0
Cl(c) 中央	7	5	+2
Cl(c) 右	7	7	0

■ 構造 (c) は，1 よりも大きな電荷を含むため除外できる．(a) と (b) では，(b) が最適構造である．なぜならば，三つの元素のなかで最も電気陰性度の高い酸素に，負の電荷が配置されているからである．

別冊演習問題 6.7, 6.8 参照

例題 6.5 電子過剰と電子不足

ハロゲンはいずれも 7 個の最外殻電子をもつ．したがって，1 個の電子を加えればオクテットが完成する．しかし，サイズの大きなハロゲンの化合物では，ハロゲンが 8 個以上の電子で囲まれている場合がある．一例が，殺菌作用の強い化合物 ICl_3 である．ICl_3 のルイス構造式を描け．

電子過剰の逆が電子不足である．サイズが小さく，価電子の少ない元素では，電気陰性度の高い元素から十分に電子を引き寄せることができない．したがって，このような元素を含む化合物では，8 電子よりも少ない状況が起こりうる．BCl_3 のルイス構造式を描け．

[解 法]
■ 必要な電子数を数える．
■ 価電子数の合計を求める．
■ 必要な共有電子の数を求める．
■ 共有電子数と結合数を比べる．
■ 形式電荷を確認する．

[解 答]
ICl_3:
■ 4 個の原子それぞれにつき 8 個，合計 32 個の電子が必要である．
■ 各原子は 7 個の価電子をもっているため，全部で価電子は 28 個となる．

■ 両者の差から，二つの共有電子対が必要であることがわかる．
■ 二つの共有電子対からは 2 本の結合しか生じないが，ヨウ素と 3 個の塩素原子が化合するには 3 本の結合が必要である．したがって，拡張オクテットが適用される．
■ いずれの原子も，形式電荷はゼロである．

$:\ddot{Cl}:\ddot{I}:\ddot{Cl}:$
$\phantom{:\ddot{Cl}:}:\ddot{Cl}:$

BCl_3:
■ 4 個の原子それぞれに 8 個，合計 32 個の電子が必要である．
■ B からは 3 個，3 個の Cl 原子からはそれぞれ 7 個，合計 21 個の価電子が供給される．
■ 全価電子数は 24 個となり，四つの共有電子対が必要である．
■ 共有電子対が四つということは，B−Cl 結合の 1 本は二重結合でなければならない．
■ 二重結合で結ばれた塩素の形式電荷は +1 であり，ホウ素の形式電荷は −1 である．塩素はホウ素よりもずっと電気陰性度が高いので，ホウ素は 6 個の電子しかもてない．

$:\ddot{Cl}:B:\ddot{Cl}:$
$\phantom{:\ddot{Cl}:}:\ddot{Cl}:$

電子過剰化合物（ICl_3），電子不足化合物（BCl_3）ともに反応性は高い．

別冊演習問題 6.13, 6.14 参照

電子対一つにつき2個の電子というように数え上げていく．この数を価電子の数から差し引くと，形式電荷が得られる．

形式電荷＝（価電子数－割り当てられた電子数）　(6.2)

形式電荷の総和は，中性分子ではゼロとなり，イオンではイオンの価数と等しくなる．すべての原子の形式電荷がほぼゼロとなるような構造が望ましい．もし，負の形式電荷が存在する場合には，より電気陰性度の高い原子の方にくるべきである．一方，正の形式電荷は，電気的に陽性の原子上に配置すべきである．隣り合う2原子が，同じ形式電荷をもつのは好ましくない．形式電荷は，複数のルイス構造式から一つを選ぶ際の助けとなる．

オクテット則の限界

オクテット則にはいくつかの例外が存在する．したがって，実際には，オクテット指針とよぶべきものである．例外をあげると，以下のようになる．

■ 多くの窒素化合物は，たとえばNOやNO$_2$のように，奇数個の電子を含む．NO$_2$のルイス構造式は

$$:\ddot{\text{O}}:\text{N}::\ddot{\text{O}}:$$

である．窒素は酸素よりも電気陰性度が低いため，酸素原子にオクテット則を適用する．その結果，窒素原子は不対電子をもつ．

■ 中心元素に8個以上の電子を割り当てなければならない化合物が存在する．このような化合物は，通常，第3周期以降の元素を含んでおり，PF$_5$, ICl$_3$, XeF$_2$がその例である．電子は対を組んでいるものの，単純には，中心原子に8個以上の電子を割り当てなければならず，拡張オクテットとよばれる．結合よりも電子対の数が少ないのが拡張オクテットの特徴である．結合とは原子をしっかりと結びつけるものであり，結合を生じさせるには，ときにオクテットの概念を拡張する必要がある（例題6.5参照）．

■ サイズが小さく価電子が少ないイオンは，電子が欠乏した状態にあり，電子数が8よりも少なくなりうる．ベリリウムの化合物がその例であり，Beはしばしば4電子配置をとる．また，ホウ素の化合物でも，Bは6電子配置となることがある．オクテットを形成するのに十分な電子が存在しない場合には，電子の欠乏した化合物となり，電子不足型とよばれる（例題6.5参照）．電子不足型の特徴として，電気陰性度の小さな元素が負の形式電荷をもつ．

価電子対反発（VSEPR）法

ルイス構造式は，分子の三次元的な形状については何も示していない．しかし，分子の三次元的な形状は非常に重要である．たとえば，三原子分子のH$_2$Oは室温で液体であるのに対し，同じ三原子分子でもCO$_2$は気体である．両分子とも，ある原子が，別の同一元素2個に挟まれている．海水が，二酸化炭素のような高密度の気体に変わったとしたら，世界はどうなるか想像していただきたい．

水や二酸化炭素といった分子の幾何学的な形状は，ルイス構造式と**価電子対反発**（valence shell electron-pair repulsion, **VSEPR**）法とよばれる方法を組合わせれば決定できる．VSEPRの最も単純な形は，クーロンの法則から直接導かれる．電子は負に帯電しており，互いに反発する一方，正に帯電した核には引き寄せられる．したがって，電子対や結合電子は互いにできるだけ遠ざかろうとするが，原子の周囲を取囲んで離れない．2個の原子の結合にかかわる電子は，ある領域で密度が最大となる．もし原子が，電子密度の高い二つの領域に囲まれていたとすると，その原子は直線状の形状をとる．三つの領域に囲まれていると，平面の三角形，四つの領域ならば正四面体，五つの領域ならば双ピラミッド，六つの領域ならば正八面体となる（図6.3）．ほとんどの分子の形状は，これら五つの電子配置のうちの一つから出発している．

分子の構造を決定するには，核の周りの電子対の数を数

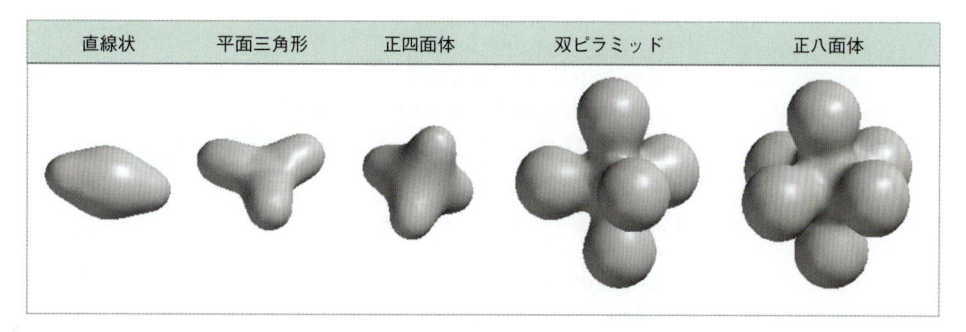

| 直線状 | 平面三角形 | 正四面体 | 双ピラミッド | 正八面体 |

図6.3 原子の周囲の電子分布．電子分布の形は，電子密度の高い領域が原子の周りにいくつ存在するかで決まる．高電子密度の領域が二つの場合には，電子分布は直線状となり，三つの場合には平面三角形，四つの場合には正四面体，五つの場合には双ピラミッド，六つの場合には正八面体となる．なお，各図の中心に位置するのは，原子の内殻部（原子核＋内殻電子）である．

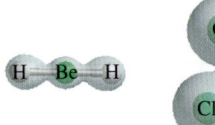

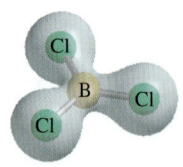

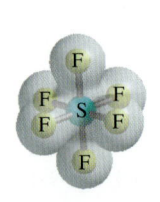

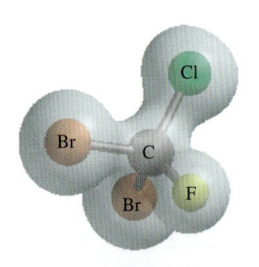

図 6.4 分子の形状と電子分布．すべての電子が結合に関与している場合には，分子の形状と電子分布の形状は等しい．ここに示した例では，中心元素は，複数の第二の元素（すべて同一の元素）と結合している．

図 6.5 炭素を中心とする分子の構造．炭素が四つの元素と結合すると，必ず正四面体構造をとる．ここに示したのは，CFClBr$_2$ 分子である．

例題 6.6　アンモニアとタンパク質の構成要素

大気中に存在する塩基は種類が少なく，アンモニア（NH$_3$）は，その数少ない例の一つである．アンモニアの水素原子の一つを，CH$_3$ や C$_2$H$_5$ などの炭素-水素からなる原子団で置き換えると，アミンとよばれる物質になる．アミンは，タンパク質を構成する分子骨格の一つであり，したがって，アンモニアとその仲間は，大気化学と生命の両方で基本となる分子である．アンモニアとメチルアミン（H$_3$CNH$_2$）それぞれについて，分子構造と，窒素原子周辺の幾何学的配置を決定せよ．

[解法]
■ 分子の骨格を決める．
■ ルイス構造式を描く．
■ 電子配置を決定する．
■ 原子の配置を決定する．

[解答]
■ 通常，水素は 1 本の結合しかつくらないので，中心原子とはならない．アンモニアでは，窒素が中心原子であり，3 個の水素原子がその周りを取囲む．メチルアミンでは，窒素と炭素が結合し，それらの周りを水素が取囲む．

```
                        H
    H N H           H N C H
      H               H H
   アンモニア          アミン
```

■ アンモニアのルイス構造式を描くため，必要な電子数と価電子数を数えると，それぞれ 14 個，8 個となる．したがって，結合数は $\frac{1}{2}(14-8)=3$ である．個々の水素原子は，1 対の電子により窒素原子と結ばれているので，電子対が一つ残ることになる．メチルアミンについては，必要な電子数は 26 個，価電子数は 14 個である．したがって，結合数は $\frac{1}{2}(26-14)=6$ となる．水素原子は，窒素あるいは炭素原子と 1 対の電子で結合しており，窒素-炭素も一つの電子対を通して結ばれている．

その結果，非共有電子対が一つ残る．非共有電子対を窒素上に置くと，すべての元素の形式電荷はゼロとなるため，これが正しいルイス構造式である．

```
       ..              ..  H
    H:N:H           H:N:C:H
      H               H  H
```

■ アンモニア，メチルアミンとも，窒素原子の周りには 4 個の電子対が存在する．したがって，電子の幾何学的配置は正四面体型となる．両者の電子構造を下に示す．ここで，赤色で示したのが非共有電子対である．

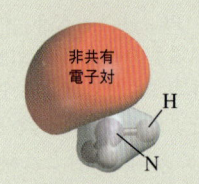

アンモニア　　　メチルアミン

■ 分子の幾何学的構造は，原子の配置によって決まる．負に帯電した非共有電子対は，結合にかかわる三つの電子対とは反発し合い，逆に結合電子対は，他の結合電子対ならびに非共有電子対と反発し合う．原子を結んだ骨格をみると，両化合物とも，窒素原子の周りはピラミッド型の配置となっている．

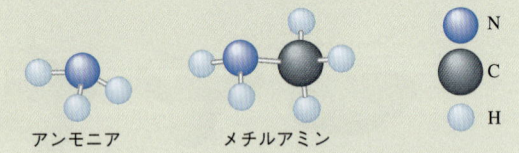

アンモニア　　　メチルアミン

非共有電子対は，負の電荷をもった空間とみなせ，他の分子の正に帯電した部分と強く相互作用する．ルイス構造式と VSEPR 形状は，分子間の相互作用を予想するうえでも，重要な手がかりとなる．

別冊演習問題 6.17 参照

え，それらをできるだけ離して配置すればよい．こうして，電子の幾何学的な配置が決まる．

もし，電子密度の高い領域が，結合を表しているのであれば，電子の幾何学的な配置は分子の形状に等しい．図6.4に示したのは，いずれも対称的な分子である．たとえば，CH_4 では，中心の炭素原子は4個の水素原子と結合している．等価でない原子と結合する場合でも，炭素は同じ幾何学的形状をとる（図6.5）．正四面体は，炭素において非常に一般的にみられる幾何学形状である．炭素の4個の価電子が，別の元素の電子と対をつくれば4本の結合が生じ，炭素の周囲は8電子配置となるからである．

電子密度の高い領域が非共有電子対を表している場合には，電子の幾何学的配置は分子の形状とは異なる．電子の質量は核よりもずっと小さいので，非共有電子対は実質的には空間を空けておく役割を果たす．中心原子と結合している原子のみが，分子の幾何学的形状を決める．非共有電子対がきわめて重要な役割を演じている例が，アンモニア（例題6.6参照）と水（例題6.7）である．

基本問題 アンモニア NH_3 のルイス構造式を描け．何個の電子対が結合に使われているか．何個の電子対が非共有電子対となっているか．同様に，水 H_2O のルイス構造式を描け．何個の電子対が結合に使われているか．何個の電子対が非共有電子対となっているか．■

このように，電子の幾何学配置が分子の構造を決めるというのは，一般的にいえることである．非共有電子対の数に応じて分子がどのような形状をとるかを，5種類の電子配置についてまとめたのが表6.1（p.134, p135）である．

形状の効果：双極子モーメント

水とアンモニアのいずれの場合にも，非共有電子対は，分子の幾何学的な配置だけでなく，他の分子との相互作用に大きな影響を及ぼす．非共有電子対は，負電荷の密度が高い領域である．分子全体としては電気的に中性であるので，正電荷の密度が高い領域が存在しなければならない．水の場合，水素原子が正に帯電する．正電荷と負電荷が空間的に分離していると，**双極子**が生じる．

図6.6は，電荷分布を2種類の方法で表示したものである．電荷密度ポテンシャル表示では，正に帯電した領域を赤で，負に帯電した領域を青で示す．もう一つの表示方法

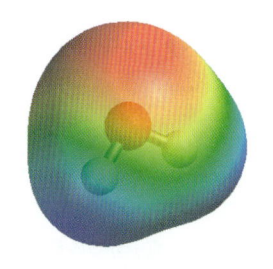

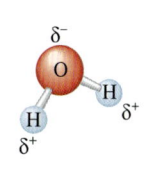

図6.6 2種類の表示法による水分子の電荷分布．電荷密度ポテンシャル表示では，負電荷の領域は赤で，正電荷の領域は青で示してある．緑は中性の領域である．酸素原子に近い領域が負に帯電しているが，これは，非共有電子対と，酸素の高い電気陰性度によるものである．逆に，水素原子の周囲は正に帯電している．記号を使う表示法では，酸素原子近くの負の領域を $\delta-$，水素原子近くの正の領域を $\delta+$ で表す．

例題 6.7 水

水（H_2O）は，われわれの世界を形づくる非常に重要な分子である．水分子はどのような形状をとるか．

[解　法]
■ ルイス構造式を描く．
■ 電子配置を決定する．
■ 原子の配置を決定する．

[解　答]
■ 水を構成する原子には，全部で8個（2個は水素分）の価電子が存在するが，12個の電子が必要である．8個の価電子で水分子をつくり上げるので，結合は2本（それぞれの水素原子と中心酸素との結合）となる．

$$H : \overset{..}{\underset{..}{O}} : H$$

■ 酸素原子の周りには4個の電子対が存在するため，電子配置は正四面体型となる．二つの非共有電子対の電子雲が合体し，電子密度の高い一つの大きな領域（赤い領域）ができる．

■ 分子の幾何学的構造は，原子の配置で決まる．各電子対（二つの結合電子対と二つの非共有電子対）は，酸素原子の周りの電子対と静電反発する．骨格からわかるように，分子は曲がった構造をとる．

水の分子は曲がっており，非共有電子対に近づきやすい．このため，水は他の分子と相互作用しやすい．非共有電子対の反応性は，水の物理的な性質と関係しているばかりでなく，水と他の分子（タンパク質や炭水化物，DNAなど，生体をさまざまな面で制御している分子を含む）との相互作用にも大きな影響を与えている．

別冊演習問題6.18参照

では，分子の正の部位を δ+（δ はギリシャ文字のデルタ），負の部位を δ− で表す．

基本問題 アンモニア分子は，正に帯電した領域と負に帯電した領域からなる．負に帯電した領域はどこか．そこに，δ− を記せ．また，正に帯電した領域に δ+ を記せ．■

結合した二つの原子の電気陰性度が異なる場合，電子雲は電子陰性度の高い元素の方に偏り，その領域はわずかながら負に帯電する．一方，電気陰性の低い元素は，わずかに正電荷を帯びる．このような結合を極性結合とよぶ．水分子の OH 結合は極性結合である（図 6.7）．極性結合は，正極から負極へ向かう矢印で表す．極性結合の強さ p は，電荷量 q と電荷間の距離 r に依存する．

$$p = qr \tag{6.3}$$

r を負電荷から正電荷へ向かうベクトル $\mathbf{r}$ とするとき，$\boldsymbol{\mu} = q\mathbf{r}$ を双極子モーメントとよぶ．

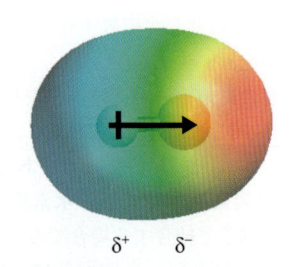

図 6.7 OH 結合の電子密度分布．酸素端に電子が集まっている．これは，酸素の方が水素よりも電気陰性度が高いからである．その結果，正と負の電荷が分離し，双極子を生じる．双極子は，正極から負極へ向かう矢印で表す．

表 6.1 分子の価電子対反発（VSEPR）構造の例

電子対の総数とそのうちの非共有電子対の数	電子分布の形状	分子の形状	例
電子対の総数: **2 個** 非共有電子対　0 個	直線状	B—A—B 直線状	BeF_2
電子対の総数: **3 個** 非共有電子対　0 個	正三角形	B | A /　\\ B　　B 正三角形型	BCl_3
非共有電子対　1 個		Ä /　\\ B　　B 曲がった線状	SO_2　　O_3
電子対の総数: **4 個** 非共有電子対　0 個	正四面体	B　　B 　A B　　B 正四面体型	CH_4
非共有電子対　1 個		Ä---B /　\\ B　　B ピラミッド型	NH_3
非共有電子対　2 個		Ä B　　B 曲がった線状	H_2O

(つづき)

電子対の総数とそのうちの非共有電子対の数	電子分布の形状	分子の形状	例
電子対の総数：5個			
非共有電子対　0個	双ピラミッド	双ピラミッド型	PF_5
非共有電子対　1個		シーソー型	SF_4
非共有電子対　2個		T字型	ICl_3　ClF_3
非共有電子対　3個		直線状	XeF_2
電子対の総数：6個			
非共有電子対　0個	正八面体	正八面体型	SF_6
非共有電子対　1個		四角錘形	IF_5　BrF_5
非共有電子対　2個		平面四角形	XeF_4

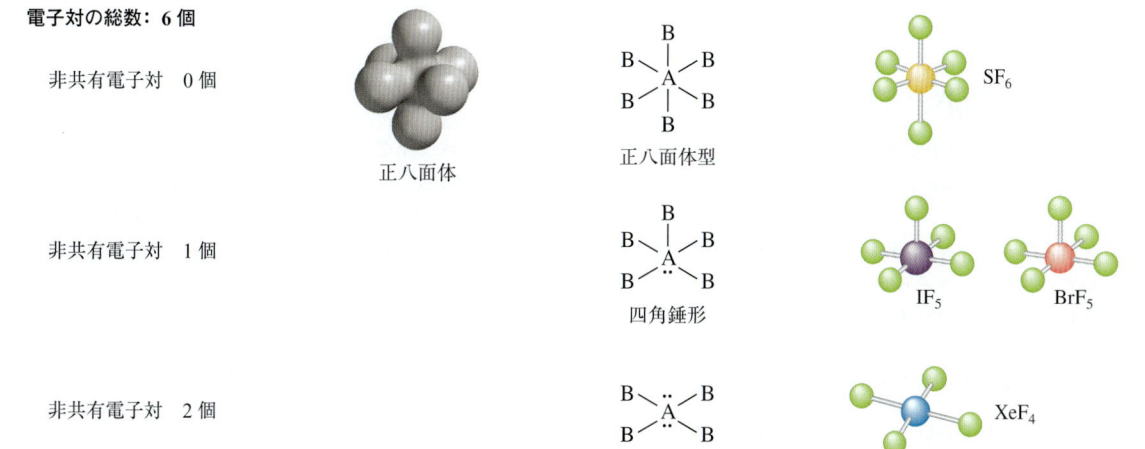

極性結合を含む分子で，個々の結合の双極子の和がゼロとならない場合には，その分子は永久双極子をもつ．水分子は曲がっているので，各双極子の和はゼロとならず（図 6.8），その結果，水は永久双極子をもつ．

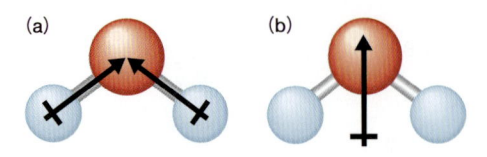

図 6.8 (a) 水の OH 結合の双極子．酸素は水素よりも電気陰性度が高いため，各 OH 結合には双極子が生じる．(b) 水分子全体の双極子．水は曲がった分子であるので，双極子のベクトル和はゼロとはならない．このため，水分子は永久双極子をもつ．

水とは対照的に，メタン(CH_4)は永久双極子をもたない（図 6.9）．メタンのルイス構造式からわかるように，四つの電子対が炭素原子の周りを取囲んでいる．このため，炭素の周りの電子配置は，水の酸素原子同様，正四面体型となる．メタンの場合，すべての電子対は水素との結合に使われている．炭素は水素よりも電気陰性度が高いため（炭素 2.55 に対して水素 2.20），CH 結合はすべて極性結合である．しかし，四つの双極子のベクトル和はゼロとなるので，結局メタンは非極性分子となる．

水分子は，二つの特異な性質を示す．まず，結合の双極子が非常に強い．さらに，二つの正に帯電した領域（水素原子）と，二つの負に帯電した領域（非共有電子対）とは，符号を除いてほとんど等価である．このため，水分子は鎖状や環状に連なり，巨大なネットワークを形成する．水が示す特異な性質の多くは，このネットワークに起因している．たとえば，水が液体でいられる温度範囲は，H_2S や H_2Te，H_2Se など他の類似分子と比べて広い（図 6.10）．また，固体の水すなわち氷は，隙間の多い構造をとるため，氷の密度は水よりも低い．したがって，タイタニック号の悲劇からわかるように，氷山は浮くのである．

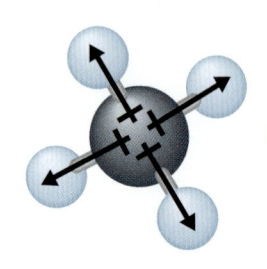

図 6.9 メタンの双極子．各 C–H 結合は極性をもつが，そのベクトル和はゼロである．したがって，メタンは永久双極子をもたない．

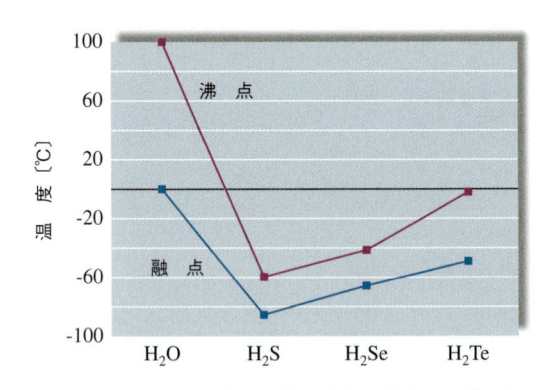

図 6.10 16 族元素の水素化物の融点と沸点．いずれも同じ曲がった分構造をとるが，H_2O が液体として存在する温度範囲は，H_2S，H_2Se，H_2Te よりもずっと高い．これは，OH 結合の双極子が，SH，SeH，TeH に比べ大きいからである．

例題 6.8 分子形状の重要性

形状から，その分子が永久双極子をもつかどうかがわかる．CO_2 あるいは SO_2 は永久双極子モーメントをもつか．

[解法]
- ルイス構造式と VSEPR 法を用いて分子の形を決める．
- 結合の双極子モーメントを求める．
- 各結合の双極子モーメントのベクトル和を求める．

[解答]
- ルイス構造式は以下の通りである．

$$\ddot{\text{O}}::\text{C}::\ddot{\text{O}} \qquad \ddot{\text{O}}::\ddot{\text{S}}::\ddot{\text{O}}$$
$$CO_2 \qquad\qquad SO_2$$

CO_2 の炭素原子は，電子密度の高い二つの領域（2 本の結合に対応）に囲まれている．したがって，CO_2 は直線状の分子である．SO_2 の硫黄原子は，電子密度の高い三つの領域に囲まれており，2 本の結合と一つの非共有電子対に対応する．このため，SO_2 分子は曲がっている．

- 炭素，硫黄ともに，酸素よりも電気陰性度は低い．したがって，両分子とも，双極子は中心原子から酸素原子へと向かっている．

- CO_2 では，結合の双極子は完全に打ち消し合うため，CO_2 は非極性となる．SO_2 分子は曲がっているため，各結合が双極子をもつ結果，永久双極子が生じる．

別冊演習問題 6.25〜28 参照

原子価結合理論

水分子では，水素と酸素は一つの電子対により結ばれており，これをギリシャ文字のσを用いてσ結合とよぶ．σ結合の電子対は，二つの原子核を結ぶ領域に局在している．水の場合，このσ結合は，酸素のs軌道およびp軌道からなっている．しかし，s軌道は方向性をもたず，一方，三つのp軌道は，デカルト座標のx, y, z軸の方に伸びた葉の形をしており，互いに直交している．これらの原子軌道から，どうやってH–O–H結合角104.5°の分子軌道が生じるのだろうか．直線状分子であるCO_2について考えてみよう．炭素原子のp軌道には1個の電子が存在する．酸素から1個の電子を受け取り，電子対による結合が生じると，このp軌道が埋まることになる．このとき，炭素は，第2の酸素原子とどうやって結合するのだろうか．

このような疑問に答えるため，原子価結合理論とよばれる理論が生まれた．原子価結合理論によると，原子軌道は互いに混成し合い，結合用に半分だけ満ちた（半充填の）分子軌道が生じ，また非共有電子対からは，完全に満ちた分子軌道ができる．たとえば，CO_2を形づくるには，炭素上に半充填の軌道が二つ生じていればよい．水の場合には，酸素-水素の結合用に二つの半充填軌道と，二つの非共有電対のための二つの満ちた軌道の，全部で四つの軌道が必要となる．

基本問題 アンモニアの窒素原子に対しては何個の軌道が必要か．■

軌道の数については，保存則が成り立つ．すなわち，二つの分子軌道をつくるには，二つの原子軌道が混成しなければならない．CO_2の炭素原子は二つの半充填p軌道をもち，p軌道は互いに直交している．しかし，直線型の配置をとるには軌道間の角度は180°でなければならない．p軌道の一つとs軌道が混成すると，180°配置をとる（図6.11）．こうして生じた混成軌道は，sp混成軌道とよばれる．CO_2の炭素と酸素の間に2本の結合ができるためには，半充填軌道のsp混成軌道が二つ必要である．

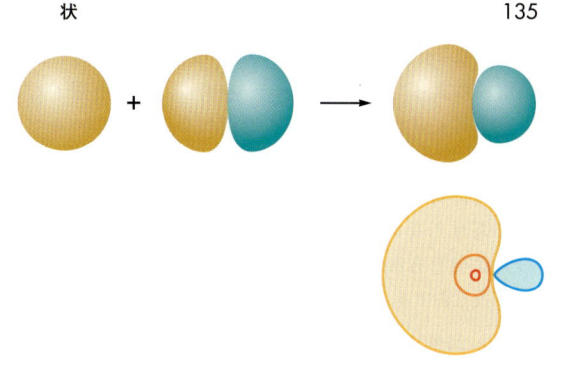

図 6.11 s軌道とp軌道の混成．同じ原子のs軌道とp軌道が混成すると，p軌道の2枚の"葉"のうち，s軌道と位相の等しい方は強め合い，もう一方は弱め合う．等高線を見てみると，同位相の葉の方が逆位相よりも電荷密度が高いことがわかる．

混成の過程は，箱を使って表現できる（図6.12）．個々のsp混成軌道は酸素原子の方を向いており，σ結合をつくる．σ結合は，炭素，酸素からそれぞれ1個ずつ電子を受け取り，完全に満ちた状態となる．

非共有電子対をもたない分子の場合には，混成にかかわる価電子軌道の数を求めるのは簡単で，必要な結合数を数えればよい．

結合の数	混成
2	sp
3	sp^2
4	sp^3
5	sp^3d
6	sp^3d^2

基本問題 多くの炭素を含む化合物では，CCl_4のように，炭素原子は四つの原子と結合している．CCl_4の炭素は，どのような混成軌道をつくるか．■

非共有電子対の扱いは，結合電子対と同様である．それぞれの非共有電子対は，混成軌道を占める．水の酸素原子は，2個の結合電子対と2個の非共有電子対をもっており，

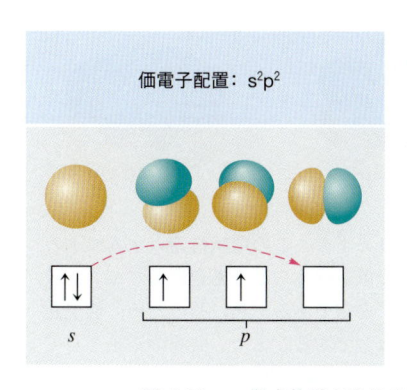

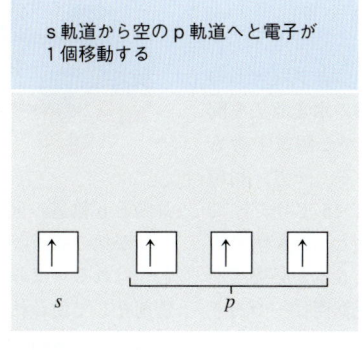

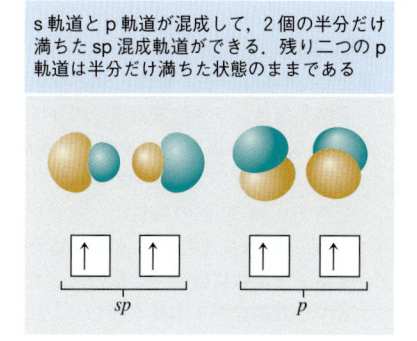

図 6.12 sp混成軌道が生じる過程を描いたフローチャート．箱は軌道を表す．満ちたs軌道から空のp軌道へと電子が1個移動し，s軌道とp軌道の混じり合いが起こる．残り2個のp軌道は，変化しない．

原子軌道は sp^3 混成する．2本の O–H 結合の間の角度は，この混成によって説明できる．一般的に，非共有電子対は結合電子対よりもいくぶん局在性が高く，より広いスペースを占める．通常の正四面体配置では，結合角は 109.5°であるのに対し，水の場合，H–O–H 角は 104.5°である．混成に寄与しない軌道は，1個の電子を収容しているか，あるいは空である．表 6.1 を原子価結合の立場から表現したのが表 6.2 である．

基本問題 酸性雨の成分の一つが，大気中で SO_2 が酸化して生じる硫酸（H_2SO_4）である．硫酸の硫黄原子は，どのような混成状態にあるか．■

CO_2 では，炭素の軌道は sp 混成しており，二つの結合電子対を収容している．結合電子対は2個の電子から成っており，炭素と酸素間では4個の電子が共有されている．残りの電子対は，π結合にかかわっており，このπ結合は，炭素の p 軌道と酸素の p 軌道との混成により生じる（図 6.13）．π電子雲は，結合軸の上下に分布している．したがって，炭素–酸素間の結合は，σ結合とπ結合からなる二重結合である．

表 6.2 混成と電子分布の形状，分子の形状との関係

電子対の数	電子分布の形状	混成	非結合電子対の数	分子の形状	例
3	正三角形	sp^2	0	正三角形	BCl_3
			1	曲がった線状	O_3, NO_2^-
4	正四面体	sp^3	0	正四面体	CH_4, CCl_4
			1	ピラミッド	NH_3, SO_3^{2-}
			2	曲がった線状	H_2O
5	双ピラミッド	sp^3d	0	双ピラミッド	PF_5
			1	シーソー型（赤道上に不対電子対）	SF_4
			2	T字型（赤道上に不対電子2個）	ICl_3, ClF_3
			3	直線状	XeF_2
6	正八面体	sp^3d^2	0	正八面体	$[Cu(NH_3)_6]^{2+}$
			1	四角錐	IF_5, BrF_5
			2	平面四角形	XeF_4

例題 6.9 多彩な炭素の結合

炭素と水素からだけでも，無限に近い種類の分子を作り上げることができる．炭素原子間の結合には，一重結合から三重結合まである．ある種の炭素–炭素結合は，非常に安定な構造をとる．このような安定構造の例が，ベンゼンにみられる．ベンゼンは，6個の炭素原子が6角形の環状に配置した分子であり，各炭素原子にはさらに水素原子が1個結合している．ベンゼンの炭素原子の幾何学的な配置を決定せよ．ばらばらの炭素原子6個から出発し，原子が結合距離まで近づくにつれ，電子雲はどのように変化するか示せ．

[解 法]
■ ルイス構造式を描く．
■ π結合を生じる半分だけ満ちた軌道を見つける．

[解 答]
■ ベンゼンのルイス構造式を求めるため，まず六角形の骨格を描き，つぎに炭素環の周りに6個の水素原子を配置する．各炭素原子が8個，水素原子が2個電子をもつには，全部で60個の電子が必要である．一方，利用できるのは30個の価電子，結合にして15本分だけである．水素–炭素結合に6本の結合が使われ，6個の炭素原子を環状に結合させるのに，さらに6本が必要である．まだ結合が3本残るので，これを炭素間に一つおきに配置する．

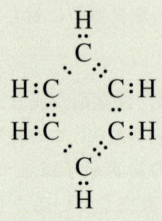

```
      H
      C
   ∶∥ ∥∶
H∶C     C∶H
H∶C     C∶H
   ∶∥ ∥∶
      C
      H
```

これは，共鳴構造の例であり，構造としては，二重結合の位置が一つ隣に移動した分子と等価である．
■ 二重結合があることからわかるように，各炭素原子には，電子を1個だけ収容した p 軌道が存在する．炭素間の間隔が広がった場合には，(a)のように見えるはずである．原子が結合距離まで近づくと，(b)のようになる．

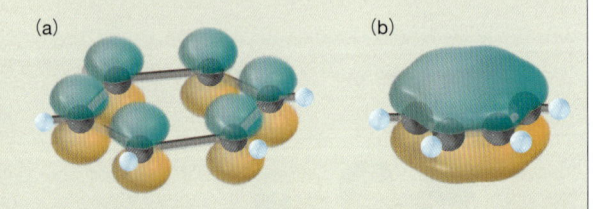

(a) (b)

共鳴と p 軌道の重なりにより，この環状構造（水素原子の一つが他の原子などで置き換えられた場合にはフェニル環とよばれる）は非常に安定である．熱に強いため，燃焼遅延剤として使われるほどである．また，共鳴の結果として環は非常に強固であり，この構造を含む分子は剛性が高い．

別冊演習問題 6.43, 6.44 参照

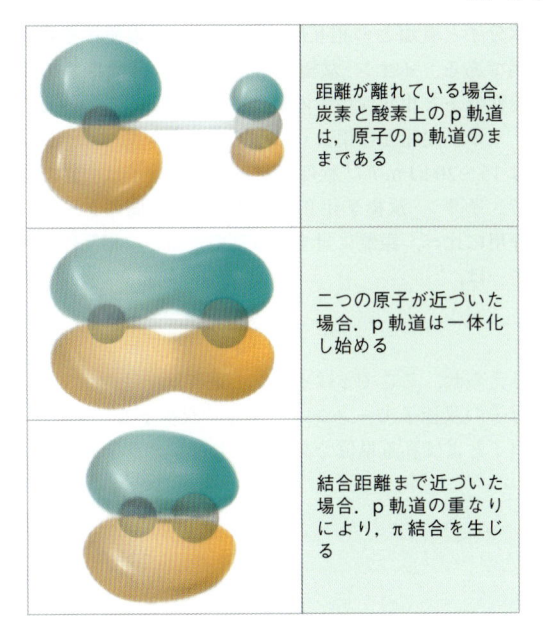

図 6.13 炭素と酸素間にπ結合が生じる過程．核を結ぶ軸の上下に電荷密度の高い領域が存在する．

	距離が離れている場合．炭素と酸素上のp軌道は，原子のp軌道のままである
	二つの原子が近づいた場合．p軌道は一体化し始める
	結合距離まで近づいた場合．p軌道の重なりにより，π結合を生じる

した日に絨毯の上を歩き，ドアノブに近づくと，正電荷と負電荷の相互作用を直接体験できる．粒子が引き合う，あるいは退け合うということは，粒子間に力が働いていることを意味する．力はエネルギーと関係しており，荷電粒子の場合には，そのエネルギーはクーロンの法則で表される．

$$E = \frac{kq_1 q_2}{r} \quad (6.4)$$

相互作用のエネルギー E は，電荷の量 q_1, q_2 に比例し，電荷間の距離 r に反比例する．比例定数 k は $9.0000 \times 10^9 \, \text{N m}^2 \, \text{C}^{-2}$ である．もし，電荷 q_1, q_2 の符号が等しければ，エネルギーは正となり，二つの粒子は互いに退け合う．一方，もし符号が逆であれば，エネルギーは負となり，粒子は引き合う．**イオン間相互作用**は遠距離まで及び，他の分子間相互作用よりも強い．

応用問題 二つの風船を用意し，ふくらませておく．一つを服にこすりつけ，手を離すと何が起こるか観察せよ．つぎに，それぞれの風船に 50 cm ほどの紐をくくりつける．2 個の風船を服にこすりつけた後，ひもの反対側を手でつかむ．風船の間にどのような相互作用が生じるかを観察せよ．何が起こるだろうか．

6.2 分子間相互作用

イオン間相互作用

分子間の相互作用は，正に帯電した領域と負に帯電した領域とが引き合うことで起きる．このような相互作用のうちで最も強いのが，イオン間の相互作用である．冬の乾燥

イオン-双極子相互作用

たいていの分子は電荷をもっておらず，中性である．中性分子の場合，分子の形状は分子間相互作用に大きな影響を及ぼす．永久双極子をもつ分子には，正に帯電した領域と負に帯電した領域が存在する．これら正・負に帯電した領域がイオンの電荷と相互作用すると，極性分子とイオン性物質間に分子間相互作用が生じる．

例題 6.10　引　力

電子の電荷はきわめて小さく，1.6×10^{-19} C であるが，荷電粒子間の距離もまた小さい．たとえば，食塩は Na^+ と Cl^- からなり，両者は 236 pm 離れている．1 mol の NaCl 分子の静電エネルギーを計算せよ．なお，結合は 100 % イオン性であると仮定せよ．1 mol の NaCl 分子と 1 mol の食塩でエネルギーを比べ，議論せよ．

[解法]
- 式(6.4)を用い，1 分子のエネルギーを計算する．
- 1 mol にスケールアップする．
- 1 mol の分子と，1 mol の Na^+ と Cl^- からなる固体について考察する．

[解答]
- $E = \dfrac{-(9.00 \times 10^9 \, \text{N m}^2 \, \text{C}^{-2})(1.60 \times 10^{-19} \, \text{C})(-1.60 \times 10^{-19} \, \text{C})}{(2.36 \times 10^{-10} \, \text{m})}$
  $= -9.76 \times 10^{-19} \, \text{N m}$
  $= -9.76 \times 10^{-19} \, \text{J}$

注意：陰イオンは電子を 1 個余分にもっているため，計算には電子の電荷を用いた．逆に，陽イオンは余分なプロトンを 1 個もっているとみなせ，プロトンの電荷量は電子と同じである．エネルギーの符号が負であることから，陽イオンと陰イオンの間には引力が働くことがわかる．

- $-(9.76 \times 10^{-19} \, \text{J/分子}) \times (6.022 \times 10^{23} \, \text{分子 mol}^{-1})$
  $= 588 \, \text{kJ mol}^{-1}$

- NaCl 分子では，2 個のイオンが相互作用し合うだけである．一方，食塩は単純立方格子からなり，各 Na^+ は 6 個の Cl^- で，各 Cl^- は 6 個の Na^+ で囲まれている．別の引力が追加されると引力エネルギーは増大し，その結果，食塩は NaCl 分子よりも結合エネルギーが大きくなる．

クーロン引力エネルギーは，小さなイオン，あるいは 2 価のイオンの方が大きい．

別冊演習問題 6.51, 6.53 参照

正に帯電したナトリウムイオンと水分子との相互作用について考える（図 6.14）．水分子の非共有電子対とナトリウムイオンの正電荷の間には引力相互作用が働く．水分子がナトリウムイオンの周りに集まると，正の電荷は水-ナトリウム集合体全体に広がる．このため，集合体の電荷密度は中性に近くなる．同様に，Cl^- のような陰イオンは，水分子の水素原子を引き寄せる（図 6.15）．塩化物イオンはナトリウムイオンよりも大きいため，塩化物イオンの周囲をより多くの水分子が取囲み，負電荷はより広い空間に広がる．NaCl と水が相互作用した例が海水である．

基本問題 δ+，δ− 表示を用いて，水分子とナトリウムイオン間の相互作用を図示せよ．また，水分子のどの部分が Cl^- に引きつけられるか．■

水分子と食塩との相互作用は，**イオン-双極子相互作用**の例である．イオン-双極子相互作用は，イオン性の物質が極性分子と相互作用する際に必ず起こる．この相互作用は，イオン間相互作用よりは弱く，エネルギーは，典型的には 15〜20 kJ mol^{-1} 程度である．極性分子は中性であるので，イオン-双極子相互作用は，イオン間のクーロン相互作用に比べ，距離に対する減衰率が高い．相互作用エネルギーは，

$$E \propto -\frac{|z|\mu}{r^2} \tag{6.5}$$

で与えられ，ここで z はイオンの電荷，ギリシャ文字の μ は分子の双極子モーメントである．双極子モーメントは，デバイとよばれる単位で測る．これは，オランダの化学者

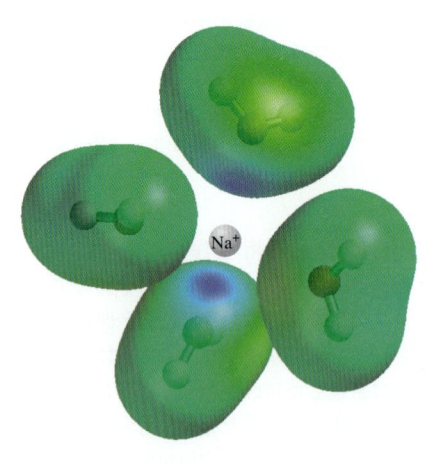

図 6.14 ナトリウムイオンと水分子との相互作用．正に帯電したナトリウムイオンは，水分子内の酸素の周りに分布する過剰電子と相互作用する．平均的には，4個の水分子の酸素端が，ナトリウムイオンの方を向いて取囲む．

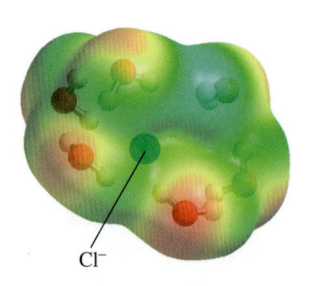

図 6.15 塩化物イオンと水分子との相互作用．負に帯電した塩素イオンの周りを水分子が取囲む．このとき，水の水素原子は塩化物イオンの方を向く．塩化物イオンの方がナトリウムイオンよりも大きいため，取囲む水分子の数も多い．

例題 6.11　電荷分離

水素は，ハロゲンよりも電気陰性度が低い．水素はハロゲンと単純な二原子分子を形成するため，双極子モーメントを測ることで，水素からハロゲンへの電荷移動の程度を評価できる．水素からハロゲン（F, Cl, Br, I）への電荷移動の大きさを求めよ．答えは，電子の分率として示せ．

[データ]　双極子モーメント(μ)：HF, 1.91 D；HCl, 1.08 D
　　　　　　　　　　　　　　　　　　HBr, 0.80 D；HI, 0.42 D
　　　結合長：HF, 91.6 pm；HCl, 127 pm
　　　　　　　HBr, 141 pm；HI, 161 pm

[解　法]
■ デバイの定義，D = 3.335641×10^{30} C m を用いる．双極子モーメントを結合長で割る．

[解　答]
■ HF での計算

$$\frac{(1.91\,\text{D}) \times (3.335641\times 10^{-30}\,\text{C m D}^{-1})}{(91.6\,\text{pm}) \times \frac{1\,\text{m}}{10^{12}\,\text{pm}} \times \frac{1.60\times 10^{-19}\,\text{C}}{\text{電子}}} = 0.435\,\text{電子}$$

同様の計算から，HCl では 0.177 電子，HBr では 0.118 電子，HI は 0.0544 電子と見積もられる．

ハロゲンへの電子移動は，周期表の下にいくほど減少する．これは電気陰性度の低下と対応している．

別冊演習問題 6.59 参照

Peter Debye から名前をとったものであり，Debye は 1900 年台の初頭，分子双極子に関する先駆的な研究を行ったことで知られる．1 デバイ（D と表記する）は，3.335641×10^{-30} C m である．単純な分子では，双極子モーメントと結合長の測定値から，ある元素から別の元素へと電荷が移動する量を定量的に見積もることができる（例題 6.11）．

水素結合

酸素は電気陰性度が高く，水分子中の水素は，比較的電子が不足した状態にある．

基本問題 水の OH 結合の双極子モーメントは 1.52 D であり，結合長は 95.75 pm である．水素から酸素へと，どれだけの電子が移動しているか．■

双極子は小さな磁石のようなものであり，逆の極どうしで引きつけ合う．水は，非常に密度の高い正電荷（電子を奪われた水素原子）と負電荷（酸素原子の非共有電子対）をもつため，分子間での引力が特に強い（図 6.16）．2 個の水分子がペアをつくったとしても，まだ 3 個の水素原子と三つの非共有電子対が相互作用しないまま残る．これらの部位にはまだ高密度の電荷が残っているため，別の水分子と相互作用する．こうして，相互作用した分子の鎖や環ができていき，巨大な分子ネットワークを形成する．こうした巨大ネットワークのため，液体の水を蒸気にするには，大きなエネルギーを要する．実際，水の沸点は他と比べて高い（図 6.17）．

安定な p ブロック水素化物の沸点をみると（図 6.17），3 種の水素化物，NH_3, H_2O, HF の沸点が異常に高いことがわかる．沸騰させるには，液体中の分子に十分なエネルギーを与え，分子をばらばらにする必要がある．水，アンモニア，フッ化水素の場合，他の p ブロック水素化物に比べ必要なエネルギーが大きい．結合の極性と形状が，この違いを解き明かす鍵を握っている．

基本問題 水素と四つの元素，炭素，窒素，酸素，フッ素との電気陰性度の差を計算せよ．炭素，窒素，酸素，フッ素の水素化物について，電気陰性度の差と沸点にはどのような関係があるか．■

第 2 周期水素化物の密度ポテンシャル図（図 6.18）から，形状と分極の効果がみてとれる．図 6.18 のカラーマップ

図 6.16 OH 結合の双極子．OH 結合の双極子は強いため，水の水素端は，他の分子の酸素の周りの非共有電子対を強く引きつける．これが繰返されると，分子が鎖状や環状に配列し，巨大なネットワークを形成する．

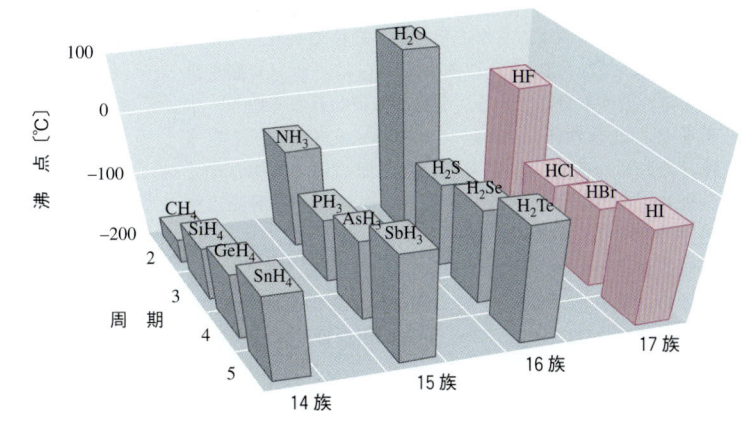

図 6.17 安定な p ブロック水素化物の沸点．沸点は周期表の下ほど高くなる傾向にあるが，三つの水素化物 NH_3, H_2O, HF は，例外的に高い沸点を示す．

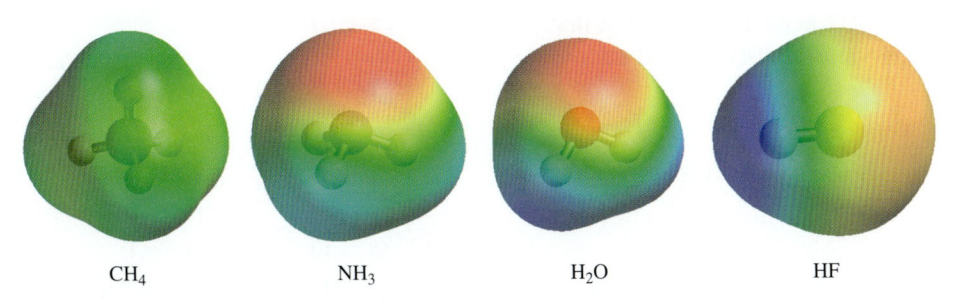

図 6.18 第 2 周期 p ブロック水素化物の電荷ポテンシャル．NH_3, H_2O, HF は，CH_4 に比べ大きな極性を示す．これは，分子の形状が異なるのに加え，水素と窒素，酸素，フッ素との電気陰性度の差が，水素-炭素の差に比べ大きいからである．

は，4種類の水素化物の性質をよく表している．メタンの表面は緑色で表されており，表面はほぼ中性であることを示している．一方，NH_3，H_2O，HF の表面には，明確な正（青）と負（赤）の領域が存在する．1電子系であるHと，N，O，Fとでは電気陰性度に大きな差があり，その結果として，上記の正・負の領域が生じる．水と同様，アンモニアやフッ化水素も巨大で強く結合したネットワークをつくる．相互作用の強さを反映し，これらの物質を沸騰させるのには大きなエネルギーを要する．

水素と結合した窒素あるいは酸素を含むもっと大きな分子でも，同様の強い相互作用がみられる．この相互作用やその結果生じた結合は，水や生体分子の性質を決める重要な要因であるため，**水素結合**という特別な呼び名がついている．水素が窒素や酸素フッ素などと結合すると，必ず水素結合が生じる．また，水素結合は，知られているなかでは最も強い，非イオン性分子間相互作用である．典型的な水素結合のエネルギーは，$20\ kJ\ mol^{-1}$ のオーダーである．

双極子-双極子相互作用

水素結合は，**双極子-双極子相互作用**とよばれる相互作用の一つの例である．通常，"双極子-双極子相互作用" は，永久双極子をもった分子間の相互作用をさし，水素結合は含まない．水中の SO_2 はその一例であり（図6.19），SO_2

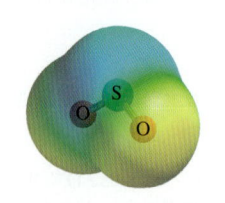

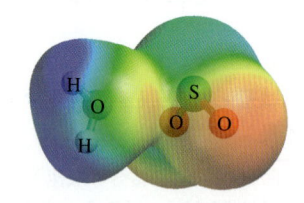

図6.19 SO_2 と H_2O との分子間相互作用．双極子-双極子相互作用の例である．孤立した SO_2 分子は曲がった形をしており，双極子をもつ．硫黄と酸素はいずれも電気陰性度の高い元素であるので，SO_2 の酸素原子は，水の酸素原子に比べ，ほぼ中性である．SO_2 が水と相互作用する際には，水の負に帯電した部位が，わずかに正に帯電した硫黄と連結し，SO_2 の酸素原子の電荷密度が増大する．

例題6.12 フロン

クロロフルオロカーボン（chlorofluorocarbon, CFC）は，炭素，塩素，フッ素からなる化合物の総称であり，その一つがフロン12（CF_2Cl_2）である．CFCは，オゾン層を破壊する性質があることから，今日では使われなくなり，水素を含む化合物（hydrochlorofluorocarbon, HCFC）に置き換えられつつある．C-H結合は対流圏の中では切れやすいため，HCFCは低層の大気中で破壊され，成層圏まで届かない．フロン12（CF_2Cl_2）とフロン22（$HCClF_2$）の構造を求めよ．これらの分子は，永久双極子をもつか．液体のフロン12では，どのような相互作用が生じるか．液体のフロン22ではどうか．相互作用を曲がった矢印で示せ．

[解　法]
■ ルイス構造式を描く．
■ 結合による分極を考え，そのベクトル和として分子全体の双極子を求める．
■ 水素結合あるいは双極子を形成する可能性を探す．
■ 負極から正極へ向かって相互作用が生じる．

[解　答]
■

CF_2Cl_2　　　　$HCClF_2$

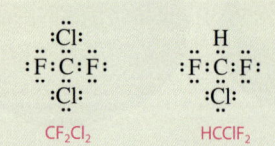

■ 電気陰性度は，H，2.20；C，2.55；Cl，3.16；F，3.98 である．

CF_2Cl_2 では，すべての結合双極子は炭素からハロゲンに向かう．C-F結合の結合双極子は，C-Cl の結合双極子よりも強い．このため，CF_2Cl_2 は永久双極子をもつ．

$HCClF_2$ では，H-C の結合双極子は水素から炭素に向かう．したがって，$HCClF_2$ は大きな双極子をもつ．
■ フロン22には水素がないため，水素結合は生じない．フロン22は水素原子をもっているが，N，O，Fのような電気陰性度の高い元素とは結合していない．したがって，フロン22では水素結合は生じない．フロン12，フロン22ともに，双極子-双極子型の相互作用をする．
■ 双極子-双極子表示では，CF_2Cl_2 の双極子は，塩素原子間の中点から，フッ素原子間の中点へと向かう．一方，$HCClF_2$ の双極子は，わずかに傾いている．これは，水素原子はフッ素よりも電気陰性度が低いからである．曲がった矢印の表示法では，フッ素原子間の電子過剰領域は，塩素原子間，あるいは塩素-水素間の電子不足領域に引き寄せられる．

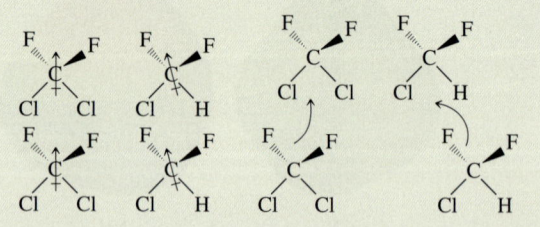

CFCあるいはHCFCが冷凍機用の気体として利用できるのは，双極子-双極子相互作用のためである．

別冊演習問題 6.67, 6.68 参照

の硫黄と水の酸素とが相互作用するため，双極子-双極子相互作用に分類される．

双極子-双極子相互作用は，2種類の方法で表現される（図6.20）．双極子-双極子相互作用が生じるのは，逆の極，すなわち正・負の極間に引力が働くからである．H_2O の場合，酸素は電子過剰気味であり，負の極として働く．すべては相対的であるとの有名な言葉のとおり，ふつう硫黄は電気的に陰性の元素ではあるが，酸素の方がより電気陰性度が高いため，SO_2 の硫黄は双極子の正極として働く．したがって，水と二酸化硫黄との相互作用により，双極子の連結（H_2O の酸素端と SO_2 の S 端との連結）が起こる（図6.20a）．

別の表記法では，曲がった矢印を使用する．矢は，電子過剰の部分から始まって，電子不足の領域へと向ける（図6.20b）．

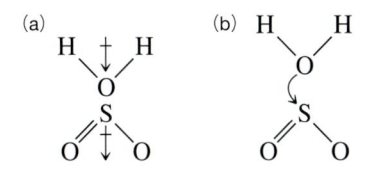

図 6.20　SO_2 と H_2O との相互作用に対する2種類の表示法．(a) 水の双極子の負極側が二酸化硫黄の正極側に引きつけられる．(b) 水の酸素原子の電子密度は高く，これが二酸化硫黄の酸素原子近くの正に帯電した領域に引きつけられる．

ロンドン力（分散力）

双極子をもちイオン性でない分子には強い分子間相互作用が働き，その結果液体となる．ドイツ系米国人の物理学者，Fritz London は，この分子間力が本質的に静電的であり，電子雲の一様な移動にもとづくことを初めて明らかにした（図6.21）．電子雲が動くと，電子密度も核の位置からわずかに移動する．電子密度が移動すると双極子が生じる．これを**誘起双極子**とよぶ．電子雲が一様に動くということは，電子は，隣接する誘起双極子を含めた局所的な環境の変化に，素早く応答することを意味する．まるでドミノの列のように，誘起双極子は液体を通して揺さぶられ，**誘起双極子-誘起双極子相互作用**として知られている分子間力を通じて，液体を凝集させる．この分子間力を，その理解に努めた Fritz London の功績を称え，**ロンドン力**とよぶ．

電子が緩く束縛されているほど，ロンドン力は強くなる．電子雲の動きやすさは，分子の分極率で表される．一般的な法則として，大きな原子は小さな原子よりも分極しやすい．分極率が大きいと，液相の温度範囲が広くなる（図6.22）．

分子の分極率は，非極性分子の極性溶媒（たとえば酸素と水）への溶解度とも関係している．酸素の水に対する溶解度は高くないが，溶存酸素は水生生物には不可欠である．

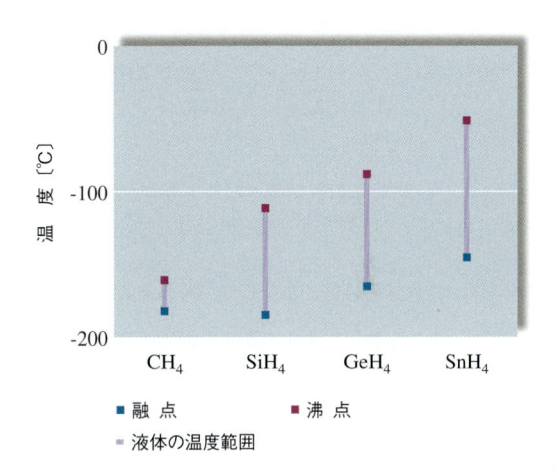

図 6.22　14族元素の水素化物の融点と沸点．すべて非極性分子であり，分子間には，誘起双極子-誘起双極子相互作用が働く．これらの分子が液体として存在する温度範囲は，中心元素が大きくなるにつれ広がる．これは，原子が大きくなるほど，分極率が大きくなるからである．

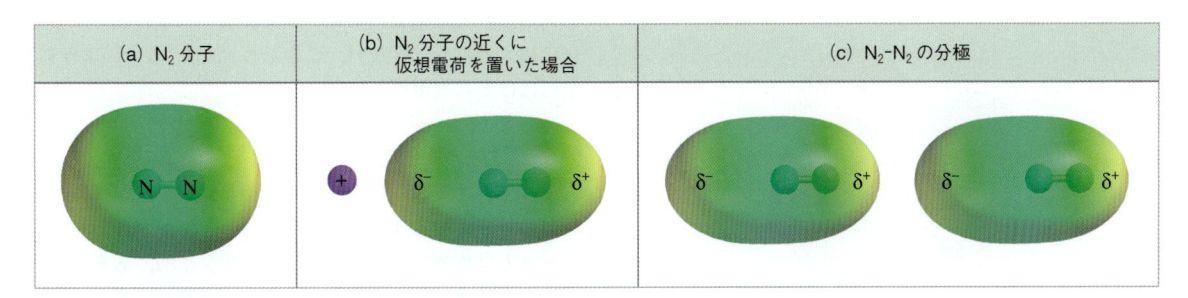

図 6.21　(a) N_2 の電荷分布．N_2 は非極性分子である（これは，すべての等核二原子分子に共通していえることである）．(b) 仮想的に正の電荷を N_2 の近くに置いたとすると，負に帯電した電子は引きつけられ，逆に正に帯電した核は反発する．その結果，仮想電荷の近くは負に帯電し，反対側には同量の正電荷が現れる．(c) 電子雲はじっと留まっているわけはなく，時に，核を中心としてわずかに振動する．したがって，瞬間的に双極子が生じ，双極子の正極は，隣の分子の負極を引きつける．

例題 6.13 酸素と水生

水中の溶存酸素は，水生生物にとって欠くことのできない存在である．酸素の水に対する溶解度は，室温で 2.293×10^{-5} モル分率である．室温の水 1 cm³ の中に，酸素分子は何個含まれているか．得られた結果を，室温大気中の酸素分子数と比較せよ．（大気の 21％ は酸素である）

[解 法]
- 298 K（25 °C）の水 1 cm³ 中に含まれる水分子のモル数を，密度を用いて計算する．
- 酸素分子のモル数を，モル分率の数値から計算する．
- 気体の状態方程式を用い，298 K の気体 1 cm³ 中の酸素分子数を計算する．
- モル分率から，水 1 cm³ 中の酸素分子の数を求める．

[解 答]
- 25 °C における水の密度は 1 g cm⁻³ である．また，水の分子量は 18 g mol⁻¹ である．

$$\frac{1.0\,\text{g}}{\text{cm}^3}\times\frac{1\,\text{mol}}{18.0\,\text{g}}\times\frac{6.022\times 10^{23}\,\text{分子}}{\text{mol}} = 3.3\times 10^{22}\,\text{分子 cm}^{-3}$$

- O_2 分子は，水分子の一つと入れ替わっているとする（これは良い近似である）．したがって，水 1 cm³ 中の酸素分子の数は $(3.3\times 10^{22}\,\text{分子 cm}^{-3})\times (2.293\times 10^{-5}) = 7.6\times 10^{17}$ である．
- 気体の密度は，標準状態で 1 mol/22.4 L であるので，298 K では

$$\frac{1\,\text{mol}}{22.4\,\text{L}}\times\frac{273\,\text{K}}{298\,\text{K}}\times\frac{6.022\times 10^{23}\,\text{分子}}{\text{mol}}\times\frac{1\,\text{L}}{1000\,\text{cm}^3} = 2.5\times 10^{19}\,\text{分子 cm}^{-3}$$

となる．
- 大気の 21％ が酸素だとすると，大気 1 cm³ 中の酸素分子の数は以下のようになる．

$$2.5\times 10^{19}\,\text{分子 cm}^{-3}\times 0.21 = 5.3\times 10^{18}\,\text{分子}$$

大気中には，水中に比べ，おおよそ 10 倍の酸素分子が存在することになる．

水生生物は，水中の酸素を沪過・濃縮することで，低い酸素濃度に順応している．しかし，汚染により水中の酸素量が減ると，池や川，海に住む魚や他の生物にとって命取りになる．

別冊演習問題 6.71 参照

2種類の液体の混ざりやすさは，分子間相互作用について考えれば予想できる．一般的に，分子間相互作用の大きさが同程度であれば，二つの液体は混ざり合う．これはよく，"似たものどうしは溶けやすい" の法則とよばれる．分子間相互作用が同等でない場合には，強い方の相互作用は，弱い方で置き換えられる．その結果，混合すると，全体の相互作用エネルギーが低下する．

酢と油でサラダドレッシングをつくる場合を考えてみよう．酢は酢酸（図 6.23）の水溶液である．酢酸は，OH 基をもっているため，水分子と水素接合を形成する．したがって，酢酸は水と混じり合う．一方，油は，化学の立場からいえば，複数の物質からなる混合物であり，正確な用語ではない．しかし，油のすべての成分は炭化水素である．炭化水素は非極性分子であり，ロンドン力により相互作用している．水と油の間のロンドン力は弱く，水の強い水素結合には太刀打ちできない．このため，油は，酸素のように，水にはほとんど溶けない．

分子間力の相対的な強さ

すべての物質は，ロンドン力で相互作用するが，ロンドン力は分子間相互作用のうち最も弱い．にもかかわらずロンドン力は重要であり，室温のガソリンや油，あるいは低温の窒素や希ガスの液体など，非極性物質が安定な液体となるのは，このロンドン力のせいである．表 6.3 に，さまざまな分子間相互作用とその相対的な強さ，相互作用の及ぶ空間範囲をまとめた．

図 6.23 酢酸の水和．酢は，酢酸の水溶液である．酢酸，水ともに OH 基をもつため，分子間の相互作用は，水素結合が支配的である．

物質は，最も強い分子間相互作用に従って分類できる．たとえば，水は，電子が動きやすく誘起双極子も生じるが，水素結合物質に分類される．誘起双極子-誘起双極子相互作用は双極子-双極子相互作用よりも弱く，双極子-双極子相互作用は水素結合による相互作用よりも弱い．

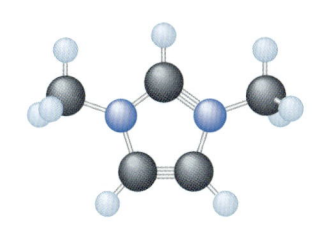

図 **6.24** 典型的なイオン液体である 1,3-ジメチルイミダゾリウム（DMIM）の構造．低排出（低エミッション）の製造工程での利用が期待されている．DMIM の塩化物は，200 °C 以上の温度範囲で液体である．

表 **6.3** 分子間の相互作用（エネルギーの大きい順）

相互作用	典型的なエネルギー〔kJ mol^{-1}〕	距離依存性	分子種
イオン間	250	r^{-1}	イオンのみ
イオン-双極子	15〜20	r^{-2}	イオンと極性分子
水素結合	20	r^{-3}	N, O, F が H と結合し H を共有
双極子-双極子	2	r^{-3}	極性分子
双極子-誘起双極子	2	r^{-6}	極性分子と非極性分子
ロンドン力（誘起双極子-誘起双極子）	2	r^{-6}	分子の非極性部分

表 **6.4** イオン性物質　これらの物質には強いイオン間相互作用が働いており，広い温度範囲で液体である．

物　質	融点〔°C〕	沸点〔°C〕	液体の温度幅〔°C〕
KI	981	1323	642
NaBr	747	1390	643
KF	858	1502	644
NaI	660	1304	644
NaCl	800	1465	665
MgCl$_2$	714	1412	698
NaF	996	1704	708
MgO	2826	3600	774
KOH	406	1327	921
NaOH	323	1388	1065
CaBr$_2$	742	1815	1073
CaF$_2$	1418	2533	1115
CaCl$_2$	775	1935	1161

基本問題　以下の分子には，どのような分子間相互作用が働くか．SO_2，CO_2，CCl_3F，PH_3，H_3CNH_2．■

物質が液体でいられる温度範囲は，分子間相互作用の種類に大きく依存する．食塩は，600 °C 以上で融解し液体となる（表 6.4）．近年，低排出（低エミッション）の製造工程に利用できる可能性があるということで，室温イオン液体（図 6.24）が注目を集めている．イオン液体は，液相が安定に存在する温度領域が広いことに加え，蒸気圧が低い．このため，大気に逃げることがほとんどなく，製造プラントの排出（エミッション）を抑えることができる．

6.3 分子間相互作用と表面張力

穏やかな日には，湖の水面は鏡のように平らである．水は簡単に綿に染みこむが，ワックスをかけた表面の上では，小さな丸い水滴となる．これらの現象は，すべて分子間相互作用によるものである．

湖の中深くにある水分子を想像していただきたい．個々の分子は，四方八方を，別の水分子に取囲まれており，水素結合によって相互作用している．今度は，水面にある水分子について考えてみる．前後，左右，下側には水分子が存在するが，上側には分子は存在しない．結果として，力のバランスが崩れ，表面の分子には，水中に引き込もうとする力がかかる（図 6.25）．この力のバランスの崩れが，**表面張力**（表面積を増すことに抵抗する力）の原因である．重力のような他の力がなければ，液体は，表面積を最小とすべく，完全な球になろうとする．

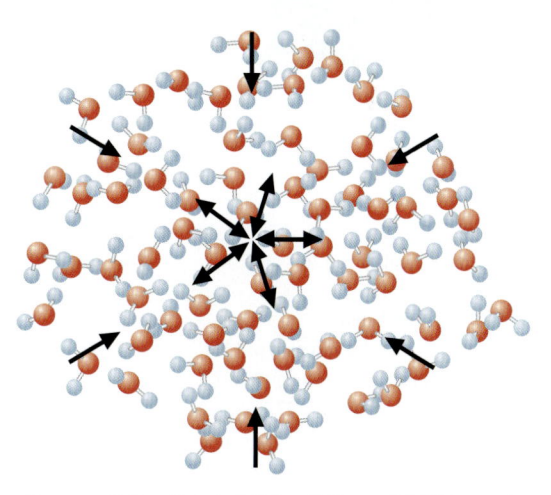

図 **6.25** 液体に働く表面張力．液滴は，表面張力により集まろうとする．液体内の分子は，あらゆる方向の隣の分子と相互作用する．一方，表面の分子は，特定の方向の分子としか相互作用できない．このため，力が不均等となり，液体内部へと引っ張られる．

したがって，分子間相互作用の強い液体は，表面張力が大きい．表面張力の単位は，mN m^{-1} あるいはこれと同等の dyn cm^{-1} である．巨大な水素結合ネットワークのため，水の表面張力は大きい（72 mN m^{-1}）．たとえば，水の水素原子を CH_3 基で置き換えてメタノールとし（図6.26），ネットワークを乱すと，表面張力は低下する（22.07 mN m^{-1}）．実際，ほとんどの液体の表面張力は，水の 1/3 から 1/2 である．

液体と固体の相互作用も分子間相互作用に依存する．ご存じのように，綿の繊維は，水を吸収する能力が高いが，この性質はセルロース繊維の OH 基によるものである（図6.27）．水分子とセルロース間の水素結合により，繊維は水に濡れる．水に濡れやすい性質を**親水性**とよぶ．一方，耐水性の布は，炭化水素でコーティングされている．強い水素結合により，水分子は互いに引き寄せ合う．一方，水

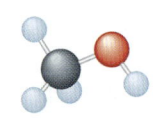

図 6.26 メタノールの構造．メタノールは，水の水素原子一つを，CH_3 基で置き換えたものとみなせる．メタノールには，複数の分子間相互作用が働く．OH 基は水素結合により相互作用するのに対し，CH_3 基はロンドン力により相互作用する．

分子と耐水性布の表面を覆う炭化水素との間には，双極子－誘起双極子相互作用が働くが，これは水素結合に比べずっと弱い．このため，表面に水滴ができる．水に対する耐性が高い性質を，**疎水性**とよぶ．

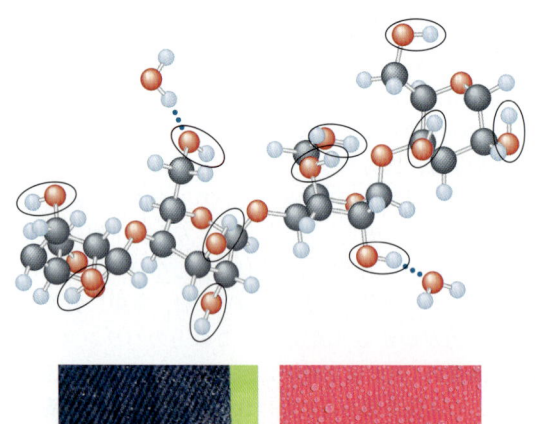

図 6.27 綿の繊維の構造．木綿の繊維は，綿のさやから取ったセルロースが集まったものである．セルロースには数多くの OH 基が存在し，水素結合に関与できる．図には 2 個の水分子が描かれており，水とセルロースが水素結合する様子を表している．雨や雪の日にジーンズで出かけた方はおわかりのように，綿は水分を吸収しやすい．一方，ビニールの表面は非常に疎水性が高く，水は染み込まずに，表面で水滴となる．

チェックリスト

重要な用語

分極率（polarizability, p. 126）
可溶（miscible, p. 126）
非共有電子対（unshared electron pair, p. 127）
共鳴構造（resonance structure, p. 127）
形式電荷（formal charge, p. 127）
価電子対反発法（valence shell electron-pair repulsion, VSEPR, p. 129）
双極子（dipole, p. 131）
イオン間相互作用（ion-ion interaction, p. 137）
イオン-双極子相互作用（ion-dipole interaction, p. 138）
水素結合（hydrogen bond, p. 140）
双極子-双極子相互作用（dipole-dipole interaction, p. 140）
誘起双極子（induced dipole, p. 141）
誘起双極子-誘起双極子相互作用（induced dipole-induced dipole, p. 141）
ロンドン力（London force, p. 141）
表面張力（surface tension, p. 143）
親水性（hydrophilic, p. 144）
疎水性（hydrophobic, p. 144）

重要な式

結合の数 $= \dfrac{1}{2}$（必要な電子数－利用できる電子数）

形式電荷 $=$（価電子数－割り当てられた電子数）

クーロンエネルギー $E = \dfrac{kq_1q_2}{r}$

イオン-双極子相互作用エネルギー $E \propto \dfrac{|z|\mu}{r^2}$

章のまとめ

　分子は寄り集まって大きな構造をつくる．このとき，分子間には，何らかの引力が働いている．この引力の本質は，電気的な相互作用にある．最も強い分子間力はイオン間相互作用であり，電荷をもつイオン種間に働く．溶融させた食塩やイオン液体がその例である．次に強いのが双極子-双極子相互作用であり，正に帯電した領域と負に帯電した領域が分子内に分かれて存在するときに生じる．双極子-双極子相互作用のなかで最も強いのが水素結合である．1個の電子をもつ水素が，電気陰性度の高い元素（窒素，酸素，フッ素など）と結合すると，水素結合が生じる．電気陰性度の高い元素が水素の電子を引きつけ，その結果，正電荷が水素に集中する．

　非極性分子の場合でも，液体になることからわかるように，分子間相互作用が働く．電子雲が瞬間的に移動すると，一時的に双極子が生じる．この一時的な双極子の正極は，隣の分子の電子雲を引きつけ，隣の分子にも双極子ができる．このような，一時的な双極子による分子間力を，ロンドン力（分散力）とよぶ．

　表面にかかる力が不均等になると，表面張力が生まれる．つるつるした表面に水を落とすと水滴となるが，これは表面張力によるものである．液体中の分子と固体表面の分子の間に働く相互作用が，液体中での相互作用と同程度であれば，液体は固体表面を濡らす．

重要な考え方
　分子間相互作用の本質は，電気的な相互作用にある．したがって，分子間相互作用は，分子内の電子分布に依存する．非イオン性分子の場合，双極子をもつかどうかを決める重要な要素は，分子の形状である．

理解すべき概念
■ 価電子対反発法と原子価結合理論は，ルイス構造式などの基礎の上に築き上げられたものである．これらの方法を用いると，分子の形と分子内の電子分布を予想できる．

学習目標
■ 分子内の結合の数を求める（例題6.1，6.2，6.9）．
■ 共鳴構造を理解する（例題6.3）．
■ 最適なルイス構造式を選ぶ（例題6.4，6.5）．
■ 電子の配置と分子の形状を決定する（例題6.6，6.7）．
■ 分子間相互作用の種類を特定する（例題6.8，6.10，6.11〜6.13）．

7 熱力学と変化の方向

大気の熱エネルギーと不安定さが、トルネードやハリケーン、台風をひき起こす。こうした嵐は、気温が高いときか、あるいは暖かい海上で起こる。暖かい大気や海水から、エネルギーを得るのである。

目 次

7.1 いくつかの例：
　　　冷却パック，温熱パック，溶接
　　⊙ 応用問題
7.2 熱力学の第一法則：
　　　化学反応に伴う熱とエネルギー
　　・熱
　　・仕 事
　　・ヘスの法則
7.3 熱力学の第二法則：反応の進む方向
　　・宇宙の二つの部分
　　・ギブズ自由エネルギー
7.4 共役反応
　　・ATP

主 題

■ 反応のエネルギーを追跡し，反応が起こる条件を明らかにする．
■ エネルギーと熱流，仕事との関係を求める．

学習課題

■ ある反応の過程で吸収あるいは放出される熱量を，標準状態での反応熱から計算する（例題 7.1, 7.3, 7.6）．
■ 反応に伴う仕事を計算する（例題 7.2）．
■ 熱から相互作用エネルギーを求める（例題 7.4, 7.5, 7.7～7.9）
■ 反応の進行する方向を予想する（例題 7.10～7.12）．

2個の原子が化学結合するとエネルギーが放出される．分子あるいは化合物が反応して，結合の組換えが起こると，相互作用が変化するため，エネルギーが吸収または放出される．このエネルギーの出入りが世界を動かし，われわれの生命を育んでいる．エネルギー，特に熱エネルギーと化学変化の関係は，化学的な相互作用を理解するうえで非常に重要である．そればかりか，実社会のさまざまな応用でも重要な意味をもつ．たとえば，コンクリートでダムを建設する際，巨大な建造物の中に管を通し，そこに水を流して熱を逃がす必要がある．さもないと，熱のためにダムは崩壊してしまう（図7.1a）．コンクリートを打つときに生じる熱のほとんどは，$Ca(OH)_2$を主成分とするモルタルと水との反応によるものである（図7.1b，7.1c）．

このように，エネルギーの出入りは重要であるが，一方で，私たちが現代化学から受けている恩恵の多くは，結合を思い通りに組替える，すなわち，簡単に入手でき安価な物質を，望みの物質へと変換することで得られたものである．腐食しやすい鉄からステンレスをつくる，単純な化合物から医薬品を合成する，石油からポリマーを合成する，などがその例である．分子間相互作用に基づき，どのような物質が生じるかを予想できるが，そのときに基本となるのが，反応に伴い放出あるいは吸収される熱量，ならびにエネルギー拡散である．

圧力一定のもとで進行する反応は，化学ではよく目にする．コンクリートが固まる，食べたものを消化する，電池で電流を流すなど，これらすべては大気圧という一定の圧力下で起こる現象である．定圧下の反応は一般的であるため，その際に発生する熱を，特別な記号 ΔH で表す．ΔHは，系の**反応熱**あるいは**エンタルピー変化**とよばれ，この値から，反応物間の相互作用や生成物，反応進行中の相互作用の変化などに関する重要な情報が得られる．ただし，以下の例で示すように，相互作用からだけでは，実際に反応が起こるかどうかはわからない．反応の進む方向を予想するには，エネルギー拡散に関する情報が必要である．これについては，この章の後の方で述べる．

7.1 いくつかの例： 冷却パック，温熱パック，溶接

スポーツでけがをすると，よく冷却パックで手当てする．冷却パックは，水（冷たいことを強調するため青く着色してあることが多い）を含んだ丈夫な外側の袋と，塩の入った内側の袋からなっている．ここで，塩は，化学で一般的に使われる用語であり，符号の異なるイオンがクーロン力

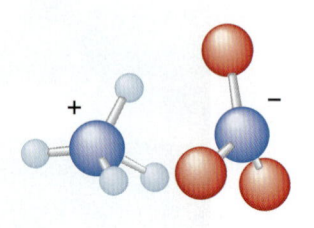

図7.2 NH_4^+イオンとNO_3^-イオン．化学では，塩は，電荷が逆符号のイオンからなる固体をさす．正に帯電したイオンと負に帯電したイオンは，クーロン相互作用により引き合っている．ここに示したのは，NH_4^+とNO_3^-である．両イオンとも，共有結合で結ばれた数個の原子でできている．電荷をみると，原子団全体として電子を1個失っているか（＋），余分に電子を1個獲得している（－）．これらの原子団は，それぞれアンモニウムイオン，硝酸イオンとよばれる．両方とも，自然界や食物，われわれの体内によくみられるイオンである．

で結合している物質をさす．冷却パックの塩を1億倍に拡大してみると，2種類のイオンでできており，それぞれは数個の原子の集合体であることがわかる（図7.2）．一方のイオンはNH_4^+でアンモニウムイオンとよばれ，もう一方はNO_3^-で硝酸イオンとよばれる．冷却パックの内側の

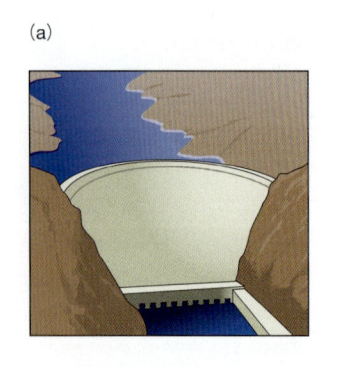

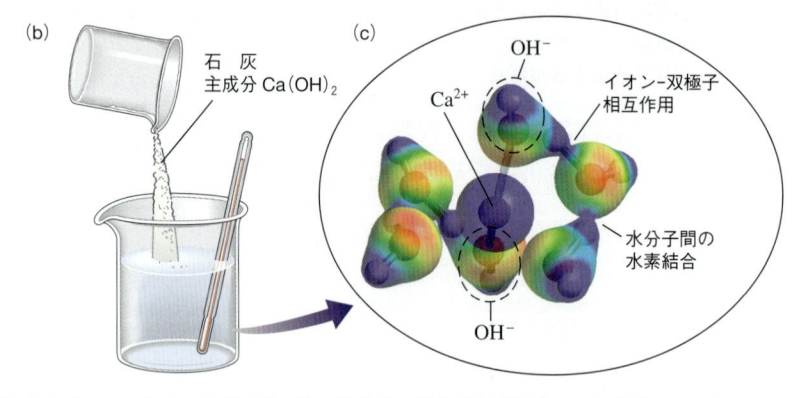

図7.1 (a) コンクリートの建造物（ダム）．コンクリートが固まる際に発生する熱を循環冷却水により取除かないと，ダムに亀裂が生じてしまう．(b) 石灰$Ca(OH)_2$と水との反応．コンクリートで発生する熱の大部分は，石灰$Ca(OH)_2$と水との反応によるものである．(c) $Ca(OH)_2$と水との反応の分子レベルでの描像．Ca^{2+}イオンは，大きな正の電荷をもっていることに注意されたい．

袋を破くと（図7.3），外側の袋の水は塩と混じり合う．逆の符号のイオンはばらばらとなり，周囲を水分子が取囲む．このとき冷たく感じるのは，パックが，患部を含めた周囲から熱を奪うからである．

ねんざや肉離れは，多くの場合，冷却療法で処置する．一方，筋肉痛やけいれんの場合には，温めることが推奨される．熱を発生させる方法の一つが，温熱パックである．冷却パック同様，温熱パックも水を含んだ外側の袋と，塩を含んだ内側の袋でできている．ただしこの場合，Ca^{2+}イオンとCl^-イオンからなる固体$CaCl_2$が，塩としてよく用いられる．この塩を水に溶かすと，木材や他の燃料を燃やしたのと同じように発熱する．

化学反応に伴って生じる熱は，相当な量になりうる．たとえば，僻地では，金属アルミニウムを鉄と反応させ，線路のレールの溶接を行う．

$$Fe_2O_3(s) + 2Al(s) \longrightarrow 2Fe(l) + Al_2O_3(s) \quad (7.1)$$

式(7.1)の反応により大量の熱が発生し，鉄が融ける（図7.4）．融けた鉄はレールの周囲を流れ，レールに熱が奪われると固化してレールは溶接される．Al_2O_3をつくるのに必要な酸素はすべてFe_2O_3から供給されるため，反応は自己完結型である．したがって，いったん反応が始まると，酸素を供給しなくても反応は持続する．この反応は，水中での溶接にも利用でき，テルミット反応とよばれる．

以下の節では，これら3種類の反応についてより詳しく調べ，熱の出入りが，反応物間相互作用-生成物間相互作用の差と，どのような関係にあるかを明らかにする．

応用問題 スポーツ用品店やスキーショップに行き，カイロを手に入れてほしい．ところで，カイロには2種類ある．一方は溶液を含んでいて繰返し使えるタイプであり，もう一方は固体でできており1回しか使えない．液体タイプのカイロを発熱させ，何が起こるか観察せよ．どうやって，元の液体状態に戻すのか．また，固体タイプのカイロの成分は何か．固体タイプが発熱するメカニズムを考えよ．

図7.3 冷却パック．内側の袋を破ると，塩と水が混じり合い水溶液となる．このとき，周囲から熱を奪う．

図7.4 テルミット反応．細かく砕いたアルミニウムを酸化鉄の粉末に加え，マグネシウムリボンに点火すると，反応が始まる．いったん反応が始まると自発的に進行し，鮮やかな光を発するとともに大量の熱が発生し，温度は2000℃近くまで達する．この反応を家庭で試してはならない．熟練した技術者に実験してもらう必要がある．

7.2 熱力学の第一法則：化学反応に伴う熱とエネルギー

他のさまざまな変化の過程と同様，化学反応でもエネルギー保存則が成り立つ．たとえば，励起状態にある電子がよりエネルギーの低い準位に落ちると，光を放つが，このときそのエネルギー差に見合ったフォトンが生じる．エネルギー保存は化学反応でも重要であり，熱力学の第一法則として地位を得ている．

"熱力学の第一法則：孤立した系のエネルギーは不変である"

ここで，孤立した系とは，反応にかかわるすべてをさす．たとえば，テルミット反応では，反応物（AlとFe_2O_3），生成物（FeとAl_2O_3）に加え，レールや周囲の大気などすべてが孤立系に含まれる．

基本問題 冷却パックをくるぶしに当てたとき，何が孤立系に含まれるか．筋肉痛に温熱パックを用いた場合はどうか．■

化学反応では，エネルギーというと内部エネルギーをさす．**内部エネルギー**とは，分子間相互作用によるポテンシャルエネルギー，分子の運動に伴う運動エネルギー，結合に蓄えられた化学エネルギーを足し合わせたものである．孤立系は第一法則によりエネルギー一定であるが，これをさらに，対象とする反応とそれ以外（環境）とに分けて考えてみよう．反応によるエネルギー変化が，周囲に光

を放つほど大きいのはまれである．ホタルや励起原子は，そのまれな例である．ふつう，エネルギーは，熱や体積変化として観測される．ここで，**熱**を記号 q で表す．定圧下での体積変化は圧・容積**仕事**とよばれ，記号 w で表す．仕事については，この章の後半でさらに詳しく述べる．熱や仕事は，系からエネルギーを奪い周囲へ移動させる役割を果たしており，ちょうど"通貨"のようなものである．対象とする系に注目すると，第一法則は別の形で表せる．

"熱力学の第一法則：ある系の内部エネルギーの変化量は，外界に移った熱と外界に対して行った仕事の和に等しい"

$$\Delta E = q + w \tag{7.2}$$

系のエネルギー変化量と外界のエネルギー変化量の和はゼロである．すなわち，系が失ったエネルギーは，外界が得たエネルギーに等しい．たとえば，自動車のエンジンでガソリンが燃焼すると，ピストンが動き（すなわち体積が変化し），また熱が発生して自動車の温度が上昇する．

熱

冬に湖が凍結する，食物を消化する，薬が体に効く，自動車のボディーがさびるなど，多くの重要な化学反応が大気圧下で進行する．このような重要な反応で，エネルギー変化の一部は，外界に熱として放出される．これを，加熱を意味するギリシャ語の thalpein に由来して，エンタルピーとよぶ（図7.5）．エネルギーを放出する反応では，外界が熱せられる（生成物は反応物よりエンタルピーが低く $\Delta H < 0$）ことから，これを**発熱反応**（exothermic，外側を意味するギリシャ語 exo に由来する）とよぶ．温熱パックの反応は発熱反応である．逆に，エネルギーを吸収する反応では周囲が冷却される（生成物は出発物よりもエンタルピーが高く $\Delta H > 0$）ことから，**吸熱反応**（endothermic，内側を意味するギリシャ語 endon に由来する）とよばれる．

注意：熱力学では，用語として，日常の言葉をよく用いるが，その使い方はずっと厳密である．たとえば，日常，熱と温度は同じような意味で使われることも多い．しかし，氷と

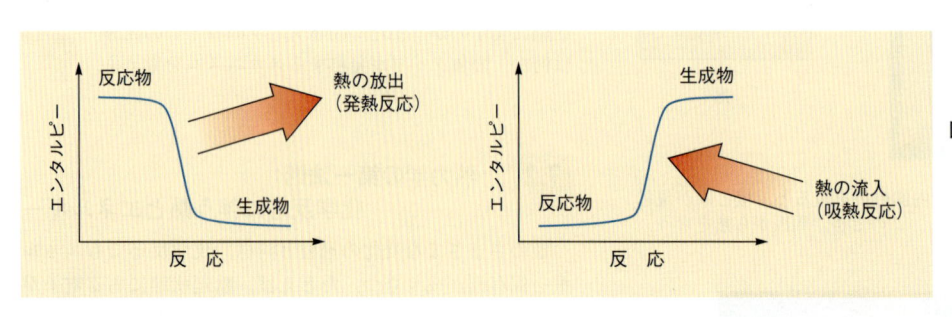

図 7.5 反応に伴うエンタルピー変化．反応で生じるエネルギーは，熱の形で放出される．外部からエネルギーを加える反応では，周囲は冷却される．

例題 7.1　気体による熱

1気圧の気体を燃焼させるため，ある装置を設計した．生じた熱はすべて大量の水に吸収させる．ガソリンの成分の一つであるオクタン 2.28 g（0.02 mol）を，この装置で燃やしたところ，5 L の水の温度は 5.230 ℃ 上昇した．1 mol のオクタンを燃やすと，どれだけの熱が発生するか．

［解法］
- C_p（水）= 4.184 J K^{-1} g^{-1} である．ほかに，5 L の水の重さが必要である．
- $\Delta T = 5.230$ ℃ $= 5.230$ K と，式(7.3)の $\Delta H = C_p \Delta T$ を用いる．
- 1 mol にスケールアップする．

［解答］
- 5.00 L $= 5.00 \times 10^3$ mL．水の密度は 1 g mL^{-1} であるので，5.00×10^3 mL $= 5.00 \times 10^3$ g
- $\Delta H = (4.184$ J K^{-1} g$^{-1})(5.230$ K$)(5.00 \times 10^3$ g$)$
  $= 1.09 \times 10^5$ J $= 109$ kJ
- 109 kJ/0.02 mol $= 5.47 \times 10^3$ kJ mol^{-1}

水が吸収する熱は，オクタンが失う熱に等しく，ΔH（オクタン）$= -5.47 \times 10^3$ kJ mol^{-1} である．オクタンは自動車ガソリンの成分の一つであり 0.02 mol は約 3 mL，スプーン 1/2 強である（分子量 114.23 g mol^{-1}，密度 0.6986 g mL^{-1}）．スプーン半分のオクタンで，350 mL の水を室温から 90 ℃（マグカップでお茶を入れるとちょうどよい温度になる）まで温めることができる．

単位に関する注意：前の章では，気体の原子から電子を取除くといった，1個の原子に関する反応を表すのに，エネルギーの単位 eV を用いた．ただし，電子ボルトは，エネルギーの単位としては非常に小さい．モル単位の原子や分子を含む反応には，もっと大きなエネルギーの単位であるジュール/モル（J mol^{-1}）を用いる．化学反応には，通常，モル程度の原子や分子が関与するため，J mol^{-1} の方が適している．1電子ボルトを1モルの原子，分子当たりに換算すると，96,485 J mol^{-1} となる．

別冊演習問題 7.1〜26 参照

水の混合物を考えていただきたい．この混合物に熱を加えても，氷と水の比率が変わるだけで，温度は 0 ℃のままである．すなわち，氷と水の混合物を加熱しても，温度上昇にはつながらないのである．

基本問題 冷却パックの反応は発熱反応か，それとも吸熱反応か．テルミット反応はどうか．■

冷却パックを患部ではなく水の中に入れると，水の温度は下がる．温度の低下量を測定すれば，水からどれだけの熱が奪われたかがわかる．**熱容量**(C_p)は，物質の温度を 1 K 上げるのに必要な熱を表す．水の熱容量は 4.18 J kg^{-1} であるので，熱容量に温度低下量と水の質量をかければ，冷却パックの反応で吸収された熱を計算できる．

$$\Delta H = C_p \Delta T \tag{7.3}$$

熱容量は，物質にどれだけの熱を蓄えられるかの指標となる．水の熱容量は比較的高く，岩石（0.7 J kg^{-1}）の 6 倍ほどである．このため，水は地球の温度を調整する役割を担っている．日中，太陽から地表に達するエネルギーのほとんどは水に吸収されるため，地球の温度は急上昇することなく一定に保たれる．逆に，夜には，水の温度が下がり，熱が放出されるため，温度が保たれ凍えずに済む．

基本問題 砂漠は，日中は非常に暑いが，夜には温度が急激に低下する．なぜか．■

仕 事

ふつう，仕事というと，肉体あるいは精神を使って働くことを表す．科学の分野では，仕事はもっと限定した意味をもっており，"力に反してある距離移動すること"を表す．われわれがどれだけ"もがいた"としても，移動しなければ，仕事はゼロである．化学の扱う系で，最もよく出くわすのが，圧・容積仕事である．たとえば，自動車のエンジンでガソリンを燃焼させると，内部エネルギーは，車を走らせる仕事や，車のエンジンやインテリアを温める熱へと変わる．ガソリンの燃焼に伴う仕事は，シリンダーの内部で起こる（図 7.6）．ピストンが押し上げられ，シリ

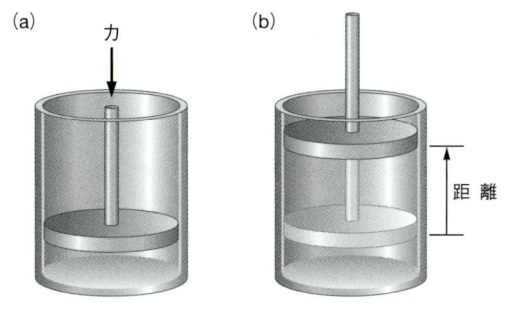

図 7.6 (a) 自動車のエンジンのピストン．力に対抗してピストンは動く．(b) 燃料が燃え，ピストンが元の位置から別の位置へと移動すると，仕事が行われる．

例題 7.2　自動車を走らせるときの仕事

3 L，6 気筒のエンジンを搭載している自動車を考える．6 気筒とは，エンジンに六つのピストンが備わっているという意味である．自動車が高速道路を走行しているとき，エンジンの回転数は 2500 rpm（rpm＝1 分間の回転数）だったとする．すなわち，1 分間に 2500 回点火し，毎回，シリンダーは 3.0 L 膨張する．また，ピストンが押している圧力は実効的に 1.5 気圧であるとする．ガソリンを 1 分間燃焼させたとき，どれだけの仕事をするか見積れ．また，この自動車は，時速 100 km ならば，ガソリン 1 L で 12 km 走るとすると，1 分間にどれだけのガソリンを消費するか．燃料はすべてオクタンであるとし，1 mol のオクタンがする仕事を求め，その値を例題 7.1 で得た熱と比較せよ．

[解法]
- 1 分間当たりの体積の変化量を求める．
- 式(7.4)　$w = -P\Delta V$ を用いる．
- エネルギーの単位を kJ に変換する（1 L atm = 101.3 J）．
- 密度（0.6986 g mol^{-1}）と分子量（114.23 g mol^{-1}）を用いて，体積をモルに変換し，スケールアップする．

[解答]
- 1 分間当たりの体積変化は $\Delta V =$ (3.0 L/回転) × (2500 回転 min^{-1}) = 7.5×10^3 L min^{-1}
- $w = -P\Delta V =$ (1.5 atm) × (7.5×10^3 L min^{-1})
  = 1.1×10^4 L atm min^{-1}
- $w =$ (−1.1×10^4 L atm min^{-1}) × (1.01×10^2 J L^{-1} atm^{-1})
  = 1.1×10^6 J min^{-1} = 1.1×10^3 kJ min^{-1}
- L min^{-1} 単位での燃料消費は，

$$\frac{100 \text{ km}}{\text{h}} \times \frac{1 \text{ L}}{12 \text{ km}} \times \frac{1 \text{ h}}{60 \text{ min}}$$
$$= 0.139 \text{ L min}^{-1} = 139 \text{ mL min}^{-1}$$

- $139 \text{ mL min}^{-1} \times \frac{0.6986 \text{ g}}{\text{mL}} \times \frac{\text{mol}}{114.23 \text{ g}}$
  $= 0.850 \text{ mol min}^{-1}$

$$\frac{1.1\times10^3 \text{ kJ min}^{-1}}{0.850 \text{ mol min}^{-1}} = 1.3\times10^3 \text{ kJ mol}^{-1}$$

例題 7.1 より，オクタンを燃やすと 5.47×10^3 kJ mol^{-1} の熱が発生する．したがって，大雑把に言って，仕事は発生した熱の 1/4 である．（内部エネルギーをすべて仕事に変えると，車のエンジンの効率は 100% となる．しかし実際のエンジンの効率はけっして 100% とはならない．）

別冊演習問題 7.27～34 参照

ンダーの体積が増加すると同時に，ガソリンからエネルギーが引き出される．力はピストンの断面全体にかかる．単位面積当たりの力が圧力であり，この圧力が圧・容積仕事の圧力となる．圧・容積仕事の容積はシリンダーの体積変化であり，ピストンの移動距離×断面積に等しい．仕事を式で表すと，

$$w = -力 \times 距離 = -\left(\frac{力}{面積}\right) \times (面積 \times 距離)$$
$$= -(圧力 \times 体積変化) = -P\Delta V \quad (7.4)$$

となる．加えられた圧力(P)に逆らってピストンを押し上げると，反応系のエネルギーは低下する．ここで，慣例的に式(7.4)の符号は負とする．例題7.2では，具体的に仕事を計算する．

ヘスの法則

熱エネルギーから相互作用についての情報が得られるが，これは，つぎの重要な原理に基づいている．"どのような過程でも，エンタルピー変化ΔHは，出発物と生成物の量および性質に依存するが，反応経路にはよらない．"特に，反応過程が1段で進む場合でも複数の段階が連なる場合でも，エンタルピー変化量は等しい．これは，1840年，G. H. Hess により定式化されたものであり，**ヘスの法則**とよばれる．

 "ヘスの法則：反応のエンタルピー変化は，各反応ステップでのエンタルピー変化の和に等しい"

エンタルピーは**状態関数**である．すなわち，エンタルピーは現在の系の状態に依存するが，どのようにしてその状態に至ったかにはよらない．ヘスの法則から，以下がただちに導かれる．反応のエンタルピー変化ΔHは，逆反応のΔHと大きさは同じであるが，符号が逆である．

基本問題 氷を溶かして水にするには，融解の潜熱とよばれるエネルギー($H_{融解}$)を加えなければならない．柑橘系の作物に水を噴霧すると，霜の被害を避けることができるが，これはなぜか．■

反応過程を小さな段階に分割すれば，ヘスの法則を利用して，既知のエンタルピー値から全体のエンタルピー変化を求めることができる．

既知の反応から未知の反応のエンタルピーを求める際，鍵となるのが，エンタルピーのわかったいくつかの段階に分け，それらを全体と結びつける作業である（例題7.3）．小川を渡るときに飛び石を使うように，各段階が一方の端からもう片方へとつながっている限り，個々の段階から全体のエンタルピー変化を計算できる．反応過程を段階に分割すると，そこで生じる相互作用について情報が得られる．たとえば，テルミット反応から，鉄とアルミニウムの酸素に対する相互作用の違いがわかる．テルミット反応を，1 mol の Fe_2O_3 が 1 mol の Al_2O_3 に変化する反応ととらえると，原料として 2 mol の Al，生成物として 2 mol の鉄が必要である．反応により鉄およびアルミニウム酸化物が生成し，同時に 847.6 kJ の熱が発生する．

例題 7.3 吹雪と熱

雲の水滴は，氷になる前に，しばしば過冷却状態となる．すなわち，0 °C 以下でも液体のまま留まる．液体の水が凍るとき，エネルギーは熱の形で放出される．−10 °C に過冷却された雲の水滴 1 g から放出される熱と，0 °C で凍る水滴から放出される熱とを比較せよ．

[データ] $H_{融解}$(水, 0 °C) = 333.6 J g^{-1}
 熱容量(氷) = 2 J g^{-1} K^{-1}
 熱容量(水) = 4.2 J g^{-1} K^{-1}

[解 法]
■ 0 °C の水と氷を経て，−10 °C の水から氷へと至る経路を考える．

既 知：水 $\xrightarrow{(0\,°C)}$ 氷で放出される熱
未 知：水 $\xrightarrow{(-10\,°C)}$ 氷で放出される熱

■ さらに追加する過程の熱を求める．

[解 答]
■ 経路
 水(−10 °C) → 水(0 °C) → 氷(0 °C) → 氷(−10 °C)

■ 最初に追加する過程〔水(−10 °C) → 水(0 °C)〕では，水を 10 °C (= 10 K) だけ温める必要がある．また，第2の追加過程〔氷(0 °C) → 氷(−10 °C)〕では，氷を 10 °C だけ冷却する．水を 10 °C 温めるには，(4.2 J g^{-1} K^{-1} × 10 K) = 42 J g^{-1} の熱，氷を 10 °C 冷却するには，ΔH = 2 J g^{-1} K^{-1} × (−10 K) = −20 J g^{-1} の熱が必要である．

−10 °C：

水(−10 °C) $\xrightarrow{+42\,J\,g^{-1}}$ 水(0 °C)
 $\xrightarrow{-333.6\,J\,g^{-1}}$ 氷(0 °C) $\xrightarrow{-20\,J\,g^{-1}}$ 氷(−10 °C)

0 °C： 水(0 °C) $\xrightarrow{-333.6\,J\,g^{-1}}$ 氷(0 °C)

−10 °C まで過冷却した水を凍らせると，0 °C で凍らせた場合に比べ，発生する熱は 22 J g^{-1} だけ少ない．0 °C の雲は，雪を降らせるには不十分である．なぜならば，凍り始めた部分から熱が発生し，残りの部分を温めてしまうからである．冷却するほど発生する熱は少なくなるので，−10 °C の雲はすべて雪となる．

別冊演習問題 7.39〜46 参照

$$\text{Fe}_2\text{O}_3(\text{s}) + 2\,\text{Al}(\text{s}) \longrightarrow 2\,\text{Fe}(\text{s}) + \text{Al}_2\text{O}_3(\text{s})$$
$$-847.6\text{ kJ} \quad (7.5)$$

符号が負であるが，これは熱が放出されることを意味する．

テルミット反応では，酸素が鉄からアルミニウムへと移動する．この移動に伴い熱が発生するということは，酸素は鉄よりもアルミニウムと反応しやすいことを意味する．この反応性の違いは，鉄とアルミニウムについての個別の反応に分解してみると，定量的に理解できる（図7.7）．

鉄の電気陰性度(1.83)は，酸素(3.44)よりもずっと低い．このため，酸素は鉄よりも余分に電子を引きつけようとする．酸素が電子吸引性をもつ結果，鉄と酸素の間に強い相互作用が生じる．鉄が自然の中でさびるのは，この相互作用が原因である．したがって，鉄から酸素を奪うには，エンタルピーを加える必要がある．このエンタルピーは，1 mol の Fe_2O_3 当たり 822.2 kJ である．鉄から奪われた酸素は二原子分子として存在し，鉄は単体の鉄（固体）となる．

$$\text{Fe}_2\text{O}_3(\text{s}) \longrightarrow 2\,\text{Fe}(\text{s}) + 1.5\,\text{O}_2(\text{g})$$
$$822.2\text{ kJ} \quad (7.6)$$

同様に，アルミニウムの電気陰性度(1.61)は酸素よりも低い．これは鉄よりも低い値であるため，アルミニウムから酸素を奪うには，より多くのエンタルピー（1 mol の Al_2O_3 当たり 1669.8 kJ）が必要である．

$$\text{Al}_2\text{O}_3(\text{s}) \longrightarrow 2\,\text{Al}(\text{s}) + 1.5\,\text{O}_2(\text{g})$$
$$1669.8\text{ kJ} \quad (7.7)$$

この反応は逆も可能である．アルミニウムから酸素を奪うのにエンタルピーが必要であるので，逆に，アルミニウムと酸素が化合するとエンタルピーが放出される．

$$2\,\text{Al}(\text{s}) + 1.5\,\text{O}_2(\text{g}) \longrightarrow \text{Al}_2\text{O}_3(\text{s})$$
$$-1669.8\text{ kJ} \quad (7.8)$$

発熱が大だということは，アルミニウムは酸素と非常に強く結合することを意味している．

正味のテルミット反応は，鉄からアルミニウムへの酸素の移動である．商売での利益や損失と同じように，正味のエンタルピー（図7.7）は，鉄から酸素を奪うのに費やすエンタルピーと，酸素がアルミニウムと反応する際に生じるエンタルピーとの差で表される．ヘスの法則によれば，実際の反応が，最初に鉄が酸素を失い，つぎにその酸素がアルミニウムと結合するのか，直接酸素が移動するのかは問題ではない．いずれの場合でも，正味のエンタルピーは等しい．

基本問題 テルミット反応では，鉄が融解してしまうほど大きな熱が発生する．しかし，式(7.5)が示しているのは，固体の鉄が生じる際のエンタルピー値である．テルミット反応で，融解した鉄が生じる際の発熱量を求めるには，式(7.5)をどのように変更すればよいか．■

エンタルピーのデータから，相互作用の強さがわかる．$\text{Fe}_2\text{O}_3(\text{s})$ の分解反応を逆にすると，各構成元素から Fe_2O_3 が生じる反応となり，これは発熱反応である（$\Delta H = -822.2$ kJ）．この ΔH 値は，Al_2O_3 の生成エンタルピー（$\Delta H = -1669.8$ kJ）の約半分である．$\text{Al}_2\text{O}_3(\text{s})$ 中の酸素-アルミニウム結合は，$\text{Fe}_2\text{O}_3(\text{s})$ 中の酸素-鉄結合よりも強い．これは，ヘスの法則を巧みに利用した結果の一例である．

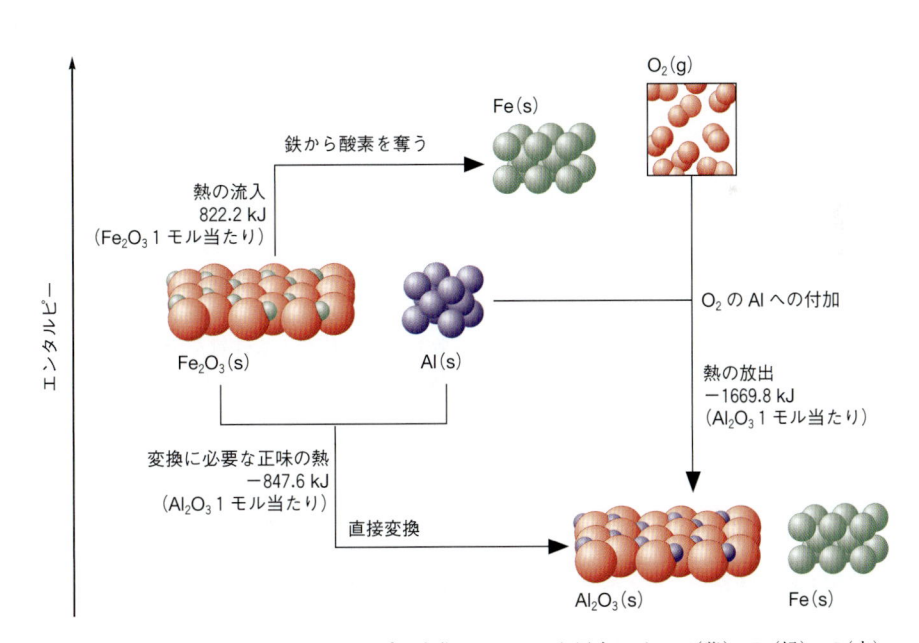

図 7.7 テルミット反応でのエンタルピー変化．テルミット反応には，Al（紫），Fe（緑），O（赤）がかかわっている．酸化鉄から酸素を奪うには，エネルギーが必要であり，酸素がアルミニウムと反応するとエネルギーが放出される．全体としては発熱反応であり，これは，Fe-O, Al-O 相互作用間のバランスで決まる．

例題 7.4 相対的な結合強度

混合原子価半導体のバンドギャップは，元素間の相互作用の強さに依存する．Fe_2O_3，Al_2O_3 はいずれも半導体であり，金属/酸素比，結晶構造ともに同じである．どちらのバンドギャップの方が大きいと予想するか．また，その理由を述べよ．

[解 法]
■ バンドギャップの大きさは相互作用を反映し，相互作用が強いほど，バンドギャップは大きくなる．

[解 答]
■ 構成元素が強く結合しているほど，半導体のバンドギャップは大きくなる．アルミニウムは，鉄よりも酸素と強く結合する．このため，Al_2O_3 の方がバンドギャップは大きいと予想される．

Al_2O_3 のバンドギャップは 9.5 eV であり，優れた絶縁体である．一方，Fe_2O_3 のバンドギャップは 2.34 eV であり，これは可視光スペクトルの黄色に相当する．

別冊演習問題 7.47, 7.48, 7.56 参照

ヘスの法則と生成エンタルピー

さまざまな条件下で起こる無数の反応のエンタルピーを測定するとしたら，これは気の遠くなるような作業である．だが幸いなことに，ヘスの法則によると，個々の反応のエンタルピー変化を測定する必要はなく，目的の分子が生成する標準的な反応を定義すればよい．このようなエンタルピーを，**標準生成エンタルピー**とよぶ．標準的な反応とは，1気圧，特定の温度（通常 25℃）のもとで，構成元素（同条件下で最も安定な状態にある）から目的の化合物が生成する反応をさす．生成エンタルピーは記号 ΔH_f° で表す．ここで，下付き記号 f は生成反応を，上付き記号 ° は，反応物質，生成物質ともに標準状態にあることを示している．いくつかの元素について，最も安定な状態をまとめたのが表 7.1 である．

物質は保存されるので，各元素のモル数は，反応物と生成物で等しい．したがって，生成反応は，反応物から生成物に至る標準的な道のりである．生成エンタルピー（経路 A）は，経路 B と C の合計に等しい．経路 B は反応物が生成する反応の逆反応であるので，

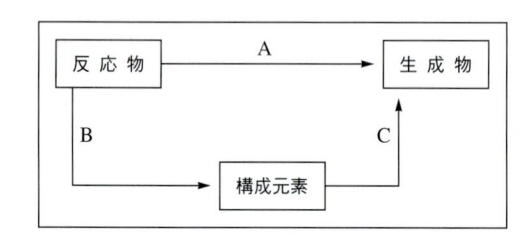

$$\Delta H(反応) = \sum \Delta H_f^\circ(生成物) - \sum \Delta H_f^\circ(反応物) \quad (7.9)$$

が成り立つ．つぎの例題 7.5 では，ΔH_f° 値の使い方を学ぶ．

反応のエンタルピーを決定する際（たとえば例題 7.5），生成エンタルピーを組成比に従い定数倍する．組成比は，物質が何モル含まれているかを示している．このように，物質の量に依存する性質を**示量性**とよぶ．たとえば，熱，体積，質量などは示量変数である．一方，対象の大きさによらない性質を**示強性**とよぶ．温度，融点，密度は示強変数の例である．

表 7.1 1 気圧，25℃で最も安定な元素の形態

元 素	安定な形態
水 素	$H_2(g)$
酸 素	$O_2(g)$
炭 素	グラファイト
窒 素	$N_2(g)$
塩 素	$Cl_2(g)$
フッ素	$F_2(g)$
臭 素	$Br_2(l)$
ヨウ素	$I_2(s)$
金属元素	固体[†]
硫 黄	$S_8(s)$

[†] 訳注：$Hg(l)$ を除く．

基本問題 大気圧，25℃において，最安定な状態にある元素が生成する反応とはどのような反応か．また，単体元素の ΔH_f° はいくらか．■

ヘスの法則と溶液の生成

イオン性の固体は，自然界でよく見かける．その多くは，1族あるいは2族金属が，ハロゲンまたは酸素と組合わさった2元系化合物である．たとえば，食塩は Na^+ と Cl^- との組合わせである．その他のイオン性の塩は，多原子からなるイオン（複数の原子が結合し全体として正味の電荷をもつ）を含んでいる．冷却パックに含まれるアンモニウ

例題 7.5　家庭暖房

天然ガスの組成は，厳密には生産地や季節によるが，主要な成分は常にメタン（CH_4）である．天然ガスを燃やすと，酸素と結合して CO_2 と H_2O が生じ，同時に熱も発生する．メタン 1 mol から発生する熱はどれだけか．

[データ]

物　質	CH_4	$CO_2(g)$	$H_2O(l)$
ΔH_f° [kJ mol^{-1}]	-74.6	-393.5	-285.8

[解　法]
- 燃焼反応の反応式を書く．
- 反応物から生成物に至る各段階を，元素に注目して図示する．
- 逆反応では符号を変える．1 mol 以上の物質を含む反応では，ΔH_f° を適宜定数倍する．

[解　答]
- 以下の反応で，CH_4 を完全に CO_2 と H_2O に変えることができる．
$$CH_4(g) + 2O_2(g) \rightarrow CO_2(g) + 2H_2O(l)$$
- CH_4 は元素に分解され，炭素はグラファイト，水素は気体 H_2 となる．酸素はすでに元素の形になっている．気体酸素とグラファイトを組合わせて CO_2 を，O_2 と H_2 を組合わせて水をつくると，生成物が完成する．
- メタンをグラファイトと水素に分解する反応は，$CH_4(g)$ を生成する反応の逆反応である．

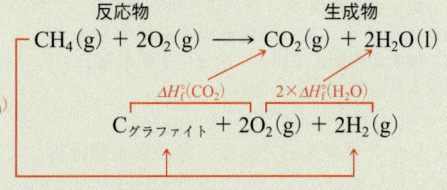

$$\Delta H = -\Delta H_f^\circ(CH_4) + \Delta H_f^\circ(CO_2) + 2\times\Delta H_f^\circ(H_2O)$$
$$= -(-74.6 \text{ kJ}) + (-393.5 \text{ kJ}) + 2\times(-285.8 \text{ kJ}) = -890 \text{ kJ}$$

したがって，この反応は発熱反応である．

別冊演習問題 7.39〜46 参照

例題 7.6　ヘスの法則と反応エンタルピー

砂糖の消化は，われわれの重要なエネルギー源である．この酸化反応により，燃やしたのと同じ物質が生じる．

$$C_{12}H_{22}O_{11}(s) + 12O_2(g) \rightarrow 12CO_2(g) + 11H_2O(l)$$

燃焼反応は 5639.7 kJ mol^{-1} の発熱反応である．砂糖の生成熱を求めよ．

[解　法]
- 発熱反応であるので，ΔH は負である．
- ΔH(砂糖の消化) $= 12\times\Delta H_f^\circ(CO_2) + 11\times\Delta H_f^\circ(H_2O) - \Delta H_f^\circ(C_{12}H_{22}O_{11}(s))$
$\Rightarrow \Delta H_f(C_{12}H_{22}O_{11}(s)) = 12\times\Delta H_f^\circ(CO_2) + 11\times\Delta H_f^\circ(H_2O) - \Delta H$(砂糖の消化)

[解　答]
- ΔH(燃焼) $= -5639.7$ kJ
- $\Delta H_f(C_{12}H_{22}O_{11}(s)) = 12 \text{ mol}\times(-393.5 \text{ kJ mol}^{-1}) + 11 \text{ mol}\times(-285.8 \text{ kJ mol}^{-1}) - (-5639.7 \text{ kJ})$
$= -2226.1$ kJ

1 cal = 4.185 J であり，食物で使われる単位"カロリー"は kcal である．したがって，1 mol の砂糖は，

$$\frac{-(5.6397\times10^6 \text{ J})}{4.185 \text{ J cal}^{-1}} \times \frac{1 \text{ kcal}}{1000 \text{ cal}} = -1348 \text{ カロリー}$$

である．負の符号は，反応によりエネルギーが放出されることを示しており，そのエネルギーがわれわれの体の燃料として使われる．

別冊演習問題 7.39〜46 参照

ムイオンや硝酸イオンは，多原子イオンの例である．アンモニウムイオン（図7.8a）は，1個の窒素原子が4個の水素原子と結合した集合体（クラスター）であり，電子を1個失い+1の正電荷をもった多原子イオンとなる．硝酸イオン（図7.8b）は，同様に，1個の窒素原子と3個の酸素原子が結合したクラスターであり，電子を1個獲得して1価の負イオンとなる．

塩を水に溶かすと，あるときは熱を吸収し，またあるときは熱を放出する．なぜこのように対照的な結果となるかを理解するため，反応過程についてもう少し詳しく考えてみよう．反応物側では，固体の結晶と液体の水は分離している．これに対し，生成物側では，ばらばらになったイオンの周囲を水分子が取囲んでいる．まず反応物に注目し，ばらばらの気体イオンから結晶格子ができる過程を想像していただきたい（図7.9にNaClの例を示した）．結晶になるとイオン間に引力が生じ，その結果，エネルギーが放出される．逆に，結晶をイオンに分解するにはエネルギーを要する．このエネルギーを，**結晶格子エネルギー**（結晶格子エンタルピー）$\Delta H_{結晶格子}$とよぶ．塩化ナトリウムの結晶格子エネルギーは769 kJ mol^{-1}であり，硝酸アンモニウムは661 kJ mol^{-1}である．

つぎに，同じ気体のイオンから出発して，イオンの周りを水分子で取囲む**水和**過程を考えてみよう（図7.10）．水和に伴うエンタルピーを**水和エンタルピー**とよぶ．水和でエネルギーが放出されるのは，水分子と塩中の帯電したイオンとの間に引力が働くからである（図7.11）．Na$^+$Cl$^-$の水和エンタルピーは-765 kJ mol^{-1}，NH$_4^+$NO$_3^-$では-635.3 kJ mol^{-1}である．

塩を水に溶かす際のエンタルピーは（気相のイオンを水和させる過程とは異なることに注意されたい），結晶が生成する際のエンタルピーと，水和にかかわるエンタルピーとのバランスで決まる．温熱パックの反応では，結晶格子のエネルギーは水和エンタルピーよりも小さいため，エンタルピーが放出される（図7.12）．ヘスの法則の言葉でいえば，結晶格子を壊すのに必要なエネルギーは，水和によるエネルギー低下分よりも小さい．その結果，熱が放出さ

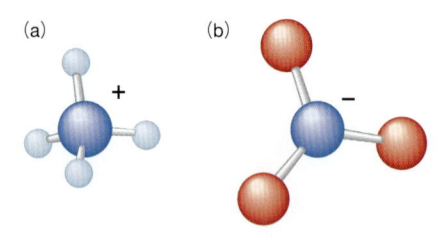

図7.8 複数の原子からなるイオン．正味の電荷をもつ．(a) アンモニウムイオンは，窒素原子を4個の水素原子が取囲んだ構造をとる．電子を1個失い，1価の陽イオンとなる．(b) 硝酸イオンでは，窒素原子の周りを3個の酸素が取囲んでいる．余分に1個の電子を受入れ，陰イオンとなる．

反応: Na$^+$(g) + Cl$^-$(g) ⟶ NaCl(s)
$-\Delta H_{結晶格子} = 769$ kJ mol^{-1}

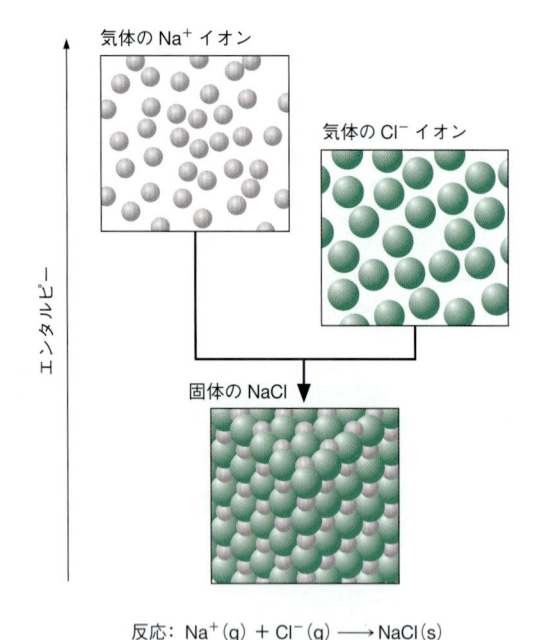

図7.9 気体のイオンから塩の結晶ができる際のエネルギー変化．エネルギーが放出される．

反応: Na$^+$(g) + Cl$^-$(g) ⟶ NaCl(aq)
$\Delta H_{水和} = -765$ kJ mol^{-1}

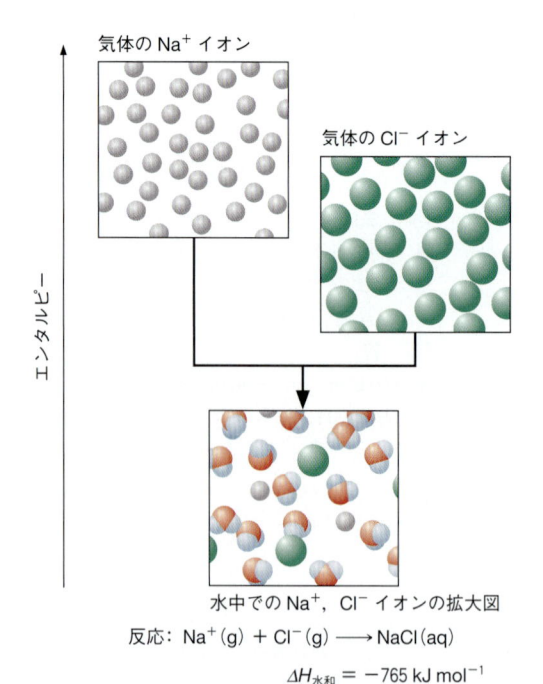

図7.10 気体のイオンが水分子に囲まれる過程でのエネルギー変化．水和によりエネルギーが放出される．

れる．すなわち，溶解は発熱反応となる．

冷却パック反応の NH_4NO_3 では，その逆となる（図7.13）．結晶を成分イオンに分解する際の吸熱の方が，水和による発熱よりも大きい．エネルギー増加分の方が低下分よりも大きいため，全体としては吸熱反応となる．

結晶格子エンタルピー 結晶中では，正負のイオン間に強い相互作用が働くため，結晶をばらばらの気体イオンに分解する反応は，常に吸熱反応である．実際，結晶格子エンタルピーは，クーロン相互作用（逆符号のイオン間では引力，同符号のイオン間では斥力）から計算でき，その結果は

$$\Delta H_{結晶格子} = M \frac{NZ^+ \times Z^- e^2}{R} \tag{7.10}$$

となる．ここで，M はマーデルング定数とよばれる定数であり，結晶の幾何学的な構造に依存する．また，N はアボガドロ数，Z^+，Z^- はイオンの価数，e は電荷素量（素電荷）である．R は正電荷の中心と負電荷の中心間の距離であり，正・負イオンの半径の和に等しい．式(7.10)からわかるように，格子間隔が広がると結晶格子エンタルピーは減少する．第2, 第3周期の元素からなる小さなイオンでは，周期表後半の大きなイオンに比べ，逆符号のイオンまでの距離が近い．たとえば，F^-，Cl^-，Br^- と周期表で下に進むほど，陰イオンの半径は大きくなる．その結果，陽イオンとの距離は，たとえば Li^+Br^- の方が Li^+F^- よりも長くなる（図7.14）．距離が離れるほどクーロン相互作用は弱まるため，結晶格子エンタルピーは LiBr の方が LiF よりも小さくなる（表7.2）．

基本問題 NaF, NaCl, NaBr について，結晶格子エンタルピーを $1/R$ の関数として描け．ここで，$R = r_{Na^+} + r_{X^-}$ である（イオン半径のデータは，第3章の図3.14に与えられている．）式(7.10)は，表7.2のデータと整合しているか．■

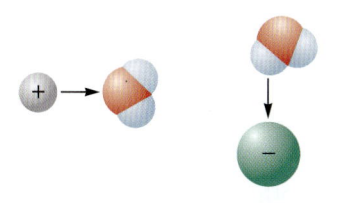

図7.11 水分子の分極．水分子の電子分布は均一ではない．酸素原子は負に帯電しており，一方，水素原子は正の電荷を帯びている．水の酸素原子は，陽イオンを引きつける傾向にあり，水素原子は陰イオンを引きつける．

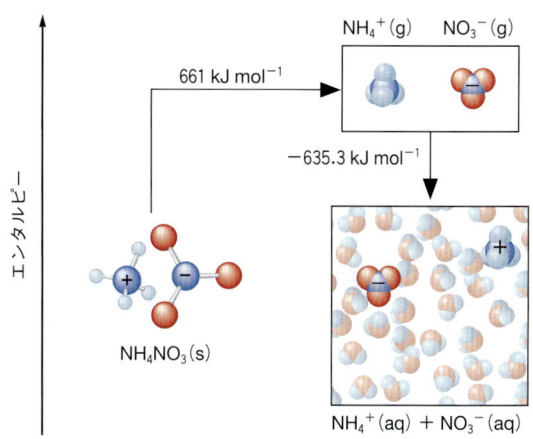

図7.13 硝酸アンモニウム溶液が生成する際のエンタルピー変化．アンモニウムイオン，硝酸イオンは，結晶中の方が水溶液中よりも，より強固に結びついている．

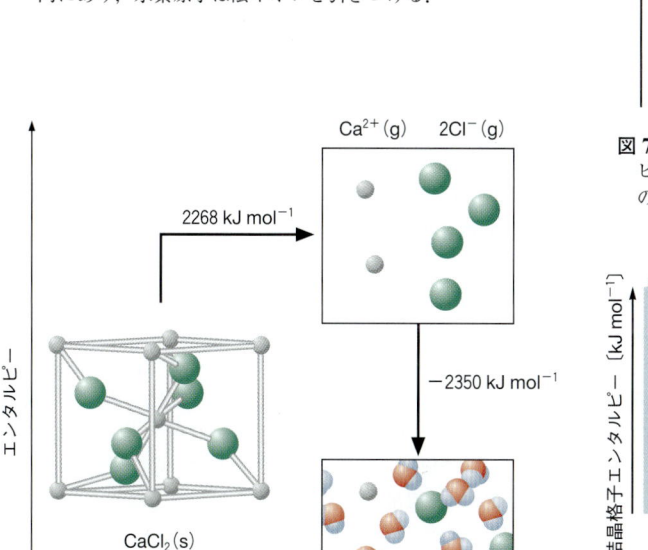

図7.12 $CaCl_2$ 水溶液ができる過程．$CaCl_2$ 溶液が生じる反応は発熱反応である（2268 kJ mol^{-1} $- 2350$ kJ mol^{-1} $= -82$ kJ mol^{-1}）．水溶液中のばらばらのイオン方が，$CaCl_2$ 結晶中よりも強く結合している．

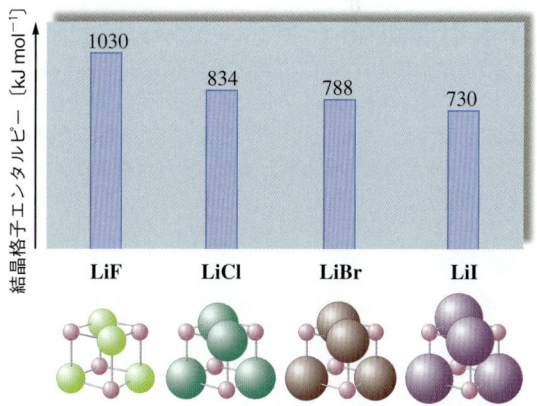

図7.14 Li のハロゲン化物の結晶格子エンタルピー．単位格子の大きさは，LiF, LiCl, LiBr, LiI の順に大きくなる．一方，陽イオンと陰イオン間の相互作用は，陰イオンが大きくなるにつれ，減少する．

電荷が増えるほど，クーロン引力も増加する．したがって，電荷量に従い，結晶格子エンタルピーも増大する．高電荷のイオンからなる塩の結晶格子エンタルピーは，単電荷イオンの塩に比べ大きい．

イオンの水和 イオンが水分子に囲まれると常に熱が発生するため，イオンの水和エンタルピーは負である．イオンの水和エンタルピーは，イオンの電荷とイオン半径の比に対して線型の関係にあることが知られている（図 7.15）．この関係を説明するには，イオンを囲む水分子の数と，イオン−水分子間の引力の両方を考慮する必要がある．水和エンタルピーは，以下の3種類に分類できる：+1価のイオンによるもの（エンタルピー値は最小），+2価イオンによるもの（エンタルピーはより大きい），+3価イオンによるもの（エンタルピー最大）（図 7.15 および表 7.3）．

表 7.2 いくつかのイオン性塩の結晶格子エンタルピー〔kJ mol^{-1}〕

ハロゲン化物		硝酸塩		水酸化物	
LiF	1030	LiNO$_3$	848	LiOH	1021
LiCl	834	NaNO$_3$	755	NaOH	887
LiBr	788	KNO$_3$	685	KOH	789
LiI	730	AgNO$_3$	820	AgOH	918
NaF	910	Mg(NO$_3$)$_2$	2481	Mg(OH)$_2$	2870
NaCl	769	Ca(NO$_3$)$_2$	2268	Ca(OH)$_2$	2506
NaBr	732	Zn(NO$_3$)$_2$	2376	Zn(OH)$_2$	2795
KF	808	Cd(NO$_3$)$_2$	2238	Al(OH)$_3$	5627
KCl	701	NH$_4$NO$_3$	661		
KBr	671	酸化物		硫酸塩	
AgCl	910				
AgBr	897	MgO	3356	(NH$_4$)$_2$SO$_4$	1766
MgCl$_2$	2477	CaO	3414	CaSO$_4$	2489
CaCl$_2$	2268	ZnO	4142	BaSO$_4$	2469
AlCl$_3$	5376	SnO	3652	Cs$_2$SO$_4$	1596

例題 7.7 結晶格子エンタルピー

イオン結晶は気体のイオンからできているわけではないが，結晶格子エンタルピー（塩を気体の構成イオンに分解するのに要するエンタルピー）は，他の相互作用の影響を受けないクーロン相互作用の大きさそのものを反映している．NaClの結晶格子エンタルピーは769 kJ mol^{-1}である．MgOの結晶構造はNaClと同じである．MgOの結晶格子エンタルピーはNaClよりも大きいか小さいか予想せよ．理由も述べよ．NaClのデータをもとに，MgOの結晶格子エンタルピーを見積もれ．また，その値を表7.2のデータと比較せよ．

[解法]
- 式(7.10)：$\Delta H_{結晶格子} = M(NZ^+ \times Z^- e^2)/R$ を用いる．NaClとMgOで，電荷による効果を考慮する．NaClとMgOで，イオンサイズによる効果を考慮する．
- $\Delta H_{結晶格子}$を計算し，表7.2のデータと比較する．

[解 答]
- イオンの電荷は，MgOではMg(+2)，O(−2)であり，NaClではNa(+1)，Cl(−1)である．電荷の量が2倍になると，結晶格子エンタルピーは4倍となる．この電荷の効果により，MgOの結晶格子エンタルピーは，4×(769 kJ mol^{-1}) = 3076 kJ mol^{-1}になる．一方，イオンサイズは，Na$^+$ (102 pm)，Cl$^-$ (184 pm)，Mg^{2+} (72 pm)，O^{2-} (140 pm)であり，格子の大きさを比べると，(102 + 184)/(72 + 140) = (286/212) = 1.35となる．したがって，MgOの結晶格子エンタルピーは，イオンサイズが小さい効果により，35%ほど大きくなると考えられる．
- イオンサイズと電荷の効果をあわせると，MgOの結晶格子エンタルピーは，NaClを基準として，769 kJ mol^{-1} × 4 × 1.35 = 4150 kJ mol^{-1}と予想される．実際の値は3356 kJ mol^{-1}である．これより，MgOの実際のイオン電荷は+2，−2よりもいくぶん小さく，イオンサイズはやや大きくなっていることが示唆される．

別冊演習問題 7.47, 7.48 参照

図7.15 さまざまな単原子イオンの水和エンタルピー

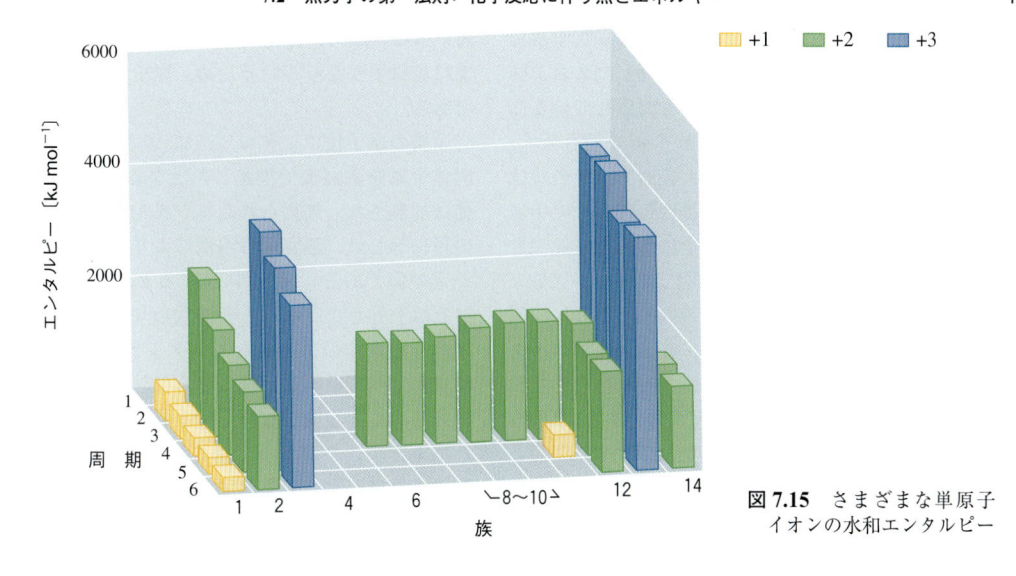

表7.3 いくつかの単原子イオンの水和エンタルピー〔kJ mol^{-1}〕

Li$^+$ −515	Be^{2+} −2487											B	C	N	O	F$^-$ −506	Ne
Na$^+$ −405	Mg^{2+} −1922											Al^{3+} −4660	Si	P	S	Cl$^-$ −364	Ar
K$^+$ −321	Ca^{2+} −1592	Sc^{3+} −3960	Ti	V	Cr^{2+} −1850	Mn^{2+} −1845	Fe^{2+} −1920	Co^{2+} −2054	Ni^{2+} −2106	Cu^{2+} −2100	Zn^{2+} −2044	Ga^{3+} −4685	Ge	As	Se	Br$^-$ −337	Kr
Rb$^+$ −296	Sr^{2+} −1445	Y^{3+} −3620	Zr	Nb	Mo	Tc	Ru	Rh	Pd	Ag$^+$ −375	Cd^{2+} −1806	In^{3+} −4109	Sn^{2+} −1554	Sb	Te	I$^-$ −296	Xe
Cs$^+$ −263	Ba^{2+} −1304	La^{3+} −3283	Hf	Ta	W	Re	Os	Ir	Pt	Au	Hg^{2+} −1823	Tl^{3+} −4184	Pb^{2+} −1480	Bi	Po	At	Rn

ヘスの法則と原子化エンタルピー

原子化エンタルピーとは，物質を気体の構成原子に分解するのに必要なエネルギーをさす．これは，結合エネルギー（結合エンタルピー）の和に対する指標となる．たとえば，第2周期元素である窒素，酸素，フッ素の結合次数は，3，2，1と減少する．これらはすべて二原子分子であるので，原子化エンタルピーは結合エンタルピーに等しく，結合エンタルピーは結合次数とともに減少する（図7.16）．

基本問題 ハロゲン元素である塩素，臭素，ヨウ素はいずれも単結合の二原子分子を形成する．原子化エンタルピーは，242.6 kJ mol^{-1}（Cl$_2$），192.8 kJ mol^{-1}（Br$_2$），151.1 kJ mol^{-1}（I$_2$）と減少する．この系列で，結合次数はどのように変化すると予想するか．さらに高度な問題：F-F結合はハロゲンの中で最も短いが，フッ素の原子化エンタルピーはI$_2$と同じくらい小さい．F$_2$の原子化エンタルピーが非常に小さい理由について説明せよ（ヒント：電子が互いに接近したときの効果について考えよ）．■

原子化エンタルピーは，常に正である．これは，化学結合にエネルギーが蓄えられるからである．固体物質の場合，原子化エンタルピーには，構成分子・原子間の相互作用も

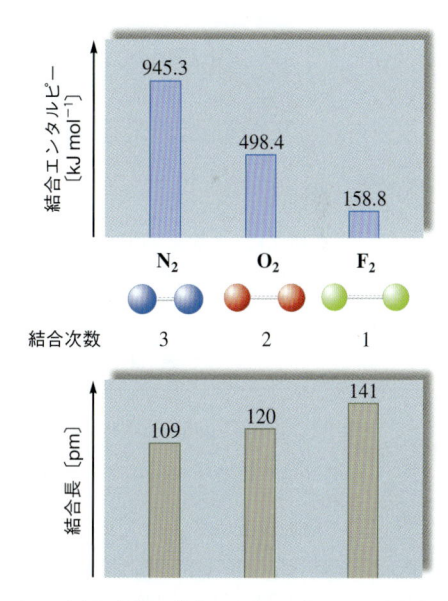

図7.16 二原子分子の結合エンタルピー．二原子分子では，原子化エンタルピーは結合エンタルピーに等しく，核間の結合の強さを直接表す．第2周期の元素のなかでは，三重結合の窒素から二重結合の酸素，単結合のフッ素へ向かって，結合強度は低下する．逆に，結合長は，この順に延びていく．

含まれている（この相互作用により固体として凝集する）．金属元素の原子化エンタルピーを見ると（図7.17および表7.4），原子化エンタルピーは電子配置と関係していることがわかる．原子化エンタルピーは1族金属で最も低く，やがて増加して遷移金属の中ほどで最大を迎え，その後は遷移金属の右端に向かって減少する．この遷移金属の中ほどで最大となる傾向は，s^2d^5配置（完全に満ちたs亜殻と半分だけ満ちたd亜殻からなる）で説明できる．pブロック材料の原子化エンタルピーは，遷移系列の終わりに位置する元素のエンタルピーよりも大きい．また，pブロック金属は，遷移金属に比べ，方向性の高い共有結合を含む傾向が強い．原子化エンタルピーは，希ガス（18族）で最少となる．希ガスでは，s亜殻およびp亜殻はすべて閉殻となっており，他の原子との相互作用はきわめて弱い．実際，希ガスはすべて，室温では単原子分子として存在する．すでに単原子となっているため，原子化エンタルピーはゼロである．

金属の原子化エンタルピーは，つぎのように理解できる．固体金属を融点まで加熱したとする（図7.18）．まず，固体は加熱され，加えられたエンタルピーは，熱容量と温度の積に等しい（熱容量は温度により多少変化するが，ほぼ一定の値である）．融点に達すると，さらに熱を加えても温度は上昇しなくなる．その代わり，固体は融解を始める．固体を融かすのに必要なエンタルピーを**融解潜熱**とよぶ．物質がすべて融解した後にさらに熱を加えると，温度は上昇し始める．温度がどれだけ上昇するかは，液体の熱容量と加えたエンタルピーで決まる．やがて沸点に達すると，液体の金属がすべて気化するまで，再び温度上昇は止まる．

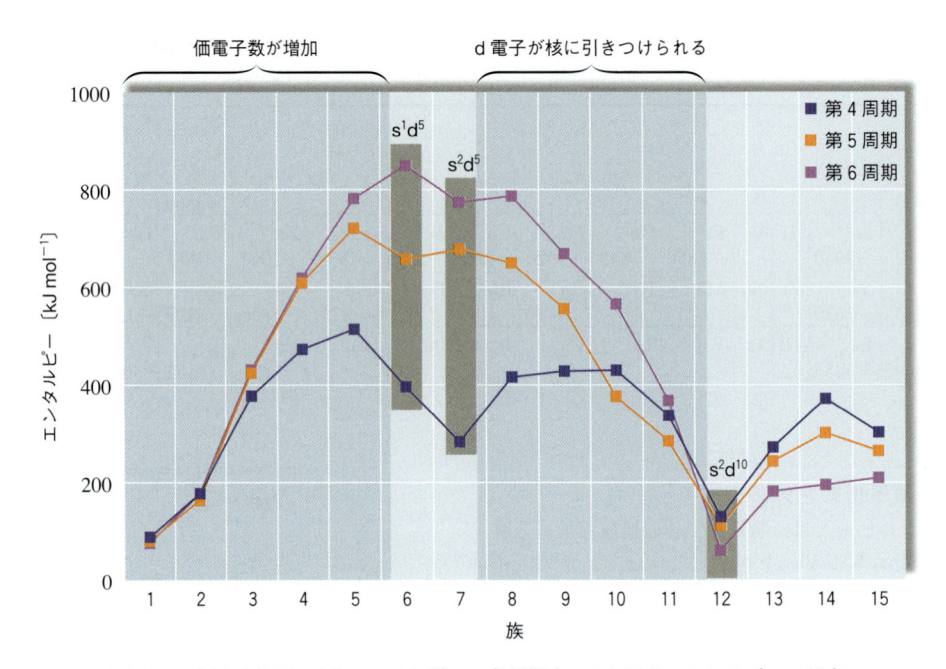

図7.17 金属元素の原子化エンタルピー．各周期内での原子化エンタルピーの傾向がみてとれる．

表7.4 25°Cにおける原子化エンタルピー〔kJ mol^{-1}〕

H 218.0																	He 0
Li 159.3	Be 324.0											B 565.0	C 716.7	N 472.6	O 249.2	F 79.38	Ne 0
Na 107.5	Mg 147.1											Al 330	Si 450	P 316.7	S 277.2	Cl 121.3	Ar 0
K 89.0	Ca 177.8	Sc 377.8	Ti 473.0	V 514.2	Cr 396.6	Mn 283.3	Fe 416.3	Co 428.4	Ni 430.1	Cu 337.4	Zn 130.4	Ga 272.0	Ge 372.0	As 302.5	Se 227.1	Br 96.4	Kr 0
Rb 80.9	Sr 163.6	Y 424.7	Zr 608.8	Nb 721.3	Mo 658.1	Tc 678.0	Ru 650.1	Rh 556	Pd 376.6	Ag 284.9	Cd 111.8	In 243.3	Sn 301.2	Sb 264.4	Te 196.6	I 75.2	Xe 0
Cs 76.5	Ba 177.8	La 431.0	Hf 619.2	Ta 782.0	W 849.4	Re 774	Os 787	Ir 669	Pt 565.7	Au 368.2	Hg 61.4	Tl 182.2	Pb 195.2	Bi 209.6	Po	At	Rn 0

沸点にある金属を気化させるのに必要な熱を**気化潜熱**とよぶ．

こうして気化した高温の金属を，凝集や凝固させることなく（思考実験ではあるが）室温まで冷却できたとすると，この過程が金属の原子化に対応する．このサイクル（加熱，融解，加熱，気化，室温までの冷却）に伴う全エンタルピーが，原子化エンタルピーである．

7.3 熱力学の第二法則：反応の進む方向

温熱パックと冷却パックを比べると，化学反応は内部エネルギーが増える方向にも減る方向にも進みうることがわかる．したがって明らかに，エネルギーだけでは，反応の方向を予想できない．反応の方向を決めるには，別の物理量が必要である．この物理量についてイメージするため，コーヒーの容器の蓋を開ける場合を考える．すぐにコーヒーの香りが部屋中に広がるだろう．逆に，コーヒーの香りが勝手に容器に戻ったりすることはない．これは経験から明らかであろう．同様に，インクを水面に垂らすと，すぐに水全体に色が広がる．いずれの場合も，コーヒーの香

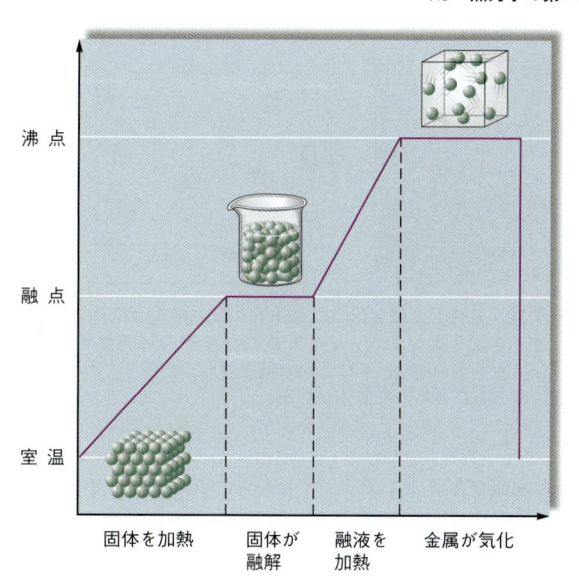

図 7.18 固体が原子化する過程．固体を融点まで加熱すると，完全に融解するまで，温度は一定のままである．つぎに，液体を沸点まで加熱すると，完全に気化するまで，温度上昇は止まる．最後に，気体の原子を室温まで冷却する．

例題 7.8 相互作用エネルギー

固体材料では，原子化エンタルピーは，結合エネルギーと固体中の分子間相互作用エネルギーとの和で表される．Fe_2O_3 と Al_2O_3 の原子化エンタルピーを求めよ．また，何が原因で原子化エンタルピー値が異なるのか，なぜテルミット反応が発熱反応となるかについて説明せよ．

[解　法]
■ 原子から固体へ至る経路を，エンタルピー既知の過程を用いてたどる．

[解　答]
■ 経路：原子 → 元素の最安定の形態 → 固体

$\Delta H_f^\circ(Al_2O_3) = -1669.8 \text{ kJ mol}^{-1}$；$\Delta H_f^\circ(Fe_2O_3) = -822.2 \text{ kJ mol}^{-1}$

関係する元素は，鉄，アルミニウムおよび酸素である．

$\Delta H_{原子化}(Al) = 330.0 \text{ kJ mol}^{-1}$
$\Delta H_{原子化}(Fe) = 416.3 \text{ kJ mol}^{-1}$
$\Delta H_{原子化}(O_2) = 249.18 \text{ kJ mol}^{-1}$

```
[2 mol Al 原子]     [2 mol Al 固体]
[3 mol O 原子]  →  [1.5 mol O2 気体]  →  [1 mol Al2O3 固体]
```

   $2 \times -\Delta H_{原子化}(Al)$ $\Delta H_f^\circ(Al_2O_3)$
   $3 \times -\Delta H_{原子化}(O)$

$\Delta H_{原子化}(Al_2O_3) = -\Delta H_f^\circ(Al_2O_3) + 2 \times \Delta H_{原子化}(Al) + 3 \times \Delta H_{原子化}(O)$
$= +1669.8 \text{ kJ mol}^{-1} + 2 \text{ mol} \times (330.0 \text{ kJ mol}^{-1}) + 3 \text{ mol} \times (249.18 \text{ kJ mol}^{-1})$
$= 3077 \text{ kJ}$（生じた Al_2O_3 1 モル当たり）

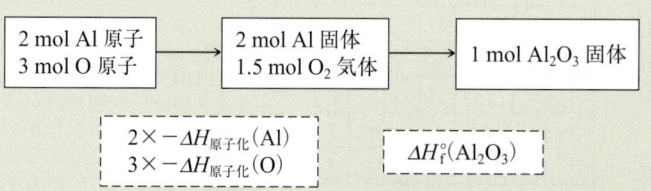

Fe_2O_3 についても同様に計算すると，生成した Fe_2O_3 1 モル当たり 2402 kJ となる．鉄を原子化するには，アルミニウムよりも多くの熱を要するが，鉄-酸素の相互作用は，アルミニウム-酸素よりも弱い．アルミニウム-酸素間の強い相互作用が，テルミット反応の推進力となっている．

別冊演習問題 7.47, 7.48, 7.56 参照

りを運ぶ分子やインクの色のもととなる色素は，空間全体にできるだけ広がろうとする．この広がろうとする傾向を表したのが，**エントロピー**とよばれる量であり，1877 年に Ludwig Boltzmann により提案された．エントロピーは，巨視的には同じ状態として観測されるが，微視的には異なる配置の数によって決まる（図 7.19）．エントロピーは，しばしば"乱雑さ"とも表現される．散らかった部屋，乱雑な部屋は，エントロピーが高いといえる．なぜなら，散

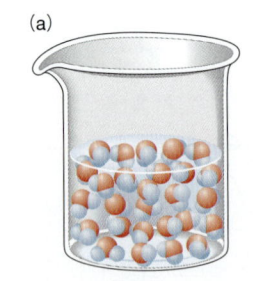

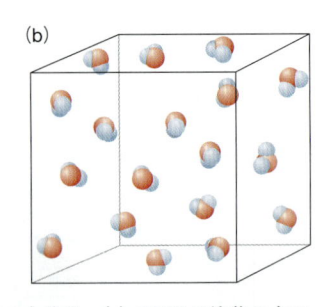

図 7.20 液体および気体中の水分子．(a) 25 °C の液体の水では，容器を満たす水分子の配置には多数の可能性がある．(b) 水蒸気の場合，液体と同じ温度でも，空間を占める配置にはさらに多くの可能性がある．

Ludwig Boltzmann

らかし方には何通りもあるからである．これに対し，すべてがあるべき場所に収められているとすると，それらの配置には 1 通りしかない．これは，エントロピーが低い状態である．

基本問題 結晶，固体金属，溶融金属ではどれが最も乱雑か．液体の水と水蒸気ではどうか（図 7.20）．■

経験上，エントロピーの低い状態にするには労力を要する．ちょうど，球が坂道を勝手に転がり落ちるように，等価な配置が多くなるよう，すなわちエントロピーが高くなるよう，反応が進行する．この傾向は，熱力学の第二法則とよばれる．

"熱力学の第二法則：孤立系のエントロピーは，自発過程では増加する"

ここで，孤立系とは，反応にかかわるすべてをさす．特に，宇宙はすべてを含むので，孤立系である．**自発過程**とは，外部からの推進力なしに進む過程をさす．したがって，第二法則は，つぎのようにも表される．

"宇宙はエントロピー最大に向かっている"

エントロピー最大の状態に向かう宇宙では，どの変化もエントロピーを増大させるか，エントロピー不変かのいずれかである．いかなる過程も，宇宙の全エントロピーを下げることはない．

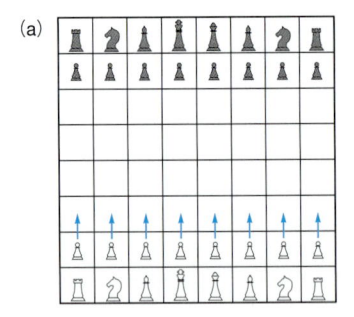

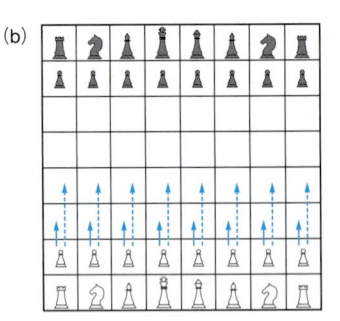

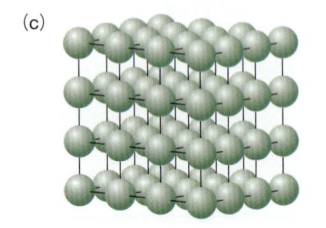

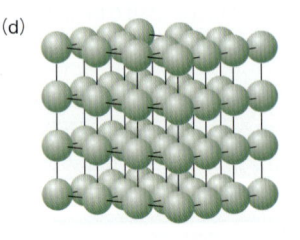

図 7.19 (a, b) チェスのポーンの動きとエントロピー．チェスで，(a) ポーンは 1 マス前にしか動けないとすると，最初の手は 8 通りとなる．(b) 1 マスあるいは 2 マス動けるとすると，最初の手は 16 通りとなる．(b) の方が，エントロピーが大きい．(c) 完全な結晶で，すべての原子を格子位置に配置しようとすると，配列は 1 通りしかない．すなわち，これが唯一の配置であり，エントロピーはゼロである．(d) 完全な結晶から原子を 1 個取除いたとすると，4×4×4 = 64 通りの可能性がある．したがって，エントロピーはずっと大きくなる．系のエントロピーは，可能な配置の数に対応する．

宇宙の二つの部分

宇宙はきわめて大きいため、宇宙（反応にかかわるすべてを含む）を二つの部分、系と外周とに分け、可能な反応を分析してみるのは賢いやり方である。エントロピーを記号 S で表すと、

$$\Delta S_{宇宙} = \Delta S_{系} + \Delta S_{外周} \geq 0 \quad (7.11)$$

エンタルピー同様、エントロピーも系の状態に依存するが、経路には依存しない。エントロピーもまた状態関数である。

基本問題 液体の水と氷ではどちらのエントロピーが大きいか。水の凝固を、熱力学の第二法則と矛盾なく説明せよ。■

系のエントロピー

エントロピー、エンタルピーともに状態関数であるが、両者には基本的な違いがあり、値がゼロとなる状態（ゼロ状態）の意味するところが異なる。エンタルピーは、絶対値を測定できない。そこで便宜上、大気圧 25 °C で最も安定な形態の元素を、エンタルピーゼロとする（原子に束縛された電子に対して、イオン化した状態をエネルギーゼロと定義するのに似ている）。ところが、エントロピーでは状況が異なる。エントロピーと取りうる微視的配置の数とを関係づけるボルツマンの式から、**熱力学の第三法則**が導かれる：完全な結晶のエントロピーは、0 K ではゼロ（$S_{系} = 0$）となる。ここで "完全" とは、結晶中のすべての粒子が完全に配列しており（欠損はない）、またすべての粒子は最低エネルギー状態にあることを意味する。結晶を 0 K 以上に温めると粒子は動き始め、したがって、配列は完全ではなくなり、エントロピーがゼロから増加する。

エントロピー（$S°$）は絶対値をもつのに対し、エンタルピー（$\Delta H_f°$）は相対的な値である。

温熱パックの反応を例にとり、自発的な過程のエントロピー変化についてみてみる（図 7.21a）。温熱パックの反応物質は、片方の袋に入った固体の塩化カルシウム結晶と、別の袋に入った水である。生成物は、水分子に囲まれた

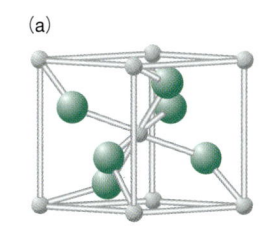

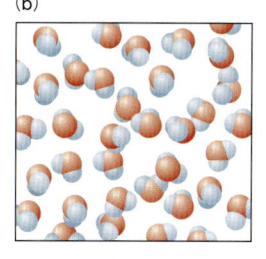

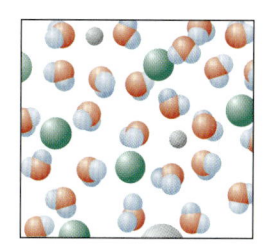

図 7.21 (a) $CaCl_2$ 結晶の構造。原子が規則正しく配列している。これに比べ、液体の水は規則性に乏しい。(b) Ca^{2+} イオンと Cl^- イオンを水に加えると、サイズが小さく電荷の大きな Ca^{2+} イオンが水分子を引きつけ、水分子がとれる配置の数が少なくなる。このため、$CaCl_2$ を水に溶かすとエントロピーは減少する。

例題 7.9　溶液の生成とエントロピー

温熱パック同様、冷却パックも塩と水を成分としているが、冷却パックの塩は硝酸アンモニウム（NH_4NO_3）である。NH_4NO_3 は、水中では NH_4^+ イオンと NO_3^- イオンとに解離する。溶液が生じる過程のエントロピー変化を求めよ。また、その結果を、前に述べた温熱パックの場合（$CaCl_2$）と比較せよ。必要なデータは表 7.6 に載っている。

[解法]
- 反応式を書き下す。
- $\Delta S = \Delta S°(生成物) - \Delta S°(反応物)$

[解答]
- $NH_4NO_3(結晶) \rightarrow NH_4^+(aq) + NO_3^-(aq)$
- $\Delta S = \Delta S°(生成物) - \Delta S°(反応物)$
  $= (113.4 \text{ J mol}^{-1} \text{ K}^{-1}) \times 1 \text{ mol} + (146.4 \text{ J mol}^{-1} \text{ K}^{-1}) \times 1 \text{ mol} - (151.1 \text{ J mol}^{-1} \text{ K}^{-1}) \times 1 \text{ mol}$
  $= 108.7 \text{ J K}^{-1}$

表 7.6　冷却パック反応のエントロピー値

物　質	$S°$ 〔J mol^{-1} K^{-1}〕
$NH_4NO_3(s)$	151.1
$NH_4^+(aq)$	113.4
$NO_3^-(aq)$	146.4

$CaCl_2$ 溶液とは異なり、NH_4NO_3 溶液を調整する際のエントロピー変化は正である。NH_4NO_3 の両方イオンとも比較的大きく、また +1 価の電荷をもっている。水分子は、どちらのイオンとも強く結合せず、したがって、溶液の水は柔軟性を保っている。結晶＋水として存在するよりも溶液の方が、利用できる配置数が多くなり、エントロピーは増大する。

別冊演習問題 7.58, 7.59 参照

Ca^{2+}イオンとCl^-イオンである（図7.21b）．エントロピーは状態関数であるので，系のエントロピー変化は，生成物と反応物のエントロピーの差で表される（表7.5）．

$$CaCl_2(s) \longrightarrow Ca^{2+}(aq) + 2\,Cl^-(aq)$$

$$\begin{aligned}\Delta S &= \Delta S°(Ca^{2+}(aq)) + 2\,\Delta S°(Cl^-(aq)) \\ &\quad - \Delta S°(CaCl_2(s)) \\ &= (-53.1 + 2\times 56.5 - 108.4)\,\mathrm{J\,K^{-1}} \\ &= -48.5\,\mathrm{J\,K^{-1}}\end{aligned} \quad (7.12)$$

1 mol の$CaCl_2$を水に溶かすと，エントロピーを失う．この反応で，エントロピーを失うのは，おもに，サイズの小さな2価のカルシウムイオンの周囲に水分子が配列する過程である．

表7.5　温熱パック反応でのエントロピー値

物 質	$S°$〔$\mathrm{J\,mol^{-1}\,K^{-1}}$〕
$CaCl_2(s)$	108.4
$Ca^{2+}(aq)$	-53.1
$Cl^-(aq)$	56.5

外周のエントロピー

熱力学の第二法則によると，どのような過程でも宇宙のエントロピーは増大しなければならない．温熱パックや冷却パックの反応も例外ではない．上で計算したように，$CaCl_2$溶液が生じると，系のエントロピーは低下する．溶液の生成は自発的な反応（他からエネルギーやエントロピーを加えることなしに起こる反応）なので，温熱パック系のエントロピーが減少した分と同じかそれ以上，外周部のエントロピーが増大しバランスをとらなければならない．

基本問題 温熱パック反応で，外周部のエントロピーは増加するが，増加量は最低どれだけか．また，冷却パック反応では，外周部のエントロピー増加量は最低どれだけか．■

温熱パックと外周部の間で交換されたのは熱のみである．外周部へ熱が流れ出すと，外周部では粒子の運動が激しくなる．運動が激しくなると，外周部で取りうる配置の数が増え，別の言い方をすれば，エントロピーが増加する．定量的にみると，乱雑さが増す程度は，外周部に与えられた熱量に比例する．定圧過程の場合，熱はエンタルピーに等しい．

$$\Delta S_{外周} = \Delta H_{外周}/T \quad (7.13)$$

外周部に与えられた熱は，系が発した熱である．

$$\Delta H_{外周} = -\Delta H_{系} \quad (7.14)$$

したがって，

$$\Delta S_{外周} = -\Delta H_{系}/T \quad (7.15)$$

となり，エントロピーの増加量は$1/T$に比例する．ここでTは絶対温度である．

温熱パック反応では，系（温熱パック）のエントロピーは$48.5\,\mathrm{J\,K^{-1}\,mol^{-1}}$減少する．したがって，外周のエントロピーは，$CaCl_2$ 1モル当たり少なくとも$48.5\,\mathrm{J\,K^{-1}}$増加していなければならない．温熱パック反応は，$-82\,\mathrm{kJ\,mol^{-1}}$の発熱反応であり（図7.12），外周部のエントロピー増加は室温で起こる．したがって，

$$\begin{aligned}\Delta S_{外周} &= -\Delta H_{系}/T \\ &= \frac{-(-82\,\mathrm{kJ\,mol^{-1}})}{298\,\mathrm{K}} \\ &= 275\,\mathrm{J\,mol^{-1}\,K^{-1}}\end{aligned} \quad (7.16)$$

である．外周部のエントロピー増加は，熱力学の第二法則により導かれる最小値よりも，5倍ほど大きい．系が失ったエントロピーは，系から放出された熱によって補われ，その結果，外周部はより大きなエントロピーを獲得する．

基本問題 冷却パック反応では，外周部のエントロピーは増加するか，減少するか．エントロピー変化を計算し，熱力学の第二法則を満たしているかどうか確認せよ．■

ギブズ自由エネルギー

外周部のエントロピーは，系と熱交換した結果生まれたものである．これを，第二法則$\Delta S_{宇宙} \geq 0$に組入れることができる．

$$\Delta S_{宇宙} = \Delta S_{系} + \Delta S_{外周} = \Delta S_{系} - \Delta H_{系}/T \geq 0 \quad (7.17)$$

この式を用いれば，外界からエネルギーを加えることなく反応が進行するかどうかを，系の性質だけから判断できる．球が下り坂を転がり落ち，やがて下りきって止まる場合を考えたほうがわかりやすいかもしれない．式(7.14)にTをかけて変形すると，つぎのようになる．

$$\Delta H_{系} - T\Delta S_{系} \leq 0 \quad (7.18)$$

式(7.18)に含まれているのは，対象とする系に関する項だけなので，今後は，添え字"系"を落としてしまおう．ただし，エントロピー増大について混乱しないよう，ΔSは系のエントロピーであることを常に頭に入れておいていただきたい．あくまでも，第二法則は全エントロピーに関するものであり，全エントロピーは外周部（すなわちΔHの項）も含んでいる．

化学では，自発的な反応を予想するのは非常に重要であり，式(7.17)から**自由エネルギー**とよばれる重要な関数を定義できる．自由エネルギーは**ギブズ自由エネルギー**ともよばれ，1877年に自発過程に対する判定基準を提案した米国の物理学者 Josiah Willard Gibbs の栄誉をたたえ，記号Gで表す．Gibssは，熱力学第二法則をもとに，つぎのような自発過程の判定法を提案した．"定圧下の過程では，ギブズ自由エネルギーは最小に向かう．"

$$\Delta G = \Delta H - T\Delta S \leq 0 \quad (7.19)$$

ここで，すべての変数は系に関するものである．

例題 7.10　ガラスのエッチング

ガラスは石英(SiO_2)を含んでおり，HF 溶液に侵される．HF はガラスの表面をエッチングするだけでなく，ガラス全体をも溶かしてしまう．なぜ HF はガラスを侵すのか説明せよ．HCl でも同様の現象は期待されるか．なお，重要なデータは，表 7.7 に含まれている．

[解法]
■ 反応式を書き下す．
■ 各反応過程の ΔG を計算する．
■ 各反応について ΔH と ΔS を求める．

表 7.7　例題 7.10 で用いるデータ

物 質	ΔH_f° [kJ mol^{-1}]	ΔG_f° [kJ mol^{-1}]	S° [J mol^{-1} K^{-1}]
SiF_4(g)	-1614.94	-1572.65	282.49
$SiCl_4$(g)	-657.01	-616.98	330.73
SiO_2(s, 石英)	-910.94	-856.64	41.84
HCl(aq)	-167.159	-131.228	56.5
HF(aq)	-332.63	-278.9	-13.8
H_2O(l)	-285.8	-237.129	69.91

[解答]

■ SiO_2(s) $+$ 4 HF(aq) $\rightarrow$ SiF_4(g) $+$ 2 H_2O(l)
　SiO_2(s) $+$ 4 HCl(aq) $\rightarrow$ $SiCl_4$(g) $+$ 2 H_2O(l)

■ ギブズ自由エネルギー

HF によるエッチング：

$$\Delta G = \Delta G_f^\circ(SiF_4) + 2 \times \Delta G_f^\circ(H_2O) - 4 \times \Delta G_f^\circ(HF) - \Delta G_f^\circ(SiO_2)$$
$$= [-1572.65 + 2(-237.129) - 4(-278.9) - (-856.64)] \text{ kJ}$$
$$= -74.7 \text{ kJ}$$

HCl によるエッチング：

$$\Delta G = \Delta G_f^\circ(SiCl_4) + 2 \times \Delta G_f^\circ(H_2O) - 4 \times \Delta G_f^\circ(HCl) - \Delta G_f^\circ(SiO_2)$$
$$= [-616.98 + 2(-237.129) - 4(-131.228) - (-856.64)] \text{ kJ}$$
$$= 290.3 \text{ kJ}$$

■ エンタルピー

HF によるエッチング：

$$\Delta H = \Delta H_f^\circ(SiF_4) + 2 \times \Delta H_f^\circ(H_2O) - 4 \times \Delta H_f^\circ(HF) - \Delta H_f^\circ(SiO_2)$$
$$= [-1614.94 + 2(-285.8) - 4(-332.63) - (-910.94)] \text{ kJ}$$
$$= 54.92 \text{ kJ}$$

HCl によるエッチング：

$$\Delta H = \Delta H_f^\circ(SiCl_4) + 2 \times \Delta H_f^\circ(H_2O) - 4 \times \Delta H_f^\circ(HCl) - \Delta H_f^\circ(SiO_2)$$
$$= [-657.01 + 2(-285.8) - 4(-167.159) - (-910.94)] \text{ kJ}$$
$$= 351.0 \text{ kJ}$$

■ エントロピー

HF によるエッチング：

$$\Delta S = \Delta S^\circ(SiF_4) + 2 \times \Delta S^\circ(H_2O) - 4 \times \Delta S^\circ(HF) - \Delta S^\circ(SiO_2)$$
$$= [282.49 + 2(69.91) - 4(-13.8) - (41.84)] \times (298.15 \text{ K}) \text{ J}$$
$$= 130 \text{ kJ}$$

HCl によるエッチング：

$$\Delta S = \Delta S^\circ(SiCl4) + 2 \times \Delta S^\circ(H_2O) - 4 \times \Delta S^\circ(HCl) - \Delta S^\circ(SiO_2)$$
$$= [330.73 + 2(69.91) - 4(56.5) - (41.84)] \times (298.15 \text{ K}) \text{ J}$$
$$= 60.4 \text{ kJ}$$

HF によるエッチング反応は，ΔG 値が負であるから自発反応である．エッチングによりエントロピーは大幅に上昇し(436 J K^{-1} mol^{-1})，吸熱反応($\Delta H = 55$ kJ)を相殺する．一方，HCl の場合，エントロピーの上昇はそれほど大きくなく(203 J K^{-1} mol^{-1})，大きな吸熱反応(351 kJ mol^{-1})に負けてしまう．結果として，HCl はガラスの容器の中に長期間安心して保存できる．

別冊演習問題 7.61〜64 参照

温度と自発性

反応が自発的に進む方向を予想するうえで，ΔG の符号はきわめて強力な武器となる．特に，ΔG の二つの項は，反応が相互作用の変化により進むのか（ΔH が指標となる），あるいは乱雑さの増大による（ΔS が指標）ものなのかを教えてくれる．いくつかの反応では，両者ともに同じ方向に反応を進めようとする．ところが，多くの重要な反応では，エントロピーとエンタルピーは競合し，両者のバランスは温度に依存するため，温度により自発反応の方向が変わる．たとえば，H_2O は室温では液体が最も安定であるが，$-10\ ^\circ C$ では固体の氷の方が安定である．安定な相が温度により液体から固体に変わるのである．水の凝固は，つぎのように表される．

$$H_2O(l) \longrightarrow H_2O(s) \tag{7.20}$$

この反応の場合，ΔG は室温では正である（液体が安定）が，$-10\ ^\circ C$ になると負に変わる（氷が安定）（図 7.22）．ΔG

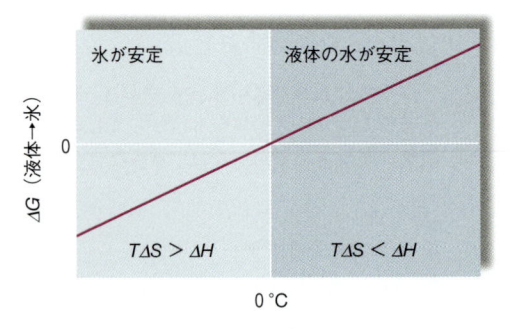

図 7.22 水におけるエントロピー項（$T\Delta S$）とエンタルピー項（ΔH）のバランス．両項ともに負であるが，低温では，絶対値としては発熱の方がエントロピーの減少に勝るため，氷の方が安定である．一方，高温では，エントロピーの減少が発熱に勝り，氷→水の反応が自発的に起こる．すなわち，液体の水の方が安定となる．

ΔH	ΔS	ΔG	自発的に進む条件
+	+	高温で<0	高温
+	-	常に+	進まない
-	+	常に-	常に進む
-	-	低温で<0	低温

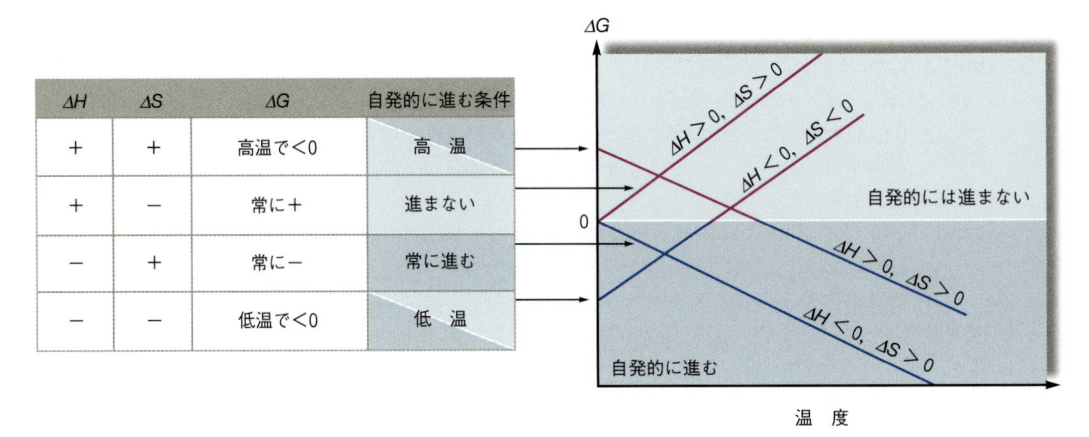

図 7.23 反応が自発的に進む条件．反応が定圧下で自発的に進むには，ΔG は負でなければならない．エンタルピー変化とエントロピー変化の符号が等しければ，両者は相殺し合うため，反応の進む方向は温度に依存する．

例題 7.11 転換温度

自動車でガソリンを燃焼させる反応は発熱反応であり，エンジンは非常に高温となる．NO や NO_2 は燃焼の副生成物である．NO_2 は主要都市に浮遊する褐色の靄の原因となる物質である．もし，エンジンが冷たいままであったとすると，NO_2 よりも NO が生成する．NO_2 の生成を抑えるには，エンジンをどれだけ冷やす必要があるか．重要なデータは表 7.8 に記載してある．

表 7.8 例題 7.11 に用いるデータ

物 質	ΔH_f° [kJ mol^{-1}]	ΔG_f° [kJ mol^{-1}]	S° [J mol^{-1} K^{-1}]
NO(g)	91.3	87.6	210.8
NO_2(g)	33.2	51.3	240.1
O_2(g)	0	0	205.2

[解 法]
■ NO(g) から NO_2(g) が生じる反応式を書き下す．
■ ΔH と ΔS を計算する．
■ $T = \Delta H/\Delta S$ である．

[解 答]
■ $2\,NO(g) + O_2(g) \rightarrow 2\,NO_2(g)$
■ $\Delta H = 2 \times (33.2 - 91.3)\ kJ = -116.2\ kJ$
$\Delta S = [2 \times (240.1 - 210.8) - 205.2]\ J\,K^{-1}$
$= -146.6\ J\,K^{-1}$

■ $T = \dfrac{\Delta H}{\Delta S} = \dfrac{(-116.2\ kJ) \times (1000\ J\,kJ^{-1})}{-146.6\ J\,K^{-1}}$
$= 792.6\ K$

したがって，エンジンの温度が約 500 °C 以下であれば，NO_2 よりも NO が生成する．

別冊演習問題 7.65～68 参照

の二つの項を見てみると，なぜΔGの符号が変わるのかがわかる．水が氷になるには，熱を放出しなければならない．したがって，ΔHは負である．ΔHが負だとΔGも負になりやすく，これだけ見ると，氷の方が好ましいといえる．一方，エントロピーはΔGに対して逆の働きを示す．氷は水よりもより秩序だった状態であるので，ΔSは負である．ΔGには，ΔSは$-T$をかけた形で含まれているため，ΔSが負であると，ΔGは正になりやすく，水の方が好ましい．水が凍結する過程では，ΔHとΔSの間にバランスが成り立っている．0 °C以下の温度では，水が凍る過程のΔGは負であり，逆に0 °C以上ではΔGは正となる．

ΔHとΔSの符号が同じ場合には，常にこのようなΔHとΔS間のバランスが存在する（図7.23）．

7.4 共役反応

多くの化学過程では，複数の反応が同時に進行する．たとえば，鉄の酸化物Fe_2O_3はおなじみの鉄さびである．Fe_2O_3だけでは，金属鉄と酸素に分解することはない．しかし，Fe_2O_3の分解がAl_2O_3の生成と組合わさると，激しいテルミット反応となる．ギブズ自由エネルギーの言葉でいえば，Fe_2O_3の分解に対するΔGは正であるが，Fe_2O_3の分解とAl_2O_3の生成が同時に進む反応のΔGは負である（すなわち自発反応である）．これは，サーカスの演技や子供の遊びで使われるシーソーに似ている（図7.24）．子供もサーカスの演者も，1人の場合には，自発的に空中に飛び上がることはない．しかし，もう1人と協力すると，それぞれが空中に飛び上がる．

ATP

生体内の反応も，実験室での反応と同様の制約を受ける．すなわち，反応のΔGは負であり，ΔGが正ならば反応は自発的に進まない．生体がDNAやRNAなどの複雑な分子を合成する際には，エネルギーを放出する反応から，エネルギーをもらわなければならない．"ただ"では昼食をとれないのである．エネルギー放出の源は，糖や脂肪などの食物を体内で燃やす反応であり，この燃焼，すなわち"燃料"を酸素により**酸化**することにより，食物はCO_2とH_2Oに変換される．われわれの体の細胞は，炭素が豊富で酸素が足りない分子を取込み，これらの分子をばらばらにしたうえで，酸素と結合させる．この過程で放出されるエネルギーを用いて，生命を維持するのである．もし，すべてのエネルギーが，制限なしに一度に放出されたとすると，生体は燃え上がってしまうだろう．自然界では，酸化をいくつかの小さなステップに分け，必要としている場所にエネルギーを送る．すべての生態系に共通して，エネルギー輸送の鍵を握る反応が，アデノシン三リン酸（ATP）のアデノシン二リン酸（ADP）への変換である（図7.25）．ATP/ADP変換は，燃焼過程からエネルギーを運び，タンパク質合成のようなエネルギー的には不利な反応を進行させる．これには何種類かの酵素がかかわっており，エネルギー放出の速度を精密に制御している．

ATPは三つのリン酸基（リンと酸素からなる）を含んでおり，それらはアデノシン糖分子と結合している（図7.25）．ATPのリン酸末端には四つの負電荷が存在するが，それらは互いに隣接しており，結合を弱める働きをしている．ここに水が付加すると，リン酸基は簡単に解離する．

$$ATP^{4-} + H_2O \rightleftharpoons ADP^{3-} + HPO_4^{2-} + H^+$$
$$\Delta G = -34.5 \text{ kJ} \quad (7.21)$$

生体では，水の付加や脱離はわずかな時間で起こり，ATP全体は1分程度で元に戻ることができる．もしATP

図7.24 組合わせによる自発反応．エネルギーを加えなければ進まない反応でも，他の反応と組合わせれば，全体として自発的に反応が進む場合がある．(a) サーカスの演者は，一人では空中に飛び上がることはできない．ところが，もう1人が跳ね板にエネルギーを加えると，空中高く飛び上がることができる．(b) 子供が1人でシーソーに乗っても，勝手に上に昇ったりはしないが，もう1人が反対側に座って下に降りると，最初の子供は高く跳ね上げられる．

が元に戻らないとすると，毎日体重程度の ATP を消費しなければならない．ATP への水の付加は，基本的なエネルギー源であるスクロース（ショ糖）の燃焼に比べ，比較的エネルギーの低い反応である．

$$C_6H_{12}O_6 + 6\,O_2 \longrightarrow 6\,CO_2 + 6\,H_2O \quad (7.22)$$
$$\Delta G = -2872 \text{ kJ}$$

もし糖の酸化が1段階で起こったとすると，放出されたエネルギーのごく一部しか利用できないだろう．ところが賢いことに，生体は，一つ一つは小さいが，多段階の反応を備えている．その一例がグルコース（ブドウ糖）のリン酸化である．

グルコース + HPO_4^{2-} + H^+
$\longrightarrow$ グルコースリン酸$^-$ + H_2O (7.23)
$$\Delta G = 13.8 \text{ kJ}$$

基本問題 グルコースのリン酸化（式 7.23）と ATP の水和（式 7.21）を組合わせると，自発過程になるか． ■

スクロースを酸化すると，ADP から ATP を再生するのに十分なエネルギーが得られる（図7.26）．複雑な分子集団は，この ATP に蓄えられたエネルギーを使い，ATP を ADP に戻す．こうして，生体が生きている限り，ATP-ADP のサイクルは続く（図7.27）．

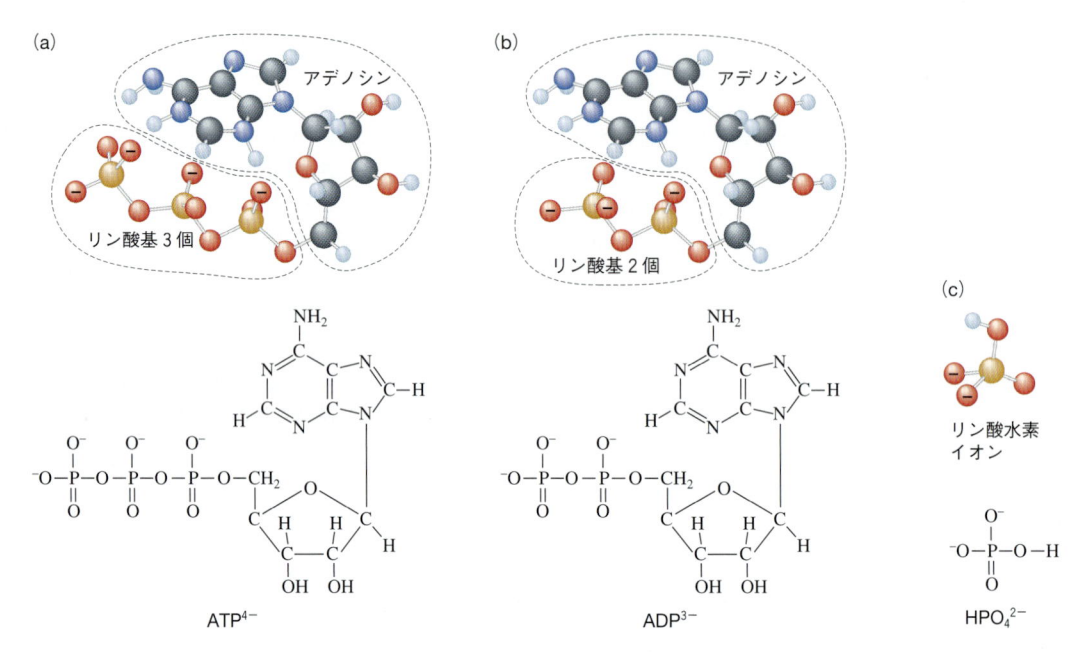

図 7.25 人体のエネルギーをつかさどる (a) アデノシン三リン酸 (ATP) と，(b) アデノシン二リン酸 (ADP)．多くの負電荷が集中しているため，ATP は高エネルギーの分子である．リン酸基の一つが水和すると，負電荷の数が減少し，エネルギーは低下する．その結果，アデノシン二リン酸 (ADP) と (c) リン酸水素イオン (HPO_4^{2-})，H_3O^+ が生じる．グルコースの代謝分解では，リン酸基はグルコースへと移る．なお，各元素は，つぎの色で表されている．リン（黄色），炭素（黒），酸素（赤），窒素（青），水素（水色）．

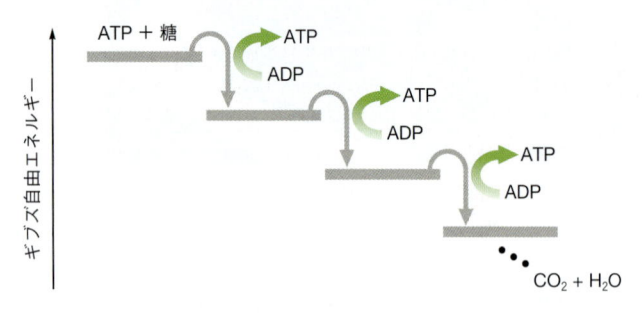

図 7.26 糖（食物）の消化過程．糖の放出したエネルギーを用い，ADP を ATP へと変換する．ATP に蓄えられたエネルギーは，体内で複雑な分子を合成するのに使われる．その反応過程で，再び ADP を生じる．こうして生命のサイクルは続いていく．

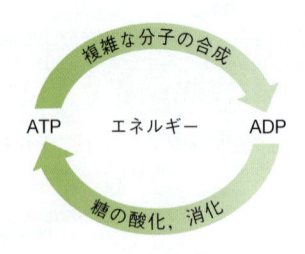

図 7.27 生体内でのエネルギーサイクル．発熱反応で生じたエネルギーを使って，細胞液からリン酸イオンを取込み，ADP を ATP へと変換する．複雑な分子をつくるのにエネルギーが必要な場合には，ATP の水和からエネルギーを得る．このとき，ATP は ADP へと変換され，細胞液へリン酸イオンを放出する．

例題 7.12　太陽エネルギー

植物もまた，エネルギーを運ぶために ATP-ADP を利用している．大きな違いとして，動物では ATP を再生するためのエネルギー源として脂質や糖の酸化を利用するが，植物は太陽光を用いる．植物の葉緑素は緑色をしており，したがって，可視光スペクトルのうち赤色や青色の領域の光を吸収する．今，変換効率は 100% であると仮定する．1 mol の青色 (430 nm) フォトンを吸収すると，何 mol の ADP を ATP に変換できるか．1 mol の赤色 (650 nm) フォトンではどうか．

[解法]

- 1 mol のフォトンのエネルギー ($E = Nh\nu = Nhc/\lambda$) を求める．
- フォトンのエネルギーを，1 個の ADP を ATP へ変換するのに要するエネルギー（式 7.21 に示したように 34.5 kJ）で割る．

[解答]

- $E = \dfrac{6.022 \times 10^{23} \text{粒子}}{\text{mol}} \times 6.6262 \times 10^{-34} \text{ J s}$
  $\times \dfrac{2.9979 \times 10^8 \text{ m s}^{-1}}{430 \text{ nm}} \times \dfrac{\text{nm}}{10^{-9} \text{ m}}$
  $= 278 \text{ kJ mol}^{-1}$（青色フォトン）
  $E = 184 \text{ kJ mol}^{-1}$（赤色フォトン）
- 1 mol の青色フォトンにつき，約 8 回の転換が起きる．1 mol の赤色フォトンでは 5 回強である．

別冊演習問題 7.79, 7.80 参照

チェックリスト

重要な用語

反応熱，エンタルピー変化 ΔH (heat of reaction, enthalpy change, p. 148)
内部エネルギー (internal energy, p. 149)
熱 q (heat, p. 150)
仕　事 w (work, p. 150)
発熱反応 (exothermic reaction, p. 150)
吸熱反応 (endothermic reaction, p. 150)
熱容量 C_p (heat capacity, p. 151)
ヘスの法則 (Hess's law, p. 152)
状態関数 (state function, p. 152)
標準生成エンタルピー ΔH_f° (standard enthalpy of formation, p. 154)
示量性 (extensive, p. 154)
示強性 (intensive, p. 154)
結晶格子エネルギー $\Delta H_{結晶格子}$ (crystal lattice energy, p. 156)

水和エンタルピー $\Delta H_{水和}$ (hydration enthalpy, p. 156)
原子化エンタルピー (enthalpy of atomization, p. 159)
融解潜熱 (latent heat of fusion, p. 160)
気化潜熱 (latent heat of vaporization, p. 161)

エントロピー S (entropy, p. 162)
自発過程 (spontaneous process, p. 162)
熱力学の第三法則 (third law of thermodynamics, p. 163)
ギブズ自由エネルギー G (free energy, Gibbs free energy, p. 164)
酸　化 (oxidation, p. 167)

重要な式

$\Delta E = q + w$
$\Delta H = C_p \Delta T$ (定圧下，相変化なし，反応なし)
$w = -P\Delta V$
$\Delta H = \sum \Delta H_f^\circ (\text{生成物}) - \sum \Delta H_f^\circ (\text{反応物})$
$\Delta H_{結晶格子} = M\dfrac{NZ^+ \times Z^- e^2}{R}$

$\Delta S_{宇宙} \geq 0$
$\Delta G = \Delta H - T\Delta S$

章のまとめ

この章では，どのようなときに反応が起こるかを判定するための基準を導入した．反応の方向を決める基本的な量はエントロピーである．特に，宇宙のエントロピーは，自発過程により増加する．ただし，どうやって宇宙のエントロピーを測定するかが問題である．この問題を扱うため，宇宙を二つの部分，すなわち対象とする系と外周部とに分ける．系と外周との間では熱が交換される．たいていの化学反応は，一定圧力（地球の大気圧）のもとで起こるため，外周のエントロピー変化は，系から放出された熱 (H) による $\Delta H/T$ に等しい．外周部のエントロピーと系のエントロピーを足し合わせると，宇宙全体のエントロピーが得られる．化学反応に伴う宇宙のエントロピー変化を定量的に扱うため，ギブズ自由エネルギー (G) を定義する．

$$\Delta G = \Delta H - T\Delta S$$

自発反応では，ギブズ自由エネルギーは減少する．すなわち，ΔG が負ならば反応は進行し，ΔG が正であると逆反応が進む．この法則は，化学者にとってきわめて重要である．

生成物と反応物のエンタルピーが異なるため，系と宇宙の間でエネルギー交換が起こる．エンタルピーから，化学的な相互作用に関する情報が得られる．生成物間の相互作用が反応物間の相互作用よりも弱い場合には，系から熱が放出される．この場合，反応は発熱反応であり，ΔH は負である．ΔH が負であり，かつ系のエントロピーは増加（正の ΔS）することから，必ず自発反応となる．逆に，ΔH が

正で，系のエントロピーが減少する場合には，反応は自発的には進まない．ΔH と ΔS の符号が同じ反応では，温度とともに反応の進む方向が変わる．

重要な考え方

エントロピーは，反応の進む方向を決める．反応に伴う熱から，反応物間，生成物間で相互作用がどう変化したかがわかる．

理解すべき概念

■ 熱力学の第一法則：反応に伴うエネルギー変化は，熱および仕事として現れる．

学習目標

■ 水に吸収させた熱から反応熱を計算する（例題 7.1）．
■ 体積変化から仕事を計算する（例題 7.2）．
■ ヘスの法則を用いてエンタルピー，エントロピー，ギブズ自由エネルギーを計算する（例題 7.3, 7.6）．
■ エンタルピーから，相対的な結合エネルギーを求める（例題 7.4, 7.5, 7.7〜7.9）．
■ イオンの大きさと電荷から結晶格子エンタルピーを見積もる（例題 7.7）．
■ 原子化エネルギーから結合エネルギーを求める（例題 7.8）．
■ 自発的な反応かどうかを判定する（例題 7.10〜7.12）．

8 平衡: ダイナミックな定常状態

両チームの引き合う力が等しいと綱は動かず,平衡状態に達する.

目 次

8.1 気相反応
8.2 不均一系での平衡
8.3 さまざまな平衡定数
8.4 水溶液
・酸と塩基
  ◎ 応用問題
  (酸と塩基の指標: pH)
・溶解度
  (溶解度に対する一般則/溶解度積の利用)
・連結した平衡
  (共通イオン効果/傍観イオン/緩衝溶液/
  多重平衡)
8.5 平衡定数をマスターするための
  八つのステップ
8.6 反応の方向と熱力学的な関係
・反応商
・ギブズ自由エネルギーと平衡定数
8.7 平衡に影響を及ぼす因子
・ルシャトリエの原理
  (温度/圧力)

主 題

■ 化学平衡を,正反応と逆反応のいずれもが進んでいるようなダイナミックな描像でとらえる.
■ 分子レベルの相互作用と熱力学を,化学平衡に結びつける.

学習課題

■ 平衡状態における物質の濃度を求める (例題 8.1, 8.3〜8.10)
■ 圧力で表した平衡定数と濃度で表した平衡定数とを相互に変換する (例題 8.2).
■ 濃度からギブズ自由エネルギーを,また標準ギブズ自由エネルギーから平衡定数を求める (例題 8.11).
■ 反応物や生成物を加える,あるいは温度や圧力を変えることで,平衡濃度を変化させる (例題 8.12).

周りを見回してみると，たいていの物質，たとえば砂糖が飽和したコーヒーやサラダにかけたドレッシングは，何も変化していないように見える．しかし，巨視的にみて落ち着いていても，中では絶えず動きがある（図8.1）．砂糖の分子は常に溶液中に溶け込もうとしており，一方で，コーヒーカップの底では，砂糖が析出して再び固体となる．サラダドレッシングに含まれる酢の場合，動きはもっと激しい．酢は，基本的に酢酸と水からできており，両成分は絶えず相互作用している．水との相互作用により，酢酸分子はときどき切断され，その一部は水と結合する．一方で，切断部は元の酢酸分子へと戻る．これらの動きはすべて，分子レベルでの相互作用と関係している．本章では，動きと相互作用の間をいかにして結びつけるかに焦点を当てる．

8.1 気相反応

周囲の大気を見ていただきたい．何も起きていないように思える．しかし，大気を1千万倍に拡大してみると，何かが飛び回っているのがわかる．大気のおもな成分は窒素であり，三重結合で結ばれた非常に安定な分子である．次に数が多いのは酸素分子である．酸素は，生命にとって欠かすことができない．窒素，酸素やその他のさまざまな分子は，絶えず衝突を繰返しており，その結果，方向を変えたり，減速したり，加速したりしている．まれな分子の一つが二酸化窒素(NO_2)であり，都市部の汚染された大気に褐色の靄がかかるのは，これが原因である．NO_2分子も飛び回っており，ときおり，2個のNO_2分子が衝突する．さらに頻度は落ちるが，2個のNO_2分子が衝突して融合し，1個のN_2O_4分子ができることがある．

基本問題 NO_2とN_2O_4のルイス構造式を書け．なぜNO_2は二量化してN_2O_4となるのか．

NO_2分子だけを取出して密閉した容器に詰めると，容器は褐色の蒸気で満たされる．N_2O_4は無色であるので，2個のNO_2分子が結合してN_2O_4（図8.2）となると，気体の色は薄くなる．しかし，容器の中が完全に無色となることはなく，いくぶん褐色の色は残る．色の変化が起こらなくなったとき，容器の中にあるのは，NO_2とN_2O_4の混合気体である．もはや色は変わらないが，NO_2分子はなおも

図8.1 平衡状態の例．一方の速度は，逆方向の速度と釣り合っている．巨視的には変化がないように見えるが，常に移動が起こっている．

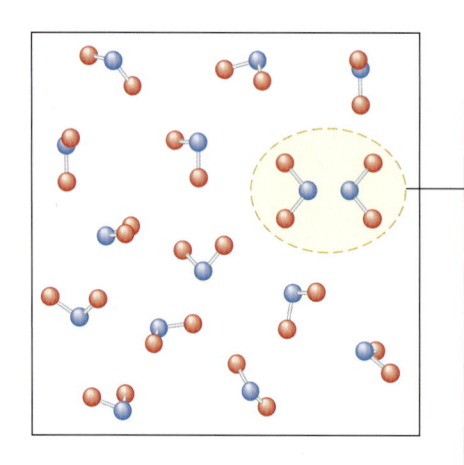

図8.2 気相中のNO_2分子のめまぐるしい運動．NO_2分子はときどき衝突して結合し，N_2O_4分子となる．右側の図は，その反応過程を計算した結果である．NO_2は，大気汚染の激しい都市にかかる褐色の靄の原因となる．これが二量化してN_2O_4になると，無色である．

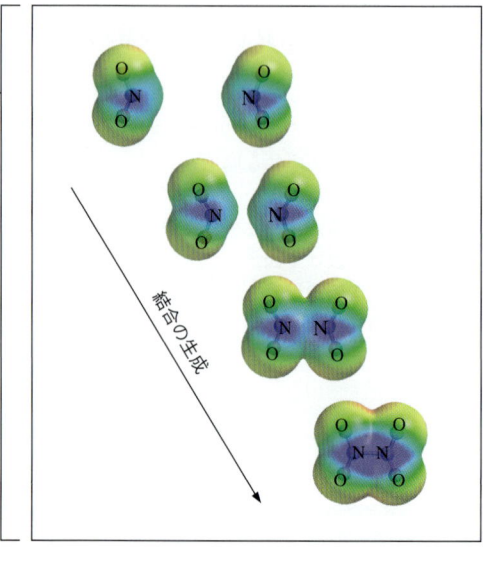

結合して N_2O_4 を生成し，同時に，N_2O_4 分子は解離して 2 個の NO_2 分子に戻る．

基本問題 0.04 mol の窒素原子と 0.08 mol の酸素原子からなる以下の気体を 1 L の容器に入れる．エントロピーが最も高いのはどれか．0.04 mol の NO_2，0.02 mol の N_2O_4，NO_2 と N_2O_4 の混合物．■

1 L の容器の中に，2.5×10^{22} 個（0.04 mol）の NO_2 分子を配置する並べ方は，2.5×10^{22} 個の N_2O_4 分子の並べ方と同じである．しかし，全部で 2.5×10^{22} 個の分子からなる NO_2 と N_2O_4 の混合物の場合には，並べ方はもっと多くなる．混合するとエントロピーは増大するのである．混合物でエントロピーは最大となり，ギブズ自由エネルギーは最小となる．密閉した容器の中で起こる化学反応の場合，必ず複数の物質が混じった状態でギブズ自由エネルギーが最小となる．これを平衡状態，あるいは単に**平衡**とよぶ．

NO_2/N_2O_4 の混合気体では，2 個の NO_2 分子が結合して N_2O_4 となると，窒素原子のオクテットが完成するため安定化するが，この安定化分は，NO_2 と N_2O_4 の混合によるエントロピー増大とバランスをとっている．エントロピーの増大と安定性の向上は競合し，これにより NO_2：N_2O_4 の比が決まる．

逆方向の反応が同じ速度で起こると，平衡に達する．図 8.1 の 2 人の漁師を見ていただきたい．せわしなく働いているにもかかわらず，どちらのボートの水も一向に減らない．平衡状態では，反応物から生成物が生じる速度と，生成物から反応物が生じる速度が等しい．反応は両方向に進むことを示すため，2 本の矢印を用いる．

$$2\,NO_2(g) \rightleftharpoons N_2O_4(g) \qquad (8.1)$$

反応は一般に

$$aA + bB \rightleftharpoons pP + sS \qquad (8.2)$$

で表され，ここに A，B，P，S は反応物および生成物，a，b，p，s は係数である．

ここで重要なのが，平衡状態での A，B，P，S の比率を決めているのは何かという問題である．エントロピーは，相互作用とどのようにバランスを保っているのだろうか．比率に関する疑問への答えは，1800 年代の中頃，ナポレオンに仕えた学者 Claude Berthollet によって定式化された．[ ] の中に化学記号を書き，その化学種の濃度を表すことにすると，平衡状態では，つぎの比が一定となる．

$$\frac{[P]^p[S]^s}{[A]^a[B]^b} = K_c \qquad (8.3)$$

K_c は**平衡定数**とよばれ，K の添え字 c は濃度がモル濃度単位であることを表している．反応ごとにそれぞれ特有な K_c 値をもつ．

式(8.3)を NO_2 の二量化に適用すると，式(8.1)より

$$\frac{[N_2O_4]}{[NO_2]^2} = K_c \qquad (8.4)$$

となる．25 °C，1 気圧のもとでの K_c 値は 164.8 である．平衡定数には単位がないことに注意されたい．（その具体的な理由については，本章の後の方で議論する．）

NO_2 の二量化のような気相反応では，平衡定数を濃度ではなく分圧で表す方が便利なことが多い．濃度と分圧の変換には，気体の状態方程式を用いる．それほど圧力が高くなければ，理想気体の方程式 $PV = nRT$ を適用する．

$$p = \left(\frac{n}{V}\right)RT = cRT \qquad (8.5)$$

分圧 p（気圧単位）は濃度 c と気体定数と絶対温度の積に

例題 8.1 褐色の靄

以前に述べたように，NO_2 は，都市部の汚れた大気に現れる褐色の靄の原因となる物質である．今，1 L の容器（室温（25 °C），大気圧下）に NO_2 と N_2O_4 だけが入っているとする．全分子のどれだけが NO_2 で，どれだけが N_2O_4 か．（$K_c = 164.8$ である．）

[解 法]
- $PV = nRT$ を用い，1 L 中の分子数を求める．
- $K_c = 164.8$ を用い，濃度を計算する（式が二つ，未知数も二つである）．
- モル分率の定義，NO_2 のモル分率＝NO_2 の濃度/全分子のモル数を用いる．

[解 答]
- $P = 1$ atm，$T = 298.1$ K，$V = 1$ L である．
 全モル数は $n = PV/RT = 0.0409$ mol．
 $\Longrightarrow n(N_2O_4) + n(NO_2) = 0.0409$ mol
 全体積は 1 L であるので，
 $[N_2O_4] + [NO_2] = 0.04089$ mol L^{-1}
- $K_c = [N_2O_4]/[NO_2]^2 = 164.8$
 $\Longrightarrow [N_2O_4] = 164.8\,[NO_2]^2$
 $\Longrightarrow 164.8\,[NO_2]^2 + [NO_2] = 0.0409$
 $\Longrightarrow [NO_2] = 0.0130$ mol L^{-1}，$[N_2O_4] = 0.0279$ mol L^{-1}
- NO_2 のモル分率 $= 0.0310/0.0409 = 0.318$，
 N_2O_4 のモル分率 $= 0.682$

褐色の色は，混合気体中に 31.8 %含まれる NO_2 によるものである．

別冊演習問題 8.1 参照

> **例題 8.2　化学肥料の合成**
>
> 窒素は生体に必須な元素の一つであり，植物がもつ酵素の働きで，大気中の窒素ガスから生体が利用できる窒素がつくり出される．この過程は窒素固定として知られている．動物には窒素固定の能力がない．増え続ける人口に対処するため，窒素を人工的に固定化する方法が開発された．窒素をアンモニアに変換して，穀物の肥料とし，生体が利用できる窒素の供給量を増加させたのである．窒素を固定化する過程は，その開発者であるドイツの化学者 Fritz Haber，ならびに工業生産に必要な装置の開発を行った Karl Bosch に敬意を表し，ハーバー・ボッシュ法とよばれる．反応は，$N_2 + 3H_2 \rightleftharpoons 2NH_3$ で表され，K_c 値は 300 °C で 9.60 である．K_p 値はいくつか．
>
> [解　法]
> ■ 反応に関係する気体のモル数を求める．
> ■ 式(8.7) $K_c = K_p(1/RT)^{\Delta n}$ を用いる
>
> [解　答]
> ■ 生成物側の気体は 2 mol ($2NH_3$)，反応物側は 4 mol ($N_2 + 3H_2$) である．
> ■ $K_c = K_p \times (1/RT)^{-2} = K_p \times (RT)^2 \implies K_p = K_c/(RT)^2$
> 300 °C (573 K) では，$RT = 47.0$ L atm mol^{-1}
> $\implies K_p = 9.60/(47.0)^2 = 4.34 \times 10^{-3}$
>
> 米国では，毎年 50 万トンものアンモニアが，おもにハーバー・ボッシュ法により合成されている．
>
> 別冊演習問題 8.1, 8.2 参照

等しい．

$$K_c = \frac{[N_2O_4]}{[NO_2]^2} = \frac{p_{N_2O_4}/RT}{(p_{NO_2}/RT)^2} = \frac{p_{N_2O_4}}{(p_{NO_2})^2} RT \quad (8.6)$$
$$= K_p RT$$

NO_2 の二量化では，K_p は 6.74 である．一般的な式(8.3)に対しては，気体のモル濃度に定数 $(1/RT)$ がかかるので，
$$K_c = K_p(1/RT)^{\Delta n} \quad (8.7)$$
となる．ここで，Δn は気体のモル数の変化量である．

8.2　不均一系での平衡

§8.1 で述べた気相平衡など多くの平衡では，1 種類の相のみで反応が進行する．これを，**均一系の平衡**とよぶ．一方，別の相の物質を含む反応も多数存在し，**不均一系の平衡**とよばれる．気相の CO_2 と固体の CaO から石灰石が生じる，金属が大気中の酸素と触れてさびる，固体の塩が液体の水に溶けて海水となる，などがその例である．石灰石を生じる反応は

$$CaO(s) + CO_2(g) \rightleftharpoons CaCO_3(s) \quad (8.8)$$

である．この平衡反応で，固体の濃度はどう扱えばよいのだろうか．純粋な液体や固体の密度は，ある温度，圧力のもとでは一定であり，適度な温度，圧力の範囲では，ほとんど変化しない．このように値が一定であることから，純粋な液体や固体は平衡定数には含めない．平衡定数に，密度が定数として含まれていると考えればよいだろう．したがって，$CaCO_3$ の生成に関する平衡定数は，以下のように表される．

$$K_c = \frac{1}{[CO_2]} = \frac{RT}{p_{CO_2}} = K_p \times RT \quad (8.9)$$

二つの固体，CaO と $CaCO_3$ は平衡定数には現れないが，平衡に達するには両方が必要である．CaO と $CaCO_3$ が存在すると，気相中の CO_2 の分圧が規定される．原始大気に存在した CO_2 の多くは，石灰石として蓄えられたと考えられている．

基本問題　スズ(Sn)が腐食して酸化スズ(SnO_2)が生じる反応の平衡定数 K_c を表せ．スズの腐食では，K_c と K_p はどのような関係にあるか．■

重要な平衡反応の一つに，気体の水への溶解がある．たとえば，硫黄を含む石炭を燃やすと SO_2 を生じるが，SO_2 は水に溶ける．

$$SO_2(g) + H_2O(l) \rightleftharpoons H_2SO_3(aq) \quad (8.10)$$

その結果生じる溶液は，石炭火力発電所の周辺に酸性雨として降り注ぐ．水は純粋な液体であるので，SO_2 が水に溶ける反応の平衡定数は以下のようになる．

$$K_c = \frac{[H_2SO_3]}{[SO_2]} = \frac{RT[H_2SO_3]}{p_{SO_2}} \quad (8.11)$$

水は，式(8.10)には含まれているが，平衡定数(式 8.11)には現れないことに注意されたい．SO_2 の分圧と H_2SO_3 溶液の濃度が，平衡により結ばれている．

基本問題　CO_2 は水に溶けて H_2CO_3 を生じる．この反応により，CO_2 は蓄えられ，また自然界の水はわずかに酸性を帯びる．CO_2 が水に溶ける反応の反応式を書け．また，平衡定数 K_c および K_p を示せ．■

水溶液では，水を溶媒，水に溶けている物質を溶質とよぶ．他のほぼ純粋な液体からなる溶液でも同様である．ほぼ純粋な液体が**溶媒**であり，これに溶けている物質が**溶質**である．たとえば，メタノール(CH_3OH) ガスは酢酸(CH_3COOH)に溶け，酢酸メチルと水を生じる．

$$CH_3OH(g) + CH_3COOH(l)$$
$$\rightleftharpoons CH_3COOCH_3(sln) + H_2O(sln) \quad (8.12)$$

ここで，記号 sln は，生成物が酢酸に溶けていることを示

している．平衡定数は

$$K_c = \frac{[\text{CH}_3\text{COOCH}_3][\text{H}_2\text{O}]}{[\text{CH}_3\text{OH}]}$$
$$= \frac{RT[\text{CH}_3\text{COOCH}_3][\text{H}_2\text{O}]}{p_{\text{CH}_3\text{OH}}} \quad (8.13)$$

で表される．水は溶媒ではないので，水の濃度は平衡定数の式に含まれているが，溶媒である酢酸は含まれていない．

8.3 さまざまな平衡定数

反応には多くの種類があるように，平衡定数にもさまざまな種類が存在する．いくつかの平衡反応について，その名前，典型的な反応や特殊な反応の例をまとめたのが，表8.1である．平衡定数に用いる記号は K であり，添え字は反応の種類を表している．たとえば，酸の解離に対する平衡定数は K_a である．

これらさまざまな平衡定数を理解し，使いこなすには，平衡定数がどの化学反応に対応しているかを知っておくことが重要である．ただし，以下をよく覚えておいていただきたい．

"どんな名前がついていようとも，
平衡定数は平衡定数である"

単位に関する重要な注意：平衡定数には単位がない．厳密には，平衡定数 K_c は，理想的な1モル溶液を基準とした濃度を含んでいる．理想的な1モル溶液とは，溶質分子間に相互作用が働かない溶液のことである（状況は理想気体と同じである）．理想的な1モル溶液に対して濃度の比をとると単位はなくなる．これを**活量**とよぶ．純粋な液体や固体の活量は1である．たいていの場合，以下の点を覚えておけば十分である．1) 希薄溶液では，mol L^{-1} 単位の濃度と同じ数値を平衡定数の式に代入するが，その数値に単位はない．2) 純粋な（あるいはほぼ純粋な）液体や固体の場合には，活量は1である．3) 気体の場合，K_c に対しては濃度を，K_p に対しては分圧（気圧単位）を用いる．

8.4 水 溶 液

水は，地球全体を通したイオン，分子，栄養素の循環にとってきわめて重要であるため，水を溶媒とする水溶液は，特に関心をもたれてきた．実際，地表の3/4は水で覆われており，人体の70%は水である．大気中では，ほとんどすべての表面が水で覆われており，これは，腐食や摩耗で重要な要素となる．腐食や摩耗は固体からイオンを発生させ，自然界での物質循環に寄与している．

酸 と 塩 基

グラスに入れた水を考えてみよう．表面では，何も動きがないように見える．しかし表面下では，水分子が絶えず押し合っている．さらに，水分子5億個につき1個の割合で，分子内の水素原子核（プロトン）が別の分子へと移動し，非共有電子対と結合する．その結果，2種類の電荷をもったイオン，H_3O^+（**ヒドロニウムイオン**とよばれる）と OH^-（**水酸化物イオン**）が生じる（図8.3）．5億個に1個というのは，あまり大きな数字ではないように思えるが，これらのイオンは，1 cm^3 当たり 6×10^{13} 個（60兆個）も存在するということを考えていただきたい．分子どうしの衝突とプロトンの交換を繰返し（まるでゲームのホットポテトのように），グラス中の水は絶えず変化しているの

表8.1 さまざまな平衡定数

記号	名 称	溶液反応の例	K
K_a	酸解離定数	$\text{CH}_2\text{COOH(aq)} + \text{H}_2\text{O(l)} \rightleftharpoons \text{H}_3\text{O}^+\text{(aq)} + \text{CHCOO}^-\text{(aq)}$	1.8×10^{-5}
		$\text{HF(aq)} + \text{H}_2\text{O(l)} \rightleftharpoons \text{H}_3\text{O}^+\text{(aq)} + \text{F}^-\text{(aq)}$	7.2×10^{-4}
K_1	多価の酸の解離定数	$\text{H}_2\text{SO}_4\text{(aq)} + \text{H}_2\text{O(l)} \rightleftharpoons \text{H}_3\text{O}^+\text{(aq)} + \text{HSO}_4^-\text{(aq)}$	$K_1 =$ 非常に大 (~ 100)
K_2		$\text{HSO}_4^-\text{(aq)} + \text{H}_2\text{O(l)} \rightleftharpoons \text{H}_3\text{O}^+\text{(aq)} + \text{SO}_4^{2-}\text{(aq)}$	$K_2 = 1.2 \times 10^{-2}$
K_b	塩基解離定数	$\text{NH}_3\text{(aq)} + \text{H}_2\text{O(l)} \rightleftharpoons \text{NH}_4^+\text{(aq)} + \text{OH}^-\text{(aq)}$	1.8×10^{-5}
		$\text{CH}_3\text{NH}_2\text{(aq)} + \text{H}_2\text{O(l)} \rightleftharpoons \text{CH}_3\text{NH}_3^+\text{(aq)} + \text{OH}^-\text{(aq)}$	5.0×10^{-4}
K_{sp}	溶解度積	$\text{AgCl(s)} \rightleftharpoons \text{Ag}^+\text{(aq)} + \text{Cl}^-\text{(aq)}$	1.8×10^{-10}
		$\text{Au(OH)}_3\text{(s)} \rightleftharpoons \text{Au}^{3+}\text{(aq)} + 3\text{OH}^-\text{(aq)}$	1.0×10^{-53}
K_d	錯解離定数	$[\text{Ag(NH}_3\text{)}_2]^+\text{(aq)} \rightleftharpoons \text{Ag}^+\text{(aq)} + 2\text{NH}_3\text{(aq)}$	6.3×10^{-8}
		$[\text{CuCl}_2]^-\text{(aq)} \rightleftharpoons \text{Cu}^+\text{(aq)} + 2\text{Cl}^-\text{(aq)}$	1.0×10^{-5}
		$[\text{Co(NH}_3\text{)}_6]^{3+}\text{(aq)} \rightleftharpoons \text{Co}^{3+}\text{(aq)} + 6\text{NH}_3\text{(aq)}$	2.2×10^{-34}
K_f	錯生成定数	$\text{Ag}^+\text{(aq)} + 2\text{NH}_3\text{(aq)} \rightleftharpoons [\text{Ag(NH}_3\text{)}_2]^+\text{(aq)}$	$1.6 \times 10^{+7}$
		$\text{Cu}^+\text{(aq)} + 2\text{Cl}^-\text{(aq)} \rightleftharpoons [\text{CuCl}_2]^-\text{(aq)}$	$1.0 \times 10^{+5}$
		$\text{Co}^{3+}\text{(aq)} + 6\text{NH}_3\text{(aq)} \rightleftharpoons [\text{Co(NH}_3\text{)}_6]^{3+}\text{(aq)}$	$4.5 \times 10^{+33}$

である．常に，60兆個の H_3O^+ イオンと 60 兆個の OH^- イオンが存在し，この値は一定である．しかし，イオンとなる分子は絶えず入れ替わっている．

水に何か別のものを加えると，この描像はどのように変化するだろうか．たとえば，ティースプーン1杯の酢をグラスの水に加えると，味はかなり変わる．**酸**の分子は水中で解離して H^+ を生じる．H^+ は裸の水素原子核（プロトン）であり，非常に小さく，水溶液中では単独では存在しえない．H^+ は常に1個の水分子と結合しているため，H_3O^+ と記されることも多い．酢の成分である酢酸から H^+ が生じると，溶液中の H_3O^+ と OH^- の数は同じではなくなる．ただし，H^+ と OH^- の相対的な濃度は変化するものの，両者の積は一定である．

$$[H_3O^+][OH^-] = 1.0 \times 10^{-14} \equiv K_w \quad 25\,°C \quad (8.14)$$

純粋な水では，$[H_3O^+]$ は $[OH^-]$ に等しく，それぞれ 1.0×10^{-7} M（M = mol L^{-1}）である．酸溶液では，$[H_3O^+]$ は $[OH^-]$ よりも大きい．一方，アルカリ溶液では，$[OH^-]$ の方が大きい．K_w は水の解離定数，あるいは**イオン積**とよばれる．気相の平衡と同様，溶液反応のダイナミクスも平衡式で表される．

$$2H_2O(l) \rightleftharpoons H_3O^+(aq) + OH^-(aq) \quad (8.15)$$

酢酸を加える前，1 L の水の中には 1.0×10^{-7} mol の H_3O^+ と 1.0×10^{-7} mol の OH^- が存在する．これに酸を加えると，H_3O^+ の濃度は増加するが，逆に OH^- の濃度は減少し，両者の積は一定に保たれる．

酢は約 1 M の酢酸溶液である．もしすべての酢酸分子が解離したとすると，1 L 当たり，1 mol の H^+ が放出される．しかし，酢酸は弱酸であり，弱酸は水中で完全に解離しない．酢酸の場合，ほとんどは分子のままであり，0.4%だけが解離する．したがって，H_3O^+ の濃度は 4×10^{-3} M である．これは，純水に比べ非常に高い値であるが，酢酸の濃度よりはかなり低い．

分子のレベルでは，酢酸は CH_3COOH（図8.4）であり，CH_3COO^- は酢酸イオンとよばれる．酢酸を水に加えると，酢酸イオンと水の間で，プロトンの奪い合いが起こる．水にプロトンが移ると，H_3O^+ となる．酢酸分子と，酢酸イオン + H_3O^+ の間のバランスにより，平衡定数が決まる．

$$K_a = \frac{[CH_3COO^-][H_3O^+]}{[CH_3COOH]} = 1.8 \times 10^{-5} \quad (8.16)$$

K_a は**酸解離定数**とよばれ，酢酸では小さな値をとる．これは，溶液中では，酢酸分子の数の方が，酢酸イオンやヒドロニウムイオンよりも多いことを示している．

酸と塩基の指標：pH

1 M の酢酸溶液中には，OH^- よりもはるかに多数の H_3O^+ が存在する．ところが，水の解離定数は 1.0×10^{-14} のままであるので，水酸化物イオンの濃度は，$[OH^-] = 1.0 \times 10^{-14}/[H_3O^+] = 2.5 \times 10^{-12}$ M にまで減少する．指数の取扱いは不便なので，H_3O^+ や OH^- の濃度は，対数スケールで表すことが多い（図 8.5）．対数の濃度スケールは **pH** とよばれる．記号 "pH" は，"水素の力" を意味するフランス語 puissance d'hydrogène からきている．pH は，H_3O^+ のモル濃度と以下のような関係にある．

$$pH = -\log[H_3O^+] \quad (8.17)$$

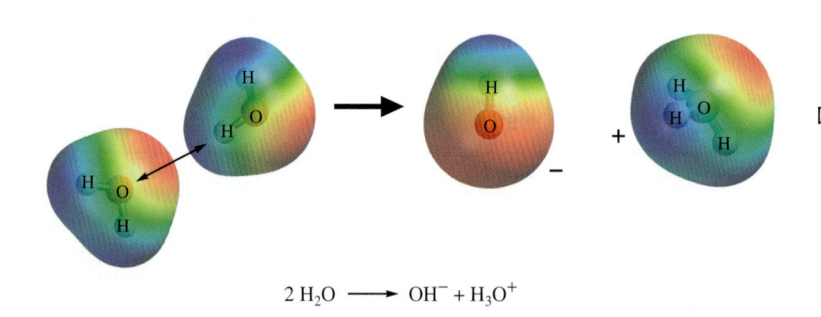

$2H_2O \longrightarrow OH^- + H_3O^+$

図 8.3 水の解離．水分子は絶えず押し合っている．たまに，ある分子から別の分子へとプロトンが移動し，H_3O^+ イオンと OH^- イオンが生じる．なお，電位分布を色で表してあるが，H_3O^+ は一段階分プラス側に（すなわち緑色は +1），OH^- は 1 段階分マイナス側（緑色は -1）に色をずらしてある．

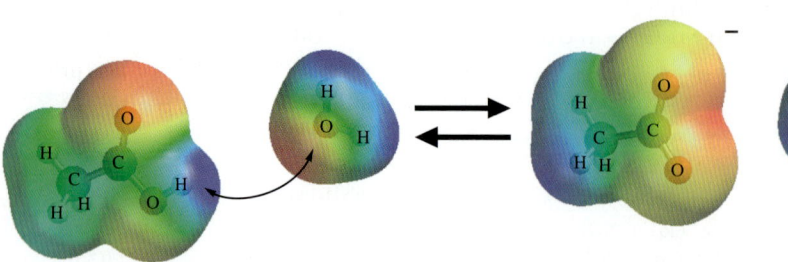

$CH_3COOH(aq) + H_2O(l) \rightleftharpoons CH_3COO^-(aq) + H_3O^+(aq)$

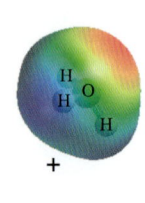

図 8.4 水中での酢酸の平衡．酢酸分子のプロトンが水分子に移動し，酢酸イオンとヒドロニウムイオンを生じる．

8.4 水溶液

純水のpHは7であり，1M酢酸溶液のpHは2.4である．pHが7よりも低い溶液を酸，7よりも高い溶液を塩基とよぶ．OH^-イオンの濃度は，pOHスケール（pOH＝－log$[OH^-]$）で表すこともある．対数の性質から，pH＋pOH＝14である．pHと同様，他のイオンの濃度に対しても，"p"をつけた表示が使われる．"p"は対数にマイナスをつけたものを表している．

基本問題 0.01Mの酢酸溶液のpOHはいくらか． ■

応用問題 赤キャベツの葉2枚を，2カップの水で5分間ゆでる．冷ました後，ゆで汁を三つの透明なプラスチック製カップ（1, 2, 3と番号をつけておく）に取り分ける．液の色に注目してほしい．なお，カップ3は比較用である．カップ1にはティースプーン1/4杯の酢を加え，カップ2には家庭用アンモニアをティースプーン1/4杯分加える．色の変化を書きとめよ．つぎに，カップ3と色が同じになるまで，カップ2に酢を1滴ずつ加える．続いて，ティースプーン1/8杯の重曹をカップ1とカップ2に加える．重曹を加えた後の液の色は同じか．カップ1の色を元に戻すには，何を加えたらよいか．（注意：液の色が濃すぎる場合には，酢やアンモニア，重曹を加える前に，ゆで汁を薄めよ．液は薄めた後に排水に流す．液を飲んではならない．プラスチックカップは，固形廃棄物として処理せよ．）

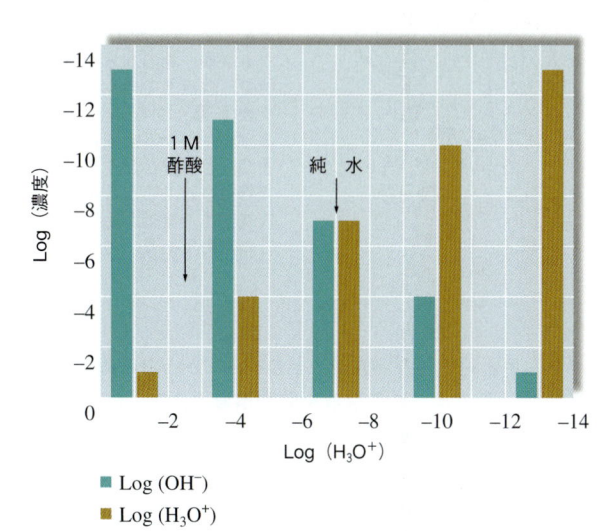

図8.5 H_3O^+イオンの濃度とOH^-イオンの濃度との関係．H_3O^+の濃度が増加すると，OH^-の濃度は減少する．両者の積$[H_3O^+]\times[OH^-]$は一定である．これらの濃度は，何桁にもわたって変化するので，対数スケールで表してある．

溶 解 度

溶解度は，固体と溶液中のイオンとの間に成り立つ不均一系平衡と関係する性質の例である．おなじみの物質，食塩（NaCl）を考えてみよう．ティースプーン1杯の食塩は，1カップの水に完全に溶ける．しかし，ティースプーン1杯の水には，ごく一部が溶けるのみである．Na^+とCl^-の間のクーロン引力は，どちらの場合も同じであるが，水とイオンの量は大きく異なる．ティースプーン1杯の水では，イオンの濃度は非常に高くなる．溶液中に存在できるイオンの量には上限があり，その値を超えると固体が析出する．その上限値は，イオンの濃度の積で与えられ，**溶解度積**とよばれる．食塩（NaCl）の場合，溶解度積は非常に大きい．したがって，通常，食塩は水に溶けるといわれる．溶解度積がきわめて小さい塩もあり，貝殻の成分であ

例題 8.3 塩基性溶液

大気の成分のうち，水に溶けて塩基性を示すものは少ないが，アンモニアはその数少ない例の一つである．大気中のアンモニアの濃度は，水鳥が多く生息する地域を除けば，非常に低いが，それでも，酸の中和や，雲の凝集核となる微粒子の生成において，重要な役割を果たしている．0.01MのNH_3溶液のpHを求めよ．$K_b(NH_3) = 1.8\times10^{-5}$である．

[解 法]
■ 反応式を書く．
■ 平衡定数の式を書き下す．
■ 解離したNH_3のモル濃度を未知数xとする．
■ pOH＝－log$[OH^-]$

[解 答]
■ $NH_3(aq) + H_2O(l) \rightleftharpoons NH_4^+(aq) + OH^-(aq)$
■ $K_b = \dfrac{[NH_4^+][OH^-]}{[NH_3]}$
■ 反応の化学量論比から，NH_4^+のモル数はOH^-のモル数に等しく，また水中で解離したアンモニアの量に等しい．したがって，$x = [NH_4^+] = [OH^-]$，$[NH_3] = 0.01-x$．

$$K_b = \frac{[NH_4^+][OH^-]}{[NH_3]} = \frac{(x)(x)}{(0.01-x)}$$
$$= \frac{x^2}{(0.01-x)} = 1.8\times10^{-5}$$

$K_b \ll 1$であるので，xは0.01よりも十分に小さいと考えられる．したがって，$x^2 \cong 1.8\times10^{-7}$より$x = 4.2\times10^{-4}$を得る．問題の有効数字の範囲内で，$4.2\times10^{-4}$は0.01に比べ無視できるほど小さい．

■ $[OH^-] = 4.2\times10^{-4}$M $\Longrightarrow$ pOH＝3.4 $\Longrightarrow$ pH＝10.6であり，塩基性溶液となっている．

アンモニアを主成分とする洗浄剤は，約1Mのアンモニア溶液であり，pHが非常に高い．

別冊演習問題 8.14〜18参照

る $CaCO_3$ や骨に含まれる $Ca_3(PO_4)_2$ がその例である.

溶解度に対する一般則

水に対する溶解度は重要であるので,イオン性の塩の溶解度を予想するための一般則が知られている.

- 常に可溶性の陽イオン: Li^+, Na^+, K^+, Rb^+, Cs^+, NH_4^+
- 一般的に可溶性の陰イオン: NO_3^-, CH_3COO^-, ClO_3^-, ClO_4^-, SO_4^{2-}, ハロゲン化物イオン

  例外:
  不溶性: Ag^+, Hg_2^{2+}, Pb^{2+} のハロゲン化物ならびに擬ハロゲン化物(CN^-, SCN^-塩)
  不溶性: Pb^{2+}, Ba^{2+}, Hg_2^{2+} の硫酸塩
  難溶性: Ca^{2+}, Ag^+ の硫酸塩

- 一般的に不溶性の陰イオン: OH^-, CO_3^{2-}, PO_4^{3-}, AsO_4^{3-}, S^{2-}

  例外:
  可溶性: 重い2族元素の水酸化物

溶解度積の利用

骨(図8.6)は,化学的に安定であると通常考えられているが,生体内では,絶えず劣化しており,逆に,多数の再生部位で修復が行われている.また,骨が継続的に再生することで,血中のカルシウム濃度はある一定レベルに保たれている.カルシウムは,多くの生体機能を調節しているのである.骨の中のカルシウムと血中のカルシウムは常に交換しており,骨に生じた小さなひびや不完全な箇所が治る,あるいは体の成長に応じて骨も成長するのは,このためである.貝殻も,$CaCO_3$ の形でカルシウムを取込んでおり,貝殻と海水との間で,骨-体液と同様の交換が起こる.

水と $CaCO_3$ を入れたビーカー内で何が起きているか見てみよう(図8.7).カルシウムイオン(Ca^{2+})と炭酸イオン(CO_3^{2-})は絶えず結合して固体となろうとし,逆に,固体は水に溶け,水分子に囲まれた状態になろうとしている.溶液中の水分子は,逆符号のイオンの間に挟まれた形となる.この交換反応は,つぎの平衡式で表される.

$$\text{固体中のイオン} \rightleftharpoons \text{溶液中のイオン}$$
$$CaCO_3(s) \rightleftharpoons Ca^{2+}(aq) + CO_3^{2-}(aq) \quad (8.18)$$

骨の $Ca_3(PO_4)_2$ についても同様の反応式が成り立つ.

$$Ca_3(PO_4)_2(s) \rightleftharpoons 3Ca^{2+}(aq) + 2PO_4^{3-}(aq) \quad (8.19)$$

基本問題 $CaCO_3$ の溶解と $Ca_3(PO_4)_2$ の溶解では,平衡定数にどのような違いがあるか. ■

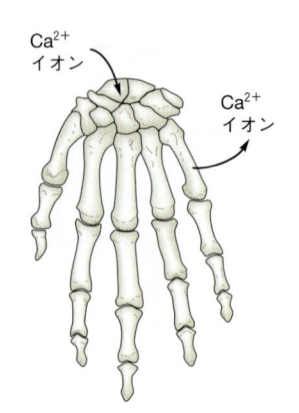

図8.6 骨-体液間のカルシウム交換.骨のあらゆる場所で,体液とのカルシウム交換が絶えず起こっている.カルシウムを取込むことで,小さなひびや不具合は修復され,また骨全体が成長する.骨折が治るのもこのためである.

あるイオンを含む溶液が,そのイオンからなる固体塩と接しているとき,この溶液を飽和溶液とよぶ.$CaCO_3$ の飽和溶液は,$Ca_3(PO_4)_2$ の飽和溶液に比べ,5倍ほど高濃度の Ca^{2+} イオンを含んでいる(例題8.4参照).

連結した平衡

共通イオン効果

体液中の Ca^{2+} がすべて骨に由来するのであれば,カルシウムイオン,リン酸イオンの濃度は,それぞれ 1.2×10^{-5} M, 7.8×10^{-6} M となるはずである.しかし,血液を含め体液中の Ca^{2+} が,すべて骨からきているわけではない.カルシウムの一部は食物から摂取するし,生体機能をつかさどるさまざまなタンパク質からも供給される.いったん溶液になると,カルシウムイオンはどれも同じである.したがって,カルシウムイオンを供給する反応はすべて,溶液中のカルシウムイオン濃度と関係している.骨の場合,溶解度積は一定であるので,カルシウムイオン濃度が高くなると,骨の溶解度は低下する.たとえば,別のカルシウム源から摂取したため,カルシウムイオン濃度が,

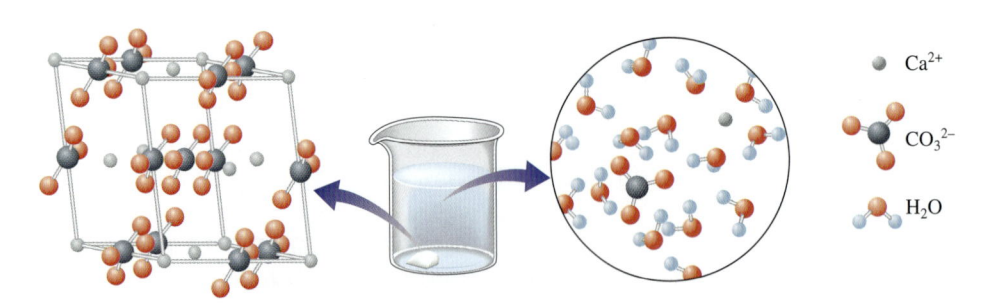

図8.7 溶液中での固体の $CaCO_3$ と $Ca^{2+}+CO_3^{2-}$ イオン間の平衡.

体液中の典型的な濃度である 2 mM（ミリモル）まで上昇したとしよう．骨はこの溶液にどのくらい溶けるだろうか．カルシウム濃度が別の系で規定されると，骨の溶解度はリン酸イオンの濃度で決まる．

$$\begin{aligned} K_{sp}(\text{Ca}_3(\text{PO}_4)_2) &= [\text{Ca}^{2+}]^3[\text{PO}_4^{3-}]^2 \\ &= (2\times 10^{-3})^3[\text{PO}_4^{3-}]^2 \\ &= 1.0\times 10^{-25} \quad (\text{Ca 濃度は固定}) \\ \Longrightarrow [\text{PO}_4^{3-}]^2 &= 1.25\times 10^{-17} \\ \Longrightarrow [\text{PO}_4^{3-}] &= 3.5\times 10^{-9} \end{aligned}$$
(8.20)

$\text{Ca}_3(\text{PO}_4)_2$ が溶けると 2 個の PO_4^{3-} イオンが生じるので，2 mM のカルシウム溶液に対する骨のモル溶解度は 1.75×10^{-9} mol L^{-1} となる．この値は，水に対する溶解度よりも 4 桁近く小さい．これは，骨にとっては望ましい．イオンの一つを別の供給源から導入し，塩の溶解度を下げる．これを**共通イオン効果**とよぶ．

Ca^{2+} は，体内での多くの機能の信号伝達に使われている．その機能の一つが，緊張に応じて心臓の鼓動を早める筋肉の収縮である．これは重要な機能なので，Ca^{2+} を運ぶタンパク質（図 8.8）は，Ca^{2+} と非常に強く結びついている．このため，食事での Ca^{2+} 摂取が不十分な場合には，骨から Ca^{2+} が奪われてしまう．子供に牛乳を飲むよう薦めるのは，このためである．

基本問題 海水中の典型的なカルシウムイオン濃度は 1.4 mM である．貝殻は，純水よりも海水に溶けやすいか，それとも溶けにくいか．貝殻の海水に対するモル溶解度を求めよ．

例題 8.4　溶解度に関連した事例：貝殻と骨

生物圏を通したカルシウムの循環は，溶液中でのカルシウムイオンを経由した無機カルシウムの循環と関係している．骨（$\text{Ca}_3(\text{PO}_4)_2$）あるいは貝殻（$\text{CaCO}_3$）と接する溶液のカルシウムイオン濃度を求めよ．

[データ] $K_{sp}(\text{CaCO}_3) = 4.8\times 10^{-9}$
$K_{sp}(\text{Ca}_3(\text{PO}_4)_2) = 1.0\times 10^{-25}$

[解法]
- 反応式を書く．
- 平衡定数を式で表す．
- 1 L の水に溶ける塩のモル数を x と置き，式をたてる．x について解く．

[解答]
CaCO_3:
- $\text{CaCO}_3(s) \rightleftharpoons \text{Ca}^{2+}(aq) + \text{CO}_3^{2-}(aq)$
- $K_{sp}(\text{CaCO}_3) = [\text{Ca}^{2+}][\text{CO}_3^{2-}]$（$\text{CaCO}_3(s)$ は含まれていないことに注意）
- x モルが水に溶ける $\Longrightarrow [\text{Ca}^{2+}] = x$, $[\text{CO}_3^{2-}] = x$
$K_{sp}(\text{CaCO}_3) = (x)(x) = x^2 = 4.8\times 10^{-9}$
$\Longrightarrow x = 6.9\times 10^{-5} \Longrightarrow [\text{Ca}^{2+}] = 6.9\times 10^{-5}$ M

$\text{Ca}_3(\text{PO}_4)_2$:
- $\text{Ca}_3(\text{PO}_4)_2(s) \rightleftharpoons 3\text{Ca}^{2+}(aq) + 2\text{PO}_4^{3-}(aq)$
- $K_{sp}(\text{Ca}_3(\text{PO}_4)) = [\text{Ca}^{2+}]^3[\text{PO}_4^{3-}]^2$
- x モルが水に溶ける $\Longrightarrow [\text{Ca}^{2+}] = 3x$, $[\text{PO}_4^{3-}] = 2x$
$K_{sp}(\text{Ca}_3(\text{PO}_4)) = (3x)^3(2x)^2 = 108\, x^5 = 1.0\times 10^{-25}$
$\Longrightarrow x = 3.9\times 10^{-6} \Longrightarrow [\text{Ca}^{2+}] = 1.2\times 10^{-5}$ M

骨と接する溶液中のカルシウムイオンの濃度は，貝殻と接する溶液に比べ，1/5 ほどである．

別冊演習問題 8.20〜23 参照

例題 8.5　平衡定数と相互作用

鉄の酸化物 FeO や Fe_2O_3 を湿った大気にさらすと，水和して，表面に Fe(OH)_2 や Fe(OH)_3 が生じる．これら 2 種類の水和酸化物層のうち，水に対する溶解度が高いのはどちらか．

[データ] $K_{sp}(\text{Fe(OH)}_2) = 7.9\times 10^{-15}$
$K_{sp}(\text{Fe(OH)}_3) = 6.3\times 10^{-38}$

[解法]
- 反応式を書く．
- 平衡定数を式で表す．
- K_{sp} を使って溶解度を見積もる．

[解答]
- $\text{Fe(OH)}_2(s) \rightleftharpoons \text{Fe}^{2+}(aq) + 2\text{OH}^-(aq)$,
$\text{Fe(OH)}_3(s) \rightleftharpoons \text{Fe}^{3+}(aq) + 3\text{OH}^-(aq)$
- $K_{sp}(\text{Fe(OH)}_2) = [\text{Fe}^{2+}][\text{OH}^-]^2$,
$K_{sp}(\text{Fe(OH)}_3) = [\text{Fe}^{3+}][\text{OH}^-]^3$
- Fe(OH)_2: $K_{sp} = 7.9\times 10^{-15} = x(2x)^2$
$\Longrightarrow x = 1.3\times 10^{-5}$
$\Longrightarrow$ モル溶解度 $= 1.3\times 10^{-5}$ M

注意：平衡定数の計算でよくある誤りとして，組成比 ($2x$) あるいはべき乗（2 乗）を忘れてしまうことがあるので注意せよ．

Fe(OH)_3: $K_{sp} = 6.3\times 10^{-38} = x(3x)^3$
$\Longrightarrow x = 2.2\times 10^{-10}$
$\Longrightarrow$ モル溶解度 $= 2.2\times 10^{-10}$ M

Fe^{3+} の水酸化物のモル溶解度は，Fe(OH)_2 よりもはるかに小さい．これは，+2 価イオンよりも +3 価イオンの方が，OH^- イオンとのクーロン引力が強いからである．

別冊演習問題 8.22, 8.23 参照

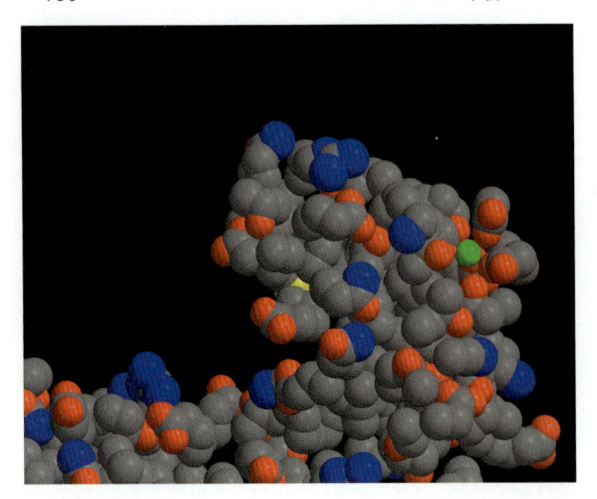

図 8.8 タンパク質カルモジュリンは，体内の Ca^{2+} と結合する性質があり，体液中の Ca^{2+} のレベルを制御する働きをもつ．正電荷の Ca^{2+} は，タンパク質内の数個の酸素原子（ここでは三つの場合を示した）や，それよりもいくぶん電気陰性度の低い窒素原子（ここでは NH_2）と強く結合する．この結合は強固であるので，食事からの Ca^{2+} 摂取が不十分な場合には，骨から Ca^{2+} が奪われてしまう．

バリウムを，不溶性の塩である $BaSO_4$ の形で投与する．$BaSO_4$ に Na_2SO_4 を混ぜると，バリウムイオンの濃度はさらに減少する．ナトリウム塩は可溶性なので，

$$Na_2SO_4(s) \longrightarrow 2Na^+(aq) + SO_4^{2-}(aq) \quad (8.21)$$

となる．式(8.21)の矢印は，一方向だけを向いていることに注意されたい．閉じた系でのすべての反応と同様，この反応も厳密には平衡反応である．しかし，濃度は右辺に大きく偏っているため，実質的に反応は完全に進行しているとみなせる．Na_2SO_4 の水に対する溶解度は 281.1 g kg^{-1} であり，濃度にすると 2 M である．これに対し，$BaSO_4$ の飽和溶液の濃度は 1.04×10^{-5} M である．したがって，他のナトリウム塩同様，硫酸ナトリウムも可溶性と考えてよい．

傍観イオン

応用によっては，混合物中のある特定の成分の濃度を制限したい場合がある．たとえば，消化器を診察する際，患者にバリウム塩を投与する（図8.9）．これは，バリウムが X 線をよく吸収するからである．しかし，バリウムは毒である（骨や体内で情報を伝達するタンパク質に含まれるカルシウムに置き換わってしまう）．したがって，バリウムイオンの量を制限する必要がある．一つの方法として，

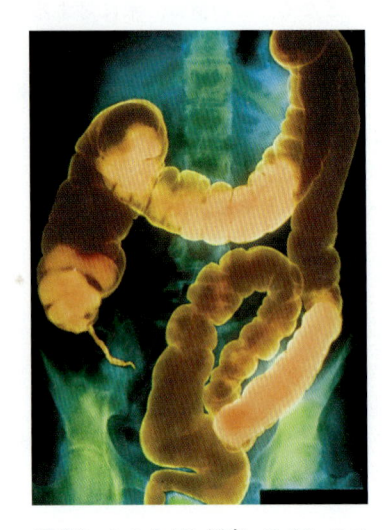

図 8.9 レントゲン写真．$BaSO_4$ のバリウム原子は，X 線をよく吸収する．

例題 8.6　毒性イオンの量を制限する

Ba^{2+} は毒であるので，X 線で消化器を検査する際，$BaSO_4$ の溶液に Na_2SO_4 を加えることがある．ここでは，Na_2SO_4 の効果を確かめてみる．$BaSO_4$ 飽和溶液中の Ba^{2+} の濃度を計算せよ．また，その結果を，1 mM の Na_2SO_4 を含む飽和溶液中の Ba^{2+} 濃度と比較せよ．K_{sp} $(BaSO_4) = 1.08\times10^{-10}$ である．

[解法]
- Ba^{2+} と SO_4^{2-} の反応の反応式を書く．
- 平衡定数 K_{sp} を式で表す．
- 飽和溶液では，$[Ba^{2+}] = [SO_4^{2-}]$ である．
- Na_2SO_4 は可溶性 $\Longrightarrow [SO_4^{2-}] = 1$ mM．
K_{sp} から $[Ba^{2+}]$ を計算する．

[解答]
- $BaSO_4(s) \rightleftharpoons Ba^{2+}(aq) + SO_4^{2-}(aq)$
- $K_{sp} = [Ba^{2+}][SO_4^{2-}]$
- 飽和溶液中：
  $[Ba^{2+}] = [SO_4^{2-}]$
  $\Longrightarrow K_{sp} = [Ba^{2+}]\times[SO_4^{2-}] = [Ba^{2+}]^2$
  $\Longrightarrow [Ba^{2+}] = \sqrt{1.08\times10^{-10}} = 1.04\times10^{-5}$ M
- Na_2SO_4 溶液中：
  $[SO_4^{2-}] = 1$ mM
  $\Longrightarrow K_{sp} = [Ba^{2+}][SO_4^{2-}] = [Ba^{2+}]\times0.001$
  $\Longrightarrow [Ba^{2+}] = 1.08\times10^{-7}$ M

Na_2SO_4 をミリモルレベル添加しただけでも，Ba^{2+} の濃度は 2 桁減少する．SO_4^{2-} も Na^+ も毒性はないので，患者にとって朗報である．Na_2SO_4 の添加はきわめて有効である．

別冊演習問題 8.25, 8.26 参照

例題 8.7 固体をつくる

固体から出発せずに，飽和溶液をつくることは可能である．胃腸のX線診断に用いる$BaSO_4$を考える．$Ba(NO_3)_2$は可溶性の塩であるため，0.5 mMの$Ba(NO_3)_2$溶液は透明である．同様に，1.0 mMのNa_2SO_4も1Lの水に完全に溶ける．しかし，1.0 mMのNa_2SO_4を1Lの0.5 mM $Ba(NO_3)_2$溶液に加えると，固体が生じる．固体の組成は何か．飽和溶液中のバリウムイオンの濃度を求めよ．

[解　法]
- 陰イオンと陽イオンの組合わせを考える．どれが不溶性か．
- 反応式を書き，最初の濃度を求める．
- 平衡に達するのに，大きな濃度変化を伴うか．もしそうであれば，どの反応物が不足しているために反応が終結しないか．反応が終結するよう，新しく濃度の初期値を設定する．
- 平衡に達するのに必要な変化量を求める．
- K_{sp}から$[Ba^{2+}]$を計算する．

[解　答]
- 存在する陽イオンはNa^+とBa^{2+}であり，陰イオンはNO_3^-とSO_4^{2-}である．ナトリウム塩は可溶性であり，Ba^{2+}とNO_3^-の組合わせも水に可溶である．したがって，$BaSO_4$が不溶性である．
- 反応式は，$Ba^{2+}(aq) + SO_4^{2-}(aq) \rightleftharpoons BaSO_4(s)$である．この反応は溶解反応の逆であるので，これを$BaSO_4(s) \rightleftharpoons Ba^{2+}(aq) + SO_4^{2-}(aq)$と書くことにする．初期値は

$[Ba^{2+}] = 0.5$ mM
$[SO_4^{2-}] = 1.0$ mM

- 初期値の積は5×10^{-7}であるのに対し，K_{sp}は1.08×10^{-10}であるので，平衡に達すると両濃度とも著しく低下するはずである．Ba^{2+}の濃度はSO_4^{2-}の濃度よりも低いが，両者は1：1で化合するため，反応を規定しているのはBa^{2+}である．もし，Ba^{2+}がすべて反応したとすると，

$[Ba^{2+}] = 0$
$[SO_4^{2-}] = 1.0$ mM $- 0.5$ mM $= 0.5$ mM

である．

- $BaSO_4(s) \rightleftharpoons Ba^{2+}(aq) + SO_4^{2-}(aq)$

初期値：	0	0.0005 M
平衡までの変化量：	$+x$	$+x$
最終値：	x	$(0.0005+x)$ M

- $K_{sp} = [Ba^{2+}][SO_4^{2-}] = (x)(0.0005+x) = 1.08 \times 10^{-10}$．$x$は0.0005に比べ小さい．

$\Longrightarrow 0.0005x = 1.08 \times 10^{-10}$
$\Longrightarrow x = 2 \times 10^{-7}$ あるいは $[Ba^{2+}] = 2 \times 10^{-7}$ M

確認：2×10^{-7} Mは0.5 mMに比べ約3桁小さい．

X線撮影が終了した時点で，残ったBa^{2+}はNa_2SO_4を投与して洗い流す．

別冊演習問題 8.28, 8.29, 8.37, 8.38 参照

ナトリウムイオンは，バリウムと硫酸イオン(SO_4^{2-})との反応には直接関与していないが，SO_4^{2-}の負電荷を相殺し，電気的中性を保つための相手イオンとして働く．このNa^+のような働きをするイオンを，**傍観イオン**とよぶ（例題8.6）．

傍観イオンは，溶解度に対する一般則を使えば，見分けることができる．混合物中で，可溶性イオンを組合わせたものは，単に電気的な中性を保っているにすぎない．濃度を求める際には，これらのイオンは無視してよい（例題8.6）．

緩衝溶液

多くの系，特に生体では，pHをほぼ一定に保つことが重要となる．血液には，酸性や塩基性の物質が流れているにもかかわらず，pHは7.4±0.5に精密に調整されている．少量の酸や塩基を加えてもpHが変わらない溶液を，**緩衝溶液**あるいは**緩衝液**とよぶ．緩衝溶液は，加えた塩基を消費する酸性の物質と，加えた酸を消費する塩基性物質の両方を含んでいる．こうした二面性を低いpHで実現するには，弱酸と，その酸の陰イオンを含む塩とを組合わせる．

弱酸はH^+を供給し，加えた塩基を中和する．一方，陰イオンはH^+と結合して酸を生じるため，H_3O^+の濃度を制限する働きをもつ．このような陰イオンは，H^+と結合する性質があるため，**共役塩基**とよばれる．上で述べた酢酸は，弱酸の例であり，その共役塩基は酢酸イオンである．

基本問題 炭酸は弱酸である．炭酸の共役塩基は何か．■

基本問題 酢酸は弱酸である．1Mの$NaCH_3COO$を含む溶液は酸性か塩基性か．その理由も述べよ．■

酢酸イオン（図8.10）の負電荷は，水の正に帯電した端，すなわち水素端に引き寄せられる．プロトンが水から酢酸イオンに移動すると，酢酸分子が生じ，水からは水酸化物イオンが残る．反応式は

$$CH_3COO^-(aq) + H_2O(l) \rightleftharpoons CH_3COOH(aq) + OH^-(aq) \qquad (8.22)$$

である．平衡定数は，以下のように表される．

$$K = \frac{[CH_3COOH][OH^-]}{[CH_3COO^-]} \qquad (8.23)$$

式(8.23)は，酢酸の$(K_a)^{-1}$と似ているが，ヒドロニウム

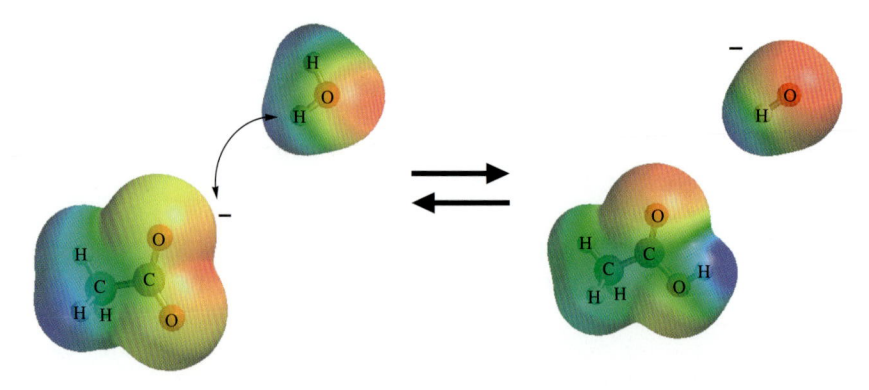

図 8.10 酢酸イオンと水との反応．酢酸イオンの負電荷と，水分子中の正に帯電した水素端が静電気力により引き合うことで，酢酸イオンと水が反応する．水分子から酢酸イオンにプロトンが移動すると，酢酸と水酸化物イオンが生じる．

例題 8.8 弱酸の pH

酢酸は弱酸であり，緩衝溶液に使われる．1 M の酢酸溶液の pH を求めよ．$K_a = 1.8 \times 10^{-5}$ である．

[解　法]
- 反応式を書く．
- 初期濃度を設定する．
- 平衡に達するのに必要な変化量を設定する．
- 未知の平衡濃度を含んだ式を書く．
- 平衡定数を式で表す．
- $[H_3O^+]$ に関して解く．
- $pH = -\log[H_3O^+]$ である．

[解　答]
- $CH_3COOH(aq) + H_2O(l) \rightleftharpoons CH_3COO^-(aq) + H_3O^+(aq)$
- $CH_3COOH(aq) + H_2O(l) \rightleftharpoons CH_3COO^-(aq) + H_3O^+(aq)$　　　$K_a = 1.8 \times 10^{-5}$

初期値: 1 M
- 平衡に達するには，酢酸の一部がイオン化し，CH_3COO^- と H_3O^+ が生じなければならない．

　　　　$CH_3COOH(aq) + H_2O(l) \rightleftharpoons CH_3COO^-(aq) + H_3O^+(aq)$　　　$K_a = 1.8 \times 10^{-5}$
変化:　　$-x$　　　　　　　　　　　　　　　　$+x$　　　　　$+x$

酢酸は酸であるので，純水から生じた 10^{-7} M の $[H_3O^+]$ は無視できる．
- 未知の平衡濃度: $[CH_3COOH] = (1-x)$ M, $[CH_3COO^-] = x$ M, $[H_3O^+] = x$ M
- $K = \dfrac{[CH_3COO^-][H_3O^+]}{[CH_3COOH]} = \dfrac{x^2}{1-x} = 1.8 \times 10^{-5}$
- この反応の平衡定数は小さいので，
$x \ll 1 \Longrightarrow x \cong \sqrt{1.8 \times 10^{-5}} = 4.2 \times 10^{-3}$
- $pH = -\log(4.2 \times 10^{-3}) = 2.4$

確認: 有効数字 2 桁の範囲内で，4.2×10^{-3} は 1 に比べて無視できる．

HCl のような強酸の 1 M 溶液では，$pH = -\log(1) = 0$ であり，pH = 2.4 の酢酸よりもずっと酸性が強い．酢酸は弱酸である．

別冊演習問題 8.47〜50 参照

イオンがなく，その代わりに水酸化物イオンが加えられている．数学的なテクニックとして $[H_3O^+]/[H_3O^+] = 1$ をかけると，式(8.23)は，もっとなじみのある形となる．

$$\begin{aligned} K &= \frac{[CH_3COOH][OH^-]}{[CH_3COO^-]} \frac{[H_3O^+]}{[H_3O^+]} \\ &= \frac{[CH_3COOH]}{[CH_3COO^-][H_3O^+]} \frac{[H_3O^+][OH^-]}{1} \quad (8.24) \\ &= (K_a)^{-1} K_w = (1.8 \times 10^{-5})^{-1} (1.0 \times 10^{-14}) \\ &= 5.5 \times 10^{-10} \end{aligned}$$

1 M の $NaCH_3COO$ 溶液の pOH は 4.6 であり，pH = 9.4 である．したがって，どちらかといえば，塩基性溶液である．酢酸イオンは，酢酸の共役塩基である．

基本問題 1 M の酢酸溶液の pH は 2.4 であり，1 M の酢酸ナトリウム溶液の pH は 9.4 である．1 M 酢酸 500 mL と 1 M $NaCH_3COO$ 500 mL とを混ぜ合わせた溶液の pH はいくつか．この溶液は酸性か，塩基性か，それとも中性に近いか． ■

弱酸とその塩の濃度がほぼ等しい場合，酸と塩基の力が拮抗する．たとえば，酢酸と酢酸イオンを含む溶液では，塩基を加えると酢酸がこれを中和し，酸を加えると酢酸イオンが中和する．

$$CH_3COOH(aq) + H_2O(l) \rightleftharpoons CH_3COO^-(aq) + H_3O^+(aq) \quad (8.25)$$

0.5 M の酢酸と 0.5 M の酢酸イオンを含む溶液の場合，反応物の CH_3COOH，生成物の一つである CH_3COO^- ともに，最初は高濃度である（式 8.26）．平衡に達すると，酸の一部が解離して H_3O^+ を生じる（式 8.27）．これら未知の濃度を平衡定数に代入すると，式(8.28)となる．もし x が小さいならば（$x \ll 1$），$0.5 \pm x \approx 0.5$ であり，式(2.28)は $x \approx 1.8 \times 10^{-5}$ となる．

確認：問題の有効数字の範囲内で，1.8×10^{-5} は 1 に比べ無視できるほど小さい．水素イオンの濃度は，酸の解離定数に等しいことに注意されたい．したがって，酢酸と酢酸イオンを等量含む溶液の pH は 4.7 である．一般的に，酸と塩の濃度がほぼ等しい場合には，

$$CH_3COOH(aq) + H_2O(l) \rightleftharpoons CH_3COO^-(aq) + H_3O^+(aq) \quad (8.26)$$
初期値：　　　0.5 M　　　　　　　　　　　　0.5 M

$$CH_3COOH(aq) + H_2O(l) \rightleftharpoons CH_3COO^-(aq) + H_3O^+(aq) \quad (8.27)$$
平衡までの変化量：　$-x$　　　　　　　　　　　　$+x$　　　　　$+x$
最終値：　　　$0.5-x$　　　　　　　　　　　　$0.5+x$　　　　x

$$K_a = \frac{[CH_3COO^-][H_3O^+]}{[CH_3COOH]} = \frac{(0.5+x)x}{0.5-x} = 1.8 \times 10^{-5} \quad (8.28)$$

例題 8.9 　血液の緩衝作用

生体機能を正常に保つには，血液の pH を 7.3〜7.5 に維持しなければならない．この pH を維持する緩衝系を提案せよ．ここで，[塩]/[酸] 比はいくつに設定する必要があるか．

[解 法]
■ pH = pK_a + log（[塩]/[酸]）を使う．pK_a が 7 と 8 の間にあるものを見つけ出す．
■ pH を [塩]/[酸] により調整する．

[解 答]
■ いくつかの酸の K_a 値を付録 A の表 1 に示した．K_a が 10^{-7} あるいは 10^{-8} のオーダーにあれば，目的とする緩衝溶液が得られる．以下の酸がその条件を満たす．ヒ酸の K_2，炭酸の K_1，クエン酸の K_3，クロム酸の K_2，次亜塩素酸の K_a，リン酸の K_2，亜リン酸の K_2，亜セレン酸の K_2，硫酸の K_2，亜テルル酸の K_2．

■ これらの内のいくつかは毒性が強いので，緩衝溶液の候補としては適当でない．残ったのは，炭酸の K_1，クエン酸の K_3，リン酸の K_2，亜リン酸の K_2 である．最も可能性の高いのは，炭酸（H_2CO_3）およびリン酸（H_3PO_4）である．なぜなら，これらの酸は，別の生理学的反応過程で実際に使われているからである．

$K_1(H_2CO_3) = 4.3 \times 10^{-7}$, p$K_1$ = 6.4
　$\Longrightarrow$ log([塩]/[酸]) = 1.0 $\Longrightarrow$ [塩] = 10[酸]
　$\Longrightarrow$ $[HCO_3^-]$ = 10$[H_2CO_3]$

$K_2(H_3PO_4) = 6.23 \times 10^{-8}$, p$K_2$ = 7.2
　$\Longrightarrow$ log([塩]/[酸]) = 0.2 $\Longrightarrow$ [塩] = 1.6[酸]
　$\Longrightarrow$ $[HPO_4^{2-}]$ = 1.6$[H_2PO_4^-]$

リン酸系の方が pK_a 値が近いが，現実の血液の緩衝液は炭酸系である．炭酸系は，$CO_2(g)$ と水との不均一平衡と関係しており，呼吸や代謝とも密接にかかわっている．

別冊演習問題 8.53，8.54 参照

$$\frac{[\text{塩}]}{[\text{酸}]}[\text{H}_3\text{O}^+] = K_a \quad (8.29)$$

となる．H_3O^+やOH^-を加えると，酸と塩とのバランスは崩れるが，pHの変化はごくわずかである．式(8.29)は，生物の学生にはおなじみかもしれない．両辺の$-\log$をとると，

$$\log \frac{[\text{酸}]}{[\text{塩}]} + \text{pH} = \text{p}K_a \quad (8.30)$$

$$\text{pH} = \text{p}K_a + \log \frac{[\text{塩}]}{[\text{酸}]} \quad (8.31)$$

式(8.31)は，緩衝溶液をつくるときによく用いる式である．すなわち，目的とするpHに近いpK_aをもつ弱酸を選び，さらに適当な[塩]/[酸]比に設定する．式(8.31)は，**ヘンダーソン・ハッセルバルヒの式**とよばれる．塩基性の緩衝溶液に関しても同様の式が成り立つ．

高pHでは，弱塩基とその**共役酸**を組合わせると，二面性が現れる．

$$\text{pOH} = \text{p}K_b + \log \frac{[\text{塩}]}{[\text{塩基}]} \quad (8.32)$$

たとえば，NH_3とNH_4Clで塩基性の緩衝溶液をつくることができる．NH_4^+は，塩基であるアンモニアの共役酸である．

多重平衡

生物が現れる以前，大気のCO_2濃度は非常に高かったと考えられている．この高濃度のCO_2のおかげで，地球上で生物が活動を始められるような温度条件が整ったのである．高濃度のCO_2は，生物の出現には，必要だったといえ

図8.12 Carlsbad鍾乳洞（米国，ニューメキシコ州）．鍾乳石や石筍が色鮮やかに展示されている．色の違いは，金属イオン（おもにCaCO_3中に固溶したFe^{2+}とFe^{3+}）によるものである．

る．その後，非常に高かったCO_2濃度は，現代の大気でも起きているさまざまな反応により低下していった（図8.11）．たとえば，大気中のCO_2は雨水に溶け，炭酸（H_2CO_3）となる．炭酸は，カルシウムを含んだ岩石を解かし，カルシウムイオンと溶存CO_2（HCO_3^-あるいはCO_3^{2-}）は海へと向かう．海洋生物は，カルシウムとCO_2を，石灰質の殻へCaCO_3の形で取込む．これらの生物が死ぬと，CaCO_3は石灰石となる．石灰石は地殻変動により大陸地殻下の海洋底へと押しやられるが，そこで熱せられ，CO_2を放出すると，カルシウムを含む鉱物が残る．気体は，火山活動により，最終的には大気に戻る．このサイクルが，地球規模で繰返

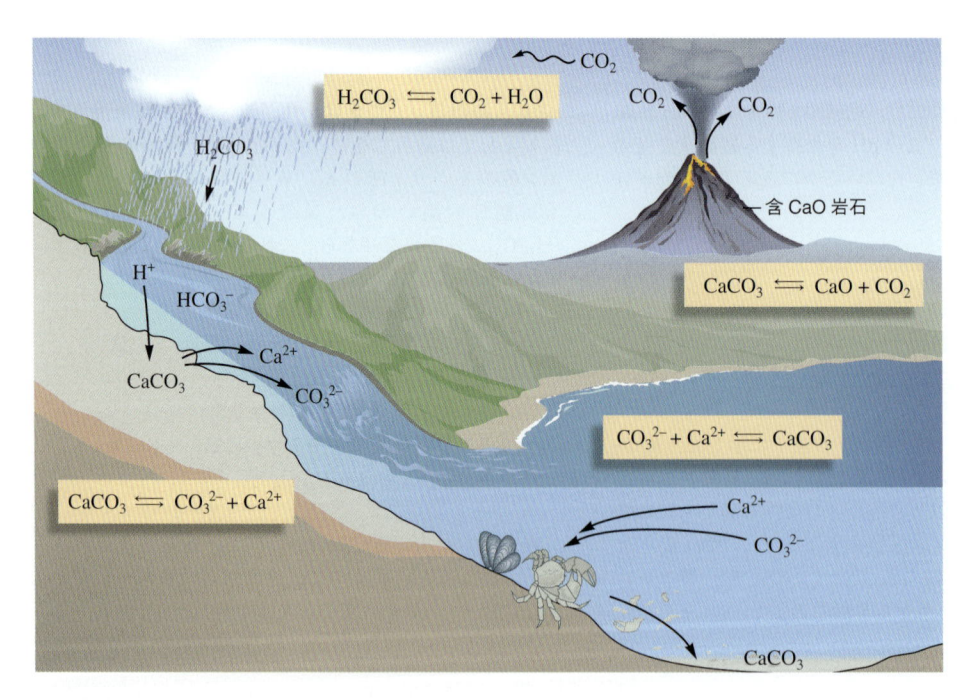

図8.11 カルシウムと二酸化炭素の循環．カルシウムと二酸化炭素は，生物圏や地球化学的なサイクルを含む環境の中で平衡状態にある．これら互いに関係した多重平衡を通して，カルシウムと二酸化炭素は循環する．

される．カルシウムの循環には，生物とはまったく無関係のものもあり，鍾乳洞にできる鍾乳石や石筍がその例である（図8.12）．多くの平衡が互いに絡み合い，世界を動かしているのである．

基本問題 $CaCO_3$ の海水（pH7）に対する溶解度を求めよ．pH6の雨水に対する溶解度はどれくらいか．また，雨水をpH6の酸性にするのに必要な CO_2 の分圧を求めよ．■

8.5 平衡定数をマスターするための八つのステップ

平衡反応にかかわる物質の濃度を求めるという作業は，現実のさまざまな問題に対処するうえで重要である．たとえば，ボイラーに湯垢（$CaCO_3$）が溜まり配管が詰まるかどうか，あるイオンの濃度がどのレベルに達したら有害か，動脈にプラークが生じるか，といった問に答えなければならない．どんな平衡反応でも，濃度を求める手順には，ある共通の要素が含まれている．共通する手順を，ステップに分けて以下にまとめる．

1. 起こっている化学反応を特定する．傍観イオンを見つけ出し，それを消去する．

基本問題 例題8.7で，傍観イオンはどれか．■

2. 反応の平衡定数を式で表す．

基本問題 0.01 mol の NH_4Cl を 1 L の水に加えたときに起きる反応を書け．この反応の平衡定数を示せ．■

3. 平衡定数の式が標準的な形でない場合には，数学的に変形し，標準的な式の組合わせとして表す．式(8.22)〜式(8.24)を見よ．

よくある質問

Q: 平衡反応は完全に進行するのか．たとえば，鉛（Pb^{2+}）は，固体として沈殿させれば，飲料水から完全に除くことができるか．

A: 平衡反応はけっして完全に進行することはない．したがって，上記のやり方では，必ず溶液中にある程度の鉛イオンが残る．

Q: CO_3^{2-} で Pb^{2+} の量を 10 ppb（ppb = 10億分の1）に抑えられるか．

A: ［データ］$K_{sp}(PbCO_3) = 1.3×10^{-13}$

［解 法］
■ 10 ppb（ppb = 重量にして10億分の1）をモル濃度に変換する．
■ K_{sp} から必要とされる炭酸イオンの濃度を計算する．
■ その濃度が現実的な値ならば，答えは YES である．

［解 答］
■ 1 Lの水の重さは1 kgである．したがって，10 ppbは重量にして $10×10^{-9}$ kg = $10×10^{-6}$ g Pb^{2+} (aq)となる．これをPbの原子量で割ると，$[Pb^{2+}] = 4.8×10^{-8}$ M が得られる．
■ $K_{sp} = [Pb^{2+}][CO_3^{2-}]$ であるので，$[Pb^{2+}] = 4.8×10^{-8}$ M とすると，$[CO_3^{2-}] = 1.3×10^{-13}/4.8×10^{-8} = 2.7×10^{-6}$ M．この濃度の炭酸イオンが必要である．
■ これは実現できる濃度である．たとえば，以下に示すように，$CaCO_3$ を溶かせばよい．$CaCO_3$ の $K_{sp} = 1.0×10^{-8}$ であり，飽和 $CaCO_3$ 溶液の濃度は $1.0×10^{-4}$ M となる．この値は，必要とされる濃度よりも高い．したがって，CO_3^{2-} を使えば，鉛の濃度は10 ppb以下に抑えられる．

Q: 平衡時に反応物と生成物の濃度は等しくなるのか．平衡の意味とは．

A: 反応物と生成物の濃度が等しい必要はない．平衡とは，相反する力や動きが釣り合い，バランスのとれた状態をさす．反応の場合，相反する動きとは，生成物が生じる反応と，反応物が生じる反応である．平衡時には，これらの速度が等しくなる．

Q: 反応物を生じる反応と生成物を生じる反応の速度が等しいとすると，両者の濃度はなぜ異なるのか．

A: もし平衡反応が生成物の方に偏っているのであれば，生成物の分子のうちわずかな部分のみが反応物へと変化する．生成物の大部分はそのままである．強く引っ張るネズミと，弱く引っ張るゾウで，バランスがとれているのである．

Q: 化学量論比から平衡時の濃度を求めることができるか．たとえば，$Pb(OH)_2$ の解離では，Pb^{2+} イオンと OH^- イオンの存在比は，常に 1 : 2 か．

A: Pb^{2+} と OH^- の比は，1 : 2 の化学量論比からずれることも多い．もし固体の $Pb(OH)_2$ が Pb^{2+} と OH^- の唯一の供給源だとしたら，すなわち，水に $Pb(OH)_2$ を加えただけだとしたら，$[Pb^{2+}]$ は常に $[OH^-]$ の半分である．しかし，Pb^{2+} と OH^- の供給源がそれぞれ別である，あるいはどちらかに対して第二の供給源が存在する場合には，この問に対する答えは NO となる．たとえば，Pb^{2+} は $Pb(NO_3)_2$ から，OH^- は $NaOH$ から供給される場合などが該当する．この場合でも，沈殿の組成比は，化学量論比の 1 : 2 である．しかし，溶液中に残されたイオンの濃度は，"もともとの溶液中の濃度 − 沈殿の量"で与えられ，したがって Pb^{2+} と OH^- が等しい必要はない．

基本問題 NH_4OH の塩基解離定数は 1.8×10^{-5} である. つぎの反応の平衡定数を求めよ.

$$NH_4^+(aq) + 2H_2O(l) \rightleftharpoons NH_4OH(aq) + H_3O^+(aq)$$ ■

4. 濃度の初期値を書き記す.

5. 目標は，計算を簡略化することである．手を止めて，濃度と平衡定数をよく見てみよう．もし平衡定数が大きく，反応物の初期濃度が，生成物の濃度よりもずっと高い場合には，反応物のほとんどは，平衡状態では生成物となっている．完全に反応物が生成物となった状態から出発し，反応物で規定される問題として扱えば，計算は大幅に簡略化される．逆に，平衡定数が非常に小さく，生成物の初期濃度が比較的高い場合には，生成物が完全に反応物に戻った状態から始めれば，計算が簡単になる．（注：平衡定数の指数（べき数）が正ならば平衡定数は大きく，負ならば平衡定数は小さい．）

基本問題 0.5 M の NH_4Cl を 1 M の NaOH 溶液に加える場合，反応を規定する物質は何か． ■

6. ステップ 5 で述べた反応を規定する物質については，完全に片側に反応を移動させた後の初期濃度をゼロとする．平衡時の濃度はゼロではないが，非常に小さい．化学量論を使って，他の物質の濃度変化を求めることができるが，その変化量も小さい．こうして計算を簡略化できる．

7. ここでいったんストップ．濃度変化 x が小さいならば，高い濃度に x を足したり高い濃度から x を引いたりした場合には，無視してよい．式を簡略化してから解く．〔式(8.28)と，それに関連した議論を参照．〕

基本問題 固体の $Pb(OH)_2$ を 0.5 M NaOH 溶液に加えると，pH は変化するか．$K_{sp}(Pb(OH)_2) = 2.8 \times 10^{-16}$ である． ■

8. 見直し．濃度変化は，高い濃度に比べ無視できるほど小さいか．現実的な答えが得られているか．

8.6 反応の方向と熱力学的な関係

反応商

反応が進行している間，反応物と生成物の濃度は，平衡時における値とは異なる．生成物と反応物が平衡に達するまで濃度が変化し，その濃度変化に必要な方向に反応は進む．たとえば，$CaCO_3$ のような不溶性の塩を水に加えたとすると，最初，塩に含まれるイオン（Ca^{2+} と CO_3^{2-}）の濃度はゼロである．したがって，イオン濃度が平衡値に達するまで塩は溶ける．この飽和溶液に，さらに $Ca(NO_3)_2$ を加えると，カルシウムイオンの濃度が増し，カルシウムイオンと炭酸イオンの濃度の積は，溶解度積を超えてしまう．このため，イオン濃度の積が溶解度積に等しくなるまで，$CaCO_3$ が沈殿する．一般に，反応中の濃度変化の大きさを求めるには，**反応商** Q を用いる．つぎの反応

$$aA + bB \rightleftharpoons pP + sS \tag{8.33}$$

に対する反応商は，

$$Q = \frac{[P]^p[S]^s}{[A]^a[B]^b} \tag{8.34}$$

で定義される．Q の式に使われる各項は，平衡定数と同じである．Q と K との違いは，K は平衡時の濃度から計算される定数であるのに対し，Q は時間に依存するという点にある．すなわち，Q は一定ではなく，$Q = K$ となるまで変化するのである．$Q = K$ となった時点で平衡に達する．たとえば，1 mol の酢酸を水に加えた瞬間には，溶液中には酢酸イオンは存在せず，H_3O^+ 濃度は 10^{-7} M である．したがって，この時点では

$$Q = \frac{[CH_3COO^-][H_3O^+]}{[CH_3COOH]} = \frac{0 \times (1 \times 10^{-7})}{1} = 0 \tag{8.35}$$

であり，平衡定数 1.8×10^{-7} よりも小さい．酢酸分子が解離するにつれ，H_3O^+ と CH_3COO^- の濃度が増加し，最終

例題 8.10 写真と銀

写真には銀が使われる．銀は高価な金属なので，処理の過程で用いる溶液から，できるだけ銀を回収することが望ましい．溶液は 13 μM （$\mu = 10^{-6}$）の Ag を含んでいる．溶液 1 L 当たり 58.5 mg の NaCl を加えると，AgCl は沈殿するだろうか．NaCl の溶解度は 6 M 強である．6 M の Cl^- 溶液では，どれだけの銀が溶液中に残るか．

[データ] $K_{sp}(AgCl) = 1.8 \times 10^{-10}$

[解法]
■ $[Cl^-]$ を求める．
■ Q は K よりも十分に大きいか．
■ K_{sp} を用いる．

[解答]
■ 58.5 mg の NaCl は 0.00100 mol であり，NaCl は可溶性の塩であるので，$[Cl^-] = 0.00100$ M.
■ $Q = [Ag^+][Cl^-] = (1.3 \times 10^{-5}) \times (1.00 \times 10^{-3}) = 1.3 \times 10^{-8} > K$. したがって，AgCl は沈殿する.
■ $[Cl^-] = 6$ M の場合，銀イオンの濃度は著しく減少する．
$[Ag^+] = 1.8 \times 10^{-10}/6$ M $\Longrightarrow [Ag^+] = 3 \times 10^{-11}$ M

ただし，沈殿により溶液からすべての銀を回収することは不可能である点に注意されたい．

別冊演習問題 8.59, 8.60 参照

8.6 反応の方向と熱力学的な関係

的にはそれぞれ平衡値に達する．ただし，正方向と逆方向の反応は平衡に必要な速度で続いており，速度のバランスがとれているため，濃度はそれ以上変化しない．

反応物と生成物を混ぜ，反応商が K に等しくないときには，Q の値をみれば（図 8.13）何が起こるかがわかる．もし $Q > K$ であれば，式(8.34)の分子が大きいので，生成物は反応物に変化する．その結果分子は小さくなり，分母は大きくなる．逆に $Q < K$ ならば，$Q = K$ となるまで，反応物は生成物へと変化する．

ギブズ自由エネルギーと平衡定数

ギブズ自由エネルギーの符号から，反応が自発的に進むのが正方向（$\Delta G° < 0$）か逆方向（$\Delta G° > 0$）かがわかる．したがって，ギブズ自由エネルギーと平衡定数との間には，何らかの関係があることが示唆される．その関係は，以下のように表される．

$$\Delta G° = -RT \ln K \tag{8.36}$$

ここで，R は気体定数，T は絶対温度であり，ln は自然対数を表す．$\Delta G°$ が負であるとすると，正方向の反応が自発的に進むので，生成物の濃度は増加し，反応物は減少する．したがって，K は 1 よりも大きく，$\ln K$ は正であることになる．K が 1 よりも大きいということは，生成物が支配的であり，正方向の反応が進むことと矛盾しない．逆反応が自発的に進む（$\Delta G° > 0$）場合には，生成物の濃度は減少し，反応物は増加するので，$K < 1$，すなわち $\ln K$ は負となる．

式(8.36)は，標準熱力学データから平衡定数を求めるのにしばしば用いられる（例題 8.11 参照）．

ギブズ自由エネルギーと平衡定数との関係は，非平衡下へも拡張できる．式(8.36)を少し変形すると，

$$\Delta G = \Delta G° + RT \ln Q \tag{8.37}$$

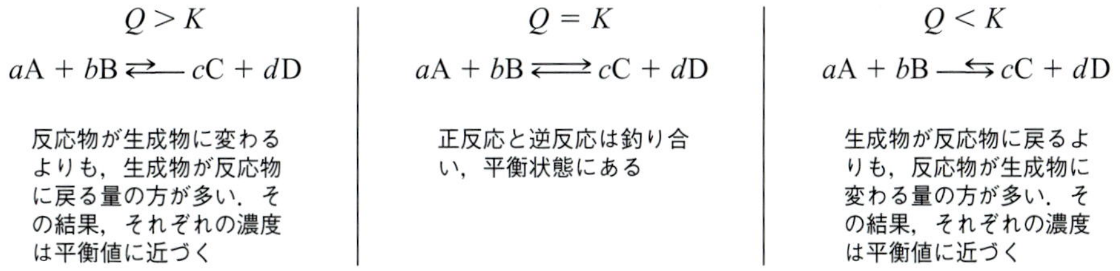

$Q > K$	$Q = K$	$Q < K$
$a\mathrm{A} + b\mathrm{B} \rightleftarrows c\mathrm{C} + d\mathrm{D}$	$a\mathrm{A} + b\mathrm{B} \rightleftharpoons c\mathrm{C} + d\mathrm{D}$	$a\mathrm{A} + b\mathrm{B} \leftrightarrows c\mathrm{C} + d\mathrm{D}$
反応物が生成物に変わるよりも，生成物が反応物に戻る量の方が多い．その結果，それぞれの濃度は平衡値に近づく	正反応と逆反応は釣り合い，平衡状態にある	生成物が反応物に戻るよりも，反応物が生成物に変わる量の方が多い．その結果，それぞれの濃度は平衡値に近づく

図 8.13 平衡に達するまでの濃度変化．長い矢印は，そちら向きの反応が優勢であることを示している．

例題 8.11 酸性雨

石炭発電所では，石炭中に含まれる硫黄が燃え，硫黄の酸化物（SO_2 や SO_3）が生じる．SO_3 は水との反応性が高く，反応すると不揮発性の H_2SO_4 となる．このため，排出物から SO_3 を取除くのは，SO_2 を除くのに比べずっと簡単である．硫黄酸化物が平衡状態にあると仮定し，典型的な燃焼温度である 1500 °C で生成する SO_2 と SO_3 の比率を求めよ．

[解法]
- SO_2 が SO_3 へと変わる反応の反応式を書く．
- $\Delta H - T \Delta S$（熱力学データは付録を参照）から $\Delta G°$ を計算する．
- K に関する式(10.36)を解く．

[解答]
- $2\,SO_2(g) + O_2(g) \rightleftharpoons 2\,SO_3(g)$
- $\Delta H°_f$:

$\Delta H°_f = -296.8\ \mathrm{kJ\ mol^{-1}}$（$SO_2(g)$ に対して）
$= 0\ \mathrm{kJ\ mol^{-1}}$（$O_2$ に対して）
$= -395.7\ \mathrm{kJ\ mol^{-1}}$（$SO_3(g)$ に対して）

$\Delta H° = 2 \times (-395.7\ \mathrm{kJ\ mol^{-1}}) - 2 \times (-296.8\ \mathrm{kJ\ mol^{-1}}) - 1 \times (0\ \mathrm{kJ\ mol^{-1}})$
$= -197.8\ \mathrm{kJ\ mol^{-1}}$

同様に，
$\Delta S°$:
$\Delta S° = 248.2\ \mathrm{J\ K^{-1}\ mol^{-1}}\ (SO_2(g))$
$= 205.2\ \mathrm{J\ K^{-1}\ mol^{-1}}\ (O_2(g))$
$= 256.8\ \mathrm{J\ K^{-1}\ mol^{-1}}\ (SO_3(g))$

$\Delta S° = 2 \times (256.8\ \mathrm{J\ K^{-1}\ mol^{-1}}) - 2 \times (248.2\ \mathrm{J\ K^{-1}\ mol^{-1}}) - 1 \times (205.2\ \mathrm{J\ K^{-1}\ mol^{-1}})$
$= -188.0\ \mathrm{J\ K^{-1}\ mol^{-1}}$

$\Delta G° = \Delta H° - T\Delta S°$
$= -197.8\ \mathrm{kJ\ mol^{-1}} - (1773\ \mathrm{K}) \times (-0.1880\ \mathrm{kJ\ K^{-1}\ mol^{-1}})$
$= 135.5\ \mathrm{kJ\ mol^{-1}}$

- $\ln K = -\Delta G°/RT$

$= -\dfrac{135.5 \times 10^3\ \mathrm{J\ mol^{-1}}}{(8.3145\ \mathrm{J\ K^{-1}\ mol^{-1}})(1773\ \mathrm{K})} = -9.193$

$\Longrightarrow K = 1.017 \times 10^{-4}$

燃焼温度では，平衡は SO_3 よりも SO_2 に偏っている．この結果からわかるように，排煙から硫黄酸化物を取除くのは容易ではない．

別冊演習問題 8.1，8.2 参照

平衡状態では，反応は両方向に進むので $\Delta G = 0$ である．また，$Q = K$ であり，式(8.37)は式(8.36)に等しい．

Q が K よりも大きい場合には，ΔG は正であり，反応は逆方向に進む．このとき，$Q = K$ となるまで生成物は減少し，反応物は増加する．図8.14に，Q，K，ΔG 間の関係をまとめた．

平衡下では，正方向だけでなく逆方向の反応も進み，$\Delta G = 0$ である．$\Delta G = \Delta H - T\Delta S$ であるので，$\Delta H = T\Delta S$ となる．相互作用 ΔH はエントロピー $T\Delta S$ と釣り合っている．

8.7 平衡に影響を及ぼす因子

ルシャトリエの原理

平衡状態にある系には際立った特徴があり，何らかの乱れが生じても，平衡状態に戻ろうとする．捕食者と非捕食者の関係に，同様の現象がみられる．米国西部の平原に生息するオオカミとウサギを考えてみよう．ウサギがウイルスに感染し，ウサギの生息数が減少すると，オオカミの食糧が不足するため，オオカミの一部は死んでしまう．一方，ウイルスがいなくなると，ウサギが増殖する．食料が増えるためオオカミも生き残れるようになり，オオカミの頭数も増える．化学の言葉でいうと，ウサギが増殖しようとする"力"にオオカミが対抗し，ウサギの"力"を抑制するのである．化学反応では，この平衡に戻ろうとする傾向は ルシャトリエの原理として知られている．

"平衡にある系に力が加えられると，
系はその力を弱めるように応答する"

力としてよくみられるのがつぎの3種類である：反応にかかわる物質の一つを加える，温度を変える，圧力を変える．

反応物あるいは生成物を加えても，平衡定数 K の値自体は変わらない．その代わり，新たな平衡に達したとき，各物質の濃度は加える前と比べ変化している．生成物の濃度/反応物の濃度の比は，元の値に戻る．

温度

温度を上げると，より多くの熱エネルギーが加えられる．今，発熱反応を考える．熱を含めると，反応式は以下のようになる．

$$a\mathrm{A} + b\mathrm{B} \rightleftharpoons p\mathrm{P} + s\mathrm{S} + 熱 \qquad (8.38)$$

熱を加えると，この反応の"生成物"である熱の量が増加する．系は，この"力"に応答して他の生成物（P, S）の量を減らし，反応物（A, B）の量を増やす．こうして，平衡定数の値が変化する．すなわち，加熱という"力"は，平衡定数を変えてしまう．

一例として，褐色の NO_2 から無色の N_2O_4 を生じる二量化反応を考える．この二量化反応は発熱反応（$57.20 \text{ kJ mol}^{-1}$ N_2O_4）である．日中の気温上昇あるいは夜間の気温低下が，靄にどのような影響を及ぼすだろうか．これは発熱反応であるので，反応により熱が生じる．

$Q > K_{eq}$	$Q = K_{eq}$	$Q < K_{eq}$
$a\mathrm{A} + b\mathrm{B} \rightleftharpoons c\mathrm{C} + d\mathrm{D}$	$a\mathrm{A} + b\mathrm{B} \rightleftharpoons c\mathrm{C} + d\mathrm{D}$	$a\mathrm{A} + b\mathrm{B} \rightleftharpoons c\mathrm{C} + d\mathrm{D}$
$\Delta G > 0$	$\Delta G = 0$	$\Delta G < 0$

図8.14 平衡に達するまでの濃度変化．長い矢印は，そちら向きの反応が優勢であることを示している．

例題 8.12 平衡を乱す：濃度

1 M の酢酸溶液の pH は 2.4 である．これに 1 M の $NaCH_3COO$ を加えると，どのような変化が起こるか．

[解法]
- 反応式を書く．
- 反応に関係するイオンを選び出す．
- 反応物が加えられたのか，生成物が加えられたのかを判断する．
- Q 値を求める．

[解答]
- $CH_3COOH(aq) + H_2O(l)$
  $\rightleftharpoons CH_3COO^-(aq) + H_3O^+(aq)$
- $NaCH_3COO$ は可溶性であるので，CH_3COO^- と Na^+ が生じる．Na^+ は上記反応には関係しない傍観イオンである．
- 酢酸イオンは，酢酸の解離により生じた生成物である．$NaCH_3COO$ を添加すると平衡に"力"がかかる．
- $Q > K_{eq}$ である．

$Q > K_{eq}$ では，酢酸イオンは H_3O^+ から H^+ を奪うため，H_3O^+ の濃度は減少し，酢酸の濃度は増加する．H_3O^+ が減少すると，pH は上昇する．

別冊演習問題 8.75, 8.76 参照

2番目の例は，氷から水への変化である．
$$氷 \rightleftharpoons 水 \tag{8.41}$$
この場合，水の方が密度が高い（ソフトドリンクやアイスティー，レモネードに氷は浮く）．氷の上に，重りをつけたワイヤーを垂らすと，氷は解け，ワイヤーは氷を貫通していく（図8.17）．ワイヤーによる圧力がなくなると，水は再び凍る．こうして，氷の塊は形を保ったまま，ワイヤーが貫通していく．

同様に，気体を含む平衡も，圧力を加えると，より気体分子の数の少ない方へと移る．平衡定数の値は変わらないが，圧力を加えると平衡は移動する．圧縮すると，体積が減り，すべての気体の濃度が増加するからである．たとえば，つぎの反応は，圧力を増すとN_2O_4側に平衡が移動する．
$$2NO_2(g) \rightleftharpoons N_2O_4(g) \tag{8.42}$$

図8.15 都市にかかる褐色の靄．

$$2NO_2(g) \rightleftharpoons N_2O_4(g) + 熱$$
$$\Delta H = -57.20 \text{ kJ} \tag{8.39}$$

平衡にある混合物を加熱すると，生成物側に熱が加わり，平衡に力がかかる．この力を軽減するため，逆反応（すなわちN_2O_4の解離）が正反応（NO_2の二量化）に比べ優勢となり，褐色のNO_2の量が増加する．したがって，靄（図8.15）は日中の方が濃い．

夜間には，逆のことが起きる．夕方になり気温が下がると，平衡反応から，生成物である熱が奪われる．すると，正方向の反応が増し，この力を緩和する．したがって，二量体の濃度は増加し，靄は晴れる．式(8.39)のK_cは，25 °Cでは164.8であるのに対し，100 °Cでは4.72まで減少する．

基本問題 NH_4NO_3を含む冷却パック反応は吸熱反応である．NH_4NO_3の溶解度は，暑い夏には寒い冬に比べて高くなるか低くなるか．■

圧 力

たいていの相は簡単には圧縮できない．このため，多くの場合，圧力は平衡にほとんど影響を与えない．別の言い方をすれば，圧力を増しても反応を動かす力とはならない．ただし，この一般則には二つの例外がある．気相を含む反応と，超高圧下での反応である．超高圧が反応に影響を及ぼす例としては，
$$グラファイト \rightleftharpoons ダイヤモンド \tag{8.40}$$
があげられる．

グラファイトとダイヤモンドは炭素の同素体であり，通常の圧力下では，グラファイト（図8.16）の方が安定である．しかし，地球の内部の深い所で実現しているような超高圧のもとでは，ダイヤモンドが最安定となる（ダイヤモンドの方が高密度であるため）．これは，ルシャトリエの原理の一例であり，グラファイト相は圧力という力を受けると，より高密度のダイヤモンドに変化し，縮むことで圧力を緩和する．

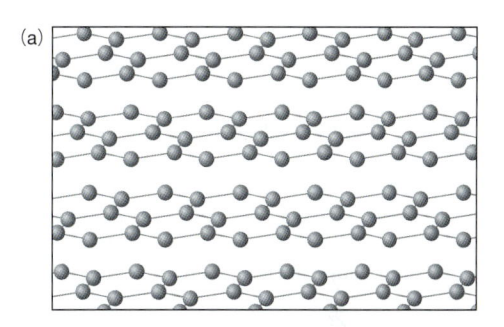

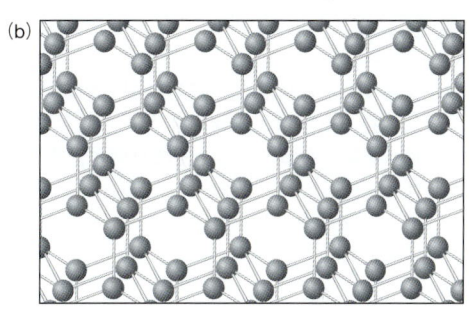

図8.16 （a）グラファイトと（b）ダイヤモンドの構造．グラファイトの方が隙間が多い．グラファイトに圧力を加えると層間が縮まり，ダイヤモンドへと変化する．

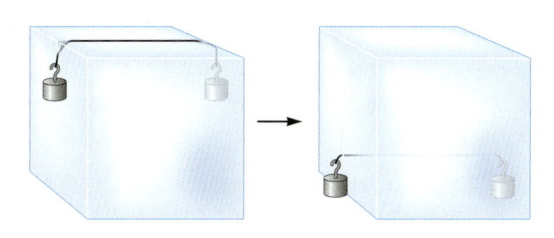

図8.17 圧力による氷の変化．氷は水よりも密度が低いため，重り付きのワイヤーで圧力をかけると，その部分が融解して水になる．ワイヤーが通り過ぎると，水は再び氷となる．こうして，氷は形を保ったまま，ワイヤーが貫通する．

この反応の Q は，

$$Q = \frac{[\text{N}_2\text{O}_4]}{[\text{NO}_2]^2} = \frac{(n_{\text{N}_2\text{O}_4})/V}{(n_{\text{NO}_2})^2/V^2} = \frac{(n_{\text{N}_2\text{O}_4}) \times V}{(n_{\text{NO}_2})^2} \quad (8.43)$$

平衡時には $Q = K_c$ である．体積が減少すると圧力が増加し，$Q < K_c$ となる．そうすると，$Q = K_c$ を回復すべく，生成物の量が増える．逆に，体積が増すと，反応物が増加する．この過程では，K_c は一定のままである．

基本問題 ハーバー・ボッシュ法によるアンモニア製造（$\text{N}_2 + 3\text{H}_2 \rightleftharpoons 2\text{NH}_3$）では，高温，高圧下で反応させる．高圧は，アンモニアの収量を増加させるか．■

チェックリスト

重要な用語

平衡（equilibrium, p. 173）
平衡定数 K_c（equilibrium constant, p. 173）
均一系の平衡
　　（homogeneous equilibrium, p. 174）
不均一系の平衡
　　（heterogeneous equilibrium, p. 174）
溶媒（solvent, p. 174）
溶質（solute, p. 174）
活量（activity, p. 175）
ヒドロニウムイオン
　　（hydronium ion, p. 175）
水酸化物イオン（hydroxide ion, p. 175）
酸（acid, p. 176）
水のイオン積 K_w
（ionic product constant for water, p. 176）
酸解離定数 K_a
　　（acid dissociation constant, p. 176）

pH（p. 176）
溶解度（solubility, p. 177）
溶解度積（solubility product, p. 177）
飽和溶液（saturated solution, p. 178）
共通イオン効果
　　（common ion effect, p. 179）
傍観イオン（spectator ion, p. 181）
緩衝溶液（buffered solution, p. 181）

緩衝液（buffer, p. 181）
共役塩基（conjugate base, p. 181）
ヘンダーソン・ハッセルバルヒの式
　　（Henderson-Hasselbalch equation, p. 184）
共役酸（conjugate acid, p. 184）
反応商 Q（reaction quotient, p. 186）
ルシャトリエの原理
　　（Le Châtelier's principle, p. 188）

重要な式

反応 $a\text{A} + b\text{B} \rightleftharpoons p\text{P} + s\text{S}$ に対する平衡定数

$$K_c = \frac{[\text{P}]^p[\text{S}]^s}{[\text{A}]^a[\text{B}]^b}$$

$\Delta G = \Delta G° + RT \ln Q$
$K_c = K_p(1/RT)^{\Delta n}$
$\text{pH} = -\log[\text{H}_3\text{O}^+]$
$\text{pH} = \text{p}K_a + \log([\text{塩}]/[\text{酸}])$

$\text{pOH} = \text{p}K_b + \log([\text{塩}]/[\text{塩基}])$

$$Q = \frac{[\text{P}]^p[\text{S}]^s}{[\text{A}]^a[\text{B}]^b}$$

章のまとめ

　多くの反応では，反応物と生成物の混合物が得られる．これは，反応物あるいは生成物単体よりも混合物の方が，エントロピーが高いからである．平衡反応は，平衡定数により表される．反応

$$a\text{A} + b\text{B} \rightleftharpoons p\text{P} + s\text{S}$$

に対する平衡定数は

$$K_c = \frac{[\text{P}]^p[\text{S}]^s}{[\text{A}]^a[\text{B}]^b}$$

である．ここで，鍵カッコは，溶質に対しては mol L^{-1} 単位の濃度を，気体に対しては濃度を（K_p については気圧単位の分圧）を表し，溶媒や沈殿については1とする．

　平衡はダイナミックなプロセスであり，正方向と逆方向の反応速度が等しい状態をさす．反応物あるいは生成物を取除くと，このバランスが崩れる．すると，足りないものの濃度を増やす方向に，平衡が移動する．これがルシャトリエの原理である．

　"ルシャトリエの原理：平衡状態にある系に応力を
　　加えると，応力を減らす方向に系は応じる"

ルシャトリエの原理の結果として，平衡定数は温度のみに依存する．発熱反応では温度を上げると平衡定数は減少し，逆に吸熱反応では温度とともに平衡定数は増加する．

重要な考え方

　平衡とは，変化しつつもその変化が釣り合った状態をさす．すなわち，反応物は常に生成物に変化しており，逆に，生成物は常に反応物へと変化している．両者が釣り合い，反応物の濃度の積/生成物の濃度の積の比が一定となっている状態が，平衡である．

理解すべき概念

■ 平衡は，相互作用とエントロピーとのバランスで決まる．

$$\Delta G° = \Delta H° - T\Delta S° = -RT \ln K$$

学習目標

■ 反応の平衡定数を式で表す（例題 8.1～8.10）．
■ 反応の平衡定数と初期濃度が与えられたとき，平衡時の濃度を計算する（例題 8.1，8.5～8.10）．
■ pH を計算し，pH を制御するための緩衝溶液を選ぶ（例題 8.9，8.10）．
■ 傍観イオンを選び出し，消去する（例題 8.6，8.7，8.10）．
■ $\Delta G°$ から K，K から $\Delta G°$，あるいは Q から ΔG を計算する．
■ 平衡系が，外部からの力に対してどのように応答するかを調べる（例題 8.12）．

9 電気化学: 電池, 腐食, 燃料電池, 膜電位

半分だけ銅メッキした5セント硬貨 (通称ニッケル). Cu^{2+} イオンを含む溶液に電流を流すと, 硬貨の表面に銅が析出する.

目　次

9.1　いくつかの例: 電柱, 釘, ブリキ缶
9.2　酸化数
　●応用問題
　・周期性
　・酸化還元反応を見分け化学式を予想する
9.3　活性度と周期表
　・活性化系列 (イオン化系列)
　・ガルバニ電池
　・電池の電位と標準電位列
9.4　酸化還元反応のバランスをとる
9.5　応用
　・乾電池
　・燃料電池
　・水の電気分解
　・腐食防止
　　 (犠牲電極/酸化物の保護膜)
9.6　熱力学的な関係
　・平衡と電池の消耗
　・濃淡電池
9.7　冶金
　・貨幣金属: Cu, Ag, Au
　・構造材料: Fe, Al
　・最も活性な金属: Na, K

主　題

■ 電気化学反応をひき起こす力を, 電子を獲得あるいは失うのに必要な電位と関係づける.

学習課題

■ 電気陰性度に従い, 化合物中の各原子に電子を割り当てる. また, 電子の動きを追うため, 酸化数を計算する (例題9.1〜9.3).

■ 酸化数から化学式を予想する. また, 反応に伴って電子の授受が起こる原子を選び出す (例題9.4, 9.5).

■ 電子を放出するのに必要な電位から, 電池の電圧を求める (例題9.6, 9.7).

■ 電子の流れを追うことで, 燃料電池や腐食防止被膜をデザインする (例題9.8〜9.10).

■ 酸化被膜にかかる応力を計算し, 被膜の安定性を見積もる (例題9.11).

■ 電極電位を, ギブズ自由エネルギーや平衡定数 K と関係づける (例題9.12〜9.15)

電池は，デジタル時計の電源といった小さなものから，ラップトップコンピュータ用のもっと大きなもの，さらには電気自動車の電源まで，幅広く利用されており，現代社会に不可欠な存在となっている．世界全体の電池市場は，2004年には170億ドルに達している．

電池の起源は，1800年にAlessandro Voltaにより発明されたボルタの電池まで遡る．それから長い年月を経ているにもかかわらず，いまだに電池は重要な研究対象となっている．電池の研究が長年続けられているのには理由がある．他のエレクトロニクス産業は，指数関数的に開発が進んでいるのに対し，電池に関連する技術は，そのペースに追いついていない．実際，携帯用電子機器のなかで，最も重く，かつ最も効率の悪い部品は電池である．現在，電池の研究は，高出力を長時間維持できる小型で軽い電池の開発に向けられている．Emerson*の言葉をまねると，"もっと良い電池をつくれば，世界中の人々があなたのもとへ殺到するだろう"．

電池はすべて，同じ構成要素でできている．すなわち，正極と負極が膜で隔てられており，それが，電子あるいは陽イオンを通すイオン性の溶液またはペーストの中に浸してある．燃料電池も基本的な構成は同じである．燃料電池とは，反応物を絶えず供給し，電力を発生させる電池である．

身の回りでよく目にする別の現象に金属の腐食（通常"さびる"とよばれる）があるが，そこで起きている反応は，電池の反応と似ている（図9.1）．腐食では，中性の金属原子が電子を失い，陽イオンとなるか，あるいは別の化合物（多くの場合酸素との化合物）に変化する．1個以上の電子を失うことを，一般に**酸化**とよぶ．もともと"酸化"は，物質が酸素中で燃えることを意味する用語であったが，現在では，もっと一般的に，原子が電子を失う反応をさす．化学反応では物質は保存されるので，ある原子が電子を1個失えば，別の原子が電子を1個獲得しなければならない．電子を得ることを一般に**還元**とよぶ．酸化と還元は，ちょうどブックエンドのように，必ずペアで起こる．半分が酸化，残り半分が還元からなる反応全体を，**酸化還元反応**とよぶ．細胞膜を荷電粒子が通過すると，正確には膜の両側で荷電粒子に不均衡が生じると，筋肉に収縮や弛緩させるための信号が送られる．これにより，走るなどの身体活動が可能となるのである（図9.1）．

9.1 いくつかの例：電柱，釘，ブリキ缶

鉄（構造材料として重要である）を，湿気を含んだ大気にさらすと，酸素と結合しておなじみの鉄さびへと変化する．にもかかわらず，鉄（スチールの主成分である）は，地下のパイプ，電柱，釘，食料品の缶など，さまざまなところで使われている．どうやって腐食を免れているのだろうか．

スチール（鉄）製の電柱やパイプは，導体を通じてマグネシウム製の棒に接続されていることが多い（図9.2）．Mg棒は崩壊してしまうため，定期的に取替える必要がある．このことから，マグネシウムは鉄よりも，電子を失って腐食しやすいと考えられる．マグネシウムが鉄の劣化を防いでいることになる．マグネシウムが腐食しやすいというのは実際に正しく，化学の言葉で言えば，マグネシウムは鉄よりも活性である．大気の成分のなかで，腐食の際に電子を奪う代表格が酸素である．酸素は，最も電気陰性度が高い元素の一つであり，他の元素と結びついて電子を奪う傾向が強い．酸素が，ステンレス製電柱の鉄またはマグネシウム棒と化合する場合，マグネシウムの方が鉄よりも電子的に陽性（電気陰性度の逆）なので，マグネシウム棒から優先的に電子が供給される．電柱とマグネシウム棒をつなぐ導電体は重要であり，電柱の鉄から酸素へと電子を運ぶ通路の役目を果たしている．

図9.1 身の回りにある電気化学．自動車や船がさびる，あるいは走るときに筋肉に信号を伝えるといった現象は，すべて電気化学が動力源となっている．

---

* 訳注：Ralph Waldo Emersonはアメリカの思想家・詩人．その言葉に，"Build a better mousetrap, and the world will beat a path to your door"（いいネズミ捕りを作れば，世界中の人々がわっと押し寄せる）がある．

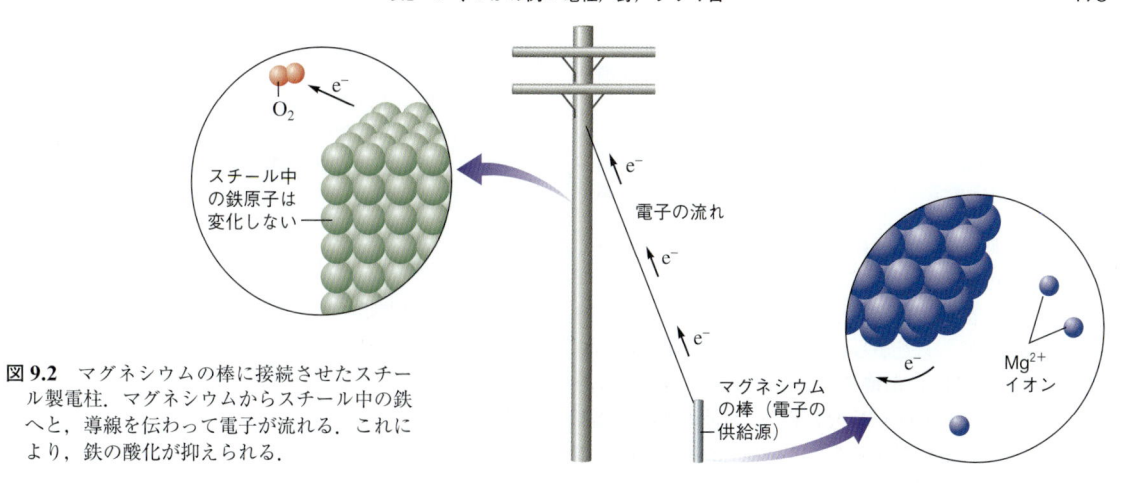

図 9.2 マグネシウムの棒に接続させたスチール製電柱．マグネシウムからスチール中の鉄へと，導線を伝わって電子が流れる．これにより，鉄の酸化が抑えられる．

屋外で使う釘（図 9.3）には，通常亜鉛メッキ（亜鉛に浸して電流を流す）が施されている．マグネシウム同様，亜鉛も鉄より活性な金属である．釘の場合，亜鉛は直接鉄に触れているので，間をつなぐ導線は必要ない．Zn 被覆は，少しでも Zn が残っている限り，鉄が腐食するのを防いでくれる．このおかげで，木製の建物の屋外に設置した羽目板やこけら板に，さびて汚れた筋がつかずにすむのである．

食品用の金属容器には，スズを被覆したスチールが使われることが多く，ブリキ缶とよばれる（図 9.4）．スズは鉄よりも不活性であるので，被覆が剥がれていない場合には，鉄を保護する力がある．しかし，いったん被覆が傷ついたり剥がれたりすると，今度は鉄がスズを保護するため，缶はすぐにさびてしまう．屋外に放置された空き缶があっという間にさびるのを見ればおわかりであろう．この急激な劣化が，ゴミ捨て場で缶が崩壊するのに一役買っている．

以上をまとめると，Mg と Zn は Fe よりも活性であり，O に電子を与えやすいため，Fe が酸化されるのを防ぐ．これに対し，Sn の被膜は完全でないと Fe を保護することにはならない．これら四つの元素を，活性度の順に並べると以下のようになる．

Mg（最も活性），Zn，Fe，Sn（最も不活性）

各元素の相対的な活性度は，電子配置と関係している．四つの元素のうち最も活性な Mg は 2 族元素であり，最外殻には 2 個の電子しかもたない．Mg はこれら 2 個の電子を失い，Ne と同じ電子配置をもつ 2 価の陽イオン Mg^{2+} になりやすい．

基本問題 Zn，Fe，Sn の電子配置を書け．それぞれ 2 価のイオンとなるとき，どの電子を失うか．

図 9.3 亜鉛メッキした釘やバケツ．亜鉛の方が鉄よりも活性が高いことを利用し，鉄がさびるのを防いでいる．

電子の流れを追うことが，酸化還元反応を理解するうえでの鍵となる．Mg^{2+} が生じる際の電子の流れ（Mg から O_2 へ移動）は明らかであるが，他の場合（たとえば FeO や Fe_2O_3）には，必ずしも自明でない．このような自明でない場合のために，次節では家計簿のような方法を紹介する．

9.2 酸化数

Mg が Mg^{2+} となる際には電子を 2 個失う．これほど明らかでない場合にも電子の流れを追跡できるよう，化学者は，化合物中の各元素に**酸化状態**あるいは**酸化数**を割り当てるという家計簿のようなやり方を編み出した．Mg^{2+} のような単純なイオンでは，酸化数はそのイオンの電荷に等しい．化合物（たとえば FeO や Fe_2O_3）中の元素の酸化状態は，電気陰性度をもとに決める．酸化状態は，現実の電荷を表しているのではなく，結合電子を，より引力の

図 9.4 スズメッキしたスチール製の食品用缶詰．スズは，酸性の食品と接していても，比較的さびにくい．缶自体には，強度の点から，スチール製が使われている．スズは，鉄を酸素から守る保護膜として働き，缶がさびるのを防いでいる．

強い元素の方に割り当てているにすぎない．共有結合電子は，結合にかかわる元素のうち電気陰性度の高い方に割り当てる．

基本問題 鉄と酸素で電気陰性度はどれほど違うか．FeO の共有電子は，鉄と酸素のどちらに割り当てたらよいか．■

酸素は，周期表の中で最も電気陰性度の高い元素といえるので，酸素と別の元素との結合にかかわる電子は，酸素に割り当てる．酸素は，オクテットを完成させるため，2本の結合をつくる．したがって，電気陰性度に従い電子を割り当てると，酸素の価電子は 8 個となる（各結合から 1 個の共有電子＋酸素の 6 個の価電子）．8 個の価電子により，酸素は -2 の電荷をもつことになる．酸化数 -2 はこの電荷を反映している．

同様に，通常の化合物中では，水素は結合しているどの元素よりも電気陰性度が低い．このため，水素には電子は割り当てず，酸化数は $+1$ とする．以上の 2 点を，酸化数を割り当てるための規則としてまとめる．

■ 酸素の酸化数は通常 -2 である．
■ 水素の酸化数は通常 $+1$ である．

これらの規則にも例外があるが，例外も電気陰性度に従っている．酸素がフッ素と結合した場合には，酸素に正の酸化数を割り振る．これは，フッ素の方が酸素よりも電気陰性度が高いからである．過酸化物 HOOH では，酸素の酸化数は -1 である．酸素-水素結合の 2 個の電子はいずれも酸素に割り当てるが，O-O 結合の 2 個の電子は，二つの酸素原子に均等に割り振る（どちらの酸素も電気陰性度は等しいため）．したがって，過酸化物では，酸素は 7 個の電子，-1 の電荷をもつことになる．水素が，電気陰性度の低い金属（たとえばアルカリ金属（1 族））と化合した場合には，水素に負の酸化数を与える．どの元素も単体，すなわち他の元素と化合せず，電荷をもたない状態では，酸化数はゼロである．すなわち，電子は原子間に均等に配分されるため，正味の電子数には増減がない．

■ アルカリ金属の酸化数は $+1$ であり，アルカリ土類金属の酸化数は $+2$ である．
■ 単体元素の酸化数はゼロである．

さらに二つの規則を加え，総電子数についても考慮する．

■ 中性の化合物では，酸化数の合計はゼロである．
■ Cl^- のような単純なイオンの酸化数は，イオンの電荷に等しい．もっと複雑なイオンでは，酸化数の合計がイオンの電荷に等しい．

化合物中の価電子の総数は，構成元素がもっていた価電子の総数に等しいが，最初の規則は，これをチェックするのに役立つ．2 番目の規則は，イオンが獲得あるいは失った電子を考慮したものである．

例題 9.1 水 の 電 子

自然界は "水，水，どこもかしこも水…" であり，そこで起こる多くの酸化還元反応では，水が重要な要素となる．水の H と O の酸化数を求めよ．

[解 法]
■ 価電子数を数える．
■ 酸素は水素よりも電気陰性度が高い．したがって，8 個の価電子は酸素に割り当てる．残りの電子を水素に割り当てる．
■ 正味の電荷が酸化数である．

[解 答]
■ 価電子: 6 個（酸素）＋ 1 個（各水素から）× 2 = 8 個
■ 酸素に 8 個の電子すべてを割り振る．一方，水素には割り振らない．
■ 酸素の正味電荷: 2 個の価電子を得たので，酸化数は -2 である．
　水素の正味電荷: 価電子を 1 個失ったので，酸化数は $+1$ である．

別冊演習問題 9.1〜4 参照

形式的には，電子を失うことは酸化に対応し，電子を得ることは還元に対応する．酸化数を直線上に並べてみると（図 9.5），電子の増減を視覚化するのに役立つ．酸化は酸化数の増加，還元は酸化数の減少に対応する．すなわち，直線上で右に行けば酸化，左に行けば還元を表す．

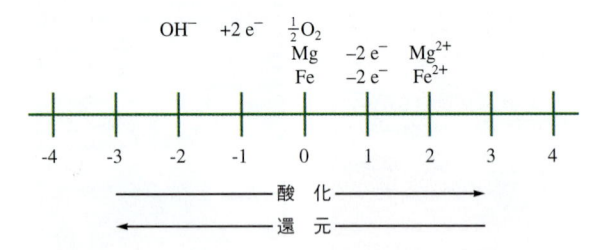

図 9.5　酸化-還元を示す数直線．酸化は右側，還元は左側への移動に対応する．

応用問題 金物屋で亜鉛メッキした鋲または釘，薬局でヨードチンキを入手する．また，家庭用の漂白剤を用意する．透明な容器に鋲または釘を入れ，ヨウ素の溶液に浸す．溶液の色を観察せよ．そのまま 30 分間放置すると，溶液の色にどのような変化が起こるか．溶液を別の透明容器に移し，漂白剤を 2，3 滴加えよ．溶液の色はどのように変化するか．Zn^{2+} イオンの水溶液は無色透明である．一方，ヨウ素 I_2 は茶〜紫色であり，家庭用漂白剤は Cl_2 を含んでいるため，薄い黄色を示す．I^- イオン，Cl^- イオンともに無色である．溶液の色から，そこで起きている反応について考察せよ．

周期性

価電子（オクテットをつくるのに必要な電子）の配置と電気陰性度との関係から，酸化状態は周期的なパターンを示す（図 9.6）．たとえば，ハロゲンが s 亜殻と p 亜殻を満たすには，1 個の電子を獲得すればよい．したがって，ハロゲン化物イオンの酸化状態は通常 −1 である．しかし，サイズの大きなハロゲンの場合，反応によっては電子を失い（たとえば，より電気陰性度の高い酸素やフッ素との反応），酸化数は正の値をとる．実際，サイズの大きな元素は，複数の酸化状態をとる傾向にある．図 9.6 に示すように，遷移金属元素もさまざまな酸化状態をとることに注意してほしい．

酸化還元反応を見分け化学式を予想する

電子移動を伴う反応は，非常に一般的な反応である．たとえば，食物を消化する，空気中に置いたリンゴが茶色くなる，屋外に放置した用具がさびる，なども電子移動を伴う反応である．酸化数は，電子移動の有無を見分けるのに役立つ．すなわち，反応中に，ある元素の酸化数が変化すれば，電子移動が起こっている証拠であり，その反応は酸化還元反応である．

反応中の電子を追跡するには，酸化数の変化をたどって

1	2	3	4	5	6	7	8	9	10	11	12	13	14	15	16	17	18
H 1																	He 0
Li 1	Be 2											B 3	C ±**4**, 2	N ±**3**, +5, 4, 2	O −2	F −1	Ne 0
Na 1	Mg 2											Al 3	Si 2, **4**	P ±**3**, 4, 5	S ±**2**, 4, 6	Cl ±**1**, 3, 5, 7	Ar 0
K 1	Ca 2	Sc 3	Ti 3, **4**	V 2, 3, 4, **5**	Cr 2, 3, **6**	Mn **2**, 3, 4, 6, 7	Fe **2, 3**	Co **2**, 3	Ni 2, 3	Cu 1, **2**	Zn 2	Ga 3	Ge 4	As ±**3**, 5	Se −2, **4**, 6	Br ±**1**, 5, 7	Kr 0
Rb 1	Sr 2	Y 3	Zr 4	Nb 3, **5**	Mo 2, 3, 4, 5, **6**	Tc 7	Ru 2, 3, **4**, 6, 8	Rh 2, **3**, 4	Pd **2**, 4	Ag 1	Cd 2	In 3	Sn **4**, 2	Sb ±**3**, 5	Te ±**2**, 4, 6	I ±**1**, 5, 7	Xe 0
Cs 1	Ba 2	La 3	Hf 4	Ta **5**	W 2, 3, 4, 5, **6**	Re 2, 4, **6**, 7	Os 2, 3, **4**, 6, 8	Ir 2, 3, **4**, 6	Pt **2**, 4	Au 1, **3**	Hg 1, **2**	Tl 3, **1**	Pb **4**, 2	Bi **3**, 5	Po 2, **4**	At ±**1**, 3, 5, 7	Rn 0

図 9.6 各元素がとる酸化状態．最もとりやすい酸化状態は太字で示してある．一般的に，金属は正の酸化状態をとり，正のイオンになりやすい．逆に非金属は，特に小さな元素の場合には，負の酸化状態をとる．半金属は，正と負の境界上に位置する．特に遷移元素では，電子を獲得したり，失ったりする反応が起きやすい．

例題 9.2　イオンを形成する際に失われる電子を特定する

周期表の右端に近い元素は，電子を獲得して最外殻を埋め，陰イオンとなる．一方，金属元素は，電子を獲得するよりはむしろ失いやすい．金属イオンの安定性を評価するには，イオンを生じる際に失う電子を明らかにしておく必要がある．Zn の価電子配置を書き，+2 価イオンとなる際にどの電子が失われるか考えよ．また，亜鉛は，通常 +2 価の酸化状態しかとらないが，その理由を説明せよ．

[解法]
■ 価電子を確認する．
■ 高エネルギーの電子を失い，陽イオンとなる．
■ 閉じた（あるいは半分だけ満ちた）亜殻となるようなイオンの電子配置を考えよ．それが，最も安定な電子配置である．

[解答]
■ 亜鉛は第 4 周期の元素であり，3d 電子と 4s 電子の両方を価電子としてもつ．両方の亜殻を満たすには，12 個の価電子が必要である．価電子配置は $(3d)^{10}(4s)^2$ である．
■ 2 個の 4s 電子を失うと，+2 の電荷が残る．遷移金属は，必ず最初に s 価電子を失う．2 個の 4s 電子を失い Zn^{2+} イオンとなると，価電子配置は $(3d)^{10}$ であり，完全な $(n−1)$d 亜殻構造となる．
■ これは安定な電子配置であるため，Zn^{2+} イオンはさらに電子を失ったり，別の酸化状態をとったりはしない．

別冊演習問題 9.5, 9.6, 9.12, 9.14 参照

9.3 活性度と周期表

基本問題 Mg, Zn, Fe, Sn の電気陰性度の値を調べよ．電気陰性度と活性度の間にはどのような関係があるか．■

金属元素の活性度は，その元素がどれほど電子を失いやすいかを表している．電子を失いやすい元素は電気陰性度が低い傾向にある．したがって，活性な金属のほとんどは電気陰性度が低い．

電気陰性度は一般に，周期表の左下に向かうにつれ減少する．また，最も活性な元素は，各周期の最初に現れる．この一般的な傾向からずれる場合もあるが，それには原子の電子構造が関係している．たとえば，第4周期では，半分だけ満ちたd亜殻構造をとるMnの位置，ならびにd亜殻が完全に満ちるZnの位置で，電気陰性度はわずかに落ち込む（図9.7）．この落ち込みに対応して，ZnとMnはFeよりも活性である．一方，Snは四つの元素のなかで最も活性が低い．14族元素であるSnは周期表の右側近くに位置し，電気陰性度が比較的高いため，電子を引き寄せる傾向が強い．このため，四つの元素のなかでは，電子を失う反応に対する活性度が低い．

活性化系列（イオン化系列）

多くの金属を活性度の順に並べたのが**活性化系列（イオン化系列）**であり，元素が電子を失いイオンとなる反応の起こりやすさを相対的に示している（表9.1）．系列内のどの元素も，下側にある元素よりイオン化しやすい．たとえば，活性度の表で，Cu は Ag よりも上に位置している．

例題 9.3 スモッグの発生

自動車の排気ガスに含まれる成分の一つが NO_2 である．NO_2 は，都市部の汚染された大気で生じる褐色の靄の原因となる．夜間には，NO_2 は二量化して無色の N_2O_4 となる．NO_2 は水に溶けやすく，溶けると硝酸（HNO_3）を生じる．二量化および酸の生成反応は酸化還元反応か．またそれはなぜか．

[解法]
■ 反応物と生成物に酸化数を割り当てる．
■ 酸化数の増加は酸化を，減少は還元を意味する．

[解答]
■ 両反応とも，反応物は NO_2 である．酸素の酸化数は -2 であるので，窒素の酸化数は $+4$ でなければならない（-2, -2, $+4$ の合計はゼロである）．N_2O_4 でも，窒素の酸化数は $+4$ である．（酸化数 -2 の酸素が4個で -8 となる．これが2個の窒素と釣り合わなければならない．）一方，HNO_3 では，窒素の酸化数は $+5$ である．（-2 の酸素が3個で -6．さらに水素原子が1個で $+1$．これが $+5$ の窒素原子1個と釣り合う．）

■ NO_2 が N_2O_4 へ二量化する反応では，酸化数は変わらない．したがって，二量化は酸化還元反応ではない．一方，NO_2 から HNO_3 が生じる反応では，窒素の酸化数は増加しているので，窒素は酸化されている．したがって，酸を生じる反応は酸化還元反応であり，少なくとも一つ以上の分子が還元されていなければならない．

酸性雨が生じる過程には，おもに二つの反応がかかわっているが，NO_2 の水への溶解はそのうちの一つである．NO も生成物の一つであり，NO_2 から NO が生じる反応では，窒素は $+4$ から $+2$ に還元されている．

別冊演習問題 9.3, 9.4, 9.17, 9.18 参照

例題 9.4 酸化数から化学式を予想する

酸化数は，化学式を予想するための強力な武器となる．硫黄を含む石炭を燃やし，大気中で酸化すると，3種類の硫黄酸化物を生じる．3種類の酸化物それぞれの化学式を予想せよ．

[解法]
■ 硫黄は通常，酸化数として ± 2，$+4$，$+6$ をとる．酸素の酸化数は通常 -2 である．
■ 化合物中の酸化数を合計するとゼロとなる．

[解答]
■ 酸素が，フッ素を除く他の元素と化合した場合には，酸化数は -2 となる．したがって，硫黄については，正の酸化状態のみを考えればよい．
■ 酸化数 $+2$，$+4$，$+6$ の硫黄と，-2 の酸素の和がゼロとなるには，酸素の原子数は，それぞれ 1, 2, 3 でなければならない．

硫黄の酸化数:	$+2$	$+4$	$+6$
分子式:	SO	SO_2	SO_3

別冊演習問題 9.15, 9.16, 9.19, 9.20 参照

9.3 活性度と周期表

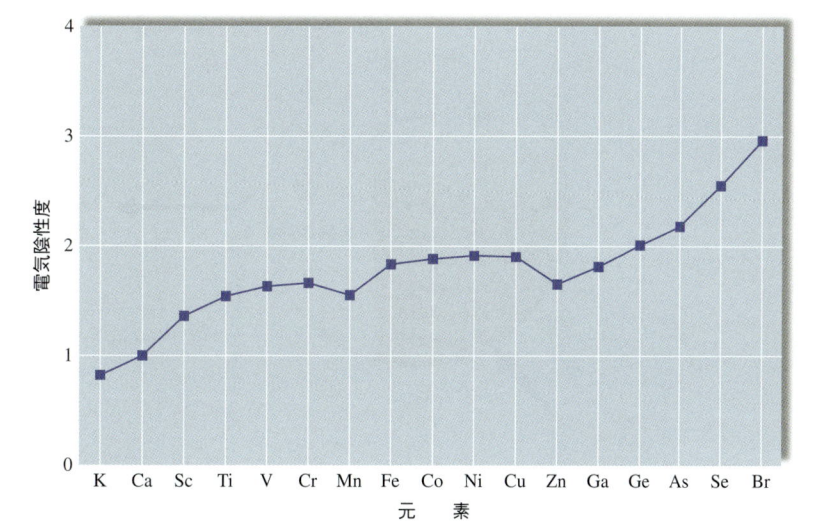

図 9.7 第4周期元素の電気陰性度．右に進むにつれ，電気陰性度は増加しているが，これは，各周期で一般的にみられる特徴である．Mn と Zn の位置で落ち込みがみられるが，それぞれ，d亜殻が半分だけ満ちた状態，完全に満ちた状態に対応する．金属元素の活性度も，同様の傾向を示す．

したがって，Cu の小片を Ag^+ イオンを含む溶液の中に入れると（図 9.8），Cu は電子を Ag^+ イオンに与える．その結果，金属 Ag のひげ状結晶が Cu 表面に析出し，Cu は Cu^{2+} となって溶液中に溶け出す．このため，溶液は青色になる．

最も活性度の高い金属である Li，Na，K，Ca は，非常に電子を失いやすく，価電子は水中の水素へと移動して水素分子が発生する（図 9.9）．すなわち，最も活性な金属は，水から水素を発生させる．これらの金属は水と反応するため，大気中の湿気に触れないよう，石油の中に保存する．

つぎに，表 9.1 で，最も活性の高いグループのすぐ下に位置する金属について考える．これらの金属の場合，水の水素に電子を移動させるには，少しエネルギーが足りない．そこで，この足りないエネルギーを補うため，水を水蒸気として供給する．すなわち，2 番目に活性の高い金属は，水蒸気から水素を発生させる．さらにその下に位置する金属は，酸性溶液中で H^+ イオンに電子を与えて水素を発生させ，金属自身は溶液中に溶ける．最も活性度の低い金属（表の一番下の方の金属）は，水素に電子を与えることはできない．

水と水素は重要であるため，水や酸を基準とした活性度も表に示した．

ここまで述べてきた金属の活性度をまとめると，以下のようになる．

- どの金属も，それよりも活性度の低い金属の溶液に加えると，活性度の低い方の金属が析出する．
- 最も活性な金属は，水あるいは水蒸気から水素を発生させる．
- 活性が中程度の金属は，酸から水素を発生させる．
- 最も不活性な金属では，水素は発生しない．したがって，その金属は水と反応しない．

酸化還元反応も，他の化学反応同様，矢印の左側と右側にそれぞれ化学式を書けば，反応物と生成物の形で表現で

表 9.1　金属の活性化系列

最も活性：電子を失ってイオンとなりやすい	
Li	
K	冷水から水素を
Ca	発生させる
Na	
Mg	
Al	
Mn	
Zn	水蒸気から水素を
Cr	発生させる
Fe	
Cd	
Co	
Ni	酸化力のない酸から
Sn	水素を発生させる
Pb	
H	（非金属）
Sb	（半金属）
Cu	
Ag	
Hg	
Pt	
Au	
最も不活性：電子を失いにくい	

注意：最も活性な金属や非常に活性な金属を，酸溶液に入れてはならない．激しく反応し，非常に危険である．未知の金属の場合，まずは冷水，つぎに熱水の順に試すべきである．いずれにも反応しない場合に限り，酸溶液を使用する．

9. 電気化学：電池，腐食，燃料電池，膜電位

$$Cu(s) + 2Ag^+(aq) \longrightarrow Cu^{2+}(aq) + 2Ag(s)$$

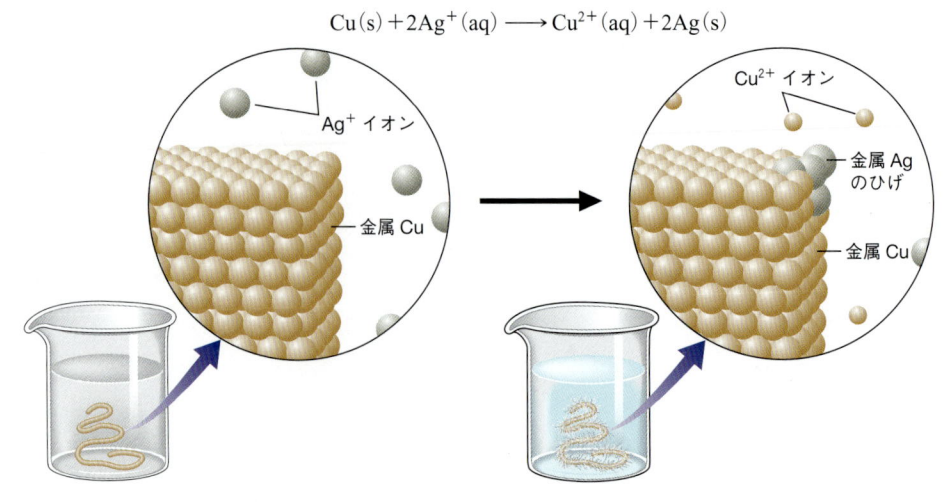

図9.8 Ag^+イオンを含む溶液に浸した銅線．銅線には銀の"ひげ"が付着し，輝き始める．それと引き換えに，銅線の銅原子はCu^{2+}イオンとなり，溶液は青色（溶液中のCu^{2+}に特徴的な色である）に変わる．原子のレベルでみると，溶液中のAg^+はCu表面と接している．Ag^+につき1個の電子がCuからAg^+へ移動すると，Ag^+は金属Agとなり，一方で，銅の表面では電子が不足する．この電子移動の結果，Cu^{2+}が生じ，銅は溶液中に溶け出す．

きる．たとえば，CuとAg^+との反応を考えてみよう．

$$Cu(s) + 2Ag^+(aq) \longrightarrow Cu^{2+}(aq) + 2Ag(s) \quad (9.1)$$

ナトリウムと水の場合には，

$$2Na(s) + 2H_2O(l) \longrightarrow 2Na^+(aq) + 2OH^-(aq) + H_2(g) \quad (9.2)$$

となる．反応式の反応物側と生成物側では，各元素の原子数だけでなく，全電荷量も等しい〔式(9.1)では2，式(9.2)ではゼロである〕．電子を明示したいときには，酸化と還元それぞれの半反応に分ける．電子は酸化の**半反応**で生じる．たとえば，

$$Cu(s) \longrightarrow Cu^{2+}(aq) + 2e^- \quad (9.3)$$

式(9.3)では，2個の電子が生じているが，けっして自由な電子ではない．これらの電子は，CuからAg^+へと直接移動するのであるが，電子の動きを追跡しやすいよう，上記反応式では独立した形で示している．同様に，電子は，還元半反応の反応物側にも現れる．

$$Ag^+(aq) + e^- \longrightarrow Ag(s) \quad (9.4)$$

酸化反応（式9.3）では2個の電子が生じるが，還元反応（式9.4）では1個だけが使われる．電子は，溶液中で自由にふるまうことはできないので，二つの式を組合わせて，CuによるAg^+の還元反応全体を表すには，還元半反応を2倍して2個の電子が消費されるようにする．半反応は，活性度の評価だけでなく，電池の起電力を求めるのにも役立つ．

基本問題 ナトリウムが水に溶ける反応について，二つの半反応を記せ．

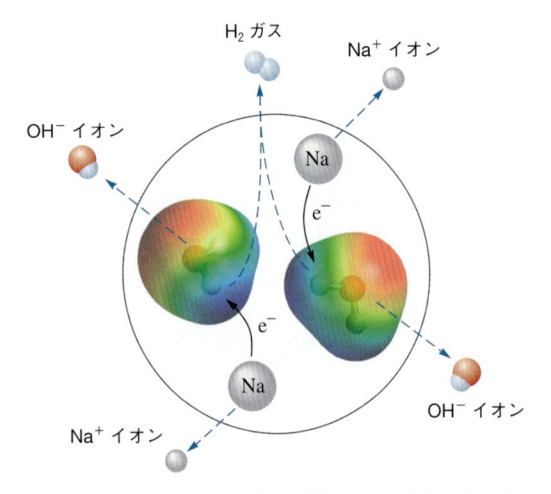

図9.9 ナトリウムと水との反応．Na原子から水の水素原子へと電子が移動し，水素-酸素間の結合に加わる．つぎに，2個の水素原子が結合してH_2を生じる．残った水素原子と酸素原子，さらにはH_2として離れていった水素原子が酸素との結合に使っていた電子，これらから水酸化物イオン（OH^-）ができる．Naは，緩く結合していた電子を失ってNa^+イオンとなる．円の内部は反応物（$2H_2O + 2Na$）を，円の外側は生成物（$2Na^+ + 2OH^- + H_2$）を表す．

ガルバニ電池

CuからAgに直接電子が移動するのではなく，CuからAgへと，導線を通して電子が動く場合を考える（図9.10）．導線を通る電子は電流となるので，CuとAgを離すことで，電流が流れる．では，どうやって電子の供給源（Cu）を電子の受取り手（Ag^+）から引き離したらよいのだろうか．電柱（図9.2）で起こったことを思い出していただきたい．酸素

が鉄を攻撃している間，電子の供給源である Mg は，消費先(O_2) から導線で隔てられていた．ドミノ倒しのように，電子を求めて酸素が鉄を攻撃すると，鉄は導線をたたき，導線は Mg 棒から電子を得る．Cu/Ag^+ の場合でも，同じように分離することができる．Ag 板を Ag^+ 溶液に浸し，Cu 板をそれと隔てた Cu^{2+} 溶液に浸し，両金属（**電極と よばれる**）を電線でつなげばよい（図 9.10a）．銀は電線を通して銅から電子を引きつけ，Cu^{2+} イオンは溶液中に溶け出す．一方，金属 Ag が Ag 電極上に析出する．電子の移動に伴い，正の電荷が銅極に，負の電荷が銀極にたまる．クーロン反発のため，すぐに電子の流れは止まってしまうが，**塩橋**とよばれる導電性の橋で両溶液を結ぶと，回路が完成する（図 9.10b）．

基本問題 もし銅イオンがなければ，どうなると思うか．銀イオンがない場合はどうか．■

二つの溶液と，金属板，導線，塩橋からなるこの装置は，**ガルバニ電池**とよばれる．銅–銀系のガルバニ電池は，つぎのように簡略化して表す．

$$Cu|Cu^{2+}||Ag^+|Ag \qquad (9.5)$$

酸化側を最初に書き，一重の縦線は，たとえば溶液と銅板や電極間などの相の境界を表す．縦の二重線は塩橋を表す．次にくるのが還元側である．この表記では，電子は外部回路を左側から右側に移動し，電極は端に書く．この表記から，反応を読み取ることができる．たとえば，Cu は Cu^{2+} に酸化され，Ag^+ は Ag に還元される．Ag は貴金属であるので，$Cu|Cu^{2+}||Ag^+|Ag$ 電池はあまり実用的ではない．また，$Cu|Cu^{2+}||Ag^+|Ag$ 電池の起電力は小さい．より実用的なのは，Cu と Zn の組合わせである．

基本問題 Cu と Zn ではどちらの方が活性か．■

電池の電位と標準電位列

懐中電灯に使う単一，単二乾電池の電圧は 1.5 ボルト(V)であり，四角形の乾電池（リード線用のスナップ付き）の電圧は 9 V である．こうした電圧は電位と関係しており，電位は，酸化状態にある物質を還元状態にするのに必要なエネルギーに対応する．ガルバニ電池（図 9.10)，乾電池（図 9.11）のいずれの場合も，**負極**では酸化が起こる．すなわち，電子が生成され，電池の－極となる．逆に，**正極**では還元反応により電子が消費され，電池の＋極となる．電池の両極を線で結ぶと，電子が負極から正極へ流れる．これはちょうど，ガルバニ電池で Cu から Ag へと電子が移動するのと同じである（図 9.10）．

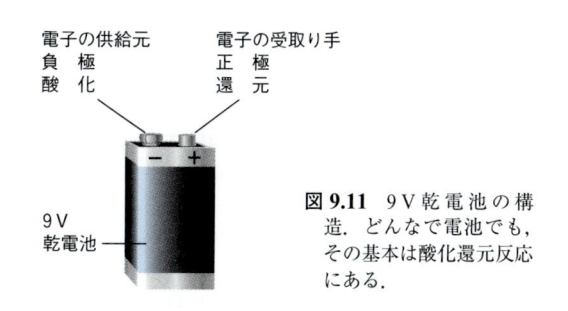

図 9.11 9 V 乾電池の構造．どんな電池でも，その基本は酸化還元反応にある．

電子は－極から＋極へと流れる．これは，＋極側の物質と結びついた方が，電子は安定化する，すなわちエネルギーが低くなるからである．負極（－極）から正極（＋極）へ電子を引き寄せる力は，電気化学的な電位に基づくものであり，**電池電位**(E)や，**電池電圧**(V)，**起電力**(**emf**) などさまざまによばれている．起電力は，歴史的にみて誤った呼び名である．これは力ではなく電位だからである．電子を受取るのに必要な電位を**標準還元電位**($E°$) とよぶ．25 °C, 1 mol L^{-1} 溶液での電位を表すことから，"標準"の言葉がつけられている．また，1 個以上の電子を獲得する反応を対象とするため，還元電位とよばれる．電子を獲得すると酸化数は減少する．いくつかの反応の標準電位を表 9.2 に示す．

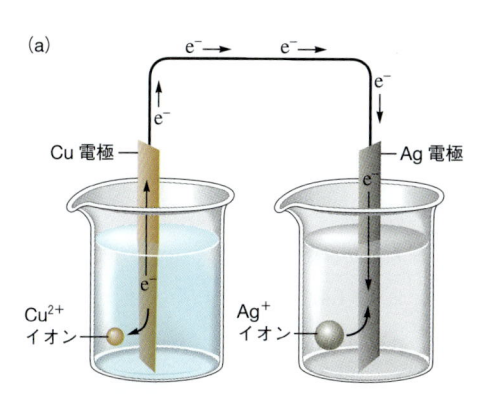

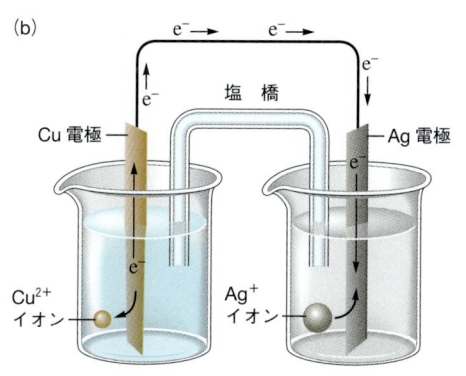

図 9.10 ガルバニ電池の原理．(a) 電子の供給元(Cu)と受取り手(Ag^+)とを銅線で結ぶと，銅線を伝わって電子が移動する．しかし，電子が移動すると，Cu^{2+} イオンが生じ，銅側に正の電荷が溜まる．また，Ag^+ イオンが消費され，銀側では正の電荷が足りなくなる．こうして，電子の流れは，すぐに止まってしまう．(b) 溶液を塩橋でつなぐと，新しい電荷の流れが生まれ，回路として完成する．

例題 9.5　銅-亜鉛系ガルバニ電池

Cu^{2+} 溶液に浸した銅板と，Zn^{2+} 溶液に浸した亜鉛板からなるガルバニ電池を考える．どちらの金属が酸化されるか．どちらの金属が負極で，どちらが正極か．また，電子の流れを示す電池の概念図を描け．さらに，このガルバニ電池に対する二つの半反応を書け．

[解　法]
- 電気陰性度の低い金属ほど活性が高く，電子を失いやすい．したがって，電気陰性度の低い金属が酸化される．
- 酸化される金属が負極となり，還元される金属が正極となる．電子は負極から正極へと流れる．
- それぞれの金属からどのようなイオン種が生じるか考える．

[解　答]
- 銅は亜鉛よりも不活性である．このため，亜鉛が電子を失い酸化される．
- 亜鉛が負極，銅が正極となる．
- Zn，Cu ともに，通常+2価のイオンとなる．したがって，反応式は

$$Zn(s) \rightarrow Zn^{2+}(aq) + 2e^-$$

（負極での酸化反応，電池の－極）

$$Cu^{2+}(aq) + 2e^- \rightarrow Cu(s)$$

（正極での還元反応，電池の＋極）

Cu を Zn と組合わせると，Cu が還元される．ところが，Ag と組合わせると，Cu は酸化される．銅の活性度が，Ag と Zn の中間に位置するからである．このように，金属が酸化されるか，還元されるか，また電子の流れる向きを決めるのは，活性度の相対的な値である．

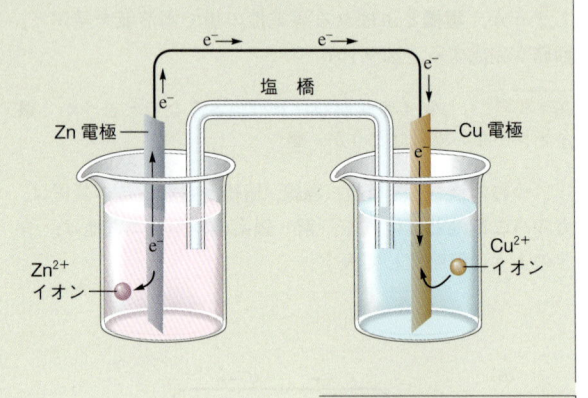

別冊演習問題 9.49，9.54 参照

表 9.2　標準還元電位

還元半反応	$E°$ (V)
$Au^{3+} + 3e^- \longrightarrow Au$	+1.42
$O_2 + 4H_3O^+ + 4e^- \longrightarrow 6H_2O$	+1.229
$Pt^{2+} + 2e^- \longrightarrow Pt$	+1.2
$Hg^{2+} + 2e^- \longrightarrow Hg$	+0.851
$Ag^+ + e^- \longrightarrow Ag$	+0.7996
$Fe^{3+} + e^- \longrightarrow Fe^{2+}$	+0.770
$O_2 + 2H_2O + 4e^- \longrightarrow 4OH^-$	+0.401
$Cu^{2+} + 2e^- \longrightarrow Cu$	+0.3402
$2H^+ + 2e^- \longrightarrow H_2$	0.000
$Pb^{2+} + 2e^- \longrightarrow Pb$	−0.1263
$Sn^{2+} + 2e^- \longrightarrow Sn$	−0.1364
$Ni^{2+} + 2e^- \longrightarrow Ni$	−0.23
$Cd^{2+} + 2e^- \longrightarrow Cd$	−0.4026
$Fe^{2+} + 2e^- \longrightarrow Fe$	−0.409
$Cr^{3+} + 3e^- \longrightarrow Cr$	−0.74
$Zn^{2+} + 2e^- \longrightarrow Zn$	−0.7628
$Al^{3+} + 3e^- \longrightarrow Al$	−1.706
$Mg^{2+} + 2e^- \longrightarrow Mg$	−2.375
$Na^+ + e^- \longrightarrow Na$	−2.709
$Ca^{2+} + 2e^- \longrightarrow Ca$	−2.76
$K^+ + e^- \longrightarrow K$	−2.924
$Li^+ + e^- \longrightarrow Li$	−3.045

（左：活性度の増加　　右：還元電位の増加）

還元電位列と金属の活性度の並びの間には，類似性があることに気づくであろう．Cu, Ag, Auは，活性度では最下段に並んでおり，これらの元素を還元する（すなわち1個以上の電子を失って陽イオンとなる反応）には，正の電位を要する．一方，最も活性な金属は活性金属とよばれ，陽イオンになりやすい．別の言い方をすれば，これらの金属は酸化されやすい．酸化されやすいということは，還元に必要な電位が負であることを意味する．実際，金属の活性度の系列は，完全とはいえないが，還元電位列に対応する．還元電位列で，最も還元電位が負の元素は，活性化度の最上位に位置する．

標準還元電位は，乾電池やガルバニ電池の電圧を決めるのに使われる．たとえば，Cu^{2+}をCuに還元するのに必要な電位は$+0.3402$ Vであり，Zn^{2+}をZnに還元する際の電位は-0.7628 Vである．Cuの還元電位は亜鉛よりも高い．すなわち，銅側が正極となる．この電池の電位あるいは電圧は，電子がCu^{2+}と結合する電位（$+0.3402$ V）とZn^{2+}と結合する電位（-0.7628 V）との差で表される．すなわち，銅-亜鉛系電池の標準電圧は，両者の差1.1030 Vである．

基本問題 $Cu\,|\,Cu^{2+}\,\|\,Ag^+\,|\,Ag$ 電池（図9.10）の起電力はいくらか．■

9.4 酸化還元反応のバランスをとる

電子は酸化還元反応で重要な役割を果たしているが，外から見える形では現れないので，酸化還元反応のバランスをとるのは容易でない．以下に述べる方法では，電子に注目する．すなわち，電子の数を数え，それが反応の前後で釣り合うようにする．以下，釣り合わせる方法について，例をもとにステップごとに解説し，最後に全ステップを要約する．

内燃機関の燃料として，ガソリンの代りにメタノール（H_3COH）を使おうとした場合，障害となるのが，不完

例題 9.6　2個のじゃがいもで時計を動かす

図9.12に示したじゃがいもやレモンを使った電池は，$Zn\,|\,Zn^{2+}\,\|\,Cu^{2+}\,|\,Cu$系ガルバニ電池と同じ反応で動いているようにみえる．したがって，同じ電位を示すはずである．しかし，じゃがいもやレモンの中に存在する銅イオンの濃度はきわめて低い．さらに，Cu^{2+}イオンを含まない塩水を使った場合でも，電池として機能する．したがって，Znから生じる2個の電子を消費する別の受取り手（酸化剤）があるはずである．表9.2で，どの酸化剤が電池の反応にかかわっているか．また，どれだけの電位が発生するか．

[解　法]
■ 表9.2から，酸化剤として働く可能性のあるものを見つけ出す．
■ 電池の電圧は，二つの半反応の電位の差である．

[解　答]
■ 金属イオンが存在しないとすると，可能性のある酸化剤はO_2である．O_2の半反応として考えられるのは，以下の二つである．
(a) $O_2 + 4H^+ + 4e^- \rightarrow 2H_2O$　$+1.229$ V
(b) $O_2 + 2H_2O + 4e^- \rightarrow 4OH^-$　$+0.401$ V
■ レモンは酸性であるので，(a)は起こりうる．しかし，じゃがいもも塩水も酸ではないので，(b)の半反応の可能性の方が高い．Zn^{2+}の還元電位は-0.7628 Vであるので，(b)とZnの還元による電池の電圧は
$+0.401$ V $- (-0.7628$ V$) = 1.164$ V
である．

酸素はCu^{2+}よりも少し強い酸化剤であるので，酸素を酸化剤とした方が，電池の電位もやや高い．酸素は，自然界ではしばしば酸化剤として働く．

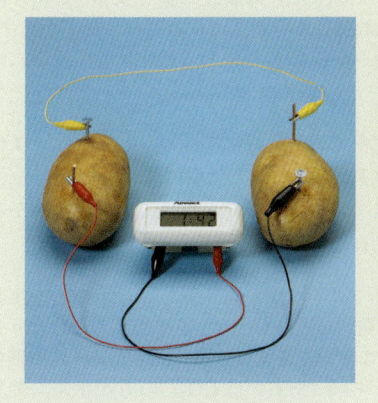

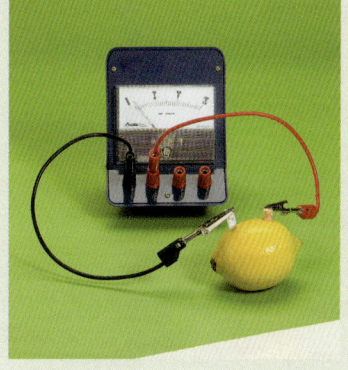

図9.12 2個のじゃがいもを使った時計とレモン電池．奇妙なしくみだが，いずれも電気化学反応からエネルギーを得ている．じゃがいもやレモンは塩橋として働く．これを通してイオンが動き，回路が完成する．

別冊演習問題 9.28, 9.29, 9.97, 9.98 参照

燃料により副生物として生じるホルムアルデヒド（H_2CO）である．メタノールが酸化してホルムアルデヒドが生じる反応には，どのような酸化還元過程が含まれているのだろうか．半反応から，ホルムアルデヒドの生成を抑える方法を考えられないだろうか．

ステップ1：おもな反応物と生成物を書き，半反応の骨格を描く．反応物はメタノール（H_3COH）であり，生成物はホルムアルデヒド（H_2CO）だけである．

$$H_3COH \longrightarrow H_2CO \quad \text{釣り合っていない} \quad (9.6)$$

ステップ2：酸化数を割り当て，酸化されている元素を見つけ出す．さらに，その元素数を釣り合わせる．

$$\overset{+1\ -2\ -2\ +1}{H_3COH} \longrightarrow \overset{+1\ 0\ -2}{H_2CO} \quad \text{釣り合っていない} \quad (9.7)$$

基本問題 H_3COH や H_2CO 中の炭素の酸化数は，どうやって決めるのか．二つの化合物で，炭素の酸化数が異なるのはなぜか．■

この反応では，炭素が酸化されている．すなわち，炭素の酸化数は，メタノールの -2 に始まり，ホルムアルデヒドのゼロで終わる．これにより，2 個の電子が失われる．反応物，生成物ともに炭素数は 1 であるので，炭素数に関しては釣り合っている．次のステップでは，この失った電子数も反応式に含める．

ステップ3：電子の数を釣り合わせる．

$$H_3COH \longrightarrow H_2CO + 2e^- \quad \text{釣り合っていない} \quad (9.8)$$

式(9.8)は電荷に関して釣り合っていない．電荷を釣り合わせるには，二つの方法があり，溶液が酸性ならば H_3O^+ を加え，塩基性ならば OH^- を加える．反応を釣り合わせるという点からいえば，どちらを選んでも構わない．むしろ，どちらを選ぶかは反応条件により決まる．その例が気相反応であり，OH^- も H_3O^+ も最終的な反応には登場しない．したがって，加えた荷電物質は，還元の半反応にも現れ，両半反応を合わせると相殺する．（これは，前のステップが正しいかどうかを確認するのにも使える．）

ステップ4：電荷を釣り合わせる．H_3O^+ を加えると，電荷の釣り合いは以下のようになる．

$$H_3COH \longrightarrow H_2CO + 2e^- + 2H_3O^+ \quad \text{釣り合っていない} \quad (9.9)$$

式(9.9)は水素と酸素の数を除いて釣り合っている．水素と酸素も，水分子を加えれば，バランスをとることができる．もしそれが不可能であれば，どこか始めのステップに誤りがあるので，戻って確認する．

ステップ5：H_2O を使って H と O を釣り合わせる．

$$H_3COH + 2H_2O \longrightarrow H_2CO + 2e^- + 2H_3O^+ \quad \text{釣り合っている} \quad (9.10)$$

式(9.10)は，釣り合いのとれた半反応である．メタノールの酸化によるホルムアルデヒドの生成反応を完成させるには，電子を受取る相手，還元半反応が必要であり，この反応の場合には，電子は大気中の酸素により消費される．こうして，還元半反応は酸化反応とバランスをとる．酸素の水への還元は，つぎの半反応で表される．

$$O_2 + 4H_3O^+ + 4e^- \longrightarrow 6H_2O \quad (9.11)$$

式(9.11)は，式(9.9)の生成物である H_3O^+ を使っていることに注意されたい．

最終段階では，二つの半反応を結びつけ，完全な反応式とする．酸化と還元は独立ではない．酸化半反応により生じた電子は，還元半反応で消費されなければならない．すなわち，酸化反応と還元反応を足し合わせると，電子は相殺される．

ステップ6：半反応に電子数の最小公倍数をかけ，酸化半反応で生じた電子が還元半反応で消費されるようにする．メタノールの例では，酸化反応を 2 倍する．

$$\begin{aligned}H_3COH + 4H_2O &\longrightarrow 2H_2CO + 4e^- + 4H_3O^+ \\ O_2 + 4H_3O^+ + 4e^- &\longrightarrow 6H_2O \\ \hline H_3COH + O_2 &\longrightarrow 2H_2CO + 2H_2O\end{aligned} \quad (9.12)$$

酸化還元反応を釣り合わせるための各ステップをまとめると，以下のようになる．（両半反応についてステップ 1〜5 を進める）．

ステップ1：半反応の骨格を反応式で表す．
ステップ2：酸化数を割り振り，酸化（あるいは還元）される元素を見つける．つぎに，酸化（還元）される元素数を釣り合わせる．
ステップ3：電子数の釣り合いをとる．
ステップ4：H_3O^+ あるいは OH^- を用いて電荷量の釣り合いをとる．
ステップ5：水を加え，水素および酸素の原子数を同じにする．
ステップ6：酸化と還元の半反応を組合わせる．その際，電子を相殺するよう，必要に応じて定数倍する．

基本問題 ギ酸（HCOOH）および二酸化炭素（CO_2）における炭素の酸化数はいくつか．ホルムアルデヒドからギ酸，ホルムアルデヒドから CO_2 を生じる酸化反応の反応式を書け．■

酸素でホルムアルデヒドを酸化すると，ギ酸あるいは CO_2 を生じる（図9.13）．もし，大気中の酸素分圧がもっと高ければ，ホルムアルデヒドを使った罠に小動物がかかることもないかもしれない．

基本問題 ホルムアルデヒドからギ酸あるいは CO_2 を生じる酸化反応が，自発的に進むかどうかを予想するにはどうしたらよいか．必要なデータを見つけ出し，メタノールの酸化の生成物として，ギ酸（あるいは CO_2）の方がホルムアルデヒドよりも安定かどうかを議論せよ．■

9.5 応用

乾電池

単一,単二乾電池

懐中電灯用の 1.5 V の乾電池(図 9.14)の内部を見てみると,亜鉛の容器の中にペースト状の電解質が入っている.ペースト状電解質に含まれているイオンは,塩橋として働く.中心には炭素の電極があり,亜鉛の容器とは絶縁されている.活性な亜鉛金属は酸化され,その半反応は

$$Zn(s) \longrightarrow Zn^{2+}(aq) + 2e^- \quad (9.13)$$

で表される.外部回路を流れる電子は,懐中電灯の電球を通った後,炭素電極に戻り,還元反応が起きる.

$$2MnO_2(s) + 2e^- + H_2O(l) \longrightarrow Mn_2O_3(s) + 2OH^-(aq) \quad (9.14)$$

これが電池として動作するのは,亜鉛が活性な金属であり,容易に 2 個の電子を失って陽イオンとなるからである.MnO_2 のマンガンは +4 価の酸化状態にあるが,亜鉛は活性度が高いため,マンガンを +3 価まで還元して Mn_2O_3 とする.

燃料電池

燃料電池は,ふつうの電池とよく似ている.ただし大きく違っている点として,**燃料電池**の場合には,少なくとも反応物の一つは,常に電池へと供給してやる必要がある.たとえば,ジェミニやアポロなどの有人宇宙飛行計画や,スペースシャトルのミッションで使われた燃料電池では,酸素の反応と水素の反応とを組合わせている(図 9.16).

$$O_2(g) + 2H_2O(l) + 4e^- \longrightarrow 4OH^-(aq) \quad (9.15)$$

$$H_2(g) + 2OH^-(aq) \longrightarrow 2H_2O(l) + 2e^- \quad (9.16)$$

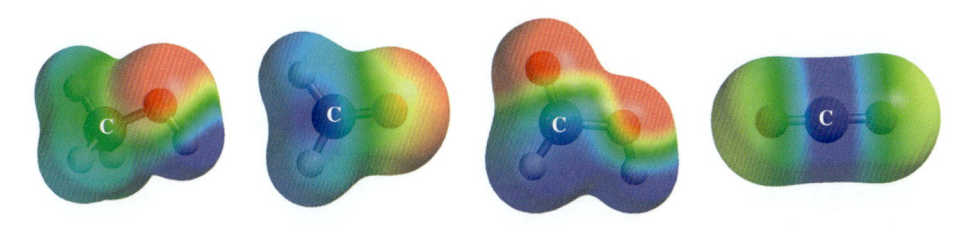

図 9.13 炭素の酸化状態と炭素周囲の電荷.左からメタノール,ホルムアルデヒド,ギ酸,二酸化炭素と進むにつれ,炭素はより酸化された状態となる.それに応じて,炭素原子の周りの正電位も増加する(青が最も高電位).炭素の形式的な酸化数は,それぞれ −2, 0, +2, +4 であり,炭素の正電位の増加に対応している.

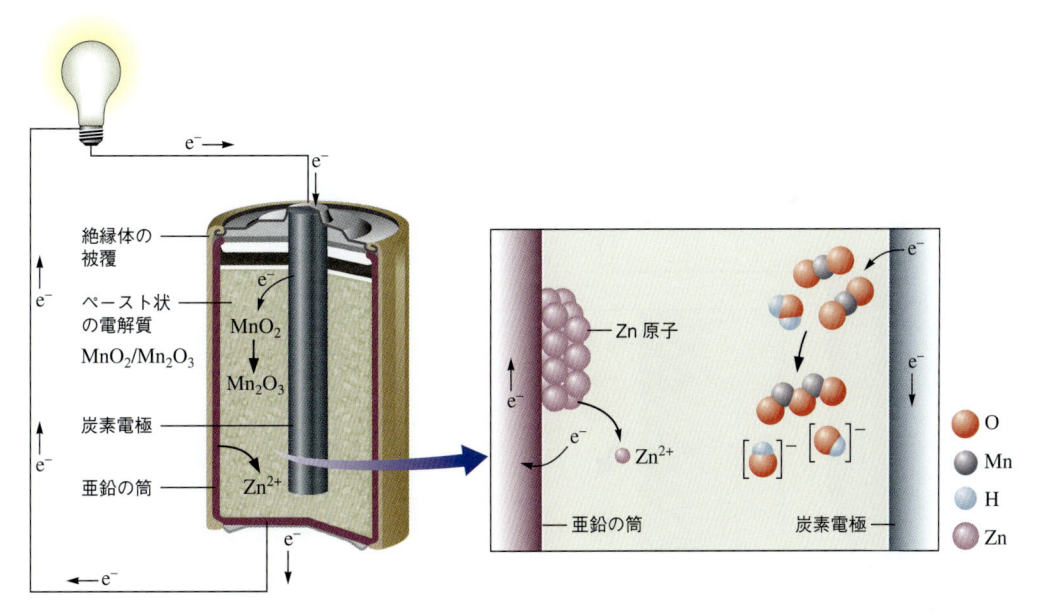

図 9.14 乾電池の構造.亜鉛の筒は負極であり,正極は炭素の棒である.炭素棒は,MnO_2 と Mn_2O_3 を含むペーストの中に浸されている.(右)原子レベルでみた乾電池内部の反応.Zn は負極で酸化され,生じた電子は,外部の回路を通って炭素電極に戻る.戻ってきた電子は MnO_2 を Mn_2O_3 まで還元する.同時に生じた OH^- イオンは負極の方へ,Zn^{2+} イオンは正極側に移動し,回路が完成する.Zn^{2+} イオンの量が増えるにつれ,電池の電圧は低下する.

例題 9.7 乾電池の還元電位

乾電池で起きている一連の反応は，正確にはよくわかっていない．しかし，式(9.14)に示した還元反応の電位は，$Zn \mid Zn^{2+}$電位と電池の電圧 1.5 V から大雑把に計算できる．還元反応（式9.14）の電位はどの程度か．また，乾電池を電池の表記法を用いて表せ．

[解 法]
■ 負極と正極での反応を確認する．

■ 電池の電位 ＝ 還元電位（正極反応）－ 還元電位（負極反応）
■ 電池の表記：負極 ∥ 正極

[解 答]
■ 負極反応は，亜鉛の酸化反応である．Zn の還元電位は -0.7628 V である．式(9.14)が正極反応である．
■ 電池の電位 ＝ 1.5 V ＝ 電位(式9.14) － (-0.7628 V)
  ⇒ 電位(式9.14) ＝ $(1.5 - 0.7628)$ V ＝ 0.74 V
■ 電池の表記：$Zn \mid Zn^{2+} \parallel MnO_2 \mid Mn_2O_3$

別冊演習問題 9.47～9.52 参照

例題 9.8 鉛蓄電池の反応

自動車に使われている鉛蓄電池は，鉛が $PbSO_4(s)$ に酸化される負極と，PbO_2 が $PbSO_4(s)$ に還元される正極で構成される（図9.15）．電解質は H_2SO_4 である．鉛蓄電池で起こる酸化反応，還元反応，全体の反応をそれぞれ書け．また，鉛蓄電池は電池の表記法ではどのように表されるか．

[解 法]
■ 酸性条件のもとで，酸化側，還元側の半反応を釣り合いのとれた形にする．
■ 半反応に適当な定数をかけ，電子を相殺する．
■ 負極 ∥ 正極の形で，電池を表記する．

[解 答]
■ 負極反応：$Pb \rightarrow PbSO_4$
  $Pb(s) + SO_4^{2-}(aq)^- \rightarrow PbSO_4$
   硫酸イオンの数は釣り合っている
  $Pb(s) + SO_4^{2-}(aq) \rightarrow PbSO_4(s) + 2e^-$
   釣り合いのとれた電極反応

■ 正極反応：$PbO_2 \rightarrow PbSO_4$
  $PbO_2 + SO_4^{2-}(aq) \rightarrow PbSO_4$
   硫酸イオンの数は釣り合っている
  $PbO_2 + SO_4^{2-}(aq) + 2e^- \rightarrow PbSO_4$
   電子数は釣り合っている
  $PbO_2 + SO_4^{2-}(aq) + 2e^- + 4H^+(aq) \rightarrow PbSO_4$
   電荷は釣り合っている
  $PbO_2(s) + SO_4^{2-}(aq) + 2e^- + 4H^+(aq) \rightarrow$
   $\qquad\qquad\qquad PbSO_4(s) + 2H_2O(l)$
   H と O は釣り合っている

■ 負極で 2 個の電子が生成し，正極で消費される．したがって，上記二つの反応を足し合わせれば，全体の反応が完成する．
  $Pb(s) + PbO_2(s) + SO_4^{2-}(aq) + 4H^+(aq) \rightarrow$
   $\qquad\qquad\qquad 2PbSO_4(s) + 2H_2O(l)$

■ 電池の表記：$Pb \mid PbSO_4 \parallel PbO_2 \mid PbSO_4$

図 9.15 自動車の蓄電池で起こる反応．原子レベルでみると，負極で鉛は $PbSO_4$ に酸化され，正極では PbO_2 が $PbSO_4$ に還元される．鉛イオンは，両電極に共通している．ガソリンで走行中には発電機を回して発電し，蓄電池を充電する．

別冊演習問題 9.58～61 参照

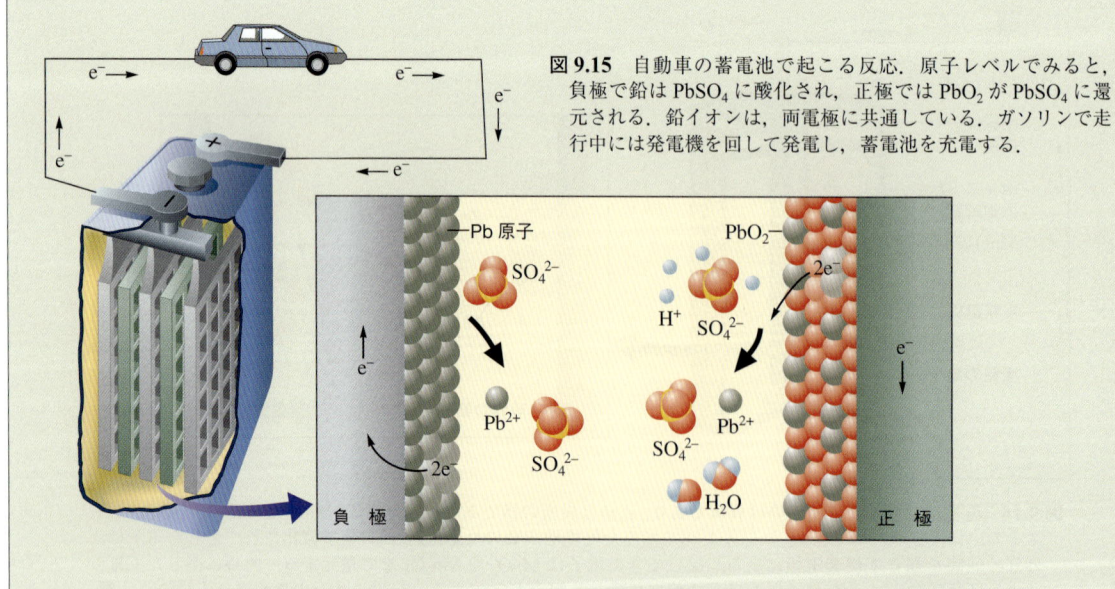

全体の反応は，
$$2H_2(g) + O_2(g) \longrightarrow 2H_2O(l) \quad (9.17)$$
である．H_2 と O_2 の混合気体に火花を飛ばすと，激しく爆発的に反応して水を生じる．燃料電池では，このような爆発を避けるため，二つの半反応に分け，H_2 ガスを負極に，O_2 ガスを正極に送る．水素の酸化により生じた電子（図9.16）は，負極から正極へと向かい，正極では酸素が還元される．エネルギーを発生する速度は，水素と酸素の分圧で制御する．燃料電池にはよくあることであるが，一方の電極で生じたイオンがもう一方の電極に移動し，回路が完成する．水素-酸素系燃料電池の場合，正極で生成した OH^-（図 9.17）が負極に移動し，水素（実質的には H^+）と結合して電子を失い水となる．

生成物である水は環境にやさしいため，水素燃料電池は大変魅力的である．問題は，反応気体をいかに安全に生産し，それを運搬するかである．特に後者は，最先端の研究課題である．

基本問題 メタノールを酸素で酸化してホルムアルデヒドにする反応は，燃料電池の基本である．メタノール-空気系燃料電池の概念図を描け．溶液は酸性（H_3O^+ を含む），塩基性（OH^- を含む）のいずれにすべきか．どのイオンが移動することで回路が完成するか．■

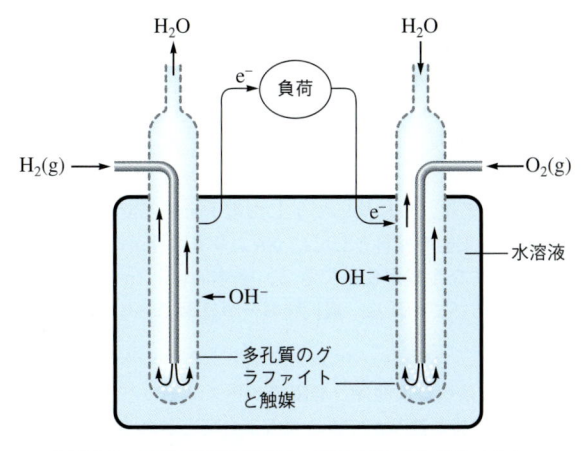

図 9.16 水素-酸素燃料電池．副生成物は水だけであり，環境に優しい発電方式である．スペースシャトルのような自給自足の環境では，水は生命を維持するのに使われる．

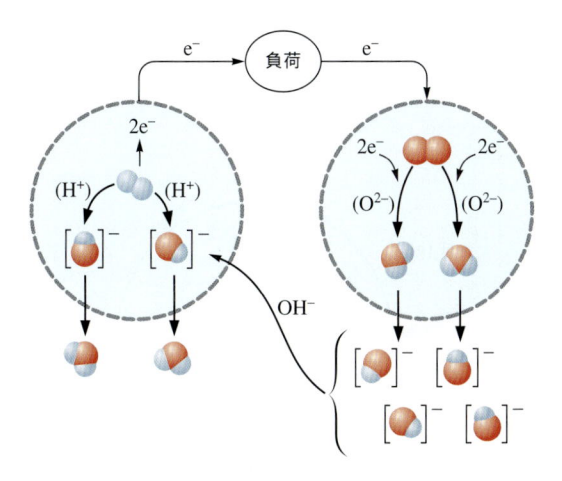

図 9.17 燃料電池における電子の動き．燃料電池の場合，電子の移動は間接的である．まず，水素が，もっている電子を外部回路に与える．同時に，自身は電子を失い，OH^- と結合して水となる．反対側では，酸素が電子を受取り O^{2-} となる．O^{2-} は水を引きつけ，2 個の OH^- に分解する．

水の電気分解

乾電池や燃料電池では，還元電位の低い金属（あるいは別の物質）から高い金属へと電子が移動する．電気分解はこの自発反応の逆反応であり，電気エネルギーを用いて，電位の上り坂に沿って電子を押し上げていく（図 9.18）．分子レベルでみると，水の電気分解は，H_2/O_2 系燃料電池で起こっている反応のほぼ逆である．燃料電池では，電子を消費する受取り手は酸素ガスであり，酸素は電子，水と結合して OH^- を生じる．電気分解では，水から電子を引き出すことで，酸素ガスが発生する．酸素は電気陰性度の高い元素であり，通常 -2 の酸化状態をとる．しかし，電気エネルギーを与えることで，酸素は酸化数ゼロへの上り坂を登って行く．

酸化は常に陽極側で起こる．したがって，水を含む電気分解セルでは，陽極で酸素が発生する．同様に，陰極では水素が生じる．電気分解と燃料電池とを組合わせ，エネルギーを貯蔵する方法が提案されている．太陽が出ている間は，太陽エネルギーを使って発電し，その電力で水を電気分解する．水素と酸素は，太陽が出ていないときに使えるよう貯蔵しておく．ただし，この方式には安全上の問題があり，まだ広く使われるには至っていない．

基本問題 溶融した食塩（NaCl）を電気分解すると，陽極，陰極では，それぞれ何が発生するか．■

腐食防止
犠牲電極

さび対策に，毎年，米国の国民総生産のうちのかなりの部分が消費されている．たとえば，米国で生産されるスチールの約 25% は，単にさびたスチールと取換えるのに使われている．腐食を防ぐ方法の一つに，犠牲となる金属（**犠牲電極**とよばれる）を用いる方法がある．犠牲電極は，保護する相手よりも還元電位の低い（酸化に対する活性が高い）金属である．犠牲電極は還元電位が低いので，二つの金属で構成される電池の負極として働く．より活性の高い金属が代りに消耗していくことから，その金属をしゃれて犠牲電極とよぶ．

基本問題 図 9.2 に示す電柱では，どこで酸化が起こるか．また，どこで還元が起こるか．■

例題 9.9　亜鉛-空気系燃料電池

燃料電池の一つの利点は，通常の電池よりも軽いことにある．これは，反応物の少なくとも一つが，元の容器に入っていないからである．一例が亜鉛-空気系燃料電池であり，酸素分子は大気中から取込む．大気を遮断するプラスチック製のカバーを取除かない限り，この燃料電池は動作しないが，開封後は，ただちに電力を発生する．負極では，亜鉛は酸化され ZnO となる．全体の反応は

$$2Zn + O_2 \rightarrow 2ZnO$$

である．負極での反応と，正極での反応の反応式を書け．また，燃料電池の構造を提案せよ．

[解　法]
- 負極反応を釣り合いのとれた形にする．
- 負極反応をもとに，酸素の還元反応を選ぶ．
- 回路を完成させるため，移動する陰イオンを見つけ出す．
- 正極反応のための電極を提案する．

[解　答]
- 負極反応に関係するとわかっているのは，Zn（反応物）と ZnO（生成物）である．
- ステップ1　　$Zn \rightarrow ZnO$

  ステップ2　　$\overset{0}{Zn} \rightarrow \overset{+2\ -2}{ZnO}$　　酸化数の決定

  ステップ3　　$Zn \rightarrow ZnO + 2e^-$

  　電子数の釣り合い

  ステップ4　　$Zn + 2OH^- \rightarrow ZnO + 2e^-$

  　電荷の釣り合い

  ステップ5　　$Zn + 2OH^- \rightarrow ZnO + 2e^- + H_2O$

  　H と O の釣り合い

- 負極反応からみて，回路を完成させるのに適したイオンは OH^- である．したがって，電池には，通常のペーストが使えると考えられる．
- 負極反応（$O_2 + 2H_2O + 4e^- \rightarrow 4OH^-$）を進行させるには，正極反応（酸素の還元）で OH^- が生じる必要がある．
- 正極反応は，負極反応で生じた電子を運んでいるにすぎない．正極の材料としては，Zn よりも活性が低ければ，さまざまな金属が使用できる．基本的に，Zn は正極の酸化を防いでくれる．選択肢の一つは銅であり，銀や金でもよい．

亜鉛-空気系燃料電池は，心臓のペースメーカー用の電源や，小型で持ち運びができる電源が必要とされる用途に用いられている．電力は，酸素の供給量により制御する．

別冊演習問題 9.73, 9.74 参照

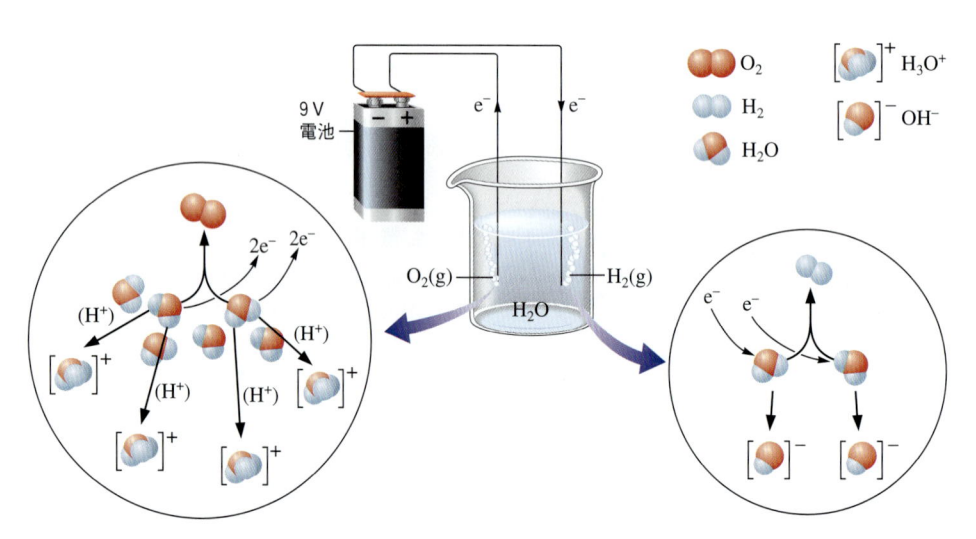

図 9.18 水の電気分解．電気化学反応では，負極（電池の場合）あるいは陽極（電気分解の場合）で酸化が起こる．電気分解の陽極に電池の正極をつなぐと，電子が引きつけられ，電気分解される物質の酸化数が増加する．水の電気分解の場合，電子が奪われると 2 個の H^+ が生じるが，直ちに水と反応して H_3O^+ となる．さらに，電子不足の酸素原子 2 個が結合して O_2 が生じる．反対側の陰極では，電子が流れ込む．この電子は水へと移り，酸素-水素間の結合に加わる．新しく加わった電子は水素と結びつくが，自由となった水素原子 2 個が結合し，最終的に H_2 が発生する．水中には OH^- が残る．

酸化が起こる場所と還元が起こる場所は，同じである必要はない．図9.19のような，スチール製の釘を考える．さびると，スチール製釘の金属 Fe から Fe^{2+} イオンが生じる．図9.19の濃い青色の領域からわかるように，Fe^{2+} は，釘の頭と先の2カ所に集中している．また，曲がった釘の場合には，曲がった所にも Fe^{2+} が現れる．一方，相手方となる還元反応では，酸素分子から OH^- が生成する．この反応は，釘の長手方向に沿ったどこでも起こる．

基本問題 変形は，弾性，塑性，疲労，そして破壊の四つの段階に分類できる．図9.19のように曲がった釘では，塑性変形領域まで力が加えられている．塑性変形は欠陥から始まる．塑性変形における欠陥と，曲げによる腐食の間には，どのような関係があると考えるか．なぜ釘は頭と先からさびるのか．■

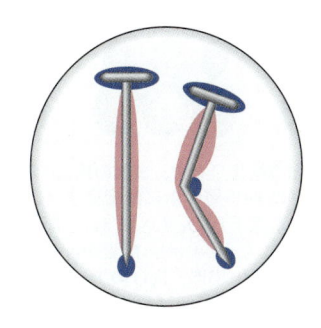

図 9.19 釘の腐食．どこで腐食が起きるかを調べることで，腐食を原子レベルでとらえることができる．釘を浸す溶液には，ふだんは無色であるが，OH^- イオンを感じるとピンクに変わる指示薬が入っている．もう一つの指示薬として $[Fe(CN)_6]^{3-}$ イオンも入っており，これは，Fe^{2+} イオンがあると，無色から濃い青色へと変化する．この溶液に真っ直ぐな釘と曲がった釘を浸す．真っ直ぐな釘の場合には，頭と先の近くの溶液が青く染まり，曲がった釘では，さらに曲がった場所の近くが青くなる．一方，どちらの釘の場合も，長手方向に沿ったところすべてがピンクになる．したがって，長手方向に沿ったあらゆる場所で，釘の還元が起きていることがわかる．

塑性変形は，欠陥（原子が変位し化学結合がひずんでいる場所，あるいは原子が完全に欠落している場所）から始まる．材料がさらに変形を受けると，欠陥は材料内部を伝わっていく．このような欠陥が，境界，すなわち材料の表面に達すると，何が起こるだろうか．表面の結合はひずみ，その結果，表面の原子は酸化されやすくなる．こうして，釘の曲がった箇所で優先的に Fe^{2+} が生じる（図9.19）．釘の頭や先でなぜ Fe^{2+} が生じるかについては，釘がどのようにして作られたかを考えればわかる．まず，金属を，延性を利用してワイヤー状に伸ばす．つぎに，長いワイヤーを切断するのであるが，そのとき，一方の端は尖るように，もう一方の端は後で平らにして頭とするので鈍く切断する．切断や曲げにより欠陥が生じるため，酸化反応は力のかかった場所から進行する．

大気の成分のうちで，還元されやすい物質の第一候補は酸素である．酸素は電気的陰度が高いばかりでなく，存在量も豊富である．表9.2に示した反応のなかで，酸素分子を含むものは二つある．

$$O_2(g) + 4H_3O^+(aq) + 4e^- \longrightarrow 6H_2O(l) \quad (9.18)$$
$$O_2(g) + 2H_2O(l) + 4e^- \longrightarrow 4OH^-(aq) \quad (9.19)$$

基本問題 図9.19では，式(9.18)と式(9.19)のどちらの反応が起こると考えられるか．■

釘を入れた溶液に指示薬を入れ（図9.19），OH^- イオンがあるとピンクに染まるようにする．実験してみると，2本の釘のいずれも，ほぼ周囲全体がピンクになる．式(9.18)は OH^- イオンを含んでいないため，還元反応は式(9.19)の形で進行すると考えられる．

例題 9.10 電子の流れを追う

酸化と還元は同じ場所で起こる必要はない．釘の曲がった場所で起こる酸化反応（図9.19）に注目し，電子の流れを追跡せよ．酸化と還元が離れた場所で起こるには，どのような条件が整っている必要があるか．

[解 法]
■ 酸化と還元が起こる場所を特定する．
■ 酸化が起こる場所から還元が起こる場所へ向かって電子は流れる．

[解 答]
■ 釘の曲がっている場所の近くでは，溶液は濃青色となっており，ここで酸化反応が起こっていることがわかる．一方，釘全体はピンク色で囲まれており，還元は釘のどこでも起こっていることを示している．
■ 酸化している場所から還元している場所まで電子が流れるためには，両者が導体で結ばれていなければならない（図9.20参照）．金属は導体であるので，この条件を満たしている．

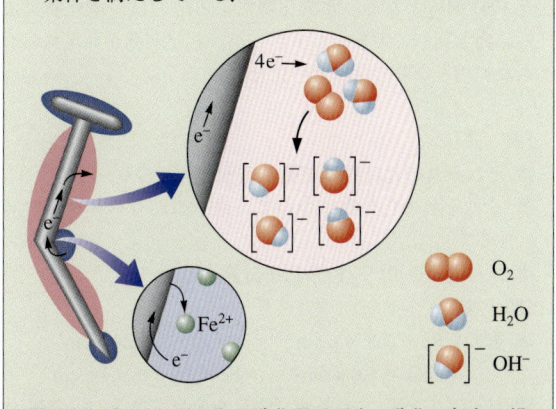

図 9.20 釘がさびる際の酸化還元反応．酸化の起きる場所（電子を供給する側）と，還元の起こる場所（電子を受取る側）は，導体で結ばれていなければならない．

別冊演習問題 9.30, 9.41, 9.43, 9.54 参照

基本問題 もし釘の周りに溶液がなければ、曲がった場所の近くで Fe^{2+} イオンが生じ、電子が拡散するため、すぐに正の電荷が溜まってしまう。一方、図9.19の場合には、正電荷は対となるイオン $[Fe(CN)_6]^{3-}$ により中和される。空気中には酸素が豊富に存在するにもかかわらず、金属は乾燥した空気中では腐食しない。それはなぜか。■

酸化物の保護膜

金属によっては、表面に丈夫な酸化物被膜ができ、これが内部を腐食から保護してくれる。クロムは、酸化物の保護膜をつくる最も有名な例である。他の金属の場合、酸化物が生じても剥がれ落ちてしまうため、内部の金属は再び腐食にさらされ、最終的には全体が崩壊してしまう。剥がれやすい酸化物として最も身近なのが、FeO と Fe_2O_3 の混合物である赤さびである。鉄の格子が酸素を取込むと、格子間隔が広がり（図9.21）、酸化物内の鉄原子-金属中の鉄原子間の結合が引っ張られる。その結果、表面酸化物層内に大きな圧縮応力がかかる。圧縮応力の大きさは、金属原子の密度を、金属単体中と酸化物中で比べれば評価できる。この比率を、**ピリング・ベッドワース比**、あるいは **P-B 比**とよぶ。P-B 比は、酸化物中の1原子当たりの体積を、単体金属の1原子当たりの体積で割ったものである。

$$\text{P-B 比} = \frac{\text{金属酸化物のモル体積}/\text{組成式中の金属原子数}}{\text{金属のモル体積}} \quad (9.20)$$

金属中の原子が本来の位置を占めている様子を想像してみよう。ここで、金属の価電子が酸素へ移動したとすると、金属原子は縮み、結晶格子に隙間が生じる。この隙間に、電子を獲得した酸素原子が入っていくのであるが、酸素原子が隙間にちょうど収まると、金属当たりの体積は、酸化物中と金属単体中で変わらない。したがって、P-B 比は1である。一方、隙間よりも酸素の方が大きいと、金属格子は広がろうとするが、下にある金属原子との結合のため十分に広がることができない。こうして、酸化物層内には圧縮応力がかかり、P-B 比は1よりも大きくなる。この比が1よりも若干大きい状態が望ましい。酸化物層にわずかな圧縮応力がかかっていると、表面が効果的に保護される

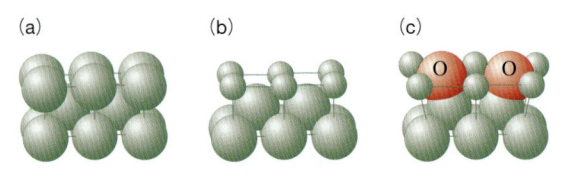

図 9.21 鉄表面の酸化。まず、表面の鉄 (a) が Fe^{2+} (b) へと変化し、つぎに Fe^{2+} 層の中に酸素原子（余分に2個の電子をもった酸素原子）が入り込む (c)。Fe^{2+} イオンは、中性のFe原子よりも小さいが、酸素が入り込むと、鉄原子間の間隔が広がる。実際、FeO の Fe-Fe 間隔は 21% も広がっている。鉄の結晶格子はもっと広がりたいが、下の金属とも結合しているため思うように広がれず、圧縮ひずみがかかる。Fe_2O_3 の圧縮ひずみはさらに大きく 29% である。水が存在すると、FeO は水和して $Fe(OH)_2$（P-B 比 3.72）に変化し、表面層には非常に大きなひずみがかかる。湿気は腐食を促進させる。

例題 9.11 酸化物中の応力を評価する

赤さびは FeO と Fe_2O_3 の混合物である。より大きな応力が生じるのは、どちらの酸化物被膜か。さびは水和すると $Fe(OH)_2$ となる。水酸化物による応力は、酸化物による応力と比べて大きいか小さいか。さびが剥がれ落ちるおもな原因となるのは、どの化合物か。

［解 法］
■ それぞれの化合物の密度のデータを調べる。
■ それぞれの化合物について、原子当たりの体積を計算する。
■ 式(9.20)を用い、P-B 比を計算する。

［解 答］
■ 密度: Fe = 7.874 g cm^{-3}　　Fe_2O_3 = 5.24 g cm^{-3}
　　　　FeO = 6.0 g cm^{-3}　　$Fe(OH)_2$ = 3.4 g cm^{-3}
■ (Fe_2O_3 についての説明) 式量を密度で割れば、モル体積値が得られる。Fe_2O_3 の式量は 159.69 g mol^{-1} であるので、

$$\text{モル体積} = \frac{\text{式量}}{\text{密度}} = \frac{159.69 \text{ g mol}^{-1}}{5.24 \text{ g cm}^{-3}} = 30.5 \text{ cm}^3 \text{ mol}^{-1}$$

となる。金属原子当たりの体積は、モル体積を、組成式中の金属原子の数（この場合 2）で割ったものである。
金属原子当たりのモル体積は

$$= 15.2 \text{ cm}^3 \text{ mol}^{-1} \quad (9.21)$$

■ 鉄のモル体積は、金属原子当たり 7.10 cm^3 mol^{-1} である。したがって、P-B 比は、

$$\text{P-B 比} = \frac{15.2 \text{ cm}^3 \text{ mol}^{-1}}{7.10 \text{ cm}^3 \text{ mol}^{-1}} = 2.14 \quad (9.22)$$

となる。

FeO についても同様の計算を行うと、P-B 比は 1.77 となる。また、$Fe(OH)_2$ の P-B 比は 3.72 である。したがって、Fe_2O_3 はひずみの原因となるが、水酸化物の方がより大きなひずみを与える。以上より、水酸化物の生成が、錆が剥離するおもな原因である。

別冊演習問題 9.83, 9.84 参照

からである．逆に，酸素が金属原子間のスペースよりも小さいと，下の金属が露出し，酸化は固体全体に進行する．この場合，P-B 比は 1 よりも小さく，酸化被膜は孔だらけとなる．最適な P-B 比は 1 と 2 の間であり，このとき，酸化被膜には孔がなく，下の金属とも密着性が良いため，内部を保護する役割を果たす．P-B 比が 2 を超えると，酸化物層は非常に強い圧縮を受けるため，いずれ剥がれ落ちてしまう．

表面で起こる現象としてみると，酸化は，表面の形態や構造に大きく依存する．また，表面の構造は，成形や加工プロセスに左右される．もし成形の際に，表面に欠陥（原子の変位や，欠損，転位面など）が生じると，欠陥周囲の原子は結合の相手を失う．非共有電子は，電気陰性度の高い酸素へと移動しやすく，酸素が欠陥に取込まれることで，金属の酸化が起こる．たとえば，曲がった釘では，頭と先，そして曲がった場所でさびが発生する（図 9.19）．このような場所に多くの欠陥が存在するからである．同様に，表面に向かって走る転位面があると，未結合手（ダングリングボンド）やひずんだ結合，原子欠損が直線状に並ぶ．腐食はこの線に沿って進み，ひびが生じるため，やがて一部が破損する．

金属は導電性をもつため，腐食（酸化）が起こる場所は，還元が起こる場所の近くである必要はない．たとえば，橋をつなぐボルトは，たとえ頭をペンキで完全に覆っていたとしても，橋の残りの部分の金属と電気的に接触していれば，さびることはありうる．ボルトの頭の下の部分には最もひずみがかかっているため，ボルトの頭は破断する可能性がある．こんなことが起きれば，橋に壊滅的な惨事をもたらす．

このような問題を避ける（現象を最小限に抑える）ため，金属中にひびの伝播を止める材料を導入する．金属の中に共有結合性の結晶を導入（高炭素鋼）したり，丈夫で共有結合性の被膜を生じるような金属を添加（クロム鋼）したりすると，ひびの伝播を防ぐことができる．加工後の焼きなまし（アニール）も，ひずみを緩和する効果があるため，腐食を最小限に抑えるのに有効である．

9.6　熱力学的な関係

ギブズ自由エネルギーが負の場合，反応は正方向に自発的に進む．逆に，正の値であると，逆反応が自発的に進む．同様に，標準電気化学ポテンシャルから，標準状態のもと，反応が正方向（$E° > 0$），逆方向（$E° < 0$）のどちらに進むかがわかる．したがって，$\Delta G°$ と $E°$ との間には何らかの関係があるといわれても，驚きはしないだろう．その関係とは，

$$\Delta G° = -nFE° \tag{9.23}$$

である．ここで，n は反応に伴い移動した電子のモル数，F はファラデー定数である．F は，電気化学の基礎を築いた 19 世紀の物理学者，Michael Faraday の栄誉を称え，ファラデー定数と名づけられた．ファラデー定数は，1 モルの電子の電荷量（96,485 C mol^{-1}）に相当する．

電気化学反応では，電子は，両替の通貨のような役割を果たす．電位が 1 V 異なる二つの電極があったとき，一方からもう一方まで，1 クーロンの電荷（1/96,485 mol の電子）を移動させるには，1 ジュールのエネルギーが必要である．逆に，電位差 1 V の電極間を電子が自発的に移動したとすると，1 ジュールのエネルギーが放出される．このエネルギーは，何らかの仕事に利用できる．

例題 9.12　電気化学と熱力学との関係

標準電極電位を使って，化学反応に伴うエネルギーの変化量を計算することができる．Cu-Zn 系のガルバニ電池（Zn | Zn^{2+} ‖ Cu^{2+} | Cu）を考えよう．この電池の電位と反応の自由エネルギーを求めよ．

[解　法]
- 釣り合いのとれた反応式を書く．
- 半反応を求める．
- 電池の電位を計算する．
- 式(9.23) $\Delta G° = -nFE°$ を用いる．

[解　答]
- Zn(s) + Cu^{2+}(aq) → Zn^{2+}(aq) + Cu(s)
- 半反応：

  Zn(s) → Zn^{2+}(aq) + 2e$^-$　　$E° = 0.7628$ V
  Cu^{2+}(aq) + 2e$^-$ → Cu(s)　　$E° = 0.3402$ V

- 電池の電位 = 0.7628 V + 0.3402 V = 1.103 V.
- $\Delta G° = -nFE°$：2 個の電子が銅から亜鉛に移動するので，$n = 2$ である．

  $F = 96,485$ C mol^{-1}　　$E° = 1.103$ V

  $$\Delta G° = -2 \text{ mol e}^- \times \frac{96485 \text{ C}}{\text{mol e}^-} \times 1.103 \text{ V} \times \frac{1 \text{ J}}{\text{C V}}$$
  $$= -212.8 \text{ kJ mol}^{-1}$$

ギブズ自由エネルギーは負であるので，標準状態の反応物が生成物になる反応は自発反応である．固体である Zn と Cu は標準状態にある．溶液中の Zn^{2+} イオンと Cu^{2+} イオンは，標準状態の 1 mol L^{-1} 溶液である．1 mol L^{-1} 溶液と接していると，Zn が Cu^{2+} を還元する反応は自発的に進む．

別冊演習問題 9.85，9.86 参照

平衡と電池の消耗

電池が切れて，いらいらした経験をおもちだろう．化学の立場からみると，電池が消耗するとき，何が起きているのだろうか．"負極が消耗して，もはや電子を放出できなくなった"というのが一番明らかな答えである．たとえば，"じゃがいも"時計では，亜鉛電極が消耗する．電子の供給源である亜鉛がなくなると，当然時計は止まってしまう．別の例が，電柱の保護に用いるマグネシウム棒である．マグネシウムが消耗すると，電柱を腐食から守ることはできない．このため，マグネシウム棒は定期的に交換する必要がある．電池の消耗にはもう一つ別の原因があり，それは，反応が平衡に達したというものである．平衡に達すると，正味の変化は起こらないため，電子も流れなくなる．

平衡へ向かう過程で電子移動が起こるが，平衡に達すると，正反応と逆反応は同じ速度で起こる．速度が等しいと，反応物から生成物へ移動する電子数は，生成物から反応物へ移動する電子数と等しくなる．正味の電子移動がなければ電流はゼロであり，電圧も発生しない．実際，電池の電圧は標準値からずれていることも多く，溶液中のイオンが標準状態（理想的には濃度 1 mol L^{-1}）にないのが，おもな原因である．標準電位 $E°$ と実際の電位 E との関係は，標準ギブズ自由エネルギーと自由エネルギーとの関係

$$\Delta G = \Delta G° + RT \ln Q \tag{9.24}$$

から求めることができる．式(9.23)（$\Delta G° = -nFE°$）と，それに類似した関係式 $\Delta G = -nFE$ を，式(9.24)に代入すると，

$$-nFE = -nFE° + RT \ln Q \tag{9.25}$$

あるいは

$$E = E° - \frac{RT}{nF} \ln Q \tag{9.26}$$

が得られる．式(9.26)は，1889年に，当時25歳だったドイツの化学者 Walther Nernst により導かれたものであり，**ネルンストの式**とよばれる．室温では，係数 $RT/F = 0.025680$ V であり，式(9.26)の自然対数を常用対数に変換（2.303倍）すると，$E = E° - (0.0592 \text{ V}/n) \log Q$ となる．平衡状態では，E はゼロであるので，

$$E° = \frac{RT}{nF} \ln K \tag{9.27}$$

である．

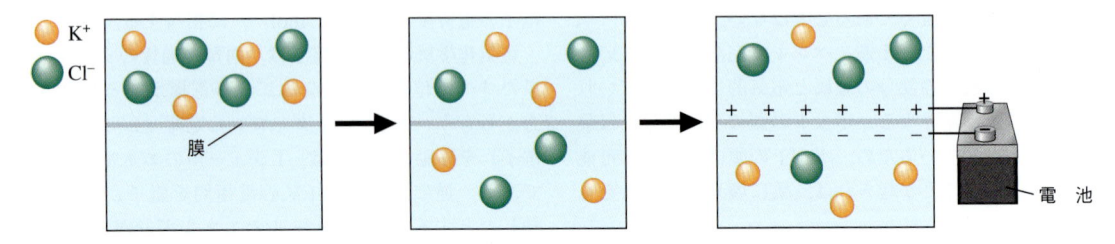

図 9.22 電圧により生じた濃度勾配．膜により，蒸留水と K$^+$，Cl$^-$ を含む溶液とを隔てる．膜の両側でイオンの濃度に差があるため，イオンは膜を透過し，最終的には両側で濃度が等しくなる．膜を横切る方向に電圧をかけると，陽イオン（この例では K$^+$）は負極側に，陰イオン（この例では Cl$^-$）は正極側に移動するため，濃度は不均等となる．濃度の比は，加えた電圧によって決まる．

例題 9.13　電池の電位と平衡定数

標準電極電位と標準ギブズ自由エネルギーを結ぶ関係式から，ガルバニ電池の平衡定数を求めることができる．Zn | Zn^{2+} || Cu^{2+} | Cu 電池での標準ギブズ自由エネルギーの変化分は，-212.8 kJ mol^{-1} である．亜鉛イオンの濃度と銅イオンの濃度との間には，どのような関係があるか．温度は室温とする．

[解 法]
■ 反応式を書く．
■ K を式で表す．
■ $\Delta G° = -RT \ln K$ である．

[解 答]
■ Zn(s) + Cu^{2+}(aq) → Zn^{2+}(aq) + Cu(s)
■ Cu, Zn はいずれも金属であるので，平衡定数の式には現れない．したがって，$K = [\text{Zn}^{2+}]/[\text{Cu}^{2+}]$ であり，平衡定数は，二つのイオンの濃度比に等しい．
■ $K = \exp(-\Delta G°/RT)$
$= \exp\left[-\frac{-212.8 \text{ kJ mol}^{-1}}{8.3145 \text{ J K}^{-1} \text{mol}^{-1} \times 298 \text{ K}} \times \frac{1000 \text{ J}}{\text{kJ}}\right]$
$= 1.99 \times 10^{37}$

平衡時の亜鉛イオンの濃度は，銅に比べ37桁も高い．もし，亜鉛イオンの濃度がこれよりずっと低ければ $Q < K$ であり，反応は式の通りに進み，電位を発生する．

別冊演習問題 9.85, 9.86 参照

例題 9.14 電池の消耗

Zn│Zn^{2+}║Cu^{2+}│Cu ガルバニ電池の標準電位は 1.103 V である．あるガルバニ電池の電位を測定したところ，0.67 V であった．この電池の [Zn^{2+}]/[Cu^{2+}] 比を求めよ．

[解　法]
- 電池の反応式を書く．
- 反応商 Q の式を書く．
- 式(9.26)：$E = E° - \dfrac{RT}{nF}\ln Q$ を使う．

[解　答]
- 電池の反応では，亜鉛は酸化され，銅は還元される．
  $$\text{Zn(s)} + \text{Cu}^{2+}(\text{aq}) \rightarrow \text{Zn}^{2+}(\text{aq}) + \text{Cu(s)}$$
- Cu と Zn は固体なので，Q には現れない．
  $$Q = [\text{Zn}^{2+}]/[\text{Cu}^{2+}]$$
- $E° = 1.103$ V，$E = 0.67$ V であるので，式(9.26)を変形して
  $$Q = \exp\left\{-(E - E°)\frac{nF}{RT}\right\} = \exp\left\{-(0.67-1.103)\text{V} \times \frac{2 \times 96485 \text{ C mol}^{-1}}{8.3145 \text{ J mol}^{-1}\text{K}^{-1} \times 298 \text{ K}} \times \frac{1 \text{ J}}{\text{C V}}\right\}$$
  $$= 4.42 \times 10^{14}$$

Zn^{2+} イオンが生じるにつれ，電池の電位は低下し，最終的にはゼロとなる．そのとき，Zn^{2+} イオンの濃度は，Cu^{2+} イオンに比べ，1.99×10^{37} 倍まで増加する．

別冊演習問題 9.87，9.88 参照

基本問題 例題 9.14 に示したように，水溶液を使ったガルバニ電池では，酸化生成物が生じ始めると電位が低下してしまう．これは，電池としては一つの欠点となる．反応物が完全に消費されるまで，電位がほとんど変わらないような電池を設計できるか．■

濃淡電池

電池の電圧と濃度との関係式をながめていると，別の方式の電池を思いつく．それは，濃度の異なる二つの溶液を組合わせるというものである(濃淡電池)．電位を制御するには，溶液が自発的に混じり合うのを防ぐ必要があるが，どうしたらよいだろうか．すべての物質を通す膜を想像していただきたい．最初，膜の一方にイオン，もう一方に蒸留水が入っていたとすると（図 9.22），エントロピーが増大するよう，膜を通して物質の拡散が起こり，両方のイオン濃度は等しくなる．膜を横切る方向に電圧を加えると，このバランスが崩れ，膜の正に帯電した側では負イオンの濃度が高くなり，負に帯電した側には正のイオンが集まる．電圧を高くするほど，濃度はより不均衡となる（例題 9.15）．ここで，電圧を急に取去ると，平衡に向かい，同じ濃度に戻ろうとする力が生じる．そして，その力は，取去った電圧 E に比例する．電荷の不均衡は，生体系ではよくみられる現象である．実際，この不均衡のおかげで，細胞の原形質膜を挟んで電圧が発生する．この膜電位は，帯電した物質の膜を通した輸送に影響を及ぼしている．

生体膜は，専用の小型電池などは備えていない．その代わり，生体膜は選択的な透過性をもつ．すなわち，あるイオンは膜を透過できるが，別のイオンは透過できない．膜に電位が生じるのは，この選択的透過性のためである．細胞間の体液は，ほぼ海水と同じイオン組成をもっているが，細胞内の液体は，カリウムの濃度が高く，ナトリウムと塩化物イオンの濃度は低い（図 9.23）．細胞内の陰イオンは

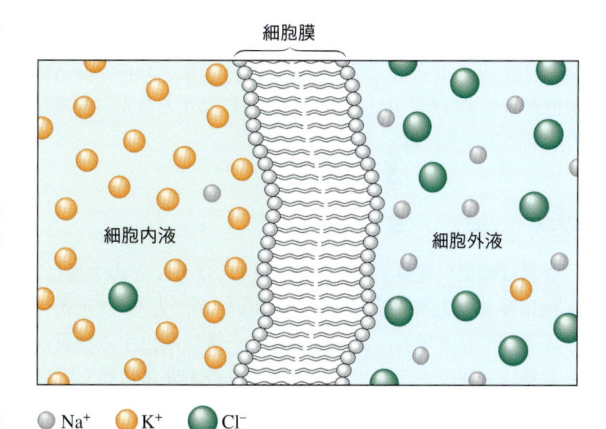

	[Na$^+$]	[K$^+$]	[Cl$^-$]	[その他]
細胞の内側	15 mol L^{-1}	150 mol L^{-1}	10 mol L^{-1}	100 mol L^{-1}
細胞の外側	150 mol L^{-1}	5 mol L^{-1}	120 mol L^{-1}	なし

図 9.23 膜電位．細胞膜が，特定のイオンだけを透過させる性質をもっていると，細胞の内側と外側でイオンの濃度に差が生じる．典型的な濃度差は表の通りである．

> **例題 9.15　イオンを動かす**
>
> 生体系では，細胞膜の両側で陰イオン濃度に不均衡が生じるよう，能動的なポンプを用いている．細胞内部のカリウムイオンの濃度を外側の 2 倍にするには，どれだけの電位差が必要か．
>
> [解　法]
> ■ 膜を横切る移動の式を書く．
> ■ Q の式を書く．
> ■ 式(9.26)：$E = E° - \dfrac{RT}{nF} \ln Q$ を用いる．
>
> [解　答]
> ■ イオン(外側) $\rightleftharpoons$ イオン(内側)
> ■ $Q = [\text{イオン(内側)}]/[\text{イオン(外側)}]$
> ■ 電圧を加えないと，両側の濃度は等しく，$Q = K = 1$，$E = E°$ である．したがって，膜を横切る方向に電位差は発生しない．電圧を加えると，$[\text{イオン(内側)}] = 2 \times [\text{イオン(外側)}]$ となるので，$Q = 2$ である．カリウムは 1 価のイオンなので $n = 1$ であり，これより
>
> $$E - E° = -\dfrac{8.3145 \text{ J mol}^{-1}\text{K}^{-1} \times 298 \text{ K}}{1 \times 96485 \text{ C mol}^{-1}} \times \dfrac{1\text{ C V}}{\text{J}} \times \ln 2 = 0.018 \text{ V}$$
>
> となる．
>
> 18 mV ほどの電位差で，2 倍ものイオン濃度差を生み出すことができる．
>
> 別冊演習問題 9.87，9.88 参照

大きすぎて膜を透過できないが，他の帯電した物質は膜に取込まれる．カリウム濃度が 30 倍も異なるため，温度 17 ℃ で -85 mV の電位差が発生する．ただし，他のイオンについては，濃度の不均衡はこれほど大きくなく，実際に観測される膜電位は -70 mV 程度である．この小さな電位は，ランプや他の家電製品のタッチセンサーに利用されている．

基本問題　ナトリウムイオンの不均衡により，どれだけの膜電位が発生するか．ナトリウムの膜電位は正か負か．符号は何を意味するか．■

9.7　冶　金

金属は幅広い性質を示す．たとえば，ほとんどの金属は，天然に単体として存在することはないが，2, 3 の元素は単体として存在する．あるものは，一緒に産出する物質から簡単に分離できるが，純金属を得るのが非常に難しい元素もある．**冶金**とは，元素を金属として取出し，それを有用な形へと変える学問である．金属元素は，酸化物として存在することが多く，価電子は他の元素へと移動している．したがって，これらの物質から単体元素を得るのは還元過程である．

鉱石とは，対象とする金属を含む鉱物のことである．化学的にみると，金属が酸素や硫黄と結びついており，それぞれ酸化物，硫化物とよばれる．酸化物や硫化物は，砂や油，粘土など，それほど利用価値のない物質と混じった形で存在する．まず，密度を利用して，これら有用でない物質から鉱石を分離する．酸化物や硫化物はたいてい，有用でない物質（おもにケイ酸塩，あるいは金属が SiO_3^{2-} や SiO_4^{4-} と結合したもの）に比べ密度が高い．分離後，その物質が硫化物であれば，大気中で加熱して，酸化物と SO_2 に変える（この過程は焙焼とよばれる）．最後に，金属酸化物をコークス（酸素が足りない条件下で加熱した石炭）で還元する．コークスを金属酸化物と一緒に熱すると，炭素は CO や CO_2 へと酸化され，同時に金属は還元される．この酸化還元過程に，どれだけのエネルギーを要するかは，鉱石中の金属の結合の強さに依存する．活性の低い金属は，酸素や硫黄と弱く結合しているが，活性の高い金属は非常に強く結びついている．この章では，ごく一般的で，かつよく使われる金属について概観する．まず，酸素との結合が最も弱い金属から始める．

基本問題　自然界に単体として存在する可能性が最も低いのは，どの金属元素か．■

貨幣金属：Cu，Ag，Au

最も活性の低い金属は，活性化系列で水素よりも下に位置する元素であり，銅，銀，金が該当する．

銅

人類が銅を利用するようになって 5000 年以上が経つが，

9.7 冶金

現代社会でもなお，銅の果たす役割は大きい．最も重要な銅の鉱石は，硫化物（輝銅鉱 Cu_2S），酸化物（赤銅鉱 Cu_2O），炭酸塩〔孔雀石（マラカイト）：きれいな緑色の鉱物で $CuCO_3$ と $Cu(OH)_2$ の混合物である〕および鉄と銅を含む硫化物〔組成式 $CuFeS_2$ で表される黄銅鉱（カルコパイライト）〕である．銅は，数世紀にわたり採掘されてきたため，現在残っている鉱石には銅はそれほど含まれていない．古代には，銅は純金属，すなわち銅塊として産出したが，現在最も一般的な資源は黄銅鉱である．

黄銅鉱から，電気配線用の純度 99.9999% の銅を取出すには，数段階の過程が必要である．最初のステップでは，銅よりも鉄の方が化学的に活性であることを利用し，1100 °C で加熱してケイ酸塩（$FeSiO_3$）として鉄を分離する．

$$2CuFeS_2(s) + 3O_2(g) + 2SiO_2(s) \longrightarrow 2CuS(s) + 2SO_2(g) + 2FeSiO_3(s) \quad (9.28)$$

この過程で用いる SiO_2 は，通常砂から取出す．地殻の約 26% はケイ酸塩でできているため，砂は利用しやすい材料である．銅は活性が低いため，CuS は高温では不安定となり，簡単に Cu_2S へと変化する．さらに大気中で加熱すると，酸素や硫黄から銅を分離できる．これもやはり，銅が比較的不活性な金属だからである．

$$2Cu_2S(s) + 3O_2(g) \longrightarrow 2Cu_2O(s) + 2SO_2(g) \quad (9.29)$$
$$2Cu_2O(s) + Cu_2S(s) \longrightarrow 6Cu(s) + SO_2(g) \quad (9.30)$$

こうして得られた銅は，高濃度の不純物を含んでいる．配線用の純粋な銅を得るには，さらに電気精錬を行う．

銀

小アジア（黒海・アラビア間の地域）で銀加工の際の廃棄物が見つかったが，それからわかったこととして，紀元前 3000 年にはすでに，銀は鉛から分離されていた．銀は，おもに輝銀鉱（Ag_2S）や角銀鉱（$AgCl$）として産出するが，これは，鉛や亜鉛，銅，ニッケル，金などの元素を多く含んでいる．銀の単体を得る方法の一つが，シアン化物イオン（CN^-）による抽出である．銀はシアン化物イオンと強く結合し，錯イオン（$[Ag(CN)_2]^-$）を形成する．

$$AgCl(s) + 2CN^-(aq) \rightleftharpoons [Ag(CN)_2]^-(aq) + Cl^-(aq) \quad (9.31)$$

さらに，より活性な金属（たいていは亜鉛）と反応させ，錯体から銀の単体を得る．亜鉛は，2 個の価電子を銀イオンに与え，銀は金属まで還元される．

$$2[Ag(CN)_2]^-(aq) + Zn(s) \longrightarrow 2Ag(s) + Zn^{2+}(aq) + 4CN^-(aq) \quad (9.32)$$

金

金は最も不活性な金属の一つであり，金属の形で産出することが多い．鍋を使って選鉱すると（砂と金を底の浅い鍋の中で振り回す），金塊を砂から分離することができる（図 9.24）．砂の主成分は酸化ケイ素であり，金よりも密度が低い．したがって，鍋の縁に沿って砂を振り回すと，密度の高い金が後に残る．金の指輪やネックレス，金箔の装飾が永遠の美しさをもつのは，金の活性が低いからである．金は貴重であるので，他の金属を精錬する際に生じる泥からも金を回収する．銀と同様，CN^- で抽出した後に Zn で還元することもできる．

図 9.24 金の選鉱．金の密度が高いことを利用し，金を砂や小石から選り分ける．鍋の中で回すように動かすと，密度の低い物質は鍋の縁から外にこぼれ出し，高密度の金が鍋底に残る．

構造材料: Fe, Al

鉄

鉄は中程度の活性を示す金属の代表であるので，ここで鉄について述べる．鉄は，宇宙に豊富に存在する元素でもある（地上には，酸素，ケイ素，アルミニウムについで 4 番目に豊富）．スチールの主成分である鉄は，重要な構造材料であり，機械類に不可欠な金属でもある．

最も一般的な鉄の鉱石は，ヘマタイト（Fe_2O_3）とマグネタイト（Fe_3O_4）である．後者は，FeO と Fe_2O_3 からなる鉄の複合酸化物である．いずれの鉄酸化物もコークス（炭素）で還元する．鉄が還元される際，コークスの一部は CO に，さらには CO_2 にまで酸化される．

$$Fe_2O_3(s) + 3C(s) \longrightarrow 2Fe(l) + 3CO(g) \quad (9.33)$$
$$Fe_2O_3(s) + 3CO(g) \longrightarrow 2Fe(l) + 3CO_2(g) \quad (9.34)$$

Fe_2O_3 とコークスの混合物に石灰石（$CaCO_3$）を加えるが，これは，鉱石中のケイ酸塩と反応させるためである．炭酸カルシウムは，加熱すると CaO と CO_2 に分解する．

$$CaCO_3(s) \longrightarrow CaO(s) + CO_2(g) \quad (9.35)$$

カルシウムは鉄よりも活性が高いので，優先的にケイ酸塩と反応し，一般にスラグとよばれる物質を生じる．

$$CaO(s) + SiO_2(s) \longrightarrow CaSiO_3(l) \quad (9.36)$$

スラグは溶融した鉄の表面に浮いており，鉄は炉から流

れ出す（図 9.25）．表面のスラグは，溶融鉄が大気中の酸素によって酸化されるのを防ぐという第二の役割ももつ．

　こうして生産された鉄はスチールの製造に使われる．ただし，このままでは炭素を多く含んでいるため，Fe_3C がかなりの領域を占めることになり，鉄はもろくなる．炭素の一部を取除き，かつ，V, W, Ni, Cr などの他の金属を添加すると，スチールとして知られる強靭な材料が得られる．

図 9.25　スラグ炉で製造される鉄．

アルミニウム

基本問題　活性化系列および還元ポテンシャルの表で，アルミニウムを探せ．鉄の精錬に用いるプロセスは，アルミニウムにも適用できるか．なぜそう考えたか理由も述べよ．■

　アルミニウムは活性が高く，純粋なアルミニウム単体を得るのは難しい．このため，アルミニウムが有用な材料として登場したのは，比較的最近になってからである．アルミニウムは，スチールの主成分である鉄よりも密度が低いので，アルミニウム製品はスチール製品よりも軽い．アルミニウムはその軽さゆえに，構造材料から料理用具，航空機，機械部品に至るまで，さまざまに利用されている．アルミニウムは，地球上で 3 番目に豊富な元素であり，地殻の約 8％を占める．しかし，けっして単体として存在することはない．利用を妨げていたおもな原因と，その最大の利点である酸化物を形成しやすいという特徴とは密接に関係しており，その意味で，アルミニウムは矛盾した材料だといえる．

基本問題　アルミニウムの密度は 2.6989 g cm^{-3} であり，Al_2O_3 の密度は 3.97 g cm^{-3} である．酸化物の被膜は，多孔質，内部保護，圧縮性のいずれの性質を示すか．■

　活性化系列で Al の位置を見てみよう．Al よりも活性な金属は，水から水素を発生させる．すなわち，アルミニウムよりも活性な金属は，水溶液から水素を発生させイオンとなる．したがって，より活性な金属と Al^{3+} イオンを組合わせるという方法では，Al を単離できず，別の方法が必要である．酸化物をコークスあるいは CO と一緒に加熱する方法も使えない．アルミニウムは活性が高すぎ，コークスや CO でも還元されないのである．金属 Al の単離は工学の問題であり，Al^{3+} に電子を供給すると同時に，生じた金属が大気中の酸素や水と接するのを防ぐ必要がある．

　Oersted は 1825 年，塩化物をカリウムアマルガム（カリウムと水銀との合金）と一緒に加熱することにより，初めて金属アルミニウムを得た．このアルミニウムの製造方法は，カリウムのもつ高い電子供与性を利用している．しかし生じたアルミニウムを酸素から保護する工夫をほとんどしていなかったため，得られたアルミニウムの純度はけっして高くなかった．

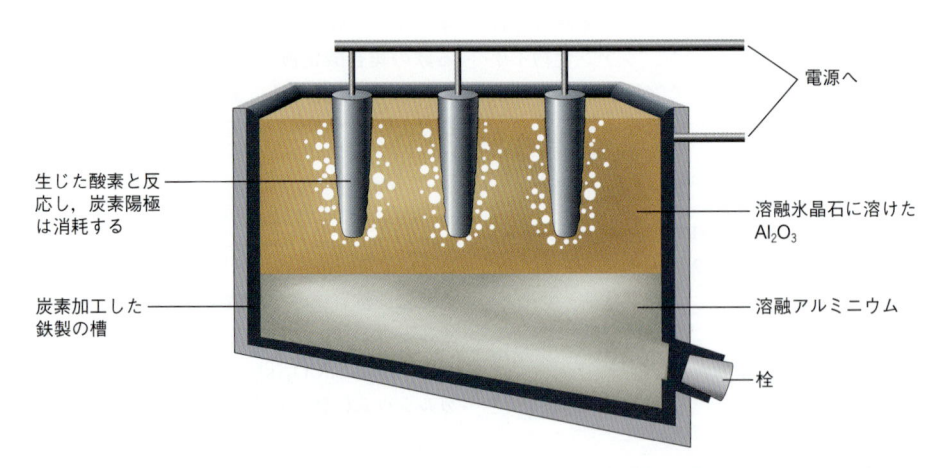

図 9.26　アルミニウム製造用の電気分解装置．溶融したアルミニウムは槽の底に沈む．溶融氷晶石は，アルミニウムが大気中の酸素により酸化されるのを防ぐ．

アルミニウムが広く利用されるようになったのは，岩石からアルミニウムを抽出する経済的な方法が登場してからである．純アルミニウムを低コストで生産するという難問に対する解答は，1886 年，米国の Hall とフランスの Héroult により同時に発見された（これはよくあることである）．Hall と Héroult による製造プロセスでは，溶媒として氷晶石（Na_3AlF_6）を用いる．氷晶石は 1009 °C で融解するが，この温度は Al_2O_3 の融点（2045 °C）よりもずっと低い．また，フッ素は電気陰性度が高いので，氷晶石は Na^+ イオンと $[AlF_6]^{3-}$ イオンとに解離し，電気をよく流す．このため，溶融 Na_3AlF_6 中に電極を入れ電流を流すと，電子は，氷晶石に溶けた Al_2O_3 の Al^{3+} へと移動する．こうして生じた金属アルミニウムは溶融 Na_3AlF_6 よりも密度が高く，このおかげで，溶融 Na_3AlF_6 は大気中の湿気や酸素から保護されている．電気分解で起こる反応は複雑であるが，つぎのようにまとめられる．

$$Al^{3+} + 3e^- \longrightarrow Al(l) \qquad (9.37)$$
$$2O^{2-} \longrightarrow O_2 + 4e^- \qquad (9.38)$$

溶媒として $[AlF_6]^{3-}$ イオンを用いると，電子は，溶媒の成分からではなく，酸化物中の酸素からアルミニウムへと移る．これは，フッ素の方が酸素よりも電気陰性度が高いからである．

現在でも，よりエネルギー消費の少ないアルミニウム製造プロセスの開発が続けられている．もしそのようなプロセスが開発されれば，現代社会でのアルミニウムの重要性を考えると，経済的なインパクトは大きい．Hall-Héroult 法（図 9.26）では，電気分解の過程で大きなエネルギーを要する．したがって，経済面を考慮すれば，アルミニウムはリサイクルすることが望ましい．

最も活性な金属：Na，K

基本問題 水溶液の電気分解によって，1 族および 2 族元素の単体は得られるか．■

金属が酸化されるのを防ぐという問題は，ナトリウムやカリウムといった最も活性な金属の場合には，さらに厳しいものなる．これらの金属は，空気中の酸素や窒素と反応するため，油やケロシンの中に保存する必要がある．Na，K とも，1807 年に Humphrey Davy によって単離されたが，彼は，水酸化物，すなわち苛性カリ（KOH）および苛性ソーダ（NaOH）を電気分解する方法を用いた．カリウムを最も豊富に含む資源は苛性カリであり，現在でも，カリウムの製造には苛性カリを電気分解する方法が用いられる．ナトリウムは，現在では食塩（NaCl）から製造する．食塩は，海水を蒸発させることで，ほぼ無尽蔵に得られる．NaCl の融点は 810 °C であるので，食塩を 810 °C まで加熱して融解させ，その融液を電気分解して Na を製造する．

$$2Na^+Cl^-(l) \xrightarrow{\text{電気分解}} 2Na(l) + Cl_2(g) \qquad (9.39)$$

塩素ガスが生じるが，回収され，医薬品やプラスチック製品（塩化ビニル製の配管など）の製造に利用される．

基本問題 NaCl の電気分解の際，どちらの極で塩素が発生するか．また，電気分解に伴う電子の流れを追跡せよ．■

チェックリスト

重要な用語

酸　化（oxidation, p. 192）
還　元（reduction, p. 192）
酸化還元反応（redox, p. 192）
酸化状態（oxidation state, p. 193）
酸化数（oxidation number, p. 193）
活性化系列（activity series, p. 196）
半反応（half-reaction, p. 198）
電　極（electrode, p. 199）
塩　橋（salt bridge, p. 199）
ガルバニ電池（galvanic cell, p. 199）
負　極（anode, p. 199）
正　極（cathode, p. 199）
電池電位 E（cell potential, p. 199）
電池電圧 V（cell voltage, p. 199）
起電力 emf（electromotive force, p. 199）

標準還元電位 $E°$（standard reduction potential, p. 199）
燃料電池（fuel cell, p. 203）
犠牲電極（sacrificial anode, p. 205）
ピリング・ベッドワース比（P-B 比）（Pilling-Bedworth ratio, p. 208）

重要な式

$$\text{P-B 比} = \frac{\text{金属酸化物のモル体積／組成式中の金属原子数}}{\text{金属のモル体積}}$$

$$E = E°(\text{還元}) - E°(\text{酸化})$$
$$\Delta G° = -nFE°$$
$$E = E° - \frac{RT}{nF}\ln Q$$

ネルンストの式（Nernst equation, p. 210）
冶　金（metallurgy, p. 212）
鉱　石（ore, p. 212）

章のまとめ

電子移動反応は非常に一般的な反応である．通常，金属元素は電子を失う反応する．これは酸化である．一方，周期表の反対側に位置する非金属元素の場合には，電子を受取り，sおよびp亜殻を満たすことで反応する．しかし，電子移動反応をよく見てみると，もっと複雑な様相を示している．電子は，より電気陰性度の高い元素と結びつく傾向があり，金属元素の間でも，ある元素から別の元素へと電子が移動しようとする．この性質が基本原理となって，電池や燃料電池を含む多くの機器が動作している．電子が元素と結びつく際に電位（標準還元電位）が発生するが，その電位の差が推進力となって電子移動が起こる．

イオンが不均一に分布している場合にも，電位が生じる．こうした電位は，生体内で広くみられる．個々の細胞は，たとえば 10 mV 程度の膜電位をもっており，この電位は，神経細胞の応答など多くの信号伝達にかかわっている．

電子移動過程には，腐食とよばれる負の側面もある．実際，腐食により，橋や地下の配管，電柱などの構造物が劣化する．大気中の腐食では，酸化剤は酸素分子であることが多く，酸素は還元されて水や水酸化物となる．金属が酸化物になるのは避けられないが，これを食い止める方法がいくつか開発されている．ガルバニ電池の応用として，鉄の酸化と，より活性な亜鉛の酸化とを組合わせれば，スチールを保護できる．鉄を活性度の低い金属で被覆すると，被覆が剥がれない限り，鉄の酸化を防げる．しかし，被覆が一部でも剥がれると，酸化剤は被覆のあらゆる場所を攻撃し，鉄から酸化剤へと電子が移動するため，鉄は急速にさびる．

冶金とは，鉱石から単体金属を得るプロセスである．どのような方法を選ぶかは，その金属の活性度による．最も不活性な金属の場合，自然界に単体金属として存在するか，あるいは産出した鉱石から簡単に単離できる．一方，最も活性な金属はけっして単体としては存在せず，鉱石から金属を抽出しようとすると大きな困難を伴う．

重要な考え方

活性な金属から還元電位の大きな元素へと，電子は自発的に移動する．電気分解では，外部から電力を加えることで，逆の反応を起こさせる．

理解すべき概念

■ 電圧を加えなければ，イオンは均一に分布する．濃度勾配があると，イオンには，低濃度の領域へ移動させようとする力がかかる．二つの領域間の電位は，それぞれのイオン濃度の比で決まる．

学習目標

■ 化合物中の各元素に酸化数を割り振る．酸化数を使って化学式を予想する（例題 9.1〜9.4）．
■ 酸化還元反応を見分け，どの元素が酸化され，どの元素が還元されているかを調べる（例題 9.5，9.6）．
■ 乾電池やガルバニ電池の起電力を求める（例題 9.7）．
■ 乾電池や燃料電池の正極・負極，電気分解の陽極・陰極で起きている反応を考える．また，電子やイオンの流れを追う（例題 9.8〜9.10）．
■ 酸化被膜にかかる力を評価する（例題 9.11）．
■ ギブズ自由エネルギーと電池電位を関係づける（例題 9.12〜9.14）．
■ 細胞膜の両側に生じる電位を計算する（例題 9.15）．

10　配位化学：宝石, 磁性, 金属, 細胞膜

スリランカで産出した宝石の数々. ダイヤモンドのほかに, 色のついた宝石も含まれている. 宝石の主成分自体は無色透明であるが, 不純物として含まれる微量の遷移金属のために色がつく.

目　次
10.1　宝　石
10.2　遷移金属錯体
　　　◎ 応用問題
10.3　用語の解説
10.4　相互作用
　　・色
　　・平　衡
　　・熱力学
10.5　磁　性
　　・不対 d 電子
10.6　生体内での配位結合

主　題
■ 色と, 相互作用エネルギーや平衡との関係を理解する.
■ 磁性を, 電子のスピンや d 軌道の相互作用と関連づけて理解する.

学習課題
■ 色から, 相対的な相互作用の強さを推測する（例題 10.1）.
■ d 軌道の分裂と分子の幾何学的な形状との関係を確認する（例題 10.2）.
■ 配位子の金属に対する配位数を決定し, 錯体の電荷から金属の酸化状態を求める（例題 10.3）.
■ 平衡定数を用いて金属錯体の濃度を計算する. また, 平衡定数から, 相互作用の強さを定量的に評価する（例題 10.4）.
■ 金属錯体（特に Fe(II) および Fe(III) 錯体）の磁気的な性質を, 電子対の立場から理解する（例題 10.5）.
■ 磁性を応用する（例題 10.6）.

宝石は，永い間人類を魅了してきた．無色のダイヤモンド（触ると冷たいが，内なる炎で輝いている）から，深い色のルビーやエメラルドまで，宝石は神秘的な存在と考えられてきた．そんなことがわかっても，魅力が失われることはないが，近年，宝石の美しさにとって，原子-分子相互作用が重要であることがわかってきた（図10.1）．

色のついた宝石にみられる原子-分子相互作用は，新しいタイプの結合に基づくものであり，結合にかかわる電子対は，二つの原子のうちの片方から供給される．とはいっても共有電子対であるので，結合としては共有結合である．しかし，各原子が1個ずつ電子を出し合う結合と区別し，この新しい共有結合を**配位結合**とよぶ．配位結合では，正電荷が集中する金属イオンの周りを，非結合電子対をもつイオンや分子が取囲む．正の金属イオンの周りに，電子の負電荷が近づくと，金属イオンのエネルギーが変化する．また，d軌道の不対電子は，磁気的な相互作用を生む．隣接した原子のd電子どうしが直接相互作用すると，より強い永久磁石としての性質が生まれる．この磁石としての性質は，フロッピーディスクやCD，オーディオテープなどに利用されている（図10.1）．配位結合は，細胞膜を通したイオンの移動にも関係している．この章では，カルシウムイオンの移動という特別な例を取上げ，詳しく述べる．

図10.1 宝石と磁気テープにみる配位化学．宝石の美しい形は結晶構造を反映しているが，その色は，光と電子との相互作用によるものである．磁性（オーディオテープは磁性を利用して録音している）が生じるのも，材料中の電子の働きによる．

10.1 宝石

光とエネルギーとの関係を用いると，宝石内での相互作用を視覚化できる．宝石内の相互作用には，すべての配位結合に共通する要素が多く含まれているので，宝石の色と関連づけながら，配位結合の一般的な特徴について調べてみよう．金属イオンの周りの環境は，相互作用を決める重要な要因である．たとえばルビーでは，金属イオンの周りの環境は，主成分であるホスト物質の固体構造によって決まる．したがって，ルビーの色を説明するには，色とエネルギーとの関係のほかに，ルビーの固体構造について知っておく必要がある．

宝石や他の配位化合物は，透明ではあるが着色している．透明なのは，光がその物質を透過するからである．ただし，すべての色の光が透過するわけではない．ある色の光が吸収されると，その光は取除かれ，補色が残る．ルビーを考えてみよう．赤く見えるということは，白色光から緑と青の光が取除かれていることを意味する．すなわち，ルビーは，緑と青の光を吸収する．この光の吸収には電子がかかわっている．エネルギー2.5～3.0 eVの青および緑の光を吸収するには，基底状態より上，2.5～3.0 eVの位置に，電子状態が存在しなければならない．問題はこれがどのような状態かであり，それを解き明かす鍵は，ルビーの組成と構造が握っている．

ルビーは，固体の Al_2O_3（コランダムとよばれる）からなっており，微量(0.5%)の Cr^{3+} イオンを含んでいる．コランダム構造は，酸素原子の三角格子で構成されており，酸素層の間にアルミニウムが挟まれている．三角格子の層をみると，層の間に2種類の孔あるいは隙間（**空隙**）が存在することがわかる（図10.2）．（この孔は，電子の足りない半導体中に分布するもつ孔(正孔)とは別ものである．）1番目の空隙は，6個の原子（3個は第1層，残り3個は第2層）で囲まれている．これら6個の原子は，八面体の頂点を占めており(図10.3)，**八面体空隙**とよばれる．もう一種類の空隙は，4個の原子（3個は第1層，残り1個は第2層）に囲まれている．これらの原子を頂点として線で結ぶと四面体ができることから（図10.4），この空隙を**四面体空隙**とよぶ．コランダム構造では，アルミニウムは八面体空隙の2/3を占める．

基本問題 六方最密充填の単位格子は六角柱であり，三つの面を張る．六角柱の上下には，六角形の蓋がしてある．単位格子を水平に真ん中で切った面上には，3個の原子が存在する．六方最密充填の単位格子中には，何個の酸素原子が含まれているか．つぎに，八面体空隙の位置を探せ．単位格子中には，何個の八面体空隙が含まれているか．八面体空隙の2/3をアルミニウムが占めると，コランダムの組成式 Al_2O_3 となることを示せ．■

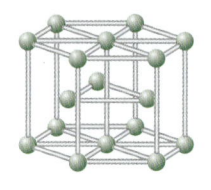

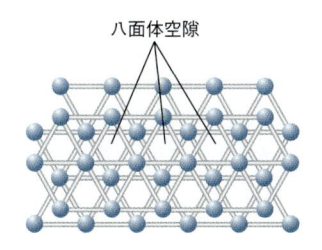

図 10.2 コランダム構造での酸素原子の配置．原子間の隙間，すなわち空隙がよくわかるよう，三角格子 2 層分だけを示してある．第 2 層の原子は，第 1 層の三角形の中心上に位置している．ただし，第 1 層の三角形の半分だけを占めている．

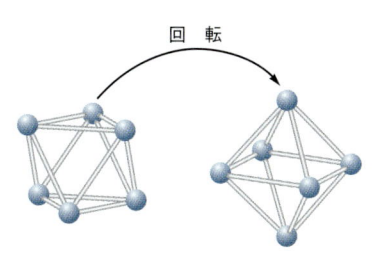

図 10.3 八面体型の原子配置．（左）八面体の一つの面を下にして置くと，このように見える．（右）八面体の八つの面が見えるように配置した．赤道面の上下に，それぞれ四つの面がある．八面体には六つの頂点があり，6 個の原子が頂点の位置を占める．

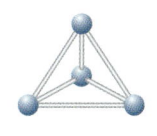

図 10.4 四面体型の原子配置．4 個の原子のうち 3 個は第 1 層にあり，その 3 個がつくる三角形の中心上に，もう 1 個の原子がある．四つの頂点の位置を原子が占める．

　酸素は電気陰性度の高い元素であり，一方，アルミニウムは電気的には陽性である．したがって，コランダムは，-2 価の酸素イオン（酸化物イオン）と，八面体空隙に位置する $+3$ 価のアルミニウムイオンとが，規則正しく並んだ構造とみなせる．酸素イオン（半径 140 pm）はアルミニウムイオン（半径 53 pm）よりもずっと大きいので，Al^{3+} は O^{2-} 層間の隙間にちょうど収まる（図 10.5）．クロムイオンも $+3$ 価をとり，そのイオンサイズ（62 pm）は Al^{3+} に近い．Cr^{3+} が Al^{3+} と置き換わると，Cr^{3+} は八面体配置の環境に置かれる（図 10.6）．xyz 軸上に負電荷の酸素イオンがあり，酸素イオンに囲まれた配位系の原点を，Cr^{3+} が占めているとしよう（図 10.6）．

　Cr^{3+} を含まないコランダムは，無色透明で非常に硬い結晶である．ルビーの色は，混入した Cr^{3+} によるものであり，この色を決める重要な要因が Cr^{3+} の電子構造である．中性の Cr は $[Ar]4s^{1}3d^{5}$ の電子配置をとる．これから 1 個の 4s 電子と 2 個の 3d 電子を取去ると $+3$ 価のイオンとなり，$[Ar]3d^{3}$ 構造が残る．自由空間では（すなわち近

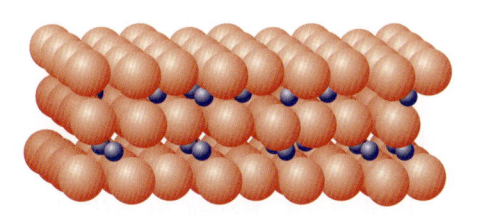

図 10.5 コランダム構造．酸素（赤色の球）は三角格子を組み，層間の隙間に，アルミニウム（紫の球）が配列している．

くに他の原子がなければ），電子が 5 個の d 軌道のどれを占めても，エネルギーは同じである（図 10.7）．ところが結晶中では，Cr^{3+} は自由空間に置かれているのではなく，6 個の負に帯電した酸素イオンに囲まれている．負の電荷は，d 軌道の電子のエネルギーを以下のように変える．6 個の酸素イオンの真ん中に，d 軌道電子が 1 個捉えられた状況を想像してみよう．電子は負に帯電しているので，負の酸素イオンから反発力を受ける．反発の強さは，

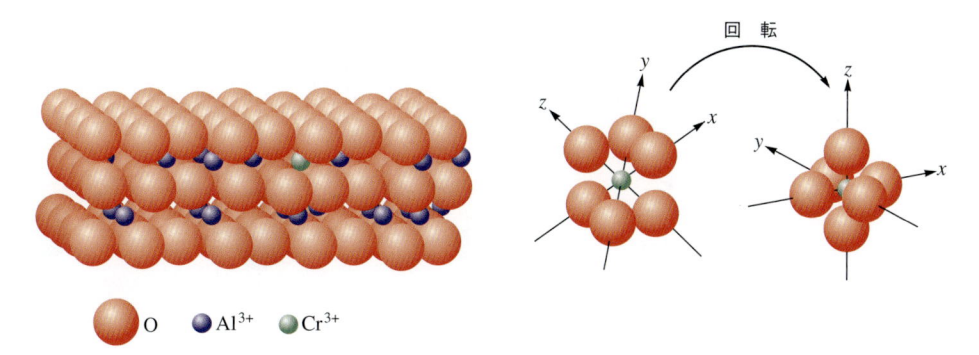

○ O　● Al^{3+}　● Cr^{3+}

図 10.6 コランダム格子の Al^{3+}（紫）を置換する Cr^{3+}（緑）．置換した Cr^{3+} イオンは，八面体配置の環境下にある．これを示すため，Cr^{3+} イオンとその周囲の酸素原子 6 個を取出したのが右の図である．

d 軌道電子と負イオン間の距離に反比例する（クーロンの法則）．ここでもう一度，五つの d 軌道の形を見ていただきたい（図 10.8）．各軸の端には負の電荷が存在するので，軸上にある軌道の電子は，軸の間を向いた軌道の電子よりも，大きな反発を受ける．

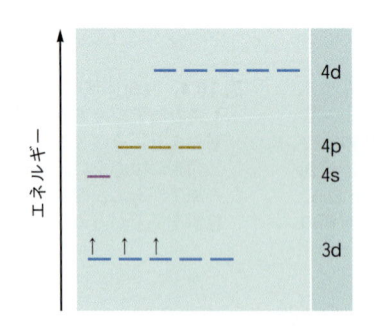

図 10.7 自由な Cr^{3+} のエネルギー準位図．周囲に他の原子やイオンがない場合には，五つの d 軌道は同じエネルギーをもつ．

二つの軌道 $d_{x^2-y^2}$ と d_{z^2} は，x, y, z 軸の方を向いており，その軸上には酸素イオンが位置している．これに対し，残りの d_{xy}，d_{xz}，d_{yz} 軌道は，軸の間の方に延びており，負イオンによる影響は小さい．したがって，$d_{x^2-y^2}$，d_{z^2} 軌道の電子は強いクーロン反発を受けるが，d_{xy}，d_{xz}，d_{yz} 軌道の電子が受ける反発はずっと弱い．クーロン反発の少ない分，d_{xy}，d_{xz}，d_{yz} 軌道のエネルギーは，$d_{x^2-y^2}$，d_{z^2} 軌道よりも低くなる．すなわち，より安定となる．その結果，五つの軌道は，エネルギーの異なる 2 組に分かれる（図 10.9）．

電子は，これらの軌道を通常の手順で占めていく．すなわち，1 個の軌道当たり収容できる電子数は 2 個までという条件のもと，低いエネルギーの軌道から順に占有していく．Cr^{3+} は，d 軌道に 3 個の電子をもっている（図 10.10）．6 個の酸化物イオンで囲まれた八面体結晶場では，Cr^{3+} の電子は，低エネルギーの三つの d 軌道に 1 個ずつ入る．

$3d_{xy}$，$3d_{xz}$，$3d_{yz}$ 軌道にある 3 個の電子は，いずれもエネルギーを吸収すると，空の軌道の一つへと移る．この遷移が，ルビーの赤色の原因である．さらに，吸収する光の色は，軌道間のエネルギー差に対応している．ルビーは緑の光を吸収するが（図 10.11），これは，酸素イオンとの相互作用により，d 軌道が，2.5〜2.9 eV 離れた二つのグループに分かれたからである．

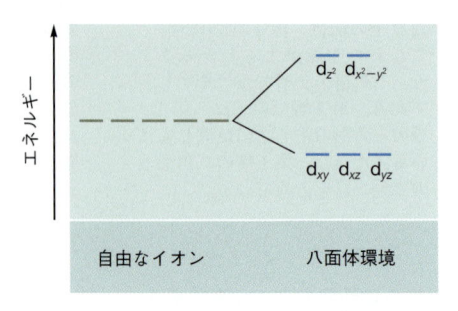

図 10.9 八面体環境下にある Cr^{3+} のエネルギー準位図．d 軌道のエネルギーは等価ではなくなり，二つのグループに分かれる．$d_{x^2-y^2}$，d_{z^2} グループのエネルギーは，d_{xy}，d_{xz}，d_{yz} グループよりも高い．

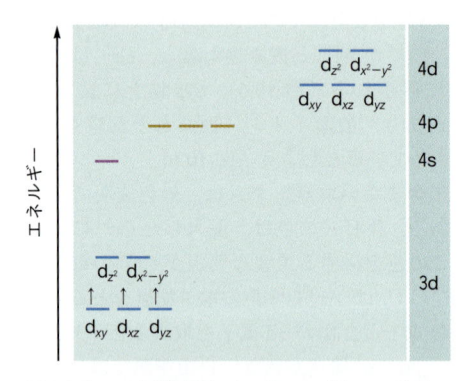

図 10.10 八面体環境下にある Cr^{3+} での電子の占有状態．3 個の価電子は，d_{xy}，d_{xz}，d_{yz} 軌道にそれぞれ 1 個ずつ入り（フント則），高エネルギーの $d_{x^2-y^2}$，d_{z^2} 軌道は空である．

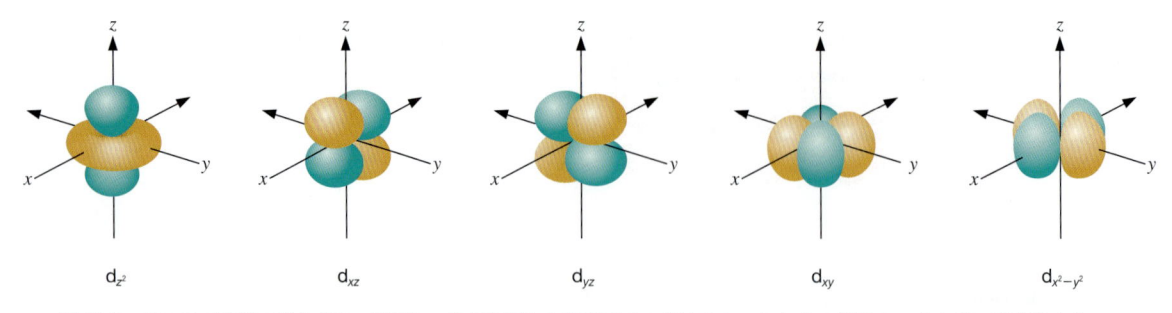

図 10.8 五つの d 軌道の形と方位．周囲に，負に帯電した酸素イオンがくると，これらの軌道のエネルギーは変化する．

基本問題 エメラルドは，ルビー同様，Cr^{3+}を含んだAl_2O_3結晶であるが，エメラルドの場合には，$Be_3Si_6O_{15}$も含んでいる．$Be_3Si_6O_{15}$が存在すると格子定数が変化し，Cr^{3+}を含む八面体が膨張する．エメラルドは，何色を吸収するか．エメラルドの吸収するエネルギーは，ルビーよりも大きいか小さいか．Cr^{3+}と酸素イオンとの距離はエメラルドの方が長いが，これは，二つの宝石が吸収するエネルギーと矛盾しないか．■

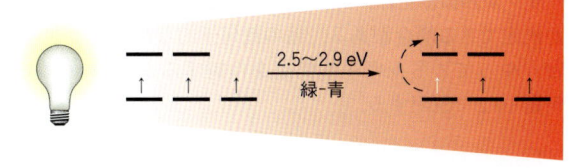

図10.11 ルビーの色とCr^{3+}の電子構造との関係．ルビーの結晶に白色光を当てると，Cr^{3+}の電子は，緑-青色のフォトン（フォトンのエネルギー 2.5〜2.9 eV）を吸収して，低エネルギーの軌道から高エネルギーの軌道へと遷移する．こうして，緑-青色のフォトンが取除かれるため，ルビーは赤く見える．

10.2 遷移金属錯体

応用問題 薬局から家庭用アンモニア，雑貨店から亜鉛メッキした釘，園芸用品店から除草剤を入手する．透明なプラスチック容器に1/4カップの水を入れ，マッチの頭大の除草剤（砕いておく）の結晶2個を溶かす．まず，この溶液の色を記録しておく．つぎに，この溶液に，洗浄用アンモニアをティースプーン数杯加える．液の色はどのように変化するか．つづいて，亜鉛メッキした釘を溶液に加え，1時間放置する．色の変化を観察せよ．釘の外見は変化したか．除草剤は$CuSO_4$を含んでおり，水溶液中のCu^{2+}イオンは，特徴的な淡青色を示す．Cu^{2+}イオンがアンモニアと反応すると，深い青色の溶液となる．メッキした釘はZnを含んでおり，Zn^{2+}イオンの水溶液は無色透明である．溶液の色から，そこで起こっている反応を推察せよ．〔溶液は薄めた後，排水に流してよい（訳者注：日本では，重金属を含んだ溶液を排水に流すのはお勧めできない）．溶液を口に入れてはならない．プラスチック容器は固形廃棄物として処理せよ〕

ルビーは，**遷移金属錯体**とよばれる色鮮やかな物質群の一つである．エメラルド，アレキサンドライト，アクアマリン，シトリン（黄水晶），青や緑のアズライト（藍銅鉱），緑色のマラカイト（孔雀石），赤色ガーネットなど多くの宝石も，電子の遷移が原因で着色している．遷移金属錯体の形はさまざまであるが，いずれの場合も，金属のd電子と，金属に配位した原子あるいはイオンがもつ非共有電子対（負に帯電）の間のクーロン反発によって，d軌道のエネルギー準位が決まる．配位する物質を**配位子**(ligand)とよぶ．これは，ラテン語の"結合すること"を意味するligareに由来する．最も一般的な配位子の数は6（八面体錯体となる）と4（四面体錯体となる）である．四面体錯体では，配位子は，d軌道のある直線上にない（図10.12）．正確に言えば，配位子とd_{xy}, d_{xz}, d_{yz}軌道との距離は，$d_{x^2-y^2}$, d_{z^2}軌道との距離に比べ短い．その結果，四面体錯体でのd軌道の分裂のパターン（図10.13）は，八面体錯体とは逆になる．四面体錯体では，軌道と配位子との直接の重なりが小さいため，八面体錯体に比べd軌道の分裂幅が小さい．このことを利用し，固体の格子中で金属

例題10.1 相互作用と色

ベリル（緑柱石）は，組成式$Be_3Al_2(SiO_3)_6$で表されるありふれた鉱物である．これまで発見された最大のベリル結晶は，マダガスカルで産出したものであり，長さ8 m，直径3.5 m，重さ380 tにも及ぶ．宝石のアクアマリンは，ベリルの母体の中にFe^{2+}が不純物として混入したものであり，青色をしている．ヘリオドールはアクアマリンと似ているが，鉄の不純物が+3価の状態にあり，色は黄色である．両者とも，鉄イオンは，6個の酸素原子で囲まれた八面体の環境に置かれている．これらの宝石は，それぞれ何色の光を吸収するか．鉄の酸化状態を考え，それをクーロンの法則と組合わせることにより，吸収する色を説明せよ．

[解 法]
■ 吸収される色は，見た目の色の補色である．
■ 吸収するエネルギーが大きいということは，相互作用も大きいということである．
■ クーロン則によると，相互作用エネルギーは電荷量に比例し，距離に反比例する．

[解 答]
■ アクアマリンは青色に見えるので，その補色である赤と緑（＝黄色）を吸収する．ヘリオドールは黄色であるので，赤と緑は透過し，青色を吸収する．
■ 青色の光は黄色よりもエネルギーが高い．したがって，ヘリオドールはアクアマリンよりも高エネルギーのフォトンを吸収する．
■ ヘリオドールは+3価の鉄を含んでおり，一方，アクアマリンは+2価の鉄を含んでいる．Fe(III)の方が電荷が多いので，電気陰性度が高く負に帯電した酸素原子とのクーロン相互作用も大きい．

別冊演習問題10.1, 10.2 参照

イオンが四面体空隙，八面体空隙のどちらを占めているのか決定できる場合がある．他の幾何学的な配置のときに，どうやってエネルギー準位図を作製するかについては，例題10.2で説明する．

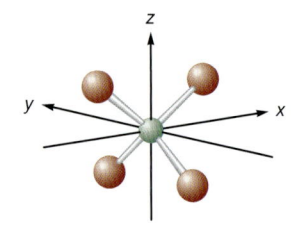

図 10.12 四面体配置の錯体．d 軌道はいずれも配位子の方を向いていないが，d_{xy}, d_{xz}, d_{yz} 軌道の方が，$d_{x^2-y^2}$, d_{z^2} 軌道よりも配位子に近い．

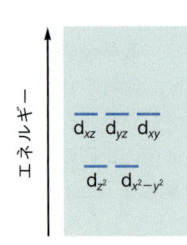

図 10.13 四面体錯体での d 軌道のエネルギー準位図．d 軌道の分裂幅は，八面体配置に比べ小さい．

10.3 用語の解説

金属元素は，電子を失って，正に帯電した金属イオンとなる．したがって，金属イオンは比較的サイズが小さい．また，金属イオンには正電荷が集中しているため，周囲を小さな分子や陰イオンが囲む構造をとりやすい．周りを分子やイオンで囲まれた金属イオンのことを，全体が電荷をもっていれば**錯イオン**，中性であれば単に**錯体**とよぶ．たとえば，Al^{3+} イオンの半径は53 pmであり，水分子の半径（180 pm）よりもずっと小さい．水溶液中では，+3 の電荷と，水の酸素原子上の非共有電子対の間には，強い引力が働く．Al^{3+} イオンは，6個の水分子とかなり強く結合する（図 10.14）．

この結合体を

$$[Al(H_2O)_6]^{3+} \tag{10.1}$$

と書く．錯体は鍵カッコの中に書き，電荷はカッコの外に付す．この場合，Al^{3+} は+3 の電荷をもち，周囲の6個の水分子は電荷をもたないため，錯体の電荷は+3 となる．したがって，この結合体は錯イオンである．周囲を囲む6個の水分子は配位子である．すべての配位子は，非共有電

例題 10.2　幾何学的配置と d 軌道のエネルギー

金属イオンは，いろいろな幾何学的配置をとる．その配置により，d 軌道のエネルギー準位が決まる．白金は，さまざまな反応（たとえば重要な医薬品の反応，なかでも最も有名なのは睾丸がんに対する制がん剤）に対する触媒として働く．白金錯体は，しばしば平面型の構造をとるが，この平面構造が，医薬として働くうえで重要である．白金を含む単純な錯体の一つが，平面4配位型錯体 $[PtCl_4]^{2-}$ である．$[PtCl_4]^{2-}$ のエネルギー準位図を描け．なぜそのような準位図としたかの理由も述べよ．

[解法]
- 4個の Cl^- イオンを配置する．
- d 軌道の"葉"と Cl^- イオンとの近づき具合をみる．
- エネルギーを分裂させる．

[解答]
- 最初に，配位子をどこに配置するかを決めなくてはならない．五つの d 軌道のうち，四つの幾何学的形状は同じであり，ただ一つの d 軌道だけが特別の方向を向いている（図 10.8）．形が違うのは d_{z^2} であり，z 軸が特別な方向で，x 軸，y 軸は等価である．平面4配位型錯体とするには，等価な x, y 軸がつくる平面内に配位子を配置すればよい．四つの配位子は $\pm x$, $\pm y$ 軸上に配置し，z 軸上には置かない．
- $x-y$ 平面上での存在確率が高いのは，$d_{x^2-y^2}$, d_{xy}, d_{z^2} 軌道である．これらのうち，$d_{x^2-y^2}$ 軌道は x, y 軸の方を向き，d_{xy} 軌道は軸の間を向いている．d_{z^2} 軌道は，$x-y$ 平面に小さな環をもつだけである．残りの d_{xz}, d_{yz} 軌道は $x-y$ 平面の上下に延びている．
- 四つの Cl^- 配位子に最も近いのは $d_{x^2-y^2}$ 軌道であり，したがって，エネルギーが一番高い．次にエネルギーの高いのは d_{xy} 軌道であり，それに d_{z^2} 軌道が続く．d_{xz}, d_{yz} 軌道は等価であり，配位子からは最も遠く，エネルギーは一番低い．以上より，平面4配位型錯体のエネルギー準位図は，以下のように描ける．

平面4配位型錯体のエネルギー準位図は，八面体型や四面体型錯体よりも複雑である．共通して言えるのは，エネルギーの順番は，電子と配位子とのクーロン相互作用によって決まるということである．電子の入り方は，金属イオンの電子配置によって決まる．錯イオン $[PtCl_4]^{2-}$ の場合，白金は+2 価であり，電子配置は $[Xe]4f^{14}5d^8$ である．したがって，$d_{x^2-y^2}$ を除くすべての軌道が占有される．

別冊演習問題 10.3，10.4 参照

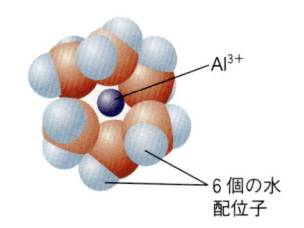

図 10.14 Al^{3+} のアクア錯体. Al^{3+} と水分子の非共有電子対との間には，強い引力が働く. Al^{3+}（紫）は，6 個の水分子で取囲まれており，酸素（赤）の非共有電子対を通して水と結合している．一方，水の水素原子（水色）は，正に帯電した Al^{3+} から離れるように配置している．

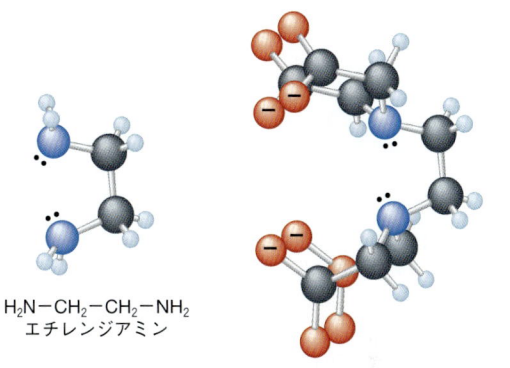

子対をもち，非共有電子対は金属イオンの正電荷に引きつけられ共有結合をつくる．ある種の配位子には，非共有電子対をもつ原子が複数存在する．このような複数の手（**配位座**とよぶ）をもった配位子を**多座配位子**という．手の数が一つのものを単座配位子，二つは 2 座配位子，三つは 3 座配位子というようによぶ．もう少し実際に即した呼び方として，複数の手で配位しているような錯体をキレート錯体とよぶ．**キレート**（chelate）は，ギリシャ語の鉤爪を意味する "chele" に由来する．

水は単座配位子の例である．水は 2 個の非共有電子対をもっているが，いずれも酸素原子上にある．幾何学的な制約のため，二つの非共有電子対が金属イオンに配位することはできない．したがって，水は単座配位子である．アンモニアもハロゲン同様，単座配位子の例である．

多座配位子としてよく知られているのが，エチレンジアミン（en）とエチレンジアミン四酢酸（EDTA）である（図 10.15）．エチレンジアミンは二つのアンモニア分子で構成されるが，それぞれ水素の一つが炭化水素鎖で置き換わっている．このため，二つの NH_2 基が炭化水素鎖で結ばれた形をしている（図 10.16）．アンモニアの水素を一つ以上炭化水素で置換したものを，**アミン類**とよぶ．エチレンジアミンの場合，二つのアミン基は炭化水素鎖でつながれており，2 個の窒素原子それぞれが非共有電子対をもつ．したがって，エチレンジアミンは 2 座配位子である．EDTA も二つのアミン基をもつ．ただし，EDTA の場合には，アミンに残る 2 個の水素原子は，いずれも CH_3COO^-（酢

$H_2N-CH_2-CH_2-NH_2$
エチレンジアミン

$[(O_2C-CH_2)_2N-CH_2-CH_2-N(CH_2CO_2)_2]^{4-}$
$EDTA^{4-}$

図 10.15 多座配位子であるエチレンジアミン（en）とエチレンジアミン四酢酸（EDTA）．赤い球は酸素，濃青は窒素，黒は炭素，水色は水素を表す．

例題 10.3　キレート療法

Pb^{2+} イオンは毒性が強く，摂取すると鉛中毒とよばれる症状をひき起こす．子供が，古い建物の塗装片を口にすると，鉛中毒になる場合がある．鉛中毒に対する治療法として，キレート剤であるエチレンジアミン四酢酸（EDTA）を処方することがある．鉛-EDTA 錯体はどれだけの電荷をもつか．この錯体での鉛の配位数はいくつか．

[解　法]
■ 錯体の電荷量は，金属イオンと配位子の電荷の和である．
■ 配位数は配位結合の総数である．

[解　答]
■ 鉛イオンの価数は +2 であり，EDTA の価数は -4 である．したがって，錯体の電荷は -2 である（$[PbEDTA]^{2-}$）．
■ EDTA は，鉛と六つの配位結合をつくる 6 座配位子である．したがって，配位数は 6 である．

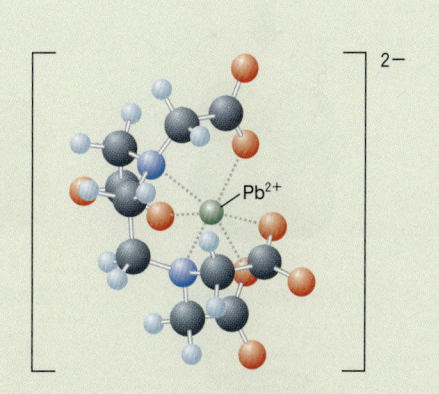

$[PbEDTA]^{2-}$ 錯体は電荷をもつので，水に可溶である．文字通り，排水管を通して有害なイオンを体外へ流し去ってくれるのである．

別冊演習問題 10.7，10.8 参照

酸基）で置換されている．酢酸基の酸素原子は負に帯電しており，非共有電子対をもつ．このため，酢酸基は非常に良い配位子となる．四つの酢酸基と二つのアミン基をもつので，EDTA は 6 座配位子となり，金属イオンを 6 個の非共有電子対で挟む．EDTA は，金属を包み込むと言った方がよいかもしれない（例題 10.3）．

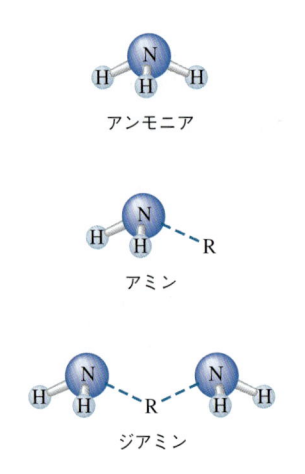

図 10.16 アンモニアの誘導体であるアミンとジアミン．R は，炭化水素鎖を表す．

金属と結合した配位結合の総数を，**配位数**とよぶ．たとえば，1 個の EDTA が配位した金属イオンの配位数は 6 である．配位数 6 を満たすには，エチレンジアミン配位子なら 3 個，水分子なら 6 個必要である．

10.4 相互作用

色，平衡定数，そして水中の金属イオンの場合には水和エンタルピーの三つから，錯体内での相互作用の強さをうかがい知ることができる．

色

金属イオンの周りに配位子がなければ，五つの d 軌道はすべて同じエネルギーをもつ．非共有電子対（負の電荷を帯びている）をもつ配位子が金属に近づくと，d 軌道のエネルギーは等価ではなくなり，配位子から遠い軌道のエネルギーは低く，配位子に近い軌道のエネルギーは高くなる．軌道間のエネルギー差は，配位子と金属イオンとの相互作用の強さに依存する．したがって，低エネルギーの軌道から高エネルギーの軌道へ電子を励起するのに必要なエネルギーも，配位子－金属間の相互作用に依存する．

たとえば，錯イオン $[CoCl_6]^{4-}$ の溶液は紫色であり，$[Co(H_2O)_6]^{2+}$ はピンク，$[Co(NH_3)_6]^{2+}$ は橙黄色である．これらの錯体はいずれも Co^{2+} を含んでおり，六つの配位子が八面体型に配位している．したがって，色の違いは，コバルトイオン－配位子間の相互作用の強さを反映している．これらの溶液は，色がついてはいるが光を透す．可視光線からある特定の色の光を吸収するため，フィルターとして働く（図 10.17）．

吸収によって失われた色のエネルギーは，d 軌道間のエネルギー差に対応する．$[CoCl_6]^{4-}$ では緑，$[Co(H_2O)_6]^{2+}$ では青緑，$[Co(NH_3)_6]^{2+}$ では青の光が吸収される（図 10.17）．これら三つの錯体の中で d 軌道の分裂幅を比べる

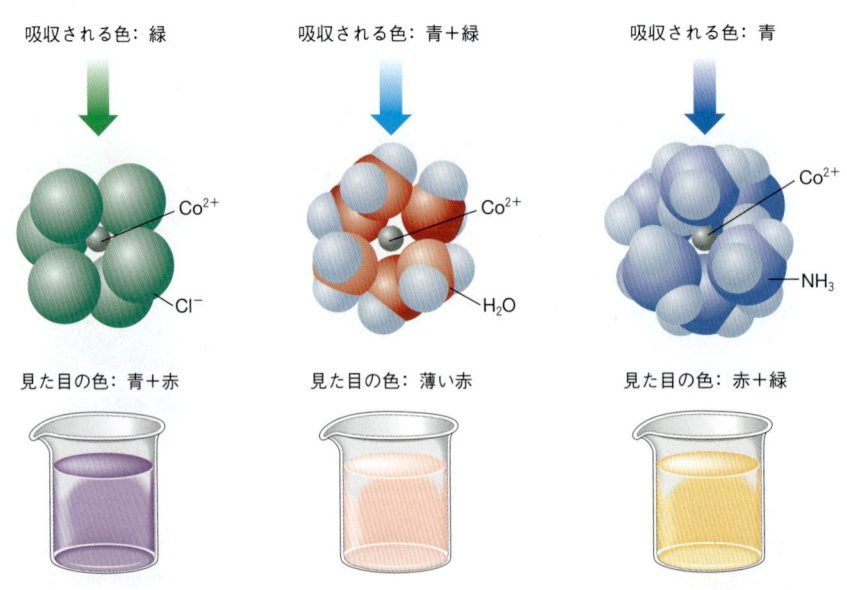

図 10.17 遷移金属錯体の色．遷移金属錯体の色は，金属イオンと配位子との相互作用を反映している．見た目の色は，吸収される色の補色である．吸収される色は，d 軌道の分裂幅に直接対応している．

10.4 相互作用

と，色とエネルギーとの関係から，塩化物イオンによる分裂が最も小さく，アンモニアによる分裂が最も大きいことがわかる．金属イオンのd軌道はすべて同じであり，配位子の幾何学的な配置もすべて等しいので，エネルギーの違いは，配位子，もう少し詳しくいうと，配位子がもつ非共有電子対に起因する（図10.18）．塩化物イオンには四つの非共有電子対があり，イオンの周りを球状に囲んでいる．このため，塩化物イオンの非共有電子対は，ほとんど方向性をもたない．これに比べ，アンモニアの非共有電子対は一つであり，方向性をもっている．

化学者は，さまざまな金属イオンを含む膨大な数の錯体の色を調べ，その結果から，以下のような**分光化学系列**を発見した．色鮮やかな錯体のスペクトルをもとに，このような傾向を導いたので，分光化学系列とよばれるようになった．

$$I^- < Br^- < Cl^- < F^- < OH^- < H_2O < NH_3 < en < CN^- < EDTA \quad (10.2)$$

金属の電荷（酸化状態）が変わると，配位子-金属イオン間の相互作用の強さも影響を受ける．たとえば，Fe^{2+}，Fe^{3+} ともに，水分子と八面体型錯体を形成する．$[Fe(H_2O)_6]^{2+}$ 錯体は淡い青緑色をしているが，$[Fe(H_2O)_6]^{3+}$ 錯体は淡青色〔訳者注：通常 Fe^{3+} 溶液の色は橙黄色であるが，これは，水和した H_2O の一部が解離して，$[Fe(H_2O)_5(OH)]^{2+}$ などとなっているからである〕である（図10.19）．淡青色に見えるということは，赤と緑の光を弱く吸収することを意味しており，淡い青緑色の物質は，赤色を弱く吸収する．赤色は緑色よりもエネルギーが低いので，Fe^{2+} の方が Fe^{3+} よりも，水配位子との相互作用が弱いと結論できる．静電的な相互作用は，電荷の多い Fe^{3+} の方が強いのである．

基本問題 エメラルドグリーンの $NiSO_4$ 溶液は，$[Ni(H_2O)_6]^{2+}$ を含んでいる．これにアンモニア水溶液を加えると，溶液の色はエメラルドグリーンから深い青色へと変化する．分子レベルでみると，色が変わる原因は何か．

平　衡

反応の平衡定数は，相対的ではあるが，金属イオン-配位子間の相互作用に対する第二の指標となる．特に，幾何学的配置の異なる錯体を比べるとき，平衡定数は非常に有用な情報を与えてくれる．例として，八面体型の $[Ni(NH_3)_6]^{2+}$ と平面4配位型の $[Ni(CN)_4]^{2-}$ を考えてみよう（図10.20）．これら二つの錯体では，幾何学的配置が異なるため，d軌道のエネルギー分裂の様子も異なる．しかし，

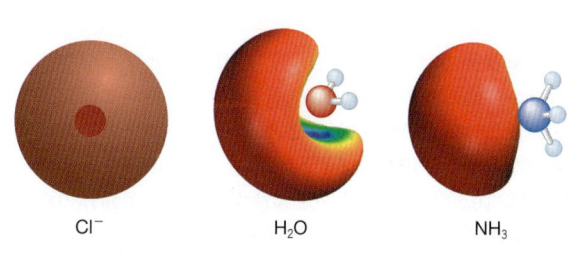

図10.18 配位子としての強さ．配位結合の強さは，非共有電子対がどれだけ局在しているかによる．Cl^- では，四つの非共有電子対はイオン全体を覆っている．水がもつ二つの非共有電子対は，より局在しており，アンモニアになると（非共有電子対は一つ），局在傾向はさらに強まる．このため，d軌道の分裂幅はアンモニアで最大となる．また，アンモニアの非共有電子対は，最も強い方向性を示す．

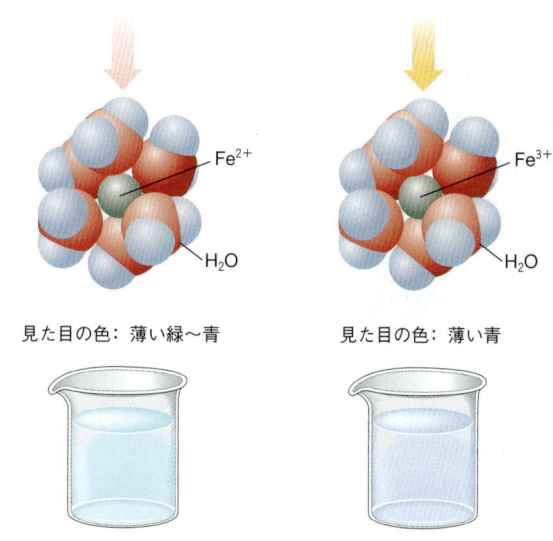

図10.19 金属イオンの電荷とd軌道分裂幅との関係．電荷の量が多いほど相互作用は強まり，d軌道の分裂幅は大きくなる．

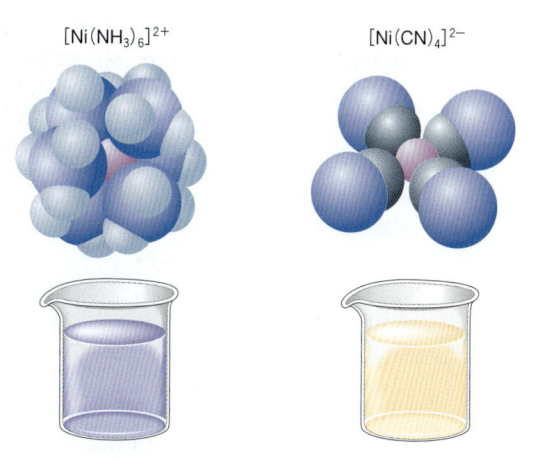

図10.20 配位子の配置と相互作用の強さ．これら二つはいずれも Ni^{2+} の錯体（アンモニアとの錯体，シアン化物イオンとの錯体）であるが，配位子の配置が違うため，色も異なる．したがって，色からだけでは，どの配位子がより強く相互作用しているか，判断できない．

平衡定数を用いれば，どちらの配位子がより強く結合しているかを決定できる．いま，0.001 M の Ni^{2+}，0.5 M のアンモニア，0.5 M のシアン化物イオンを含む溶液があったとする（M = mol L^{-1}）．Ni^{2+} は，おもにどのような形で存在するのだろうか．水が大過剰に存在するので，$[Ni(H_2O)_6]^{2+}$ となるのだろうか．それとも，$[Ni(NH_3)_6]^{2+}$ あるいは $[Ni(CN)_4]^{2-}$ となるのだろうか．

基本問題 $[Ni(CN)_4]^{2-}$ は -2 価の電荷をもつが，$[Ni(NH_3)_6]^{2+}$ の電荷は $+2$ である．この違いを説明せよ．また，0.001 M の Ni^{2+} と 0.5 M のアンモニアを含む溶液があったとき，どちらが反応を規定するか．0.001 M の Ni^{2+} と 0.5 M の CN^- を含む溶液ではどうか．■

相互作用の強さは，平衡定数からも推測できるが，その根拠は以下の通りである．もし，ニッケルがアンモニアと強く結合していたとすると，アンミン錯体に含まれる Ni^{2+} の方が，シアノ錯体やアクア錯体中の Ni^{2+} よりも多いはずである．Ni^{2+} を最も多く含んでいるのはどの錯体かを調べるには，個々の錯体が生成する反応の平衡定数が必要である．アンミン錯体の生成反応は，

$$[Ni(H_2O)_6]^{2+}(aq) + 6NH_3(aq)$$
$$\rightleftharpoons [Ni(NH_3)_6]^{2+}(aq) + 6H_2O(l) \quad (10.3)$$
$$K_f = 4.07 \times 10^8$$

である．Ni^{2+} イオンの直径は小さいため，水，アンモニアのいずれとも錯体を形成する．水和したイオンから別の錯イオンが生じる際の平衡定数は，**錯生成定数**とよばれ，記号 K_f で表す．錯体の平衡定数は，通常の反応同様，生成物の濃度の積を反応物の濃度の積で割ったものである．ここで，溶媒は式に現れない．

$$K_f = \frac{[Ni(NH_3)_6]^{2+}}{[Ni(H_2O)_6]^{2+}[NH_3]^6} \quad (10.4)$$

平衡定数は 10^8 のオーダーであり，生成物の濃度の方が反応物よりも圧倒的に高いことを示している．水と錯形成したニッケルイオン濃度を計算してみると，アンミン錯体が支配的であることがわかる．0.001 M のニッケルイオンと 0.5 M のアンモニアから出発すると，反応を規定するのはニッケルである．0.001 M の Ni^{2+} がすべて反応したとすると 0.001 M の $[Ni(NH_3)_6]^{2+}$ が生じ，0.006 M のアンモニアを消費する（ニッケルイオン 1 個につき 6 個のアンモニア分子と反応）．残ったアンモニアの濃度は 0.494 M である．

平衡状態では，$[Ni(H_2O)_6]^{2+}$ の濃度がゼロとなることはない．ある量の $[Ni(H_2O)_6]^{2+}$ が生じるためには，アンミン錯体の一部が解離し，必要な量の Ni^{2+} を供給しなければならない．解離する $[Ni(NH_3)_6]^{2+}$ の濃度を x とすると，式(10.5)となる．化学量論性から，アクア錯体の濃度も x である．x は 0.001 に比べ小さいと仮定し，x について解くと，式(10.6)となるから，$x = 1.7 \times 10^{-10}$，あるいは $[Ni(H_2O)_6]^{2+} = 1.7 \times 10^{-10}$ M となる．したがって，水溶液中の水分子は，アンモニアよりも 100 倍以上濃度が高いにもかかわらず，アクア錯体として存在するニッケルの量はごくわずかである．

シアノ錯体 $[Ni(CN)_4]^{2-}$ の場合も同様に，平衡定数からみると，生成物の濃度の方が 31 桁程度高い．この生成反応は式(10.7)となり，ニッケルアクア錯体 $[Ni(H_2O)_6]^{2+}$ の濃度 x について解くと，式(10.8)となるから，$[Ni(H_2O)_6]^{2+} = 1.6 \times 10^{-33}$ M となる．シアノ錯体のアクア錯体に対する優位性は，アンモニア錯体の場合よりもさらに強い．したがって，シアン化物イオンは，水やアンモニアよりも強くニッケルと結合する．

基本問題 つぎの反応の平衡定数を求めよ．
$$[Ni(NH_3)_6]^{2+}(aq) + 4CN^-(aq)$$
$$\rightleftharpoons [Ni(CN)_4]^{2+}(aq) + 6NH_3(aq)$$
NH_3 と CN^- が Ni^{2+} との錯形成で競い合った場合，どちらの配位子が優勢か．0.5 M の NH_3，0.5 M の CN^-，0.001 M の Ni^{2+} を含む溶液があったとき，$[Ni(NH_3)_6]^{2+}$ の濃度はどれだけか．■

$$[Ni(H_2O)_6]^{2+}(aq) + 6NH_3(aq) \rightleftharpoons [Ni(NH_3)_6]^{2+}(aq) + 6H_2O(l) \quad (10.5)$$

出発：　　0 M　　　　0.494 M　　　　　　0.001 M
平衡：　　x M　　　$(0.494+6x)$ M　　$(0.001-x)$ M　　　$K_f = 4.07 \times 10^8$

$$K_f = \frac{[Ni(NH_3)_6]^{2+}}{[Ni(H_2O)_6]^{2+}[NH_3]^6} = \frac{(0.001-x)}{(x)(0.494+6x)^6} \approx \frac{(0.001)}{(x)(0.494)^6} = 4.07 \times 10^8 \quad (10.6)$$

$$[Ni(H_2O)_6]^{2+}(aq) + 4CN^-(aq) \rightleftharpoons [Ni(CN)_4]^{2+}(aq) + 6H_2O(l) \quad (10.7)$$

出発：　　0 M　　　　0.496 M　　　　　　0.001 M
平衡：　　x M　　　$(0.496+4x)$ M　　$(0.001-x)$ M　　　$K_f = 1.0 \times 10^{31}$

$$K_f = \frac{[Ni(CN_4)]^{2-}}{[Ni(H_2O)_6]^{2+}[CN^-]^4} = \frac{(0.001-x)}{(x)(0.496+4x)^4} \approx \frac{(0.001)}{(x)(0.496)^4} = 1.0 \times 10^{31} \quad (10.8)$$

例題 10.4 結合状態と酸化状態：シアン化物イオンの毒性

鉄は，体内ではヘモグロビン中に Fe^{2+} として存在する．ただし，Fe^{3+} に酸化されることはあり，いったん Fe^{3+} に酸化されると，ヘモグロビンは O_2 を放出できなくなるため，酸素の効率良い運搬に支障をきたす．(a) 0.001 M の Fe^{2+} と 0.006 M の CN^- を含む溶液中の $[Fe(H_2O)_6]^{2+}$ の濃度，ならびに (b) 0.001 M の Fe^{3+} と 0.006 M の CN^- を含む溶液中の $[Fe(H_2O)_6]^{3+}$ の濃度を求め，配位子と結合する強さを Fe^{2+} と Fe^{3+} で比較せよ．

[データ] $K_f([Fe(CN)_6]^{4-}) = 7.7 \times 10^{36}$, $K_f([Fe(CN)_6]^{3-}) = 7.7 \times 10^{43}$

[解 法]
- 反応の平衡式を書く．
- 平衡定数を式で表す．
- 6 配位アクア錯体の濃度を求める．

[解 答]
- (a) $[Fe(H_2O)_6]^{2+}(aq) + 6CN^-(aq) \rightleftharpoons [Fe(CN)_6]^{4-}(aq) + 6H_2O(l)$
  (b) $[Fe(H_2O)_6]^{3+}(aq) + 6CN^-(aq) \rightleftharpoons [Fe(CN)_6]^{3-}(aq) + 6H_2O(l)$

- (a) $K_f([Fe(CN)_6]^{4-}) = \dfrac{[Fe(CN)_6]^{4-}}{[Fe(H_2O)_6]^{2+}[CN^-]^6}$
  (b) $K_f([Fe(CN)_6]^{3-}) = \dfrac{[Fe(CN)_6]^{3-}}{[Fe(H_2O)_6]^{3+}[CN^-]^6}$

- どちらの平衡定数も，式の分子の方がはるかに大きい ($K \gg 1$)．鉄とシアン化物イオンは化学量論量だけ含まれているため，どちらも主としてシアノ錯体となる．6 配位アクア錯体の濃度を x とおくと，

(a) $\qquad [Fe(H_2O)_6]^{2+}(aq) + 6CN^-(aq) \rightleftharpoons [Fe(CN)_6]^{4-}(aq) + 6H_2O(l)$

初期値：	0.001 M	0.006 M	
出発：	0 M	0 M	0.001 M
平衡：	x M	$6x$ M	$(0.001-x)$ M

したがって，$[Fe(H_2O)_6]^{2+}$ に対しては，

$$K_f([Fe(CN)_6]^{4-}) = \frac{0.001-x}{x(6x)^6} = 7.7 \times 10^{36} \Longrightarrow x \approx \sqrt[7]{\frac{0.001}{(6)^6 (7.7 \times 10^{36})}} = 4.3 \times 10^{-7}$$

$[Fe(H_2O)_6]^{2+} = 4.3 \times 10^{-7}$ M

(b) Fe^{3+} についても同様に計算すると，$[Fe(H_2O)_6]^{3+} = 4.3 \times 10^{-8}$ M となる．

いずれの場合も，6 配位アクア錯体の濃度は非常に低く，シアン化物イオンの強い結合力を物語っている．Fe^{3+} アクア錯体の濃度の方が若干低いが，これは，イオンの電荷が高く結合が強いためである．シアン化物イオンは強い毒性を示すが，その理由の一つは，金属イオン，特にヘモグロビン中の鉄イオンと強く結びつくことにある．

別冊演習問題 10.41〜43 参照

熱力学

孤立したイオンが配位子に囲まれると，エネルギーを放出し，共有結合性の配位結合をつくる．特に重要なのは，イオンが水分子に囲まれる場合であり，ここで放出されるエネルギーを**水和エンタルピー**とよぶ．たとえば，Li^+ の水和エンタルピーは，以下の反応の反応熱に対応する．

$$Li^+(g) \longrightarrow Li^+(aq) \tag{10.9}$$
$$\Delta H_{水和} = -515 \text{ kJ mol}^{-1}$$

一連の遷移金属イオンについて水和エンタルピーを調べてみると，d 軌道分裂の影響が見えてくる．まず，水中の Cr^{2+} について考える（図 10.21）．他の原子や分子の影響を受けない自由空間では，五つの d 軌道のエネルギーはすべて等しい．その結果，Cr^{2+} の 4 個の価電子は，五つの軌道のいずれか四つを占める．一方，水分子が Cr^{2+} を取囲むと，エネルギー準位図は変化し，三つの軌道のエネルギーは下がり，逆に二つは上昇する．エネルギーの分裂幅は，水分子が Cr^{2+} に接近するほど広がる．結合距離に達すると，高エネルギー軌道の一つは空となる．

この空のd軌道は，Cr^{2+}の水和エンタルピーに影響を及ぼす．周期表でクロムの隣に位置するマンガンを考えてみると，Mn^{2+}は[Ar]$3d^5$の電子配置をとるため，すべてのd軌道は1個ずつ電子を収容している．したがって，水和Mn^{2+}の電子のエネルギーは，平均するとCr^{2+}よりも高くなる．Mn^{2+}は，イオン自体のエネルギーが高いため，水和した際に放出するエネルギー（$\Delta H_{水和}=-1841$ kJ mol^{-1}）は，Cr^{2+}（$\Delta H_{水和}=-1904$ kJ mol^{-1}）に比べやや小さい．ただし，Mn^{2+}の方が多少イオンのサイズが小さく（$r_{Mn^{2+}}=67$ pm, $r_{Cr^{2+}}=77$ pm），サイズだけからみると，Mn^{2+}と水の方が相互作用は強い．ところが予想に反し，大きなCr^{2+}が水和した方が，エネルギーの放出量は大きい．Cr^{2+}では，エネルギーの高い空のd軌道があるために，余分にエネルギーを放出する．

第4周期遷移金属の2価イオンについて，水和エネルギーを調べてみると（図10.22），d軌道の分裂が，余分なエネルギーの放出と関係していることがよくわかる．周期のはじめのいくつかの元素は，水中で安定な+2価イオンをつくらない．Mn^{2+}からスタートして，Fe^{2+}（一つのd軌道は完全に電子で満たしており，残り四つは半分だけ満ちている）になると，水和エンタルピーは増加する．Co^{2+}（低エネルギーの二つのd軌道が満ちている）では，水和エンタルピーはさらに増加し，Ni^{2+}（低エネルギーの三つの軌道すべてが満ちている）でも引き続き増加する．次のCu^{2+}（新たに加わったd電子は高エネルギーの軌道を占める）になると，エネルギー放出量の増加は止まり，最後のZn^{2+}ではd軌道はすべて占有されるため，水和エンタルピーは，Cu^{2+}に比べ50 kJ mol^{-1}ほど小さくなる．

基本問題 Mnから Znまでの+2価イオンが，6個の水分子と八面体型に配位するのではなく，4個の水分子と四面体型に配位したとすると，図10.22のグラフはどう変わるか．少なくとも，大きく変わる点を二つ指摘し，議論せよ．■

10.5 磁 性

永久磁石は，ステレオのスピーカーや時計のムーブメントから，オーディオ・ビデオテープ，冷蔵庫のドアの密閉，コンピュータのメモリーまで，さまざまな機器に使われている．人類が初めて接した磁性材料は磁鉄鉱（Fe_3O_4）であり，古代中国で発見された．磁鉄鉱の小片を水に浮かべると，常に地磁気の北を向くことがわかり，この性質に基づいて羅針盤が発明された．羅針盤は1600年代にはすでに，航海に広く用いられていた．今日のエレクトロニクス産業では，大量の情報の記録が不可欠であり，情報記録には，電子の電荷と磁気的な性質の両方が利用されている．

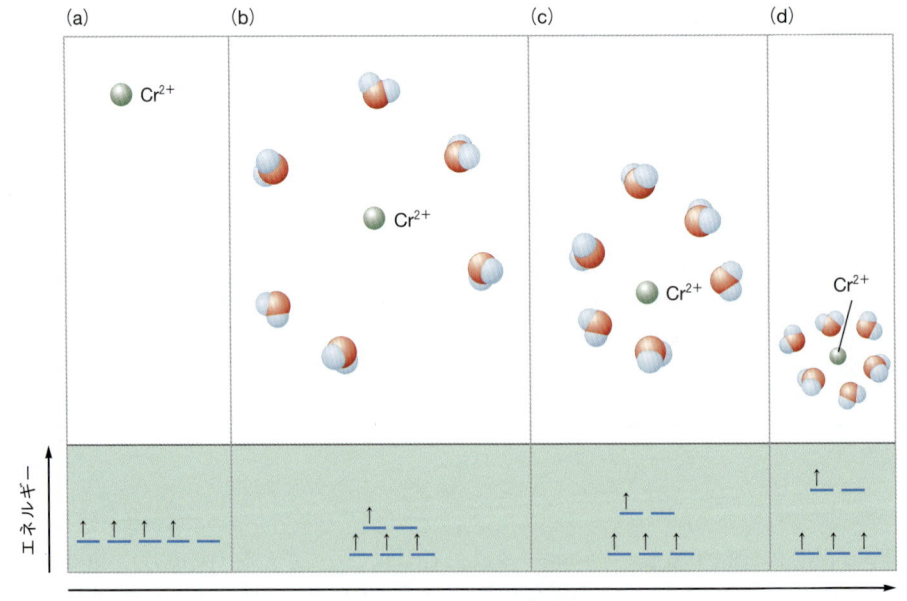

図10.21 金属イオンの水和．ここでは，Cr^{2+}に6個の水分子が配位し，[Cr(H$_2$O)$_6$]$^{2+}$を形成する過程を示した．水分子との相互作用がなければ，五つのd軌道のエネルギーはすべて等しい．Cr^{2+}の電子配置は[Ar]$3d^4$であるので，孤立したCr^{2+}では，4個の価電子は五つのd軌道のいずれか四つを占める．Cr^{2+}の周囲を6個の水分子が取囲み，八面体配置をとると，d軌道のエネルギーが変化する．その結果，3個の電子は，低エネルギーの三つの軌道を占め，残り1個の電子は，高エネルギーの軌道に入る．水分子がCr^{2+}に近づくにつれ，エネルギーの分裂幅は大きくなる．

10.5 磁性

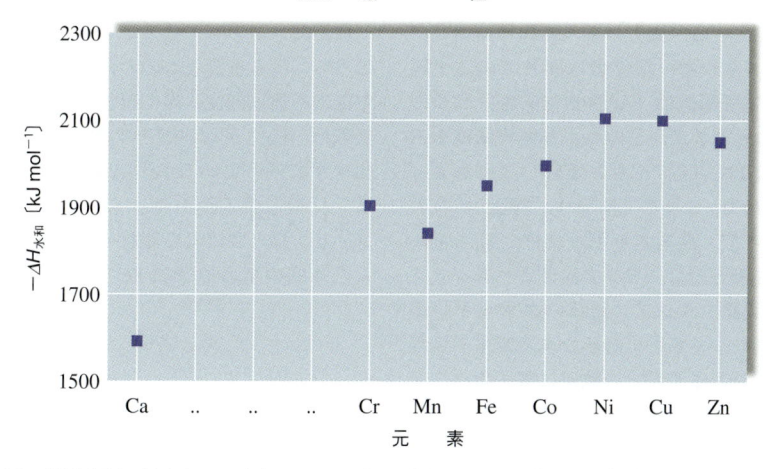

図10.22 遷移金属2価イオンの水和エンタルピー．水和エンタルピーは，d軌道の分裂幅に対応する．d軌道は，Ca^{2+}では空であるが，Mn^{2+}では半分だけ満ちており，Zn^{2+}では完全に満ちた状態にある．これらのイオンでは，配位子により余分なエネルギー（高エネルギーのd軌道が空の場合に生じる）が放出されることはない．Ni^{2+}の場合，低エネルギーの軌道は満ちており，高エネルギーの軌道は半分だけ満ちている．Ni^{2+}で余分なエネルギー放出は最大となり，Ca^{2+}とZn^{2+}を結んだ直線に比べ，エンタルピーは$150\ kJ\ mol^{-1}$近くも大きくなる．

特に，**磁気抵抗効果**（磁気ディスクの磁化した領域の近くをセンサーが通ると，センサーの抵抗が変化する現象）は，3兆円のハードディスク産業の基盤となっている．磁気抵抗効果は，1866年にKelvin卿により発見されたが，商業化されたのは，適当な材料が開発された135年後である．しかしこの分野では，小型，軽量，低価格を実現すべく，さらに強力な磁石の開発が絶えず進められている．

永久磁石の材料は**強磁性体**とよばれる．強磁性体となるには，構成原子は不対電子をもっていなければならない．しかし，単に不対電子があるだけでは不十分であり，強磁性体では，隣接するd軌道電子間の相互作用が重要な役割を果たす．同様に，d電子と配位子との相互作用により，不対d電子の数が決まり，それに応じて常磁性あるいは反磁性体となる．

不対d電子

磁性には，常磁性，強磁性，反磁性などさまざまな形態があるが，いずれも，その起源は電子のスピンにある．電子スピンの正確な名前はスピン磁気量子数であり，電子スピンにより磁場が発生するので，このように名づけられた．すべての物質は電子をもっており，すべての電子はスピンをもっている．しかし，ほとんどの物質は弱い磁性を示すだけであり，磁場を加えなければ磁化は生じないし，磁場下で生じる磁化も非常に小さい．

弱い磁性には2種類あり，一つは常磁性，もう一つは反磁性である．常磁性は，原子が不対電子をもつときに生じる．不対電子は，磁場を加えると整列する傾向があるため，常磁性体は磁場中にある方が安定である．したがって，常磁性体は磁場に引き寄せられる．磁場の有無によるエネルギー差は不対電子の数に依存するため，これを利用すると，不対電子の数を測定する装置を作ることができる．測定操作としては，まず試料を入れた軽い管を天秤にかけ，重さを測る．つぎに磁場を加え，再び重さを測る．重さの違いは，重力加速度g（$9.807\ m\ s^{-2}$），真空の透磁率μ_0（$1.257 \times 10^{-6}\ N\ A^{-2}$），加えた磁場$H$，管の断面積$A$に依存する．

$$(m_{磁場あり} - m_{磁場なし})g = \frac{1}{2}\chi\mu_0 H^2 A \quad (10.10)$$

χは分子に関する重要なパラメータであり，体積帯磁率とよばれる．各物質で，帯磁率は$n(n+2)$（nは不対電子の数）に比例する．

もう一つの弱い磁性が反磁性である．不対電子をもたない物質は反磁性を示す．反磁性体では，すべての電子はペアを組んでおり，磁場のもとに置くと，電子のスピンは磁場の方向を向こうとする．しかし，スピンはペアを組んでいるため，磁場の方向を向くには大きなエネルギーを要する．このため，磁場の内側に置くより，磁場の外側に置く方が，物質のエネルギーは低くなり，反磁性体は磁場から逃れようとする．反磁性体に磁場をかけると，一見重さが軽くなる．常磁性体と同じ方法で体積帯磁率を測定できるが，この場合χは負である．

物質が常磁性か反磁性かを決め，さらに不対電子の数がわかれば，イオン-配位子相互作用の大きさについて情報が得られる．また，反応中に，金属イオンの酸化状態がどのように変化するかもわかる．一例として，2種類の錯イオン$[Fe(H_2O)_6]^{2+}$と$[Fe(CN)_6]^{4-}$を考える．両方とも八面体型錯体であるが，$[Fe(H_2O)_6]^{2+}$は強い常磁性を示し，4個の不対電子によるスピンをもっている．一方，$[Fe(CN)_6]^{4-}$錯体は反磁性体であり，不対電子をもたない．この違いは，金属-配位子相互作用の強さと，一つの軌道内にスピンのペアをつくるのに必要なエネルギーと

の，大小関係を反映している．両方とも八面体型錯体であるので，基本となるエネルギー準位図は同じである（図10.9）．また，Fe^{2+}の電子配置は[Ar]$3d^6$である．二つの錯体の違いは，6個のd電子が，どのエネルギー準位を占有するかにある（図10.23）．CN^-イオンはH_2Oよりもずっと強い配位子であるので，6個のCN^-－Fe^{2+}配位結合の距離は短い．したがって，高エネルギー準位と低エネルギーの準位間のエネルギー差は，アクア錯体よりもシアノ錯体の方が大きい．実際，鉄シアノ錯体のエネルギー差は，同じ軌道に電子対をつくるのに必要なエネルギーよりも大きい．その結果，低エネルギーの軌道に電子のペアが入る．すべての電子がペアを組んでいるので，シアノ錯体は反磁性を示す．

水はシアン化物イオンよりも弱い配位子である．[$Fe(H_2O)_6$]$^{2+}$錯体のエネルギー分裂幅は，シアノ錯体よりもかなり小さく，また，電子対をつくるエネルギーよりも小さい．このため，不対電子が4個残る．したがって，[$Fe(H_2O)_6$]$^{2+}$は強い常磁性を示し，磁場に引き寄せられる．電子が，低エネルギー軌道でペアをつくるより，不対電子となって高エネルギー軌道に入る方が安定な錯体を，**高スピン錯体**とよぶ．また，このような状況を，**弱配位子場**という．逆に，不対電子が高エネルギー軌道を占めるのではなく，低エネルギー軌道でペアをつくる錯体を**低スピン錯体**とよぶ．また，そのような状態を**強配位子場**という．

鉄が高スピンから低スピンへと変化するスピン反転現象のうち，最も重要なものの一つが，ヘモグロビン（赤血球で酸素を運ぶ部位）内で起きている反応である．スピンの反転は，Fe^{2+}からFe^{3+}への酸化によるものではなく，酸化せずに残っているFe^{2+}で起きている．生命は，このスピン反転と深くかかわっている．ヘモグロビンは，ポルフィリン環とよばれる環状の構造を含んでおり，ここに並んだ4個の窒素原子にFe^{2+}が配位している（図10.24）．

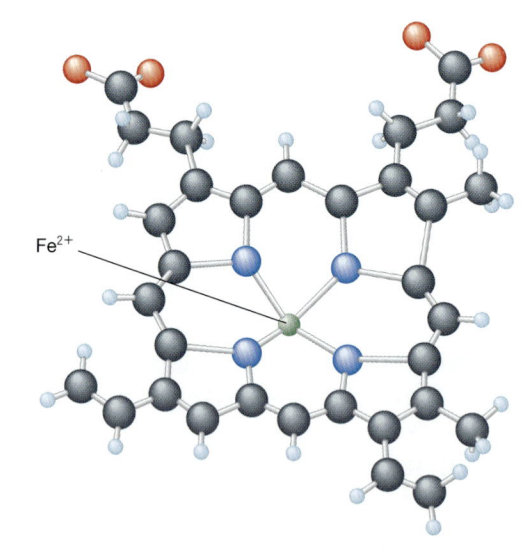

図10.24 ヘモグロビンの構造．ヘモグロビンの活性中心はFe^{2+}イオン（緑）であり，ポルフィリン環（黒い球は炭素原子）に含まれる窒素原子（青）に配位している．5番目の配位場所は，タンパク質の一部で占められており，このタンパク質は，Fe^{2+}イオンがFe^{3+}へと酸化されるのを防いでいる．6番目の配位場所は水か酸素が占める．

鉄の5番目の配位部位は，タンパク質グロブリンの一部と結合しており，グロブリンは，過剰な酸素によりFe^{2+}がFe^{3+}へと酸化されるのを防いでいる．不活性な状態では，鉄の6番目の配位部位は，水分子で占められている．この水分子が酸素分子と置きかわると，鉄は酸素に電子を与えFe^{3+}に変化する．最終的にはFe_2O_3となり，ヘモグロビンは鉄さびの山と化すのである．幸いなことに，人間を含む多くの動物では，酸素に電子が移る代わりに，鉄の2個の電子のスピンが反転し，低スピン状態となる．

基本問題 ヘモグロビンの二つの状態，すなわち6番の配位場所に水が配位している状態と酸素が配位している状態について，d軌道のエネルギー準位図を描け．どちらが反磁性を示すか．また，どちらが磁石に引き寄せられるか．高スピン状態のままFe^{3+}に酸化されると，鉄は何個の不対電子をもつことになるか．（ヘモグロビンのFe^{2+}は完全な八面体環境にはないが，エネルギー準位図は，本質的に八面体錯体と同じである．）

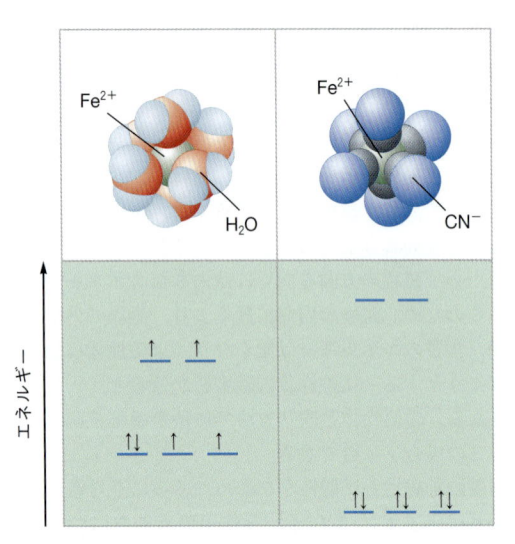

図10.23 配位結合の強さと電子配置．八面体配置のFe^{2+}錯体では，配位子との相互作用の強さに応じて，電子の充填具合が変わる．CN^-のような強い配位子の場合，d軌道の分裂幅は大きくなり，電子は，低エネルギーの軌道にペアを組んで入る．一方，水のような弱い配位子の場合には，分裂幅は小さく，すべての電子が低エネルギーの軌道に入るより，一部は高エネルギーの軌道に入った方が，全体としてはエネルギーが低くなる．[$Fe(CN)_6$]$^{4-}$は反磁性イオンであるのに対し，[$Fe(H_2O)_6$]$^{2+}$は強い常磁性を示す．

反磁性物質と常磁性物質はいずれも永久磁石とはならず、また磁場との相互作用も比較的弱いため、通常は非磁性とされている。これに対し、強磁性体では非常に強い効果が表れる。磁場中に反磁性物質や常磁性物質を置くと、重くなったり軽くなったりするようにみえるが、強磁性体の場合、瞬時に磁極にくっついてしまう。しかし、強磁性を示す物質はまれである。周期表の中で、Fe、Co、Niのみが室温で強磁性を示す。強磁性を説明するための鍵は、結晶構造にあるのではとの予想から、初期のころX線結晶解析がさかんに行われた。ところが結果は否定的であった。三つの元素は、すべて結晶構造が違っていたのである（鉄は体心立方、コバルトは六方最密充填、ニッケルは面心立方）。その後、結晶構造ではなく、d軌道の局在と軌道間の重なりが重要な要因であることがわかった。

強磁性体は、常磁性体同様、不対電子をもっている。常磁性体では、個々の原子のもつスピンは隣のスピンとは無関係であり、それぞれのスピンは勝手な方向を向いている（図10.25）。常磁性体を磁場中に置くと、スピンは磁場の方向にそろうようになり、正味の磁化が現れる。しかし、磁場を取去ると、スピンは再び自由となる。スピンの向きをそろえようとするものが、何もないのである。一方、強磁性体では、各原子のd軌道は、隣の軌道との重なりが大きく、外部磁場がなくても、隣接する電子から生じる磁場によって電子は向きをそろえようとする。また、d軌道のサイズは小さいため、スピン間の相互作用は、スピンをそろえるのに十分な大きさとなる。このように、強磁性は、微妙なバランスの上に成り立っているのである。

s軌道電子、p軌道電子はいずれも広がりすぎており、スピンの向きをそろえることができない。第一遷移系列の

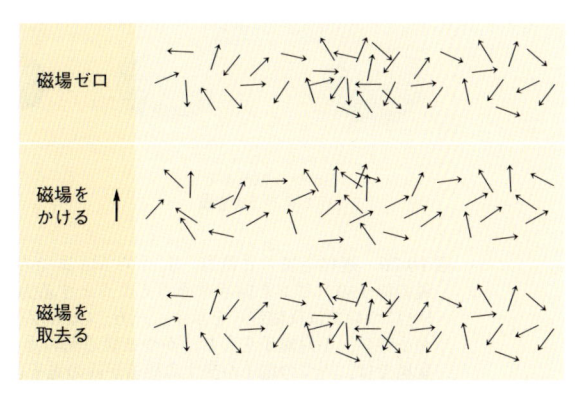

図 10.25 常磁性体に含まれる不対電子。磁場がないと、それぞればらばらの方向を向いている。磁場をかけると、スピンがそろい始め、正味の磁気モーメントが生じる。この例では、上向きのスピンの方が、下向きのスピンよりも多い。磁場を取去ると、再び、ばらばらの配置へと戻る。

例題 10.5　磁性から反応を追跡する

ヘモグロビンの鉄は、酸素分圧が高い肺で酸素分子と結合する。血液が循環し、酸素分圧の低い筋肉組織に達すると、酸素を放出する。一酸化炭素は鉄と結合し、ヘモグロビンの酸素運搬機能を妨げる。鉄と結合する一酸化炭素の役割について調べるため、ある学生がつぎのような実験を行った。まず、$FeSO_4$溶液の磁性を測定したところ、強い常磁性を示した。つぎに、この溶液中に一酸化炭素を通すと色が変化した。磁気測定を行うと、反磁性を示した。当惑した学生は、その溶液を覆わずに実験室内に数時間放置した。その後実験室に戻ってみると、溶液の色は再び変化し、弱い常磁性を示した。以上の結果について説明せよ。

[解　法]
■ 元の溶液中の鉄の電子配置を考える。
■ 不対電子があると常磁性となり、電子がペアを組むと反磁性となる。

[解　答]
■ $FeSO_4$の鉄の酸化数は+2である。Fe^{2+}の電子配置は$[Ar]3d^6$である。
■ 溶液は、最初強い常磁性を示したことから、数個の不対電子が存在すると推測できる。水中では、Fe^{2+}は六つの水分子と錯結合し、$[Fe(H_2O)_6]^{2+}$となっている。強い常磁性を示したことから、弱配位子場の状態にあり（図a）、したがって、4個の不対電子が存在すると考えられる。この溶液にCOを通すと色が変化したのであるから、配位子の水はCOへ置き換わったと考えられる。反磁性となるためには、電子を三つの低エネルギー準位に押し込めなければならず（図b）、COは強い配位子場を与えると考えられる。放置後に弱い常磁性が現れたのは、不対電子を生じる反応が起こったことを示している。Fe^{2+}からFe^{3+}への酸化は、弱い常磁性（図c）の出現をうまく説明できる。何も覆わず溶液を放置したため、Fe^{2+}は大気中の酸素に触れ、Fe^{3+}へ酸化されたと解釈できる。

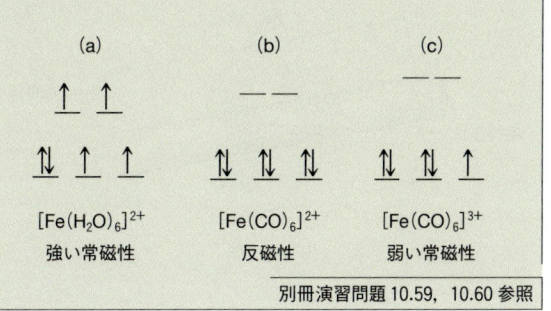

(a) $[Fe(H_2O)_6]^{2+}$ 強い常磁性

(b) $[Fe(CO)_6]^{2+}$ 反磁性

(c) $[Fe(CO)_6]^{3+}$ 弱い常磁性

別冊演習問題 10.59, 10.60 参照

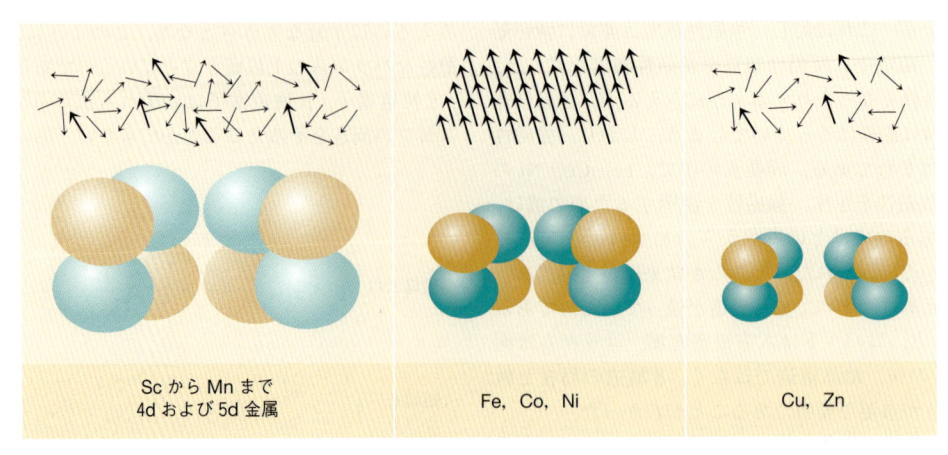

図 10.26 遷移金属の d 軌道．Sc から Mn までの 3d 軌道，ならびに 4d，5d 軌道は広がりすぎており，隣の原子のスピンと向きをそろえようとする力が弱い．このため，これらの元素は常磁性（Zn，Cd，Hg については反磁性）を示す．一方，Cu や Zn の d 軌道は核に近く，隣の電子との波動関数の重なりが小さい．不対電子をもち，かつ d 軌道間の重なりが十分なのは，Fe，Co，Ni だけであり，これらの金属では，一つの電子が発する磁場が隣の電子に及び，広い範囲にわたってスピンの向きがそろう．このような材料を強磁性体とよぶ．

例題 10.6 流体による真空封止

最近開発された真空技術の一つに，磁性流体とよばれる材料を用いた真空封止があり，大気中から気体が侵入するのを防ぐのに利用されている．磁性流体は，直径ナノメートル程度の鉄あるいは酸化鉄の微粒子を含んでおり，粒子の表面は界面活性剤（石鹸である）で覆われ，それが流体〔通常，炭化水素やフルオロカーボン（炭素-フッ素結合をもつ有機化合物）〕の中に分散している．表面活性剤は，粒子が凝集するのを防いでいる．実際の使用にあたっては，流体の密度と蒸気圧が重要な条件となる．磁性流体は，たとえば，回転するシャフトの気密を保つのによく用いられる．気密を保っているのは液体であるため，ほとんど摩擦はなく，回転スピードは 10,000 rpm まで達する．典型的な真空封止の概念図を以下に示す．

(a) 図をみて，磁性液体がどうやって真空を封止するのか考えよ．

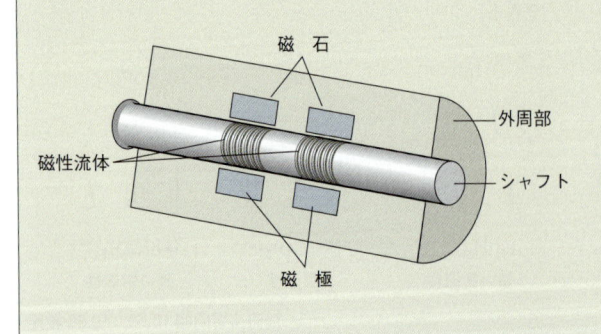

(b) この応用には，Fe，Co，Ni のうちどの元素が最も適しているか．理由も述べよ．

(c) なぜ粒子をばらばらの状態にしておくことが重要なのか．

〔解 法〕
■ 真空を封止するには，気体の侵入を防ぐ必要がある．
■ 酸素は必ず液体中に入ってくる．酸化物の磁気的な性質を考えてみよ．
■ 摩擦を考慮する．

〔解 答〕
■ 磁性粒子は磁場に引きつけられるので，粒子を含む流体はシャフトの溝の部分に入り込む．封止部が液体で満たされると，気体分子は外から内側へ侵入できない．
■ 液体が大気中の酸素に接すると，金属粒子は徐々に酸化される．酸化鉄は強磁性体であるが，ニッケルやコバルトの酸化物は強磁性を示さない．Ni や Co を使うと，液体の封止性能は時間とともに低下する．これは，金属が酸化され，磁石が封止部に液体を引きつける力がなくなるからである．鉄の酸化物 Fe_3O_4 は強磁性体であるので，酸素に触れても，封止性能は低下しない．
■ 粒子が大きくなると，ちょうど砂粒のように，機械部に挟まる．機械部に粒子が挟まりすりつぶされると，粒子と封止部の間に摩擦が生じ，やがて封止力がなくなる．

別冊演習問題 10.61 参照

前半の Sc から Mn までは，d 軌道電子は価電子であり，スピンの向きをそろえるには広がりすぎている（図 10.26）．一方，後ろの方になると，d 軌道電子は核の近くまで引き寄せられ，相互作用するための軌道の重なりが不十分となる．Fe, Co, Ni の d 軌道だけが，スピン間相互作用を生じさせるのに十分な広がりをもちながら，広い範囲（強磁性体の場合 10^{17} から 10^{21} 個の原子）にわたってスピンをそろえられるだけの"小ささ"を兼ねそなえている．一方，4d や 5d 軌道は 3d 軌道よりも広がっているため，スピンを一斉にそろえるのに必要な条件を欠いている．

Fe_3O_4，CrO_2 など，数は多くないがいくつかの酸化物は強磁性を示す．酸化物の場合，金属イオンは小さく，d 軌道が直接重なることはない．その代わり，酸素イオンが橋の役割を果たし，電子のスピンがそろう．酸素は電気陰性度が高く，金属は正電荷を帯びるため，金属の d 軌道はサイズが小さくなる．d 軌道のサイズが小さくなるのは，周期表では左に移るのと同じなので，Cr, Mn, Fe の酸化物が強磁性を示す．

基本問題 CrO_2 の電子配置を書け．TiO_2 は磁石になると予想するか．その理由も述べよ．■

10.6 生体内での配位結合

生体系で起こる興味ある現象の一つに，細胞膜を介して起こる，濃度勾配に逆らうイオンの移動，すなわち濃度の低い方から高い方へのイオンの移動があげられる．イオンの移動にかかわる膜透過タンパク質のいくつかは同定されており，この業績により，Peter Agre と Roderick MacKinnon（医者から化学者に転じた）は，2003 年にノーベル賞を獲得した．濃度勾配に逆らった流れは常識に反する．インクを 1 滴グラスの水に落とすと，インクは広がり，やがて均一に色がつく．インクは濃度の高い領域，すなわち元の 1 滴から，残りの濃度の低い領域へと広がる．生体で起こる濃度勾配に逆らった流れは，光エネルギーと連動した配位結合と関係していることが，最近の研究からわかってきた．

濃度勾配に逆らい移動するイオンの一つが Ca^{2+} である（図 10.27）．カルシウムは，植物や動物にとって不可欠な元素である．カルシウムイオンの移動と配位子との関係を

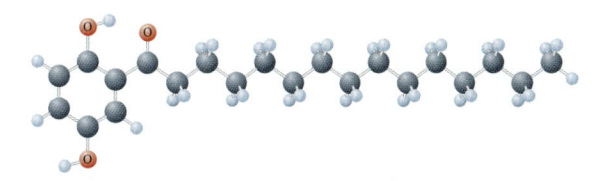

図 10.28 ヒドロキノンの構造．カルシウムの輸送にかかわるヒドロキノンは，長鎖の炭化水素を含んでいる．－OH 基が長鎖の＝O 基と近接していることが重要であり，このため，ヒドロキノンは Ca^{2+} イオンに対する 2 座配位子として働く．

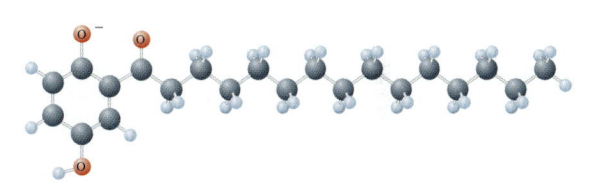

図 10.29 イオン化したヒドロキノン（図 10.28）．二つの酸素原子が近づくことで，負の電荷が安定化している．

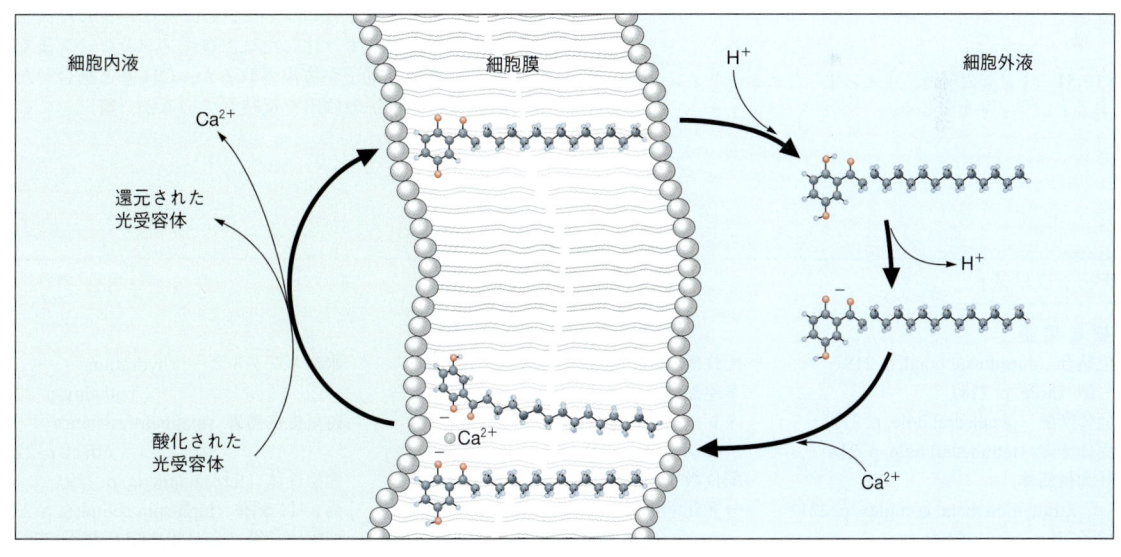

図 10.27 濃度勾配に反して細胞膜を透過する Ca^{2+} イオン．錯形成により，電荷のない細胞膜への溶解度が増し，膜の内側で Ca^{2+} イオンを放出する．

図 10.28 に示す．この配位子は，ヒドロキノンとして知られている物質であり，炭化水素鎖に近い OH 基の水素はイオン化し，プロトンを放出する．同時に，負に帯電したイオンが生じる（図 10.29）．電気的に陰性な酸素原子が 2 個接近することで，負の電荷は安定化している．酸素原子はいずれも非結合電子対をもっているため，イオン化したヒドロキノンは 2 座配位子となる．

1 個の Ca^{2+} に対し，2 個のヒドロキノンイオン配位子が結合する（図 10.30）．配位子は二つとも 2 座配位子であるので，カルシウムイオンの配位数は 4 となり，四面体型に近い構造をとる．カルシウムイオンは四面体の内部に閉じ込められているため，+2 電荷による電場は遮蔽され，錯体周囲の溶液は電荷の影響を受けにくくなる．錯体自身は中性である（各配位子の電荷は -1，カルシウムの電荷は $+2$）．油は水にほとんど溶けないように，中性の炭化水素鎖は，膜間の水溶液にはそれほど溶けないが，細胞膜にはよく溶ける．したがって，中性のカルシウムイオン錯体は，カルシウムイオンを取込んだまま，細胞膜中に分散する．

カルシウムイオン錯体が細胞膜の内側に達すると，光受容体とよばれる分子と出会う．光受容体はフォトンを吸収し，生体が使うエネルギーとして蓄える．光受容体は，通常色のついた物質であり，可視スペクトルの中のある特定の領域を選択的に吸収する．最もよく知られた光受容体が，植物の緑の色素，葉緑素である．別の例として，私たちは，目の光受容体によって色を認識している．カルシウム移動のメカニズムでは，細胞内の光受容体はフォトンを吸収して酸化される．酸化体は，活性化していない光受容体に比べエネルギーが高いため，酸化により光エネルギーを蓄えることができる．酸化した光受容体は，錯体中のイオン化したヒドロキノン配位子から 2 個の電子を受取り，イオン化したヒドロキノンはキノンに酸化される（図 10.31）．キノンも 2 座配位子であるが，中性分子であるため配位子としては弱く，カルシウムイオンとは強く結合しない．このため，カルシウムイオンが細胞液中に放出され，細胞内のカルシウムイオンの濃度が上昇する．

中性のキノンは，ヒドロキノンよりも，細胞内の水溶液には溶けにくく，細胞膜を通して元あった方に拡散していく．キノンは，細胞間の液体中に存在する物質により還元され，溶液中からプロトンを受取る．こうして 1 サイクルが完了し，もう一度最初からスタートできるようになる．

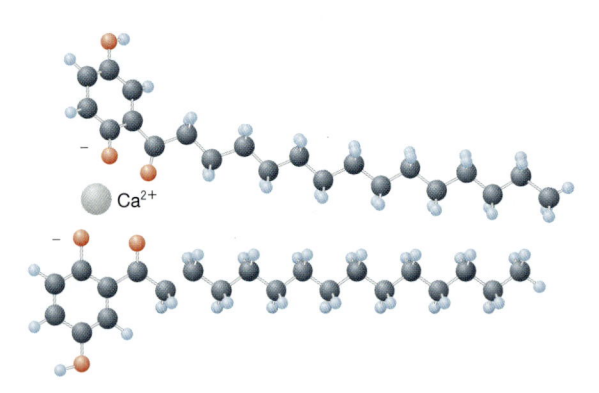

図 10.30 イオン化したヒドロキノンと Ca^{2+} との錯体．イオン化したヒドロキノンは 2 座配位子であり，Ca^{2+} に配位すると中性の錯体となる．カルシウムイオンの周りの構造は四面体型に近く，カルシウムイオンは周囲から保護されている．

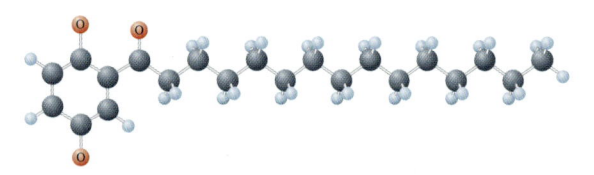

図 10.31 キノンの構造．イオン化したヒドロキノンが還元されると，キノンを生じる．

基本問題 (a) ヒドロキノン，(b) イオン化したヒドロキノン，(c) キノンそれぞれについて，OH 基と結合した炭素の酸化数を求めよ．イオン化したヒドロキノンをキノンまで酸化すると，何個の電子が放出されるか．OH 基と結合した炭素の酸化数は，電子の放出を反映しているか．■

チェックリスト

重要な用語

- 配位結合（coordinate bond, p. 218）
- 空 隙（hole, p. 218）
- 八面体空隙（octahedral hole, p. 218）
- 四面体空隙（tetrahedral hole, p. 218）
- 遷移金属錯体（transition metal complex, p. 221）
- 配位子（ligand, p. 221）
- 錯イオン（complex ion, p. 222）
- 錯 体（complex, p. 222）
- 配位座（coordination position, p. 223）
- 多座配位子（multidentate, p. 223）
- キレート（chelate, p. 223）
- アミン（amine, p. 223）
- 配位数（coordination number, p. 224）
- 分光化学系列（spectrochemical series, p. 225）
- 錯生成定数 K_f（complex formation constant, p. 226）
- 水和エンタルピー（hydration enthalpy, p. 227）
- 磁気抵抗効果（magnetoresistance effect, p. 229）
- 強磁性体（ferromagnetic, p. 229）
- 高スピン錯体（high-spin complex, p. 230）
- 弱配位子場（weak ligand field, p. 230）
- 低スピン錯体（low-spin complex, p. 230）
- 強配位子場（strong ligand field, p. 230）

章のまとめ

宝石の色は，遷移金属イオンと光との相互作用によるものである．イオンを取囲む配位子の影響で d 軌道のエネルギーが分裂し，その結果として，光と相互作用するようになる．金属イオンと，それを取囲むイオンや分子との結合は配位結合であり，結合にかかわる電子は，周囲のイオンや分子から供給される．錯体の色から，配位子-金属イオン間の相互作用を定量的に評価できる．また，錯体が生成する反応の平衡定数は，結合強度に対する定性的な指標となる．相互作用の強い錯体ほど，大きな錯生成定数をもつ．

金属イオンの周りを水分子が取囲むと，水-イオン間に配位結合が生じるため，反応は発熱反応となる．金属イオンの水和エンタルピーは，周期表の中で周期的に変化するが，これは，d 軌道の配位子場による安定化と軌道の占有具合を反映している．

電子のもつスピンによって磁場が生じる．すべてのスピンがペアを組むと，磁場は相殺され，その物質は反磁性を示す．一方，不対電子が勝手な方向を向くと，常磁性となる．さらに，広い領域にわたって，不対電子間に相互作用が働くと，強磁性となる．スピンの向きがそろうかどうかは，d 軌道の性質に依存する．強磁性となるためには，隣り合う原子間で d 軌道が重なり合っている必要があり，d 軌道は，ある程度遠くまで広がっていなければならない．一方で，スピンの向きがそろわないほど d 軌道が広がってもいけない．これらの条件を満たす元素は，Fe, Co, Ni のみである．金属酸化物では，酸素がスピンの仲立ちをするため，スピンのそろう条件を満足する場合がある．Cr, Mn, Fe の酸化物は強磁性体である．

錯結合は，生体系でもある役割を果たしている．最もよく知られているのが，ヘモグロビン中の鉄の役割である．ポルフィリン環と周囲を取囲むタンパク質グロブリンは，Fe^{2+} が Fe^{3+} へと酸化するのを防いでいる．酸素を運ぶために Fe^{2+} が酸素分子と結合すると，Fe^{2+} イオンは酸化されることなく，高スピン状態から低スピン状態へと変化する．別の例では，金属イオンは分子と結合して細胞膜を透過する．濃度勾配に逆らって移動することさえある．

重要な考え方

配位子と金属イオンとの間にクーロン相互作用が働くと，金属の d 軌道のエネルギーは同じではなくなる．このエネルギー分裂により，金属や錯体に色や磁性が生じる．

理解すべき概念

■ 錯体の示す色の補色は，金属イオン-配位子間の相互作用の指標となる．
■ 不対電子により磁性が生じる．電子のスピンの向きが原子ごとにばらばらであれば，常磁性となり，スピンの向きがそろっていれば，強磁性となる．

学習目標

■ 遷移金属錯体の色と吸収されるエネルギーとを関連づける（例題 10.1）．
■ d 軌道の分裂のパターンと，配位子と幾何学的な配置との関係を理解する（例題 10.2）．
■ 配位子の数から，金属イオンの配位数を決定する．また，金属イオン，配位子の電荷から，錯体の電荷を求める（例題 10.3）．
■ K_f から，錯イオンと水和イオンの濃度を計算する（例題 10.4）．
■ 磁性のデータを用い，配位子の結合強度を求める（例題 10.5）．
■ 磁性体の応用を取上げ，その基本原理を説明する（例題 10.6）．

11 ポリマー

蜘蛛の糸の強さと柔軟性は，長い間，科学者たちのあこがれであった．しおり糸（蜘蛛が歩くときに引く糸）はスチールの5倍も強く，ナイロンの2倍も伸びる．また，写真からわかるように，耐水性も併せもつ．

目 次

11.1 いくつかの例
- ナイロン
- ポリエチレン：構造の制御
- ゴム
  - ◉ 応用問題
- 導電性ポリマー

11.2 生成機構
- 縮合ポリマー
  （ポリアミド/ポリエステル/ポリカーボネート/ポリウレタン）
- 付加重合ポリマー

11.3 分子構造と材料としての性質

主 題

- どの官能基が新たな結合をつくるかを判別する．
- 巨大分子の構造と材料の性質との関係を理解する．

学習課題

- 平衡や溶解度の概念を，酸-塩基縮合反応に適用する（例題 11.1～11.3，11.5）．
- 材料の性質とモノマーの構造とを関係づける（例題 11.4）．
- 導電性ポリマーで電子の流れを追跡する（例題 11.6）．
- ポリマーの物理的・化学的性質と，モノマーや結合との関係を理解する（例題 11.7）
- ポリマーの構造から，生成機構を特定する．また，モノマーの官能基から，反応機構を予想する（例題 11.8～11.10，11.12）．
- どのような構造がラジカル反応の始点となるかを考える（例題 11.11）．

11. ポリマー

　天然あるいは人工の高分子（**ポリマー**）（図 11.1）は，現代社会に大きく貢献している．多彩な性質を示すポリマーの用途は広く，飛行機の窓用の非常に硬い材料（弾丸をも跳ね返すことができる）から，食品を包むのに使う，柔らかくしなやかな材料にまで及んでいる．分子レベルでみると，ポリマーは，同じ車両が連なった非常に長い列車のようなものである．実際，ポリマーはパーツの集合体であり，"ポリ" は "たくさん" を意味し，"マー" は，単位を表す．ポリマーは，繰返し単位が多数連なった巨大分子である．

　望みの性質を示すポリマーを合成する．この夢の実現へ向けての物語は，ドイツの化学者 Hermann Staudinger の 1920 年代初頭の研究に始まる．ポリマーは単なる小さな分子の集まりではなく，むしろ巨大な分子であるということに最初に気づいたのも Staudinger である．彼の先駆的な仕事と洞察に対して，1953 年にノーベル化学賞が贈られた．今日，合成ポリマーは私達の日常生活に深く根づいており，まったく性質の違うポリマーを，日々目にする．単重合のポリマーであるポリエチレンでさえ，ポリ袋のような柔らかいものから，牛乳容器のコーティング用のつるつるした素材，さらには鉄よりも重量当たりの強度が強い繊維まで，広く利用されている．ポリマーは，非常に用途の広い分子なのである．

　ポリマーごとに性質が異なるのは，繰返し単位である単量体（**モノマー**）の構成原子，分子間の相互作用，巨大分子としての構造（**三次元構造**）に違いがあるからである．ここで，三次元構造とは，分子の一部と他の部分との空間的な関係（主鎖はまっすぐに伸びているか，曲がっているか，折り重なっているか，かたまりになっているかなど）をさす．ポリマー分子どうしがうまく絡み合うかどうかは，この三次元構造によるところが大きい．合成条件は，巨大分子の構造を変化させる大きな要因であり，したがって，ポリマーの物理的な性質にも影響を与える．実際，重合の条件を変えるだけで，性質の異なるポリエチレンが得られる．

　ポリマーはきわめて大きな分子であり，分子量は 100,000〜300,000 amu の範囲にある．巨大分子の場合，質量は通常**ドルトン**単位で表し，1 ドルトンは 1 amu である．質量が 100,000〜300,000 ドルトンものポリマーは，これまで扱ってきた分子に比べ何桁も重い．

基本問題 これまで大きな分子をいくつかみてきたが，その一つが $[PbEDTA]^{2-}$ である．この分子は，鉛中毒の子供の治療に使われる．$[PbEDTA]^{2-}$ の質量は何ドルトンか．■

　デュポン社の Wallace H. Carothers の研究室では，天然のポリマーをまねるため，その組成を系統的に調べ始めた．当初の目標は，天然のポリマーである絹，ゴム，セルロース（これらは今でも重要なポリマーである）に似た材料を合成することであった．最初に開発されたのが，絹に似た人工ポリマーのナイロンであり，1939 年，ニューヨークのワールド・フェアで紹介された．またたく間に大評判を呼び，最初の 2，3 時間で，4 百万足ものナイロン靴下が売れた．今でもナイロンは重要なポリマーであり，米国で生産されるポリマーの約 1/3 はナイロンが占めている．

　ほとんどの場合，ポリマーの合成には，2 種類の別の化学がかかわっている．一つは酸-塩基重合反応であり，ナイロン合成はこの反応に基づいている．もう一つは，多重結合，あるいはひずんだ結合から電子を引き抜く反応である．たとえば，ゴムの合成には，多重結合・ひずんだ結合の化学が関係している．二重結合はエチレンにもあり，エチレンはポリエチレンの原料（モノマー）となる．ペアを組む電子（電子対）を互いに引き離すと，新しいタイプの結合が生じるが，導電性ポリマーもこの方法で合成される．この章では，酸-塩基重合反応と電子対を引き離す反応の両方について学ぶ．

11.1　いくつかの例

ナイロン

　ほとんどすべてのポリマーにいえることであるが，ナイロンもおもに炭素と水素からできており，この組合わせを**炭化水素**とよぶ．炭素どうしをつないでいくと，長くて強い炭素の鎖ができるが，これは，数ある元素のなかでも炭

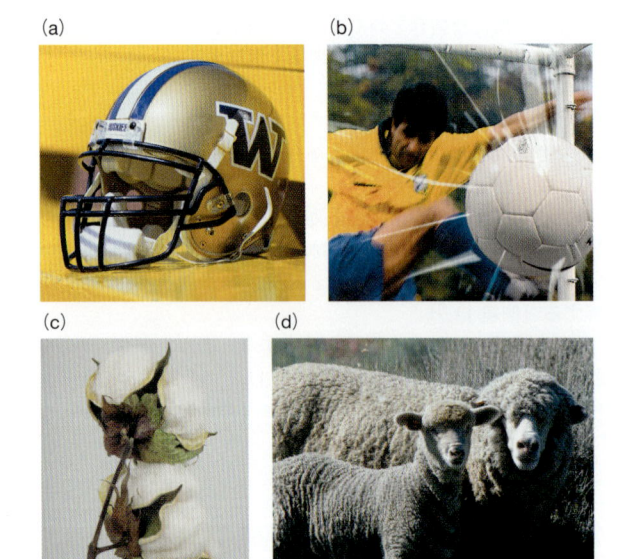

図 11.1　ポリカーボネート製の航空機の硬い窓，フットボールのヘルメットから，非常に柔らかくしなやかなプラスチック製の食品袋まで，私達の身の回りの至るところでポリマーを目にする．(a) ポリカーボネート製のフットボール用ヘルメット，(b) しなやかなポリエチレンのネット（サッカー選手が近くからボールを蹴っても耐えられる），(c) 天然ポリマーの綿，(d) 天然ポリマーのウール．

11.1 いくつかの例

素に特有の性質である．この単純な構造に，さまざまな官能基を付け加えることができる．ナイロンの合成に重要なのは，二つの官能基，アミノ基と酸基である．アンモニアの水素原子の一つが炭化水素鎖で置き換わると，**アミノ基**となる（図 11.2）．炭化水素鎖がついても，アンモニアがもっていた塩基としての性質には，ほとんど影響がない（例題 11.1）．

酸基である**カルボキシ基**の構造は —C(=O)OH であり（図11.3），空いた手はさまざまな元素と結合する．

基本問題 炭素の酸化数は，通常どの範囲にあるか．カルボキシ基の炭素に酸化数を割り当てるといくつになるか．また，カルボキシ基の炭素原子と不対電子との間に働く引力について説明せよ．

カルボキシ基の炭素は，2 個の酸素原子と結合している．酸素は，周期表で最も電気陰性度の高い元素の一つであり，したがって，炭素原子がもつ電子は，酸素の周りに集まる傾向にある．炭素原子が電子を失うということは，COOH 基の酸としての機能にとって二つの意味があ

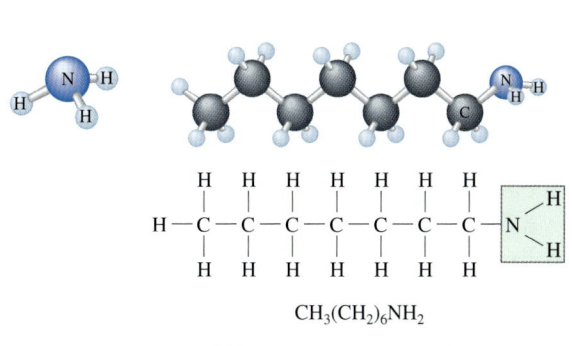

図 11.2 アンモニア（左）と，アンモニアの水素原子の一つを炭化水素で置き換えたアミン（右）．炭化水素鎖の炭素数や配置は，広い範囲で変えられる．ここでは，炭素原子 7 個の例を示した．アミンについては，球棒表示，構造式の両方で示した．構造式では，アミノ基を四角で囲んで強調してある．また，アミンの示性式も示した．

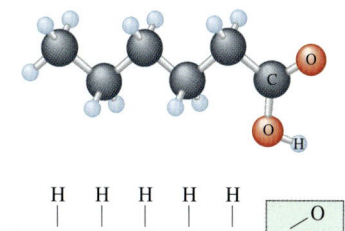

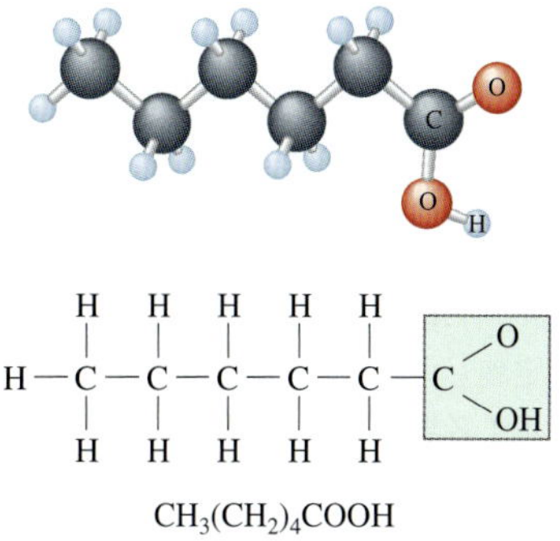

CH$_3$(CH$_2$)$_6$NH$_2$

図 11.3 -COOH 基を含む有機酸．酸基であるカルボキシ基と結合する炭化水素の炭素数や配置は，広い範囲で変えられる．ここでは，炭素原子 5 個の例を示した．構造は，球棒表示，構造式，示性式で示した．構造式では，カルボキシ基を四角で囲んで強調してある．

CH$_3$(CH$_2$)$_4$COOH

例題 11.1 塩基の強さ

アンモニアは，家庭用洗浄剤にも使われる強い塩基である．水に溶かすと，水とアンモニアは H$^+$ を奪い合う．アンモニアが解離する反応は，

$$NH_3(aq) + H_2O(l) \rightleftharpoons NH_4^+(aq) + OH^-(aq) \quad (11.1)$$

であり，平衡定数は $K_b(NH_3) = 1.8 \times 10^{-5}$ である．1 mol L^{-1} のアンモニア溶液中で，溶存するアンモニア分子とアンモニウムイオンとの比を求めよ．

アンモニアの水素原子の一つ以上を炭化水素鎖で置換すると，アミンとなる．アンモニアをアミンにすると，水との相互作用の大きさが変化する．水素原子の一つをメチル基で置換したメチルアミン(CH$_3$NH$_2$)は，塩漬けニシンの臭いの原因となる物質である．メチルアミンと水との相互作用を，アンモニア-水間の相互作用と比較せよ．なお，$K_b(CH_3NH_2) = 4.5 \times 10^{-4}$ である．

[解 法]
- 平衡定数を式で表す．
- [NH$_3$]/[NH$_4^+$] と平衡定数の間の関係を求める．
- [NH$_3$]/[NH$_4^+$] について解く．
- CH$_3$NH$_2$ についても同様の計算を行う．
- NH$_3$ と CH$_3$NH$_2$ を比較する．

[解 答]
- $K_b = \dfrac{[NH_4^+][OH^-]}{[NH_3]}$
- 化学量論から [OH$^-$] = [NH$_4^+$] である．[NH$_4^+$] = x mol L^{-1} とおくと，[NH$_3$] = $(1-x)$ mol L^{-1}．したがって，[NH$_3$]/[NH$_4^+$] = $(1-x)/x$．
- $K_b = x^2/(1-x) = 1.8 \times 10^{-5} \Rightarrow x = 4.2 \times 10^{-3}$
  $\Rightarrow$ [NH$_3$]/[NH$_4^+$] = 240．
- CH$_3$NH$_2$ では，[CH$_3$NH$_2$]/[CH$_3$NH$_3^+$] = 47．
- アンモニア，メチルアミンは，水よりもプロトンと結合しやすい．また，メチルアミンの方が，アンモニアよりも若干結合力が強い．

メチルアミンは，アンモニアよりも解離しやすいため，洗浄力も多少高い．しかし，魚臭のため，洗剤として使われることはない．

別冊演習問題 11.7, 11.77, 11.78 参照

る．第一に，COOH 基は水中で解離し，水にプロトンを与える．

$$-C\begin{matrix}O\\OH\end{matrix}(aq) + H_2O(l) \rightleftharpoons -C\begin{matrix}O\\O^-\end{matrix}(aq) + H_3O^+(aq) \quad (11.2)$$

ここで，COOH 基はアレニウス酸として働く．炭化水素鎖を変えても，酸性度はほとんど変わらない．

酸基としての第二の意味は Lewis により提案されたものであり，もっと一般的である．酸の炭素原子は，それと結合している 2 個の酸素原子に電子を与え，自身は正に帯電する（酸化数＝+3）．正の電荷は，不対電子のような負の電荷を，静電気力により引きつける．これは，2 個の水分子間に引力が働き，自動的に解離するのと似ている．

$$2H_2O(l) \rightleftharpoons H_3O^+(aq) + OH^-(aq) \quad (11.3)$$

Lewis は，相互作用する際の電子に注目し，酸と塩基をつぎのように定義した．"**ルイス酸**とは，電子対を受取る物質であり，**ルイス塩基**は電子対を与える物質である．" ルイスの酸，塩基の定義は，電子の役割を強調したものであり，非常に一般的である．

錯イオンを形成する際には，金属イオンはルイス酸として働く．しかし，金属イオンとカルボキシ基の間には重要な違いがある．金属イオンには，電子対を受取り配位結合をつくるための空の低エネルギー軌道があるのに対し，炭素にはそのような軌道がない．炭素は第 2 周期の元素であり，空の軌道は，最もエネルギーの近いものでも遠く離れている．したがって，炭素の配位数は最大 4 である．

酸の炭素原子がアンモニアのような塩基と結合をつくるには，炭素は，結合電子対の一つを放出しなければならない．たとえば，酸の炭素が OH 基を失うと，炭素の配位数は 4 に戻る．同様の議論が，最大 3 本の結合と一つの非結合電子対をもつ窒素にも当てはまる．窒素に結合した水素原子の一つを酸の OH 基に与えると，水という安定な分子ができる．また，この相互作用の結果（図 11.5），**アミド**とよばれる官能基が生じる．

酸とアミンが結合するとアミド単結合ができ，同時に小さな分子も生じる．もっと長い鎖をつくるには，工夫が必要である．

きわめて重要な工夫を最初に行ったのが，1927 年の Wallace Carothers である．Carothers は，酸とアミン分子の炭化水素の部位に，第二の反応中心を導入した（図 11.6）．第二のアミノ基をもつ分子はジアミンとよばれ，

例題 11.2　有機酸

図 11.4 に示した酸素を 2 個含む酸は，酢酸とよばれる．酢酸は酢の酸性成分であり，酢はサラダドレッシングのおもな材料である．1 mol L^{-1} の酢酸水溶液中の酢酸の解離率，すなわち，H$_3$CCOOH 分子と解離した H$_3$CCOO$^-$ の比はどれだけか．（$K_a = 1.8 \times 10^{-5}$）

酢酸の –CH$_3$ 基を水素で置換するとギ酸（HCOOH）となる．アリにかまれたり，虫に刺されたりすると痛みを感じるが，ギ酸は，その痛みの原因となる物質である．酢酸とギ酸で，解離率を比較せよ．K_a(HCOOH) $= 1.8 \times 10^{-4}$ である．

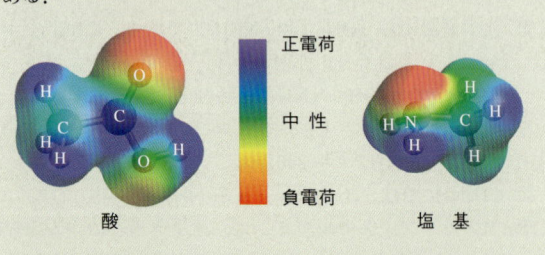

図 11.4 炭素 2 個からなる酸である酢酸の密度ポテンシャル．カルボキシ基の炭素原子は，電気的に陰性な酸素に電子を奪われ，正に帯電した状態にある．電気的に陽性な炭素原子は，電子対を受け入れる役割を果たす．アミンに対しても密度ポテンシャルを計算すると，窒素の非共有電子対が負に帯電していることがわかる．アミンは，電子対の供給源として働く．

[解法]
- 酸の解離の反応式を書く．
- 平衡定数を式で表す．
- [H$_3$CCOOH]/[H$_3$COO$^-$] と平衡定数との関係を求める．
- [H$_3$CCOOH]/[H$_3$COO$^-$] について解く．
- HCOOH についても同様に計算する．
- 酢酸とギ酸を比較する．

[解答]
- H$_3$CCOOH(aq) + H$_2$O(l) $\rightleftharpoons$ H$_3$COO$^-$(aq) + H$_3$O$^+$(aq)

- $K_a = \dfrac{[\mathrm{H_3COO^-}][\mathrm{H_3O^+}]}{[\mathrm{H_3CCOOH}]}$

- 化学量論から，[H$_3$COO$^-$] = [H$_3$O$^+$] である．
  [H$_3$COO$^-$] = x mol L^{-1} とおくと，
  [H$_3$CCOOH] = $(1-x)$ mol L^{-1}，
  [H$_3$CCOOH]/[H$_3$COO$^-$] = $(1-x)/x$ となる．

- $K_a = x^2/(1-x) = 1.8 \times 10^{-5}$ $\Rightarrow$
  $x = 4.2 \times 10^{-3}$ $\Rightarrow$ [H$_3$CCOOH]/[H$_3$COO$^-$] = 240．

- HCOOH では，[HCOOH]/[COO$^-$] = 76．
- 両者の解離率はほぼ等しいが，ギ酸の方が若干高い．

虫に刺されたときの痛みは，酸の解離によるものである．したがって，患部に重曹を塗れば痛みは和らぐ．

別冊演習問題 11.7, 11.77, 11.78 参照

11.1 いくつかの例

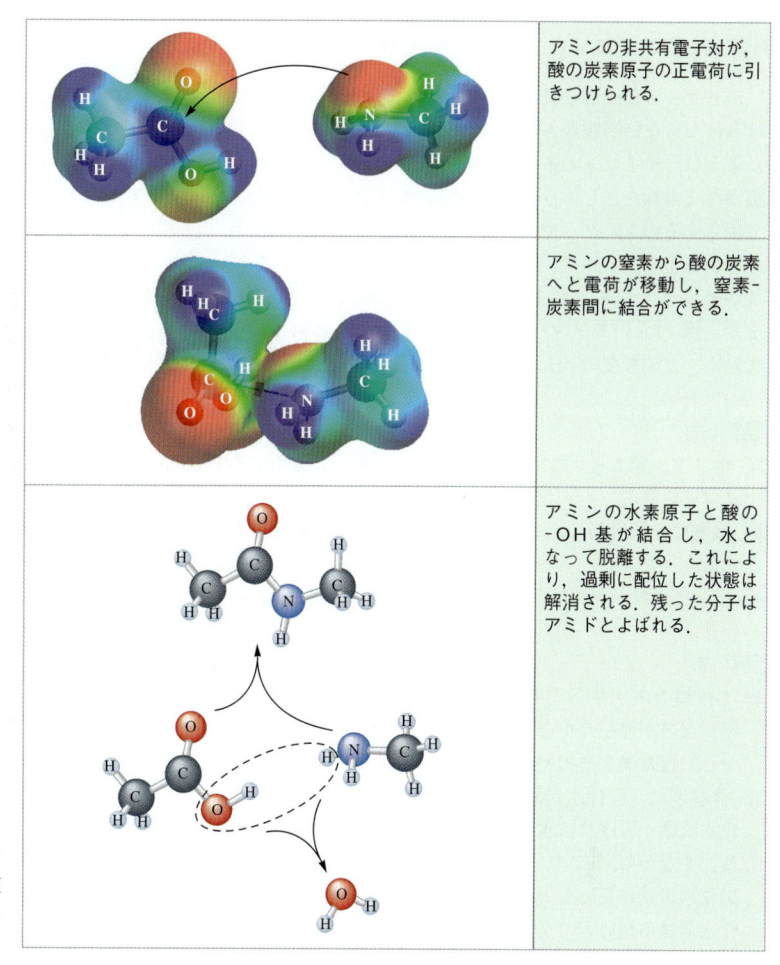

(上図)	アミンの非共有電子対が、酸の炭素原子の正電荷に引きつけられる.
(中図)	アミンの窒素から酸の炭素へと電荷が移動し、窒素-炭素間に結合ができる.
(下図)	アミンの水素原子と酸の-OH基が結合し、水となって脱離する. これにより、過剰に配位した状態は解消される. 残った分子はアミドとよばれる.

図 11.5 カルボキシ基の炭素原子とアミンの窒素原子との結合. 酸から-OH基、アミンからは-Hが脱離し、水となる.

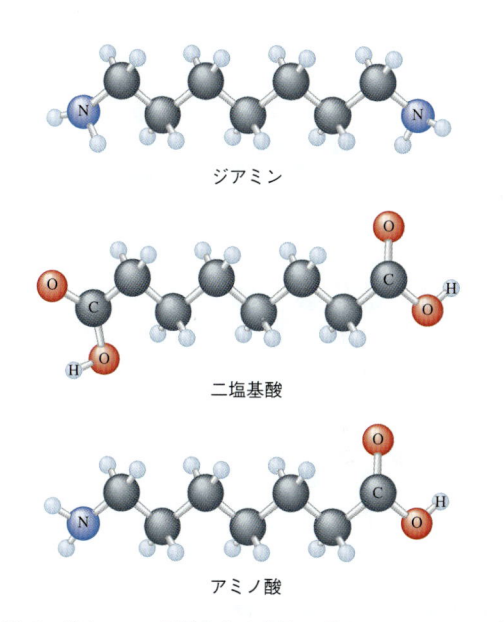

図 11.6 ポリマーの原料となる分子. ポリマーは、二つの機能中心をもつ分子から合成される. ここに示したのは、上から順に、炭素7個のアミン、炭素8個の二塩基酸(ジカルボン酸)、炭素7個のアミノ酸である.

アミン基それぞれが酸と反応する. 同様に、酸の方も二塩基酸とする. ジアミンと二塩基酸が反応してアミドが生じるが、その一端にはアミン基が、もう一端にはカルボキシ基が残る. 残った官能基は、さらに反応を続けることができる.

アミンの炭化水素部位に酸を組込むことも可能であり、これが**アミノ酸**である. タンパク質はアミノ酸でできている. タンパク質は、髪の毛や爪、皮膚、筋腱の主成分であり、また、多くの重要な反応の触媒である酵素の主成分でもある. タンパク質の場合には、アミド結合を**ペプチド結合**とよぶ.

単にポリマー鎖を寄せ集めても、それほどしなやかな繊維にはならない. 皿に盛ったスパゲッティを考えていただきたい. スパゲッティの1本1本は滑りやすいため、全体としてはまとまりにくい. しかし、濃厚なソースを絡めると、全体がしっかりとまとまる. 分子の世界では、濃厚なソースは繊維間の相互作用に相当する.

基本問題 水素結合を導入するには、どのような元素あるいは官能基が必要か. ナイロンには、そのような元素や官能基は含まれているか. ■

例題 11.3　ナイロンの室温ベンチトップ合成

ポリマーの合成法を実用化するには，いくつか検討しなければならない問題がある．Carothers がデュポン社で行ったように，ナイロンの糸をベンチトップ合成するという目標が与えられたとしよう．まず始めに，モノマーが塊になって固化するのを，どうやって防ぐかが問題となる．成長過程にあるポリマー鎖に，反応を制御しつつ，モノマーを付加させるとしたら，図 11.6 のモノマーのどれを選ぶか．また，図 11.6 のモノマーに，どのような工夫を施したらよいか．どの程度の pH が望ましいか．

[解　法]
■ ポリマー鎖とモノマーとを分離するため，2 種類のモノマーを選ぶ．
■ 溶解度を利用して，モノマーの鎖への付加反応を制御する．
■ 塩基とプロトンが結合（プロトン化）しないような pH を選ぶ．

[解　答]
■ 1 種類のポリマー（すなわちアミノ酸）だけでは，即座に反応が進むのを避けられない．したがって，ジアミンと二塩基酸を選択する．
■ 溶解度は，炭化水素鎖と官能基の比率に依存する．炭化水素鎖が短ければ水に溶け，長ければ有機溶媒に溶ける．すなわち，モノマーを有機溶媒に溶かしたいときは，炭化水素鎖の長いものを選び，そうでない場合には，炭化水素鎖の短いものを選ぶ．エチレンジアミンは炭化水素鎖の短いジアミンであり，水に溶ける．水に溶けるエチレンジアミンを選び，二塩基酸は，有機溶媒に溶けるよう鎖の長いものを選択する．
■ ジアミンのプロトン化を防ぐため，ジアミンを含む水溶液を強い塩基性にする．

ナイロンのベンチトップ合成（図 11.7）では，通常，二塩基酸の–OH 基を–Cl 基で置換したものを用いる．この物質を酸塩化物とよぶ．単なる二塩基酸では，塩基性のアミン溶液に接すると脱プロトン化してしまう．酸塩化物は脱プロトン化しないため，水ではなくて HCl が発生する．HCl は塩基性のアミン溶液で中和され，水と塩が生じる．

図 11.7　ナイロンの合成．溶解度の差を利用して，ナイロン鎖の成長を制御する．短い鎖のジアミンは水に溶け，長い鎖のジカルボン酸は有機溶媒に溶ける．水と有機溶媒の界面でナイロンが生じ，これを引き上げれば長い繊維が得られる．

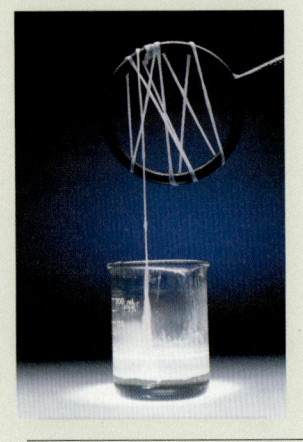

別冊演習問題 11.1, 11.4〜6 参照

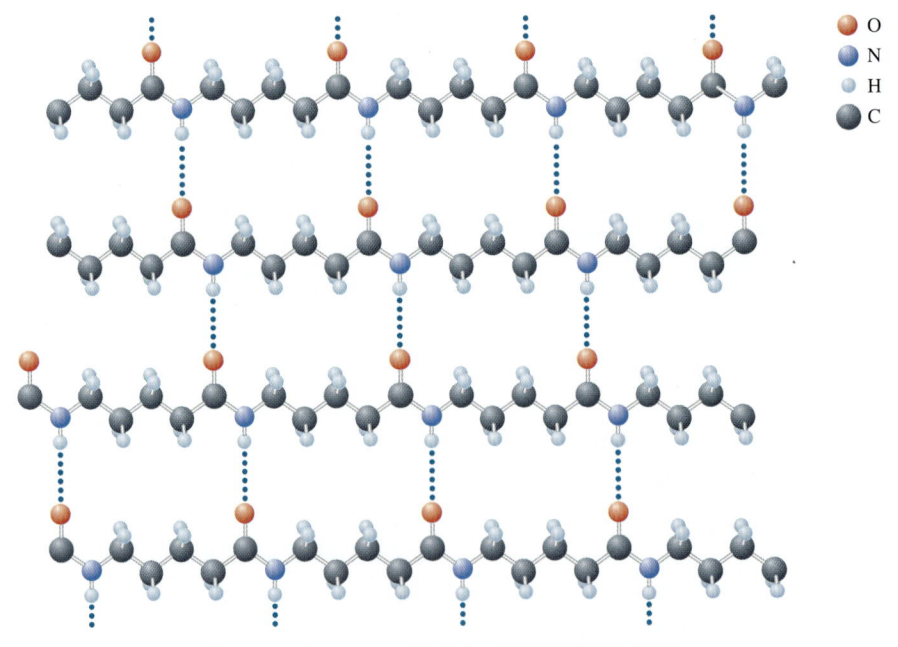

図 11.8　ナイロン 5 の球棒表示．点線は水素結合を表す．

11.1 いくつかの例

図11.9 有機分子の簡易表示法（スティック表示）．ここでは，アミノ酸の重合体であるナイロンの例を示した．この表示法では，結合は線で表し，炭素は線の結合部に位置している．炭素，水素以外の元素（ヘテロ原子とよばれる）は，そのまま元素記号で示す．水素結合にかかわる水素原子も明示する．水素結合は点線で表す．

いが，ポリマー鎖を引き伸ばして規則構造をとると，多数の水素結合が，短い間隔で並ぶ可能性がある．そうなると，分子間相互作用が強まり，繊維の強度は増す．

特に巨大な分子については，球棒モデルを描くのは非常に面倒である．そこで，化学者は，省略した表記法を考案した．その一つが折れ線で表す方法（**スティック表示**または線結合表示）であり，小さな分子に対してもよく使われる．スティック表示で，炭素6個のアミノ酸からなるナイロンを示したのが図11.9である．この表示法では，線は結合を意味し，線の結合部には炭素原子が位置している．炭素と水素以外の原子（ヘテロ原子とよばれる）は，省略せずに元素記号で表す．図11.9では，水素結合を強調するため，水素結合にかかわる水素原子も省略せずに示してある．点線は水素結合である．炭素原子の4本の手，あるいは窒素元素の3本の手と結合している水素原子は，省略されている．もっと簡単なポリマーの表示法もあり（図

図11.10 ポリマーの簡易表示法．繰返し単位と，両端の結合だけを表示する．繰返し単位は括弧の中に入れて示し，下付きの数字 n は，ポリマーの中に含まれる繰返し単位の数を表す．n として，特に数字を指定しないことも多く，ある範囲の値として示すこともある．

ナイロンの骨格には，水素結合を通して相互作用する部位が含まれており，窒素に結合した酸素と水素がそれにあたる．水素結合が生じるには，N–H 基と酸素とは並列していなければならない．繊維を巻取る際に引き伸ばすと，ポリマー鎖は互いに平行となり，水素結合ができる配置となる．一方のポリマー鎖に含まれるアミドの N–H 結合は，隣の鎖のアミド結合の酸素原子と相互作用し，水素結合をつくる（図11.8）．個々の水素結合は共有結合よりも弱

11.10），繰返し単位だけを表す．この表示法では，繰返し単位の両端は，モノマー間の結合を表す．繰返し単位は括弧でくくり，繰返し数を添え字の n で示す．合成されたポリマーの繰返し数は，通常ある幅をもっているので，n の具体的な数値は指定しないことが多い．

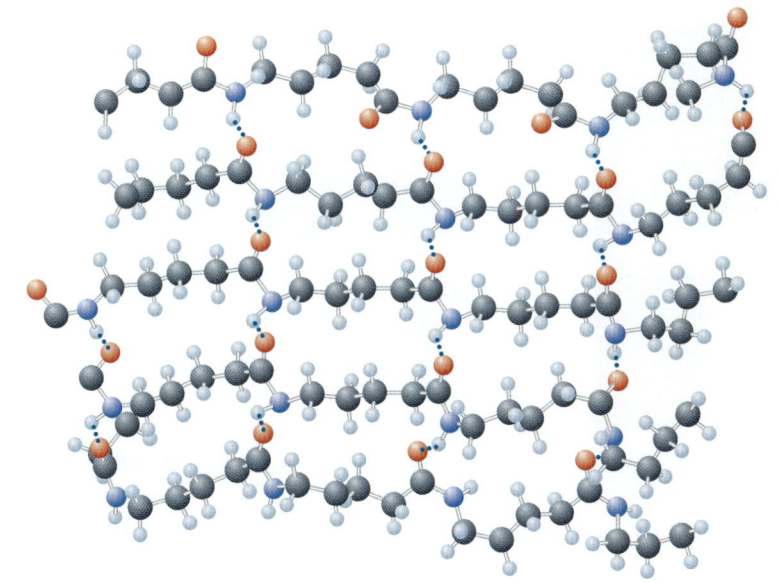

図11.11 アミド基を介した水素結合で結ばれた炭化水素鎖．炭化水素鎖は柔軟性が高く，しなやかで弾力のある繊維となる．

ナイロンは，非常に強いことに加え，弾力があり，しなやかな繊維である．金属の場合には，隣接原子との関係は保ちつつ，結合角や結合長が変化することで，弾力性が生まれる．金属に加わるひずみが大きくなると，原子は滑り始め，弾性応答する領域を越える．一方，ポリマーでは，弾力性に対する原子レベルでの見方は少し異なる．

ナイロン繊維がしなやかで伸縮性があるのは，水素結合したアミド間の炭化水素鎖が柔軟だからである．図11.8と図11.11を比べると，ナイロン繊維が伸縮する様子がよくわかる．すべての繊維（綿，ウール，絹，合成繊維）に共通する性質として，二つの機能末端を結ぶ鎖の柔軟性が高い．機能末端は極性をもつ官能基を含んでおり，このため，ポリマー鎖間に，短い間隔でかつ規則的に水素結合が生じる．

ポリエチレン：構造の制御

ポリマー材料の性質は，合成条件により制御することができるが，その最もよい例がポリエチレンである．合成条件は，モノマーの配列を決めるだけでなく，鎖の長さにも影響を与え，巨大分子の形状をも規定してしまう．鎖の密集度は，長さ，形状の二つの要素で決まる．鎖の密集度が違えば，材料の性質も変化し，使い道にも差がでてくる．ポリエチレンには，以下のように，さまざまな形態のものがある（図11.12）．

- 牛乳の容器のつるつるとしたコーティング，あるいはリアルな造花の花弁や葉．
- 透明の食品容器．
- 漂白剤用の硬いボトル．
- スケートリンクで使用する"人工氷"のシート．
- 世の中で最も強い繊維（同じ重量で比べるとスチールの6倍の強度をもつ）．

長い直鎖は，非常に効率良く空間に詰め込むことができる．ポリマー鎖は，ちょうど川を下る丸太に似ており，川の流れに沿って丸太が整列すると，水面をくまなく覆い尽くせる．ポリマー鎖を効率的に並べると，**高密度ポリエチレン（HDPE）**とよばれる，強靱で密度の高い材料が得られる．高密度ポリエチレンを融かし，これに圧力をかけて繊維に引くと，長い鎖は束状に密集し，非常に強い繊維となる（重量を基準にすればスチールよりも強い）．この繊維を融かしてシート状にすると，布のようでありながら，異常に耐裂性の高い材料となる．実際に，小包封筒のポリパックなどに使われている．

一方，ポリマー鎖に枝分かれができて絡み合うと，密度は低くなる．この場合，分子間に隙間があいた，すなわち低密度で柔らかい材料となる．この**低密度ポリエチレン（LDPE）**は，牛乳容器のコーティングや，食品のラッピング，造花などに使われている．

ポリエチレンは，1種類のモノマー，**エチレン**（図11.13）からなるポリマーである．エチレンには2個の炭素原子があり，二重結合で結ばれている．これに，4個の水素原子が結合すると，エチレンの骨格が完成する．この

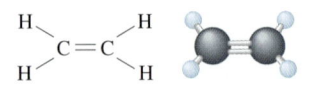

図11.13 2個の炭素原子が二重結合で結ばれたエチレンの構造．ここでは，構造式と球棒表示で示した．

モノマーは，ただ一つの機能性部位（すなわち二重結合）しかもっていない．エチレンの重合には，この二重結合を利用する．

二重結合をつくっているのは，σ結合性の分子軌道を占める2個の電子と，π結合性の分子軌道を占める2個の電

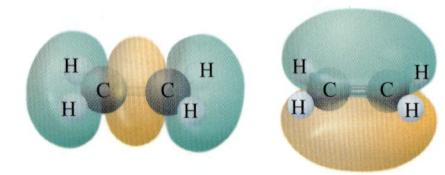

図11.14 エチレンのσ結合とπ結合．σ結合は炭素間を結ぶ方向に伸びているが，π結合は，分子面の上下に広がっている．σ結合はπ結合よりも安定であり，エネルギーも低い．

子である（図11.14）．σ結合は2個の炭素原子を直接結びつけており，非常に安定で低エネルギーの軌道である．一方，π軌道は，各炭素原子のp軌道が横方向に重なり合ったものであり，それほど安定ではない（図11.15）．π軌道

図11.12 ポリエチレンを使った製品の数々．ポリエチレンはさまざまな性質をもち合わせており，それに応じて，柔らかい食品用のラップ，つるつるした紙のコーティング，造花，硬い容器，滑りやすいシート，非常に強い繊維など，幅広く利用されている．

は，横方向に重なり合うため，分子面の上下に分布している．また，分子面内に節をもち，エネルギーは高い．

π軌道の電子はそれほど強く結合していないため，比較的小さなエネルギーで，対を組んでいる2個の電子を引き離すことができる（図11.16）．引き離された電子は，それぞれの炭素原子のp軌道を占める．こうして，二重結合が開き，2個の不対電子が生じる．不対電子は**ラジカル**とよばれる．ラジカルは多くの反応に登場し，また最近では，医薬の分野からも注目されている．ラジカルの攻撃によるダメージを，酸化防止剤を用いて避けることに関心が集まっているのである．エチレンのラジカルは反応性が高く，不対電子のまま長時間とどまることはない．不対電子は，緩く結合した電子に引き寄せられる（図11.16）．不対電子が，別のエチレンの緩く結合した電子と結びつくと，炭素原子間に電子対，すなわち結合が生じる．こうして長い鎖（この場合炭素原子4個）ができ，ラジカルが伝播していく．

1個のエチレン分子が別の分子に付加していく過程を，電子の流れを示す矢印で表す（図11.16）．矢印は，移動する電子を起点として，その電子の行き先に向かう．プロトンの移動も同様に矢印で示す．すなわち，移動する水素を起点とし，その移動先を終点とする．

4個の炭素からなる鎖にはまだ2個の不対電子が存在するため（ジラジカルとよばれる），反応は続く．末端の炭素で付加が起こると，鎖は長く延びる．しかし，鎖の端にはラジカルを固定しておくものが何もないことに注意されたい．原子や電子の配置を少し変えるだけで，ラジカルは鎖上の位置を変える（図11.17）．電子は分子内を移動し

図11.17 不対電子の移動．不対電子が移動すると，ポリマー鎖が枝分かれする分岐点となる．

やすく，Hの移動もプロトンが移動するだけですむ．このようにラジカル電子が移動すると，鎖が枝分かれする．鎖が枝別れすると，ポリマーの密度が十分に上がらず，低密度ポリエチレンとなる．さらに再配置（図11.18）が起こ

図11.15 エチレンのπ軌道．二つの炭素原子のp軌道が重なり合い，π軌道ができる．π軌道には"2枚の葉"があり，一つは分子面の上，もう一つは分子面の下に伸びている．π軌道は分子面内に節をもつ．

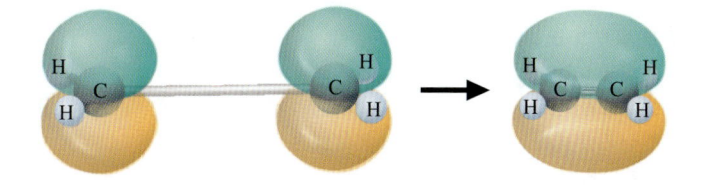

図11.16 エチレンの重合過程．まず，π軌道の電子対が分かれてラジカルを生じる．つぎに，不対電子が，電子密度の高い領域を攻撃して，電子対，すなわち結合ができる．その結果，2個の不対電子が残るが，分子は結合して長くなる．

るとジラジカルは消滅し，重合は止まる．ラジカルを鎖の端にとどめておくことができれば，枝分かれのない鎖ができる．高密度ポリエチレンをつくるには，ラジカル電子の移動を防ぐことが重要となる．

ンゾイルラジカルが生成する．

$$(11.4)$$

安定な分子である CO_2 が脱離するため，再び過酸化ベンゾイルへ戻る反応は起こりにくい．その代わりに，ベンゾイルラジカルがエチレンの二重結合を攻撃し，反応が始まる．このようにして炭素鎖が重合を始めると，重合は非常に速く進行する．重合中にラジカル電子の移動を防ぐ機構がないため，枝分かれしたものができやすく（図11.20），低密度ポリエチレンとなる．

図 11.18　2 個の不対電子の移動．2 個の不対電子が移動すると，二つのラジカルは消滅して二重結合ができる．この過程が起こると，炭素鎖の成長は止まる．

低密度ポリエチレン

ポリエチレンが最もよく使われるのは，食品保存用のラップである．毎年，約五千万トンのポリエチレンが生産されているが，このうち，40％は食品保存用のラップに使われている．

ポリエチレンの合成を開始するには，ラジカルを生じさせる必要がある．その一つの方法として，非常に弱い結合をもつ分子（開始剤）を加え，結合が切れるまで加熱する．開始剤の例が過酸化ベンゾイルである（図 11.19）．酸素は比較的小さな原子であり，安定な二重結合をもつ．このため，過酸化ベンゾイルの O-O 単結合は比較的弱い．過酸化ベンゾイルを加熱すると，約 100 ℃でこの結合が切れ，2 個のラジカルを生じる．さらに CO_2 が脱離し，ベ

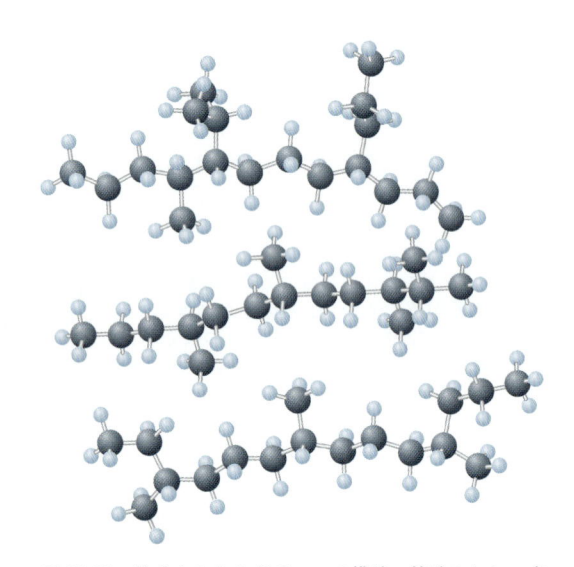

図 11.20　枝分かれしたポリマーの構造．枝分かれし，ぐちゃぐちゃになったポリマーは，効率良く詰めることができず，低密度の材料となる．動くのに十分なスペースがあるため，力を加えても，ポリマー鎖は簡単に変形する．このため，柔軟性の高い材料となる．

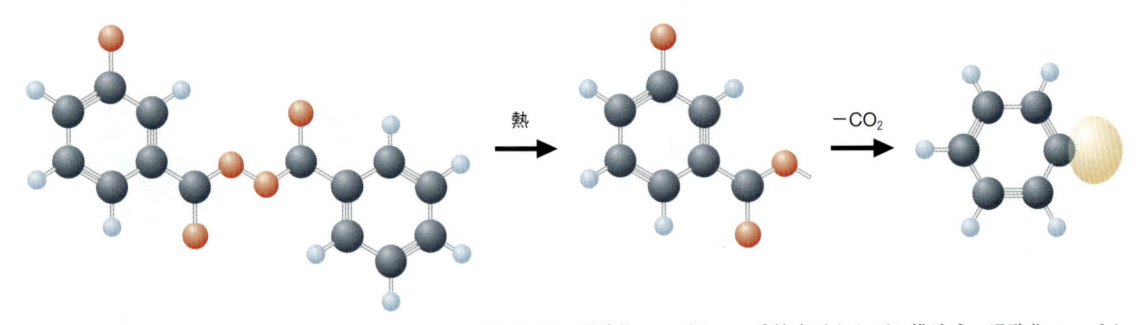

図 11.19　過酸化ベンゾイルの球棒表示ならびに構造式．過酸化ベンゾイルの O-O 単結合は弱いため，加熱すると結合が切れる．すると，安定な CO_2 が脱離し，ベンゾイルラジカルが残る．ベンゾイルラジカルの右側に突き出ているのが，不対電子の軌道である．

高密度ポリエチレン

側鎖の生成を防ぐには，ポリマーの端で強制的に付加を起こさせ，主鎖を延ばすような別の方法が必要である．1950年代，ヨーロッパの化学者，ドイツのKarl Zieglerとイタリアの Giulio Natta は，固体表面を触媒として用いることで，アルケンポリマーの生産に革命をもたらした．この新しい合成法はきわめて重要であったため，ZieglerとNatta は1963年にノーベル化学賞を受賞した．この方法で反応がどのように進むのか，詳しくはまだよくわかっていないが，おもなところは解明されている．

反応は固体の表面で起こるが，モノマーや成長過程のポリマー鎖は溶液中に存在するため，**不均一系触媒反応**とよばれる．小さくて強く帯電した金属イオンは，電子の多い分子やイオンと錯形成しやすいが，不均一系触媒反応はこの性質を利用している．たとえば，エチレンの二重結合は電子が豊富である．触媒としては，通常，$TiCl_4$ と $Al(C_2H_5)_3$ の混合物が用いられる．なお，$TiCl_4$ と $Al(C_2H_5)_3$ の混合物は色の濃い固体である．このことは，チタンが+3の酸化状態にあることを示している．

基本問題 Tiはどのような電子配置をとるか．Ti^{3+}, Ti^{4+} の電子配置はどうか．以下について説明せよ：触媒中のチタンが Ti^{4+} の酸化状態にあれば，その触媒は無色である．

電子過剰のエチレンは，Ti^{3+} と電気的に陽性な Al の両方に配位し，挟みつけられていると考えられている（図11.21）．ここで協奏的な再配置が起こり，モノマーは成長

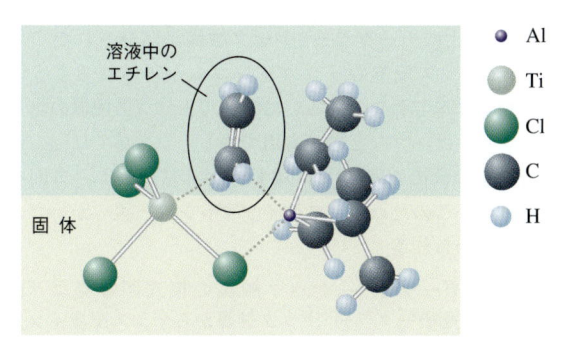

図11.21 不均一系触媒下でのエチレンの重合．$TiCl_4$ と $Al(C_2H_5)_3$ の混合物（固体）は触媒として作用し，エチレンの二重結合を開く．

中のポリマー鎖に付加する．ポリマー鎖，モノマーともに Ti–Al に配位するため，鎖の成長は，Ti–Al に付着した端でのみ起こる．したがって，付加する場所が限定され，鎖の分枝を防ぐことができる．この方法は，金属錯体が果たす役割にちなんで，**配位重合**とよばれる．驚くには及ばないが，配位重合では，ラジカル重合よりも緩やかに反応が進む．

成長中の鎖を引き伸ばすと，多くのポリマーで，ポリマー鎖の長軸がそろう（図11.22）．こうして，分枝のない，高度に配向したポリマーができる．炭素鎖が規則正しく詰まっているため，このポリマーは非常に高密度である．

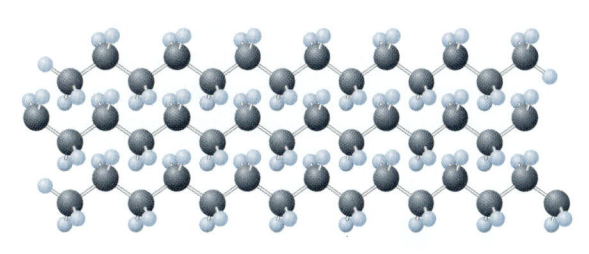

図11.22 引っ張り力によるポリマー鎖の整列．ポリマーを引っ張ることで，不均一系触媒を使った場合と同様，ポリマー鎖が整列する．

ポリエチレンは，引っ張ると強度が増すが，ここでは二つの効果が働いている．第一に，直径が小さくなるよう引き伸ばすと，ほぼすべての鎖が，繊維の長手方向に沿って整列する．繊維を横に引き裂くには，非常に強い共有結合を断ち切らなければならない．第二に，鎖が整列すると鎖間の相互作用が増大する．炭素と水素の電気陰性度の差は非常に小さいため，C–H 結合の極性は低く，その相互作用（ロンドン分散力）は比較的弱い．しかし，この力が何百単位も集まり，強い共有結合と一緒に作用すると，繊維はスチールと同程度の引っ張り強度を示すようになる．

ゴ ム

北アメリカでは，毎年220万トンもの合成ゴムが生産されており，そのおもな用途はタイヤである．もちろんこのほかにも，ゴムには何千もの用途があり，エンジンマウントからベルト，ホース，床材，接着剤，靴，電気的絶縁，耐震用ベアリングパッド，手袋，カテーテル，コンドーム，カーペットの裏材，ベッドのフォームラバーまでさまざまである．ゴムによるコーティングは，ゴム産業全体からみると規模は小さいものの，テニスボールからレインウエアまでさまざまな製品に利用されており，10億ドル産業を形成している．

今日では，ゴムのほとんどは人工的に合成されたものである．このため，忘れてしまいがちであるが，ラテックスとして知られる天然ゴムは，2500種以上の植物から生産されている．天然ゴムの利用が限られているのは，分子量が低いからである．商品価値が高いのは，分子量が百万ドルトン近くのものであり，このようなラテックスを生産する植物は，ごく少数しかない．初期の合成ゴムは，粘着性のある製品として生産されていた．実用的なゴムを合成するには，付加するモノマーの配置を制御する必要がある．

基本問題 ゴムのモノマーは，たいてい5個の炭素原子と8個の水素原子でできている．分子量百万ドルトンのポリマーを得るには，何個のモノマーが必要か．

最も単純な合成ゴムは，天然ゴムの基本構造をまねたものであり，イソプレンモノマーから出発する（図11.23）．イソプレンは，2個の二重結合をもつ分子である（エチレンでは1個であった）．二つ目の二重結合は，重合反応にも多少関係しているが，おもな役割はゴムの架橋である．エチレンのときと同様，ラジカルの攻撃により，π結合電子の一つがラジカル電子と結合し（図11.24），残りのπ電子が再配置すると，二重結合の周りの原子配置の異なる2種類の分子が生じる．一つ目の配置では，$-H$と$-CH_3$基が二重結合の同じ側に位置し（図11.25），**シス**（*cis*）配置とよばれる．2番目の配置では，$-H$と$-CH_3$基が二

図11.23 天然ゴム（ラテックス）のモノマーであるイソプレン．球棒表示および構造式の両方で示した．

図11.25 イソプレンとラジカルとの反応で生じる別の構造．イソプレン単位の中央に二重結合ができるとき，$-H$基と$-CH_3$基が二重結合の同じ側にくる場合（図11.25に示した構造；シス配置とよばれる）と，反対側になる場合（図11.26；トランス配置とよばれる）がある．

図11.24 イソプレンとラジカルとの反応．ラジカルが，イソプレンの二重結合のどちらを攻撃しても，ラジカルを生じる．電子が移動すると分子は安定化し，残っていた二重結合は，分子単位の中央に移る．

電子は不対電子としてとどまる．こうしてラジカルが伝播していく．ラジカル攻撃後のイソプレンには，比較的弱く結合した電子が3個存在する．二つは二重結合上にあり，残り一つは不対電子であるラジカルである．二重結合が再配置してイソプレンの中央に移動すると，安定化する（図11.24）．

イソプレン分子の両端は固定されていない．すなわち，両端は，単結合の周りに自由に回転できる．したがって，

重結合の反対側に位置し（図11.26），**トランス**（*trans*）配置とよばれる．二重結合の周りの原子配置は，ポリマー鎖の詰まり具合に影響を与え，したがって，ポリマーの性質にも影響を及ぼす．天然のラテックスには，*cis*配置のみが含まれている．初期の合成イソプレンゴムは，シスとトランス配置の混合物であったため，粘着性の強いものであった．

1950年代にチーグラー・ナッタ触媒が開発されたことで，100％シス配置のイソプレンゴムが得られるようになった．すべてシス，あるいはすべてトランス配置のポリイソプレンは，ゴムとして有用である．シス体では，二重結合炭素の隣のCH_2基は，柔軟性が非常に高く，方向を変えうる．このため，シス体イソプレンは，柔らかいゴムとして用いられる．

基本問題 チーグラー・ナッタ触媒の模式図を見よ（図11.21）．なぜチーグラー・ナッタ触媒から全シス配置イソプレンが得られるのか．■

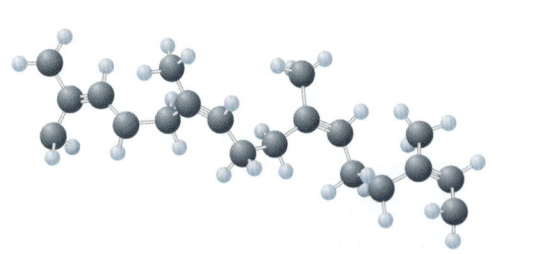

cis-ポリイソプレン

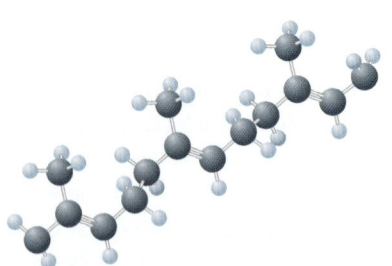

trans-ポリイソプレン

図11.26 シス配置のポリイソプレンからなる天然ゴム．トランス配置では，硬い材料となる．これは，ポリマー鎖が密に詰まり，二重結合をつなげている-CH_2-基の自由度が低下するからである．

天然ゴムは，特別柔らかい材料ではない．ポリマー鎖の集合体を，大量のスパゲティあるいはミミズと考えていただきたい．釣りの経験のある方はおわかりのように，ミミズは球状の塊となり，簡単につかみ上げることができる．しかし，ミミズの一匹一匹はすぐに塊から這い出し，塊はばらばらになる．柔らかいゴムをつくるには，繊維をもっとしっかり結びつけておく必要がある．

ポリマーの分子としての性質が理解されるよりもずっと前に，ポリマーの繊維を結びつける方法は発見されていた．1839 年，米国の発明家 Charles Goodyear は，ゴムを硫黄と一緒に加熱すると，ゴムが丈夫でかつ柔らかくなることを発見した．高温が必要であったため，Goodyear はこの方法を，ローマ神話の火山の神（Vulcan；ヴァルカン）にちなんで vulcanization（日本語では **"加硫"**）とよんだ．分子レベルでみると，加硫は，2 本のポリマー繊維を，少数の原子からなる共有結合で結ぶことに対応する（図 11.27）．繊維を結ぶ共有結合を **架橋** とよぶ．

ここで，残った二重結合の重要性を再度認識していただきたい．二重結合は，架橋する場所を提供するのである．高温では，電気陰性度の高い硫黄は，電子過剰気味の二重結合を攻撃する．その結果，二重結合が開き，硫黄との間に共有結合が生じる．さらに隣の鎖を攻撃すると，鎖を結ぶ強い共有結合ができあがる．ちょうど 2 本の紐を結ぶように，2 本のポリマー鎖が結合するのである．鎖に残った不対電子は，さらに硫黄と反応し，別の鎖と結合する．こうして，ポリマー鎖のネットワークが形成される．共有結合は非常に強いので，力を受けて鎖の再配置が起きても，結合が切れることはない．

ゴムの物理的な性質は，架橋の度合いに大きく左右される．架橋に挟まれたポリマー鎖の部分は，金属の弾性応答のように，自由に動いたり，伸びたり，結合角を変えたりする．しかし，ゴムの弾性応答は金属の何倍も大きい．典型的な金属では，ひずみが 0.1％を越えると，弾性限界に達する．一方，典型的なゴムは，劣化することなしに 500％も引き伸ばすことができる．このように高い延伸性を示すのは，架橋が存在するからである（図 11.28）．

基本問題 ポリエチレンは用途の広い材料である．ポリエチレンを架橋してゴムにすることはできるか．その理由も述べよ．■

架橋している場所は"錨"として働き，主鎖があちこち自由に動くのを制限するのと同時に，力がなくなると元の形に戻してくれる．架橋の数が多いほど，自由に動ける範囲は狭まり，ゴムとしては硬くなる．逆に，架橋の数が少ないと，柔らかいゴムになる．

基本問題 幅 1 cm 以上のゴムバンドを用意する．このゴムバンドに，インキでダイヤモンド型の印をつける．ゴムバンドを伸ばすと，ダイヤモンドの形はどのように変化するか．この巨視的な変化を，分子レベルで説明せよ．■

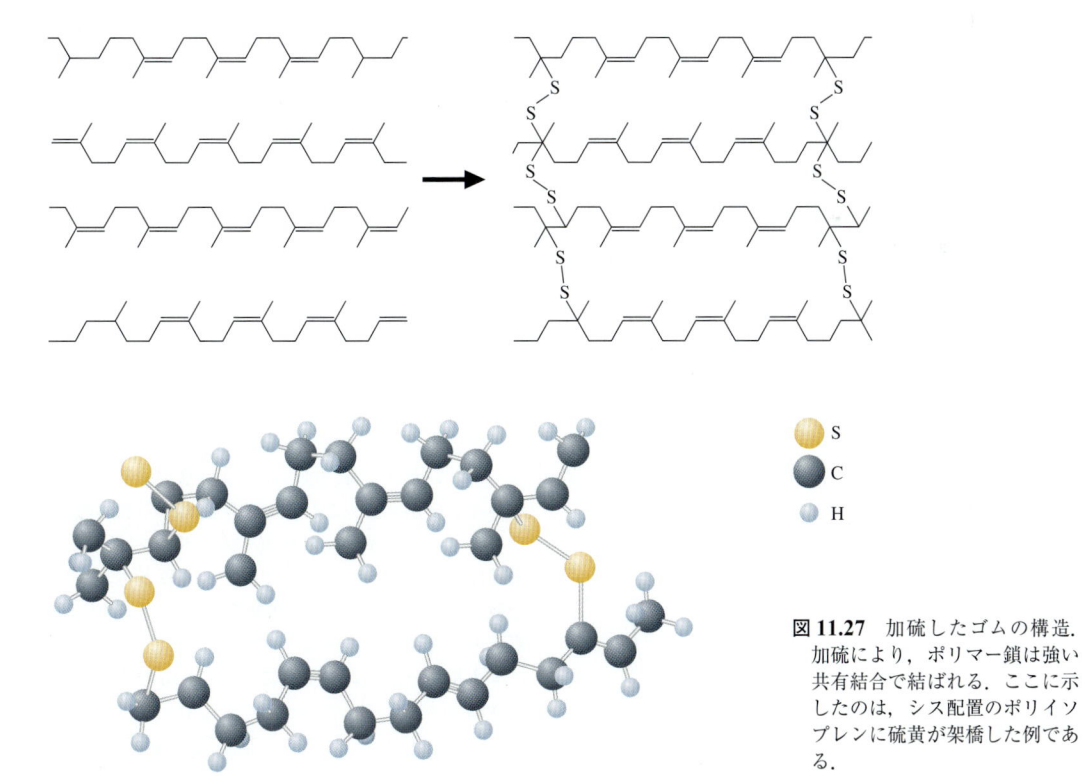

図 11.27 加硫したゴムの構造．加硫により，ポリマー鎖は強い共有結合で結ばれる．ここに示したのは，シス配置のポリイソプレンに硫黄が架橋した例である．

応用問題 風船を用意する．ただし，口の部分を伸ばせば，指を覆える程度の大きさのものを選ぶ．風船を伸ばして人差し指にかぶせ，親指で押さえておく．もう一方の手で風船をつかみ，すばやく引き伸ばすと，指は暖かいと感じるか，冷たいと感じるか．つぎに，風船を離す．指はどのような温度の変化を感じるか．風船の長鎖分子がより強く相互作用するのは，伸ばしたときと戻したときのどちらか．風船をもっと硬くするには，風船の分子をどのように変えたらよいか．

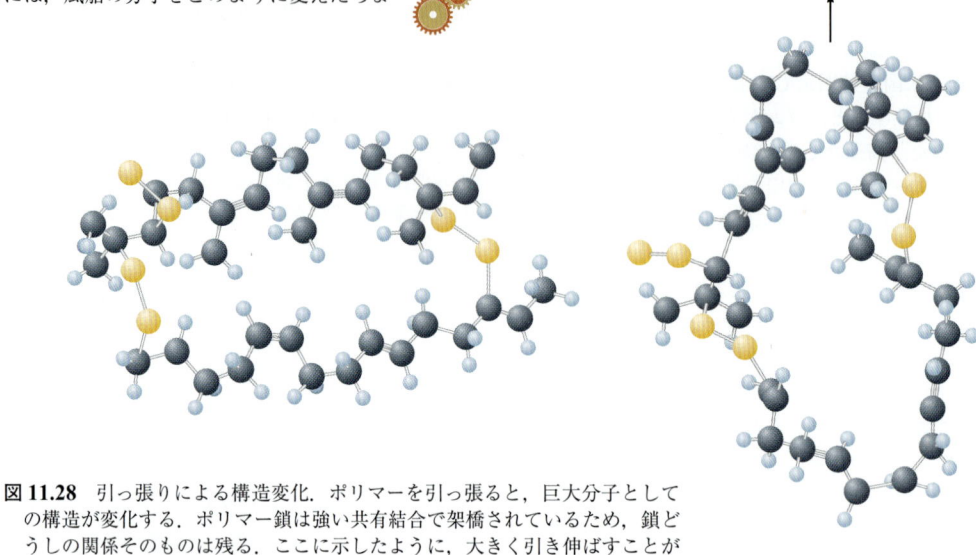

図 11.28 引っ張りによる構造変化．ポリマーを引っ張ると，巨大分子としての構造が変化する．ポリマー鎖は強い共有結合で架橋されているため，鎖どうしの関係そのものは残る．ここに示したように，大きく引き伸ばすことができる．力を取除くと，ポリマー鎖は元の配置に戻り，材料としての形も元に戻る．なお，黒い球は炭素，青い球は水素，黄色の球は硫黄である．

例題 11.4 防振ゴム

"ゴム"という言葉は，一般的には弾力のある材料というイメージがある．弾力があるということは，衝撃によって鎖がねじれても，すぐに元に戻ることを意味する．これは，分子レベルでみると，ポリマー鎖が，元の配置に戻ることに対応する．応用によっては，振動を抑えるゴムが必要となる．地震による被害を抑えるためのパッドや，振動に敏感な装置を支える架台などがその例である．ある種の防振ゴムはノルボルネンでできている．防振性を示すのは，ポリマー鎖の構造に起因している．鎖の分子構造は，防振性とどのように関係しているか．

[解法]
■ ポリマー鎖の構造について考える．
■ ポリマー鎖の中で，柔軟性のある部分とない部分を見つけ出す．

[解答]
■ ポリマー鎖は二重結合と五員環からなる．
■ 二重結合，五員環ともにそれほど柔軟性はない．ポリマー鎖は比較的かさ高く，剛直である．この鎖を巻いたり，ほどいたりするには，かさ高い基が相手を乗り越えていく必要がある．これらのかさ高い基が動く際，原子レベルでの摩擦が生じるため，ノルボルネンは，硬くて防振性に優れたゴムとなる．摩擦が起きるとエネルギーは分散されるので，（床との衝突の際に）ゴムの圧縮より蓄えられたエネルギーは，一部摩擦として失われる．失ったエネルギーはゴムの圧縮に戻ることはなく，振動が抑制される．

別冊演習問題 11.18, 11.32 参照

導電性ポリマー

ポリマーは、基本的に炭素と水素からできており、この二つの元素は通常絶縁体と考えられている。しかし、いくつかのポリマーは導電性を示す。その一つがポリアニリンである。ポリアニリンは、導電性を示すだけでなく、色鮮やかな材料でもある。

アニリン（$C_6H_5NH_2$）（図 11.29）はアンモニアの誘導体の一つであり、アンモニアの水素原子の一つを、**フェニル環**（あるいは**フェニル基**）とよばれる六員の炭素環で置き換えたものである。フェニル基は、アンモニアの性質に非常に大きな影響を与える（例題 11.1、11.5 参照）。

フェニル基は窒素の非共有電子対と相互作用し、その結果、窒素の非共有電子対の性質を変えてしまう。フェニル基の炭素原子は sp^2 混成している（図 11.30）。環の炭素原

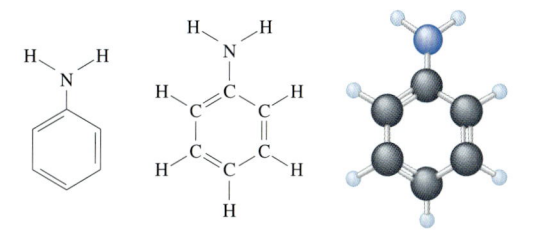

図 11.29 スティック表示、構造式、球棒表示で示したアニリンの構造。

子はいずれも 3 本の σ 結合をもっており、1 本は水素原子、2 本は隣の炭素原子との結合である。炭素の 4 個目の価電子は p 軌道にあり、その p 軌道は、sp^2 混成面に垂直な方向に伸びている。フェニル基では、6 個の炭素原子すべて

例題 11.5　電子供与：塩基の強さ

色素合成の産業が立ち上がったのは、色鮮やかなアニリン化合物の登場以降である。1856 年、17 歳の William Henry Perkin は、休日に自宅で実験していたとき、布をきれいな薄紫色に染める、黒くべとべとした物質（アンモニアの仲間であるアニリン系の染料）を偶然作り出した。この色は電子の働きによるものであるが、その電子は、アニリンと水との相互作用にも影響を及ぼす。アンモニアは水と相互作用して電子対を与え、その結果 $H_3N \cdot HOH$ 錯体ができる。この錯体は分解して NH_4^+ と OH^- となる。アニリンも水と同じように反応する。アニリンと水との反応式を書け。また、アンモニア、メチルアミン、アニリンの 1 mol L^{-1} 溶液について、pH を比較せよ。

[データ]　$K_b(NH_3) = 1.8 \times 10^{-5}$
　　　　　$K_b(メチルアミン) = 4.5 \times 10^{-4}$
　　　　　$K_b(アニリン) = 4.3 \times 10^{-10}$

[解　法]
■ アニリンに対して、塩基がイオン化する反応の反応式を書く。
■ K_b(アニリン) を式で表す。
■ [OH^-]、pOH、pH について解く。

[解　答]
■　　アニリン(aq) + H_2O(l) → アニリン H^+(aq) + OH^-(aq)
初期値：　1 mol L^{-1}
変化量：　　 −x　　　　　　　　　　　　　　　x　　　　　　x
平　衡：(1−x) mol L^{-1}　　　　　　　　　x　　　　　　x

■ $K_b = \dfrac{[アニリン H^+][OH^-]}{[アニリン]} = \dfrac{x^2}{(1-x)} = 4.3 \times 10^{-10}$

■ K_b は非常に小さいので、x も小さい（x ≪ 1）。⇒ $x^2 = 4.3 \times 10^{-10}$ ⇒ $x = 2.1 \times 10^{-5}$ ⇒
[OH^-] = 2.1×10^{-5} ⇒ pOH = 4.7 ⇒ pH = 9.3。

アンモニアについても同様に計算すると、[OH^-] = 2.4、pH = 11.6 となる。メチルアミンでは、pOH = 1.7、pH = 12.3 である。

アンモニアとメチルアミンの溶液は、アニリン溶液よりもおよそ 2.5 倍塩基性が強い。すなわちアニリンの塩基性は弱い。これは、フェニル基がついていると、非共有電子対を供与しにくくなるからである。

アニリン染料について述べておく。Perkin は億万長者となり、37 歳の若さで引退した。その後は、大学の教授となり、有機化学に多大な貢献をした。色鮮やかな化学も、有益な化学である。

別冊演習問題 11.7、11.77、11.78 参照

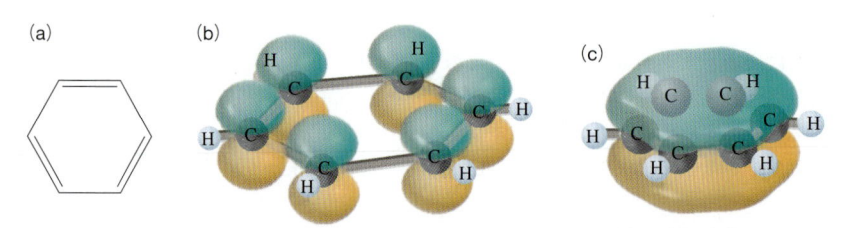

図 11.30 (a) ベンゼン環のスティック表示．6 個の炭素原子は，単結合と二重結合で交互に結ばれている．実際には，共鳴のため，すべての結合は等価である．(b) C–C 結合には，σ 結合のほかに，炭素の p 軌道が横方向に重なる π 結合も寄与している．図では，見やすいよう，p 軌道を離して描いてある．(c) 炭素原子を結合距離まで近づけると，6 個の p 軌道は重なり合い，全体に広がった混成軌道をつくる．

が p 軌道に電子をもっており，それらは環の面に垂直である（図 11.30b）．これらの p 軌道は十分に近接しているため互いに重なり合い，環の面の上下に広がった電子波を形成する．この分子軌道は，環の面上に節をもっており，π 軌道とよばれる．

窒素の非共有電子対はフェニル環の π 軌道の近くにあるため，非共有電子対は π 電子雲と混じり合い（図 11.31），電子波は環と窒素原子上に広がる．電子波が広がることで，二つの重要な結果がもたらされる．第一に，電子対は非局在化し，分散するため，水との相互作用は弱まる．その結果，アニリンはアンモニアよりも弱い塩基となる．第二に，電子波は環と窒素原子全体に広がるため，複数のアニリン分子が集まってポリアニリンをつくったとすると，その新しい分子は電導性を示す可能性がある．

非共有電子対と π 軌道が混成した混成軌道にある電子は，緩く結合した電子である．アニリンの重合には，この緩く結合した電子を利用する．緩く結合した電子の負電荷は，正に帯電した（あるいは正のポテンシャルをもつ）領域に引きつけられる．正のポテンシャルが十分に強ければ，アニリンは緩く結合した電子の一つを失い，ラジカル陽イオンとなる（図 11.32）．このとき，アニリンは酸化される．アニリンの重合では，通常，正に帯電した導電性ガラスを用いて重合を起こさせる（図 11.33）．導電性ガラスは陽極として働く．

基本問題 アニリンから電子を 1 個取去ると，アニリンは酸化され，ラジカル陽イオンができる．酸化されたアニリンは，なぜラジカルなのか．またそれはなぜ陽イオンなのか．■

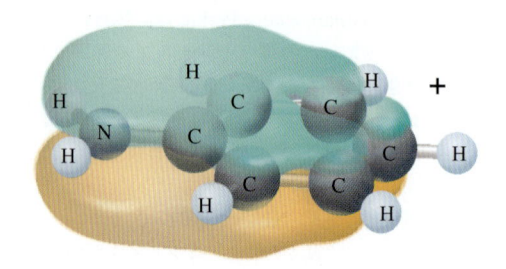

図 11.32 アニリンから生じる陽イオン．正の電圧を加えると，アニリンは電子を失う．電子を 1 個失うと，窒素原子は sp^2 混成の状態をとり，p 軌道電子の数は奇数個となる．また，窒素原子の周りの原子配置は平面三角形型となり，窒素の p 軌道はフェニル環の π 軌道と強く重なり合うようになる．NH_2 基は電気的に陰性であり，正の電荷は，NH_2 基とは反対側の炭素原子上に集まる．

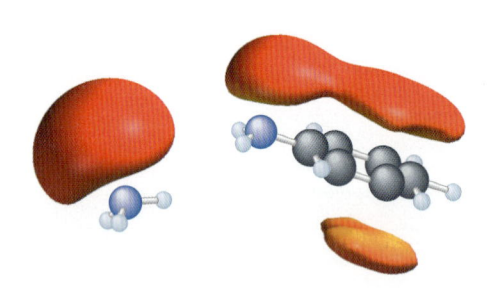

図 11.31 アンモニアとアニリン．アニリンはアンモニアから派生した分子であり，アンモニアの水素原子の一つを六員環（フェニル基）で置き換えると，アニリンとなる．アニリンでは，窒素原子の非共有電子対は，炭素環の電子と混じり合う．

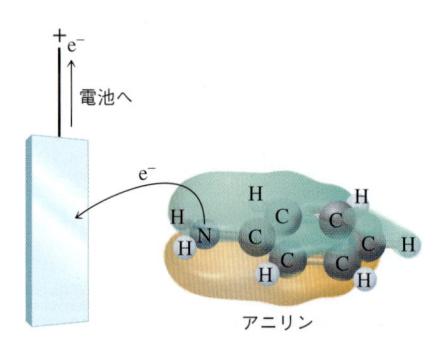

図 11.33 アニリンから導電性ガラスへの電子の移動．導電性のガラスに正の電圧を加えると，窒素原子の非共有電子対が引きつけられる．電圧が十分に高ければ，電子はアニリンから導電性ガラスへと移動し，ガラス上のアニリンは陽イオンとなる．

酸化すると，窒素の電子数は減り，窒素の混成状態もsp^3からsp^2へと変化する．窒素に残る不対電子は，窒素のp軌道を占める．このp軌道は，フェニル環の炭素のp軌道と同じ平面上にあるため，隣接する炭素原子のp軌道と重なり合う．七つのp軌道（フェニル環から六つ＋窒素から一つ）すべてが混成し，広がった分子軌道をつくる（図11.32）．さらに，隣接するアニリン単位の間でも拡張分子軌道は重なり合う．こうして，ポリマー鎖全体に及ぶ，巨大な分子軌道ができる（図11.34）．ポリアニリンの導電性には，この配置が重要である．

ポリマーが生成する際にも，導電性は重要な働をする．アニリンを酸化すると不対電子が生じ，この不対電子がアニリンの重合を開始させる．重合が進み，長鎖ができるためには，付加したモノマーから余分な電子を取除かなければならない．もし成長過程の鎖が導電性をもたなければ，アニリンを陽極の近くで酸化しなければならず，ガラス上にごく薄い，厚さ1分子ほどの被膜ができるだけである．モノマーへ付加してポリマーとなるには，電子は，酸化したアニリンを通してガラス電極まで移動しなければならない．同様に，成長中のポリマー鎖の自由端に付加するには，失われた電子は鎖を通って電極まで移動しなければならない．したがって，成長中の鎖に付加したアニリン分子から余分な電子を奪うため，常に正の電圧を与えておく必要がある．

ポリマーが成長する際，窒素原子から1個，炭素から1個，それぞれ水素原子が取除かれる（図11.35）．それに伴う還元反応として，負極で水素が発生する．

表11.1 さまざまなポリアニリン

ロイコエメラルジン：完全に還元された形，絶縁性，透明
最大波長 = 310 nm

エメラルジン塩：部分的に酸化され水素と結合した形，導電性，緑色
最大波長 = 320,420,800 nm

エメラルジン塩基：部分的に酸化された形，絶縁性，青色
最大波長 = 320,620 nm

ペルニグルアニリン：完全に酸化された形，絶縁性，紫色
最大波長 = 320,530 nm

電気伝導とは，電荷の移動である．アニリンを通した電荷の移動は，アニリンモノマー4単位が繰返す構造から始まる（図11.36）．正の電荷は正孔（ホール），すなわち電

図11.34 ポリアニリンの広がった分子軌道．フェニル基の6個の炭素のp軌道と，窒素のp軌道が重なり合い，広がった分子軌道ができる．この分子軌道は，長いポリマー鎖全体にわたってさらに広がり，電流を流す通路となる．

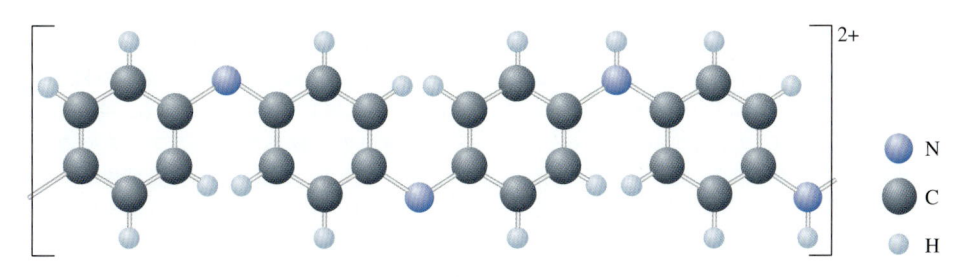

図11.35 部分的に酸化されたポリアニリン鎖．

子の行き先を表す．化学者は，電子対の移動を表すのに，矢印を用いる（図 11.36b．訳者注：電子対の移動を表す場合には，矢の頭が両側についた通常の矢印を，電子 1 個の移動の場合には，矢の頭が片方の片矢印を用いる）．ちょうど半導体のように，電子はある方向に流れ，正孔は逆向きに流れる．

ポリアニリンの電気伝導にかかわる緩く束縛された電子は，物質の色にも関係している（表 11.1）．

ポリアニリンが完全に還元されると（図 11.37），310 nm の紫外線を吸収する．この波長は可視領域を越えているため，上記の物質は，ガラスの透明なコーティングのように見える．分子の占有準位のうち，最もエネルギーの高いものを最高占有軌道（HOMO；highest occupied molecular orbital），非占有準位のうちエネルギー最低のものを最低非占有軌道（LUMO；lowest-energy unoccupied molecular orbital）とよぶが，HOMO と LUMO（または部分的に満ちた準位のうちエネルギー最低の準位）とのエ

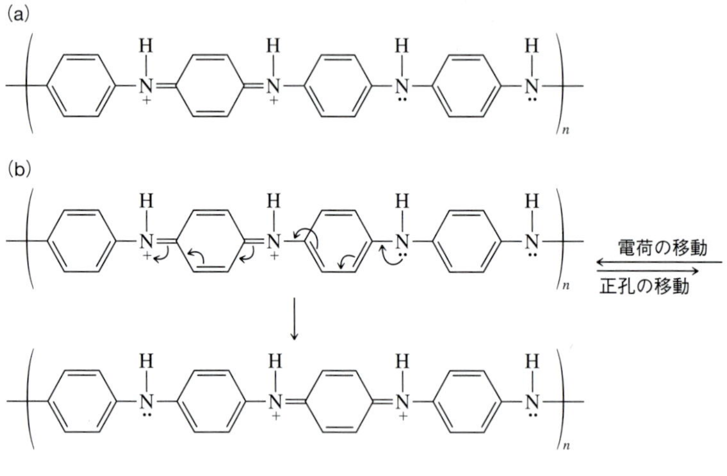

図 11.36 (a) 四つのアニリンモノマーを繰返し単位とする導電性ポリアニリン．完全に還元された物質に比べ，モノマー 2 個につき 1 個が酸化されている．(b) 導電性ポリアニリンでの電子の移動．矢印で示すように，電子対が隣に移動すると，正の電荷の位置も移動する．

例題 11.6　炭化水素だけからなる導電体

最初に合成された導電性ポリマーも化学的には非常に単純であり，炭素と水素のみでできている．

$$\mathrm{+\!C\!=\!C\!+}_n$$

このポリマーは，原料モノマーのアセチレン（HC≡CH）にちなんで，ポリアセチレンとよばれる．ポリアセチレン自身は導電性ポリマーではないが，ポリアセチレンにヨウ素を加えると，導電性が生じる．ヨウ素を添加すると，ポリアセチレンの導電性がどのように変化するか説明せよ．ポリアセチレンの電気伝導を模式的に描け．

[解　法]
■ 電気伝導には，電子の供給源と電子の受取り手が必要である．どの部分が相当するか．

[解　答]
■ 導電体となるためには電子の行き先が必要であるが，単結合と二重結合が交互に並ぶポリアセチレンでは，その行き先がない．π結合電子のいくつかを取去ると，電子が移るためのスペースができる．電気陰性度の高い元素は，電子を奪う傾向がある．ヨウ素を添加すると，π結合から電子を奪い，後に正孔が残る．この正孔は，図

(a) のように表される．図 (b) の矢印のように電子が移動すると，(c) となる．

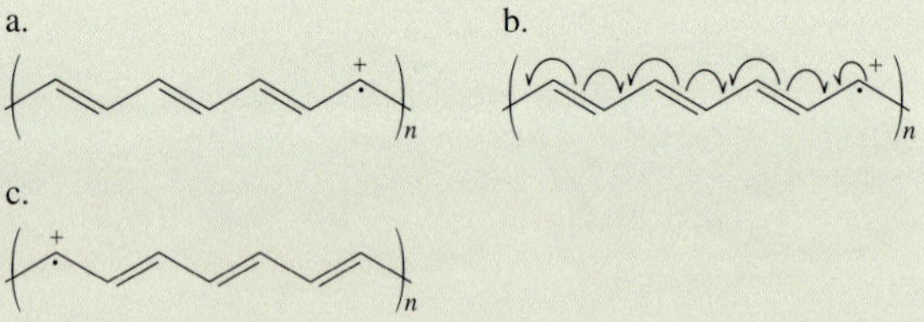

こうして正の電荷は左に移動し，負の電荷は右に移動する．このような移動が，ポリマー鎖全体にわたって繰返される．

日本の化学者白川秀樹は，1977 年に導電性ポリマーを発見した．この発見とその後の発展により，白川は，Alan Mac Diarmid, Alan Heeger とともに 2000 年にノーベル賞を受賞した．導電性ポリマーの最大の利点は，軽く，柔軟なシートに加工できることにある．導電率を比較してみると，最高の絶縁体であるテフロンの導電率は 10^{-16} $\Omega^{-1} \mathrm{m}^{-1}$ である．これに対し，良導体である銀や銅の導電率は 10^8 $\Omega^{-1} \mathrm{m}^{-1}$ であり，ヨウ素を加えたポリアセチレンでは 10^5 $\Omega^{-1} \mathrm{m}^{-1}$ ほどである．

別冊演習問題 11.23〜36 参照

例題 11.7　高く飛ぶために：航空機の腐食防止

　航空機の外壁はアルミニウムとチタンでできている．これは，軽くて強度が高いからである．しかし，飛行中にかかる応力により，両金属ともに腐食する．外壁を保護するコーティング材として，最近ではクロムが使われている．クロムは密度の高い金属であるが，コーティングは薄いため，航空機の重量はほとんど変わらない．しかし，航空機の外側を磨き直す際，クロムの環境への影響が懸念される．最近，クロムに替わるコーティング材として，ポリアニリンが提案されている．外壁の保護にポリアニリンを使うことで，環境問題へ貢献できるが，そのほかに，どのような利点があるか議論せよ．保護膜としての応用には，ポリアニリンのどのような性質が関係しているか．

[解　法]
■ ポリアニリンの酸化物とクロムの酸化物を，酸化還元サイクルの観点から比較せよ．
■ ポリアニリンの重量について考える．
■ 電気伝導について考える．

[解　答]
■ ポリアニリンは酸化されても，電圧を加えたり，酸で洗ったりすることにより，容易に還元できる．一方，クロムの酸化物は絶縁体であり，還元するのは困難である．
■ ポリアニリンは軽元素である水素，炭素，窒素でできている．このため，保護膜も軽い．
■ ポリアニリンを保護膜と使用する場合，導電性は重要な性質となる．酸素あるいは他の酸化剤が，ポリアニリンを攻撃しても，金属を直接攻撃しても，ポリアニリンの還元電位がチタンやアルミニウムよりも低ければ，電子は動けるため，電子は金属に供給される．

別冊演習問題 11.23～26 参照

ネルギー差が，光の波長にして 310 nm に相当する．このエネルギー差は，半導体のバンドギャップと似ている．

　十分に還元されたポリアニリンを酸化すると，還元ポリアニリンの HOMO から電子が取除かれ，HOMO は部分的に満ちた状態となる（図 11.38）．これは，モノマー 2 個につき電子を 1 個失うことに相当する．第一酸化状態は 320 nm に吸収を生じる．このほかに，二つの吸収帯が現れ，一つは波長 800 nm，もう一つは 420 nm である．これらの吸収帯は，低エネルギーの軌道から，部分的に占有された HOMO への遷移に対応する．

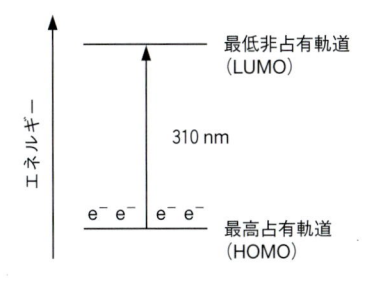

図 11.37　完全に還元されたポリアニリン（ロイコエメラルジンとよばれる）のエネルギー準位図．最高占有軌道（HOMO）と最低非占有軌道（LUMO）だけを示した．電子は，模式的に表してある．実際の電子数は，ポリマー鎖の長さに依存する．

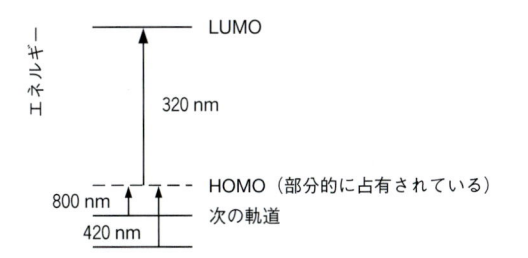

図 11.38　部分的に酸化されたエメラルジン塩のエネルギー準位図．HOMO は部分的に占有されており，この準位への遷移に対応して，深い赤色（800 nm）および青（400 nm）のフォトンを吸収する．赤色と青色が除かれるため，透過した光は緑色となる．こうして，エメラルジンは緑色を示す．

11.2　生成機構

　ポリマーの生成機構は，縮合と付加の 2 種類に大別できる．これら二つの方法で，生じるポリマー鎖（まとめて主鎖とよぶ）はまったく異なる．縮合の場合，縮合位置には，炭素以外の元素（通常酸素あるいは窒素）が含まれている．すなわち，これらの元素が骨格に含まれている．一方，付加反応には，常に炭素間の多重結合，あるいはひずんだ結合が関与しており，骨格は炭素原子でできている．ポリマーの繰返し単位を調べれば，ポリマーがどちらの機構で生じたかがわかる．繰返し単位の端の結合が酸素か窒素を含んでいれば，そのポリマーは縮合によって生成したといえる．一方，端に炭素しかなければ，生成機構は付加反応である（例題 11.8）．

縮合ポリマー

　縮合とその逆反応である水和は，特に有機反応では非常に一般的な反応である．二つの分子が縮重により結合すると，小さな分子が脱離してより大きな分子となる．脱離する小分子として最も一般的なのは水であるが，HCl，メタノール，エタノールなどの分子も有力な脱離分子の候補である．

　縮合ポリマーの生成反応で特徴的なのは，モノマーは縮

例題 11.8　反応機構の同定

合成ポリマーの多くは，天然ポリマーをまねたものである．うまくまねるには，天然ポリマーの生成機構を理解しておく必要がある．初期に開発されたポリマーの一つは，絹をまねて作られた．また，天然ゴムをまねたのが，ポリクロロプレンである．

（天然の絹　　　ポリクロロプレン）

絹に似せたポリマーを合成するには，どちらの反応機構を用いればよいか．また，ポリクロロプレンでは，どちらの反応が使われたか．

[解法]
■ 繰返し単位の端の元素に注目する．

[解答]
■ 天然の絹は，繰返し単位の端に窒素原子を含んでいる．したがって，人工の絹の合成には，縮合反応を用いるべきである．一方，ポリクロロプレンでは，繰返し単位の端は炭素しか含まない．クロロプレンは付加反応により合成された．

絹もクロロプレンも柔軟性の高いポリマーである．生成機構を選ぶと，繰返し単位の端の元素が決まる．塑性や強さなどの物理的な性質は，生成機構，あるいは端の元素間の結合に含まれる構造によって決まる．

別冊演習問題 11.28, 11.30～32 参照

合に必要な2種類の機能をもつということである．この機能によって，生成するポリマーの種類が決まる．いくつかの縮合ポリマーを，慣用名とともに表11.2に示す．

ポリアミド

絹とナイロンはポリアミドの例である．アミンと，酸あるいは酸の誘導体が縮合し，アミド結合を生じる（図11.39）．たとえば，ナイロンの室温合成では，酸の-OH

（アミド結合　　アミン　　酸　　酸塩化物）

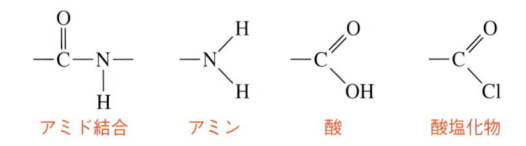

図 11.39 アミド結合の生成．アミド結合は，アミンと，酸または酸の誘導体との縮合反応により生じる．ここでは，酸の誘導体として酸塩化物を示した．

基を-Cl基で置換した物質が用いられる．どのような酸誘導体を選んだらよいかは，合成条件で決まる．ナイロンの室温合成の例では，酸の脱プロトン化を抑え，モノマーの有機溶媒への溶解度を増すため，酸塩化物が用いられる．

基本問題　ナイロンの室温，ベンチトップ合成では，酸の誘導体を有機溶媒に溶かす必要がある．酸の誘導体が有機溶媒に溶けると，どのような利点があるか．■

ポリアミドは，ジアミンと二塩基酸，あるいはアミノ酸から合成できる．どちらの場合にも，得られたポリマーはポリアミドとよばれる．生体高分子でも同様の縮合反応が起こっている．生体系では，モノマーはアミノ酸であり，生じる結合はペプチド結合とよばれる．しかし，生体高分子は，人工ポリマーよりもずっと変化に富んでおり，この多様性はモノマーの種類と関係している．人工ポリマーは均一性が非常に高く，1あるいは2種類のモノマーでできている．一方，生体のポリペプチドは異なる要素からなっており，特にタンパク質や酵素，ホルモンでは，モノマーは多種の側基を含んでいる．変化に富むといってもランダムなわけでなく，モノマーはある決まった順番に配列している．

ポリエステル

ポリエステルを生じる縮合反応は，ポリアミドの生成反応とよく似ている．エステル結合（図11.40）は，アミドの窒素原子の代わりに，酸素原子を含んでいる．**エステル**は，酸の-OH基の水素原子が，炭化水素で置き換わった化合物である．エステル結合は，酸あるいは小さなエステ

（エステル結合　　アルコール　　酸　　エステル）

図 11.40 エステル結合の生成．エステル結合は，アルコールと，酸または酸の誘導体との縮合反応により生じる．ここでは，酸の誘導体としてエステルを示した．

ル分子とアルコールとの縮合により生じる．**アルコール**とは，炭素原子と結合した-OH基をもつ化合物をさし，炭素原子の残り3本の手には，水素あるいは炭素原子が結合している．

ポリエステルの合成には，二つの機能をもったモノマーが2種類必要であり，二塩基酸あるいは二塩基酸の誘導体と，ジアルコール（**ジオール**ともよばれる）が用いられる．

例題 11.9 電子を割り振る

2個の分子が反応して生じる生成物を予想するのに，酸化数は大いに役立つ．図 11.40 に示した酸の炭素原子とアルコールの炭素原子について，酸化数を割り振れ．また，アルコールと酸との相互作用を，模式的に表せ．

[解 法]
- 各結合中の 2 個の電子を，より電気陰性度の高い原子の方に割り振る．
- 電子数を数え，酸化数＝価電子数－割り振られた電子数を計算する．
- 負電荷と正電荷の間に相互作用が生じる．

[解 答]
- 酸の炭素原子は，酸素よりも電気陰性度は低いが，$-C$ に続く隣の炭素（分子の残りの部分の起点となる）とは電気陰性度は同じである．アルコールの炭素は，酸素よりも電気陰性度が低いが，水素よりは高く，隣の炭素とは等しい．
- 酸：炭素に割り振られる電子は，他の炭素原子との結合にかかわる 2 個のうちの 1 個だけである．価電子数 ＝ 4，割り振られた電子数 ＝ 1 であるので，酸化数 ＝ +3 である．
- アルコール：アルコールの炭素原子に割り振られるのは，水素原子との 2 本の結合それぞれからくる 2 電子と，他の炭素原子との結合にかかわる 2 電子のうちの 1 電子である．価電子数 ＝ 4，割り振られた電子数 ＝ 5 であるので，酸化数 ＝ －1 である．
- 酸素の炭素原子の酸化数が+3 であるということは，正電荷の中心となっていることを示している．一方，酸素の酸化数は－2 であるので，アルコールの酸素と酸の炭素の間に相互作用が働く．

エステルの炭素の酸化数は，酸の炭素と同じである．したがって，酸側を工夫し，小さなエステル分子としても，同じような相互作用が期待できる．ポリエステルの合成には，出発物質として，小さなジエステルがしばしば用いられる．

別冊演習問題 11.37〜40，11.47 参照

表 11.2 縮合ポリマー

名 称	モノマー 1	モノマー 2	ポリマー
ナイロン（ナイロン 68）	ジアミン	二塩基酸	(構造式)
ナイロン（ナイロン 6）	アミノ酸		(構造式)
ポリエステル（PET）	ジエステル	ジオール	(構造式)
ポリカーボネート（レキサン）	カーボネートまたはカーボネートエステル	ジオール	(構造式)
ポリウレタン	ジイソシアナート	ジオール	(構造式)

二塩基酸とジオールとが縮合すると，水が脱離する．二塩基酸を小さなジエステルに代えると，小さなアルコール分子が脱離する．小さなアルコール分子は水よりも揮発性が高いため，温度の制約に従って，ジオールかジエステルかを選ぶことも多い．

ポリカーボネート

ポリカーボネートは，ポリエステルの特殊な例である．ポリカーボネートの生成に使われる酸は，最も単純な二塩基酸である炭酸である（図11.41）．ポリカーボネートの合成では，炭酸をエステルの誘導体とし，安定化させることがよく行われる．炭酸の炭素原子の酸化数は+4であり，炭素原子は4個の価電子すべてを失っている．炭酸がジオールと縮合すると水が脱離する．したがって，炭酸のうちで重合した後まで残っているのはC=O基だけである．

ポリカーボネートの一つの例がレキサン（Lexan）である（図11.42）．この硬くて無色透明な材料は非常に強く，防弾ガラスやヘルメット，航空機の窓に使われるほどである．

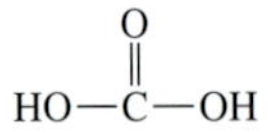

図 11.41　最も単純な二塩基酸である炭酸．

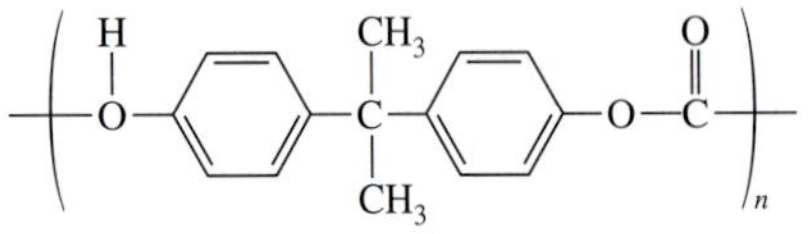

図 11.42　ポリカーボネートの一つであるレキサン．カルボン酸モノマーのうちで，残っているのはC=O基だけである．繰返し単位の残りの部分は，ジオールからきている．

ポリウレタン

他の縮合ポリマー同様，ポリウレタンも二つの機能をもつ分子でできている．モノマーの一つはジオールであり，もう一つはジイソシアナートである．**イソシアナート**は，官能基-N=C=Oをもつ分子である．

基本問題　イソシアナート基の炭素原子の酸化数を求めよ．イソシアナートのどの原子が，アルコールの酸素原子と相互作用するか．■

イソシアナートの炭素原子は，形式的には酸化数+4であり，高い酸化状態にある．これが正の電荷の中心となり（図11.43），アルコールの酸素原子と相互作用する．この場合，小分子が脱離することはない．もっと正確にいうと，イソシアナートの炭素原子がアルコールの酸素原子と結合すると，窒素と炭素の間のπ結合が切れる．こうして，す

べての結合手が結合に関与することになるが，小分子は脱離しない．アルコールとイソシアナートに二つの機能をもたせることで，ポリマーが生じる（図11.44）．

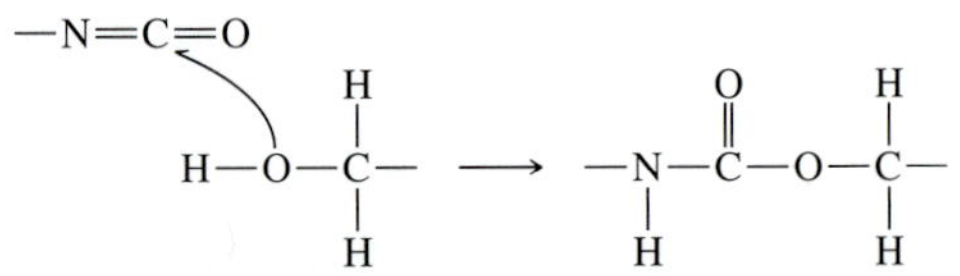

図 11.43　イソシアナートとアルコールとの反応．イソシアナートの炭素（形式的な酸化数は+4）とアルコールの酸素との間に引力が働く．その結果，アルコールの酸素からイソシアナートの炭素へと，水素が移動する．生成物は，窒素結合をもったエステルのように見えるので，カルバミン酸エステルとよばれる．

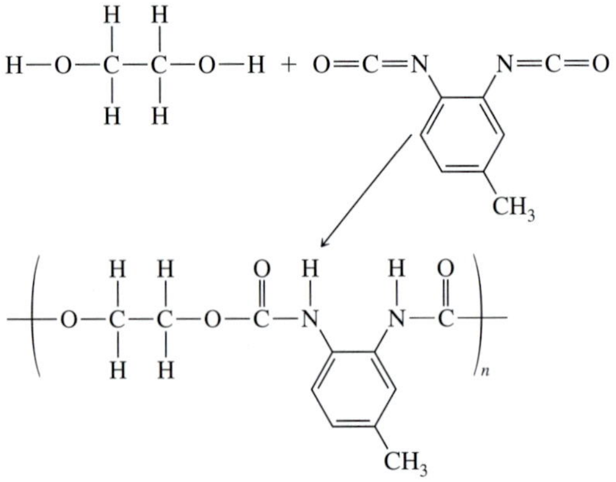

図 11.44　エチレングリコールを原料とするポリウレタンの合成．エチレングリコールは，自動車のラジエーターの凍結防止剤によく使われる．反応に伴い小さな分子が離脱することはない．ポリウレタンは，木製の床のコーティングに使われており，ポリウレタンコーティングした床はワックスがけが不要である．

付加重合ポリマー

多くの場合，付加重合ポリマーは二重結合構造をもっている．この二重結合が開くと（図11.45），結合にかかわっていた2個の電子はいずれも，他の電子と対をつくることができる．こうして，新しい結合が生じる．別の二重結合を攻撃したときも結合を生じ，この場合，ラジカルはなくならない（図11.46）．付加が起きてもラジカルの機能は失

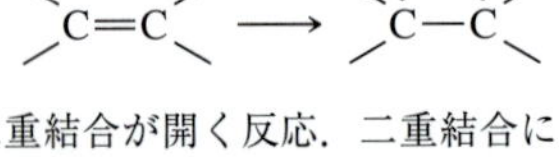

図 11.45　二重結合が開く反応．二重結合には，σ結合の電子2個と，π結合の電子2個が関与している．π結合の2個の電子が引き離されると，ジラジカル（不対電子を2個もつ分子）となる．それぞれの不対電子は，別の分子の不対電子とペアを組み，新たな結合をつくることができる．

表11.3 付加重合ポリマー

名　　称	モノマー	ポリマー	用　途
ポリエチレン	$H_2C=CH_2$	$[-CH_2-CH_2-]_n$	ポリ袋，プラスチックフィルム
ポリプロピレン	$H_2C=CH-CH_3$	$\left(-CH_2-\underset{CH_3}{\overset{}{CH}}-\right)_n$	オレフィン繊維
ポリスチレン	$\underset{H}{\overset{H}{C}}=\underset{H}{\overset{C_6H_5}{C}}$	$\left(-CH_2-\underset{C_6H_5}{\overset{}{CH}}-\right)_n$	発泡スチロールの容器，梱包材
ポリイソブチレン	$H_2C=C(CH_3)_2$	$\left(-CH_2-\underset{CH_3}{\overset{CH_3}{C}}-\right)_n$	合成ゴム
ポリ塩化ビニル	$H_2C=CH-Cl$	$\left(-CH_2-\underset{}{\overset{Cl}{CH}}-\right)_n$	塩化ビニル管，硬いプラスチック，食品用ラップ
ポリアクリロニトリル	$H_2C=CH-CN$	$\left(-CH_2-\underset{}{\overset{CN}{CH}}-\right)_n$	アクリル繊維
ポリメタクリ酸メチル	$\underset{H}{\overset{H}{C}}=\underset{COOCH_3}{\overset{CH_3}{C}}$	$\left(-\underset{H}{\overset{H}{C}}-\underset{COOCH_3}{\overset{CH_3}{C}}-\right)_n$	プラスチックガラス，透明アクリル樹脂
ポリシアノアクリル酸メチル	$H_2C=\underset{CH_3}{\overset{O}{\underset{}{C}-C-OCH_3}}$	$\left(-\underset{H}{\overset{H}{C}}-\underset{COOCH_3}{\overset{CN}{C}}-\right)_n$	瞬間接着剤
ポリテトラフルオロエチレン	$F_2C=CF_2$	$[-CF_2-CF_2-]$	テフロン
ポリクロロプレン	$\underset{H}{\overset{H}{C}}=\underset{Cl}{\overset{}{C}}-\underset{H}{\overset{H}{C}}=\underset{H}{\overset{}{C}}$	$\left(-\underset{H}{\overset{H}{C}}-\underset{Cl}{\overset{}{C}}=\underset{H}{\overset{H}{C}}-\underset{H}{\overset{H}{C}}-\right)_n$	合成ゴム
ポリノルボネン	ノルボルネン構造	シクロペンタン環とビニル基の繰返し構造	防振ゴム

260   11. ポリマー

例題 11.10　モノマーの同定

目的とするポリマーを合成する際，まず最初にしなければならないのが，モノマーの候補を選ぶ作業である．最終的にどのモノマーを選ぶかは，温度や異なる溶媒への溶解度，反応条件といった，合成プロセスに関係する別の制約で決まる．つぎのポリマーの合成に使えそうなポリマーを，少なくとも 3 種類提案せよ．

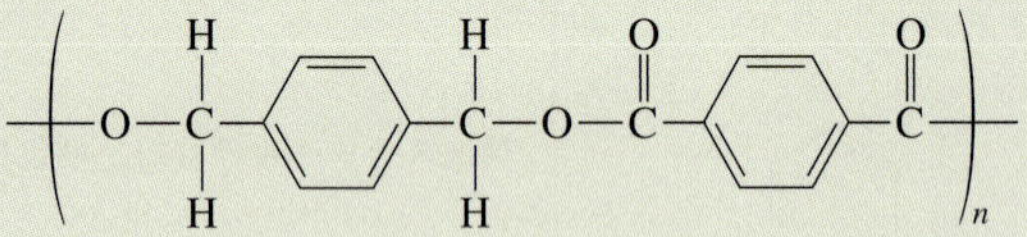

[解 法]
- 生成機構を特定する．
- もし縮合機構であれば，結合部に小さな分子を挿入する．
- 工夫できそうなモノマーを見つける．

[解 答]
- このポリマーの末端には -O- と -C- 結合が含まれている．一方の端に酸素が存在するので，このポリマーは縮合ポリマーである．また，中央にエステル結合が存在するので，二つの異なるモノマーが重合したものである．
- 両端に水分子を加え，エステル結合にも水分子を挿入する．
- 二塩基酸の -OH 基を -OCH$_3$ で置き換えれば，ジエステルとなる．あるいは，-OH 基を -Cl で置き換えれば，酸塩化物となる．-OCH$_3$ 基で置換すると，縮合の際にメタノールが脱離する．メタノールは水よりも揮発性が高く，生成物の一つを取除けるため，反応は促進される．-OH を -Cl で置換すると HCl を生じる．HCl は水に可溶である．

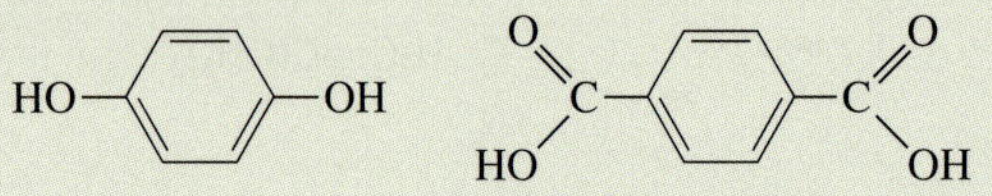

別冊演習問題 11.30～32, 11.34 参照

われないため，このような過程を連鎖反応とよぶ．ラジカルどうしが結合してラジカルが消えると，反応が終わる．

開 始　　→　　伝 播　　→　　終 了
（ラジカル生成）　（多重結合を攻撃）　（ラジカルどうしの結合）

付加反応を開始するには，ラジカルを生じさせる必要がある．ポリアニリンの合成の場合，電圧をかけてラジカルを発生させる．電圧により，アニリンの非共有電子対から電子を 1 個引き抜くと，奇数個の電子が残る．ラジカルを発生させるもっと一般的なやり方に，弱い結合をもつ分子を加えるという方法がある．（たとえば熱などにより）弱い結合を切ると，ラジカルが発生する（図 11.19）．いったんラジカルができると二重結合を攻撃し，二重結合が開くと再びラジカルができる．こうして，反応が続く．

ラジカルの連鎖がどのようにして始まったかにかかわらず，反応中，ラジカルの数は変わらず，二重結合がつぎつぎに開いていく．成長中のポリマー鎖どうしがぶつかるなどして，二つのラジカルが結合すると，連鎖反応は止まる．いくつかの付加重合ポリマーの原料（モノマー）と利用例を表 11.3 に示す．

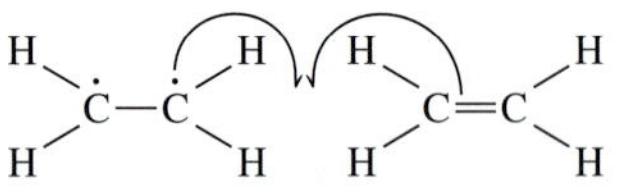

図 11.46　付加反応の開始．典型的な付加反応では，ラジカルが二重結合を攻撃し，反応が始まる．結合電子の一つは，ラジカル電子とペアを組んで新たな σ 結合を形成し，二重結合は開く．もう 1 個の電子はラジカルを伝播していく．

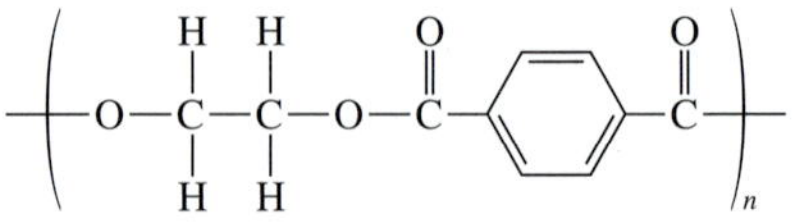

図 11.47　ポリエチレンテレフタラート (PET) の構造．PET は飲料水の容器に使われる．フェニル環は硬さを，-CH$_2$- 基は柔軟性を与える．

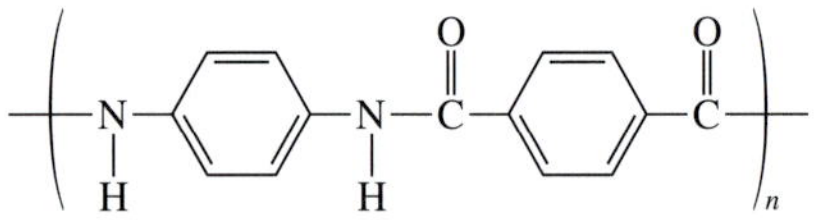

図 11.48　ケブラーの構造．ケブラーは防弾チョッキに使われるほど硬いが，これはフェニル基によるものである．また，隣り合う鎖の C=O 基と N-H 基の間に水素結合が生じる．この分子間の結合が短い間隔で存在するため，ケブラーは非常に丈夫である．

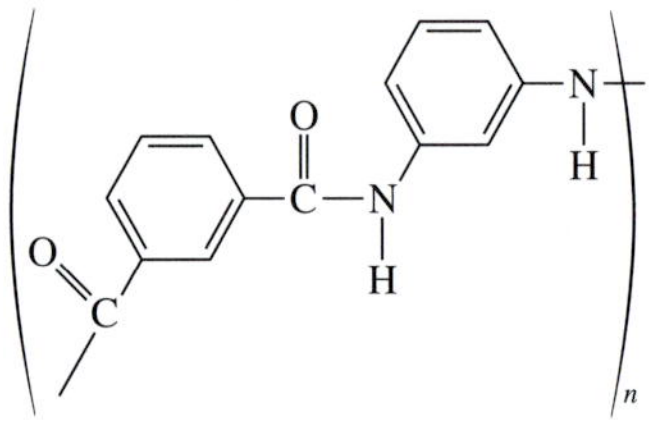

図 11.49　ノーメックスの構造．ポリマーに延焼防止作用をもたせるためには，酸化に耐える構造にする必要がある．その一つの例がノーメックスである．ノーメックスはフェニル環をもっており，フェニル環は酸化に対する耐性が強い．

例題 11.11 反応開始剤

過酸化ベンゾイルは,すぐれたラジカルの開始剤である.しかし,いくつかの応用では,反応を低温で開始させる必要がある.このような要求に答えるため,多くのラジカル開始剤が考案されてきた.分子 VA-044 はその一例である.VA-044 は,過酸化ベンゾイルよりもずっと低温の 44 ℃ で分解する.VA-044 は,熱でどのように分解するか.

[解 法]
- 最も弱い結合を見つける.
- 弱い結合を切った後に生成するフラグメント(分子の断片)の安定性を検討する.

[解 答]
- 最も強い結合として知られているのは N≡N 三重結合である.窒素-窒素結合を含む分子は,N_2 を失いやすく,時には爆発的に反応が進む.VA-004 は N=N 二重結合をもっており,C-N 結合から電子が 1 個移動すれば,二重結合が三重結合になるのに必要な 2 個の電子のうち,1 個が得られる.このような電子移動が 2 個の窒素原子で起これば,三重結合が生じる.
- N≡N 三重結合は非常に安定であるので,N_2 が放出される.残ったフラグメントは

であり,N_2 分子が取除かれているため,簡単に VA-004 に戻ることはない.このラジカルは,二重結合あるいはひずんだ結合を攻撃し,重合を開始させる.

多数の開始剤が利用できるため,さまざまな温度,圧力条件下でポリマーを合成することが可能となっている.

別冊演習問題 11.59 参照

例題 11.12 合成されたポリマーからモノマーを推定する

ポリマーの研究者は,すでに知られているポリマーの性質を変えるため,既知のポリマーにわずかな変更を加えるという課題に直面することがよくある.このとき,モデルとするポリマーが,どのようなモノマーからできているかを調べることは有用である.ある開発チームが,ポリアセチレン $(C=C)_n$ の側鎖に -CH$_3$ 基を導入して,柔軟性を高めることを狙っていたとする.ポリアセチレンは,どのようなモノマーからできているか.-CH$_3$ 側鎖を含むポリアセチレンを作るには,どのようなモノマーを選べばよいか.

[解 法]
- 反応のメカニズムが付加か重合かを考える.
- 付加重合ポリマーでは π 結合がなくなる.重合ポリマーからは小さな分子が脱離する.
- -CH$_3$ 基を導入する位置を選ぶ.

[解 答]
- ポリアセチレンの繰返し単位の両端は炭素原子である.したがって,ポリアセチレンは付加反応により生じる.
- 付加重合ポリマーでは π 結合が一つ失われる.したがって,C=C 結合は,付加する前は C≡C 結合であったはずである.モノマーはアセチレン HC≡CH である.
- -CH$_3$ 側鎖を含んだポリマーを合成するには,アセチレンモノマーの -H の一つを -CH$_3$ で置き換えればよい.したがって,答えは H$_3$C-C≡CH である.

別冊演習問題 11.30〜32, 11.34 参照

11.3 分子構造と材料としての性質

ポリマーが縮合によって生じたにせよ,付加により生じたにせよ,ポリマーの材料としての性質は,モノマーの組合わせ,三次元構造,分子間の相互作用,架橋で決まる.巨大分子の構造や分子間の相互作用については,ポリエチレンに関する議論のところで述べた.ここでは,モノマーの構造が,全体に及ぼす効果に焦点を当てる.

しなやかで弾力のある材料は,直鎖状のモノマー,あるいは小さな側基を備えた直鎖状モノマーでできている.もっと硬い材料をつくるには,モノマーにフェニル環を導入する.環が曲がると軌道の横方向の重なりが阻害される.すなわち,フェニル環がもつ広がった分子軌道が,剛直性を与える.環を曲げるにはエネルギーが必要であり,したがって,環は剛直である.このような硬い環を含む分子は,それ自身比較的硬い.その例が,レキサン(ポリカーボネート,図 11.42)や,炭酸飲料のプラスチック容器に使われるポリエチレンテレフタラート(PET,図 11.47),防弾チョッキに使われるケブラー(Kevlar,図 11.48)である.

耐熱性の材料をつくるには,分子の二つの機能末端を,酸化されにくい部位と結合させる.その例が延焼防止効果のあるノーメックス(Nomex,図 11.49)である.

11. ポリマー

チェックリスト

重要な用語

ポリマー (polymer, p. 238)
モノマー (monomer, p. 238)
三次元構造 (three-dimensional structure, p. 238)
ドルトン (dalton, p. 238)
炭化水素 (hydrocarbon, p. 238)
アミノ基 (amine group, p. 239)
カルボキシ基 (carboxy group, p. 239)
ルイス酸 (Lewis acid, p. 240)
ルイス塩基 (Lewis base, p. 240)
アミド (amide, p. 240)
アミノ酸 (amino acid, p. 241)
ペプチド結合 (peptide bond, p. 241)
スティック表示 (stick diagram, p. 243)
高密度ポリエチレン (high-density polyethylene, HDPE, p. 244)
低密度ポリエチレン (low-density polyethylene, LDPE, p. 244)
エチレン (ethylene, p. 244)
ラジカル (radical, p. 245)
不均一系触媒 (heterogeneous catalysis, p. 247)
配位重合 (coordination polymerization, p. 247)
シス (*cis*, p. 248)
トランス (*trans*, p. 248)
加硫 (vulcanization, p. 249)
架橋 (crosslink, p. 249)
フェニル基 (phenyl group, p. 251)
縮合 (condensation, p. 255)
エステル (ester, p. 256)
アルコール (alcohol, p. 256)
ジオール (diol, p. 256)
イソシアナート (isocyanate, p. 258)

章のまとめ

ポリマーのほとんどは，縮合，付加のいずれかの機構によって合成される．縮合には，二つの機能をもったモノマーが必要であり，通常，小さな分子が同時に生じる．付加または連鎖反応を特徴づけるのは，多重結合，あるいはひずんだ結合に含まれる不対電子である．不対電子1個とラジカル電子1個から，新しい結合が生まれる．付加反応では，反応開始剤が必要であり，ラジカルを生じやすい材料，あるいは配位触媒が用いられる．

材料の性質は，合成プロセスだけでなく，構成モノマーにも依存する．合成プロセスは，ポリマー鎖の配置に加え，付加反応では側鎖の生成にも影響を及ぼす．ポリマーをシート状に成型すればフィルムとなり，孔を通して引けば糸となる．どちらの応力でも，分子が長軸に沿ってそろうことにより，分子間の相互作用が増す．

柔らかいポリマーは，モノマーに直鎖を含んでいる．一方，もっと硬い材料では，芳香環を用いている．芳香環はまた，熱的な安定性を高め，酸化しにくくする働きをもつ．

重要な考え方

■ ポリマーの合成には，二つのルートがある．一つは，二つの機能をもったモノマー間の酸-塩基反応に基づくものであり，もう一つは，小さな分子が二重結合やひずんだ結合へと付加する反応を利用する．

理解すべき概念

■ ポリマー材料の性質は，モノマーの構造と，巨大分子としての三次元構造，分子間相互作用で決まる．後の二つは，製造過程（引っ張る，繊維に引く，圧力をかけるなど）に依存する．

学習目標

■ 平衡と溶解度の原理を，ポリマーに適用する（例題 11.1～11.3, 11.5）．
■ ポリマー材料の性質をモノマーの構造と関連づける（例題 11.4）．
■ ポリマーが生成する過程や電気伝導における電子の流れを追跡する（例題 11.6, 11.9）．
■ モノマーと結合の性質をもとに，ポリマーの応用を考える（例題 11.7）．
■ ポリマーの生成機構を推測する．ポリマーの構造からモノマーを特定する（例題 11.8, 11.10, 11.12）．
■ 重合開始剤に含まれる弱い結合を見つけ出す（例題 11.11）．

12 反応速度論

反応速度論は，反応のダイナミクスを扱う学問である．反応物から生成物へと至る過程で，どの程度のスピードで分子が動くのか，またどのように分子がねじれたり，方向を変えたりするのかを理解すると，反応速度を望み通りに制御できるかもしれない．

目 次

12.1 反応速度
- 濃 度
- 反応速度式と反応次数
- 実験データから反応速度式を導く（初速度法／オストワルドの分離法）

12.2 反応速度式
- 一次反応
- 二次反応
- 半減期

12.3 素反応と反応速度式：反応機構

12.4 反応のモデル
- 温度と活性化障壁
  - ◎ 応用問題
- 衝突理論
- 活性錯合体

12.5 反応速度と平衡

12.6 触 媒
- 均一系触媒
  - ◎ 応用問題
- 不均一系触媒

主 題

■ 化学変化に要する時間を求める．また，反応時間が，反応物の濃度や温度に対して，どのように依存するかを理解する．
■ 反応がいくつかの段階で進むことを理解する．また，触媒を用いると，反応速度がどのように変化するかを説明する．

学習課題

■ 反応速度式と反応速度係数を求める（例題 12.1〜12.3, 12.5, 12.7）．
■ 反応速度式を用いて，対象物の年代を決定する（例題 12.4, 12.6）．
■ 実験で求めた反応速度と矛盾しないよう，反応機構を特定する（例題 12.8）．
■ 触媒が，どのようにして反応を促進するかを説明する．活性化エネルギーを求め，エネルギー曲線を描く（例題 12.9, 12.11）．
■ 反応速度と反応機構を，化学平衡と関連づけて理解する（例題 12.10）．

化学熱力学と化学平衡は，反応が自発的に進む方向や，系の終着点について教えてくれる．しかしどちらも，変化が起こるのに必要な時間については何の情報も与えてくれない．反応は，幅広い時間スケールにわたって起こり（図12.1），この時間スケールが，その反応の応用を決める．もし，自動車のエアバッグが，車がさびると同じくらいゆっくり膨らむとしたら，車に乗る人を守ってはくれない．反応速度論は，反応の進む速度だけでなく，反応物が生成物へと変化する過程についても扱う．すなわち，反応の蓋を開け，中で何が起こっているかを見るのである．反応の各段階や反応の筋道（各段階の速度はさまざまな要因の影響を受ける）を理解すると，反応速度を制御する方法が見えてくる．自動車がさびる過程について考えてみよう．数十年前までは，3，4年以上経った車の車体には，腐食の兆しがみられた．その後，腐食過程の理解が進み，表面処理技術と合金が開発された．今日では，10年使った車でも，腐食はほとんどみられない．

さびる過程は，反応速度論と熱力学とが競合する例である．熱力学的には，車はさび，生態系は水と二酸化炭素と少量のさびへと変化する．しかし，反応には長い時間を要するため，実用上問題にはならない．状況としては，反応速度に支配されているのである．パイクス山に降る雨粒を考えてみよう．ポテンシャルエネルギーに従うと，雨粒は最終的には海に注ぐはずである．しかしその途中で，湖に蓄えられれば魚の棲みかとなり，物を船で輸送するための水路となる．

12.1 反応速度

濃度

反応速度を解析するとき，まず始めに，反応速度が，反応にかかわる物質の量とどのような関係にあるかを求める．いま，ゆっくりと進む反応があったとして，あまりに反応が遅いと実用的ではない．単純にどれか一つの試薬の量を増やせば，反応は速くなるだろうか．

この疑問に対する答えは，化学量論式を眺めているだけではわからない．反応速度が，反応物あるいは生成物の量とどのように関係しているか．このことと化学量論係数との間には，実は何の関係もない．反応速度式は化学量論で決まるのではなく，実験で決めるものなのである．化学量論式と反応速度との関係は，反応過程の複雑さから，陰に隠れて見えなくなってしまっている．たとえとして，ボストンからサンフランシスコまで旅する場合を考えてみよう．速度は移動手段により，要する時間は道筋にも依存する．たとえ出発地と目的地が同じでも，徒歩での旅は，飛行機よりもずっと遅い．ボストンからロンドンへ旅するのに，徒歩というのはありえない．途中に大西洋という壁が立ちはだかっているからである．反応過程の詳細は，反応速度論が扱う領域である．

反応速度を決める際，最初に考えなければならないのは，反応速度の正確な定義である．一例として，つぎの反応を考える．

$$\text{シクロプロパン} \longrightarrow \text{プロピレン} \quad (12.1)$$

1 mol のシクロプロパンが反応を始め，100 秒後には，0.75 mol のシクロプロパンと 0.25 mol のプロピレンへと変化したとする．反応速度は，プロピレンの生成速度と定義できる．

$$\frac{\Delta(\text{プロピレン})}{\Delta t} = \frac{0.25 \text{ mol}}{100 \text{ s}} \quad (12.2)$$
$$= 2.5 \times 10^{-3} \text{ mol s}^{-1}$$

一方，シクロプロパン濃度の変化量で反応速度を定義することもできる．

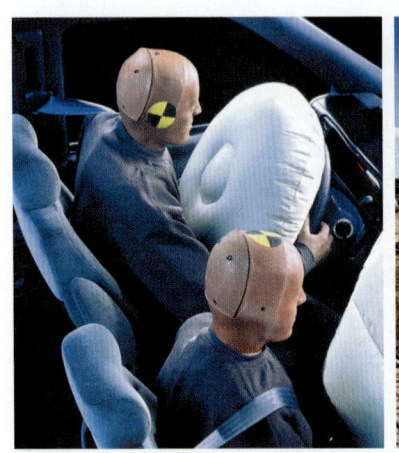

図 12.1 幅広い時間スケールで起こる反応．化学反応に要する時間が，その反応の応用を左右することはよくある．自動車のエアバッグは，運転手や同乗者を守るため，数 ms のうちに膨らむ．もしコンクリートが，エアバッグ同様，瞬時に反応して固まったとしたら，建造物の基礎構造材料としては使えない．一方，自動車がさびる速度は非常に遅く，耐用年数としては十分である．

$$\frac{\Delta(\text{シクロプロパン})}{\Delta t} = \frac{-0.25 \text{ mol}}{100 \text{ s}} \quad (12.3)$$
$$= -2.5 \times 10^{-3} \text{ mol s}^{-1}$$

式(12.2)と式(12.3)は，マイナスの符号が違うだけである．通常，反応速度を正にとるため，反応物が減る速度にはマイナスの符号をつける．そこで，式(12.3)をつぎのように変形する．

$$\frac{-\Delta(\text{シクロプロパン})}{\Delta t} = \frac{0.25 \text{ mol}}{100 \text{ s}} \quad (12.4)$$
$$= 2.5 \times 10^{-3} \text{ mol s}^{-1}$$

ところで，シクロプロパンからプロピレンへの変換は，単純な1:1の化学量論比で表される．

つぎに，化学量論比が異なる場合を考えよう．

$$2\text{ICl} + \text{H}_2 \longrightarrow \text{I}_2 + 2\text{HCl} \quad (12.5)$$

ICl がなくなる速度は H_2 の2倍である．そこで反応速度を，反応による変化量を化学量論係数（ICl については2）で割ったものと定義する．

反応速度を定義しようとすると，化学量論に加え，もっと微妙な問題が生じてくる．多くの場合，反応速度は，ある構成物質の濃度に依存し，その物質の濃度も時間とともに変化するのである．

基本問題 反応速度は，反応に関係する物質の濃度に依存することがある．反応が進むにつれ，その物質の濃度も変化する．表12.1は，式(12.5)の反応に関するデータである．0から10秒の間の平均の反応速度はどれだけか．4から6秒の間の平均反応速度はどうか．5秒における反応速度に近いのは，どちらの平均反応速度か．■

表12.1 ICl と H_2 との反応に関するデータ

時間〔s〕	ICl のモル数	H_2 のモル数
0	2.000	1.000
1	1.348	0.674
2	1.052	0.526
3	0.872	0.436
4	0.748	0.374
5	0.656	0.328
6	0.586	0.293
7	0.530	0.265
8	0.484	0.242
9	0.444	0.222
10	0.412	0.206

上の基本問題に対する答えからもわかるように，反応物がなくなる速度の平均値として反応速度を定義すると，時間間隔をどう選ぶかにより値が変わってしまう．上の例では，平均反応速度の値（いずれも5秒を中心とする）は2倍近く異なる．しかし，5秒を中心として，時間間隔をどんどん狭くしていくと，平均反応速度はある一定に近づく．数学の記号を用いると，

$$\lim_{\Delta t \to 0} \frac{-\frac{1}{2}\Delta[\text{ICl}]}{\Delta t} = \lim_{\Delta t \to 0} \frac{-\Delta[\text{H}_2]}{\Delta t}$$
$$= -\frac{1}{2}\frac{\text{d}[\text{ICl}]}{\text{d}t} = -\frac{\text{d}[\text{H}_2]}{\text{d}t} \quad (12.6)$$

と表せる．一般に，

$$a\text{A} + b\text{B} \longrightarrow p\text{P} + s\text{S} \quad (12.7)$$

の反応に対する反応速度は

$$v = -\frac{1}{a}\frac{\text{d}[\text{A}]}{\text{d}t} = -\frac{1}{b}\frac{\text{d}[\text{B}]}{\text{d}t}$$
$$= \frac{1}{p}\frac{\text{d}[\text{P}]}{\text{d}t} = \frac{1}{s}\frac{\text{d}[\text{S}]}{\text{d}t} \quad (12.8)$$

となる．これが，**反応速度**の基本的な定義である．

反応速度式と反応次数

反応速度が，反応にかかわる物質の濃度にどう依存しているかを明らかにする．これは，反応速度解析の一つの目標である．濃度依存性が非常に小さいことがあり，その場合には，反応物や生成物として直接現れない別の物質の濃度が，反応速度と関係しているのかもしれない．たとえば，弱酸による糖の加水分解

$$\text{C}_{12}\text{H}_{22}\text{O}_{11}(\text{aq}) + \text{H}_2\text{O}(\text{l}) \longrightarrow 2\text{C}_6\text{H}_{12}\text{O}_6(\text{aq})$$

の場合，反応速度式は

$$-\frac{\text{d}[\text{C}_{12}\text{H}_{22}\text{O}_{11}]}{\text{d}t} = k[\text{C}_{12}\text{H}_{22}\text{O}_{11}][\text{H}_3\text{O}^+] \quad (12.9)$$

と表される．H_3O^+ は反応物でも生成物でもないが，加水分解の速度は酸の濃度に依存する．一般に，反応が

$$a\text{A} + b\text{B} \longrightarrow p\text{P} + s\text{S} \quad (12.10)$$

であったとすると，**反応速度式**は以下のように表される．

$$v = k_{\text{ex}}[\text{A}]^\alpha[\text{B}]^\beta[\text{P}]^\pi[\text{S}]^\sigma[\text{I}]^\tau \quad (12.11)$$

ここで，α, β, π, σ, τ は正または負の整数，非整数，あるいはゼロを値としてとりうる．特に，物質Iは，糖の加水分解の際の H_3O^+ のように，正味の反応式には含まれていないが，反応速度には顔をだす．k_{ex} は実験で決める値であり，**固有反応速度定数**とよばれる．固有反応速度定数は，反応ごとにある特定の値をとる．またたいていの場合，k は温度に依存する．

指数の合計 $\alpha + \beta + \pi + \sigma + \tau$ を**反応次数**とよぶ．個々の指数は，それぞれ対応する物質の反応次数を表す．たとえば，式(12.11)で，Aの反応次数は α である．

基本問題 酸性の気体HBrは，水素と臭素との気相反応 $\text{H}_2(\text{g}) + \text{Br}_2(\text{g}) \to 2\text{HBr}(\text{g})$ で生じる．反応開始時の反応速度は，

$$\frac{\text{d}[\text{HBr}]}{\text{d}t} = k_1[\text{H}_2][\text{Br}_2]^{\frac{1}{2}}$$

で表せる．反応次数を求めよ．また，H_2 や Br_2 の次数はいくつか．■

反応にかかわる物質の反応次数が決まると，物質の濃度を変えると反応速度がどう変わるか，という問いに答えることができる．

例題 12.1　エステルの加水分解

長鎖の酸とグリセリンとのエステルである脂肪を，強い塩基性の条件下で加水分解すると，石けんが得られる．pH を高くすると加水分解の速度も増すかどうかを調べるため，エステルの一種である酢酸エチル（$CH_3COOC_2H_5$）を用いて実験を行った．その結果，水酸化物イオンの濃度を 2 倍にすると（pH の増加量にして 0.3），反応速度も 2 倍になることがわかった．エステルの量を 2 倍にすると，反応速度もやはり 2 倍となる．この反応の反応次数を求めよ．また，反応速度式を書け．

[解　法]
■ 個々の物質の指数（反応次数）を求める．
■ 式(12.11)を用いる．

[解　答]
■ 反応速度の変化は，OH^- と $CH_3COOC_2H_5$ の濃度変化に比例している．したがって，それぞれの濃度の指数は 1 である．すなわち，反応は，水酸化物イオンの濃度に関して 1 次であり，エステルの濃度に対しても 1 次である．したがって，全体では 2 次となる．
■ $v = k_{ex}[OH^-][CH_3COOC_2H_5]$

アルカリを加えて pH を高くするという比較的簡単なやり方で，石けんの生成速度を高めることができる．

別冊演習問題 12.6, 12.7 参照

例題 12.2　一酸化窒素（NO）の酸化

NO は窒素酸化物の一種であり，自動車のエンジンで起こるような燃焼過程で発生する．NO は，空気中の酸素に触れると，NO_2 に変化し，最終的には酸性雨やスモッグの原因となる．この反応と NO 濃度との関係がわかれば，自動車の排気ガスから NO を除去する方策が，本当に大気汚染の改善につながるかどうかが明らかとなる．そこで，つぎのような反応について，実験 1〜5 を行った．

$$2NO(g) + O_2(g) \longrightarrow 2NO_2(g)$$

それぞれ NO_2 が生じる速度を測定し，記録したところ，以下のような結果を得た．このデータから，NO と O_2 に関する反応次数を求めよ．また，反応速度式を書け．

実　験	$[NO]_0$ [mol L^{-1}]	$[O_2]_0$ [mol L^{-1}]	$\left(\dfrac{d[NO_2]}{dt}\right)_0$ [mol L^{-1} s^{-1}]
1	1.0×10^{-3}	1.0×10^{-3}	7×10^{-6}
2	2.0×10^{-3}	1.0×10^{-3}	28×10^{-6}
3	1.0×10^{-3}	2.0×10^{-3}	14×10^{-6}
4	3.0×10^{-3}	1.0×10^{-3}	63×10^{-6}
5	1.0×10^{-3}	3.0×10^{-3}	21×10^{-6}

下付きの 0 は初期値を表す．

[解　法]
■ ある一つの物質の濃度だけを変えた実験について比較する．
■ 反応速度は，NO 濃度に対する依存性と，O_2 濃度に対する依存性の積で表される．

[解　答]
■ 実験 1, 2, 4 の初期酸素濃度は等しい．初期 NO 濃度を比べると，実験 2 は実験 1 の 2 倍，実験 4 は実験 1 の 3 倍となっている．初期の反応速度をみると，実験 2 は実験 1 の 4 倍なのに対し，実験 4 は実験 1 に比べ 9 倍まで増加している．したがって，反応速度は $[NO]^2$ に比例する．一方，実験 1, 3, 5 の初期 NO 濃度は等しい．実験 3 の初期酸素濃度は実験 1 の 2 倍であり，実験 5 は実験 1 の 3 倍である．初期反応速度を比べると，実験 3 は実験 1 の 2 倍，実験 5 は実験 1 の 3 倍である．したがって，反応速度は，O_2 濃度の 1 乗に比例する．
■ 反応速度式は以下のようになる．

$$\frac{d[NO_2]}{dt} = k[NO]^2[O_2]$$

NO の排出量を削減すると，NO_2 を生成する速度は削減率の 2 乗分減少する．このように効果を拡大できるため，NO の削減は注目に値する．

別冊演習問題 12.17, 12.18 参照

実験データから反応速度式を導く

 反応速度式は，化学量論比には関係しておらず，実験的に決める必要がある．では，どうやって決めたらよいのだろうか．反応速度式は，かなり複雑な形をとる可能性がある．濃度に対する依存性を単純化するため，1) 初速度法，2) オストワルドの分離法，の二つの方法がよく用いられる．

初速度法

 反応の初期段階では，生成物の濃度は非常に低く，反応速度にはほとんど影響を与えない．したがって，反応の初期過程に注目すると，反応物に関する次数が求まる．ここで，反応物ごとに，反応次数を決定するという手順を踏む．すなわち，ある反応物の初期濃度を変化させた一連の実験を行い，毎回，初期の反応速度を計測する．ある反応物の濃度を2倍にしても反応速度が変化しなければ，反応はその物質の濃度には依存しないことになる．もし反応速度が2倍になったとすると，反応は物質濃度の1乗に比例し，4倍であれば2乗に比例する．このような方法を**初速度法**とよぶ．

オストワルドの分離法

 反応速度式を求める第二の方法は，以下の近似に基づいている．ある反応物が大過剰量存在すると，その反応物の濃度は，反応中ほとんど変化しない．たとえば，燃えさかる燃料の近くにいたり，煙草を吸ったりすると，NOを吸入する．NOは酸素で酸化されてNO_2となるが，NO_2はFe(II)をFe(III)に変える強力な酸化剤であり，それ自身はHNO_2やHNO_3（いずれも肺に障害をひき起こす）へと変化する．酸素との反応は

$$2NO(g) + O_2(g) \longrightarrow 2NO_2(g) \quad (12.12)$$

であり，反応速度は

$$\frac{d[NO_2]}{dt} = k[NO]^2[O_2] \quad (12.13)$$

で表される．典型的な大気の場合，酸素の含有量は20%，NOの濃度は400から1000 ppm（ppm＝百万分の一）程度である．酸素の方がずっと濃度が高いため，酸素濃度は一定とみなせる．このように近似すると，式(12.13)は

$$\frac{d[NO_2]}{dt} = k[NO]^2[O_2] = k'[NO]^2 \quad (12.14)$$

となる．ここで，$k' = k[O_2]$ である．こうして，反応次

例題 12.3　ヨウ素の再結合

 ヨウ素原子は強い酸化剤であり，ヨウ素の蒸気に光を当てると生じる．すなわち光により，ヨウ素分子(I_2)はヨウ素原子(I)へと解離する．もし他の気体物質が存在しなければ，ヨウ素原子はゆっくりと再結合して分子に戻る．Iが再結合する反応の次数を決めるため，高濃度のArガス共存のもとで，強力なレーザーパルスを照射してI_2を解離させ，生じたIが再結合する過程を観測した．0.001 M（M $= mol\,L^{-1}$）のAr下で実験を行ったところ，下の表のような結果を得た．Iに関する反応次数はいくつか．

実　験	1	2	3	4
$[I]_0 \,[M]$	1.0×10^{-5}	2.0×10^{-5}	4.0×10^{-5}	6.0×10^{-5}
初期反応速度 $[mol\,L^{-1}\,s^{-1}]$	8.7×10^{-4}	3.48×10^{-3}	1.39×10^{-2}	3.13×10^{-2}

[解　法]
- Arは大過剰量存在するか．
- さまざまなヨウ素原子濃度での反応速度を比較する．

[解　答]
- Arの濃度は10^{-3} Mであり，ヨウ素原子の濃度に比べ1～2桁ほど高い．したがって，Arは大過剰であるといえる．
- 実験1と2から，[I]が2倍になると反応速度は4倍になる．実験2,3でも，[I]が2倍になると反応速度は4倍となる．また，実験2,4から，[I]が3倍になると，反応速度は9倍となる．したがって，Iに関する反応次数は2である．

$$\frac{d[I_2]}{dt} = k'[I]^2$$

この反応は，大過剰のArが存在すると，擬似的に二次反応となる．

別冊演習問題 12.21 参照

数は3次から2次へと低下する．実際，NOの酸化速度を実験で求めてみると，NO濃度に関して2次であるこという結果を得る．このような方法を**オストワルドの分離法**とよぶ．

12.2 反応速度式

正味の反応式と反応速度式との間の関係は，反応のある段階のために，見えなくなってしまっている．このような段階を，**反応機構**とよぶ．多くの場合，反応機構は，素反応が連なったものであり，素反応は，単一分子（1次）や2分子（2次），あるいはまれに3分子（3次）による反応で構成されている．素反応に関する限り，化学量論性と反応速度式とは直接関係している．ただ一つの素反応しか含まれないこともある．素反応が一つしか存在しない場合にのみ，化学量論性は反応速度式と直接関係することになる．

一次反応

最も単純な素反応は，一次反応である．1次の素反応からなる反応の例は，放射性元素の崩壊である．ある種の原子核は不安定で，自発的に小さな粒子を放出して，別の原子へと変化する．物質Aに関する一次反応の速度式は

$$\frac{d[A]}{dt} = -k[A] \quad (12.15)$$

であり，濃度と時間との関係は

$$[A]_t = [A]_0 e^{-kt} \quad (12.16)$$

で表される．ここで，eは自然対数の底である．式(12.16)を対数表示すると，

$$\log[A]_t/[A]_0 = -kt/2.303 \quad (12.17)$$

となり，直線を表す．したがって，$\log[A]_t/[A]_0$ を時間に対してプロットすると直線が得られ，その傾き $-k/2.303$ から反応速度定数 k が求まる．

二次反応

2分子による素反応は，二次反応である．この素反応は，2分子が衝突してある物質を生じるといという，重要な意味をもっている．その一例が，臭化メチルと水酸化物イオンとの反応であり，反応によりメタノールと臭化物イオンを生じる（図12.2）．このタイプの2分子衝突反応は，炭素化合物の合成に重要である．なぜかというと，炭素原子周囲の空間配置が，制御されているからである．炭素原子と結合した四つの官能基がすべて異なる場合には，2種類の鏡像配置が存在しうる．互いに鏡像の関係を**エナンチオマー**（鏡像異性体）とよぶ．自然界には，2種類のエナン

$$OH^- + CH_3Br \longrightarrow CH_3OH + Br^-$$

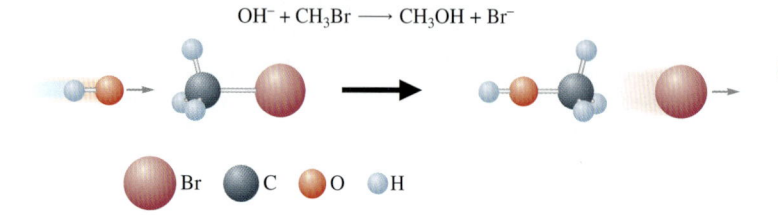

図12.2 臭化メチルとOH$^-$との反応．臭化メチルの臭素をOH基で置換する反応は，2分子反応の例である．溶液中のOH$^-$が臭化メチルの裏側に衝突すると，臭化物イオンが脱離する．それと同時に，メチル基は，風にあおられた傘のように反転する．

例題 12.4 年代測定

旧約聖書の写本である死海文書が発見されたのは1947年である．本当にそのような貴重な品であることを証明するには，材料の年代測定を行い，それが作られた年代を特定する必要がある．炭素は，すべての生物に共通する重要な構成要素である．特に，生物は，自然界と同じ存在比で，3種類の炭素同位体（^{12}C，^{13}C，^{14}C）を含んでいる．生物が死ぬと，^{12}Cと^{13}Cは安定な同位体であるためそのまま残るが，^{14}Cの量は，つぎの反応に従い減少する．

$$^{14}_{6}C \xrightarrow{k} {}^{14}_{7}N + {}^{0}_{-1}e$$

ここで，$k = 1.21 \times 10^{-4}$ yr^{-1}である．生物が生きているとき，^{14}Cの崩壊する割合は，炭素1g，1分当たり15.3個 (15.3 dpm)である．死海文書を包んでいたリンネル製の袋で，炭素14の活性を測定したところ，12 dpmであった．リンネル製袋のおおよその年代を計算せよ．

[解法]
■ 式(12.7)の $\log[A]_t/[A]_0 = -kt/2.303$ を用いる．

[解答]
■ $[A]_0$ は15.3 dpmに比例し，一方 $[A]_t$ は12 dpmに比例する．式(12.7)を変形して，以下の値を得る．

$$t = -\frac{2.303 \times \log\left(\frac{[A]_t}{[A]_0}\right)}{k} = -2.303\frac{\log\left(\frac{12 \text{ dpm}}{15 \text{ dpm}}\right)}{1.21 \times 10^{-4} \text{ yr}^{-1}}$$

$$= \frac{-2.303 \times -0.097}{1.21 \times 10^{-4} \text{ yr}^{-1}} = 1840 \text{ yr}$$

核化学反応による年代測定は重要な方法であり，これにより，地球の歴史の中で起こった数々のできごとの年代を決定することができる．たとえば，火山の噴火で埋もれた木材から，噴火の時期を決めることができる．こうして，人類の詳細な歴史が明らかとなるのである．

別冊演習問題12.23, 12.24参照

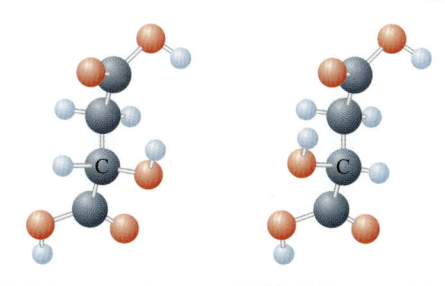

図 12.3 エナンチオマー（鏡像異性体）．C の印をつけた炭素原子を囲む官能基の空間配置に注目していただきたい．COOH，H，OH，C_2H_2COOH の四つの基の配置は，左右の分子で，鏡に映した鏡像の関係にある．なお，この分子はリンゴ酸であり，リンゴや他のフルーツに高濃度で含まれている．自然界のほとんどの物質がそうであるように，フルーツには左側の分子のみが含まれている．

チオマーのうち片方のみが存在する（図 12.3）．したがって，特に医薬品の合成では，炭素原子周囲の配置を制御することが非常に重要となる．

2 分子による素反応にはつぎの二つのタイプがあり，両者の違いは化学組成である．

$$\frac{d[A]}{dt} = -k[A]^2$$
$$\text{または} \quad \frac{d[A]}{dt} = -k[A][B] \quad (12.18)$$

ここでは最初の反応について考えてみる．2 分子反応では，濃度と時間の間に，つぎのような関係が成り立つ．

$$\frac{1}{[A]_t} - \frac{1}{[A]_0} = kt \quad (12.19)$$

したがって，濃度の時間変化から，一次反応，二次反応を見分けることができる．一次反応では，$\log([A]_t/[A]_0)$

例題 12.5　スモッグの消散

汚染した大気にみられる褐色の靄のおもな原因物質は，二酸化窒素(NO_2) である．大気の温度が下がると，褐色は薄くなる．この退色は，二量化反応 $2NO_2(g) \rightarrow N_2O_4(g)$ と関係していると考えられる．以下のデータを用いて，この反応の反応速度を求めよ．また，上記の推論が妥当かどうか考察せよ．

p_{NO_2} [Torr]	250	238	224	210
時間 [s]	0	200	500	900

[解法]
- 式 (12.19) を用いる．$1/[A]_t$ を時間に対してプロットすると，その傾きが k である．
- 反応に要する時間を見積もる．2, 3 時間のオーダーであるか，それとももっと短いか．

[解答]
- データをプロットすると以下のようになる．

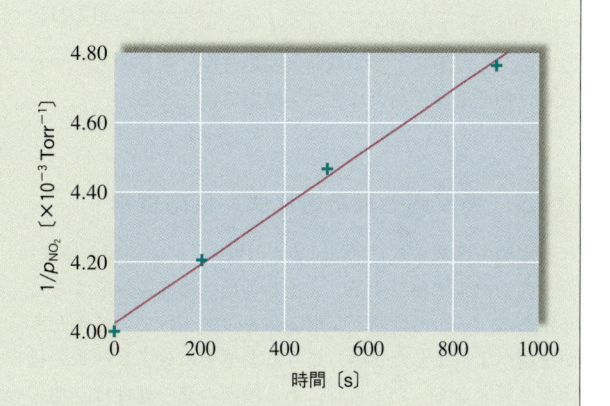

傾き $k = 8.41 \times 10^{-7}$ $Torr^{-1}\,s^{-1}$ である．
- 15 分後には，もともとの NO_2 のうち，20% は二量化することがわかる．これは，褐色の色合いを薄くするのに十分な値である．

別冊演習問題 12.31，12.32 参照

例題 12.6　応用の可能性を探る

放射性原子核は，しばしば，がんの治療に使われる．治療薬として利用するには，崩壊前に扱える程度，核は安定でなければならないが，一方で，患者への曝露時間をできるだけ少なくするよう，すばやく崩壊する必要がある．ここでは，Co の 3 種類の同位体（崩壊速度 15.75 s^{-1} の ^{50}Co，0.03953 h^{-1} の ^{55}Co，0.1315 yr^{-1} の ^{60}Co）が，がん治療に向いているかどうか調べてみよう．それぞれの同位体の半減期を求めよ．また，がん治療に最適なのはどの核種か．理由も述べよ．

[解法]
- 式 (12.20)，$t_{1/2} = 0.693/k$ を用いる．
- 半減期を見積もる．治療に効果的なのは，時間から日レベルの半減期である．

[解答]
- 半減期は，^{50}Co で 44 ms，^{55}Co で 17.53 h，^{60}Co で，5.270 yr である．
- 最適なのは ^{55}Co である．

別冊演習問題 12.35，12.36 参照

半減期

反応速度を求める一つの方法として，反応物の半分が生成物へと変化するのに要する時間（**半減期**とよばれる）を測定することが行われる．一次反応に対しては，式(12.17)より，

$$t_{1/2} = -\frac{2.303 \times \log([A]_t/[A]_0)}{k}$$
$$= -\frac{2.303 \times \log(0.5)}{k} = 0.693/k \quad (12.20)$$

であることがわかる．

一次反応の場合，半減期は，反応物の初期濃度に依存しない．これは，一次反応に共通する一般的な特徴である．もっと高次の反応では，反応物の半減期は濃度に依存する．特に，二次反応では，式(12.19)から

$$t_{1/2} = \frac{1}{k}\left(\frac{1}{\frac{1}{2}[A]_0} - \frac{1}{[A]_0}\right) = \frac{1}{k}\frac{1}{[A]_0} \quad (12.21)$$

となる．したがって，半減期は初期濃度に依存する．すなわち，初期濃度が高いほど，半減期は短くなる．

12.3 素反応と反応速度式：反応機構

速度論を研究する目的は，多くの場合，反応過程を原子・分子のレベルで描写する，すなわち反応機構を解明することにある．一つの段階が反応全体を決定づけているかどうかを調べようとしたとき，こうした原子・分子レベルの描像が必要となる．たとえば，ある段階の進む速度は，他に比べずっと遅かったとする．この遅い段階を**律速反応**とよぶ．反応条件を変えると，その遅い段階の速度が変化し，全体の反応速度が変わる．

反応機構は，一連の素反応からなっている．したがって，反応機構を決定づける過程に着目すると，素反応の化学組成とその過程の反応速度の間には直接的な関係がある．

反応機構は，以下を満たしている必要がある．

■ 反応機構を決定づけるすべての段階は，正味の反応式でなければならない．すなわち，化学量論が保たれている必要がある．
■ 反応機構は，観測した反応速度式と矛盾してはならない．
■ 遅い段階がただ一つ存在する場合，反応速度式には，その遅い段階の反応物濃度だけが現れる．反応速度は，上記の濃度を除くと，反応温度だけに依存する．

反応機構の一例が，一次反応のモデルである．アゾメタン(CH_3NNCH_3)の分解反応について考えてみよう．$N\equiv N$三重結合は最も安定な結合として知られており，したがって，$N=N$結合を含むアゾメタンはやや不安定な分子である（図12.4）．アゾメタンは，以下の化学量論に従い分解する．

$$CH_3NNCH_3(g) \longrightarrow CH_3CH_3(g) + N_2(g) \quad (12.22)$$

アゾメタンの圧力を，時間を追って測定したところ，以下のようなデータを得た．

時間 (s)	0	1000	2000	3000	4000
$p_{CH_3NNCH_3}$ (Torr)	8.20	5.72	3.99	2.78	1.94
$\log(p/p_0)$	0	−0.156	−0.313	−0.470	−0.626
差		0.156	0.157	0.157	0.156

$\log(p_{CH_3NNCH_3})$ は時間に対して直線で表されることから，分解反応は一次反応である．

$$\frac{d[CH_3CH_3]}{dt} = k[CH_3NNCH_3] \quad (12.23)$$

ところが，分解がどのように進むのかをさらに詳しく調べたところ，圧力が低い場合には，反応速度式はまったく違ってみえることがわかった．

$$\frac{d[CH_3CH_3]}{dt} = k'[CH_3NNCH_3]^2 \quad (12.24)$$

反応機構は，高圧下と低圧下の両方のデータ，さらには式(12.22)の化学量論を矛盾なく説明しなければならない．一次反応としての性質をうまく説明できる反応機構として，二つの段階からなる反応が提案されている．第一の段階は，2分子の衝突過程である．

$$CH_3NNCH_3 + M \underset{k_{-2}}{\overset{k_2}{\rightleftharpoons}} CH_3NNCH_3^* + M \quad (12.25)$$

ここで，MはCH_3NNCH_3を含む任意の分子であり，反応分子と衝突してエネルギーを与える．エネルギーを得た分

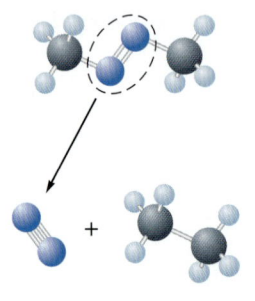

図12.4 アゾメタンの分解．$N=N$結合をもつアゾメタンは不安定であり，安定なN_2とエタンへと分解する．

注：生体内での素反応はすべて二次反応であるが，逆は必ずしも成り立たない．すなわち，二次反応は，必ずしも生体内での反応を意味しない．同様に，1種類の分子による素反応は一次反応であるが，一次反応であっても，必ずしも反応にかかわる分子が1種類というわけではない．よくあることだが，反応はずっと複雑なのである．

例題 12.7　反応次数

C_4F_8 を含まない密閉した容器の中で，C_2F_4 の二量化反応

$$2C_2F_4 \longrightarrow C_4F_8$$

を起こさせる．C_2F_4 の濃度を時間とともに測定したところ，以下のようなデータを得た．

$[C_2F_4]$〔mM〕	12.00	8.52	6.60	5.40	4.44	3.84	3.55	3.36	3.31
時間〔s〕	0	150	300	450	600	750	900	1050	1200

半減期から反応次数を求めよ．また，反応速度定数を計算せよ．

[解　法]
- データをプロットし，それぞれの測定時間を"初期時間"に設定する．
- "初期時間"から，濃度が半分に減少するまでの時間を求める．
- $t_{1/2}$ は"初期濃度"に依存しないか，あるいは $t_{1/2} \propto 1/[C_2F_4]_0$ であるかを調べる．
- 式(12.20)の $k = 0.693/t_{1/2}$，あるいは式(12.21)の $t_{1/2} = 1/k[C_2F_4]_0$ を用いる．

[解　答]
- データをプロットすると以下のようになる．

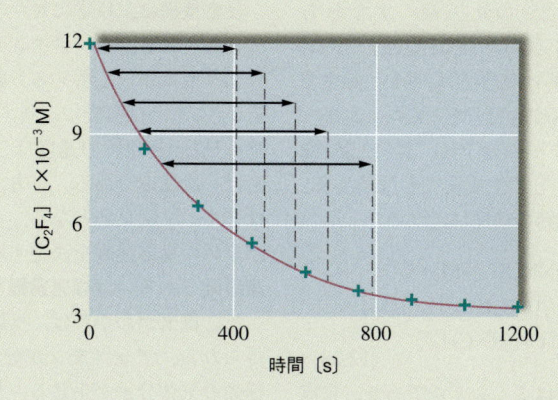

- 濃度が 12 mM（M = mol L^{-1}）から 6 mM まで減少するのに 400 s，11 mM から 5.5 mM に 437 s，10 mM から 5 mM に 480 s，9 mM から 4.5 mM までに 534 s，8 mM から 4 mM に 600 s を要する．
- 半減期は初期濃度に依存する．つぎに，$t_{1/2} \propto 1/[[C_2F_4]_0$ であるかを確かめる．$t_{1/2}$ を $1/[C_2F_4]_0$ に対してプロットしてみると直線となることから，$t_{1/2} \propto 1/[C_2F_4]_0$ であることがわかる．したがって，反応は二次反応である．

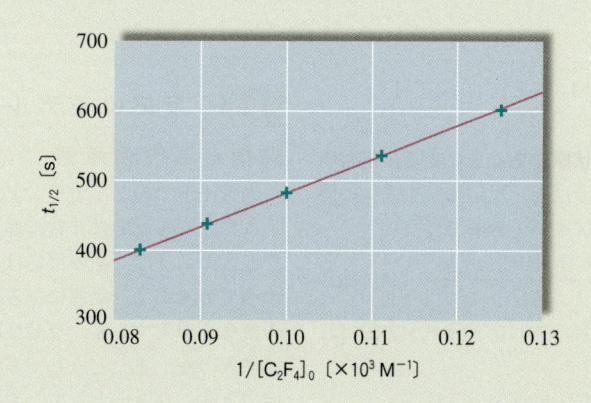

- 直線の傾き $= 1/k \Rightarrow 1/k = 4820$ s mM^{-1} $\Rightarrow k = 2.07 \times 10^{-4}$ mM s^{-1}

別冊演習問題 12.37〜39 参照

子は，アステリスク（*）をつけて表してある．高エネルギーの分子は，その後分解する（第二の段階）．

$$CH_3NNCH_3^* \xrightarrow{k_1} CH_3CH_3 + N_2 \quad (12.26)$$

式(12.25)，式(12.26)を組合わせたのが，正味の反応，式(12.22)である．したがって，反応機構に対する第一の条件は満たしている．

反応機構にかかわる段階，あるいは素反応は，反応速度式と直接関係している．式(12.26)によると，エネルギーを得た分子は，他の物質なしに直接生成物へと分解する．この段階の反応速度式は，

$$\frac{d[CH_3CH_3]}{dt} = k_1[CH_3NNCH_3^*] \quad (12.27)$$

であり，高エネルギー分子の濃度のみを含んでいる．しかし，式(12.27)は，正味の反応の速度式とはなりえない．なぜならば，反応物でも生成物でもない高エネルギーの分子を含んでいるからである．高エネルギーの分子は素反応に含まれており，式(12.25)の正方向，すなわちCH_3NNCH_3 が M と反応速度$k_2[CH_3NNCH_3][M]$で衝突することで生じる．高エネルギーの分子は，M と衝突する逆反応（反応速度$k_{-2}[CH_3NNCH_3^*][M]$）でエネルギーを失う．最終的に，高エネルギーの分子は，式(12.26)に従い，反応速度$k_1[CH_3NNCH_3^*]$で生成物へと分解する．高エネルギー分子が変化する正味の速度は，

$$\frac{d[CH_3NNCH_3^*]}{dt} = k_2[CH_3NNCH_3][M] \\ - k_{-2}[CH_3NNCH_3^*][M] \\ - k_1[CH_3NNCH_3^*] \quad (12.28)$$

である．高エネルギー分子の量はごくわずかであり，生成すると同時にほとんど消費されてしまう．高エネルギー分子のように，反応を媒介するが，けっして高濃度とはならない物質を**反応中間体**とよぶ．反応中間体の濃度は，反応の進行中は，基本的に一定である．濃度が一定であるということは，d[濃度]/dt = 0 であることを意味する．したがって，

$$k_2[CH_3NNCH_3][M] \\ = k_{-2}[CH_3NNCH_3^*][M] + k_1[CH_3NNCH_3^*] \quad (12.29)$$

である．反応中間体は，**定常状態**にあるといえる．定常状態近似を用いれば，中間体の濃度を，反応物，生成物の濃度で表すことができる．アゾメタンの分解では，

$$[CH_3NNCH_3^*] = \frac{k_2[CH_3NNCH_3][M]}{k_{-2}[M] + k_1} \quad (12.30)$$

と表される．したがって，素反応の反応速度式(12.27)は，以下のようになる．

$$\frac{d[CH_3CH_3]}{dt} = \frac{k_1k_2[CH_3NNCH_3][M]}{k_{-2}[M] + k_1} \quad (12.31)$$

この反応速度式がアゾメタンの分解に適用できるとすれば，高圧下では一次反応，低圧下では二次反応の形に簡略化されるはずである．高圧の極限では，$k_{-2}[M] \gg k_1$ であるので，

$$\frac{d[CH_3CH_3]}{dt} \approx \frac{k_1k_2[CH_3NNCH_3][M]}{k_{-2}[M]} \\ = \frac{k_1k_2[CH_3NNCH_3]}{k_{-2}} \quad (12.32)$$

と表せる．これは，反応速度定数 k_1k_2/k_{-2} の一次反応である．

逆に低圧下では，$k_{-2}[M] \ll k_1$ であり，

$$\frac{d[CH_3CH_3]}{dt} \approx \frac{k_1k_2[CH_3NNCH_3][M]}{k_1} \\ = k_2[CH_3NNCH_3][M] \quad (12.33)$$

となる．もし，アゾメタンのみ存在するのならば，M はアゾメタンであり，式(12.33)は

$$\frac{d[CH_3CH_3]}{dt} = k_2[CH_3NNCH_3]^2 \quad (12.34)$$

となる．これが，低圧下で観測された二次反応である．

反応機構は，反応に対する原子・分子レベルでの描像を与えてくれる．アゾメタン分子は別の分子と衝突して，余分にエネルギーを蓄える．励起状態にある分子は，分解するか，あるいは衝突によりエネルギーを失う．高圧下では，励起-脱励起過程の速度は分解速度に比べて速く，また反応は一次反応である．一方，低圧下では，励起過程の速度は遅く，二次反応となる．どちらの場合も，遅い方の過程が全体の反応速度を決定する．この遅い過程のことを，**律速段階**（あるいは**律速過程**）とよぶ．

反応機構がわかれば，反応速度を制御するための指針が得られる．アゾメタンが分解すると，一つの分子から，2種類の気体分子が生じる．したがって，反応が速く進みすぎると，反応容器の圧力が異常に高くなり，好ましくない．一方で，アゾメタンの圧力が低いと，反応がなかなか進まない．反応機構を考えると，低圧下でも，別の気体を加えれば反応は速くなると予想される．この予想は，実験で確かめられている．

12.4 反応のモデル

温度と活性化障壁

大気圧下でのダイヤモンドからグラファイトへの転換のように，ある反応は非常に遅く，また，エアバッグが膨らむときのように，ある反応は非常に速い．一方，ほとんどすべての反応は，高温になるほど，速く進む．活性化障壁の概念を導入すると，なぜ反応により速度がそれほどまでに違うのか，またどうして高温ほど反応は速くなるかが説明できる．たとえとして，ネバダ州レノからサンフランシスコまで車で旅行する場合を考えてみよう（図12.5）．サンフランシスコはレノよりも低い土地にあるが，たとえ出発するときに車を押したとしても，それだけで目的地まで

例題 12.8　オゾンの破壊

最近，成層圏のオゾンホールが注目を集めている．この現象が広く知れわたったおかげで，見失いがちなことがある．それは，オゾンは不安定な分子であり，自然界にもオゾンが分解する機構が多数存在するということである．自然界のサイクルと人間に由来するサイクルとを区別するには，酸素とオゾンとの関係 $2O_3(g) \longrightarrow 3O_2(g)$ に始まる自然界のサイクルについて，理解しておく必要がある．この反応の速度は，つぎのように表されることがわかっている．

$$\frac{d[O_3]}{dt} = -\frac{k[O_3]^2}{[O_2]}$$

また，二つの反応機構が提案されている．

反応機構 I

$$O_3 \underset{k_{-1}}{\overset{k_1}{\rightleftarrows}} O_2 + O \quad \text{可逆反応}$$

$$O + O_3 \xrightarrow{k_2} 2O_2 \quad \text{遅い反応}$$

反応機構 II

$$2O_3 \longrightarrow 3O_2$$

これらの機構の妥当性について考察せよ．どちらが，反応速度式と矛盾しないか．

[解法]
- 正味の化学量論式と矛盾しないか確かめる．
- 反応速度と矛盾しないか議論する．

[解答]
- 反応機構 II の一段階反応は，明らかに正味の化学量論と整合している．機構 I の二つの過程を合わせると，やはり化学量論を説明できる．第 1 段階で生じた反応中間体（O）は，第 2 段階で消費されるからである．O_3 は，両段階とも反応物であるので，全体で O_3 分子が 2 個消費される．生成物である O_2 は，第 1 段階で 1 分子，第 2 段階で 2 分子生じる．したがって，全体で 3 分子が生成する．
- 2 番目の反応機構は，ただ一つの 2 分子反応からなっている．したがって，反応速度は

$$\frac{d[O_3]}{dt} = -k[O_3]^2$$

となるはずである．これは，観測結果と一致しない．したがって，機構 II は正しくない．

機構 I はずっと複雑である．第 2 段階は遅い反応であり，律速段階である．第 2 段階から，

$$\frac{d[O_3]}{dt} = -k_2[O_3][O]$$

と予想される．O は中間体であり，反応速度式から消去しなければならない．第 1 段階を考えると，O が消える．第 1 段階は比較的早い反応であり，可逆的である．したがって，正方向と逆方向の反応速度は等しい $(k_1[O_3] = k_{-1}[O][O_2] \Rightarrow [O] = k_1[O_3]/k_{-1}[O_2])$．これを代入すると，

$$\frac{d[O_3]}{dt} = -k_2[O_3]\frac{k_1[O_3]}{k_{-1}[O_2]} = -\frac{k_1 k_2}{k_{-1}}\frac{[O_3]^2}{[O_2]}$$

となる．$k_1 k_2/k_{-1}$ を k とおけば，観測結果と等しくなる．

反応全体の化学量論は反応速度式と直接関係しない．オゾンサイクルのメカニズムは，このことを示す一つの例である．

別冊演習問題 12.45, 12.46 参照

図 12.5　レノからサンフランシスコまでの道のり．目的地であるサンフランシスコへ向かうには，途中のシエラネバダ山脈を乗り越えなければならない．反応の場合にも，出発点（反応物）と終着点（生成物）の間には，高い障壁がある．

到着することはできない．途中に，シエラネバダ山脈がそびえ立っているからである．

反応も同様である．ギブズ自由エネルギーが高い反応物と，ギブズ自由エネルギーの低い生成物との間に障壁があり，反応の進行を妨げているのである．ドナー峠を渡った開拓者が経験したように，反応の障壁は恐ろしく高く，それを乗り越えるときに速度は大きく低下する．

応用問題　ハロウィン近くになると，多くの雑貨店で"ライトスティック"を売っている．ライトスティックは，スポーツ用品店でも入手できる．釣り人が，釣り糸に目印をつけるのに使うからである．ライトスティックはサイリュームスティックともよばれる．棒の内部には，両端を閉じた小さなガラス管が入っている．ガラス管を折ると，棒は光り始める．

ライトスティックを 3 本用意する．1 本は，冷凍庫あるいは製氷室に数時間入れておく．一方で，50 ℃ 程度の熱湯を用意し，ライトスティックの 1 本をこの中に 10 分ほど浸しておく．3 本のライトスティックを同時に折り曲げ，中のガラス管を壊す．それぞれの管が発する光の強度を観察し，記録する．また，冷やした管を温めたときと，温めた管を冷やしたときの変化についても観察する．

反応物と生成物の間には，一般に障壁が存在する（図 12.6）．2 個の反応分子が近づくと，少なくとも小さな反発的障壁が生じる．たとえば，2 個の中性分子が互いに近

づくと，まず電子雲が相互作用を始める．電子と電子は反発するので，十分なエネルギーがなければ，2個の分子は反応を始められるほど近くまで接近できない．2個のビリヤードの球が，台の上でぶつかる場合を考えてみよう．ぶつかった後は，互いにはじかれ遠ざかる．しかし，もしビリヤードの球をそれぞれ大砲で発射したとすると，……．2個の分子も同じような状況にある．分子が反応して生成物を生じるには，ある最低値以上のエネルギーをもっていなければならない．また，分子が反応するには，分子どうしが適当な位置関係にある必要がある．このような配置をとる確率は，高温ほど高くなる．分子の配置と反発力との組合わせで障壁の高さは決まる．これを**活性化障壁**とよぶ．また，障壁を乗り越えるのに必要なエネルギーを**活性化エネルギー**とよぶ．

図 12.7 は，臭化メチル(CH_3Br)と塩化物イオン(Cl^-)との反応のエネルギー図であるが，これを見ると，エネルギー障壁の起源がよくわかる．塩化物イオンが，臭素原子の反対側から臭化メチル分子に近づくと，反応が始まる．塩化物イオンは臭素を押しやり，炭素原子は5配位状態となる（5配位状態は，分子が障壁の頂上にいるごく短い時間だけ現れる）．5配位の炭素は不安定であるが，元の臭化メチルの配置に戻るか，あるいはよりエネルギーの低い塩化メチル配置へと変化し，安定化する．障壁の高さとその起源は反応ごとに異なる．

反応分子は，十分なエネルギー（多くの場合十分な運動エネルギー）があれば，障壁を乗り越えられる．分子のエネルギーは絶対温度に比例している．高温になるほど，活性化障壁を乗り越えるのに必要なエネルギーをもった分子の割合が増すので，反応も速く進む．1889年スウェーデンの科学者 Svante Arrhenius は，反応速度定数の温度依存性について，以下のような式を導いた．

$$k = Ae^{-E_a/RT} \quad (12.35)$$

これは**アレニウスの式**として知られており，E_a は活性化エネルギー（図12.7），R は気体定数，T は絶対温度，A は実験で求められる頻度因子である．A と E_a は，基本的に温度に依存しない．式(12.35)からわかるように，反応速度定数は，温度が上がると急激に増大する．通常，活性化エネルギーは 200～400 kJ mol^{-1} の範囲にある．したがって，室温付近では，温度が10℃上昇すると，反応速度定数は約2倍になる．活性化エネルギーを実験によって求めるには，反応速度と固有反応速度定数を，いくつかの温度で測定すればよい（例題 12.9 参照）．

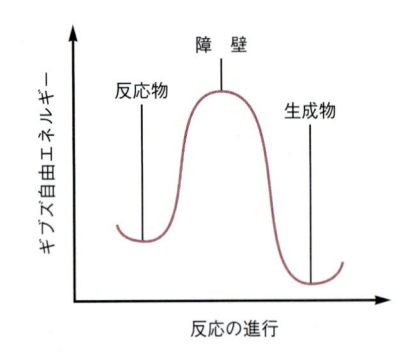

図 12.6 反応に伴うギブズ自由エネルギーの変化．生成物は反応物よりもエネルギーが低いが，両者の間を，高エネルギーの障壁が隔てている．

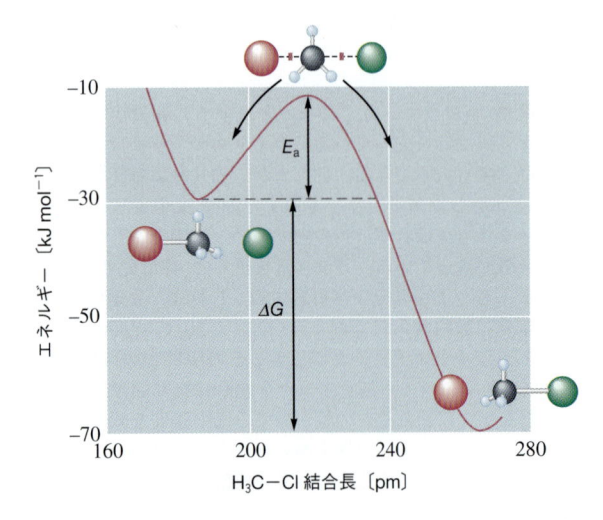

図 12.7 CH_3Br（臭化メチル）と Cl から CH_3Cl（塩化メチル）と Br が生じる置換反応のエネルギー曲線．二つの分子の間にはエネルギー障壁がある．この障壁のおかげで，臭化メチルは反応速度の面で安定である．

衝 突 理 論

"反応するには，分子は互いに衝突しなければならない．"これが，衝突理論での，最初の基本的な仮説である．一方の分子の濃度が高くなると，分子が衝突する回数が増える．衝突の回数は，ほぼ濃度に比例しているため，2分子反応の速度は，反応にかかわる物質それぞれの濃度を掛け合わせたものに比例する．2番目の仮説として，"衝突する2個の分子は，適当な方向を向いている必要がある．"たとえば，握手するときを考えてみよう（図12.8）．2人が近づく場合でも，さまざまな近づき方がある．うまく握手するには，互いに向き合い，同じ側の手（慣例としては右手）を差し出さなければならない．もし1人が左手，もう1人が右手を差し出したとしたら，握手はできない．

さて，NO と N_2O が反応して NO_2 と N_2 を生じる反応について考えてみよう．

$$NO(g) + N_2O(g) \longrightarrow NO_2(g) + N_2(g) \quad (12.36)$$

この反応では，N_2O から NO へと酸素が移動する．酸素の移動が起こるには，N_2O の酸素側が NO の窒素側に衝突する必要がある（図12.9）．他の向きでは，酸素移動は起こりにくい．原子の移動に幾何学的な制約が大きいため，この反応は非常に遅い．その結果，N_2O は，大気中

例題 12.9 純粋な金属

純粋な金属を得る方法の一つに,いったん金属を金属カルボニル(金属-CO)化合物とし,それを真空中で加熱して分解するという方法がある.こうして得られる金属の一つがニッケルである.

$$Ni(CO)_4(g) \longrightarrow Ni(s) + 4CO(g)$$

この反応の律速段階は,最初の CO の脱離過程である.

$$Ni(CO)_4 \longrightarrow Ni(CO)_3 + CO$$

この過程の反応速度を調べたところ,つぎのような結果を得た.

温度〔K〕	320.45	324.05	328.15	333.15	339.15
k〔s^{-1}〕	0.263	0.354	0.606	1.022	1.873

反応の活性化エネルギーはどれだけか.

[解法]

■ 式(12.35)を変形すると,$\ln k = \ln A - E_a/RT$ となる.$\ln k$ を $1/T$ に対してプロットする.

[解答]

■ $\ln k$ を $1/T$ に対してプロットすると,傾き$=-E_a/R = -11.65 \times 10^3$ K の直線が得られる.傾き$\times R = 96.9$ kJ mol^{-1} である.

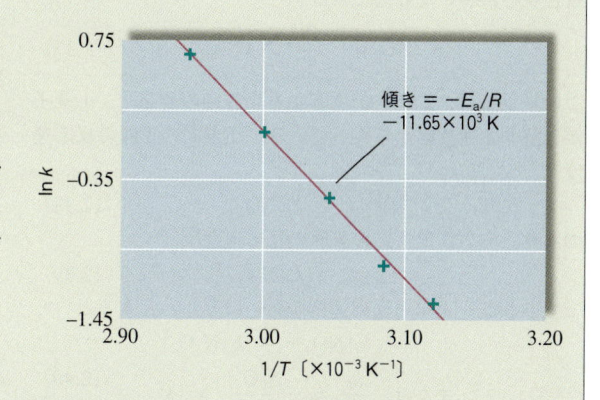

傾きは,活性化エネルギーと比例関係にあることに注意してほしい.したがって,活性化エネルギーが高いほど傾きは急となり,逆に活性化エネルギーが低いと傾きは緩やかとなる.ニッケルカルボニルの分解反応の場合,活性障壁は比較的低い.

別冊演習問題 12.57〜59 参照

ではほとんど反応しない.大気循環のモデルを立てる際,空気塊の行方を調べるのに N_2O が用いられるが,これは N_2O の反応性が低いからである.

幾何学的な制約は,物質によって異なる.基本的に,2個の分子が球状で方向に依存しなければ,反応する部位が限られる分子に比べて,反応の方向依存性は小さい.たとえば,Na^+ と Cl^- との気相反応では,方向依存性はほぼ無視できる.一方,生体系の反応では,多くの場合方向に対する依存性が高く,反応分子は,ある特定の方向を向いている必要がある.

活性錯合体

衝突理論は気体分子に適用される理論である.一方,溶液中の分子は,溶媒分子に囲まれているという点で,気相の分子とは異なる.溶液中の分子は,空間を飛び回っているというよりはむしろ,溶媒分子から絶えず押されているというのに近い.2個の反応分子が近づくと,近い距離に長時間とどまる.このとき,溶媒分子は,2個の衝突分子をしっかり拘束するカゴのような役割を果たす.反応分子は溶媒分子と衝突することで,反応に適した分子配置をとる.このような状態を,**活性錯合体**あるいは**遷移状態**とよぶ.

たとえば,臭化メチルが塩化メチルに変化する反応は,溶液中で進行する.図 12.7 の障壁の頂上に対応する配置が,この反応の遷移状態である.CH_3Br や Cl^- のような衝突分子は,周囲の溶媒と衝突を繰返すことで,遷移状態を経て活性化障壁を乗り越えていくためのエネルギーを得る.

図 12.8 握手で差し出す手.握手をするには,2人が互いに向き合い,同じ手(慣例上は右手)を差し出さなければならない.1人が左手,もう1人が右手を出したら,握手できない.

図 12.9 NO と N_2O との反応.この反応では,N_2O の酸素原子が NO へと移動する.NO 分子の窒素端が N_2O の酸素端と衝突すると反応が進むが,NO の向きが逆だと反応は起きない.反応が起こる向きよりも,反応が起きない向きの方が可能性ははるかに高い.

12.5 反応速度と平衡

平衡状態では，正方向と逆方向で正味の反応速度は等しい．このことから，反応速度と平衡との間には何らかの関係があることが示唆される．実際，反応速度と平衡という二つの概念は互いに関係している．NO_2 が N_2O_4 となる二量化反応について考えてみる．

$$2NO_2(g) \underset{k_r}{\overset{k_f}{\rightleftharpoons}} N_2O_4(g) \qquad (12.37)$$

この素反応は，2分子が反応する正方向の反応と，1分子が分解する逆反応からなっている．正方向の正味の反応速度は

$$v_{正方向} = k_f[NO_2]^2 \qquad (12.38)$$

であり，一方，逆反応の正味の反応速度は

$$v_{逆方向} = k_r[N_2O_4] \qquad (12.39)$$

で表される．正味の反応速度が互いに等しいとすると

$$k_f[NO_2]^2 = k_r[N_2O_4]$$

または

$$\frac{k_f}{k_r} = \frac{[N_2O_4]}{[NO_2]^2} = K \qquad (12.40)$$

となる．したがって，正反応と逆反応の反応速度定数の比は，平衡定数に等しい．反応機構が可逆な過程の組合わせからなっている限り，複数の機構を含む反応でも同様の結果となる．その場合，平衡定数は以下のようになる．

$$K = \frac{k_1}{k_{-1}} \times \frac{k_2}{k_{-2}} \times \frac{k_3}{k_{-3}} \times \cdots \qquad (12.41)$$

ここで，k_1, k_2, ……は正方向の反応速度定数，k_{-1}, k_{-2}, ……は逆方向の反応速度定数である．反応速度論の立場からみると，正方向の反応速度定数 k_f の方が逆方向の k_r よりずっと大きければ，平衡定数は大きくなる．これは，生成物をつくり出す正方向の反応の方が，生成物が分解して元に戻る逆反応に比べて，非常に速いことを意味する．反応速度から，分子レベルでの平衡モデルを構築できる．

12.6 触媒

反応速度を制御する方法はいくつかあるが，そのなかで，最も劇的なのが触媒の使用である．**触媒**とは，それ自身は反応で消費しないが，反応速度を変化させる物質をさす．たとえば，過酸化水素（H_2O_2）は，コンタクトレンズの消毒に使われる優れた酸化剤である．通常，コンタクトレンズの洗浄には，体積分率3%の過酸化水素溶液が用いられる．この3%という値は，レンズに付着した細菌やウイルスを死滅させるのに必要最低限の濃度である．しかし，この水溶液は目には刺激が強い．コンタクトレンズを再び目に装着する前に，過酸化水素の濃度を 60 ppm 以下まで減らしておく必要がある．洗浄液の使用書をみると，カップ状の容器に入れた溶液の中でレンズをすすぐよう，記載されている．カップには，白金を含む部品が入っている．白金は，ほとんどの金属同様，つぎの反応の半減期を，3時間程度まで短くする作用がある（触媒がないと何年もかかる）．

$$2H_2O_2(aq) \xrightarrow{Pt} 2H_2O(l) + O_2(g) \qquad (12.42)$$

触媒が，ある特定の反応をどうやって速めているかについては，詳しくわかっていない部分も多い．ただし，触媒は反応の障壁を低くすると，一般に考えられている．もう一度，レノからサンフランシスコに行く場合を考えてみよう．山脈を貫くトンネルができたとしたら，レノからサンフランシスコまでの道のりすべてを，自然に下って行くことが可能である．触媒は，このトンネルを掘るようなものである．

例題 12.10 大気中での反応

大気中には，さまざまな窒素酸化物が存在する．これらの存在比を説明できるかどうかは，大気化学のモデルを立てるうえで重要である．NO の NO_2 への酸化に関しては，以下のような機構が提案されている．正味の反応はどのように表されるか．また，この機構によると，NO と NO_2 は平衡にあると予想されるか．

反応機構： $2NO \underset{k_{-1}}{\overset{k_1}{\rightleftharpoons}} N_2O_2$

$O_2 + N_2O_2 \xrightarrow{k_2} 2NO_2$

[解 法]
- 二つの過程を足し合わせ，中間体を消去する．
- 可逆かどうかを確認する．

[解 答]
- N_2O_2 は中間体であり，最初の段階で生成し，次の段階で消費される．正味の反応式は以下の通りである．

$$2NO + O_2 \longrightarrow 2NO_2$$

- 第2段階は可逆ではない．したがって，正味の反応も可逆ではない．

大気中では，上記の反応のほかにもさまざまな反応が起こる．他の反応により，NO_2 と NO の間に循環ループができると，平衡が生じる．もし，NO と NO_2 の間に平衡が観測されたならば，別の反応が関与していることが考えられるため，その反応を特定する必要がある．

別冊演習問題 12.71 参照

基本問題 活性化障壁が 150 kJ mol^{-1} の反応を考える．室温での反応速度を 2 倍にするには，活性化障壁をどれだけ下げればよいか．■

触媒は，現代の工業で広く用いられている．また，生体内の触媒は酵素とよばれ，多くの反応の速度を制御している．酵素は，3.5 兆ドルの商品やサービスにかかわる巨大市場を形成している．自動車には，排気ガスによる汚染を抑えるための触媒転換器が搭載されている．触媒は石油の精製にも重要であり，さまざまなポリマーや化学薬品の生産に用いられている．また，水路に溜まった汚染物質の分解を促進するのにも利用されている．医薬産業での需要拡大に伴い，化学薬品の必要性も高まっており，1990 年代には非常に小さな市場であったものが，その後の 10 年間で 14 億ドル産業へと急成長している．

医薬産業では，複雑な分子の，特定のエナンチオマー（立体異性体の一種である）だけを合成する触媒を特に必要としている．生体内の酵素は，立体異性体に対する応答がまったく異なる．たとえば，1960 年代初期に使われた薬剤サリドマイドは，2 種類の立体異性体を含んでいた．そのうちの一方は "つわり" を抑える効果があるのに対し，もう一方は，たとえ少量でも深刻な胎児への障害をひき起こす．その後，触媒が開発され，特定の立体異性体のみを合成することが可能となった．この業績により，William Knowles，野依良治，Barry Sharpless は，2001 年にノーベル賞を受賞している．

基本的に，触媒には，均一系と不均一系の 2 種類がある．**均一系触媒**は溶液に溶けている触媒であり，酵素や酸，塩基などの物質を含む．その一例が，酸触媒による糖の加水分解である．

$$C_{12}H_{22}O_{11}(aq) + H_2O(l) \longrightarrow 2C_6H_{12}O_6(aq) \quad (12.43)$$

酸は，この反応により増えたり，消費されたりしない．にもかかわらず，この反応は酸が存在すると，非常に速く進む．

不均一系触媒は，分離した相として存在する．多くの場合，不均一系触媒は固体であり，コンタクトレンズ洗浄器の白金は，その一例である．

触媒に関して，心にとめておくべき重要な原理が二つある．
- 熱力学的に進行しない反応については，触媒を用いても反応は起こらない．すなわち，もし $\Delta G > 0$ ならば，反応は起きない．
- 触媒は，反応物と生成物との平衡に影響を及ぼさない．触媒を用いると，平衡に達するまでの時間は短くなるかもしれないが，平衡濃度は変わらない．

均一系触媒

均一系触媒は，たとえ少量であっても，反応に大きな効果を及ぼす．南極大陸の上空のオゾンホールを考えてみよう（図 12.10）．クロロフルオロカーボン（CFC）は，塩素とフッ素を含む小さな有機分子であり，CFC 中の塩素原子は成層圏にまで達する．CFC はきわめて安定であり，対流圏の物質とは反応せず，成層圏に蓄積される．成層圏では，太陽から降り注ぐ短波長の光の強度が非常に強いため，つぎのような反応が起こる．

$$CF_2Cl_2(g) \xrightarrow{h\nu(短波長)} CF_2Cl(g) + Cl(g) \quad (12.44)$$

こうして脱離した塩素原子はオゾンを攻撃する．

$$O_3(g) + Cl(g) \longrightarrow ClO(g) + O_2(g) \quad (12.45)$$

見積もりによると，1 個の塩素原子が不活性化するまでに，10^5 個のオゾン分子を破壊する．このような現象によって，少量の CFC でも大量のオゾンが破壊されるのである．塩素とオゾンが関係する触媒サイクルには，まだ残りの部分があり，そこでは，大気中に広く存在する OH ラジカルが関係してくる．OH はオゾンと反応して HO_2 中間体を生成する．

$$OH(g) + O_3(g) \longrightarrow HO_2(g) + O_2(g) \quad (12.46)$$

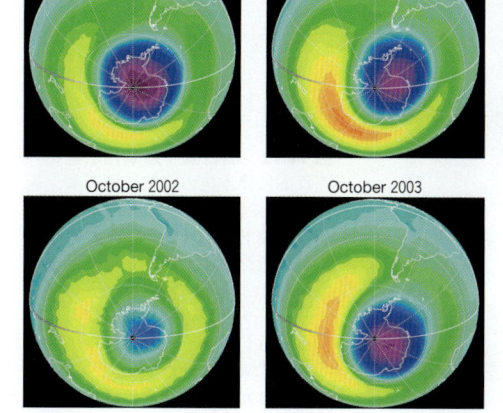

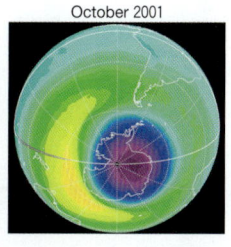

図 12.10 南極大陸上空のオゾンの濃度．オゾンの濃度は，対流圏で放出された少量のクロロフルオロカーボンによって大きな影響を受ける．クロロフルオロカーボンが成層圏に達すると，触媒的に作用してオゾンを破壊する．一連の図は，1999 年 10 月から 2003 年 10 月までのオゾン濃度を，ドブソン単位（DU）で表したものである．通常，オゾン濃度は，300〜500 ドブソン単位の範囲（黄緑色から赤）にある．オゾンが減少している領域は，青（200〜275 DU）から紫（150〜200 DU），ピンク（125〜150 DU），灰色（100〜125 DU）で示した．紫から灰色は，問題となる濃度である．

HO$_2$ は，ClO を，光で分解する性質をもつ分子である HOCl へと変換する．

$$\text{ClO(g)} + \text{HO}_2\text{(g)} \longrightarrow \text{HOCl(g)} + \text{O}_2\text{(g)} \quad (12.47)$$

最後に，太陽光により塩素原子が生成する．

$$\text{HOCl} \xrightarrow{h\nu} \text{Cl(g)} + \text{OH(g)} \quad (12.48)$$

正味の反応は $2\text{O}_3 \longrightarrow 3\text{O}_2$ である．

大気モデルによると，塩素サイクルに加えて臭素サイクルも存在し，二つのサイクルによって成層圏のオゾンの70％以上が失われている．これらのサイクルを解明することは非常に重要であり，その研究が評価され，Paul Crutzen, Mario Molina, Sherwood Roland に対し1995年のノーベル賞が贈られた．こうした科学者達の先駆的な研究の結果，CFC の使用量は減り，成層圏のオゾンの減少は抑えられつつある．これは劇的な例であり，速度論的な解析が，地球全体規模の健康や福利に影響を与えたといえる．

塩素サイクルでは，塩素やオゾン，OH ラジカルは気体である．したがって，塩素サイクルは均一系触媒反応の例である．塩素が存在すると，オゾンが酸素へと変化する過程の活性化障壁が下がるのであるが，その機構はまだよくわかっていない．一般に，均一系触媒は，錯体を形成して反応物の結合に変化を与える，あるいは反応分子の方向を制御し，反応物どうしを近づける役割を果たすと考えられている．触媒の働きにより，反応物は反応しやすい配置をとるのである．錯体を形成する触媒反応の一例が，コバルト触媒下での，過酸化水素による酒石酸の酸化（図 12.11）である．錯体の構造はよくわかっていないが，溶液の色からみて，錯体が生じているのは明らかである（図 12.12）．Co^{2+} イオンは，水溶液中では特徴的なピンク色を示すが，反応が進むにつれ，オリーブグリーン，黒を経て，再びピンクへと変化する．

酵　素

均一系触媒に属する重要なグループに酵素がある．以前に述べたように，酵素は，生体中の多くの反応にかかわっており，その働きにより，生命を保つのに現実的なスピードで反応が進む．酵素が働くメカニズムは複雑であり，反応物と結びつくことにより結合を弱める，反応物を近づける，活性化障壁を下げるなどが含まれる．グルコースの酸化は重要な例である．グルコースの酸化の正味の反応式は

$$\text{C}_6\text{H}_6\text{O}_{12}\text{(aq)} + 6\text{O}_2\text{(aq)} \longrightarrow$$
$$6\text{CO}_2\text{(aq)} + 6\text{H}_2\text{O(l)} \quad (12.49)$$
$$\Delta H = -2802 \text{ kJ mol}^{-1}$$

である．もし，すべての熱が同時に放出されたとすると，生体は過熱して死んでしまうだろう．実際には，10の段階に分け，各段階で少しずつエネルギーを放出し，これら10の段階それぞれの反応速度を，別の酵素で制御している．酵素と，エネルギーをやりとりする分子である ATP が，エネルギーの放出を管理している．

応用問題 イースト菌と過酸化水素（体積分率3％）を食料品店で購入する．小さじ1/8 ほどの乾燥イーストを用意し，これをグラスに入れ，大さじ1杯のぬるま湯の中で7分間ふやかす．ガラス容器の中に過酸化水素を 50 mL 注ぎ，ここにふやかしたイースト溶液を加え，容器をかき混ぜる．そうすると何が起こるか．

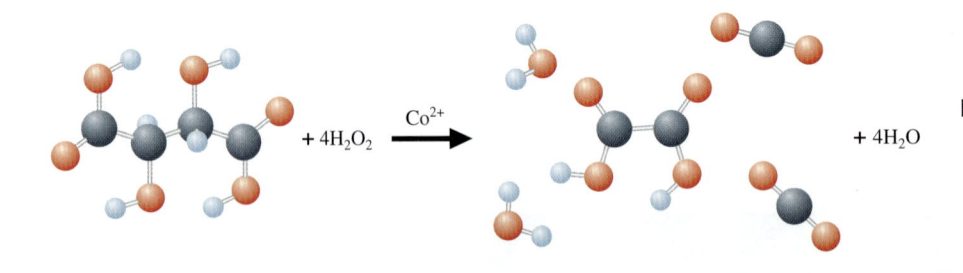

図 12.11 酒石酸の酸化．Co^{2+} 触媒のもとで，過酸化水素を用いて酒石酸を酸化すると，二酸化炭素，水，シュウ酸を生じる．

図 12.12 酒石酸と過酸化水素との反応に伴う色の変化．酒石酸，過酸化水素，Co^{2+} を混ぜると，溶液は水和した Co^{2+} に特徴的なピンク色を示す．しかし反応が進むにつれ，溶液の色はオリーブグリーンへと変化し，発泡がみられるようになる（CO$_2$ と O$_2$ が発生するため）．発泡がおさまると，溶液は元のピンク色に戻る．

1913年，Leonor Michaelis と Maud Menten は，酵素を触媒とする多くの反応のメカニズムを解明した．そのメカニズムは，彼らの名前をとってミカエリス・メンテン機構とよばれている．酵素を E，基質とよばれる反応物を S とすると，反応の第一段階では，酵素と基質の間に錯体 ES が生じる．

$$\text{E} + \text{S} \underset{k_{-1}}{\overset{k_1}{\rightleftarrows}} \text{ES} \tag{12.50}$$

錯体は 1 分子反応で分解し，生成物が生じるとともに，酵素が再生産される．

$$\text{ES} \xrightarrow{k_2} \text{E} + \text{生成物} \tag{12.51}$$

生成物を生じる速度は

$$\frac{d[\text{生成物}]}{dt} = k_2[\text{ES}] \tag{12.52}$$

で与えられる．中間体である酵素-基質錯体の濃度は，つぎのように時間に依存する．

$$\frac{d[\text{ES}]}{dt} = k_1[\text{E}][\text{S}] - k_{-1}[\text{ES}] - k_2[\text{ES}] \tag{12.53}$$

錯体形成の速度は通常遅く，したがって $d[\text{ES}]/dt = 0$ とみなせる．

$$(k_2 + k_{-1})[\text{ES}] = k_1[\text{E}][\text{S}] \tag{12.54}$$

時間によらず，酵素は，自由な酵素 E か酵素-基質体 ES のいずれかとして存在する．したがって，$[\text{E}] = [\text{E}]_0 - [\text{ES}]$ と表せる．ここで，$[\text{E}]_0$ は酵素の初期濃度である．これを式(12.54)に代入し，整理すると，

$$(k_2 + k_{-1} + k_1[\text{S}])[\text{ES}] = k_1[\text{E}]_0[\text{S}] \tag{12.55}$$

が得られる．このとき，生成物が生じる速度は，

$$\frac{d[\text{生成物}]}{dt} = \frac{k_1 k_2 [\text{E}]_0 [\text{S}]}{k_2 + k_{-1} + k_1[\text{S}]} = \frac{k_2 [\text{E}]_0 [\text{S}]}{(k_2+k_{-1})/k_1 + [\text{S}]} = \frac{k_2 [\text{E}]_0 [\text{S}]}{K_\text{M} + [\text{S}]} \tag{12.56}$$

となる．上式の定数 K_M はミカエリス定数とよばれる．

式(12.56)が示す重要な点として，基質の濃度が低い場合には，反応速度は基質の濃度に比例する．すなわち，基質に関して一次反応である．一方，基質の濃度が高い場合には，酵素は基質で飽和しており，反応速度は基質濃度に依存しない．酵素-基質相互作用が乱されると，深刻な事態をまねく．たとえば，神経ガスやヒ素を含む多くの毒は，神経の信号伝達にかかわる酵素と強く結びつくため，毒として作用する．基質が結合できないと，細胞，そして生物自体が死に至る．

不均一系触媒

工業的に使用されている触媒反応の多くは，不均一系触媒を用いている（表 12.2）．これらの触媒が反応機構とのようにかかわっているかは，多くの場合，完全にはわかっ

表 12.2 金属を触媒とする重要な工業的反応

金 属	反 応
Ni	H_2 + 不飽和炭化水素 → 飽和炭化水素
Fe	$N_2 + H_2$ → NH_3
Ag	エチレン + 酸素 → エチレンオキシド
Pt-Rh	$NH_3 + O_2$ → HNO_3
Ir-Rh	$CO + O_2$ → CO_2

ていない．ある程度反応機構がわかっている例として，エチレンの水素化と CO の酸化の二つがあげられる．エチレンの水素化の正味の反応式は，

$$\text{C}_2\text{H}_4(\text{g}) + \text{H}_2(\text{g}) \xrightarrow{\text{Pt}} \text{C}_2\text{H}_6(\text{g}) \tag{12.57}$$

であり，これは，二重結合をもつ炭化水素である不飽和炭化水素を，飽和炭化水素あるいは単結合で結ばれた単価水素に転換する典型的な反応である．不飽和炭化水素は，動脈硬化を含むさまざまな疾病において重要な役割を演じていると考えられている．化学者は，表面だけを分析できる手法を駆使して，不均一系反応の第 1 段階に対する，原子・分子レベルでの描像を得た（図 12.13）．エチレン

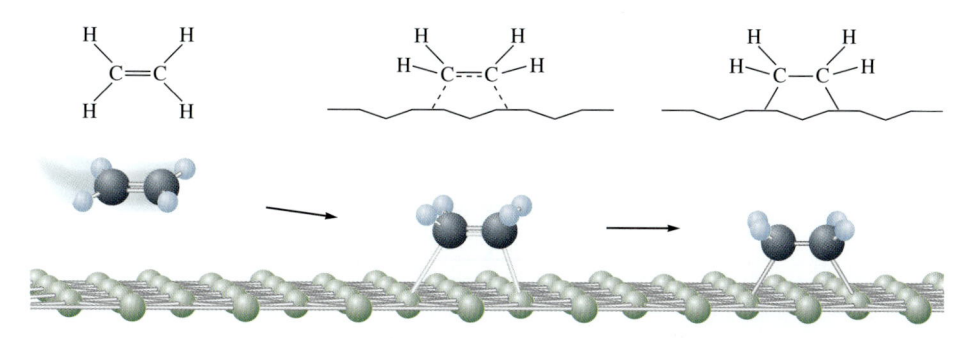

図 12.13 白金触媒上でのエチレンの水素化．反応の第 1 段階では，まずエチレンと金属表面との間に相互作用が生じ，平面型のエチレン分子は，白金表面上に"腹からダイビング"する．すると，二重結合が弱まるため，四つの水素原子は表面から遠ざかる方向へ曲がる．つづいて，二つの炭素原子と表面の金属原子との間に結合が生じ，炭素間の結合は単結合となる．このあと水素が表面に付着すると，単結合（飽和結合とよばれる）からなる飽和エチレンを生じる．

は，金属表面上に"腹からダイビング"する．金属表面の電子は，エチレン分子のπ電子雲と相互作用し，その結果，炭素原子と表面との間に化学結合ができる．こうして，C＝C 二重結合は単結合となる．二重結合の活性化が水素化の第 1 ステップである．

自動車の触媒を使った浄化器では，CO を CO_2 へと酸化する．この反応の過程で，CO は金属触媒（通常白金）表面に吸着する（図 12.14）．酸素分子もまた吸着し，原子状酸素へと解離する．解離した酸素と CO が結合し，CO_2 として脱離する．

エチレンの水素化，CO の酸化のいずれの場合にも，金属触媒の役割は，多重結合の電子と金属との相互作用を利用して，多重結合を活性化させることにある．この反応が終わると，生成物は表面から離れ，触媒は元の状態に戻る．この反応の各段階は，ほとんど理解が進んでいない．たとえば，ときに触媒は"毒"を受けて（被毒），機能を失うことがある．これは，何回もサイクルを繰返した後，触媒表面の形，そして電子構造が変化するためである．あるいは，触媒表面は，吸着分子を完全に除去しきれなくなり，他の物質が吸着する余地がなくなることもある．触媒の被毒は，大きな研究対象となっている．

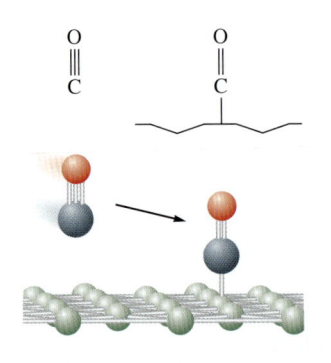

図 12.14 CO の白金上への吸着．CO を CO_2 へ酸化する反応の第 1 段階として，まず CO が触媒表面上に吸着される．同じ反応が，自動車の転換器内で起こっている．表面分析によると，CO の炭素端が白金と結合する．

基本問題 過酸化水素の分解を促進する物質として，イースト菌の酵素や臭化物イオン，生のジャガイモに含まれる酵素など，いくつかが知られている．このうち，どれが不均一系触媒か．またどれが均一系触媒か．■

例題 12.11　過酸化物を除去する

生体内の反応で，過酸化物（H_2O_2）が生じることがある．生じた過酸化物が分解されないと，生体組織に大きなダメージを与える．このようなダメージを減らすため，酵素カタラーゼが，触媒として作用し，過酸化物を水と酸素に分解する．過酸化水素が分解する反応の反応式を書け．生理学的な条件のもとでは，この反応の ΔG は約 -100 kJ mol^{-1} である．カタラーゼがないと，分解反応の活性化エネルギーは 72 kJ mol^{-1} であるが，カタラーゼが存在すると，28 kJ mol^{-1} まで低下する．触媒がない場合とある場合それぞれについて，エネルギー（ΔG）曲線を描け．

[解　法]
■ 反応物は過酸化物（H_2O_2），生成物は水と酸素分子である．
■ 全体的には，活性化障壁を乗り越えると ΔG は減少する．

[解　答]
■ $2H_2O_2(aq) \longrightarrow 2H_2O(l) + O_2(g)$
■

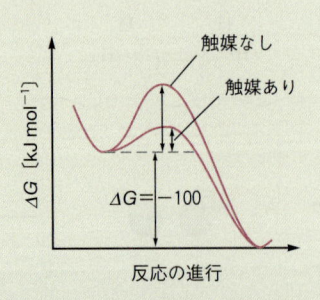

触媒がないと，過酸化物は生体内に蓄積されていき，ついには致死量にまで達してしまう．

別冊演習問題 12.75，12.76 参照

チェックリスト

重要な用語
反応速度（reaction rate, reaction velocity, p. 265）
反応速度式（rate law, rate equation, p. 265）
固有反応速度定数（specific rate constant, p. 265）
反応次数（reaction order, p. 265）
初速度法（method of initial rate, p. 267）
オストワルドの分離法（Ostwald's isolation method, p. 268）
反応機構（reaction mechanism, p. 268）
半減期（half-life, p. 270）
律速反応（rate-limiting reaction, p. 270）
反応中間体（reaction intermediate, p. 272）
定常状態（steady state, p. 272）
律速段階（rate-determining step, p. 272）
活性化障壁（activation barrier, p. 274）
活性化エネルギー（activation energy, p. 274）
アレニウスの式（Arrhenius equation, p. 274）
活性錯合体（activated complex, p. 275）
遷移状態（transition state, p. 275）
触媒（catalyst, p. 276）
均一系触媒（homogeneous catalyst, p. 277）
不均一系触媒（heterogeneous catalyst, p. 277）

重要な式

一次反応:
$$\frac{d[A]}{dt} = -k[A] \implies [A]_t = [A]_0 e^{-kt} \quad t_{1/2} = 0.693/k$$

二次反応:
$$\frac{d[A]}{dt} = -k[A]^2 \implies \frac{1}{[A]_t} - \frac{1}{[A]_0} = kt \quad t_{1/2} = \frac{1}{k[A]_0}$$

$$k = Ae^{-E_a/RT}$$

$$K = \frac{k_1}{k_{-1}} \times \frac{k_2}{k_{-2}} \times \frac{k_3}{k_{-3}} \times \cdots$$

$$\frac{d[生成物]}{dt} = \frac{k[E]_0[S]}{K_M + [S]}$$

章のまとめ

　反応速度と反応機構は，いずれも速度論で扱うべき領域である．ある反応が実際に使えるかどうかは，反応速度で決まることも多い．たとえば，エアバッグは瞬時に膨らまなければならないが，車体のさびはゆっくりと進行することが望ましい．反応機構を解明すると，反応速度を制御するには，反応条件をどのように変えたらよいかが見えてくる．

　固有反応速度定数は温度のみに依存するが，反応速度はしばしば反応物や生成物の濃度に依存する．反応速度の濃度依存性を調べれば，反応物や生成物を加えると反応速度が変化するかどうかがわかる．反応速度が，反応物でも生成物でもない物質の濃度に依存する場合がある．これらの物質は触媒とよばれる．触媒には，均一系と不均一系の2種類がある．

重要な考え方
　反応に要する時間は，律速段階にかかわる物質の濃度と温度に依存する．

理解すべき概念
■ 触媒は，反応の活性化障壁を下げ，反応速度を高める．触媒は，最終的な平衡状態には影響を与えない．

学習目標
■ 反応次数をもとに，反応速度式を書く．逆に，反応速度式から，反応次数を求める（例題 12.1）．
■ 初速度法，オストワルドの分離法を用い，反応次数を決定する（例題 12.2, 12.3）．
■ 半減期から年代を決定する．また，反応速度から半減期を求める（例題 12.4, 12.6）．
■ 実験データをもとに，反応速度定数を求める（例題 12.5, 12.7）．

付　　録

付録 A　データ集
  表 A.1　弱酸の酸解離定数（25 ℃）
  表 A.2　金属イオンの酸解離定数
  表 A.3　塩基解離定数（25 ℃）
  表 A.4　さまざまな温度における水のイオン積
  表 A.5　錯イオンの生成定数（25 ℃）
  表 A.6　気相反応の平衡定数
  表 A.7　無機化合物の溶解度積（25 ℃）
  表 A.8　元素のイオン化エネルギー
  表 A.9　標準還元電位
  表 A.10　元素の電子親和力
  表 A.11　酸化物の生成エンタルピー
  表 A.12　半導体のバンドギャップ
  表 A.13　酸化物半導体のバンドギャップ
  表 A.14　イオンの $\Delta H_{生成}$, イオン半径 r, $1/r$
  表 A.15　生　成　熱
  表 A.16　水溶液の生成熱
  表 A.17　原子化エンタルピー
  表 A.18　結晶格子エネルギー
  表 A.19　熱　容　量
  表 A.20　燃　焼　熱
  表 A.21　化学結合（一重結合）のイオン性
  表 A.22　マーデルング定数
  表 A.23　酸化物の密度
付録 B　基本物理定数
付録 C　単位の換算表
付録 D　元素の一覧

表 A.1　弱酸の酸解離定数 (25 ℃)

酸	反応	K_a
アジ化水素酸	$HN_3(aq) + H_2O \rightarrow H_3O^+(aq) + N_3^-(aq)$	1.9×10^{-5}
安息香酸	$C_6H_5COOH(aq) + H_2O \rightarrow H_3O^+(aq) + C_6H_5COO^-(aq)$	6.46×10^{-5}
次亜塩素酸	$HOCl(aq) + H_2O \rightarrow H_3O^+(aq) + OCl^-(aq)$	2.95×10^{-8}
過酸化水素	$H_2O_2(aq) + H_2O \rightarrow H_3O^+(aq) + HO_2^-(aq)$	2.4×10^{-12}
ギ酸	$HCOOH(aq) + H_2O \rightarrow H_3O^+(aq) + HCOO^-(aq)$	1.77×10^{-4}
クエン酸	$C_3H_5O(COOH)_3(aq) + H_2O \rightarrow H_3O^+(aq) + C_4H_5O_3(COOH)_2^-(aq)$	$7.1 \times 10^{-4} = K_1$
	$C_4H_5O_3(COOH)_2^-(aq) + H_2O \rightarrow H_3O^+(aq) + C_5H_5O_5(COOH)^{2-}(aq)$	$1.68 \times 10^{-5} = K_2$
	$C_5H_5O_5(COOH)^{2-}(aq) + H_2O \rightarrow H_3O^+(aq) + C_6H_5O_7^{3-}(aq)$	$4.0 \times 10^{-7} = K_3$
クロム酸	$H_2CrO_4(aq) + H_2O \rightarrow H_3O^+(aq) + HCrO_4^-(aq)$	$1.8 \times 10^{-1} = K_1$
	$HCrO_4^-(aq) + H_2O \rightarrow H_3O^+(aq) + CrO_4^{2-}(aq)$	$3.2 \times 10^{-7} = K_2$
酢酸	$CH_3COOH(aq) + H_2O \rightarrow H_3O^+(aq) + CH_3COO^-(aq)$	1.76×10^{-5}
シアン化水素酸	$HCN(aq) + H_2O \rightarrow H_3O^+(aq) + CN^-(aq)$	4.93×10^{-10}
シアン酸	$HOCN(aq) + H_2O \rightarrow H_3O^+(aq) + OCN^-(aq)$	3.5×10^{-4}
シュウ酸	$(COOH)_2(aq) + H_2O \rightarrow H_3O^+(aq) + COOCOOH^-(aq)$	$5.9 \times 10^{-2} = K_1$
	$COOCOOH^-(aq) + H_2O \rightarrow H_3O^+(aq) + (COO)_2^{2-}(aq)$	$6.4 \times 10^{-5} = K_2$
次亜臭素酸	$HOBr(aq) + H_2O \rightarrow H_3O^+(aq) + OBr^-(aq)$	2.06×10^{-9}
亜硝酸	$HNO_2(aq) + H_2O \rightarrow H_3O^+(aq) + NO_2^-(aq)$	4.5×10^{-4}
セレン酸	$H_2SeO_4(aq) + H_2O \rightarrow H_3O^+(aq) + HSeO_4^-(aq)$	非常に大きい $= K_1$
	$HSeO_4^-(aq) + H_2O \rightarrow H_3O^+(aq) + SeO_4^{2-}(aq)$	$1.2 \times 10^{-2} = K_2$
亜セレン酸	$H_2SeO_3(aq) + H_2O \rightarrow H_3O^+(aq) + HSeO_3^-(aq)$	$3.5 \times 10^{-2} = K_1$
	$HSeO_3^-(aq) + H_2O \rightarrow H_3O^+(aq) + SeO_3^{2-}(aq)$	$4.9 \times 10^{-8} = K_2$
炭酸	$H_2CO_3(aq) + H_2O \rightarrow H_3O^+(aq) + HCO_3^-(aq)$	$4.3 \times 10^{-7} = K_1$
	$HCO_3^-(aq) + H_2O \rightarrow H_3O^+(aq) + CO_3^{2-}(aq)$	$5.6 \times 10^{-11} = K_2$
亜テルル酸	$H_2TeO_3(aq) + H_2O \rightarrow H_3O^+(aq) + HTeO_3^-(aq)$	$3.3 \times 10^{-3} = K_1$
	$HTeO_3^-(aq) + H_2O \rightarrow H_3O^+(aq) + TeO_3^{2-}(aq)$	$2 \times 10^{-8} = K_2$
ヒ酸	$H_3AsO_4(aq) + H_2O \rightarrow H_3O^+(aq) + H_2AsO_4^-(aq)$	$5.62 \times 10^{-3} = K_1$
	$H_2AsO_4^-(aq) + H_2O \rightarrow H_3O^+(aq) + HAsO_4^{2-}(aq)$	$1.7 \times 10^{-7} = K_2$
	$HAsO_4^{2-}(aq) + H_2O \rightarrow H_3O^+(aq) + AsO_4^{3-}(aq)$	$3.95 \times 10^{-12} = K_3$
亜ヒ酸	$H_3AsO_3(aq) + H_2O \rightarrow H_3O^+(aq) + H_2AsO_3^-(aq)$	$6.0 \times 10^{-10} = K_1$
	$H_2AsO_3^-(aq) + H_2O \rightarrow H_3O^+(aq) + HAsO_3^{2-}(aq)$	$3.0 \times 10^{-14} = K_2$
フェノール	$C_6H_5OH(aq) + H_2O \rightarrow H_3O^+(aq) + C_6H_5O^-(aq)$	1.28×10^{-10}
フッ化水素酸	$HF(aq) + H_2O \rightarrow H_3O^+(aq) + F^-(aq)$	3.53×10^{-4}
プロピオン酸	$C_2H_5COOH(aq) + H_2O \rightarrow H_3O^+(aq) + C_2H_5COO^-(aq)$	1.34×10^{-5}
ホウ酸	$B(OH)_3(aq) + H_2O \rightarrow H_3O^+(aq) + BO(OH)_2^-(aq)$	$7.3 \times 10^{-10} = K_1$
	$BO(OH)_2^-(aq) + H_2O \rightarrow H_3O^+(aq) + BO_2(OH)^{2-}(aq)$	$1.8 \times 10^{-13} = K_2$
	$BO_2(OH)^{2-}(aq) + H_2O \rightarrow H_3O^+(aq) + BO_3^{3-}(aq)$	$1.6 \times 10^{-14} = K_3$
次亜ヨウ素酸	$HOI(aq) + H_2O \rightarrow H_3O^+(aq) + OI^-(aq)$	2.3×10^{-11}
硫化水素酸	$H_2S(aq) + H_2O \rightarrow H_3O^+(aq) + HS^-(aq)$	$9.1 \times 10^{-8} = K_1$
	$HS^-(aq) + H_2O \rightarrow H_3O^+(aq) + S^{2-}(aq)$	$1.1 \times 10^{-12} = K_2$
硫酸	$H_2SO_4(aq) + H_2O \rightarrow H_3O^+(aq) + HSO_4^-(aq)$	非常に大きい $= K_1$
	$HSO_4^-(aq) + H_2O \rightarrow H_3O^+(aq) + SO_4^{2-}(aq)$	$1.2 \times 10^{-2} = K_2$
亜硫酸	$H_2SO_3(aq) + H_2O \rightarrow H_3O^+(aq) + HSO_3^-(aq)$	$1.54 \times 10^{-2} = K_1$
	$HSO_3^-(aq) + H_2O \rightarrow H_3O^+(aq) + SO_3^{2-}(aq)$	$1.02 \times 10^{-7} = K_2$
リン酸	$H_3PO_4(aq) + H_2O \rightarrow H_3O^+(aq) + H_2PO_4^-(aq)$	$7.52 \times 10^{-3} = K_1$
	$H_2PO_4^-(aq) + H_2O \rightarrow H_3O^+(aq) + HPO_4^{2-}(aq)$	$6.23 \times 10^{-8} = K_2$
	$HPO_4^{2-}(aq) + H_2O \rightarrow H_3O^+(aq) + PO_4^{3-}(aq)$	$2.2 \times 10^{-13} = K_3$
亜リン酸	$H_3PO_3(aq) + H_2O \rightarrow H_3O^+(aq) + H_2PO_3^-(aq)$	$1.0 \times 10^{-2} = K_1$
	$H_2PO_3^-(aq) + H_2O \rightarrow H_3O^+(aq) + HPO_3^{2-}(aq)$	$2.6 \times 10^{-7} = K_2$

表 A.2 金属イオンの酸解離定数

イオン	K_a	イオン	K_a
$Fe^{3+}(aq)$	6×10^{-3}	$Cu^{2+}(aq)$	3×10^{-8}
$Sn^{2+}(aq)$	4×10^{-4}	$Pb^{2+}(aq)$	3×10^{-8}
$Cr^{3+}(aq)$	1×10^{-4}	$Zn^{2+}(aq)$	1×10^{-9}
$Al^{3+}(aq)$	1×10^{-5}	$Co^{2+}(aq)$	2×10^{-10}
$Be^{2+}(aq)$	4×10^{-6}	$Ni^{2+}(aq)$	1×10^{-10}

表 A.3 塩基解離定数 (25 °C)

塩基	反応	K_b
アニリン	$C_6H_5NH_2(aq) + H_2O \rightarrow C_6H_5NH_3^+(aq) + OH^-(aq)$	4.27×10^{-10}
アンモニア	$NH_3(aq) + H_2O \rightarrow NH_4^+(aq) + OH^-(aq)$	1.79×10^{-5}
エチレンジアミン	$H_2N(CH_2)_2NH_2(aq) + H_2O \rightarrow H_2N(CH_2)_2NH_3^+(aq) + OH^-(aq)$	$5.15 \times 10^{-4} = K_1$
	$H_2N(CH_2)_2NH_3^+(aq) + H_2O \rightarrow H_3N(CH_2)_2NH_3^{2+}(aq) + OH^-(aq)$	$3.66 \times 10^{-7} = K_2$
ジエチルアミン	$(C_2H_5)_2NH(aq) + H_2O \rightarrow (C_2H_5)_2NH_2^+(aq) + OH^-(aq)$	3.1×10^{-4}
ジメチルアミン	$(CH_3)_2NH(aq) + H_2O \rightarrow (CH_3)_2NH_2^+(aq) + OH^-(aq)$	5.4×10^{-4}
トリエチルアミン	$(C_2H_5)_3N(aq) + H_2O \rightarrow (C_2H_5)_3NH^+(aq) + OH^-(aq)$	1.02×10^{-3}
トリメチルアミン	$(CH_3)_3N(aq) + H_2O \rightarrow (CH_3)_3NH^+(aq) + OH^-(aq)$	6.45×10^{-5}
ヒドラジン	$N_2H_4(aq) + H_2O \rightarrow N_2H_5^+(aq) + OH^-(aq)$	$1.7 \times 10^{-6} = K_1$
	$N_2H_5^+(aq) + H_2O \rightarrow N_2H_6^{2+}(aq) + OH^-(aq)$	$8.9 \times 10^{-16} = K_2$
ピリジン	$C_5H_5N(aq) + H_2O \rightarrow C_5H_5NH^+(aq) + OH^-(aq)$	1.77×10^{-9}
ヒドロキシルアミン	$NH_2OH(aq) + H_2O \rightarrow NH_3OH^+(aq) + OH^-(aq)$	1.07×10^{-8}
メチルアミン	$CH_3NH_2(aq) + H_2O \rightarrow CH_3NH_3^+(aq) + OH^-(aq)$	4.5×10^{-4}

表 A.4 さまざまな温度における水のイオン積

水の反応	$2H_2O \rightarrow H_3O^+(aq) + OH^-(aq)$
温度 (°C)	K_w
0	1.13×10^{-15}
10	2.92×10^{-15}
25	1.00×10^{-14}
37 (体温)	2.38×10^{-14}
45	4.02×10^{-14}
60	9.6×10^{-14}

表 A.5 錯イオンの生成定数 (25 ℃)

錯体	生成定数	反応
$[AgBr_2]^-$	1.3×10^7	$Ag^+ + 2Br^- \to [AgBr_2]^-$
$[AgCl_2]^-$	2.5×10^5	$Ag^+ + 2Cl^- \to [AgCl_2]^-$
$[Ag(CN)_2]^-$	5.6×10^{18}	$Ag^+ + 2CN^- \to [Ag(CN)_2]^-$
$[AgEDTA]^{3-}$	2.1×10^7	$Ag^+ + EDTA^{4-} \to [AgEDTA]^{3-}$
$[Ag(en)]^+$	1.0×10^4	$Ag^+ + en \to [Ag(en)]^+$
$[Ag(NH_3)_2]^+$	1.6×10^7	$Ag^+ + 2NH_3 \to [Ag(NH_3)_2]^+$
$[Ag(SO_3)_2]^{3-}$	3.3×10^7	$Ag^+ + 2SO_3^{2-} \to [Ag(SO_3)_2]^{3-}$
$[Ag(S_2O_3)_2]^{3-}$	1.6×10^{13}	$Ag^+ + 2S_2O_3^{2-} \to [Ag(S_2O_3)_2]^{3-}$
$[AlEDTA]^-$	1.3×10^{16}	$Al^{3+} + EDTA^{4-} \to [AlEDTA]^-$
$[AlF_6]^{3-}$	5.0×10^{23}	$Al^{3+} + 6F^- \to [AlF_6]^{3-}$
$[Al(OH)_4]^-$	7.7×10^{33}	$Al^{3+} + 4OH^- \to [Al(OH)_4]^-$
$[Au(CN)_2]^-$	2.0×10^{38}	$Au^{3+} + 2CN^- \to [Au(CN)_2]^-$
$[CaEDTA]^{2-}$	5.0×10^{10}	$Ca^{2+} + EDTA^{4-} \to [CaEDTA]^{2-}$
$[Cd(CN)_4]^{2-}$	1.3×10^{17}	$Cd^{2+} + 4CN^- \to [Cd(CN)_4]^{2-}$
$[CdCl_4]^{2-}$	1.0×10^4	$Cd^{2+} + 4Cl^- \to [Cd(Cl)_4]^{2-}$
$[Cd(NH_3)_4]^{2+}$	1.0×10^7	$Cd^{2+} + 4NH_3 \to [Cd(NH_3)_4]^{2+}$
$[Co(CN)_6]^{4-}$	1.3×10^{19}	$Co^{2+} + 6CN^- \to [Co(CN)_6]^{4-}$
$[Co(en)_3]^{2+}$	6.7×10^{13}	$Co^{2+} + 3en \to [Co(en)_3]^{+2}$
$[Co(en)_3]^{3+}$	5×10^{48}	$Co^{3+} + 3en \to [Co(en)_3]^{+3}$
$[Co(NH_3)_6]^{2+}$	7.7×10^4	$Co^{2+} + 6NH_3 \to [Co(NH_3)_6]^{+2}$
$[Co(NH_3)_6]^{3+}$	5×10^{33}	$Co^{3+} + 6NH_3 \to [Co(NH_3)_6]^{+3}$
Co_2EDTA	2×10^{16}	$2Co^{2+} + EDTA^{4-} \to Co_2EDTA$
$[Cu(CN)_2]^-$	1.0×10^{17}	$Cu^+ + 2CN^- \to [Cu(CN)_2]^-$
$[Cu(C_2O_4)_2]^{2-}$	2.1×10^{10}	$Cu^{2+} + 2C_2O_4^{2-} \to [Cu(C_2O_4)_2]^{2-}$
$[CuCl_2]^-$	1.0×10^4	$Cu^+ + 2Cl^- \to [Cu(Cl)_2]^-$
$[CuEDTA]^{2-}$	6.3×10^{18}	$Cu^{2+} + EDTA^{4-} \to [CuEDTA]^{2-}$
$[Cu(NH_3)_2]^+$	7.1×10^{10}	$Cu^+ + 2NH_3 \to [Cu(NH_3)_2]^+$
$[Cu(en)_2]^{2+}$	4.4×10^{18}	$Cu^{2+} + 2en \to [Cu(en)_2]^{2+}$
$[Cu(NH_3)_4]^{2+}$	1.1×10^{12}	$Cu^{2+} + 4NH_3 \to [Cu(NH_3)_4]^{2+}$
$[Fe(CN)_6]^{4-}$	7.7×10^{36}	$Fe^{2+} + 6CN^- \to [Fe(CN)_6]^{4-}$
$[Fe(CN)_6]^{3-}$	7.7×10^{43}	$Fe^{3+} + 6CN^- \to [Fe(CN)_6]^{3-}$
$[Fe(C_2O_4)_3]^{3-}$	1.7×10^{20}	$Fe^{3+} + 3C_2O_4^{2-} \to [Fe(C_2O_4)_3]^{3-}$
$[FeEDTA]^{2-}$	2.1×10^{14}	$Fe^{2+} + EDTA^{4-} \to [FeEDTA]^{2-}$
$[FeEDTA]^-$	1.3×10^{25}	$Fe^{3+} + EDTA^{4-} \to [FeEDTA]^-$
$[FeF_6]^{3-}$	2×10^{15}	$Fe^{3+} + 6F^- \to [FeF_6]^{3-}$
$[FeSCN]^{2+}$	1×10^3	$Fe^{3+} + SCN^- \to [FeSCN]^{2+}$
$[HgBr_4]^{2-}$	4.3×10^{21}	$Hg^{2+} + 4Br^- \to [HgBr_4]^{2-}$
$[Hg(CN)_4]^{2-}$	2.5×10^{41}	$Hg^{2+} + 4CN^- \to [Hg(CN)_4]^{2-}$
$[HgCl_4]^{2-}$	1.2×10^{16}	$Hg^{2+} + 4Cl^- \to [Hg(Cl)_4]^{2-}$
$[HgEDTA]^{2-}$	6.3×10^{21}	$Hg^{2+} + EDTA^{4-} \to [HgEDTA]^{2-}$
$[HgI_4]^{2-}$	1.9×10^{20}	$Hg^{2+} + 4I^- \to [HgI_4]^{2-}$
$[MgEDTA]^{2-}$	4.9×10^8	$Mg^{2+} + EDTA^{4-} \to [MgEDTA]^{2-}$
$[MnEDTA]^{2-}$	6.2×10^{13}	$Mn^{2+} + EDTA^{4-} \to [MnEDTA]^{2-}$
$[Ni(CN)_4]^{2-}$	1.0×10^{31}	$Ni^{2+} + 4CN^- \to [Ni(CN)_4]^{2-}$
$[NiEDTA]^{2-}$	4.2×10^{18}	$Ni^{2+} + EDTA^{4-} \to [NiEDTA]^{2-}$
$[Ni(en)_3]^{2+}$	2×10^{18}	$Ni^{2+} + 3en \to [Ni(en)_3]^{2+}$
$[Ni(NH_3)_6]^{2+}$	4.07×10^8	$Ni^{2+} + 6NH_3 \to [Ni(NH_3)_6]^{2+}$
$[Pb(CH_3COO)_4]^{2-}$	1.2×10^2	$Pb^{2+} + 4CH_3COO^- \to [Pb(CH_3COO)_4]^{2-}$
$[Pb(CN)_4]^{2-}$	2×10^{10}	$Pb^{2+} + 4CN^- \to [Pb(CN)_4]^{2-}$
$[PbCl_3]^-$	2.4×10^1	$Pb^{2+} + 3Cl^- \to [PbCl_3]^-$
$[PbEDTA]^{2-}$	1.1×10^{18}	$Pb^{2+} + EDTA^{4-} \to [PbEDTA]^{2-}$
$[PbI_3]^-$	2.8×10^5	$Pb^{2+} + 3I^- \to [PbI_3]^-$
$[SnCl_4]^{2-}$	3.1×10^1	$Sn^{2+} + 4Cl^- \to [SnCl_4]^{2-}$
$[SnF_6]^{2-}$	1×10^{18}	$Sn^{4+} + 6F^- \to [SnF_6]^{2-}$
$[Zn(CN)_4]^{2-}$	7.7×10^{16}	$Zn^{2+} + 4CN^- \to [Zn(CN)_4]^{2-}$
$[Zn(OH)_4]^{2-}$	2.8×10^{16}	$Zn^{2+} + 4OH^- \to [Zn(OH)_4]^{2-}$
$[Zn(NH_3)_4]^{2+}$	2.9×10^{10}	$Zn^{2+} + 4NH_3 \to [Zn(NH_3)_4]^{2+}$

注:水溶液中の金属イオンは常に水と配位している.ここに示した反応では,水は省略してある.

表 A.6 気相反応の平衡定数

	T	K_c	K_p
$N_2 + 3H_2 \rightarrow 2NH_3$	300 °C	9.60	4.34×10^{-3}
$2SO_3 \rightarrow 2SO_2 + O_2$	1000 K	4.08×10^{-3}	0.355
$CO + Cl_2 \rightarrow COCl_2$	100 °C	4.57×10^9	
$N_2 + O_2 \rightarrow 2NO$	25 °C	1×10^{-30}	1×10^{-30}
$H_2 + I_2(g) \rightarrow 2HI$	298 K	794	
$H_2 + I_2(g) \rightarrow 2HI$	700 K	54	
$N_2O_4 \rightarrow 2NO_2$	100 °C	0.212	
$2NO_2 \rightarrow N_2O_4$	100 °C	4.72	
$2NO_2 \rightarrow N_2O_4$	25 °C	164.8	

表 A.7 無機化合物の溶解度積 (25 °C)

化合物	K_{sp}	化合物	K_{sp}	化合物	K_{sp}
Ag_3AsO_4	1.1×10^{-20}	CuCN	3.2×10^{-20}	$NiCO_3$	6.6×10^{-9}
AgBr	3.3×10^{-13}	$CuCO_3$	2.5×10^{-10}	$Ni(CN)_2$	3.0×10^{-23}
AgCl	1.8×10^{-10}	$Cu_2[Fe(CN)_6]$	1.3×10^{-16}	$Ni(OH)_2$	2.8×10^{-16}
AgCN	1.2×10^{-16}	CuI	5.1×10^{-12}	$NiS(\alpha)$	3.0×10^{-21}
Ag_2CO_3	8.1×10^{-12}	Cu_2O	1.0×10^{-14}	$NiS(\beta)$	1.0×10^{-26}
Ag_2CrO_4	9.0×10^{-12}	$Cu(OH)_2$	1.6×10^{-19}	$NiS(\gamma)$	2.0×10^{-28}
$Ag_4[Fe(CN)_6]$	1.6×10^{-41}	CuS	8.7×10^{-36}	$Pb_3(AsO_4)_2$	4.1×10^{-36}
Ag_2O	2.0×10^{-8}	Cu_2S	1.6×10^{-48}	$PbBr_2$	6.3×10^{-6}
AgI	1.5×10^{-16}	CuSCN	1.6×10^{-11}	$PbCl_2$	1.7×10^{-5}
$AgIO_3$	3×10^{-8}	$FeCO_3$	3.5×10^{-11}	$PbCO_3$	1.5×10^{-13}
Ag_3PO_4	1.3×10^{-20}	$Fe_4[Fe(CN)_6]_3$	3.0×10^{-41}	$PbCrO_4$	1.8×10^{-14}
Ag_2S	1.0×10^{-49}	$Fe(OH)_2$	7.9×10^{-15}	PbF_2	3.7×10^{-8}
AgSCN	1.0×10^{-12}	$Fe(OH)_3$	6.3×10^{-38}	PbI_2	8.7×10^{-9}
Ag_2SO_3	1.5×10^{-14}	FeS	4.9×10^{-18}	$Pb(OH)_2$	2.8×10^{-16}
Ag_2SO_4	1.7×10^{-5}	Fe_2S_3	1.4×10^{-88}	$Pb_3(PO_4)_2$	3.0×10^{-44}
$Al(OH)_3$	3.7×10^{-32}	Hg_2Br_2	1.3×10^{-22}	PbS	8.4×10^{-28}
$AlPO_4$	1.3×10^{-20}	Hg_2Cl_2	1.1×10^{-18}	$PbSeO_4$	1.5×10^{-7}
AuBr	5.0×10^{-17}	$Hg(CN)_2$	3.0×10^{-23}	$PbSO_4$	1.8×10^{-8}
$AuBr_3$	4.0×10^{-36}	Hg_2CO_3	8.9×10^{-17}	SnI_2	1.0×10^{-4}
AuCl	2.0×10^{-13}	Hg_2CrO_4	5.0×10^{-9}	$Sn(OH)_2$	2.0×10^{-26}
$AuCl_3$	3.2×10^{-25}	HgI_2	4.0×10^{-29}	$Sn(OH)_4$	1.0×10^{-57}
AuI	1.6×10^{-23}	Hg_2I_2	4.5×10^{-29}	SnS	1.0×10^{-28}
AuI_3	1.0×10^{-46}	$Hg(OH)_2$	2.5×10^{-26}	SnS_2	1.0×10^{-70}
$Au(OH)_3$	1.0×10^{-53}	$Hg_2O \cdot H_2O$	1.6×10^{-23}	$Sr_3(AsO_4)_2$	1.3×10^{-18}
$BaCO_3$	8.1×10^{-9}	HgS	3.0×10^{-53}	$SrCO_3$	9.4×10^{-10}
$BaSO_4$	1.08×10^{-10}	Hg_2S	5.8×10^{-44}	$SrC_2O_4 \cdot 2H_2O$	5.6×10^{-8}
$CaCO_3$	1.0×10^{-8}	Hg_2SO_4	6.8×10^{-7}	$SrCrO_4$	3.6×10^{-5}
$Ca(OH)_2$	5.02×10^{-6}	$Mg_3(AsO_4)_2$	2.1×10^{-20}	$Sr(OH)_2 \cdot 8H_2O$	3.2×10^{-4}
$Ca_3(PO_4)_2$	1.0×10^{-25}	$MgCO_3 \cdot 3H_2O$	4.0×10^{-5}	$Sr_3(PO_4)_2$	1.0×10^{-31}
$CaSO_4$	2.45×10^{-5}	MgC_2O_4	8.6×10^{-5}	$SrSO_3$	4.0×10^{-8}
$Cd_3(AsO_4)_2$	2.2×10^{-32}	MgF_2	6.4×10^{-9}	$SrSO_4$	2.8×10^{-7}
$Cd(CN)_2$	1.0×10^{-8}	$Mg(OH)_2$	1.5×10^{-11}	$Zn_3(AsO_4)_2$	1.1×10^{-27}
$CdCO_3$	2.5×10^{-14}	$MgNH_4PO_4$	2.5×10^{-12}	$ZnCO_3$	1.5×10^{-11}
$Cd(OH)_2$	1.2×10^{-14}	$Mn_3(AsO_4)_2$	1.9×10^{-11}	$Zn(CN)_2$	8.0×10^{-12}
CdS	3.6×10^{-29}	$MnCO_3$	1.8×10^{-11}	$Zn_2[Fe(CN)_6]$	4.1×10^{-16}
Co_2S_3	2.6×10^{-124}	$Mn(OH)_2$	4.6×10^{-14}	$Zn(OH)_2$	4.5×10^{-17}
$Cu_3(AsO_4)_2$	7.6×10^{-36}	$Mn(OH)_3$	$\sim 1.0 \times 10^{-36}$	$Zn_3(PO_4)_2$	9.1×10^{-33}
CuBr	5.3×10^{-9}	MnS	5.1×10^{-15}	ZnS	1.1×10^{-21}
CuCl	1.9×10^{-7}	$Ni_3(AsO_4)_2$	1.9×10^{-26}		

表 A.8　元素のイオン化エネルギー

原子番号		価電子配置	I	II	III	IV	V	VI	VII	VIII
1	H	$1s^1$	13.595							
2	He	$1s^2$	24.580	54.40						
3	Li	$2s^1$	5.390	75.6193	122.420					
4	Be	$2s^2$	9.320	18.206	153.850	217.657				
5	B	$2s^22p^1$	8.296	25.149	37.920	259.298	340.127			
6	C	$2s^22p^2$	11.264	24.376	47.864	64.476	391.99	489.84		
7	N	$2s^22p^3$	14.54	29.605	47.426	77.450	97.863	551.925	666.83	
8	O	$2s^22p^4$	13.614	35.146	54.934	77.394	113.873	138.080	739.114	871.12
9	F	$2s^22p^5$	17.42	34.98	62.646	87.23	114.214	157.117	185.139	953.6
10	Ne	$2s^22p^6$	21.559	41.07	64	97.16	126.4	157.91		
11	Na	$3s^1$	5.138	47.29	71.65	98.88	138.6	172.36	208.44	264.155
12	Mg	$3s^2$	7.644	15.03	80.12	109.29	141.23	186.86	225.31	265.97
13	Al	$3s^23p^1$	5.984	18.823	28.44	119.96	153.77	190.42	241.93	285.13
14	Si	$3s^23p^2$	8.149	16.34	33.46	45.13	166.73	205.11	246.41	303.87
15	P	$3s^23p^3$	11.0	19.65	30.156	51.354	65.007	220.414	263.31	309.26
16	S	$3s^23p^4$	10.357	23.4	35.0	47.29	72.5	88.029	380.99	328.80
17	Cl	$3s^23p^5$	13.01	23.80	39.90	53.5	67.80	96.7	114.27	348.3
18	Ar	$3s^23p^6$	15.755	27.62	40.90	59.79	75.0	91.3	124.0	143.46
19	K	$4s$	4.339	31.81	46	60.90		99.7	118	155
20	Ca	$4s^2$	6.111	11.87	51.21	67	84.39		128	147
21	Sc	$3d^14s^2$	6.56	12.98	24.75	73.9	92	111.1		159
22	Ti	$3d^24s^2$	6.83	13.57	28.14	43.24	99.8	120	140.8	
23	V	$3d^34s^2$	6.74	14.65	29.7	48	65.2	128.9	151	173.7
24	Cr	$3d^54s^1$	6.76	16.49	~31	~50	~73			
25	Mn	$3d^54s^2$	7.43	15.64	~32	~52	~76			
26	Fe	$3d^64s^2$	7.90	16.18						
27	Co	$3d^74s^2$	7.86	17.05						
28	Ni	$3d^84s^2$	7.63	18.15						
29	Cu	$3d^{10}4s^1$	7.72	20.29	29.5					
30	Zn	$3d^{10}4s^2$	9.39	17.96	40.0					
31	Ga	$3d^{10}4s^23p^1$	6.00	20.51	30.6	63.8				
32	Ge	$3d^{10}4s^23p^2$	7.88	15.93	34.07	45.5	93.0			
33	As	$3d^{10}4s^23p^3$	9.81	20.2	28.0	49.9	62.5			
34	Se	$3d^{10}4s^23p^4$	9.75	21.5	33.9	52.7	72.8	81.4		
35	Br	$3d^{10}4s^23p^5$	11.84	21.6	25.7	~50				
36	Kr	$3d^{10}4s^23p^6$	14.00	24.56	36.8	~68				
37	Rb	$5s^1$	4.18	27.5	~47	~80				
38	Sr	$5s^2$	5.69	11.03						
39	Y	$4d^15s^2$	6.38	12.23	20.4					
40	Zr	$4d^25s^2$	6.84	12.92	24.00	33.8				
41	Nb	$4d^45s^1$	6.88	13.90	24.2					
42	Mo	$4d^55s^1$	7.13	15.72						
43	Tc	$4d^55s^2$	7.23	14.87						
44	Ru	$4d^75s^1$	7.36	16.60						
45	Rh	$4d^85s^1$	7.46	15.92						
46	Pd	$4d^{10}5s^0$	8.33	19.42						

(つづき)

原子番号		価電子配置	I	II	III	IV	V	VI	VII	VIII
47	Ag	$4d^{10}5s^1$	7.57	21.48	35.9					
48	Cd	$4d^{10}5s^2$	8.99	16.90	38					
49	In	$4d^{10}5s^24p^1$	5.78	18.83	27.9	57.8				
50	Sn	$4d^{10}5s^24p^2$	7.33	14.63	30.5	39.4	80.7			
51	Sb	$4d^{10}5s^24p^3$	8.64	19	24.7	44.0	55.5			
52	Te	$4d^{10}5s^24p^4$	9.01	21.5	30.5	37.7	60.0	~72		
53	I	$4d^{10}5s^24p^5$	10.44	19.0						
54	Xe	$4d^{10}5s^24p^6$	12.13	21.21	32.0	~46	~76			
55	Cs	$6s^1$	3.89	25.1	~35	~51	~58			
56	Ba	$6s^2$	5.21	10.00						
57	La	$5d^16s^2$	5.61	11.43	20.4					
72	Hf	$5d^24f^{14}6s^2$	5.5	14.9						
73	Ta	$5d^34f^{14}6s^2$	7.7							
74	W	$5d^44f^{14}6s^2$	7.98							
75	Re	$5d^54f^{14}6s^2$	7.87							
76	Os	$5d^64f^{14}6s^2$	8.7							
77	Ir	$5d^74f^{14}6s^2$	9.2							
78	Pt	$5d^94f^{14}6s^1$	9.0	18.56	34.5	~72	~82			
79	Au	$5d^{10}4f^{14}6s^1$	9.22	20.5	29.7	50.5				
80	Hg	$5d^{10}4f^{14}6s^2$	10.43	18.75	31.9	42.11	69.4			
81	Tl	$5d^{10}4f^{14}6s^25p^1$	6.11	20.42	25.42	45.1	55.7			
82	Pb	$5d^{10}4f^{14}6s^25p^2$	7.42	15.03						
83	Bi	$5d^{10}4f^{14}6s^25p^3$	7.29	19.3						
84	Po	$5d^{10}4f^{14}6s^25p^4$	8.43							
85	At	$5d^{10}4f^{14}6s^25p^5$								
86	Rn	$5d^{10}4f^{14}6s^25p^6$	10.74							
87	Fr	$7s^1$								
88	Ra	$7s^2$	5.28	10.14						

表 A.9　標準還元電位

還元半反応	$E°$ (V)	還元半反応	$E°$ (V)
$F_2 + 2e^- \rightarrow 2F^-$	+2.87	$Fe^{3+} + 3e^- \rightarrow Fe$	−0.036
$NiO_2 + 4H^+ + 2e^- \rightarrow Ni^{2+} + 2H_2O$	+1.93	$Pb^{2+} + 2e^- \rightarrow Pb$	−0.1263
$PbO_2 + SO_4^{2-} + 4H^+ + 2e^- \rightarrow PbSO_4 + 2H_2O$	+1.685	$Sn^{2+} + 2e^- \rightarrow Sn$	−0.1364
$2HOCl + 2H^+ + 2e^- \rightarrow Cl_2 + 2H_2O$	+1.63	$AgI + e^- \rightarrow Ag + I^-$	−0.1519
$2HOBr + 2H^+ + 2e^- \rightarrow Br_2 + 2H_2O$	+1.59	$Cu(OH)_2 + 2e^- \rightarrow Cu + 2OH^-$	−0.224
$Mn_2O_3 + 6H^+ + 2e^- \rightarrow 2Mn^{2+} + 3H_2O$	+1.485	$Ni^{2+} + 2e^- \rightarrow Ni$	−0.23
$2HOI + 2H^+ + 2e^- \rightarrow I_2 + 2H_2O$	+1.45	$V_2O_5 + 10H^+ + 10e^- \rightarrow 2V + 5H_2O$	−0.242
$Au^{3+} + 3e^- \rightarrow Au$	+1.42	$PbSO_4 + 2e^- \rightarrow Pb + SO_4^{2-}$	−0.356
$Cl_2(g) + 2e^- \rightarrow 2Cl^-$	+1.3583	$Cd^{2+} + 2e^- \rightarrow Cd$	−0.4026
$O_2 + 4H^+ + 4e^- \rightarrow 2H_2O$	+1.229	$Fe^{2+} + 2e^- \rightarrow Fe$	−0.409
$Pt^{2+} + 2e^- \rightarrow Pt$	+1.2	$PbO + H_2O + 2e^- \rightarrow Pb + 2OH^-$	−0.576
$Br_2(aq) + 2e^- \rightarrow 2Br^-$	+1.087	$Ni(OH)_2 + 2e^- \rightarrow Ni + 2OH^-$	−0.66
$Br_2(l) + 2e^- \rightarrow 2Br^-$	+1.065	$Ag_2S + 2e^- \rightarrow 2Ag + S^{2-}$	−0.7051
$Hg^{2+} + 2e^- \rightarrow Hg$	+0.851	$2MnO_2(s) + 2e^- + H_2O \rightarrow Mn_2O_3(s) + 2OH^-$	−0.73
$Ag^+ + e^- \rightarrow Ag$	+0.7996	$Cr^{3+} + 3e^- \rightarrow Cr$	−0.74
$Fe^{3+} + e^- \rightarrow Fe^{2+}$	+0.770	$Cd(OH)_2 + 2e^- \rightarrow Cd + 2OH^-$	−0.761
$I_2 + 2e^- \rightarrow 2I^-$	+0.535	$Zn^{2+} + 2e^- \rightarrow Zn$	−0.7628
$NiO_2 + 2H_2O + 2e^- \rightarrow Ni(OH)_2 + 2OH^-$	+0.49	$2H_2O + 2e^- \rightarrow H_2 + 2OH^-$	−0.8277
$O_2 + 2H_2O + 4e^- \rightarrow 4OH^-$	+0.401	$Mn^{2+} + 2e^- \rightarrow Mn$	−1.185
$Ag_2O + H_2O + 2e^- \rightarrow 2Ag + 2OH^-$	+0.342	$Cr(OH)_3 + 3e^- \rightarrow Cr + 3OH^-$	−1.3
$Cu^{2+} + 2e^- \rightarrow Cu$	+0.3402	$Mn(OH)_2 + 2e^- \rightarrow Mn + 2OH^-$	−1.47
$AgCl + e^- \rightarrow Ag + Cl^-$	+0.2223	$Cr_2O_3 + 3H_2O + 6e^- \rightarrow 2Cr + 6OH^-$	−1.48
$HgO + H_2O + 2e^- \rightarrow Hg + 2OH^-$	+0.0984	$Be^{2+} + 2e^- \rightarrow Be$	−1.70
$AgBr + e^- \rightarrow Ag + Br^-$	+0.0713	$Al^{3+} + 3e^- \rightarrow Al$	−1.706
$2H^+ + 2e^- \rightarrow H_2$	0.000	$Mg^{2+} + 2e^- \rightarrow Mg$	−2.375
		$Mg(OH)_2 + 2e^- \rightarrow Mg + 2OH^-$	−2.67
		$Na^+ + e^- \rightarrow Na$	−2.709
		$Ca^{2+} + 2e^- \rightarrow Ca$	−2.76
		$Sr^{2+} + 2e^- \rightarrow Sr$	−2.89
		$Ba^{2+} + 2e^- \rightarrow Ba$	−2.90
		$Cs^+ + e^- \rightarrow Cs$	−2.923
		$K^+ + e^- \rightarrow K$	−2.924
		$Rb^+ + e^- \rightarrow Rb$	−2.925
		$Ca(OH)_2 + 2e^- \rightarrow Ca + 2OH^-$	−3.02
		$Li^+ + e^- \rightarrow Li$	−3.045

表 A.10　元素の電子親和力

記号	Z	電子親和力 [eV]	[kJ mol⁻¹]	記号	Z	電子親和力 [eV]	[kJ mol⁻¹]	記号	Z	電子親和力 [eV]	[kJ mol⁻¹]
H	1	0.754188	72.7678	Mn	25	～0	～0	In	49	0.30	29
He	2	～0	～0	Fe	26	0.151	14.6	Sn	50	1.112	107.3
Li	3	0.9180	88.57	Co	27	0.662	63.9	Sb	51	1.046	100.9
Be	4	～0	～0	Ni	28	1.156	111.5	Te	52	1.9708	190.15
B	5	0.277	26.7	Cu	29	1.235	119.2	I	53	3.05900	295.148
C	6	1.2629	121.85	Zn	30	～0	～0	Xe	54	～0	～0
N	7	～0	～0	Ga	31	0.30	29	Cs	55	0.47162	45.504
O	8	1.46110	140.974	Ge	32	1.23	119	Ba	56	0.15	14
F	9	3.4012	328.160	As	33	0.81	78	La	57	0.52	50
Ne	10	NA	NA	Se	34	2.02065	194.962	Hf	72	～0	～0
Na	11	0.548262	52.8991	Br	35	3.363	324.5	Ta	73	0.322	31.1
Mg	12	～0	～0	Kr	36	～0	～0	W	74	0.815	78.6
Al	13	0.441	42.5	Rb	37	0.48592	46.884	Re	75	0.150	14.5
Si	14	1.385	133.6	Sr	38	0.148	14.3	Os	76	1.10	106
P	15	0.7464	72.02	Y	39	0.30	29	Ir	77	1.564	150.9
S	16	2.077082	200.4073	Zr	40	0.426	41.1	Pt	78	2.128	205.3
Cl	17	3.61266	348.567	Nb	41	0.893	86.2	Au	79	2.3088	222.76
Ar	18	～0	～0	Mo	42	0.748	72.2	Hg	80	～0	～0
K	19	0.50147	48.384	Tc	43	0.55	53	Tl	81	0.21	20
Ca	20	0.02455	2.369	Ru	44	1.05	101	Pb	82	0.364	35.1
Sc	21	0.1880	18.14	Rh	45	1.137	109.7	Bi	83	0.946	91.3
Ti	22	0.079	7.6	Pd	46	0.562	54.2	Po	84	1.86	180
V	23	0.524	50.6	Ag	47	1.302	125.6	At	85	2.80	270
Cr	24	0.6660	64.26	Cd	48	～0	～0	Rn	86	～0	～0

表 A.11　酸化物の生成エンタルピー

酸化物	$\Delta H_{生成}$ [kJ mol⁻¹]	酸化物	$\Delta H_{生成}$ [kJ mol⁻¹]	酸化物	$\Delta H_{生成}$ [kJ mol⁻¹]
Ag_2O	−30.58	In_2O_3	−930.9	RaO	−523
$Al_2O_3(\alpha)$	−1675.7	IrO_2	−167.8	Rb_2O	−330
Au_2O_3	80.7	K_2O	−361	RhO	−90.8
B_2O_3	−1260	Li_2O	−595.8	RuO_2	−220
BaO	−558.1	MgO	−601.6	$SO_2(g)$	−296.9
BeO	−610	MnO	−385	$SO_3(g)$	−395.18
CaO	−634.9	MnO_2	−520.9	SeO_2	−230.1
CdO	−254.6	Mn_2O_3	−959	SiO_2(石英)	−910.94
$Cl_2O(g)$	76.1	Mn_3O_4	−1386.6	SnO	−286
$CO_2(g)$	−393.5	MoO_2	−544	SnO_2	−580.7
CoO	−239	MoO_3	−754.50	SrO	−590.4
Cr_2O_3	−1128	NO(g)	91.3	Ta_2O_5	−2091.6
Cs_2O	−317	$NO_2(g)$	33.2	TeO_2	−325.1
CuO	−157.3	$N_2O_4(g)$	9.66	TiO_2(ルチル)	−912
$F_2O(g)$	23	$N_2O(g)$	81.55	V_2O_2	−836.8
Fe_2O_3	−824.2	N_2O_5	15.1	V_2O_3	−1213
Ga_2O_3	−1080	Na_2O	−415	V_2O_4	−1439
GeO_2	−536.8	NiO	−244	V_2O_5	−1561
$H_2O(l)$	−285.8	$PbO(\alpha)$	−219	ZnO	−350.5
HgO	−90.8	PbO_2	−276.6	ZrO	−1080
Hg_2O	−88.62	PdO	−85.3		

表 A.12 半導体のバンドギャップ

材料	バンドギャップ〔eV〕	材料	バンドギャップ〔eV〕	材料	バンドギャップ〔eV〕
14族		**12族(14族)と16族**		**13族と15族**	
C	5.4	ZnS	3.7	AlN	5.9
SiC	2.3	ZnSe	2.7	AlP	2.5
Si	1.12	ZnTe	2.3	AlAs	2.2
Ge	0.67	CdS	2.42	AlSb	1.6
α-Sn	0.08	CdSe	1.8	GaN	3.3
		CdTe	1.5	GaP	2.8
		PbS	0.37	GaAs	1.35
		PbSe	0.26	GaSb	0.7
		PbTe	0.2	InN	2.4
				InP	1.3
				InAs	0.4
				InSb	0.2

注：酸化物半導体はイオン性が強く，バンドギャップを飛び越えるには，酸素のバンドから金属のバンドへと電子が遷移する必要がある．酸化物半導体は表 A.12 の傾向には従わないため，この表からは除外した．

表 A.13 酸化物半導体のバンドギャップ〔eV〕

1 H																	2 He
3 Li	4 Be 10.4											5 B 7	6 C	7 N	8 O	9 F	10 Ne
11 Na	12 Mg 7.7											13 Al 9.5	14 Si 11	15 P	16 S	17 Cl	18 Ar
19 K	20 Ca 7.7	21 Sc (+3) 6.0	22 Ti (+4) 3.3	23 V (+5) 2.34	24 Cr (+3) 1.68	25 Mn (+2) 3.7	26 Fe (+3) 2.34	27 Co (+2) 0.47	28 Ni (+2) 3.7	29 Cu (+1) 2.02	30 Zn (+2) 3.35	31 Ga 4.54	32 Ge 5.56	33 As 4.	34 Se	35 Br	36 Kr
37 Rb	38 Sr 5.77	39 Y (+3) 5.6	40 Zr (+4) 4.99	41 Nb (+5) 3.48	42 Mo (+6) 2.8	43 Tc	44 Ru	45 Rh	46 Pd (+2) 1.5	47 Ag (+1) 1.2	48 Cd (+2) 2.3	49 In 2.6	50 Sn 2.7	51 Sb 3.31	52 Te 3.	53 I	54 Xe
55 Cs	56 Ba 5.13	57 La 1.05	72 Hf (+4) 5.55	73 Ta (+5) 4.6	74 W (+6) 2.8	75 Re (+5) 2.3	76 Os	77 Ir	78 Pt (+2) 0.2	79 Au	80 Hg (+2) 2.48	81 Tl 2	82 Pb 1.9	83 Bi 2.6	84 Po	85 At	86 Rn
87 Fr	88 Ra	89 Ac															

表 A.14 イオンの $\Delta H_\text{生成}$〔kJ mol^{-1}〕，イオン半径 r〔pm〕，$1/r$〔×100 pm^{-1}〕

イオン	ΔH	r	$1/r$	イオン	ΔH	r	$1/r$	イオン	ΔH	r	$1/r$
Li$^+$	-515	76	1.32	Be^{2+}	-2487	109	0.92	Cr^{2+}	-1904	77	1.30
Na$^+$	-405	102	0.98	Mg^{2+}	-1922	72	1.39	Mn^{2+}	-1841	67	1.49
K$^+$	-321	138	0.72	Ca^{2+}	-1592	100	1.00	Fe^{2+}	-1950	69	1.45
Rb$^+$	-296	152	0.66	Sr^{2+}	-1445	118	0.85	Co^{2+}	-1996	70	1.43
Cs$^+$	-263	167	0.60	Ba^{2+}	-1304	135	0.74	Ni^{2+}	-2105	69	1.45
								Cu^{2+}	-2100	73	1.37
				F$^-$	-506	133	0.75	Zn^{2+}	-2050	74	1.35
Ag$^+$	-375	115	0.87	Cl$^-$	-364	184	0.54	Al^{3+}	-4660	53	2.22
NH$_4^+$	-336	204	0.49	Br$^-$	-337	196	0.51	Fe^{3+}	-4430	60	1.67
H$_3$O$^+$	-335	203	0.49	I$^-$	-296	220	0.45	Cr^{3+}	-4368	61	1.64
				OH$^-$	-335	205	0.49	Mn^{3+}	-3374	61	1.64

表 A.15 生 成 熱

物質	$\Delta H°_f$ [kJ mol^{-1}]	$\Delta G°_f$ [kJ mol^{-1}]	$S°$ [J K^{-1} mol^{-1}]	物質	$\Delta H°_f$ [kJ mol^{-1}]	$\Delta G°_f$ [kJ mol^{-1}]	$S°$ [J K^{-1} mol^{-1}]
Al	0		28.3	Fe$_2$O$_3$(結晶)	−824.2	−742.2	60.3
Al$_2$O$_3$(結晶)	−1675.7	−1582.3	50.9	FeS(s)	−100.0	100.4	
Br$_2$(l)	0		152.2	FeS$_2$(s)	−178.2	−166.9	52.9
C(グラファイト)	0		5.74	H$_2$(g)	0		130.7
CH$_3$(g), メチルラジカル	145.6			H$_2$O(g)	−241.8	−228.6	188.8
CH$_2$O(g), ホルムアルデヒド	−108.6	−102.5	218.8	H$_2$O(l)	−285.8	−237.1	70
CH$_2$O$_2$(l), ギ酸	−425.0	−361.4	129	H$_2$S(g)	−20.6	−33.4	205.8
CH$_3$OH(g), メタノール	−201	−162.3	239.9	HBr(g)	−36.3	−53.4	198.7
CH$_3$OH(l), メタノール	−239.2	−166.6	126.8	HCl(aq)	−167.159	−131.228	56.5
CH$_3$COOH(l), 酢酸	−484.3	−389.9	159.8	HCl(g)	−92.307	−95.299	186.91
CH$_4$(g), メタン	−74.6	−50.5	186.3	HF(aq)	−332.63	−278.9	−13.8
CO(g)	−110.5	−137.2	197.7	HF(g)	−271.1	−273.2	173.8
CO$_2$(g)	−393.5	−394.4	213.8	HI(g)	26.5	1.7	206.6
C$_2$H$_2$(g), アセチレン	227.4	209.9	200.9	Hg	0		75.9
C$_2$H$_5$OH(l), エタノール	−277.6	−174.8	160.7	HgO	−90.8	−58.5	70.3
C$_2$H$_5$COOH(l), プロピオン酸	−510.7		191	I$_2$(s)	0		116.135
C$_2$H$_6$(g), エタン	−84.0	−32.0	229.2	Mg(s)	0		32.7
C$_3$H$_6$O, プロピオンアルデヒド	−185.6		304.5	MgO(s)	−610.6	−569.3	37.2
C$_3$H$_8$(g), プロパン	−103.8	−23.4	270.3	Mn$_2$O$_3$(s)	−959.0	−881.1	110.5
C$_3$H$_8$(l), プロパン	−120.9			MnO$_2$(s)	−520	−465.1	53.1
C$_3$H$_7$OH(l)	−302.6		193.6	N$_2$(g)	0		191.6
n-C$_3$H$_7$OH(g)	−255.1		322.6	N$_2$O$_4$(g)	11.1	99.8	304.4
n-C$_3$H$_7$OH(l)	−302.6		193.6	NH$_3$(g)	−45.9	−16.4	192.8
C$_4$H$_{10}$(g), ブタン	−125.7			NH$_4^+$	−132.5	−79.3	113.4
C$_4$H$_{10}$(l), ブタン	−147.3			NH$_4$NO$_3$(aq)	−339.9	−190.6	259.8
C$_4$H$_{10}$O(g), 2-ブタノール	−292.8		359.5	NH$_4$NO$_3$(結晶)	−365.6	−183.9	151.1
C$_4$H$_{10}$O(l), ジエチルエーテル	−279.5		172.4	NO(g)	91.3	87.6	210.8
C$_4$H$_{10}$O(g), ジエチルエーテル	−252.1		342.7	NO$_2$(g)	33.2	51.3	240.1
C$_4$H$_{10}$O(l), 2-ブタノール	−342.6		214.9	NO$_3^-$(aq)	−207.4	−111.3	146.4
C$_6$H$_{12}$O$_6$(s), グルコース	−1273.3			NaCl(s)	−441.2	−384.1	50.5
C$_6$H$_{12}$O$_6$(s), フルクトース	−1265.6			O$_2$(g)	0		205.2
C$_8$H$_{18}$(l), オクタン	−250.1			O$_3$(g)	142.7	163.2	236.9
C$_{12}$H$_{22}$O$_{11}$, スクロース	−2226.1			OH$^-$(aq)	−230	−157.2	−10.8
Ca	0		25.9	S(斜方, 結晶)	0		32.1
Ca^{2+}(aq)	−542.8	−553.6	−53.1	SiCl$_4$(g)	−657.01	−616.98	330.73
CaCl$_2$(aq)	−877.1	−816	59.8	SiF$_4$(g)	−1614.94	−1572.65	282.49
CaCl$_2$(結晶)	−795.4	−748.8	108.4	SiO$_2$(s, 石英)	−910.94	−856.64	41.84
CaO	−634.9	603.3	38.1	Sn(β)(s)	−2.1	0.1	44.1
Cl$^-$(aq)	−167.2	−131.2	56.5	SnO(s)	−280.7	−251.9	−8.4
Cl$_2$(g)	0		223.1	Ti(s)	0		30.7
Cr$_2$O$_3$(結晶)	−1139.7	−1058.1	81.2	Zn	0		41.6
Cu	0		33.2	Zn^{2+}(aq)	−153.9	−147.1	−112.1
CuO	−157.3	−129.7	42.6	ZnO	−350.5	−320.5	43.7
F$_2$(g)	0		202.78				

表A.16 水溶液の生成熱

物質	$\Delta H°_f$ [kJ mol^{-1}]	$\Delta G°_f$ [kJ mol^{-1}]	$S°$ [J K^{-1} mol^{-1}]	物質	$\Delta H°_f$ [kJ mol^{-1}]	$\Delta G°_f$ [kJ mol^{-1}]	$S°$ [J K^{-1} mol^{-1}]
陽イオン				**中性**			
Ag^+	105.6	77.1	72.7	$AgCl$	-61.6	-54.1	129.3
Al^{3+}	-531.0	-485.0	-321.7	$AlCl_3$	-1033.0	-879.0	-152.3
Ba^{2+}	-537.6	-560.8	9.6	$Al_2(SO_4)_3$	-3791.0	-3205.0	-583.2
Be^{2+}	-382.8	-379.7	-129.7	$BaSO_4$	-1446.9	-1305.3	29.7
Ca^{2+}	-542.8	-553.6	-53.1	CH_3COOH	-486.0	-369.3	86.6
Cd^{2+}	-75.9	-77.6	-73.2	CH_3COONH_4	-618.5	-448.6	200.0
Co^{2+}	-58.2	-54.4	113.0	CH_3COONa	-726.1	-631.2	145.6
Co^{3+}	92.0	134.0	-305.0	$CaCO_3$	-1220.0	-1081.4	-110.0
Cr^{2+}	-143.5			$CaCl_2$	-877.1	-816.0	59.8
Cs^+	-258.3	-292.0	133.1	CaF	-1208.1	-1111.2	-80.8
Cu^+	71.1	50.0	40.6	$CaSO_4$	-1452.1	-1298.1	-33.1
Cu^{2+}	64.8	65.5	-99.6	$Cd(NO_3)_2$	-490.6	-300.1	219.7
Fe^{2+}	-89.1	-78.9	-137.7	$Cu(NO_3)_2$	-350.0	-157.0	193.3
Fe^{3+}	-48.5	-4.7	-315.9	$CuSO_4$	-844.5	-679.0	-79.5
H^+	0	0	0	HCl	-167.2	-131.2	56.5
Hg^{2+}	171.1	164.4	-32.2	HF	-332.6	-278.8	-13.8
Hg_2^{2+}	172.4	153.5	84.5	HNO_3	-207.4	-111.3	146.4
K^+	-252.4	-283.3	102.5	H_2SO_4	-909.3	-744.5	20.1
Li^+	-278.5	-293.3	13.4	NH_4NO_3	-339.9	-190.6	259.8
Mg^{2+}	-466.9	-454.8	-138.1	NH_4OH	-362.5	-236.5	102.5
Mn^{2+}	-220.8	-228.1	-73.6	$NaCl$	-407.3	-393.1	115.5
NH_4^+	-132.5	-79.3	113.4	$MgCl_2$	-801.2	-717.1	-25.1
Na^+	-240.1	-261.9	59.0	$Pb(NO_3)_2$	-416.3	-246.9	303.3
Ni^{2+}	-54.0	-45.6	-128.9				
Pb^{2+}	-1.7	-24.4	10.5				
Rb^+	-251.2	-284.0	121.5				
Sc^{3+}	-614.2	-586.6	-255.0				
Sn^{2+}	-8.8	-27.2	-17.0				
Zn^{2+}	-153.9	-147.1	-112.1				
陰イオン							
Br^-	-121.6	-104.0	85.4				
CH_3COO^-	-486.0	-369.3	86.6				
Cl^-	-167.2	-131.2	56.5				
CN^-	153.6	17.4	94.1				
CO_3^{2-}	-677.1	-527.8	-56.9				
CrO_4^{2-}	-881.2	-727.8	50.2				
$Cr_2O_7^{2-}$	-1490.3	-1301.1	261.9				
F^-	-332.6	-278.8	-13.8				
HCO_3^-	-692.0	-568.8	91.2				
HSO_3^-	-626.2	-527.7	139.7				
HSO_4^-	-887.3	-755.9	131.8				
$H_2PO_4^-$	-1296.3	-1130.2	90.4				
I^-	-55.2	-51.6	111.3				
MnO_4^-	-541.4	-447.2	191.2				
MnO_4^{2-}	-653.0	-500.7	59.0				
NO_2^-	-104.6	-32.2	123.0				
NO_3^-	-207.4	-111.3	146.4				
OH^-	-230.0	-157.2	-10.8				
PO_4^{3-}	-1277.4	-1018.7	-220.5				
S^{2-}	33.1	85.8	-14.6				
SCN^-	76.4	92.7	144.3				
SO_3^{2-}	-635.5	-486.5	-29.0				
SO_4^{2-}	-909.3	-744.5	20.1				

表 A.17 原子化エンタルピー

物質	H_a°	物質	H_a°	物質	ΔH [kJ mol^{-1}]	ΔG [kJ mol^{-1}]	ΔS° [J K^{-1} mol^{-1}]
Ag	284.9	Na	107.5	Br$^-$(aq)	232.9	186	93
Al	329.7	Nb	721.3	C$_2$H$_4$(g)	2253	2083	556
As	302.5	Ni	430.1	C$_2$H$_6$(g)	2826	2591	775
Au	368.2	O	249.2	CaCO$_3$(s)	2850		703
B	565.0	Os	787.0	CaO(s)	1062		276
Ba	177.8	P	316.5	CH$_3$OH(g)	2039	1877	538
Be	324.0	Pb	195.2	CH$_3$OH(l)	2077	1880	651
Bi	209.6	Pd	376.6	CH$_4$(g)	1664	1533	431
Br	111.9	Pt	565.7	Cl$^-$(aq)	288.3	236	108
C	716.7	Pu	364.4	Cl$_2$(g)	242.6		107
Ca	177.8	Rb	80.9	CO(g)	1076	1038	121
Cd	111.8	Re	774.0	CO$_2$(g)	1608	1527	266
Ce	423.0	Rh	556.0	F$^-$(aq)	412.1		173
Cl	121.3	Ru	650.6	H$^+$(aq)		203	115
Co	428.4	S	277.2	H$_2$(g)	436		98
Cr	397.0	Sb	264.4	H$_2$O(g)	927.2	867	201
Cs	76.5	Sc	377.8	H$_2$O(l)	971.2	875	320
Cu	337.4	Se	227.2	H$_2$S(g)	734	679	191
Er	317.7	Si	450.0	H$_2$SO$_4$(aq)	2619		1021
F	79.4	Sn	301.2	HBr(g)	365.7	339	91
Fe	415.5	Sr	163.6	HCl(g)	431.8	403	93
Ge	372.0	Ta	782.0	HF(g)	568.6	538	99
H	218.0	Te	196.6	HNO$_3$(aq)	1645	1465	605
Hf	619.0	Th	602.0	MgCO$_3$(s)	2725		724
Hg	61.4	Ti	473.0	MgO(s)	998.5		283
I	106.8	Tl	182.2	Mg(OH)$_2$(s)	2007		636
In	243.0	U	533.0	N$_2$(g)	945.4		115
Ir	669.0	V	514.2	N$_2$O$_4$(g)	1932	1740	647
K	89.0	W	849.8	NH$_3$(aq)	1207	1092	
Li	159.3	Y	424.7	NH$_3$(g)	1173	1082	304
Mg	147.1	Yb	152.1	NH$_4^+$(aq)	1477	1348	
Mn	283.3	Zn	130.4	NH$_4$Cl(s)	1780		681
Mo	658.1	Zr	608.8	NO(g)	631.9	600	103
N	472.7			NO$_2$(g)	937.1	867	235
				O$_2$(g)	498.4		117
				O$_3$(g)	604.6		244
				OH$^-$(aq)	697.2	592	287
				SO$_2$(g)	1072	1002	242
				SO$_3$(g)	1421		394
				SO$_4^{2-}$(aq)	2183		792

表 A.18　結晶格子エネルギー

物　質	$\Delta H_{結晶格子}$〔kJ mol^{-1}〕	物　質	$\Delta H_{結晶格子}$〔kJ mol^{-1}〕
AgBr	897	LiCl	834
AgCl	610	LiF	1030
AgNO$_3$	820	LiI	756
AgOH	918	LiNO$_3$	848
AlCl$_3$	5376	LiOH	1021
Al(OH)$_3$	5627	Mg(OH)$_2$	2870
BaSO$_4$	2469	MgCl$_2$	2477
CaCl$_2$	2268	MgF$_2$	2922
CaF$_2$	2597	MgNO$_3$	2481
Ca(NO$_3$)$_2$	2268	MgO	3356
CaO	3414	NH$_4$NO$_3$	661
Ca(OH)$_2$	2506	(NH$_4$)$_2$SO$_4$	1766
CaSO$_4$	2489	NaBr	732
Cd(NO$_3$)$_2$	2238	NaCl	769
CsCl	652	NaF	910
CsI	611	NaI	701
Cs$_2$SO$_4$	1596	NaNO$_3$	755
KBr	671	NaOH	887
KCl	701	SnO	3652
KF	808	SnO$_2$	11807
KI	646	Sn(OH)$_4$	9188
KNO$_3$	685	Zn(NO$_3$)$_2$	2376
KOH	789	Zn(OH)$_2$	2795
LiBr	788	ZnO	4142

表 A.19　熱容量

物　質	熱容量〔J mol^{-1} K^{-1}〕
Al	21.33
Al$_2$O$_3$	51.12
Cu	19.86
H$_2$O(l)	4.184

表 A.20　燃焼熱

物　質	$\Delta H_{燃焼}$〔kJ mol^{-1}〕
C	-393.5
CO	-283
H$_2$	-285.8
CH$_4$	-890.8
C$_2$H$_2$	-1301.1
C$_2$H$_6$	-1560.7
C$_3$H$_8$	-2219.2
H$_3$COH	-726.1
C$_2$H$_5$OH	-1366.8
C$_6$H$_{12}$O$_6$	-2802

表 A.21　化学結合（一重結合）のイオン性

電気陰性度の差	0.1	0.2	0.3	0.4	0.5	0.6	0.7	0.8	0.9	1.0	1.1	1.2	1.3	1.4	1.5	1.6	1.7	1.8	1.9	2.0	2.1	2.2	2.3	2.4	2.5	2.6	2.7	2.8	2.9	3.0
イオン性（％）	0.5	1	2	4	6	9	12	15	19	22	26	30	34	39	43	47	51	55	59	63	67	70	74	76	79	82	84	86	88	89

表 A.22　マーデルング定数

物　質	イオンの型	結晶系	マーデルング定数	配位数
NaCl	M$^+$, X$^-$	FCC（面心立方）	1.7475	6
CsCl	M$^+$, X$^-$	BCC（体心立方）	1.76267	8
CaF$_2$	M^{2+}, 2X$^-$	立方晶	2.51939	8/4
ZnO（閃亜鉛鉱）	M^{2+}, X^{2-}	FCC	1.63806	4
ZnO（ウルツ鉱）	M^{2+}, X^{2-}	HCP（六方最密充塡）	1.641	4

表 A.23　酸化物の密度

酸化物	密度〔g cm^{-3}〕
Cr$_2$O$_3$	5.22
SnO	6.45
VO	5.758
V$_2$O$_3$	4.87
VO$_2$	4.339
V$_2$O$_5$	3.335
ZnO	5.6

付録 B　基本物理定数

重力加速度	$g = 9.80665 \text{ m s}^{-2}$	中性子の質量	$1.6749 \times 10^{-24} \text{ g}$
アボガドロ定数	$N = 6.022137 \times 10^{23} \text{ mol}^{-1}$	陽子の質量	$1.6726 \times 10^{-24} \text{ g}$
原子質量単位	$\text{amu} = 1.660540 \times 10^{-24} \text{ g}$	プランク定数	$h = 6.6262 \times 10^{-34} \text{ J s}$
ボルツマン定数	$k = 1.380662 \times 10^{-23} \text{ J K}^{-1}$		$= 6.6262 \times 10^{-27} \text{ erg s}$
電気素量	$e = 1.60218 \times 10^{-19} \text{ C}$	電子の質量	$m_e = 0.00054858 \text{ amu}$
ファラデー定数	$F = 96485.31 \text{ C mol}^{-1}$		$= 9.1094 \times 10^{-28} \text{ g}$
気体定数	$R = 0.08206 \text{ L atm mol}^{-1} \text{ K}^{-1}$	リードベルグ定数	$R = 1.097 \times 10^7 \text{ m}^{-1}$
	$= 1.987 \text{ cal mol}^{-1} \text{ K}^{-1}$	光の速度	$c = 2.9979 \times 10^8 \text{ m s}^{-1}$
	$= 8.3145 \text{ J mol}^{-1} \text{ K}^{-1}$	真空の誘電率	$\varepsilon_0 = 8.854 \times 10^{-12} \text{ C}^2 \text{ J}^{-1} \text{ m}^{-1}$
水のイオン積 (25 °C)	$K_w = 1.0 \times 10^{-14}$		

付録 C　単位の換算表

質　量

1 kg = 1000 g = 2.205 lb
1 g = 1000 mg
1 lb = 453.59 g
1 g = 6.022×10^{23} amu
1 pt = 16 oz = 1 lb

体　積

1 L = 1000 mL
キロ = 10^3
メガ = 10^6
ギガ = 10^9
ナノ = 10^{-9}
ピコ = 10^{-12}
マイクロ = 10^{-6}

圧　力

1 大気圧
　= 760 Torr
　= 760 mmHg
　= 1.01325×10^5 Pa
　= $1.01325 \times 10^5 \text{ N m}^{-2}$
　= 14.70 lb in^{-2}
1 lb in^{-2} = 1 psi = 6894 N m^{-2}
1 bar = 10^5 Pa
1000 psi = 6.894 MPa

力

1 lb = 4.448 N

双極子

1 Debye = 3.335641×10^{-30} C m

長　さ

1 m = 100 cm
1 km = 1000 m
1 Å = 1.0×10^{-10} m
1 Å = 1.0×10^{-8} cm
1 ft = 12 in
1 in = 2.54 cm

エネルギー

1 cal = 4.184 J = 4.129 L atm
1 J = 1×10^7 erg
1 eV = 1.6022×10^{-19} J
1 eV = 96.487 kJ mol^{-1}
1 J = 1 kg m^2 s^{-2}
1 J = 1 C V
1 N m = 1 J

温　度

$°F = [°C \times \dfrac{5}{9}] + 32°$

$°C = (°F - 32°) \times \dfrac{5}{9}$

K = °C + 273.15
°C = K − 273.15

電気量

1 A = 1 C s^{-1} = 1 V Ω^{-1}
1 W = 1 J s^{-1} = A^2 Ω

室温 1 atm 下の気体

24.45388 L mol^{-1}
0.04089331 mol L^{-1}
2.4626509×10^{22} 分子 L^{-1}

付録 D 元素の一覧

原子番号順

1	H	水素
2	He	ヘリウム
3	Li	リチウム
4	Be	ベリリウム
5	B	ホウ素
6	C	炭素
7	N	窒素
8	O	酸素
9	F	フッ素
10	Ne	ネオン
11	Na	ナトリウム
12	Mg	マグネシウム
13	Al	アルミニウム
14	Si	ケイ素
15	P	リン
16	S	硫黄
17	Cl	塩素
18	Ar	アルゴン
19	K	カリウム
20	Ca	カルシウム
21	Sc	スカンジウム
22	Ti	チタン
23	V	バナジウム
24	Cr	クロム
25	Mn	マンガン
26	Fe	鉄
27	Co	コバルト
28	Ni	ニッケル
29	Cu	銅
30	Zn	亜鉛
31	Ga	ガリウム
32	Ge	ゲルマニウム
33	As	ヒ素
34	Se	セレン
35	Br	臭素
36	Kr	クリプトン
37	Rb	ルビジウム
38	Sr	ストロンチウム
39	Y	イットリウム
40	Zr	ジルコニウム
41	Nb	ニオブ
42	Mo	モリブデン
43	Tc	テクネチウム
44	Ru	ルテニウム
45	Rh	ロジウム
46	Pd	パラジウム
47	Ag	銀
48	Cd	カドミウム
49	In	インジウム
50	Sn	スズ
51	Sb	アンチモン
52	Te	テルル
53	I	ヨウ素
54	Xe	キセノン
55	Cs	セシウム
56	Ba	バリウム
57	La	ランタン
58	Ce	セリウム
59	Pr	プラセオジム
60	Nd	ネオジム
61	Pm	プロメチウム
62	Sm	サマリウム
63	Eu	ユウロピウム
64	Gd	ガドリニウム
65	Tb	テルビウム
66	Dy	ジスプロシウム
67	Ho	ホルミウム
68	Er	エルビウム
69	Tm	ツリウム
70	Yb	イッテルビウム
71	Lu	ルテチウム
72	Hf	ハフニウム
73	Ta	タンタル
74	W	タングステン
75	Re	レニウム
76	Os	オスミウム
77	Ir	イリジウム
78	Pt	白金
79	Au	金
80	Hg	水銀
81	Tl	タリウム
82	Pb	鉛
83	Bi	ビスマス
84	Po	ポロニウム
85	At	アスタチン
86	Rn	ラドン
87	Fr	フランシウム
88	Ra	ラジウム
89	Ac	アクチニウム
90	Th	トリウム
91	Pa	プロトアクチニウム
92	U	ウラン
93	Np	ネプツニウム
94	Pu	プルトニウム
95	Am	アメリシウム
96	Cm	キュリウム
97	Bk	バークリウム
98	Cf	カリホルニウム
99	Es	アインスタイニウム
100	Fm	フェルミウム
101	Md	メンデレビウム
102	No	ノーベリウム
103	Lr	ローレンシウム
104	Rf	ラザホージウム
105	Db	ドブニウム
106	Sg	シーボーギウム
107	Bh	ボーリウム
108	Hs	ハッシウム
109	Mt	マイトネリウム
110	Ds	ダームスタチウム
111	Rg	レントゲニウム
112	Cn	コペルニシウム
113	Uut	ウンウントリウム
114	Uuq	ウンウンクアジウム
115	Uup	ウンウンペンチウム
116	Uuh	ウンウンヘキシウム
118	Uuo	ウンウンオクチウム

元素記号順

89	Ac	アクチニウム
47	Ag	銀
13	Al	アルミニウム
95	Am	アメリシウム
18	Ar	アルゴン
33	As	ヒ素
85	At	アスタチン
79	Au	金
5	B	ホウ素
56	Ba	バリウム
4	Be	ベリリウム
107	Bh	ボーリウム
83	Bi	ビスマス
97	Bk	バークリウム
35	Br	臭素
6	C	炭素
20	Ca	カルシウム
48	Cd	カドミウム
58	Ce	セリウム
98	Cf	カリホルニウム
17	Cl	塩素
96	Cm	キュリウム
112	Cn	コペルニシウム
27	Co	コバルト
24	Cr	クロム
55	Cs	セシウム
29	Cu	銅
105	Db	ドブニウム
110	Ds	ダームスタチウム
66	Dy	ジスプロシウム
68	Er	エルビウム
99	Es	アインスタイニウム
63	Eu	ユウロピウム
9	F	フッ素
26	Fe	鉄
100	Fm	フェルミウム
87	Fr	フランシウム
31	Ga	ガリウム
64	Gd	ガドリニウム
32	Ge	ゲルマニウム
1	H	水素
2	He	ヘリウム
72	Hf	ハフニウム
80	Hg	水銀
67	Ho	ホルミウム
108	Hs	ハッシウム
53	I	ヨウ素
49	In	インジウム
77	Ir	イリジウム
19	K	カリウム
36	Kr	クリプトン
57	La	ランタン
3	Li	リチウム
103	Lr	ローレンシウム
71	Lu	ルテチウム
101	Md	メンデレビウム
12	Mg	マグネシウム
25	Mn	マンガン
42	Mo	モリブデン
109	Mt	マイトネリウム
7	N	窒素
11	Na	ナトリウム
41	Nb	ニオブ
60	Nd	ネオジム
10	Ne	ネオン
28	Ni	ニッケル
102	No	ノーベリウム
93	Np	ネプツニウム
8	O	酸素
76	Os	オスミウム
15	P	リン
91	Pa	プロトアクチニウム
82	Pb	鉛
46	Pd	パラジウム
61	Pm	プロメチウム
84	Po	ポロニウム
59	Pr	プラセオジム
78	Pt	白金
94	Pu	プルトニウム
88	Ra	ラジウム
37	Rb	ルビジウム
75	Re	レニウム
104	Rf	ラザホージウム
111	Rg	レントゲニウム
45	Rh	ロジウム
86	Rn	ラドン
44	Ru	ルテニウム
16	S	硫黄
51	Sb	アンチモン
21	Sc	スカンジウム
34	Se	セレン
106	Sg	シーボーギウム
14	Si	ケイ素
62	Sm	サマリウム
50	Sn	スズ
38	Sr	ストロンチウム
73	Ta	タンタル
65	Tb	テルビウム
43	Tc	テクネチウム
52	Te	テルル
90	Th	トリウム
22	Ti	チタン
81	Tl	タリウム
69	Tm	ツリウム
92	U	ウラン
116	Uuh	ウンウンヘキシウム
118	Uuo	ウンウンオクチウム
115	Uup	ウンウンペンチウム
114	Uuq	ウンウンクアジウム
113	Uut	ウンウントリウム
23	V	バナジウム
74	W	タングステン
54	Xe	キセノン
39	Y	イットリウム
70	Yb	イッテルビウム
30	Zn	亜鉛
40	Zr	ジルコニウム

元 素 名 順

日本語	English	記号	番号	日本語	English	記号	番号
アインスタイニウム	einsteinium	Es	99	テクネチウム	technetium	Tc	43
亜 鉛	zinc	Zn	30	鉄	iron	Fe	26
アクチニウム	actinium	Ac	89	テルビウム	terbium	Tb	65
アスタチン	astatine	At	85	テルル	tellurium	Te	52
アメリシウム	americium	Am	95	銅	copper	Cu	29
アルゴン	argon	Ar	18	ドブニウム	dubnium	Db	105
アルミニウム	aluminum (aluminium)	Al	13	トリウム	thorium	Th	90
				ナトリウム	sodium	Na	11
アンチモン	antimony	Sb	51	鉛	lead	Pb	82
硫 黄	sulfur	S	16	ニオブ	niobium	Nb	41
イッテルビウム	ytterbium	Yb	70	ニッケル	nickel	Ni	28
イットリウム	yttrium	Y	39	ネオジム	neodymium	Nd	60
イリジウム	iridium	Ir	77	ネオン	neon	Ne	10
インジウム	indium	In	49	ネプツニウム	neptunium	Np	93
ウラン	uranium	U	92	ノーベリウム	nobelium	No	102
エルビウム	erbium	Er	68	バークリウム	berkelium	Bk	97
塩 素	chlorine	Cl	17	白 金	platinum	Pt	78
オスミウム	osmium	Os	76	ハッシウム	hassium	Hs	108
カドミウム	cadmium	Cd	48	バナジウム	vanadium	V	23
ガドリニウム	gadolinium	Gd	64	ハフニウム	hafnium	Hf	72
カリウム	potassium	K	19	パラジウム	palladium	Pd	46
ガリウム	gallium	Ga	31	バリウム	barium	Ba	56
カリホルニウム	californium	Cf	98	ビスマス	bismuth	Bi	83
カルシウム	calcium	Ca	20	ヒ 素	arsenic	As	33
キセノン	xenon	Xe	54	フェルミウム	fermium	Fm	100
キュリウム	curium	Cm	96	フッ素	fluorine	F	9
金	gold	Au	79	プラセオジム	praseodymium	Pr	59
銀	silver	Ag	47	フランシウム	francium	Fr	87
クリプトン	krypton	Kr	36	プルトニウム	plutonium	Pu	94
クロム	chromium	Cr	24	プロトアクチニウム	protactinium	Pa	91
ケイ素	silicon	Si	14	プロメチウム	promethium	Pm	61
ゲルマニウム	germanium	Ge	32	ヘリウム	helium	He	2
コバルト	cobalt	Co	27	ベリリウム	beryllium	Be	4
コペルニシウム	copernicium	Cn	112	ホウ素	boron	B	5
サマリウム	samarium	Sm	62	ボーリウム	bohrium	Bh	107
酸 素	oxygen	O	8	ホルミウム	holmium	Ho	67
シーボーギウム	seaborgium	Sg	106	ポロニウム	polonium	Po	84
ジスプロシウム	dysprosium	Dy	66	マイトネリウム	meitnerium	Mt	109
臭 素	bromine	Br	35	マグネシウム	magnesium	Mg	12
ジルコニウム	zirconium	Zr	40	マンガン	manganese	Mn	25
水 銀	mercury	Hg	80	メンデレビウム	mendelevium	Md	101
水 素	hydrogen	H	1	モリブデン	molybdenum	Mo	42
スカンジウム	scandium	Sc	21	ユウロピウム	europium	Eu	63
スズ	tin	Sn	50	ヨウ素	iodine	I	53
ストロンチウム	strontium	Sr	38	ラザホージウム	rutherfordium	Rf	104
セシウム	cesium (caesium)	Cs	55	ラジウム	radium	Ra	88
				ラドン	radon	Rn	86
セリウム	cerium	Ce	58	ランタン	lanthanum	La	57
セレン	selenium	Se	34	リチウム	lithium	Li	3
ダームスタチウム	darmstadtium	Ds	110	リ ン	phosphorus	P	15
タリウム	thallium	Tl	81	ルテチウム	lutetium	Lu	71
タングステン	tungsten	W	74	ルテニウム	ruthenium	Ru	44
炭 素	carbon	C	6	ルビジウム	rubidium	Rb	37
タンタル	tantalum	Ta	73	レニウム	rhenium	Re	75
チタン	titanium	Ti	22	レントゲニウム	roentgenium	Rg	111
窒 素	nitrogen	N	7	ロジウム	rhodium	Rh	45
ツリウム	thulium	Tm	69	ローレンシウム	lawrencium	Lr	103

原子番号 — 4
イオン化エネルギー〔kJ mol⁻¹〕— 899.5
電子親和力〔kJ mol⁻¹〕— ~0
電気陰性度（ポーリングによる）— 1.57
共有結合半径〔pm〕— 90
原子半径〔pm〕— 140
抵抗率〔μΩ cm〕— 3.76
記　号 — **Be**

(I A) 1族	(II A) 2族	(III B) 3族	(IV B) 4族	(V B) 5族	(VI B) 6族	(VII B) 7族	(VIII B) 8族	(VIII B) 9族	(VIII B) 10族	(I B) 11族	(II B) 12族	(III A) 13族	(IV A) 14族	(V A) 15族	(VI A) 16族	(VII A) 17族	(VIII A) 18族
1 **H** 1312.032 / 72.7678 / 2.20; 32 / 79 / —																	2 **He** 2372.3 / — / —; 93 / 49 / —
3 **Li** 520.2147 / 88.57 / 0.98; 123 / 205 / 9.55	4 **Be** 899.5 / ~0 / 1.57; 90 / 140 / 3.76											5 **B** 800.63 / 26.7 / 2.04; 82 / 117 / 10^{12}	6 **C** 1086.4 / 121.85 / 2.55; 77 / 91 / 27×10^{8}	7 **N** 1402.3 / ~0 / 3.04; 75 / 75 / —	8 **O** 1313.9 / 140.974 / 3.44; 73 / 65 / —	9 **F** 1681.0 / 328.160 / 3.98; 72 / 57 / —	10 **Ne** 2080.6 / — / —; 71 / 51 / —
11 **Na** 495.839 / 52.8991 / 0.93; 154 / 223 / 4.93	12 **Mg** 737.7 / ~0 / 1.31; 136 / 172 / 4.51											13 **Al** 577.53 / 42.5 / 1.61; 118 / 182 / 2.733	14 **Si** 786.5 / 133.6 / 1.90; 111 / 146 / 3×10^{6}	15 **P** 1011.8 / 72.02 / 2.19; 106 / 123 / 10^{17}	16 **S** 999.6 / 200.4073 / 2.58; 102 / 109 / 10^{23}	17 **Cl** 1251.2 / 348.567 / 3.16; 99 / 97 / —	18 **Ar** 1520.6 / — / —; 98 / 88 / —
19 **K** 418.8042 / 48.384 / 0.82; 203 / 277 / 7.47	20 **Ca** 589.8 / 2.369 / 1.00; 174 / 223 / 3.45	21 **Sc** 633.1 / 18.14 / 1.36; 144 / 209 / 56.2	22 **Ti** 658.8 / 7.6 / 1.54; 132 / 200 / 39	23 **V** 650.9 / 50.6 / 1.63; 122 / 192 / 20.2	24 **Cr** 652.8 / 64.26 / 1.66; 118 / 185 / 12.7	25 **Mn** 717.3 / ~0 / 1.55; 117 / 179 / 144	26 **Fe** 762.5 / 14.6 / 1.83; 117 / 172 / 9.98	27 **Co** 760.4 / 63.9 / 1.88; 116 / 167 / 5.6	28 **Ni** 737.1 / 111.5 / 1.91; 115 / 162 / 7.20	29 **Cu** 745.5 / 119.2 / 1.90; 117 / 157 / 1.725	30 **Zn** 906.4 / ~0 / 1.65; 125 / 153 / 6.06	31 **Ga** 578.8 / 29 / 1.81; 126 / 181 / 13.6	32 **Ge** 762.2 / 119 / 2.01; 122 / 152 / 10^{7}	33 **As** 944.4 / 78 / 2.18; 120 / 133 / 33.3	34 **Se** 640.9 / 194.962 / 2.55; 116 / 122 / 10^{6}	35 **Br** 1139.8 / 324.5 / 2.96; 114 / 112 / —	36 **Kr** 1350.7 / — / —; 189 / 103 / —
37 **Rb** 403.0262 / 46.884 / 0.82; 216 / 298 / 13.3	38 **Sr** 549.5 / 14.3 / 0.95; 191 / 245 / 13.5	39 **Y** 599.8 / 29 / 1.22; 162 / 227 / 59.6	40 **Zr** 640.1 / 41.1 / 1.33; 145 / 216 / 43.3	41 **Nb** 652.1 / 86.2 / 1.6; 134 / 208 / 15.2	42 **Mo** 684.3 / 72.2 / 2.16; 130 / 201 / 5.52	43 ***Tc*** 702.4 / 53 / 2.10; 127 / 195 / 23	44 **Ru** 710.2 / 101 / 2.2; 125 / 189 / 7.1	45 **Rh** 719.7 / 109.7 / 2.28; 125 / 183* / 4.3	46 **Pd** 804.4 / 54.2 / 2.20; 128 / 179 / 10.8	47 **Ag** 731.0 / 125.6 / 1.93; 134 / 175 / 1.629	48 **Cd** 867.7 / ~0 / 1.69; 141 / 171 / 6.8	49 **In** 558.3 / 29 / 1.78; 144 / 200 / 8.0	50 **Sn** 708.6 / 107.3 / 1.96; 141 / 172 / 11.5	51 **Sb** 830.6 / 100.9 / 2.05; 140 / 153 / 39.0	52 **Te** 869.6 / 190.15 / 2.1; 136 / 142 / 10^{5}	53 **I** 1008.4 / 295.148 / 2.66; 133 / 132 / 10^{15}	54 **Xe** 1170.3 / — / 2.60; 131 / 124 / —
55 **Cs** 375.699 / 45.504 / 0.79; 235 / 334 / 21.0	56 **Ba** 502.8 / 14 / 0.89; 198 / 278 / 34.3	57 **La**† 538.1 / 50 / 1.10; 125 / 274 / 61.5	72 **Hf** 658.5 / ~0 / 1.3; 144 / 216 / 34.0	73 **Ta** 728.4 / 31.1 / 1.5; 134 / 209 / 13.5	74 **W** 758.7 / 78.6 / 1.7; 130 / 202 / 5.44	75 **Re** 755.8 / 14.5 / 1.9; 128 / 197 / 17.2	76 **Os** 814.2 / 106 / 2.2; 126 / 192 / 8.1	77 **Ir** 865.2 / 150.9 / 2.20; 127 / 187 / 4.7	78 **Pt** 864.4 / 205.3 / 2.2; 130 / 183 / 10.8	79 **Au** 890.1 / 222.76 / 2.4; 134 / 179 / 2.271	80 **Hg** 1007 / ~0 / 1.9; 149 / 176 / 94.1	81 **Tl** 589.3 / 20 / 1.8; 148 / 208 / 15	82 **Pb** 715.6 / 35.1 / 1.8; 147 / 181 / 21.3	83 **Bi** 702.9 / 91.3 / 1.9; 146 / 163 / 107	84 **Po** 812.1 / 180 / 2.0; 153 / 153 / 40	85 **At** — / 270 / 2.2; 147 / 143 / —	86 **Rn** 1037.0 / — / —; — / 134 / —
87 **Fr** 392.95 / 44 / 0.7; — / —	88 **Ra** 509.3 / 0.9; — / —	89 **Ac**‡ 498 / 1.1; — / —	104 ***Rf***	105 ***Db***	106 ***Sg***	107 ***Bh***	108 ***Hs***	109 ***Mt***	110 ***Ds***	111 ***Rg***	112 ***Cn***		114				

†	58 **Ce** 534.4 / — / 1.12; 165 / 270 / 78	59 **Pr** 527.2 / — / 1.13; 165 / 267 / 70.0	60 **Nd** 506.5 / — / 1.14; 164 / 267 / 64.3	61 ***Pm*** 538.4 / — / 1.13; 163 / 262 / 75est	62 **Sm** 544.5 / — / 1.17; 162 / 259 / 94.0	63 **Eu** 547.1 / — / 1.2; 185 / 256 / 90.0	64 **Gd** 593.4 / — / 1.20; 161 / 254 / 131	65 **Tb** 565.8 / — / 1.2; 159 / 251 / 115	66 **Dy** 573.0 / — / 1.22; 159 / 249 / 92.6	67 **Ho** 581.0 / — / 1.23; 158 / 247 / 81.4	68 **Er** 589.0 / — / 1.24; 157 / 245 / 86	69 **Tm** 596.7 / — / 1.25; 156 / 242 / 67.6	70 **Yb** 603.4 / — / 1.1; 170 / 240 / 25.0	71 **Lu** 523.5 / — / 1.0; 156 / 225 / 58.2
‡	90 **Th** 608.5 / — / 1.3; 165 / — / 14.7	91 **Pa** 568.3 / — / 1.5; — / — / 17.7	92 **U** 597.6 / — / 1.7; 142 / — / 28	93 ***Np*** 604.5 / — / 1.3; — / —	94 ***Pu*** 581.4 / — / 1.3; 108 / — / 141	95 ***Am*** 576.4 / —; — / —	96 ***Cm*** 580.8 / —; — / —	97 ***Bk*** 601.1 / —; — / —	98 ***Cf*** 607.8 / —; — / —	99 ***Es*** 619.4 / —; — / —	100 ***Fm*** 627.1 / —; — / —	101 ***Md*** 634.9 / —; — / —	102 ***No*** 641.6 / —; — / —	103 ***Lr*** — / —; — / —

記号 — **Be** — 結晶構造
原子量 — 9.01218
価電子数 — 2　2744 — 沸点〔K〕
密度〔g cm⁻³〕* — 1.848　1560 — 融点〔K〕
$1s^22s^2$ — 電子配置
ベリリウム — 名称

*気体は 273 K, 1 atm〔g L⁻¹〕

□: 気体　■: 液体

1族	2族	3族	4族	5族	6族	7族	8族	9族	10族	11族	12族	13族	14族	15族	16族	17族	18族
H 1.00794 1　20.28 0.08988　13.81 $1s^1$ 水素																	**He** 4.00260 0　4.22 0.17885　0.95 $1s^2$ ヘリウム
Li 6.941 1　1615 0.534　453.6 $1s^22s^1$ リチウム	**Be** 9.01218 2　2744 1.848　1560 $1s^22s^2$ ベリリウム											**B** 10.81 3　4273 2.34　2348 $1s^22s^22p^1$ ホウ素	**C** 12.011 ±4,2　4470* 1.9　3823 $1s^22s^22p^2$ 炭素	**N** 14.0067 ±3,2,4,5　77.4 1.2506　63 $1s^22s^22p^3$ 窒素	**O** 15.9994 −2　90 1.429*　50.36 $1s^22s^22p^4$ 酸素	**F** 18.99840 −1　85.03 1.696　53.53 $1s^22s^22p^5$ フッ素	**Ne** 20.1797 0　27.07 0.89990　24.56 $1s^22s^22p^6$ ネオン
Na 22.98977 1　1156 0.971　370.87 [Ne]$3s^1$ ナトリウム	**Mg** 24.305 2　1363 1.738　923 [Ne]$3s^2$ マグネシウム											**Al** 26.98154 3　2792 2.6989　933.47 [Ne]$3s^23p^1$ アルミニウム	**Si** 28.0855 4,2　3538 2.33　1687 [Ne]$3s^23p^2$ ケイ素	**P** 30.97376 ±3,4,5　553.6 1.82　317.3 [Ne]$3s^23p^3$ リン	**S** 32.066 ±2,4,6　717.7 2.07　388.36 [Ne]$3s^23p^4$ 硫黄	**Cl** 35.4527 ±1,3,5,7　239.1 3.165*　171.6 [Ne]$3s^23p^5$ 塩素	**Ar** 39.948 0　87.56 1.784*　83.81 [Ne]$3s^23p^6$ アルゴン
K 39.0983 1　1032.3 0.862　336.43 [Ar]$4s^1$ カリウム	**Ca** 40.078 2　1757 1.55　1115 [Ar]$4s^2$ カルシウム	**Sc** 44.9559 3　3109 2.989　1814 [Ar]$3d^14s^2$ スカンジウム	**Ti** 47.867 4,3　3560 4.54　1941 [Ar]$3d^24s^2$ チタン	**V** 50.9415 5,2,3,4　3680 6.11　2183 [Ar]$3d^34s^2$ バナジウム	**Cr** 51.996 3,2,6　2944 7.19　2180 [Ar]$3d^74s^1$ クロム	**Mn** 54.9380 2,3,4,5,6,7　2334 7.33　1519 [Ar]$3d^54s^2$ マンガン	**Fe** 55.845 2,3　3134 7.874　1811 [Ar]$3d^64s^2$ 鉄	**Co** 58.9332 2,3　3200 8.90　1768 [Ar]$3d^74s^2$ コバルト	**Ni** 58.6934 2,3　3186 8.902　1728 [Ar]$3d^84s^2$ ニッケル	**Cu** 63.546 2,1　2835 8.96　1357.8 [Ar]$3d^{10}4s^1$ 銅	**Zn** 65.39 2　1180 7.133　692.68 [Ar]$3d^{10}4s^2$ 亜鉛	**Ga** 69.723 3　2477 6.095　302.915 [Ar]$3d^{10}4s^24p^1$ ガリウム	**Ge** 72.61 4　3106 5.323　1211.4 [Ar]$3d^{10}4s^24p^2$ ゲルマニウム	**As** 74.9215 ±3,5　876 28atm 5.73　1090 28atm [Ar]$3d^{10}4s^24p^3$ ヒ素	**Se** 78.96 4,−2,6　958 4.79　494 [Ar]$3d^{10}4s^24p^4$ セレン	**Br** 79.904 ±1,5,7　330.93 3.12　266.0 [Ar]$3d^{10}4s^24p^5$ 臭素	**Kr** 83.80 0,2　119.93 3.733*　115.79 [Ar]$3d^{10}4s^24p^6$ クリプトン
Rb 85.4678 1　961 1.532　312.46 [Kr]$5s^1$ ルビジウム	**Sr** 87.62 2　1655 2.54　1050 [Kr]$5s^2$ ストロンチウム	**Y** 88.9059 3　3618 4.469　1795 [Kr]$4d^15s^2$ イットリウム	**Zr** 91.224 4　4682 6.506　2128 [Kr]$4d^25s^2$ ジルコニウム	**Nb** 92.9064 5,3　5017 8.57　2750 [Kr]$4d^45s^1$ ニオブ	**Mo** 95.94 6,2,3,4,5　4912 10.22　2896 [Kr]$4d^55s^2$ モリブデン	***Tc*** (98) 7　4538 11.5　2430 [Kr]$4d^55s^2$ テクネチウム	**Ru** 101.07 3,4,2,6,8　4423 11.41　2607 [Kr]$4d^75s^1$ ルテニウム	**Rh** 102.9055 3,2,4　3968 12.41　2237 [Kr]$4d^85s^1$ ロジウム	**Pd** 106.42 2,4　3236 12.02　1828.1 [Kr]$4d^{10}$ パラジウム	**Ag** 107.8682 1　2436 10.50　1234.93 [Kr]$4d^{10}5s^1$ 銀	**Cd** 112.41 2　1040 8.65　594.22 [Kr]$4d^{10}5s^2$ カドミウム	**In** 114.818 3　2345 7.31　429.7 [Kr]$4d^{10}5s^25p^1$ インジウム	**Sn** 118.710 4,2　2875 7.31　505.08 [Kr]$4d^{10}5s^25p^2$ スズ	**Sb** 121.760 ±3,5　1860 6.691　903.78 [Kr]$4d^{10}5s^25p^3$ アンチモン	**Te** 127.60 4,−2,6　1261 6.24　722.65 [Kr]$4d^{10}5s^25p^4$ テルル	**I** 126.9045 ±1,5,7　457.5 4.93　386 [Kr]$4d^{10}5s^25p^5$ ヨウ素	**Xe** 131.29 0,2,4,6　165 5.87　161.40 [Kr]$4d^{10}5s^25p^6$ キセノン
Cs 132.9054 1　944 1.873　301.59 [Xe]$6s^1$ セシウム	**Ba** 137.33 2　2170 3.5　1000 [Xe]$6s^2$ バリウム	**La**† 138.9055 3　3737 6.145　1191 [Xe]$5d^16s^2$ ランタノイド	**Hf** 178.49 4　4876 13.31　2506 [Xe]$4f^{14}5d^26s^2$ ハフニウム	**Ta** 180.9479 5　5731 16.654　3290 [Xe]$4f^{14}5d^36s^2$ タンタル	**W** 183.84 6,2,3,4,5　5828 19.3　3695 [Xe]$4f^{14}5d^46s^2$ タングステン	**Re** 186.207 7,2,4,6　5869 21.02　3459 [Xe]$4f^{14}5d^56s^2$ レニウム	**Os** 190.3 4,2,3,6,8　5285 22.57　3306 [Xe]$4f^{14}5d^66s^2$ オスミウム	**Ir** 192.2017 4,2,3,6　4701 22.042　2719 [Xe]$4f^{14}5d^76s^2$ イリジウム	**Pt** 195.08 4,2　4098 21.45　2041.6 [Xe]$4f^{14}5d^96s^1$ 白金	**Au** 196.9665 3,1　3129 19.3　1337.3 [Xe]$4f^{14}5d^{10}6s^1$ 金	**Hg** 200.59 2,1　629.88 13.546　234.16 [Xe]$4f^{14}5d^{10}6s^2$ 水銀	**Tl** 204.383 1,3　1746 11.85　577 [Xe]$4f^{14}5d^{10}6s^26p^1$ タリウム	**Pb** 207.2 2,4　2022 11.35　600.61 [Xe]$4f^{14}5d^{10}6s^26p^2$ 鉛	**Bi** 208.9804 3,5　1837 9.747　544.6 [Xe]$4f^{14}5d^{10}6s^26p^3$ ビスマス	**Po** (209) 4,2,6　1235 9.32　527 [Xe]$4f^{14}5d^{10}6s^26p^4$ ポロニウム	**At** (210) ±1,3,5,7　610 —　575 [Xe]$4f^{14}5d^{10}6s^26p^5$ アスタチン	**Rn** (222) 0,2　211 9.89　202 [Xe]$4f^{14}5d^{10}6s^26p^6$ ラドン
Fr (223) 1　950 —　300 [Rn]$7s^1$ フランシウム	**Ra** 226 2　1809 5　973 [Rn]$7s^2$ ラジウム	**Ac**‡ (227) 3　3473 10.07　1323 [Rn]$6d^17s^2$ アクチノイド	***Rf*** (261) [Rn]$5f^{14}6d^27s^2$ ラザホージウム	***Db*** (262) [Rn]$5f^{14}6d^37s^2$ ドブニウム	***Sg*** (263) [Rn]$5f^{14}6d^47s^2$ シーボーギウム	***Bh*** (262) [Rn]$5f^{14}6d^57s^2$ ボーリウム	***Hs*** (265) [Rn]$5f^{14}6d^67s^2$ ハッシウム	***Mt*** (266) [Rn]$5f^{14}6d^77s^2$ マイトネリウム	***Ds*** (271) [Rn]$5f^{14}6d^87s^2$ ダームスタチウム	***Rg*** (272) レントゲニウム	***Cn*** コペルニシウム		(285)				

†	**Ce** 140.115 3,4　3697 6.770　1071 [Xe]$4f^15d^16s^2$ セリウム	**Pr** 140.9077 3,4　3793 6.77　1204 [Xe]$4f^36s^2$ プラセオジム	**Nd** 144.24 3　3347 7.008　1294 [Xe]$4f^46s^2$ ネオジム	***Pm*** (145) 3　3273 7.264　1315 [Xe]$4f^56s^2$ プロメチウム	**Sm** 150.36 3,2　2067 7.52　1347 [Xe]$4f^66s^2$ サマリウム	**Eu** 151.965 3,2　1802 5.244　1095 [Xe]$4f^76s^2$ ユウロピウム	**Gd** 157.25 3　3546 7.90　1586 [Xe]$4f^75d^16s^2$ ガドリニウム	**Tb** 158.9253 3,4　3503 8.230　1629 [Xe]$4f^96s^2$ テルビウム	**Dy** 162.50 3　28405 8.551　1685 [Xe]$4f^{10}6s^2$ ジスプロシウム	**Ho** 164.9303 3　2973 8.795　1747 [Xe]$4f^{11}6s^2$ ホルミウム	**Er** 167.26 3　3141 9.066　1802 [Xe]$4f^{12}6s^2$ エルビウム	**Tm** 168.9342 3,2　2223 9.321　1818 [Xe]$4f^{13}6s^2$ ツリウム	**Yb** 173.04 3,2　1469 6.66　1092 [Xe]$4f^{14}6s^2$ イッテルビウム	**Lu** 174.967 3　3675 9.841　1936 [Xe]$4f^{14}5d^16s^2$ ルテチウム
‡	**Th** 232.0381 4　5061 11.72　2023 [Rn]$6d^27s^2$ トリウム	**Pa** 231.0359 5,4　— 15.37　1845 [Rn]$5f^26d^17s^2$ プロトアクチニウム	**U** 238.029 6,3,4,5　4404 18.95　1408 [Rn]$5f^36d^17s^2$ ウラン	***Np*** 237 5,3,4,6　4175 20.25　917 [Rn]$5f^46d^17s^2$ ネプツニウム	***Pu*** (244) 4,3,5,6　3501 19.84　913 [Rn]$5f^67s^2$ プルトニウム	***Am*** (243) 3,4,5,6　2284 13.67　1449 [Rn]$5f^77s^2$ アメリシウム	***Cm*** (247) 3　— 13.51　1618 [Rn]$5f^96d^17s^2$ キュリウム	***Bk*** (247) 3,4　— 14(est)　1323 [Rn]$5f^97s^2$ バークリウム	***Cf*** (251) 3　— —　1173 [Rn]$5f^{10}7s^2$ カリホルニウム	***Es*** (252) 3　— —　1133 [Rn]$5f^{11}7s^2$ アインスタイニウム	***Fm*** (257) 3　— —　1800 [Rn]$5f^{12}7s^2$ フェルミウム	***Md*** (258) 3　— —　1100 [Rn]$5f^{11}7s^2$ メンデレビウム	***No*** (259) 2,3　— —　— [Rn]$5f^{14}7s^2$ ノーベリウム	***Lr*** (262) 3　— —　— [Rn]$5f^{14}6d^17s^2$ ローレンシウム

- 単純立方
- BCC（体心立方）
- FCC（面心立方）
- HCP（六方最密充填）
- ダイアモンド構造
- 正方晶　　菱面体晶

(..): 最も安定な同位体　　斜体: 自然界には存在しない元素　　†: 気体　　‡: 液体

用 語 解 説

あ 行

亜殻 [subshell] ある n 殻のなかで，l の等しい軌道を集めたもの．（§2.4）

アクチノイド系列 [actinoide series] 周期表でアクチニウムに続く 14 個の元素．（§2.1）

アボガドロ数（N_A）[Avogadro's number] 12 グラムの純粋な ^{12}C 中に含まれる炭素原子の数．6.022×10^{23} に等しい．（§1.2）

アボガドロの法則 [Avogadro's law] 温度と圧力が等しければ，気体中に含まれる粒子数も等しいという法則．（§1.3）

アミド [amide] アミンと酸が縮合したときに生じる結合．（§11.1）

アミノ酸 [amino acid] アミノ基とカルボキシ基の両方をもつ分子．（§11.1）

アミン [amine] アンモニアの水素原子の一つ以上を，炭化水素で置き換えた化合物．（§10.3，§11.1）

アルカリ金属 [alkali metal] 1 族の元素．Li，Na，K，Rb，Cs および Fr．（§3.1）

アルカリ土類金属 [alkaline earth metal] 2 族の元素．Be，Mg，Ca，Sr，Ba および Ra．（§3.1）

アルコール [alcohol] -COH をもつ有機化合物．（§11.2）

アレニウスの式 [Arrhenius equation] 反応速度定数を $k = Ae^{-Ea/RT}$ の形で表した式．ここで，A は衝突頻度と形状因子の積，$e^{-Ea/RT}$ は反応に十分なエネルギーで衝突する確率を表す．（§12.4）

イオン [ion] 電荷をもった原子または原子の集団．（§1.4）

イオン化エネルギー [ionization energy] 原子やイオン，分子から電子を 1 個取除くのに必要なエネルギー．結合エネルギーあるいはイオン化ポテンシャルともよばれる．（§2.4）

イオン間相互作用 [ion-ion interaction] イオン間に働く静電的な相互作用．（§6.2）

イオン結合 [ionic bond] 元素間での電子の移動を伴う結合．1 個以上の電子が電気陰性度の低い元素から高い元素へと移動することで，陰イオンと陽イオン間に引力が生まれる．（§5.1）

イオン-双極子相互作用 [ion-dipole interaction] イオンと極性分子との間に働く相互作用．（§6.2）

イソシアナート [isocyanate] $-N=C=O$ 基をもつ分子．（§11.2）

陰イオン [anion] 負電荷をもった原子あるいは原子の集団．（§1.6）

運動エネルギー [kinetic energy] $1/2\, mv^2$．物体の運動によるエネルギー．物体の質量と，速度の 2 乗に比例する．（§1.7）

エステル [ester] カルボン酸とアルコールが反応して生じる有機化合物．（§11.2）

エチレン [ethylene] $H_2C=CH_2$ 分子．（§11.1）

n 型半導体 [n-type semiconductor] 電子が動くことで電気伝導性が生じるような半導体．（§5.1）

エネルギー準位 [energy level] 原子内の電子がとりうるエネルギー．（§2.3）

エネルギー準位図 [energy-level diagram] エネルギー準位を図示したもの．（§2.3）

エネルギー保存則 [law of conservation of energy] エネルギーはある形から別の形へと変化するが，全エネルギーは増えも減りもせず一定であるという法則．（§1.7）

塩橋 [salt bridge] 濃い塩の水溶液をゲル状に固めたもの．電池の二つの電極をつなぐのに使われる．（§9.3）

延性 [ductility] 細長い線に引き延ばせる性質．（§3.4）

エンタルピー変化（ΔH）[enthalpy change] 定圧下の反応で移動する熱．反応熱ともよばれる．（§7.1）

エントロピー（S）[entropy] 系のエネルギー散逸の指標となる熱力学的な変数．（§7.3）

応力（σ）[stress] 単位体積当たりにかかる荷重，F/A_0（§4.2）

応力硬化 [stress hardening] 多数の粒界を導入し，金属固体を硬化させる技術．金属を，ダイス型を通して引っ張る，ローラーで圧延する，叩くなどの方法が用いられる．（§4.2）

オクテット [octet] s^2p^6 配置をとる 8 個の価電子．（§3.2）

オクテット則 [octet rule] 化合物中の各原子は，電子の授受や共有により，希ガスと同じ電子配置をとりたがるという規則．（§3.2）

オーステナイト [austenite] 含炭素鋼の結晶系の一つ．立方晶に属する．（§4.4）

オストワルドの分離法［Ostwald's isolation method］ 反応次数を決める方法の一つ．目的物以外の物質を大過剰に加える．（§12.1）

か行

概念地図［concept map］ 複数の概念間の関係を視覚化した図．（§1.8）

化学量論［stoichiometry］ 化学反応の結果消費された反応物の量と，生じた生成物の量との間の関係．（§1.5）

架橋［crosslink］ ポリマー鎖間をつなぐ共有結合．（§11.1）

確率密度（$|\psi|^2$）［probability density］ 微小な空間に電子を見いだす確率．（§2.4）

化合物［compound］ ある一定の組成をもち，化学的なプロセスにより原子に分解できる物質．（§1.2）

活性化エネルギー［activation energy］ 化学反応が進むには，エネルギーの山を乗り越えなえなければならないが，山を乗り越えるのに必要なエネルギーのしきい値．活性化障壁ともよばれる．（§12.4）

活性化系列［activity series］ 金属元素を酸化しやすい順に並べたもの．（§9.3）

活性化障壁［activation barrier］ 化学反応を進行させるためにはエネルギーの山を乗り越えなえなければならず，それに必要なエネルギーのしきい値．活性化エネルギーともよばれる．（§12.4）

活性錯合体［activated complex］ 反応物から生成物に至る反応経路で，エネルギー障壁の頂点の位置に達したときに原子がとる配置．遷移状態ともよばれる．（§12.4）

活量［activity］ 物質の実効的な濃度や圧力．溶媒の活量は 1 である．また，固体の活量も 1 である．（§8.4）

価電子帯［valence band］ 半導体のバンドのうち価電子で満ちたバンド．（§5.1）

価電子対反発法［valence shell electron-pair repulsion, VSEPR］ 分子や分子の断片の形状を決めるための方法．価電子対が反発し合うことで，電子分布の形が決まる．結合性の電子の分布により，分子の形が決まる．（§6.1）

可溶［miscible］ 二つの液体が混じり合い均一な溶液となる状態．（§6.1）

加硫［vulcanization］ ゴムに硫黄を加える処理．ゴムに硫黄を加え加熱すると，ポリマー鎖間に架橋ができ，ゴムに強さと弾力が生まれる．（§11.1）

ガルバニ電池［Galvanic cell］ 自発的に起こる酸化還元反応の化学エネルギーを，電気エネルギーに変換する装置．電池として利用する．（§9.3）

カルボキシ基［carboxy group］ 有機化合物に含まれる -COOH の部分．酸として働く．（§11.1）

還元［reduction］ 電子を獲得する反応．（§9.1）

緩衝液［buffer］ 水酸化物イオンや水素イオンを加えても，pH が変化しにくい溶液．弱酸とその塩（あるいは弱塩基とその塩）をほぼ等しい濃度で含む．緩衝溶液ともよばれる．（§8.4）

希ガス［rare gas］ 18 族の元素．（§3.1）

気化潜熱［latent heat of vaporization］ 1 気圧のもとで，1 モルの液体を気化させるのに必要なエンタルピー．（§7.2）

犠牲電極［sacrifical anode］ 還元電位の高い金属でできた物体を保護するのに用いられる，還元電位の低い金属．（§9.5）

輝線スペクトル［bright line spectrum］ 飛び飛びの波長の光からなるスペクトル．（§2.3）

気体定数（R）［gas constant］ 理想気体の法則に現れる比例定数．0.08206 L atm K^{-1} mol^{-1} または 8.3145 J K^{-1} mol^{-1}．（§1.3）

基底状態［ground state］ 原子や分子がとりうる状態のうち，エネルギーが最も低いもの．（§2.4）

起電力（emf）［electromotive force］ 電子を受入れるのに必要な電位（間違った呼び名で，実際は力ではなく電位をさす）．（§9.3）

軌道［orbital］ 原子内の電子に対する波動関数．波動関数の 2 乗は，確率密度の分布を表す．（§2.4）

ギブズ自由エネルギー（G）［Gibbs free energy］ 熱力学的変数の一つで，エンタルピー（H）からエントロピー（S）と温度 T（K 単位）の積を引いたものに等しい．$G = H - TS$．自由エネルギーともよばれる．（§7.3）

基本波［fundamental wave］ 両端を固定したときに生じる定在波のうちで波長が最も長いもの．（§2.3）

逆バイアス［reverse bias］ pn 接合の p 側に負，n 側に正の電位がかかった状態．電流は流れない．（§5.1）

吸熱反応［endothermic reaction］ 熱を吸収する反応．（§7.2）

球棒モデル［ball-and-stick model］ 原子を球（球の大きさは重要でない）で，結合を棒で表した分子モデル．結合状態がよくわかる．（§1.4）

強磁性［ferromagnetic］ 永久磁石としての性質．広い領域にわたって，スピンが同じ方向を向いている．（§10.5）

共通イオン［common ion］ 複数の平衡反応に共通して現れるイオン．（§8.4）

強配位子場［strong ligand field］ 遷移金属の d 軌道の分裂幅が大きく，電子が，高エネルギーの軌道を占めるより，低エネルギーの軌道でペアを組む方が安定であるような状態．（§10.5）

共鳴構造［resonance structure］ 電子の配置のみが異なる複数のルイス構造が混じり合った状態．（§6.1）

共役塩基［conjugate base］ 酸からプロトンが脱離した後に残る陰イオン．（§8.4）

共役酸［conjugate acid］ 塩基に水素イオンを加えたときに生じる陽イオン．（§8.4）

共有結合［covalent bond］ 電子対を共有する結合．

(§5.1)

キレート［chelate］ 多座配位子が金属と結合しているような物質．（§10.3）

均一系触媒［homogeneous catalyst］ 溶液中に溶けている触媒．酵素や酸，塩基などがその例である．（§12.6）

均一系の平衡［homogeneous equilibrium］ 反応物と生成物がすべて同じ相からなる系での平衡．（§8.2）

均一固溶体［homogeneous solution］ 物理的・化学的な性質が均一な固溶体．（§4.4）

金属［metal］ 延展性を示す元素．熱や電気をよく流す．（§3.4）

金属結合［metallic bond］ 電子の海に浮かぶ陽イオンからなる方向性のない結合．陽イオンと電子の海は，クーロン引力により引きつけ合っている．（§4.1）

空間充塡モデル［space-filling model］ 原子の相対的な大きさと結合の方向を正しく表示した分子モデル．（§1.4）

空隙［hole］ 固体を剛体球モデルで表したときに生じる原子間の隙間．（§10.1）

クーロンエネルギー［Coulomb energy］ $E = (9.00 \times 10^{18} \text{ J m C}^{-1}) \times q_1 q_2/r$ で表される．ここで，E はイオン間の相互作用エネルギー（J単位），r はイオン中心間の距離（nm単位），q_1, q_2 はイオンの電荷量である．（§1.7）

形式電荷［formal charge］ ある元素の価電子数と，化合物中で割り当てられた電子数の差．（価電子数－非共有電子の数－1/2共有電子の数）で表される．（§6.1）

欠陥［defect］ 原子が本来の位置にない場所．（§4.2）

結合次数［bond order］ 結合の強さを表す指標．（結合性軌道にある電子数－反結合性軌道にある電子数）×1/2で定義される．（§5.1）

結合性軌道［bonding orbital］ その軌道を電子が占めると，分子のエネルギーが下がるような軌道．結合性軌道の特徴として，核の間の領域でも電子密度が高い．（§5.1）

結晶格子［crystal lattice］ 金属などの多くの材料を原子レベルでみたときに現れる周期的なパターン．（§4.1）

結晶格子エネルギー（$\Delta H_{結晶格子}$）［crystal lattice energy］ 気体のイオンから結晶格子が生じる際に放出されるエネルギー．（§7.2）

原子［atom］ 元素を分割していったときに，その元素の性質を維持できる最小の粒子．（§1.2）

原子化エンタルピー［enthalpy of atomization］ ある物質を気体の原子へと分解するのに必要なエネルギー．（§7.2）

原子核［nucleus］ 原子の中心に位置する小さくて高密度の核．正の電荷をもち，原子の質量の大部分を占める．（§2.2）

原子質量単位（amu）［atomic mass unit］ 1.55054×10^{-24} g．^{12}C原子の質量の1/12．ほぼ，水素原子の質量に等しい．（§1.2）

原子番号（Z）［atomic number］ 原子核に含まれる陽子の数．これにより元素が識別できる．（§2.2）

原子量［atomic weight］ 自然界に存在する物質中の元素の質量を原子質量単位で表したもの．同位体比の重みを付けた平均値．（§1.2）

限定反応物質［limiting reactant］ 反応物のなかで，濃度が十分に低いために，反応の進行を制限する物質．（§1.5）

合金［alloy］ 2種類以上の元素の固溶体で，金属的な性質を示すもの．（§4.4）

格子間空隙［interstitial space］ 原子間の隙間．（§4.4）

格子間原子［interstitial atom］ 格子間空隙位置に納まる原子．（§4.4）

高スピン錯体［high-spin complex］ 低エネルギーの軌道で電子がペアを組むのではなく，高エネルギーの軌道を不対電子が占める方が安定な錯体．（§10.5）

鉱石［ore］ 金属の資源となる天然の鉱物．（§9.7）

構造式［structural formula］ 原子がどのように結合しているかを示しているが，球棒モデルのような三次元情報は含んでいない．（§1.4）

剛体球モデル［hard-sphere model］ 原子を硬く，明確な境をもつ球として扱うモデル．（§4.1）

高密度ポリエチレン［high-density polyethylene, HDPE］ 枝分かれしていない炭素鎖からなるポリエチレン．ポリマー鎖が密に詰まっているため，密度が高い．（§11.1）

固有反応速度定数［specific rate constant］ 反応速度式に現れる比例定数 k_ex．実験により定める量である．（§12.1）

固溶限界［solubility limit］ ある固体に，別の物質が溶解できる最大値．（§4.4）

混成軌道［hybrid orbital］ 原子軌道を組合わせてできた軌道．（§5.1）

さ 行

最外殻電子［valence electron］ 全電子から，希ガス配置の電子，および閉じたdあるいはf軌道の電子を除いたもの．（§2.5）

最密充塡［close pack］ 原子が密に詰まり，結晶格子の体積が最低となるような結晶構造．（§4.1）

錯イオン［complex ion］ 金属イオンの周りを配位子が取囲んだ構造をとり，全体として電荷をもつような物質．（§10.3）

錯生成定数（K_f）［complex formation constant］ 金属イオンと配位子から錯体が生じる反応の平衡定数．（§10.4）

錯体［complex］ 金属イオンと配位子との組合わせで，配位子が金属と配位結合で結ばれているような物質．（§10.3）

酸［acid］ （Arrheniusによる定義）Hを含んでおり，水に溶けるとH$^+$イオンを放出するような物質．（§8.4）

酸化 [oxidation]　電子を失う反応．（§7.4, §9.1）

酸解離定数 (K_a) [acid dissociation constant]　酸が解離する過程の平衡定数．（§8.4）

酸化還元反応 [redox]　酸化反応と還元反応との組合わせ．（§9.1）

酸化状態 [oxidation state]　元素がもつ電荷量．結合にかかわる電子を，より電気陰性度の高い元素の方に割り振り，仮想的に計算した値．（§9.2）

酸化数 [oxidation number]　価電子数の増減．結合にかかわる電子を，より電気陰性度の高い元素の方に割り振り，価電子数の増減を見積もる．（§9.2）

三次元構造 [three-dimensional structure]　巨大な分子のある部分と，別の部分との立体的な関係．（§11.1）

ジオール [diol]　ヒドロキシ基を二つもつ有機化合物．（§11.2）

磁気抵抗効果 [magnetoresistance effect]　磁気ディスクの磁化した領域の近くを読取りセンサーが通過する際，センサーの抵抗が変化する現象．（§10.5）

示強性 [intensive]　物質の量や大きさに依存しない性質．（§7.2）

磁気量子数 (m_l) [magnetic quantum number]　l が等しい軌道について，軌道の向きの違いを表す量子数．$-l$ から $+l$ までの整数値をとる．（§2.4）

仕事 (w) [work]　ある距離にわたってかかる力．気体の場合には $dw = -pdV$．（§7.2）

シス [cis]　二重結合の両端についた二つの官能基が，二重結合に対して同じ側にあるような配置．（§11.1）

示性式 [rational formula]　構造式をコンパクトに表したもので，原子がどのようにまとめられるか（原子団）がよくわかる．（§1.4）

自発過程 [spontaneous process]　外部から力を加えることなしに，自然に進む過程．（§7.3）

四面体空隙 [tetrahedral hole]　4個の原子で囲まれた格子の隙間．（§10.1）

弱配位子場 [weak ligand field]　遷移金属の d 軌道の分裂幅が小さく，電子が，低エネルギーの軌道でペアを組むより，高エネルギーの軌道を占めた方が安定であるような状態．（§10.5）

遮蔽効果 [shielding effect]　ある電子が感じる核の電荷が，別の電子により弱められる現象．（§2.5）

シャルルの法則 [Charles's law]　圧力一定のもとでは，気体の体積は絶対温度（K）に比例するという法則．（§1.3）

自由エネルギー (G) [free energy]　定温，定圧下で働くエネルギー．自発的に進む反応の向きを決定する．定温，定圧下で反応が自発的に進むには，$\Delta G < 0$ でなければならない．ギブズ自由エネルギーともよばれる．（§7.3）

周期 [period]　周期表の横の列．（§2.1）

周期律 [periodic law]　元素の性質が原子番号に従い周期的に変化する性質．（§2.2）

周波数 (ν) [frequency]　空間のある位置を1秒間に通過する波の数．（§2.3）

重量密度 [mass density]　単位体積当たりの質量．通常，固体や液体の場合には $g\,cm^{-3}$，気体の場合には $g\,L^{-1}$ を単位とする．（§1.3）

縮合 [condensation]　二つの分子が近づき，その間に結合ができる反応．通常は，小さな分子が脱離する．（§11.2）

主要族元素 [main group]　周期表の1族，2族，13族，14族，15族，16族，17族，18族に属する元素．（§2.1）

主量子数 (n) [principal quantum number]　軌道の大きさやエネルギーを表す量子数．正の整数値をとる．（§2.4）

順バイアス [forward bias]　pn 接合の n 側に負，p 側に正の電位がかかった状態．電流は流れる．（§5.1）

状態 [state]　電子が核からどのくらい離れた位置にあるかを示す指標．（§2.4）

状態関数 [state function]　系の状態に依存する性質．その状態に至った経路にはよらない．（§7.2）

正味のイオン式 [net ionic equation]　強電解質をイオンの形で表した溶液反応式で，化学変化する成分のみを表示したもの．（§1.5）

触媒 [catalyst]　自分自身は消費しないが，それが存在すると反応が速くなるような物質．（§12.6）

初速度法 [method of initial rate]　反応次数を決める方法の一つ．各物質の初期濃度を系統的に変化させ，反応速度を見積もる．（§12.1）

示量性 [extensive]　物質の量に依存する性質．（§7.2）

親水性 [hydrophilic]　水を好む性質．容易に水を吸収する．（§6.3）

振幅 [amplitude]　空間のある位置における波動関数の大きさ．（§2.4）

水酸化物イオン [hydroxide ion]　OH^- イオン．（§8.4）

水素結合 [hydrogen bond]　水素が，電気陰性度の非常に高い原子（窒素，酸素，フッ素など）2個に挟まれた場合に働く相互作用．（§6.2）

水溶液 [aqueous solution]　水を主成分とする均一な溶液．（§1.5）

水和エンタルピー ($\Delta H_{水和}$) [hydration enthalpy]　気体のイオンが水分子に囲まれ，水溶液となる際に放出されるエネルギー．（§7.2, §10.4）

スティック表示 [stick diagram]　有機分子を，線（結合を表し，線の結合部には炭素が存在する）で表した図．ヘテロ原子は明示する．炭素の結合の数が4よりも少ない場合には，水素との結合が省略されている．（§11.1）

スピン量子数 (m_s) [spin quantum number]　エネルギーにわずかな影響を及ぼす4番目の量子数．$\pm 1/2$ の値をとる．（§2.4）

スペクトル [spectrum]　原子やイオン，分子，固体が放つ電磁波の周波数（あるいはエネルギー）を集めたもの．（§2.3）

すべり系 [slip system] すべりが起きやすい方向と最密充填面との組合わせ. (§4.2)

正極 [cathode] ガルバニ電池で, 還元反応が起こる電極. (§9.3)

正孔 (h^+) [hole] 半導体の価電子帯に生じた空きの部分. (§5.1)

生成物 [product] 化学反応で最終的に生じた物質. (§1.5)

正の位相 [positive phase] 波の山の部分. (§2.4)

正方晶 [tetragonal] 単位格子が, 2辺の長さが等しい直方体で表される構造. 3番目の辺は他の辺と長さが異なる. (§4.3)

節 [node] 電子を見いだす確率がゼロとなる点. (§2.4)

閃亜鉛鉱型 [zinc blende] ダイヤモンド型から派生した構造. 2種類の元素からなり, 各原子は別の元素の原子4個に囲まれている. (§5.1)

遷移エネルギー [transition energy] 二つの電子状態間のエネルギー差. (§2.3)

全イオン式 [total ionic equation] 溶液での反応式で, 溶液中に存在するすべてのイオンを表示したもの. (§1.5)

遷移金属錯体 [transitional metal complex] 遷移金属の周りを配位子が取囲み, 両者が配位結合で結ばれているような物質. (§10.2)

遷移元素 [transition element] Sc から Zn, Y から Cd, Hf から Hg, Ac, Rf からまだ未発見の112番までの元素. (§2.1)

遷移状態 [transition state] 反応物から生成物に至る反応経路で, エネルギー障壁の頂点の位置に達したときに原子がとる配置. 活性錯体ともよばれる. (§12.4)

線欠陥 [line defect] 原子列が本来の位置からわずかにずれている領域. (§4.2)

線結合表示 [line formula] 有機化合物を表示するのに用いられ, 結合は線で表し, 炭素原子 (元素記号では表示しない) は線の接合部に位置しているとする. 水素原子も省略し, 炭素の結合手の数を満たす数だけ水素が結合しているとする. その他の原子は元素記号で表す. (§1.4)

相 [phase] 原子間あるいは分子間の位置関係で特徴づけられる物質の物理状態. 固体, 液体, 気体, 半導体スズ, 金属スズなどがその例である. (§4.3)

相境界 [phase boundary] 相図で, 二つの相を隔てる線. (§4.3)

双極子 [dipole] 正・負の電荷の中心が分離した状態. (§6.1)

双極子-双極子相互作用 [dipole-dipole interaction] 永久双極子をもつ分子間に働く相互作用. 水素結合は含めない. (§6.2)

相図 [phase diagram] ある系の相の安定性を示した図. (§4.3)

相転移 [phase transition] 物質がある相から別の相へと変化する現象. (§3.4, §4.3)

相変態 [phase change] 物質中の原子や分子の空間的な配置関係が変化する現象. たとえば, 液体から固体への変化. (§3.4)

族 [group] 周期表で同じ縦のカラムに属する元素. 似た性質を示す. (§2.1)

疎水性 [hydrophobic] 水を嫌う性質. 水をはじき, できるだけ水と触れないようにする. (§6.3)

組成式 (実験式) [empirical formula] 物質の組成を最も簡単な整数比で表したもの. (§1.4)

塑性変形 [plastic deformation] 弾性領域を過ぎた後の固体の変形. 力を取去っても, もはや元の形には戻らない. (§4.1)

た 行

体心立方格子 [body-centered cubic lattice, BCC] 立方体の各頂点と中心を原子が占めるような配列. (§4.1)

ダイヤモンド型構造 [diamond structure] 各原子が4個の原子と結合した4配位構造. (§4.3)

多座配位子 [multidentate] 複数の配位座をもつ配位子. (§10.3)

単位格子 [unit cell] 固体の中で, 三次元方向に無限に繰返されるパターンの最小単位. (§4.1)

炭化水素 [hydrocarbon] 炭素と水素からなる化合物. (§11.1)

弾性変形 [elastic deformation] 力を取去ったとき, 元の形に戻るような固体の変形. (§4.1)

弾性率 [elastic modulus] 応力とひずみとの間の比例定数. 応力-ひずみプロットの直線部分の傾きに対応する. $E = \sigma/l$ (§4.2)

置換型合金 [substitutional alloy] ある元素の原子を別の元素の原子で置き換えることにより得られる固溶体. (§4.4)

中性子 [neutron] 陽子よりわずかに重く電荷をもたない粒子. (§2.2)

沈殿反応 [precipitation reaction] 溶液中のイオンが結合して固体を生じる反応. (§1.5)

抵抗率 [resistivity] 電流が流れるのを抑制しようとする傾向. 電気伝導度の逆数である. 抵抗率=抵抗×断面積/長さ, で与えられ, 単位は Ω cm. (§4.2)

定在波 [standing wave] 弦楽器の弦の振動のように, 定常的に振動している (進行しない) 波. (§2.3)

定常状態 [steady state] 反応中間体の生成速度をゼロとする近似. (§12.3)

低スピン錯体 [low-spin complex] 高エネルギーの軌道を不対電子が占めるのではなく, 低エネルギーの軌道で電子がペアを組む方が安定な錯体. (§10.5)

定比例の法則 [law of definite proportions] 物質中に含まれる元素の重量比は常に等しいという法則. (§1.5)

低密度ポリエチレン［low-density polyethylene, LDPE］ 枝分かれした炭素鎖からなるポリエチレン．ポリマー鎖間に隙間があるため，密度が低い．（§11.1）

電気陰性度［electronegativity］ 固体や分子内である原子が，他の原子に比べて，より電子を引きつけようとする傾向．（§3.2）

電気分解［electrolysis］ 電流を用いて化合物を構成物質に分解する反応．（§2.2）

電極［electrode］ 固体の導電体で，これを通して電解質や他の物質に電流を流す．電池で，酸化や還元が起こる場所．（§2.2, §9.3）

点欠陥［point defect］ 原子が欠損している場所，あるいは別の不純物原子が置き換わっている場所．（§4.2）

電磁エネルギー［electromagnetic energy］ 電場と磁場の振動（振動方向は互いに直交している）に伴うエネルギー．（§1.7）

電子殻［electron shell］ n が等しい軌道を集めたもの．（§2.4）

電子親和力［electron affinity］ 原子が，さらに1個の電子を引きつけようとするエネルギーに対する指標．原子（気体）＋ e⁻（気体）→ イオン⁻（気体）＋エネルギー，の反応でのエネルギーを表す．（§3.2）

電子の海［electron sea］ 拡張電子波としてふるまう多数の負電荷が，陽イオンの周囲を取囲んだ状態．（§4.1）

電子配置［electron configuration］ 原子やイオン内での電子の配置．（§2.5）

電磁放射［electromagnetic radiation］ 電場，磁場の振動を伴うエネルギー放射．可視光，X線，ラジオ波などを含む．（§2.3）

電子ボルト（eV）［electron volt］ 電子を，ある場所から1V電位の高い場所へと移動させるのに必要なエネルギー．（§2.4）

電子密度面［electron density surface］ 電子密度（波動関数の絶対値の2乗を足し合わせたもの）の90％を含む領域．（§5.1）

展性［malleability］ ハンマーで叩いたり，圧力をかけたりすることで，薄い箔に延ばせる性質．（§3.4）

電池電圧（V）［cell voltage］ 負極から電子を引き抜き，正極へと渡すのに必要な電位．電池電位あるいは起電力ともよばれる．（§9.3）

電池電位（E）［cell potential］ ガルバニ電池で，片方の電極の還元剤から電子を奪い，もう片方の電極の酸化剤へと与えるのに必要な電位．起電力あるいは電池電圧ともよばれる．（§9.3）

伝導帯［conduction band］ 電子が一部だけ占めているバンド．半導体の場合には，完全に満ちたバンドの上に位置する空あるいは空に近いバンド．（§5.1）

同素体［allotrope］ 原子の結合の仕方が異なる単体元素の形態．たとえば，黒鉛とダイヤモンドは炭素の同素体である．（§3.4）

等電子密度表面［density isosurface］ 電子密度の等しい表面の形で分子の構造を表したもの．（§1.4）

ドーピング［doping］ 純粋な固体材料に，別の物質を微量添加すること．（§5.1）

トランス［*trans*］ 二重結合の両端についた二つの官能基が，二重結合に対して反対側にあるような配置．（§11.1）

Torr 圧力の単位 mmHg の別の呼び名．（§1.3）

ドルトン［dalton］ 質量の単位．1ドルトンは1amu．（§11.1）

な 行

内殻電子［core electron］ 内側の殻の電子．希ガスの電子配置に，閉じたdあるいはf軌道の電子を加えたもの．（§2.5）

内部エネルギー［internal energy］ 仕事あるいは熱により変化する系の性質．（§7.2）

熱（q）［heat］ 体積一定のもとで移動するエネルギー．（§7.2）

熱容量（C_p）［heat capacity］ 単位質量あるいは1モルの物質に熱を加えたとき，加えた熱と上昇した温度との比．すなわち，温度を1K上昇させるのに必要な熱量．（§7.2）

熱力学の第三法則［third law of thermodynamics］ 0Kでは完全結晶のエントロピーはゼロとなるという法則．（§7.3）

ネルンストの式［Nernst equation］ 電池の電位と，電極反応にかかわる物質の濃度との関係を表す式．$E = E° - (RT/nF) \ln Q$．（§9.6）

燃料電池［fuel cell］ 化学反応を利用した電池の一種．使用時には，常に反応物を供給する必要がある．（§9.5）

は 行

配位結合［coordinate bond］ 結合にかかわる2個の電子が，一方の分子・イオン・原子から供給され，もう一方からはまったく供給されないような結合．（§10.1）

配位座［coordination position］ 配位子の中で，金属と結合する際に使われる非共有電子対．（§10.3）

配位子［ligand］ 配位結合により遷移金属と結びついている分子やイオン．（§10.2）

配位重合［coordination polymerization］ 重合反応の機構の一つで，固体触媒に配位することで，二重結合への付加が起こる．（§11.1）

配位数［coordination number］ 中心原子と結合している原子の数．錯体の場合，金属イオンに供給された電子対の数．（§4.1, §10.3）

倍数比例の法則［law of multiple proportions］ 二つの元素からいくつかの化合物ができたとしたとき，1番目の

元素 1 g と結合する 2 番目の元素の質量を，化合物間で比較すると，その比は簡単な整数となる．（§1.5）

パウリの排他律［Pauli exclusion principle］　一つの軌道を占めることができる電子は 2 個までという規則（2 個入った場合にはスピンは逆向き）．2 個の電子は，まったく同じ量子数をとることはできない．（§2.5）

八面体空隙［octahedral hole］　6 個の原子で囲まれた格子の隙間．（§10.1）

波　長（λ）［wavelength］　波の山から隣の山，あるいは谷から隣の谷までの距離．（§2.3）

発熱反応［exothermic reaction］　熱を放出する反応．（§7.2）

波動関数（ψ）［wave function］　電子の性質を表す関数．三次元空間における電子の座標を変数とする．（§2.4）

ハロゲン［halogen］　17 族の元素．F, Cl, Br, I および At．（§3.1）

半金属［semi-metal, metalloid］　周期表で，金属と絶縁体との間に位置する少数の元素．（§3.4）

反結合性軌道［antibonding orbital］　その軌道を電子が占めると，分子のエネルギーが上がり，結合が弱まるような軌道．核の間に節をもつ．（§5.1）

半減期［half-life］　反応物の濃度が，元の濃度の半分になるのに要する時間．放射性元素の崩壊の場合には，放射性核種の量が半分になるまでの時間．（§12.2）

バンド［band］　エネルギーが接近した準位の集まり．通常は，固体中で生じる．バンド内の準位間のエネルギー差は小さく，連続的に分布しているとみなせる．（§5.1）

バンドギャップ［band gap］　固体中で準位が存在しないエネルギー領域．半導体の場合には，価電子帯と伝導帯間のエネルギー差をさす．（§5.1）

反　応［reaction］　一つ以上の分子が別の組合わせの分子に変化すること．物理的な反応の場合には，物理的な状態は変化するが，分子そのものは変化しない．（§1.5）

反応化学量論［reaction stoichiometry］　反応にかかわる分子数の間の関係（§1.5）

反応機構［reaction mechanism］　化学反応に含まれる一連の素過程．（§12.2）

反応次数［reaction order］　反応速度式の中に現れる物質の指数（べき乗数）を，すべて足し合わせたもの．（§12.1）

反応商（Q）［reaction quotient］　［反応物 1 の濃度］^{組成比1} ×［反応物 2 の濃度］^{組成比2} ……を［生成物 1′ の濃度］$^{組成比1′}$ ×［反生成物 2′ の濃度］$^{組成比2′}$ ……で割った値．（§8.6）

反応速度［reaction rate, reaction velocity］　反応物や生成物の濃度が，単位時間当たりに変化する量．（§12.1）

反応速度式［rate law, rate equation］　反応速度が，反応にかかわる物質の濃度とどのように関係しているかを表す式．（§12.1）

反応中間体［reaction intermediate］　反応の過程で生じるが，その後消費されてなくなる物質．（§12.3）

反応熱（ΔH）［heat reaction］　定圧下の反応で生じた熱．エンタルピー変化ともよばれる．（§7.1）

反応物［reactant］　化学反応の出発物質．（§1.5）

半反応［half-reaction］　酸化還元反応の一方だけを取出したもの．半反応の一つは酸化反応を，もう一つは還元反応を表す．（§9.3）

pH　溶液の酸性度を表す便利な指標．pH ＝ $-\log$［H$^+$］（log は 10 を底とする）．（§8.4）

pn 接合［p-n junction］　価電子帯に空きのある半導体（p 型半導体）から，伝導帯に電子がいる半導体（n 型半導体）へと移り変わる領域．（§5.1）

p 型半導体［p-type semiconductor］　正に帯電した正孔が動くことで電気伝導性が生じるような半導体．（§5.1）

非共有電子対［unshared electron pair］　結合に関与しない電子対．（§6.1）

非金属［nonmetal］　延性も展性も示さない元素．（§3.4）

ひずみ（ε）［strain］　単位長さ当たりの延び量，$\Delta l/l_0$（§4.2）

ヒドロニウムイオン［hydronium ion］　H$_3$O$^+$ イオン．プロトンが水和したもの．（§8.4）

ヒューム・ロザリー則［Hume-Rothery rule］　全組成範囲で置換型固溶体をつくるための条件．二つの元素は，i）原子半径の差が 15% 以内でなければならない，ii）同じ結晶構造をもたなければならない，iii）電気陰性度が同程度でなければならない．（§4.4）

標準還元電位（$E°$）［standard reduction potential］　25 ℃ で還元反応を起こさせるのに必要な電位．すべてのイオンの濃度は 1 mol L^{-1} とする．H$^+$ が H$_2$ へと還元される反応を基準に測る．（§9.3）

標準状態［standard temperature and pressure］　0 ℃, 1 気圧の状態．標準状態の気体の体積は 22.4 L である．（§1.3）

標準生成エンタルピー（$\Delta H_f°$）［standard enthalpy of formation］　物質を，各構成元素（25 ℃ 1 気圧のもとで最も安定な状態）からつくり上げるのに必要なエンタルピー変化．（§7.2）

表面張力［surface tension］　表面積の増加を妨げようとする力．（§6.3）

表面電荷密度［surface charge density］　分子の表面の電荷量を色で表示したもの．赤は負，緑は中性，青は正の電荷を表している．（§5.1）

ピリング・ベッドワース比（P-B 比）［Pilling-Bedworth ratio］　単体金属中の金属原子の密度と，酸化物中の金属原子の密度との比．（§9.5）

フェニル基［phenyl group］　ベンゼン分子から水素原子を 1 個取除いたもの．-C$_6$H$_5$．（§11.1）

負　極［anode］　ガルバニ電池で，酸化反応が起こる電極．（§9.3）

不均一系触媒［heterogeneous catalyst］　反応で消費されないが，反応速度を速める作用をもち，反応物および生成物とは別の相（多くの場合固相）にある触媒．不均一系

触媒を使ったポリマー合成では，固体表面で重合反応が起こる．（§11.1, §12.6）

不均一系の平衡 [heterogeneous equilibrium] 反応物，生成物が二つ以上の相からなる系での平衡．（§8.2）

不均一混合物 [heterogeneous mixture] 巨視的にみて，個々の成分が別の領域に分かれて存在する混合物．（§4.4）

負の位相 [negative phase] 波の谷の部分．（§2.4）

分極率 [polarizability] 正，負の電荷の分離しやすさを示す尺度．（§6.1）

分光化学系列 [spectrochemical series] d軌道の分裂幅の順に配位子を並べたもの．その順に，吸収波長は短くなる．（§10.4）

分子 [molecule] 2個以上の同一，あるいは異なる原子が結合した集合体．化合物の性質を維持できる最小の粒子．（§1.2）

分子化学量論 [molecular stoichiometry] 分子を構成する原子数の間の関係．（§1.5）

分子軌道 [molecular orbital] 分子全体に広がる電子の軌道．その絶対値の2乗は，ある領域に電子を見いだす確率を与える．（§5.1）

分子反応式 [molecular equation] 溶液中での反応を表す式で，反応物と生成物それぞれを，強電解質か弱電解質かによらず，イオンに分離しない形で示したもの．（§1.5）

平衡 [equilibrium] 閉じた系の反応で，ギブス自由エネルギーが最も低い状態．平衡状態ともよばれる．（§8.1）

平衡定数（K_c）[equilibrium constant] 濃度の比．特に，生成物の濃度の積を反応物の濃度の積で割ったもの．正確には，濃度ではなく活量を用いる．（§8.1）

ヘスの法則 [Hess's law] いかなる場合でも，エネルギーの変化量は，反応の道筋によらないという法則．（§7.2）

ペプチド結合 [peptide bond] アミノ酸の縮合反応により生じた結合．（§11.1）

ヘンダーソン・ハッセルバルヒの式 [Henderson-Hasselbalch equation] 緩衝溶液のpHを，弱酸のpK_a（あるいは弱塩基のpK_b），酸や塩の濃度と関係づける式．（§8.4）

ボイルの法則 [Boyle's law] 温度一定のもとでは，気体の体積は圧力に反比例するという法則．（§1.3）

方位節 [azimuthal] 球と交わって円弧を描く節面．方位節をもつ軌道は，核を通る面を節面とする．（§2.4）

方位量子数（l）[azimuthal quantum number] 節面の数を表す2番目の量子数．$l \leq n-1$．（§2.4）

傍観イオン [spectator ion] 反応に関与しないイオン．反応全体の電気的中性を保つ働きがある．（§1.5, §8.4）

飽和溶液 [saturated solution] 固体と接触した溶液．固体中のイオンと溶液中のイオンは平衡状態にある．（§8.4）

ボックス図 [box diagram] 最外殻電子を視覚的に表した図．各軌道はボックス（四角）で表し，軌道内の電子を矢印で示す．（§2.5）

ポテンシャルエネルギー [potential energy] 位置や構造によるエネルギー．（§1.7）

ポリマー [polymer] 同じ単位が多数繰返す構造をもつ分子．（§11.1）

ま 行

マルテンサイト [martensite] オーステナイト鋼を急冷したときに得られる含炭素鋼．正方晶に属する．（§4.4）

水のイオン積（K_w）[ionic product constant of water] 水が自発的にイオン化する過程の平衡定数．$K_w = [H^+][OH^-]$．25 °Cでは，$K_w = 1 \times 10^{-14}$である．（§8.4）

密度ポテンシャル [density potencial] 有効電荷の分布を，電荷が負の領域は赤，中性の領域は緑，正の領域は青と色分けして表示したもの．（§1.4）

命名法 [nomenclature] 化合物の名前をつける規則．（§1.6）

面心立方格子 [face-centered cubic lattice, FCC] 立方体の各頂点と各面の中央を原子が占めるような配列．最密充填面内の原子は三角格子を形成し，各原子は6個の原子で囲まれている．積層方向にABCABCのパターンが繰返される．（§4.1）

モード [mode] 波全体をさす．（§2.4）

モノマー [monomer] ポリマーの構成単位である小さな分子．（§11.1）

モル（mol）[mole] 12グラムの純粋な^{12}C中に含まれる炭素原子の数．アボガドロ数．1モルは6.022×10^{23}に等しい．（§1.2）

モル質量 [molar mass] 原子や分子の1モル当たりの質量．（§1.2）

モル密度 [molar density] 単位体積当たりのモル数．（§1.3）

や 行

冶金 [metallury] 鉱石から金属を分離し，それを利用できる形にするための過程．（§9.7）

融解潜熱 [latent heat of fusion] 1気圧のもとで，融点に達した固体を融解させるのに必要なエンタルピー．（§7.2）

誘起双極子 [induced dipole] 電子雲の中心が，原子核からわずかにずれたとき，瞬間的に生じる双極子．（§6.2）

誘起双極子-誘起双極子相互作用 [induced dipole-induced dipole interation] 誘起双極子が隣の分子にも双極子を誘起し，その結果生じる分子間相互作用．この分子間相互作用をロンドン力とよぶ．（§6.2）

有効核電荷（Z_{eff}）[effective nuclear charge] Bohrの

原子モデルで，電子を引きつける実効的な核電荷．電荷はすべて，原子の中心に位置する点電荷として扱う．（§2.5）

陽イオン［cation］　正電荷をもった原子あるいは原子の集団．（§1.6）

溶解度［solubility］　ある温度で，ある決まった量の溶媒に溶ける物質の最大量．（§8.4）

溶解度積［solubility product］　塩の飽和溶液について，［各イオンの濃度］^{組成比} を掛け合わせた値．（§8.4）

陽　子［proton］　原子核を構成する正電荷の粒子．（§2.2）

溶　質［solute］　液体に溶け溶液となる物質．（§8.2）

溶　媒［solvent］　物質を溶かす媒体となる液体．（§8.2）

ら　行

ラジカル［radical］　1個以上の不対電子をもつ原子，分子またはイオン．（§11.1）

ランタノイド系列［lanthanoide series］　周期表でランタンに続く14個の元素．（§2.1）

理想気体［ideal gas］　粒子間に相互作用のない気体．（§1.3）

理想気体の法則［ideal gas law］　気体の状態を表す方程式．$PV = nRT$ で表され，ここで P ＝圧力，V ＝体積，n ＝気体のモル数，R ＝気体定数，T ＝絶対温度である．現実の気体でも，中程度の温度，低圧下では，この方程式にほぼ従う．（§1.3）

律速段階［rate-determining step］　反応機構のなかで，最も遅い段階．この速度が，反応全体の速度を決める．律速過程，あるいは律速反応ともよばれる．（§12.3）

律速反応［rate-limiting reaction］　反応全体の速度を規定するような素反応．律速過程あるいは律速段階ともよばれる．（§12.2）

粒　界［grain boundary］　原子配列の向きの異なる二つの領域が接する場所．（§4.2）

リュードベリ定数［Rydberg constant］　水素のエネルギー状態と関係した基本定数．$R = 1.097 \times 10^7 \, \text{m}^{-1}$．（§2.4）

量子化学モデル［quantum mechanical model］　電子を波として扱う数学的な記述法．（§2.4）

量子数［quantum number］　軌道を指定する簡潔な方法．（§2.4）

ルイス塩基［Lewis base］　電子対を与える物質．（§11.1）

ルイス構造式［Lewis dot structure］　価電子を点で表した原子や分子の構造図．（§3.2）

ルイス酸［Lewis acid］　電子対を受取る物質．（§11.1）

ルシャトリエの原理［Le Châtelier's principle］　平衡状態にある系に"力"を加えたとき，その"力"を減らす方向に各物質の濃度が変化するという法則．（§8.7）

励起状態［excited state］　高エネルギーの軌道．（§2.4）

連続スペクトル［continuous spectrum］　連続した光の帯．たとえば，白色光をプリズムに通すと得られる．（§2.3）

六方最密充填格子［hexagonal close pack lattice, HCP］　面内の原子が三角格子を形成するような固体の構造．各原子は6個の原子に取囲まれている．各層の上下の層は同じ原子配置をとり，ABABのパターンが繰返される．（§4.1）

ロンドン力［London force］　誘起双極子が隣の分子に双極子を誘起する結果生じる分子間力．誘起双極子‒誘起双極相互作用ともよばれる．（§6.2）

写 真 出 典

第1章 p. 1: Dale Chihuly; 図1.1(左): Neal Preston/CORBIS/amanaimages; 図1.1(中央): Mehau Kulyk/Science Photo Library/amanaimages; 図1.3(jet): Jim Ross/NASA; 図1.3(bridge): John Wang/PhotoDisc Red/Getty Images; 図1.3(coins): Layne Kennedy/CORBIS/amanaimages; 図1.3(copper wires): Index Stock/Alamy; 図1.3(pails): Anne Domdey/CORBIS/amanaimages.

第2章 p. 23: IBM Corporation, Research Division/Almaden Research Center; 図2.2: Ilya Repin/Scala/Art Resource; 図2.3: Courtesy of Smithsonian Institution Libraries, Washington, D.C.; 図2.4(bike gears): Tom Pantages; 図2.4(silicon wafers): Will & Deni McIntyre/Photo Researchers, Inc./amanaimages; 図2.4(cutting sodium metal): Charles D. Winters/Photo Researchers, Inc./amanaimages; 図2.4(magnesium ribbon): Science Photo Library/amanaimages; 図2.4(copper pipes): Think-Stock/Getty Images; 図2.4(silver coins): CORBIS/amanaimages; 図2.4(gold coins): Brand X Pictures/Getty Images; 図2.4(iodine): Science Photo Library/amanaimages; 図2.5: Science Photo Library/amanaimages; 図2.6: The Cavendish Laboratory/Cambridge University; 図2.7: Bettmann/CORBIS/amanaimages; 図2.13: PhotoLink/PhotoDisc/PictureQuest; 図2.17(上): Joel Gordon; 図2.17(下): Richard Treptow/Photo Researchers, Inc./amanaimages; 図2.20: Emilio Segre Visuals Archives/AIP; 図2.22: Emilio Segre Visuals Archives/AIP; 図2.25: Science Museum/Science & Society Picture Library.

第3章 p. 53: Botanica/Getty Images; 図3.5: The Bancroft Library; 図3.16(左): Charles D. Winters/Photo Researchers, Inc./amanaimages; 図3.16(右上): Jim Ross/NASA; 図3.17(左): Charles D. Winters/Photo Researchers, Inc./amanaimages; 図3.17(右下): Tom Pantages; 図3.18: M. Kulyk/Photo Researchers, Inc.; 図3.19(左): John Connell/Index Stock Imagery; 図3.19(中央): Sally Brown/Index Stock Imagery; 図3.19(右): Mike Powell/Getty Images.

第4章 p. 73: Peter Menzel/Stock Boston; 図4.5(左): The M. C. Escher Company, Baarn, Holland, © 2004. All rights reserved; 図4.5(右): The M. C. Escher Company, Baarn, Holland, © 2004. All rights reserved; 図4.10: Veeco Instruments; 図4.28(左): From P. G. Shewman, *Transformations in Metals*, © 1969, McGraw-Hill, N. Y. Photo by C. S. Smith; 図4.28(右): From Marc Andre Meyers and Krishan Kumar Chawla, *Mechanical Metallurgy: Principles & Applications*, © 1984, Prentice Hall; 図4.45: Derek Morgan/Ancient-east.com; 図4.46: Photo courtesy of Bard Peripheral Vascular/C. R. Bard, Inc.

第5章 p. 99: Pascal Goetgheluck/Photo Researchers, Inc./amanaimages; 図5.4: Arnold Fisher/Photo Researchers, Inc./amanaimages; 図5.20: Richard Megna/Fundamental Photographs; 図5.30: Ava Helen and Linus Pauling Papers/OSU Foundation–Pauling Library Account.

第6章 p. 125: © Felice Frankel.

第7章 p. 147: Chuck Doswell/Visuals Unlimited; p. 162: CORBIS/amanaimages; 図7.24(左): Ahn Young-joon/AP Photo; 図7.24(右): Elan Sun Star/Index Stock Imagery.

第8章 p. 171: Paul Barton/CORBIS/amanaimages; 図8.8: Dr. David S. Goodsell; 図8.9: CVRI/Science Photo Library/amanaimages; 図8.12: David Muench/CORBIS/amanaimages; 図8.15: Keith Dannemiller/CORBIS/amanaimages.

第9章 p. 191: Jeff J. Daly/Visuals Unlimited; 図9.1(左): Jeff Greenberg/Index Stock Imagery; 図9.1(中央): Jim McGuire/Index Stock Imagery/PictureQuest; 図9.1(右): Brand X Pictures/Fotosearch Stock Photography; 図9.24: Jan Butchofsky-Houser/CORBIS/amanaimages; 図9.25: E. R. Degginger/Color-Pic.

第10章 p. 217: James L. Stanfield/National Geographic/Getty Images; 図10.1(左): Luis Veiga/The Image Bank/Getty Images; 図10.1(右): Comstock Images.

第11章 p. 237: Gary Braasch/The Image Bank/Getty Images; 図11.1(左上): Paul S. Souders/CORBIS/amanaimages; 図11.1(右上): Courtesy of The Dow Chemical Company; 図11.1(左下): Aaron Haupt/Photo Researchers, Inc./amanaimages; 図11.1(右下): Photo 24/Getty Images; 図11.7: Charles D. Winters/Photo Researchers, Inc./amanaimages.

第12章 p. 263: Robert Landau/CORBIS/amanaimages; 図12.1(左): Don Johnston/Stone/Getty Images; 図12.1(中央): Lester Lefkowitz/The Image Bank/Getty Images; 図12.1(右): CORBIS/amanaimages; 図12.10: NASA.

索　引

あ，い

亜　鉛
　　——の用途　3
亜鉛メッキ　193
青色発光ダイオード　120
亜　殻　42
アクアマリン　221
アクチノイド系列　26
アゾメタン
　　——の分解　270
圧縮圧力　71
圧力誘起相転移　97
アデノシン三リン酸　167
アニリン　251
アボガドロ（Amadeo Avogadro）　4
アボガドロ数（N_A）　5
アボガドロの仮説　4
アボガドロの法則　10
アミド　240
アミノ基　239
アミノ酸　241
アミン　223
アルカリ金属　54
アルカリ土類金属　54
アルコール　256
アルミニウム　88, 214
アレニウスの式　274
アンモニア　130, 177, 239

イオン
　　——の大きさ　63
イオン液体　143
イオン化エネルギー　36, 57
　1族，2族，3族元素の——　48
　第2周期元素の——　61
イオン化系列　196
イオン間相互作用　137, 143
イオン結合　100
イオン性化合物
　　——の命名法　18
イオン性物質
　　——の融点と沸点　143
イオン積　176
イオン-双極子相互作用　138, 143
異核二原子分子　109
位　相　40
イソシアナート　258
イソプレン　248
一次反応　268

EDTA（エチレンジアミン四酢酸）　223
移動度　87
陰イオン
　　——の命名法　18
インジウム　68
引　力　137

う〜お

運動エネルギー　19

永久磁石　228
永久双極子　134
液相線　92
液　体　67
　　——でいられる温度範囲　143
液体酸素　108
s 軌道　40
　　——の形　40
エステル　256
sp 混成　112
sp 混成軌道　135
sp^3 混成　113
sp^3 混成軌道　112
エチレン
　　——の重合過程　245
　　——の水素化　279
エチレンジアミン　223
エチレンジアミン四酢酸　223
HCFC（hydrochlorofluorocarbon）　140
HCP（hexagonal close pack）
　　　　＝六方最密充填　77
ATP（アデノシン三リン酸）　167
エナンチオマー　268
n 型半導体　118
エネルギー　18
エネルギー準位　34
エネルギー準位図　34, 104
エネルギー保存則　20
ABA 構造　79
ABC 構造　79
FCC（face-centered cubic）
　　　　＝面心立方格子　77
エメラルジン　253
エメラルド　221
塩化チオニル　128
塩化ナトリウム　101
塩　基　240
塩基解離定数　175
塩　橋　199

エンジン　151
延　性　66, 74
塩　素　126
　　——と水の反応　62
エンタルピー変化　148
鉛蓄電池　204
エントロピー　162

応　力　81
応力硬化　86
応力-ひずみ曲線　81
オクテット則　56
　　——の限界　129
オーステナイト　95
オストワルドの分離法　268
オゾン
　　——の破壊　273
オゾンホール　277
温室効果ガス　103, 127
温熱パック　149

か

概念地図　20
解離定数
　水の——　176
化学式　13
化学反応式　15
化学肥料　174
化学量論　15
化学量論係数　16
架　橋　249
拡張電子波　75
確率密度　38
化合物　3
可視光
　　——の色，エネルギー，波長の関係
　　　　　　　　　　　　　　　114
活性化エネルギー　274
活性化系列　196
活性化障壁　274
活性錯体　275
活性度
　金属元素の——　196
活　量　175
価電子　48, 101
価電子帯　113
価電子対反発法　129
カニッツァロ（Stanislao Cannizzaro）　4
貨幣金属　26, 62, 212

可溶 126
ガラス 165
カリウム 215
カリウム塩 57
加硫 249
カルシウム
　　──の循環 184
　　生体内での──イオン輸送 233
ガルバニ電池 199
カルボキシ基 239
過冷却 152
還元 192
緩衝液 181
緩衝溶液 181
乾電池
　　──の構造 199, 203

き

機械的性質 69
希ガス 54
　　──気体の重量密度と原子密度 10
希ガス配置 49
気化潜熱 161
ギ酸 240
犠牲電極 205
輝線スペクトル 33
気体 67
気体定数 10
気体の法則 7
基底状態 35
起電力 199
軌道 40
絹 256
キノン
　　──の構造 234
ギブズ（Josiah Willard Gibbs） 164
ギブズ自由エネルギー 164
　　──と平衡定数 187
基本波 31
逆バイアス 119
キャリア数 87
吸熱反応 150
球棒モデル 13
強磁性体 108, 229
鏡像異性体 268
共通イオン効果 179
強配位子場 230
共鳴 136
共鳴構造 127
共役塩基 181
共役酸 184
共役反応 167
共有結合 100, 101
極性結合 132
　　──の強さ 132
巨大分子 238
キレート 223
キレート療法 223
金 70, 213
銀 213

均一系触媒 277
均一系の平衡 174
均一固溶体 90
金属 66, 74
　　──の結晶構造 76
　　──の柔軟性 70
　　──の密度 75
金属結合 75, 100
金属光沢 66

く，け

空間充填モデル 14
空隙 218
クエンチ 95
釘 91
　　──の腐食 207
鎖 91
グラファイト 100
　　──の構造 103, 189
グルコース
　　──のリン酸化 168
クロム 208, 255
クロロフルオロカーボン 140, 277
クーロンエネルギー 19
クーロン相互作用
　　──による引力 104
クーロンの法則 137

形式電荷 127
形状記憶 96
ケイ素 114
ゲイ・リュサック（Joseph Gay-Lussac） 4
血液
　　──の緩衝作用 183
欠陥 85
結合角 14
結合次数 106
結合性軌道 104, 106
結合比 57
結晶格子 76
結晶格子エネルギー 156
結晶格子エンタルピー 158
結晶構造
　　電子配置と── 81
ケブラー 261
ケーブル 91
原子 3
　　──の大きさ 63
原子化エンタルピー 159
原子核 29
原子価結合理論 135
原子質量単位（amu） 7
原子半径 63
原子番号 30
原子モデル 34
原子量 7
原子理論 3
元素記号 7
限定反応物質 17

こ

合金 90, 91
　　──の機械的な性質 92
格子間空隙 90
格子間原子 93
格子欠陥 86
高スピン錯体 230
鉱石 212
酵素 278
構造式 13
剛体球モデル 77
高炭素鋼 91
高密度ポリエチレン 244
黒鉛 66
固相線 92
固体 67
ゴム 247
固有反応速度定数 265
固溶限界 90
コランダム 218
孤立電子対 127
コンクリート 148
　　──の顕微鏡写真 99
混合原子価状態 115
混合原子価半導体 115
混成 112
混成軌道 112, 135

さ

最外殻電子 48
細胞膜 233
最密構造 78
最密充填構造 74
材料物性 81
錯イオン 222
錯解離定数 175
酢酸 176, 240
　　──の水和 142
錯生成定数 175, 226
錯体 222
酸 240
　　──の命名法 18
酸化 167, 192
酸解離定数 175, 176
酸化還元反応 192
酸化状態 193
酸化数 193
酸化物導電体 122
酸化物半導体 122
酸化物被膜 208
酸基 239
Ⅲ-Ⅴ族半導体 115
三次元波 40
酸性雨 187
酸素
　　──と水生 142
　　──分子のエネルギー準位 107

し

シアン化物イオン
　　――の毒性　227
CFC（chlorofluorocarbon）　140
ジオール　256
磁気記録テープ　108
磁気抵抗効果　229
示強性　154
磁気量子数　43
σ 結合　135
σ^* 軌道　104
仕事　150
シス　248
磁性　107, 228
示性式　14
磁性流体　125, 232
室温イオン液体　143
質量保存則　17
CD プレーヤー　120
磁鉄鉱　228
自発過程　162
1,3-ジメチルイミダゾリウム（DMIM）　143
四面体空隙　218
四面体錯体　221
弱配位子場　230
遮蔽効果　45
シャルル（Jacques Charles）　8
シャルルの法則　8
周期　25
周期性に関する法則　30
周期表　24
周期律　30
臭素　126
柔軟性
　金属の――　69
重量密度　10
縮合　255
主要族元素　25
主量子数　43
シュレーディンガー（Erwin Schrödinger）　37
シュレーディンガー方程式　37
順バイアス　119
常磁性　107, 229
常磁性体　108
状態　35
状態関数　152
衝突理論　274
正味のイオン式　16
触媒　276
初速度法　267
白川秀樹　254
シリコンウエハー　67
示量性　154
真空の誘電率　19
真空封止　232
親水性　144
真鍮　91
侵入型合金　90, 93

振幅　38

す～そ

水酸化物イオン　175
水素結合　140, 143
水溶液　16, 175
水和　156
水和エンタルピー　156, 227
　イオンの――　158
スズ
　――と鉛の合金　93
　――の結晶構造　89
　――の固体相　88
スズのペスト　88
スズメッキ　193
スチール　69, 90, 193
スティック表示　243
ステンレス　91
スピン
　電子の――　229
スピン量子数　44
スペクトル　33
すべり系　84
スモッグ　196
スラグ　213

正極　199
正孔　116
生成物　15
青銅　90, 91, 93
正方晶　77
正方晶構造　89
赤外ダイオード　120
絶縁体　66, 113
切削鋼　91
摂氏温度（℃）　8
絶対温度（K）　8
絶対零度　9
セメンタイト　95
セルロース　144
閃亜鉛鉱型　115
遷移エネルギー　34
全イオン式　16
遷移金属　122
遷移金属錯体　221
　――の色　224
遷移金属酸化物
　――の電子構造　123
遷移元素　25
遷移状態　275
線欠陥　85
　――の移動　86
線結合表示　14
線スペクトル　34

相　88
相境界　89
双極子　131
双極子-双極子相互作用　140, 143
双極子モーメント　132, 138

双極子-誘起双極子相互作用　143
走査型トンネル顕微鏡　39
相図　89
相転移　68, 88
送電線　82
相変態　68
族　25
疎水性　144
塑性応答　83
組成式　13
塑性変形　74, 83

た～つ

ダイオード　118
大気圧　11
大気圧計　11
帯磁率　229
体心立方格子　77, 80
体積帯磁率　229
ダイヤモンド　66, 114
　――の結晶格子　112
　――の構造　103, 189
ダイヤモンド型構造　77, 88
太陽エネルギー　20
多原子イオン　13
多座配位子　223
多重結合　14
多重平衡　184
ダマスカス鋼　95
単位格子　76
炭化水素　238
タングステン　70
単純立方格子　76
弾性応答　81
弾性変形　74
弾性率　81

置換型合金　90
チーグラー・ナッタ触媒　248
チタン　65, 70, 100
　――の用途　3
窒素固定　174
チャレンジャー号　68
中性子　30
　――の質量と電荷　30
中炭素鋼　91
超塑性　95
沈殿反応　16

て，と

低エミッション　143
d 軌道　42
　――の形　43
抵抗率　87
定在波　31
定常状態　272
低スピン錯体　230

デイビー（Humphrey Davy）　26
定比例の法則　15
低密度ポリエチレン　244
鉄　65, 213
　　──の単位格子　93
　　──の用途　3
　　──表面の酸化　208
　　ヘモグロビン中の──　230
デバイ　138
デバイ（Peter Debye）　139
テフロン　259
テルミット反応　149
　　──でのエンタルピー変化　153
電荷分離　138
電気陰性度　61, 102, 110
　　金属の──　66
　　主要族元素の──　60
　　第4周期元素の──　197
電気抵抗　121
電気抵抗率　122
　　さまざまな材料の──　121
電気伝導　100
電気伝導性
　　酸化物の──　123
電気分解　27, 205
電極　27, 199
電子　28
　　──の質量と電荷　30
電磁エネルギー　19
電子殻　42
電子過剰　128
電子親和力　59
　　主要族元素の──　59
電子ドリフト　118
電子の海　75
電子波　103
　　──の相互作用　104
電磁波　19
電子配置　45
　　──と結晶構造　81
　　全元素の──　54
電子不足　128
電子分布
　　──の形　129, 132
電磁放射　30
電子ボルト　36
電子密度面　102
展性　66, 74
電線　88
電池　16, 192
　　──の消耗　211
電池電圧　199
電池電位　199
電柱　192
伝導帯　113
天然ガス　155
天然ゴム　247

銅　69, 82, 88, 212
　　──の用途　3
同素体　66
等電子密度表面　14
導電性ポリマー　251, 254

導電率　87
銅-ニッケル固溶体　91
ドーパント　118
ドーピング　118, 119
トムソン（Joseph John Thomson）　28
トランス　248
トリチェリの気圧計　11
Torr　11
ドルトン　238
ドルトン（John Dalton）　3

な行

内殻電子　48
内部エネルギー　149
ナイロン　238
　　──の合成　242
ナトリウム　215
鉛
　　──とスズの合金　93
鉛中毒　223
軟鋼　91

二原子分子　103
　　異核の──　109
二元素化合物
　　──の命名法　18
二酸化炭素
　　──の循環　184
二酸化窒素　172
二次元波　38
二次反応　268
ニチノール　95
ニッケル　70, 91, 275
　　──の用途　3

熱　150
熱容量　151
熱力学の第一法則　149
熱力学の第二法則　162
熱力学の第三法則　163
ネルンストの式　210
年代測定　268
燃料電池　203

濃淡電池　211
ノーメックス　261
野依良治　277
ノルボルネン　250

は

配位化学　217
配位結合　218
　　生体内での──　233
配位座　223
配位子　221
配位重合　247
配位数　78, 224

π結合　107, 136
倍数比例の法則　15
パウリ（Wolfgang Pauli）　47
パウリの排他律　47
鋼　90, 94
八面体空隙　218
八面体錯体　221
波長　31
バッキーボール　66
白金錯体　222
白金触媒　279
バックミンスター・フラーレン　66
発熱反応　150
波動関数　37
バネ　91
ハーバー・ボッシュ法　174
梁　91
バリウム　180
ハロゲン　54, 128
　　──と水の反応　62
半金属　67
反結合性軌道　104, 106
半減期　270
反磁性　229
反磁性体　108
はんだ　91, 93
バンド　110
半導体　113
　　Ⅲ-Ⅴ族──　115
　　ダイヤモンド型構造の──　112
半導体デバイス　100
バンドギャップ　113
　　──の制御　120
反応化学量論　15
反応機構　268
反応次数　265
反応商　186
反応速度　265
反応速度式　265
反応速度論　263
反応中間体　272
反応熱　148
反応物　15
反応量論比　16
半反応　198

ひ

PET（ポリエチレンテレフタラート）　261
pH　176
pn接合　118
　　酸化物による──　123
p型半導体　118
p軌道　41
　　──の形　42
非共有電子対　127
非金属　66
BCC（body-centered cubic）
　　＝体心立方格子　77
ピストン　151

ピストンポンプ 12
ひずみ 81
引っ張り圧力 71
ビデオテープ 108
ヒドロキノン
　——の構造 233
ヒドロニウムイオン 175
P-B 比 208
ヒューズ 91
ピューター 91
ヒューム・ロザリー則 90
標準還元電位 199
標準状態 11
標準生成エンタルピー 154
表面張力 143
表面電荷密度 102
ピリング・ベッドワース比 208

ふ

ファラデー（Michael Faraday） 27, 209
ファラデー定数 209
VSEPR（valence shell electron-pair repulsion，価電子対反発）法 129
フェニル環 251
フェニル基 251
フェライト 95
フォトン 34
付加重合 258
負　極 199
不均一系触媒 277
不均一系触媒反応 247
不均一系の平衡 174
不均一混合物 90
腐　食 209
腐食防止
　航空機の—— 255
不対電子 229
フッ素
　——と水の反応 62
沸　点
　イオン性物質の—— 143
　14 族元素の水素化物の—— 141
　16 族元素の水素化物の—— 134
　p ブロック水素化物の—— 139
フラーレン 66
ブリキ 193
プリズム 31
浮　力 12
フロン 140
分極率 126
分光化学系列 225
分　散
　光の—— 31
分　子 3
　——の形状 132
　——の形状と電子分布 130
分子化学量論 15
分子軌道 104
分子式 13
分子反応式 16

へ，ほ

平　衡 173
平衡定数 173
　さまざまな—— 175
平面節 41
ヘスの法則 152
ペプチド結合 241
ヘモグロビン 230
ヘリウム 105
ヘリオドール 221
ベリリウム 110
ベリル 221
ペルニグルアニリン 253
変　形 81
ベンゼン
　——の構造 136
ヘンダーソン・ハッセルバルヒの式 184
ボーア（Niels Bohr） 34
ボイル（Robert Boyle） 8
ボイルの法則 8
方位量子数 43
傍観イオン 16, 181
防振ゴム 250, 259
宝　石 218
飽和溶液 178
保護膜
　酸化物の—— 208
ボックス図 49
ポリアクリロニトリル 259
ポリアニリン 252
ポリアミド 256
ポリイソブチレン 259
ポリウレタン 258
ポリエステル 256
ポリエチレン 244, 259
ポリエチレンテレフタラート 261
ポリ塩化ビニル 259
ポリカーボネート 258
ポリクロロプレン 256, 259
ポリシアノアクリル酸メチル 259
ポリスチレン 259
ポリテトラフルオロエチレン 259
ポリノルボレン 259
ポリプロピレン 259
ポリマー 238
ポリメタクリ酸メチル 259
ポーリング（Linus Pauling） 112
ホール 116
Hall-Héroult 法 215
ボルタ（Alessandro Volta） 192
ボルツマン（Ludwig Boltzmann） 162
ホルムアルデヒド 202

ま 行

膜電位 211
マグネシウム 192
マジックナンバー 24
マーデルング定数 157
マルテンサイト 95
ミカエリス定数 279
ミカエリス・メンテン機構 279
水 131
　——のイオン積 176
　——の解離 176
水分子 134
　——の OH 結合の双極子 134
　——の結合角 136
密　度 70
　原子の—— 114
密度ポテンシャル 14
ミリカン（Robert Millikan） 28
命名法 18
メイヤー（Lothar Meyer） 24
メタノール
　——の構造 144
メタルテープ 108
メタン
　——の双極子 134
メチルアミン 130, 239
綿
　——の繊維の構造 144
面心立方格子 77, 79
メンデレーエフ（Dimitri Mendeléeff） 24

モード 40
モノマー 238
モル 5
モル質量 7
モル密度 10

や 行

冶　金 212
融解潜熱 160
誘起双極子 141
誘起双極子-誘起双極子相互作用 141, 143
有効核電荷 45
　陰イオンの—— 60
融　点 68
　イオン性物質の—— 143
　14 族元素の水素化物の—— 141
　16 族元素の水素化物の—— 134
陽イオン
　——の命名法 18
溶解度 177
　——に対する一般則 178
溶解度積 175, 177
陽　子 30
　——の質量と電荷 30
溶　質 174

ヨウ素
　　──の再結合　267
溶存酸素　142
溶　媒　174

ら〜わ

ラザフォード（Ernest Rutherford）　29
ラジカル　245
ラテックス　247
ラドン　126
ランタノイド系列　26

理想気体　10
理想気体の法則　10
リチウムイオン電池　128
律速過程　272
律速段階　272
律速反応　270
立方体　76
粒　界　85
　　線欠陥と──　86
リュードベリ定数　36
量子数　43
量子力学モデル　37
緑柱石　221

ルイス（Gilbert N. Lewis）　56
ルイス塩基　240

ルイス構造式　56, 126
ルイス酸　240
ルシャトリエの原理　188
ルビー　218

励起状態　35
冷却パック　148, 163
レキサン　258
レール　91
連続スペクトル　31

ロイコエメラルジン　253
六方最密充填　77, 79
ロンドン（Fritz London）　141
ロンドン力　141, 142, 143

長 谷 川 哲 也
はせがわてつや

1957年 神奈川県に生まれる
1985年 東京大学大学院理学系研究科博士課程 修了
現 東京大学大学院理学系研究科 教授
専門 固体化学
理学博士

第1版 第1刷 2012年3月1日 発行

エンジニアのための 化 学

© 2012

訳　者　　長 谷 川 哲 也
発行者　　小 澤 美 奈 子
発　行　　株式会社 東京化学同人
東京都文京区千石3丁目36-7 (〒112-0011)
電話 (03) 3946-5311・FAX (03) 3946-5316
URL: http://www.tkd-pbl.com/

印刷・製本　株式会社 アイワード

ISBN 978-4-8079-0774-8
Printed in Japan
無断複写, 転載を禁じます.

元素一覧（元素名順）

日本語名	English	記号	番号	日本語名	English	記号	番号
アインスタイニウム	einsteinium	Es	99	テクネチウム	technetium	Tc	43
亜　鉛	zinc	Zn	30	鉄	iron	Fe	26
アクチニウム	actinium	Ac	89	テルビウム	terbium	Tb	65
アスタチン	astatine	At	85	テルル	tellurium	Te	52
アメリシウム	americium	Am	95	銅	copper	Cu	29
アルゴン	argon	Ar	18	ドブニウム	dubnium	Db	105
アルミニウム	aluminum (aluminium)	Al	13	トリウム	thorium	Th	90
アンチモン	antimony	Sb	51	ナトリウム	sodium	Na	11
硫　黄	sulfur	S	16	鉛	lead	Pb	82
イッテルビウム	ytterbium	Yb	70	ニオブ	niobium	Nb	41
イットリウム	yttrium	Y	39	ニッケル	nickel	Ni	28
イリジウム	iridium	Ir	77	ネオジム	neodymium	Nd	60
インジウム	indium	In	49	ネオン	neon	Ne	10
ウラン	uranium	U	92	ネプツニウム	neptunium	Np	93
エルビウム	erbium	Er	68	ノーベリウム	nobelium	No	102
塩　素	chlorine	Cl	17	バークリウム	berkelium	Bk	97
オスミウム	osmium	Os	76	白　金	platinum	Pt	78
カドミウム	cadmium	Cd	48	ハッシウム	hassium	Hs	108
ガドリニウム	gadolinium	Gd	64	バナジウム	vanadium	V	23
カリウム	potassium	K	19	ハフニウム	hafnium	Hf	72
ガリウム	gallium	Ga	31	パラジウム	palladium	Pd	46
カリホルニウム	californium	Cf	98	バリウム	barium	Ba	56
カルシウム	calcium	Ca	20	ビスマス	bismuth	Bi	83
キセノン	xenon	Xe	54	ヒ　素	arsenic	As	33
キュリウム	curium	Cm	96	フェルミウム	fermium	Fm	100
金	gold	Au	79	フッ素	fluorine	F	9
銀	silver	Ag	47	プラセオジム	praseodymium	Pr	59
クリプトン	krypton	Kr	36	フランシウム	francium	Fr	87
クロム	chromium	Cr	24	プルトニウム	plutonium	Pu	94
ケイ素	silicon	Si	14	プロトアクチニウム	protactinium	Pa	91
ゲルマニウム	germanium	Ge	32	プロメチウム	promethium	Pm	61
コバルト	cobalt	Co	27	ヘリウム	helium	He	2
コペルニシウム	copernicium	Cn	112	ベリリウム	beryllium	Be	4
サマリウム	samarium	Sm	62	ホウ素	boron	B	5
酸　素	oxygen	O	8	ボーリウム	bohrium	Bh	107
シーボーギウム	seaborgium	Sg	106	ホルミウム	holmium	Ho	67
ジスプロシウム	dysprosium	Dy	66	ポロニウム	polonium	Po	84
臭　素	bromine	Br	35	マイトネリウム	meitnerium	Mt	109
ジルコニウム	zirconium	Zr	40	マグネシウム	magnesium	Mg	12
水　銀	mercury	Hg	80	マンガン	manganese	Mn	25
水　素	hydrogen	H	1	メンデレビウム	mendelevium	Md	101
スカンジウム	scandium	Sc	21	モリブデン	molybdenum	Mo	42
ス　ズ	tin	Sn	50	ユウロピウム	europium	Eu	63
ストロンチウム	strontium	Sr	38	ヨウ素	iodine	I	53
セシウム	cesium (caesium)	Cs	55	ラザホージウム	rutherfordium	Rf	104
セリウム	cerium	Ce	58	ラジウム	radium	Ra	88
セレン	selenium	Se	34	ラドン	radon	Rn	86
ダームスタチウム	darmstadtium	Ds	110	ランタン	lanthanum	La	57
タリウム	thallium	Tl	81	リチウム	lithium	Li	3
タングステン	tungsten	W	74	リン	phosphorus	P	15
炭　素	carbon	C	6	ルテチウム	lutetium	Lu	71
タンタル	tantalum	Ta	73	ルテニウム	ruthenium	Ru	44
チタン	titanium	Ti	22	ルビジウム	rubidium	Rb	37
窒　素	nitrogen	N	7	レニウム	rhenium	Re	75
ツリウム	thulium	Tm	69	レントゲニウム	roentgenium	Rg	111
				ロジウム	rhodium	Rh	45
				ローレンシウム	lawrencium	Lr	103